全国电力行业"十四五"规划教材
高等教育新型电力系统系列教材

新型电力系统优化运行

主编　朱继忠
编写　李盛林　张　迪　陈梓瑜　朱浩昊
主审　王成山

中国电力出版社
CHINA ELECTRIC POWER PRESS

内 容 提 要

本书为全国电力行业“十四五”规划教材，新型电力系统系列教材。

本书覆盖新型电力系统安全经济运行领域，分为两部分。第一部分为电力系统经济运行基础，包括电力系统运行优化基础和灵敏度计算方法。其中电力系统运行优化基础重点介绍电力系统安全经济运行相关数学理论和方法，如传统优化方法、智能算法和不确定分析方法等。第二部分介绍各种电力系统安全经济运行技术，主要是应用第一部分介绍的各种数学方法和优化理论及灵敏度分析方法解决电力系统安全经济运行中的各类问题，内容包括电力系统运行中的机组组合计算、经典经济调度方法、安全约束经济调度、网络流规划用于安全经济调度、智能算法用于经济调度、含可再生能源不确定性的电力系统经济调度、电力系统随机优化调度、风电系统中抽水蓄能调峰优化运行、配电网优化运行、微电网优化运行、无功优化方法、含电动汽车的电力系统动态经济调度、海上风电集群并网安全经济调度，以及综合能源系统协调优化运行等。

本书可作为高等院校相关专业学生教材，电力系统运行、规划和设计的工程技术人员学习用书，也可作为电力系统领域高等院校教师和科研院所研究人员工作的参考书。

图书在版编目（CIP）数据

新型电力系统优化运行/朱继忠主编. -- 北京：中国电力出版社，2025. 6. -- ISBN 978-7-5198-9842-7

Ⅰ. TM732

中国国家版本馆 CIP 数据核字第 2025YH8114 号

出版发行：中国电力出版社
地　　址：北京市东城区北京站西街 19 号（邮政编码 100005）
网　　址：http://www.cepp.sgcc.com.cn
责任编辑：牛梦洁
责任校对：黄　蓓　李　楠　郝军燕
装帧设计：郝晓燕
责任印制：吴　迪

印　　刷：固安县铭成印刷有限公司
版　　次：2025 年 6 月第一版
印　　次：2025 年 6 月北京第一次印刷
开　　本：787 毫米×1092 毫米　16 开本
印　　张：25
字　　数：684 千字
定　　价：79.00 元

前 言

新型电力系统核心特征在于新能源占据主导地位，成为主要能源形式。一方面，构建新型电力系统，是实现碳达峰、碳中和目标的关键举措。但是随着光伏和风电（包括海上风电）等可再生能源发电占比不断提升和新兴负荷大量接入，电力系统呈现出惯量降低、源荷失配、峰谷差增大等问题，电网的安全运行面临严峻挑战。另一方面，近年来国内外对新型电力系统运行做了大量研究，尤其是人工智能技术蓬勃发展，具备强大的感知推理能力、智能决策能力、海量数据分析能力，有助于新型电力系统实现精准建模、高效分析及智能运行控制，通过新一代人工智能及信息通信技术为新型电力系统的感知调控提供决策支持，实现电力系统各要素之间的协同控制和优化配置，最终达到安全经济运行的目的。

本教材考虑源网荷储协同优化运行的新型电力系统发电优化数学模型，综合考虑各种发电技术（包括海上风电等可再生能源）、储能、需求侧响应，以及电力市场交易的情况下实现运行的总成本最低，并将“双碳”目标、可再生能源渗透率、弃风弃光率这些政策要求转化为约束条件融合到新型电力系统安全经济运行模型中，应用各种优化方法以及人工智能技术求解新型电力系统优化模型。高校学生通过本教材可更好地了解和学习新型电力系统安全经济运行的基本特点、要求、各种模型及解算或应对方法，有助于毕业后融入实际工作并做出贡献。本教材参考了主编在中国电力出版社出版的《电网安全经济运行理论与技术》，吸取了相关的教学经验，更适合本科生和研究生的教学需要。

本教材共分为 16 章，第 9 章由陈梓瑜博士编写，第 12 章由李盛林博士编写，第 15 章由张迪博士编写，第 16 章由朱浩昊编写，其余 12 章由朱继忠教授编写并统稿。特别感谢中国工程院院士王成山教授担任本教材主审。教材的编写过程中得到华南理工大学综合智慧能源系统优化运行与控制（ISESOOC，爱思科）研究中心师生们的支持，尤其是李鸿、肖鹏飞、李彦江、周立婉、李佳仪、王晞罗、闻予彤、李建河和杨晓宁同学参与部分章节的校正。感谢广东省基础与应用基础研究基金海上风电联合基金重点项目“含大规模海上风电的新型电力系统多维度协同鲁棒优化调度研究（2022B1515250006）”对本书提供经费支持。

诚恳希望广大读者对本书的不足之处提出批评和指正。

朱继忠

2024 年 11 月 30 日

目 录

第 1 章

电力系统优化运行基础

1.1 传统优化方法

1.1.1 非线性规划方法

1.1.1.1 非线性规划模型

非线性规划可分为无约束问题与有约束问题两大类，它们在处理方法上有明显的不同。

无约束非线性规划问题可以表述为

$$\min f(x), \quad x \in E^n \tag{1.1}$$

式中：f 为非线性函数；x 为变量；E^n 为变量空间。

在求解上述问题时尽管存在各种各样不同类型的最优化方法，但最常用的是迭代法。迭代法大体上可以分为两类：一类称为解析法，它会用到函数的一阶或二阶导数；另一类称为直接法，它主要在迭代过程中使用函数值而不使用导数。一般说来，直接法的收敛速度较慢，只适于变量较少的情况，但是步骤简单，特别适用于目标函数解析表达式十分复杂或导数难以计算的情况。

有约束非线性规划问题可以表述为

$$\min f(x), \quad x \in E^n \tag{1.2}$$

$$\text{约束条件(s. t.)} \quad h_k(x)=0 \quad k=1, 2, \cdots, p \tag{1.3}$$

$$g_i(x) \geqslant 0 \quad i=1, 2, \cdots, m \tag{1.4}$$

式中：$f(x)$ 为该数学规划的目标函数。

称式（1.3）为等式约束，式（1.4）为不等式约束。若 f、h_k、g_i 中至少有一个是变量 x_1，x_2，…，x_n 的非线性函数，则称式（1.2）～式（1.4）是非线性规划问题（或非线性最优化问题）。

1.1.1.2 无约束优化算法

（1）线性搜索。线性搜索是优化算法里的一个部分。在优化算法的每一步迭代计算中，线性搜索法沿着包含当前点 $\boldsymbol{x}^k$，且平行于搜索方向的直线进行下一点的搜索，其中搜索方向是一个由优化算法确定的向量。

给定点 $\boldsymbol{x}^k=(\boldsymbol{x}_1^k, \boldsymbol{x}_2^k, \cdots, \boldsymbol{x}_n^k)^{\mathrm{T}} \in \boldsymbol{E}^n$，方向向量 $\boldsymbol{d} \neq 0$，称问题

$$\min f(\boldsymbol{x}^k + \varepsilon \boldsymbol{d})$$

为由点 $\boldsymbol{x}^k$ 开始沿方向 $\boldsymbol{d}$ 的一维线性搜索，这是一元函数求极小点的问题。因此线性搜索的迭代形式可以表示为

$$\boldsymbol{x}^{k+1} = \boldsymbol{x}^k + \varepsilon \boldsymbol{d}^k \tag{1.5}$$

其中：$\boldsymbol{x}^k$ 为当前迭代点；$\boldsymbol{d}^k$ 为搜索方向；ε 为步长标量。

线性搜索通过重复最小化目标函数的多项式插值模型，实现沿着 $\boldsymbol{x}^k + \varepsilon \boldsymbol{d}^k$ 方向降低目标函数

值。线性搜索有两个主要步骤。

1）分类阶段：确定在 $\boldsymbol{x}^{k+1}=\boldsymbol{x}^k+\varepsilon\boldsymbol{d}^k$ 上方向上要搜索的点的范围，该分类对应于一个给定 ε 值范围的一个区间。

2）分区阶段：把前面的分类再分成子区间，在子区间上通过多项式插值的方法逐步逼近目标函数最小值。

最终结果的步长 ε 满足 Wolfe 条件

$$f(\boldsymbol{x}^k+\varepsilon\boldsymbol{d}^k)\leqslant f(\boldsymbol{x}^k)+\alpha_1\varepsilon(\nabla \boldsymbol{f}^k)^{\mathrm{T}}\boldsymbol{d}^k \tag{1.6}$$

$$\nabla \boldsymbol{f}(\boldsymbol{x}^k+\varepsilon\boldsymbol{d}^k)^{\mathrm{T}}\boldsymbol{d}_k\geqslant\alpha_2\varepsilon(\nabla \boldsymbol{f}^k)^{\mathrm{T}}\boldsymbol{d}^k \tag{1.7}$$

其中：α_1 和 α_2 都是常数，且 $0<\alpha_1<\alpha_2<1$。

第一个条件［式（1.6）］要求 ε 取值能尽量降低目标函数值，第二个条件［式（1.7）］确保步长不太小，满足式（1.6）和式（1.7）的点称为可行点。

（2）梯度法。梯度法又称为最速下降法，它是一种古老的方法，但由于它的迭代过程简单，使用方便，而且又是理解其他非线性最优化方法的基础，因此非常重要。

假设目标函数 $f(X)$ 具有一阶连续的偏导数，它存在极小点 X^*。以 $X^{(k)}$ 表示极小点的第 k 次近似，为了求其第 $k+1$ 次近似 $X^{(k+1)}$，在 $X^{(k)}$ 点沿方向 $\boldsymbol{D}^{(k)}$ 作射线

$$X=X^{(k)}+\varepsilon\boldsymbol{D}^{(k)}\qquad \varepsilon\geqslant 0 \tag{1.8}$$

将 $f(X)$ 在 $X^{(k)}$ 处作泰勒展开得

$$f(X)=f(X^{(k)}+\varepsilon\boldsymbol{D}^{(k)})=f(X^{(k)})+\varepsilon\nabla \boldsymbol{f}(X^{(k)})^{\mathrm{T}}\boldsymbol{D}^{(k)}+o(\varepsilon) \tag{1.9}$$

其中，函数 $f(X)$ 在 $X^{(k)}$ 点的梯度为

$$\nabla \boldsymbol{f}(X^{(k)})=\left(\frac{\partial f(X^{(k)})}{\partial x_1},\ \frac{\partial f(X^{(k)})}{\partial x_2},\ \cdots,\ \frac{\partial f(X^{(k)})}{\partial x_n}\right)^{\mathrm{T}}$$

可以假设$\nabla \boldsymbol{f}(X^{(k)})\neq 0$［否则 $X^{(k)}$ 已是驻点］，对于充分小的 ε，$o(\varepsilon)$ 是 ε 的高阶无穷小，此时，只要

$$\nabla \boldsymbol{f}(X^{(k)})^{\mathrm{T}}\boldsymbol{D}^{(k)}<0 \tag{1.10}$$

即可保证 $f(X^{(k)}+\varepsilon\boldsymbol{D}^{(k)})<f(X^{(k)})$。因此只要取下一个迭代点 $X^{(k+1)}=X^{(k)}+\varepsilon\boldsymbol{D}^{(k)}$，就可以使目标函数值得到改善（降低）。

下面设法寻找使式（1.10）左端取最小的 $\boldsymbol{D}^{(k)}$。式（1.10）左端可以表示为

$$\nabla \boldsymbol{f}(X^{(k)})^{\mathrm{T}}\boldsymbol{D}^{(k)}=\|\nabla \boldsymbol{f}(X^{(k)})\|\cdot\|\boldsymbol{D}^{(k)}\|\cos\theta \tag{1.11}$$

其中 θ 是向量$\nabla \boldsymbol{f}(X^{(k)})$ 和 $\boldsymbol{D}^{(k)}$ 的夹角。当 $\theta=\pi$ 时 $\cos\theta=-1$，此时，$\nabla \boldsymbol{f}(X^{(k)})^{\mathrm{T}}\boldsymbol{D}^{(k)}<0$ 且其值最小，这个方向是负梯度方向，它是函数值减小最快的方向，梯度法就是采用负梯度方向为搜索方向。

为了得到下一个近似极小点，在选定了搜索方向之后，还要确定步长 ε，验证下式是否满足

$$f(X^{(k)}-\varepsilon\nabla \boldsymbol{f}(X^{(k)}))<f(X^{(k)}) \tag{1.12}$$

若满足，就可以取这个 ε 进行迭代；若不满足，就减小 ε 使上式成立。由于采用了负梯度方向为搜索方向，满足式（1.12）的 ε 总是存在的。

另一种方法是

$$\varepsilon_k:\ \min_{\varepsilon\geqslant 0} f[X^{(k)}-\varepsilon\nabla \boldsymbol{f}(X^{(k)})] \tag{1.13}$$

这可以通过在负梯度方向的一维搜索来确定使 $f(X)$ 最小的 ε_k，这样得到的步长称为最佳步长，因此称采用最佳步长时的梯度法为最速下降法。

下面是梯度法求函数 $f(X)$ 的极小点的步骤。

（1）给定初始点 $X^{(0)}$ 和允许的误差 $\delta>0$，令 $k:=0$。

(2) 计算 $f(X^{(k)})$ 和 $\nabla f(X^{(k)})$，若 $\|\nabla f(X^{(k)})\|^2 \leqslant \delta$，停止迭代，得近似极小点 $X^{(k)}$ 和近似极小值 $f(X^{(k)})$；否则，转入下一步。

(3) 作一维搜索

$$\varepsilon_k: \min_{\varepsilon \geqslant 0} f(X^{(k)} - \varepsilon \nabla f(X^{(k)}))$$

并计算 $X^{(k+1)} = X^{(k)} - \varepsilon_k \nabla f(X^{(k)})$，然后令 $k := k+1$，转回第 (2) 步。

现设 $f(X)$ 具有二阶连续偏导数，将 $f(X^{(k)} - \varepsilon \nabla f(X^{(k)}))$ 在 $X^{(k)}$ 作泰勒展开，有

$$f(X^{(k)} - \varepsilon \nabla f(X^{(k)})) \approx f(X^{(k)}) - \nabla f(X^{(k)})^{\mathrm{T}} \varepsilon \nabla f(X^{(k)}) + \frac{1}{2} \varepsilon \nabla f(X^{(k)})^{\mathrm{T}} \nabla^2 f(X^{(k)}) \varepsilon \nabla f(X^{(k)})$$

关于 ε 求导数，并令其等于零，即可得到近似最佳步长的计算公式为

$$\varepsilon_k = \frac{\nabla f(X^{(k)})^{\mathrm{T}} \nabla f(X^{(k)})}{\nabla f(X^{(k)})^{\mathrm{T}} \nabla^2 f(X^{(k)}) \nabla f(X^{(k)})} \tag{1.14}$$

有时将搜索方向 $\boldsymbol{D}^{(k)}$ 规格化为 1，即取

$$\boldsymbol{D}^{(k)} = -\frac{\nabla f(X^{(k)})}{\|\nabla f(X^{(k)})\|} \tag{1.15}$$

此时式 (1.14) 就变为

$$\varepsilon_k = \frac{\nabla f(X^{(k)})^{\mathrm{T}} \nabla f(X^{(k)}) \|\nabla f(X^{(k)})\|}{\nabla f(X^{(k)})^{\mathrm{T}} \nabla^2 f(X^{(k)}) \nabla f(X^{(k)})} \tag{1.16}$$

例 1.1 用梯度法求无约束极值问题 $\min f(X) = (x_1 - 2)^2 + (x_2 - 1)^2$。

解 取 $\boldsymbol{X}^{(0)} = (0,0)^{\mathrm{T}}$，$\nabla f(X) = [2(x_1 - 2),\ 2(x_2 - 1)]^{\mathrm{T}}$，则

$$\nabla f(X^{(0)}) = (-4,\ -2)^{\mathrm{T}},\ \nabla^2 f(X^{(0)}) = \begin{pmatrix} 2 & 0 \\ 0 & 2 \end{pmatrix}$$

$$\varepsilon_0 = \frac{\nabla f(X^{(0)})^{\mathrm{T}} \nabla f(X^{(0)})}{\nabla f(X^{(0)})^{\mathrm{T}} \nabla^2 f(X^{(0)}) \nabla f(X^{(0)})} = \frac{1}{2}$$

$$X^{(1)} = X^{(0)} - \varepsilon_0 \nabla f(X^{(0)}) = (2,\ 1)^{\mathrm{T}}$$

$$\nabla f(X^{(1)}) = (0,\ 0)^{\mathrm{T}}$$

故 $X^{(1)}$ 为极值点，极小值为 $f(X^{(1)}) = 0$。

需要说明的是，最速下降法通常只是在考虑某点的附近才具有快速下降的性质，当接近于最优点时，收敛速度并不理想，尤其是当目标函数有狭长的低谷时，此种方法效率很低。

(3) 牛顿拉夫逊法。牛顿拉夫逊优化算法又称牛顿法或海森矩阵法。

非线性目标函数可以近似表示为在 x^k 的二阶泰勒级数展开式，即

$$f(x) \approx f(x^k) + [\nabla f(x^k)]^{\mathrm{T}} \Delta x + \frac{1}{2} \Delta x^{\mathrm{T}} \boldsymbol{H}(x^k) \Delta x \tag{1.17}$$

式中：$\boldsymbol{H}(x)$ 为目标函数二阶导数组成的矩阵，称为海森矩阵。

二次函数取得极小值的必要条件是梯度为零

$$\nabla f(x) = \nabla f(x^k) + \boldsymbol{H}(x^k) \Delta x = 0 \tag{1.18}$$

因此，一般迭代的表达式为

$$x^{k+1} = x^k - [\boldsymbol{H}(x^k)]^{-1} \nabla f(x^k) \tag{1.19}$$

值得注意的是：如果非线性目标函数是二次函数，那么海森矩阵将是常数矩阵，这种情况下，目标函数最小值通过一次迭代便可以得到。否则，海森矩阵 $\boldsymbol{H}(x)$ 不是常数，需要多次迭代来获取函数最小值。搜索方向公式为

$$\boldsymbol{D}^k = -[\boldsymbol{H}(x^k)]^{-1} \nabla f(x^k) \tag{1.20}$$

海森矩阵法的优点是收敛速度快，缺点是必须计算海森矩阵的逆矩阵，这将导致昂贵的存储代价和计算负担。

例 1.2　用牛顿法求解无约束极值问题 $\min f(X)=x_1^2+5x_2^2$。

解　任取 $\boldsymbol{X}^{(0)}=(2,1)^{\mathrm{T}}$，$\nabla\boldsymbol{f}(X^{(0)})=(4,10)^{\mathrm{T}}$，$\boldsymbol{H}=\begin{pmatrix}2 & 0\\0 & 10\end{pmatrix}$，$\boldsymbol{H}^{-1}=\begin{pmatrix}\frac{1}{2} & 0\\0 & \frac{1}{10}\end{pmatrix}$，

$\boldsymbol{X}^*=\boldsymbol{X}^{(0)}-\boldsymbol{H}^{-1}\nabla\boldsymbol{f}(X^{(0)})=(0,0)^{\mathrm{T}}$，由 $\nabla\boldsymbol{f}(X^*)=(0,0)^{\mathrm{T}}$ 可知，x^* 确实为极小点。

(4) 基于线性搜索的牛顿拉夫逊优化。此方法应用到梯度 $\boldsymbol{g}(x^k)$ 和海森矩阵 $\boldsymbol{H}(x^k)$，因此要求目标函数在可行域内有连续的一阶和二阶导数，如果二阶导数可以精确且有效计算的话，此方法将十分适用于中大规模数据的问题，并且不需多次调用函数、梯度和海森矩阵。

当海森矩阵正定且牛顿步长可以降低目标函数值时，此方法使用纯牛顿步长。如果海森矩阵非正定，就在海森矩阵加上单位矩阵的倍数来使其正定。每次迭代都使用线性搜索并在搜索方向上寻找目标函数的近似最优解，默认的线性搜索方式是二次插值和三次外推法。

(5) 拟牛顿法。拟牛顿法的特点是使用梯度信息，但不用计算二阶导数，因为二阶导数可以采取其他措施近似得到。该方法适用于中型或稍大型而且梯度计算远比海森矩阵计算要快的优化问题。

此方法在每一次迭代中建立曲率信息来构造以下形式的二次模型问题

$$\min f(x)=b+\boldsymbol{c}^{\mathrm{T}}x+\frac{1}{2}x^{\mathrm{T}}\boldsymbol{H}x \tag{1.21}$$

式中：$\boldsymbol{H}$ 为海森矩阵正定对称矩阵；$\boldsymbol{c}$ 是常数向量；b 是常数。

最优解出现在目标函数对变量 x 的偏微分等于零的点，即

$$\nabla\boldsymbol{f}(x^*)=\boldsymbol{H}x^*+\boldsymbol{c}=0 \tag{1.22}$$

最优点 x^* 可以表示为

$$x^*=-\boldsymbol{H}^{-1}\boldsymbol{c} \tag{1.23}$$

牛顿法（与拟牛顿法相对）直接计算海森矩阵，沿着下降方向在多次迭代之后得到最小值，海森矩阵 $\boldsymbol{H}$ 涉及的计算量很大。而拟牛顿法通过观测 $f(x)$ 和 $\nabla\boldsymbol{f}(x)$ 的变化，建立曲率信息，使用恰当的修正技术来近似得到 $\boldsymbol{H}$，避免了大规模计算。

现有的海森矩阵修正方法有许多，但在这些方法中，拟牛顿法（Broyden-Fletcher-Goldfarb-Shanno，BFGS）公式是公认最有效的方法。BFGS 公式为

$$\boldsymbol{H}^{k+1}=\boldsymbol{H}^k+\frac{q^k(q^k)^{\mathrm{T}}}{(q^k)^{\mathrm{T}}S^k}-\frac{(\boldsymbol{H}^k)^{\mathrm{T}}(S^k)^{\mathrm{T}}S^k\boldsymbol{H}^k}{(S^k)^{\mathrm{T}}\boldsymbol{H}^kS^k} \tag{1.24}$$

其中，

$$S^k=x^{k+1}-x^k \tag{1.25}$$

$$q^k=\nabla\boldsymbol{f}(x^{k+1})-\nabla(x^k) \tag{1.26}$$

初始迭代时，$\boldsymbol{H}^0$ 可以设定为任意正定对称矩阵，例如，单位矩阵。为避免对海森矩阵进行求逆计算，采用一种修正迭代公式，在每一次迭代中对海森矩阵的逆矩阵作近似计算。最常用的就是秩 2 拟牛顿法（Davidon-Fletcher-Powell，DFP）。该公式与 BFGS 法的式（1.24）相似，只需将 q^k 换为 S^k。

梯度信息要么通过解析方法得到，要么通过基于有限差分法的数值积分法求解偏微分导出。这需要依次对变量 x 施加扰动，然后计算目标函数变化率。

在每次迭代 k 中，线性搜索方向可用下式计算

$$d=-(\boldsymbol{H}^k)^{-1}\nabla\boldsymbol{f}(x^k) \tag{1.27}$$

(6) 信赖域优化方法。牛顿优化法的收敛性可以通过使用信赖域（Trust-Region，TR）加强鲁棒性，基于TR的方法产生建立在目标函数二次模型上的一系列步长，定义当前点附近的区域，此区域内认为二次模型可以充分代表目标函数。然后选择一个步长最小化信赖域里的二次模型，同时选取步长的方向和长度，如果步长不可行，则缩小信赖域并产生新的结果。一般而言，当信赖域变化时，步长方向也随着变化。

由于信赖域法使用梯度 $\boldsymbol{g}(x^k)$ 和海森矩阵 $\boldsymbol{H}(x^k)$，所以要求目标函数在可行域里有连续的一阶和二阶导数，通常信赖域问题表示为

$$\min f=\boldsymbol{g}^{\mathrm{T}}(x^k)\boldsymbol{\Delta}x+\frac{1}{2}\boldsymbol{\Delta}x^{\mathrm{T}}\boldsymbol{H}(x^k)\boldsymbol{\Delta}x \tag{1.28}$$

约束条件为

$$\|\boldsymbol{\Delta}x\|\leqslant\delta \tag{1.29}$$

式中：δ 为信赖域半径。

信赖域法的一般思路是通过求解方程式（1.28）和式（1.29）表示的子问题，得到点 y^k，接着计算 y^k 点的目标函数值，并与二次模型的预测值相比较，以此验证信赖域里的点是否代表有效逼近最优结果的过程，因此，信赖域的大小对于每一步长的效率至关重要。

实际应用中，信赖域的大小由迭代过程的演变决定，如果模型足够精确，信赖域逐渐增大以容许更大的步长，否则，模型不够充分，信赖域需缩小。为建立控制信赖域半径大小的算法，定义在第 k 次迭代中进行评估的衰减率为

$$\rho^k=\frac{J(x^k)-J(x^{k+1})}{Q(x^k)-Q(x^{k+1})} \tag{1.30}$$

式中：$J(x^k)$ 和 $Q(x^k)$ 分别为第 k 次迭代的目标函数和相应二次近似模型的加权平方差求和。

(7) 双曲优化法。双曲优化法包含了拟牛顿法和信赖域法的思想，双曲优化法在每一次迭代中计算步长 $\boldsymbol{S}^k$，它是由两部分组成：一部分是最速下降或上升方向 $\boldsymbol{S}_1{}^k$，另一部分是拟牛顿搜索方向 $\boldsymbol{S}_2{}^k$，其线性组合如下

$$\boldsymbol{S}^k=\alpha_1\boldsymbol{S}_1^k+\alpha_2\boldsymbol{S}_2^k \tag{1.31}$$

步长要求保留在预先指定的信赖域半径范围内，双曲优化技术适用于中等规模或稍大规模，且目标函数和梯度的计算远比海森矩阵快的优化问题。

(8) 共轭梯度法。如前所述，最速下降法（梯度法）计算步骤简单，但收敛速度慢，而牛顿法收敛速度快，但需要计算二阶导数及其逆阵，计算量和存储量都很大。因此人们要寻找一种好的算法，这种算法能够既具有牛顿法收敛速度快的优点，又有最速下降法计算简单的优点，这就是共轭方向法。共轭梯度法是其中一种利用梯度生成共轭方向的共轭方向法。

共轭意味着两个不等向量 $\boldsymbol{S}_i$ 和 $\boldsymbol{S}_j$ 对于任意一个正定对称矩阵是正交的，以 $\boldsymbol{Q}$ 为例，即

$$\boldsymbol{S}_i^{\mathrm{T}}\boldsymbol{Q}\boldsymbol{S}_j=0 \tag{1.32}$$

这可以看成是一种广义正交，其中 $\boldsymbol{Q}$ 是单位矩阵。该方法的思想是通过式（1.32）使得每一个搜索方向 $\boldsymbol{S}_i$ 都依赖于其他搜索方向，以此寻找函数 $f(x)$ 的最小值。这样形成的搜索方向集合称为 $\boldsymbol{Q}$ 正交或共轭集，可以实现在最多 n 次精确线性搜索后使得正定 n 维二次函数收敛到最小点。这种方法通常称为共轭方向法。

共轭梯度法是共轭方向法的一种特殊形式，其共轭集由梯度向量产生，这是个明智的选择，因为梯度向量已经在最速下降法中证明了它的适用性，并且这些梯度向量还与之前的搜索方向正交。因此，可以选取共轭方向为

$$S^{k+1}=-\nabla f(x^{k+1})+\beta^k S^k \tag{1.33}$$

其中，β^k 参数通过共轭梯度法 Fletcher-Reeves 公式得到

$$\beta^k=\frac{[\nabla f(x^{k+1})]^{\mathrm{T}}\nabla f(x^{k+1})}{[\nabla f(x^k)]^{\mathrm{T}}\nabla f(x^k)} \tag{1.34}$$

最优搜索步长计算为

$$\varepsilon^{*k}=-\frac{[\nabla f(x^k)]^{\mathrm{T}}S^k}{(S^k)^{\mathrm{T}}H(x^k)S^k} \tag{1.35}$$

在 n 次连续迭代中，如果没有任何中断而重新计算的话，共轭梯度法将在一个周期内计算 n 个共轭搜索方向。在每次迭代中，线性搜索都沿着搜索方向寻找目标函数的近似最优解。通常线性搜索方法使用二次插值和三次外推法来计算得到满足 Goldstein 条件的步长 ε。如果可行域定义了步长上界，Goldstein 的一个条件可能会不满足。

1.1.1.3　约束非线性规划算法

（1）可行下降方向。

1）起作用约束。假设 $X^{(0)}$ 是可行域 R 中非线性规划问题的一个可行解，即它满足所有约束条件。对于某一个约束条件 $g_j(X)\geqslant 0$ 来说，$X^{(0)}$ 满足有两种情况：一种情况是 $g_j(X^{(0)})>0$，这时 $X^{(0)}$ 不在由这个约束条件形成的可行域的边界 $g_j(X)=0$ 上，称这一约束为 $X^{(0)}$ 点的不起作用的约束（或无效约束）；另一种情况是 $g_j(X^{(0)})=0$，这时 $X^{(0)}$ 处于由这个约束条件形成的可行域的边界 $g_j(X)=0$ 上，称这一约束为 $X^{(0)}$ 点的起作用的约束（或有效约束）。显然，等式约束条件是对所有的可行点都起约束作用。

2）可行方向。设 $X^{(0)}$ 是任一个可行点，对某一方向 $\boldsymbol{D}$（它也是一个向量）来说，若存在实数 $\lambda_0\geqslant 0$，使得对于任意的 $\lambda\in[0,\lambda_0]$ 均有下式成立

$$X^{(0)}+\lambda\boldsymbol{D}\in R=\{X\,|\,g_j(X)\geqslant 0\quad j=1,2,\cdots,l\} \tag{1.36}$$

称方向 $\boldsymbol{D}$ 为点 $X^{(0)}$ 的可行方向。

设

$$J=\{j\,|\,g_j(X^{(0)})=0,\ 1\leqslant j\leqslant l\} \tag{1.37}$$

即 J 是 $X^{(0)}$ 点所有起作用约束下的集合。

显然，若 $\boldsymbol{D}$ 为点 $X^{(0)}$ 的可行方向，则存在实数 $\lambda_0\geqslant 0$，使得对于任意的 $\lambda\in[0,\lambda_0]$ 均有下式成立

$$g_j(X^{(0)}+\lambda\boldsymbol{D})\geqslant 0=g_j(X^{(0)})\quad j\in J \tag{1.38}$$

从而

$$\left.\frac{\mathrm{d}g_j(X^{(0)}+\lambda\boldsymbol{D})}{\mathrm{d}\lambda}\right|_{\lambda=0}=\nabla g_j(X^{(0)})\boldsymbol{D}\geqslant 0\quad j\in J \tag{1.39}$$

另外，由泰勒公式可得

$$g_j(X^{(0)}+\lambda\boldsymbol{D})=g_j(X^{(0)})+\lambda\nabla g_j(X^{(0)})^{\mathrm{T}}\boldsymbol{D}+o(\lambda) \tag{1.40}$$

对 $X^{(0)}$ 点起作用的约束，当 $\lambda>0$ 足够小时，只要

$$\nabla g_j(X^{(0)})^{\mathrm{T}}\boldsymbol{D}>0\quad j\in J \tag{1.41}$$

就有

$$g_j(X^{(0)}+\lambda\boldsymbol{D})\geqslant 0\quad j\in J$$

此外，对 $X^{(0)}$ 点不起作用的约束，$g_j(X^{(0)})>0$，由 $g_j(X)$ 的连续性，当 $\lambda>0$ 足够小时，也有

$$g_j(X^{(0)}+\lambda\boldsymbol{D})\geqslant 0\quad j\notin J$$

从而，只要方向 $\boldsymbol{D}$ 满足式（1.41），即可保证 $\boldsymbol{D}$ 为 $X^{(0)}$ 的可行方向。

3）下降方向。设 $X^{(0)}\in R$，对某一方向 $\boldsymbol{D}$ 来说，若存在实数 $\lambda_0'\geqslant 0$，使得对于任意的 $\lambda\in[0,\lambda_0']$ 均有下式成立

$$f(X^{(0)}+\lambda\boldsymbol{D})<f(X^{(0)}) \tag{1.42}$$

则称方向 $\boldsymbol{D}$ 为点 $X^{(0)}$ 的一个下降方向。

由泰勒公式可得

$$f(X^{(0)}+\lambda\boldsymbol{D})=f(X^{(0)})+\lambda\nabla\boldsymbol{f}(X^{(0)})^{\mathrm{T}}\boldsymbol{D}+o(\lambda) \tag{1.43}$$

当 $\lambda>0$ 足够小时，只要

$$\nabla\boldsymbol{f}(X^{(0)})^{\mathrm{T}}\boldsymbol{D}<0 \tag{1.44}$$

就有 $f(X^{(0)}+\lambda\boldsymbol{D})<f(X^{(0)})$，这说明只要方向 $\boldsymbol{D}$ 满足式（1.44）时，即可保证 $\boldsymbol{D}$ 是点 $X^{(0)}$ 的一个下降方向。

4）可行下降方向。若 $\boldsymbol{D}$ 既是点 $X^{(0)}$ 的一个可行方向 1 又是下降方向，则称它为可行下降方向。设 $X^{(0)}$ 不是极小点，为了求其极小点，继续搜索时应当沿该点的可行下降方向进行。显然，对于某一点 $X^{(0)}$ 来说，若该点不存在可行下降方向，它就可能是局部极小点；若存在可行下降方向，它当然就不是极小点。

（2）拉格朗日乘子法。乘子法是把约束极值问题化为一系列无约束问题来求解的一种算法，同时也是在原始罚函数法的基础上发展起来的一种很有用的罚函数法。拉格朗日乘子法是一种特殊的乘子法。

具有 M 个约束条件的优化问题可以描述为

$$\min f(x_i)\qquad i=1,\ 2,\ \cdots,\ p \tag{1.45}$$

约束条件

$$h_1(x_i)=0\qquad i=1,\ 2,\ \cdots,\ p \tag{1.46}$$

$$h_2(x_i)=0\qquad i=1,\ 2,\ \cdots,\ p \tag{1.47}$$

……

$$h_M(x_i)=0\qquad i=1,\ 2,\ \cdots,\ p \tag{1.48}$$

拉格朗日乘子法最优点具备函数和约束的梯度线性相关的特性，即

$$\nabla\boldsymbol{f}-\lambda_1\nabla\boldsymbol{h}_1-\lambda_2\nabla\boldsymbol{h}_2\cdots-\lambda_M\nabla\boldsymbol{h}_M=0 \tag{1.49}$$

式中：标量 λ 为拉格朗日算子。

除此之外，可以根据式（1.45）～式（1.48），拉格朗日方程表示为

$$L(x_i,\ \lambda_M)=f(x_i)-\lambda_1 h_1(x_i)-\lambda_2 h_2(x_i)\cdots-\lambda_M h_M(x_i)\quad i=1,\ 2,\ \cdots,\ p \tag{1.50}$$

为满足约束条件式（1.49），使拉格朗日函数对每一个未知变量 x_1，x_2，…，x_P 和 λ_1，λ_2，…，λ_M 的偏微分等于零，即

$$\frac{\partial L}{\partial x_1}=0;\ \frac{\partial L}{\partial x_2}=0\cdots;\ \frac{\partial L}{\partial x_P}=0$$

$$\frac{\partial L}{\partial \lambda_1}=0;\ \frac{\partial L}{\partial \lambda_2}=0\cdots;\ \frac{\partial L}{\partial \lambda_M}=0 \tag{1.51}$$

如果构造如下增广拉格朗日函数

$$L(x,\ \lambda)=f(x)-\sum_{j=1}^{p}\lambda_j h_j(x)+\frac{c}{2}\sum_{j=1}^{p}(h_j(x))^2 \tag{1.52}$$

则问题

$$\min_{x,\ \lambda} L(x,\ \lambda) \tag{1.53}$$

最优解 x^* 应满足

$$\begin{cases}\nabla_x L(x^*,\lambda^*)=0\\ \nabla_\lambda L(x^*,\lambda^*)=0\end{cases}\tag{1.54}$$

在式（1.52）中，当 $c=0$ 时，$L(x,\lambda)$ 是经典的拉格朗日函数，其方法称为拉格朗日乘子法。当 $\lambda_j=0$ 时，式（1.52）是外罚函数，因此一般称式（1.52）为增广拉格朗日函数，其方法也称为一般乘子法。等式约束问题乘子法步骤如下。

对于给定的 λ_j^k、c，设 x^k 为 $L(x,\lambda^k)$ 的极小点，则 $\forall x\in R^n$ 有

$$L(x,\lambda^k)\geqslant L(x^k,\lambda^k)\tag{1.55}$$

即

$$f(x)-\sum_{j=1}^{p}\lambda_j^k h_j(x)+\frac{c}{2}\sum_{j=1}^{p}(h_j(x)^2)\geqslant f(x^k)-\sum_{j=1}^{p}\lambda_j^k h_j(x^k)+\frac{c}{2}\sum_{j=1}^{p}(h_j(x^k))^2\tag{1.56}$$

于是当 $h_j(x)=h_j(x^k)$时有 $f(x)-f(x^k)\geqslant 0$，$\forall x\in R^n$，这就是说，$L(x,\lambda^k)$ 的最优解 x^k 是问题

$$\begin{cases}\min f(x)\\ \text{s.t.}\ h_j(x)=h_j(x^k)\quad j=1,2,\cdots,p\end{cases}\tag{1.57}$$

最优解。于是当 x^k 近似满足约束 $h_j(x)=0$ 时就得到了问题的最优解。因此，可预先给定 λ^k、c，求解问题 $\min L(x,\lambda^k)$，当得到的 x^k 满足$|h_j(x^k)|\leqslant\varepsilon$（$j=1,2,\cdots,p$）时，就得到了式（1.45）～式（1.48）的最优解。

例 1.3 用乘子法求解下列问题

$$\min 2x_1^2+x_2^2-2x_1x_2$$
$$\text{s.t.}\ h(x)=x_1+x_2-1=0$$

解 首先构成增广拉格朗日函数

$$L(x,\lambda,c)=2x_1^2+x_2^2-2x_1x_2-\lambda(x_1+x_2-1)+\frac{c}{2}(x_1+x_2-1)^2$$

取罚因子 $c=2$，令拉格朗日乘子的初始估计 $\lambda^{(1)}=1$，由此出发求最优乘子及问题的最优解。

以下用解析方法求函数 $L(x,\lambda,c)$ 的极小点。

第 1 次迭代：容易求得 $L(x,\lambda^{(1)},c)$ 的极小点为

$$\boldsymbol{x}^{(1)}=\begin{bmatrix}\dfrac{1}{2}\\[2mm]\dfrac{3}{4}\end{bmatrix}$$

第 k 次迭代：取乘子 $\lambda^{(k)}$，增广拉格朗日函数 $L(x,\lambda^{(k)},c)$ 的极小点为

$$\boldsymbol{x}^{(k)}=\begin{bmatrix}(\lambda^{(k)}+2)/6\\ (\lambda^{(k)}+2)/4\end{bmatrix}$$

现在通过修正 $\lambda^{(k)}$ 求 $\lambda^{(k+1)}$，由式（1.52），有

$$\lambda^{(k+1)}=\lambda^{(k)}-\mathrm{c}h(x^{(k)})=\lambda^{(k)}-2\left(\frac{\lambda^{(k)}+2}{6}+\frac{\lambda^{(k)}+2}{4}-1\right)=\frac{\lambda^{(k)}+2}{6}$$

易证当 $k\to\infty$时，序列$\{\lambda^{(k)}\}$收敛，且

$$\lim_{k\to\infty}\lambda^{(k)}=\frac{2}{5}$$

同时 $x_1^{(k)}\to\frac{2}{5}$，$x_2^{(k)}\to\frac{3}{5}$，得到最优乘子 $\bar{\lambda}=\frac{2}{5}$。

问题的最优解

$$\bar{\boldsymbol{x}}=\begin{bmatrix}\frac{2}{5}\\ \frac{3}{5}\end{bmatrix}$$

值得注意的是，在实际计算中，应注意 c 的取值，如果 c 太大，则会给计算带来困难；如果 c 太小，则收敛减慢，甚至出现不收敛情形。

(3) 库恩-塔克（Kuhn-Tucker）条件。库恩-塔克条件是非线性规划领域中最重要的理论成果之一，具有很重要的理论价值。

如果优化问题涉及不等式约束条件，则最优点满足 Kuhn-Tucker 条件，描述如下

$$\min f(x_i)\qquad i=1,\ 2,\ \cdots,\ N \tag{1.58}$$

约束条件为

$$h_j(x_i)=0\qquad j=1,\ 2,\ \cdots,\ M_h \tag{1.59}$$

$$g_j(x_i)\leqslant 0\qquad j=1,\ 2,\ \cdots,\ M_g \tag{1.60}$$

基于式（1.58）～式（1.60）的拉格朗日函数表示为

$$L(x,\ \lambda,\ \mu)=f(x)+\sum_{j=1}^{M_h}\lambda_j h_j(x)+\sum_{j=1}^{M_g}\mu_j g_j(x) \tag{1.61}$$

最优点 x^*，λ^*，μ^* 的 Kuhn-Tucker 条件是

1) $\frac{\partial L}{\partial x_i}(x^*,\lambda^*,\mu^*)=0$ $(i=1,\ 2,\ \cdots,\ N)$。

2) $h_j(x^*)=0$ $(j=1,\ 2,\ \cdots,\ M_h)$。

3) $g_j(x^*)\leqslant 0$ $(j=1,\ 2,\ \cdots,\ M_g)$。

4) $\mu_j^* g_j(x^*)=0$ $(\mu_j^*\geqslant 0,\ j=1,\ 2,\ \cdots,\ M_g)$。

条件 1）是拉格朗日函数在最优点的偏微分集等于零，条件 2）、3）是原问题约束条件的重述，条件 4）是补充的松弛条件，由于乘积 $\mu_j^* g_j(x^*)$ 等于零，要么 μ_j^* 等于零或者 $g_j(x^*)$ 等于零或两者都等于零。如果 μ_j^* 等于零，则 $g_j(x^*)$ 没有约束力；如果 μ_j^* 是正数，则 $g_j(x^*)$ 必等于零。因此，不等式约束是否起作用取决于 μ_j^* 的数值。

库恩-塔克条件是确定某点为最优点的必要条件，只要是最优点，且此处其作用的约束的梯度是线性无关的，就必然满足这个条件。但是一般说来它不是充分条件，因而满足这个条件的点不一定是最优点。可是对于凸规划，这个条件是一个充分必要条件。

例 1.4 用库恩-塔克条件解如下非线性规划问题。

$$\begin{cases}\max f(x)=(x-4)^2\\ 1\leqslant x\leqslant 6\end{cases}$$

解 先将问题变为如下形式

$$\begin{cases}\min(-f(x))=-(x-4)^2\\ g_1(x)=x-1\geqslant 0\\ g_2(x)=6-x\geqslant 0\end{cases}$$

构造拉格朗日函数 $F(x,\mu_1,\mu_2)=-f(x)-\mu_1 g_1(x)-\mu_2 g_2(x)$，分别对 x，μ_1，μ_2 求导数有 $[\nabla f(x)=-2(x-4)$，$\nabla g_1(x)=1$，$\nabla g_2(x)=-1]$

$$\begin{cases}-2(x^*-4)-\mu_1^*+\mu_2^*=0\\ \mu_1^*(x^*-1)=0\\ \mu_2^*(6-x^*)=0\\ \mu_1^*\geqslant 0,\ \mu_2^*\geqslant 0\end{cases}$$

解该方程组，需分别考虑以下几种情况。

(1) $\mu_1^*>0$，$\mu_2^*>0$：无解。

(2) $\mu_1^*>0$，$\mu_2^*=0$：$x^*=1$，$f(x^*)=9$。

(3) $\mu_1^*=0$，$\mu_2^*=0$：$x^*=4$，$f(x^*)=0$。

(4) $\mu_1^*=0$，$\mu_2^*>0$：$x^*=6$，$f(x^*)=4$。

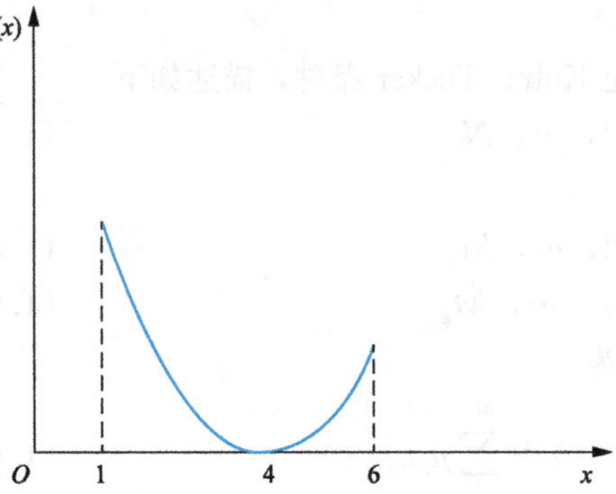

图 1.1　例 1.4 的库恩-塔克点

对应于情况 (2)～(4) 得到了三个库恩-塔克点如图 1.1 所示，其中 $x^*=1$ 和 $x^*=6$ 是极大点，而 $x^*=1$ 为最大点，最大值为 $f(x^*)=9$，$x^*=4$ 为极小点。

(4) 罚函数法。考虑如下非线性规划问题

$$\begin{cases}\min f(X) & X\in R\\ g_j(X)\geqslant 0 & j=1,\ 2,\ \cdots,\ l\end{cases}\tag{1.62}$$

构造函数

$$\psi(t)=\begin{cases}0 & t\geqslant 0\\ \infty & t<0\end{cases}\tag{1.63}$$

现在将某一约束函数 $g_j(X)$ 视为 t，显然，当 X 满足该约束时，$g_j(X)\geqslant 0$，从而 $\psi(g_j(X))=0$；当 X 不满足该约束时，$g_j(X)<0$，$\psi(g_j(X))=\infty$；将各个约束条件的上述函数加到非线性规划［式(1.62)］目标函数中，得到一个新的函数为

$$\varphi(X)=f(X)+\sum_{j=1}^{l}\psi(g_j(X))\tag{1.64}$$

以上式为新的目标函数，求解无约束问题为

$$\min\varphi(X)=f(X)+\sum_{j=1}^{l}\psi(g_j(X))\tag{1.65}$$

假定问题［式(1.65)］的极小点为 X^*，由式 (1.63) 可知必有 $g_j(X^*)\geqslant 0$（对所有的 j），即 $X^*\in R$。从而 X^* 不仅是问题［式(1.65)］的极小点，它同时也是原来非线性规划［式 (1.62)］的极小点。通过这种方法即可将解非线性规划［式(1.62)］转化为求解无约束极值问题［式(1.65)］。

值得注意的是，如上述方法构造的函数 $\psi(t)$ 在 $t=0$ 处不连续，更没有导数，这就无法使用很多有效的方法进行求解。为此将该函数作如下修改

$$\psi(t)=\begin{cases}0 & t\geqslant 0\\ t^2 & t<0\end{cases}\tag{1.66}$$

修改后的函数 $\psi(t)$，当 $t\geqslant 0$ 时导数等于零，当 $t<0$ 时导数等于 $2t$，而且 $\psi(t)$ 和 $\psi'(t)$ 对任意 t 都连续。当 $X\in R$ 时仍有

$$\sum_{j=1}^{l}\psi(g_j(X))=0$$

当 $X\notin R$ 时

$$0<\sum_{j=1}^{l}\psi(g_j(X))<\infty$$

这时问题［式(1.65)］的极小点不一定是非线性规划原问题［式(1.62)］的极小点。

但是，如果选取很大的实数 $M>0$，将式（1.64）改为

$$P(X,M)=f(X)+M\sum_{j=1}^{l}\psi(g_j(X)) \tag{1.67}$$

当 $X\in R$ 时，$P(X,M)=f(X)$；当 $X\notin R$ 时，由于 $M>0$ 很大，将使 $M\sum_{j=1}^{l}\psi(g_j(X))$ 很大，从而使 $P(X,M)$ 的值也很大，即惩罚越厉害（注意对可行点没有也不应有惩罚作用）。由此可以想象，当 $M>0$ 足够大时，相应于这样的 M 值，式（1.67）的无约束极小点 $X(M)$，就会和原来的约束问题的极小点足够接近。而当 $X(M)\in R$ 时，它就成为原约束问题的极小点。

这种方法称为罚函数法，M 称为罚因子，$M\sum_{j=1}^{l}\psi(g_j(X))$ 为惩罚项，$P(X,M)$ 为罚函数。

式（1.67）也可以改写为另一种形式

$$P(X,M)=f(X)+M\sum_{j=1}^{l}[\min(0,g_j(X))]^2 \tag{1.68}$$

和式（1.67）一样，当 $X\in R$ 时 $P(X,M)=f(X)$；当 $X\notin R$ 时有

$$P(X,M)=f(X)+M\sum_{j=1}^{l}[g_j(X)]^2$$

显然，式（1.67）与式（1.68）等价。

由于罚函数法在达到最优解之前迭代点往往处于可行域之外，故常把上述罚函数法称为外点法。

和不等式约束问题类似，对于等式约束问题，即

$$\begin{cases}\min f(X) & X\in R\\ h_j(X)=0 & i=1,2,\cdots,m\end{cases} \tag{1.69}$$

采用罚函数

$$P(X,M)=f(X)+M\sum_{i=1}^{m}[h_i(X)]^2 \tag{1.70}$$

对于既包含等式约束，又包含不等式约束的一般非线性规划问题，其罚函数可取

$$P(X,M)=f(X)+M\sum_{i=1}^{m}[h_i(X)]^2+M\sum_{j=1}^{l}[\min(0,g_j(X))]^2 \tag{1.71}$$

罚函数法的迭代步骤如下。

（1）取一个罚因子 $M_1>0$（比如说取 $M_1=1$），允许误差 $\varepsilon>0$，并令 $k:=1$。

（2）求下述无约束极值问题的最优解

$$\min P(X,M_k)$$

其中，$P(X,M_k)$ 可取式（1.67）或式（1.68）。设其极小点为 $X^{(k)}$。

（3）若存在某一个 $j(1\leqslant j\leqslant l)$，有

$$-g_j(X)>\varepsilon$$

或存在某一个 $i(1\leqslant i\leqslant m)$，有

$$|h_i(X^{(k)})|>\varepsilon$$

则取 $M_{k+1}>M_k$。然后转回步骤（2），否则停止迭代，得到所要的 $X^{(k)}$。

例 1.5　用罚函数法求解

$$\begin{cases}\min f(x)=\left(x-\dfrac{1}{2}\right)^2\\ x\leqslant 0\end{cases}$$

解　构造罚函数

$$P(x,M)=f(x)+M[\min(0,g(x))]^2=\left(x-\frac{1}{2}\right)^2+M[\min(0,-x)]^2$$

对固定的 M，令

$$\frac{dP(x,M)}{dx}=2\left(x-\frac{1}{2}\right)-2M[\min(0,-x)]=0$$

对于不满足约束条件的点 $x>0$，有

$$2\left(x-\frac{1}{2}\right)+2Mx=0$$

从而，求得极小点为

$$x(M)=\frac{1}{2(1+M)}$$

当 $M=0$ 时，$x(M)=\frac{1}{2}$；当 $M=1$ 时，$x(M)=\frac{1}{4}$。

当 $M=10$ 时，$x(M)=\frac{1}{22}$；当 $M\to\infty$ 时，$x(M)\to 0$。

说明原约束问题的极小点为 $x^*=0$。

(5) 拉格朗日-牛顿法。考虑等式约束最优化问题

$$\begin{aligned}&\min f(x)\\&\text{s.t. } h_j(x)=0\quad j=1,\cdots,l\end{aligned}\tag{1.72}$$

式 (1.72) 的拉格朗日函数为

$$L(x,\lambda)=f(x)-\lambda^{\mathrm{T}}h(x)$$

令 $\boldsymbol{A}(x)$ 表示 $h(x)$ 在 x 处的雅可比 (Jacobi) 矩阵，即

$$\boldsymbol{A}(x)=\frac{\partial h}{\partial x}=\begin{bmatrix}\frac{\partial h_1(x)}{\partial x_1} & \cdots & \frac{\partial h_1(x)}{\partial x_n}\\ \vdots & & \vdots\\ \frac{\partial h_l(x)}{\partial x_1} & \cdots & \frac{\partial h_l(x)}{\partial x_n}\end{bmatrix}$$

设 x^* 为式 (1.72) 的解且 $\boldsymbol{A}(x^*)$ 行满秩，则存在 λ^* 使得 (x^*,λ^*) 是式 (1.72) 的库恩-塔克 (K-T) 点，即

$$F(x,\lambda)=\begin{bmatrix}\boldsymbol{\nabla}_x\boldsymbol{L}(x,\lambda)\\ h(x)\end{bmatrix}=\begin{bmatrix}\boldsymbol{\nabla f}(x)-\boldsymbol{A}(x)^{\mathrm{T}}\lambda\\ h(x)\end{bmatrix}=0\tag{1.73}$$

令 $W(x,\lambda)=\boldsymbol{\nabla}_x^2\boldsymbol{L}(x,\lambda)$，则函数 $F(x,\lambda)$ 的 Jacobi 矩阵为

$$\begin{bmatrix}W(x,\lambda) & -\boldsymbol{A}(x)^{\mathrm{T}}\\ \boldsymbol{A}(x) & 0\end{bmatrix}$$

求解非线性方程组式 (1.73) 的牛顿 (Newton) 迭代公式为

$$\begin{bmatrix}x^{(k+1)}\\ \lambda^{(k+1)}\end{bmatrix}=\begin{bmatrix}x^{(k)}\\ \lambda^{(k)}\end{bmatrix}+\begin{bmatrix}d^{(k)}\\ d_\lambda^{(k)}\end{bmatrix}\tag{1.74}$$

其中 $\begin{bmatrix}d^{(k)}\\ d_\lambda^{(k)}\end{bmatrix}$ 是如下线性方程组的解

$$\begin{bmatrix}W(x^{(k)},\lambda^{(k)}) & -\boldsymbol{A}(x^{(k)})^{\mathrm{T}}\\ \boldsymbol{A}(x^{(k)}) & 0\end{bmatrix}\begin{bmatrix}d\\ d_\lambda\end{bmatrix}=-\begin{bmatrix}\boldsymbol{\nabla f}(x^{(k)})-\boldsymbol{A}(x^{(k)})^{\mathrm{T}}\lambda^{(k)}\\ h(x^{(k)})\end{bmatrix}\tag{1.75}$$

由式（1.74）、式（1.75）建立的求解约束最优化问题[式(1.72)] 的算法称为拉格朗日-牛顿法。

1.1.2 二次规划方法

1.1.2.1 二次规划数学模型

二次规划（Quadratic Programming，QP）是非线性规划的一种特殊类型，它的目标函数是二次的，而约束条件是线性的。在电网经济运行问题尤其是有功经济调度问题中，可选发电机发电费用或煤耗曲线为目标函数，而且常采用二次函数形式。另外，电网经济运行模型中的约束条件可经过线性化处理，从而将问题转变为二次规划模型。

二次规划问题可以表述成如下标准形式

$$\begin{cases}\min \quad f(x)=\frac{1}{2}x^{\mathrm{T}}\boldsymbol{H}x+\boldsymbol{c}^{\mathrm{T}}x \\ \text{s. t.} \quad \boldsymbol{A}x\geqslant \boldsymbol{b}\end{cases} \tag{1.76}$$

式中：$\boldsymbol{H}\in R^{n\times n}$ 为 n 阶实对称矩阵；$\boldsymbol{A}$ 为 $m\times n$ 维矩阵；$\boldsymbol{c}$ 为 n 维列向量；$\boldsymbol{b}$ 为 m 维列向量。

特别的，当 $\boldsymbol{H}$ 正定时，目标函数为凸函数，线性约束下可行域又是凸集，此时该问题称为凸二次规划。凸二次规划是一种最简单的非线性规划，且具有如下性质：

（1）K-T 条件不仅是最优解的必要条件，而且是充分条件。

（2）局部最优解就是全局最优解。

在实际应用中，常遇到二次规划问题只有等式约束，即

$$\begin{cases}\min \quad f(x)=\frac{1}{2}x^{\mathrm{T}}\boldsymbol{H}x+\boldsymbol{c}^{\mathrm{T}}x \\ \text{s. t.} \quad \boldsymbol{A}x=\boldsymbol{b}\end{cases} \tag{1.77}$$

这种特殊二次规划问题更容易求解。

1.1.2.2 求解二次规划问题的直接消去法

最简单、最直接的方法是利用约束来消去部分变量，把只有等式约束的二次规划问题[式(1.77)] 转化成无约束问题，这一方法称为直接消去法。

将 $\boldsymbol{A}$ 分解成为如下形式

$$\boldsymbol{A}=(\boldsymbol{B},\ \boldsymbol{N})$$

其中 $\boldsymbol{B}$ 为基矩阵，相应地将 $\boldsymbol{x}$，$\boldsymbol{c}$，$\boldsymbol{H}$ 作如下分块

$$\boldsymbol{x}=\begin{bmatrix}\boldsymbol{x}_{\mathrm{B}}\\ \boldsymbol{x}_{\mathrm{N}}\end{bmatrix},\ \boldsymbol{c}=\begin{bmatrix}\boldsymbol{c}_{\mathrm{B}}\\ \boldsymbol{c}_{\mathrm{N}}\end{bmatrix},\ \boldsymbol{H}=\begin{bmatrix}\boldsymbol{H}_{11} & \boldsymbol{H}_{12}\\ \boldsymbol{H}_{21} & \boldsymbol{H}_{22}\end{bmatrix}$$

其中 $\boldsymbol{H}_{11}$ 为 $m\times m$ 维矩阵。这样，式（1.77）的约束条件变为

$$\boldsymbol{B}\boldsymbol{x}_{\mathrm{B}}+\boldsymbol{N}\boldsymbol{x}_{\mathrm{N}}=\boldsymbol{b} \tag{1.78}$$

即

$$\boldsymbol{x}_{\mathrm{B}}=\boldsymbol{B}^{-1}\boldsymbol{b}-\boldsymbol{B}^{-1}\boldsymbol{N}\boldsymbol{x}_{\mathrm{N}} \tag{1.79}$$

将式（1.78）代入 $f(\boldsymbol{x})$ 中就得到与式（1.77）等价的无约束问题

$$\min\varphi(x_{\mathrm{N}})=\frac{1}{2}\boldsymbol{x}_{\mathrm{N}}^{\mathrm{T}}\hat{\boldsymbol{H}}_2\boldsymbol{x}_{\mathrm{N}}+\hat{\boldsymbol{c}}_{\mathrm{N}}^{\mathrm{T}}\boldsymbol{x}_{\mathrm{N}} \tag{1.80}$$

其中

$$\begin{aligned}\hat{\boldsymbol{H}}_2&=\boldsymbol{H}_{22}-\boldsymbol{H}_{21}\boldsymbol{B}^{-1}\boldsymbol{N}-\boldsymbol{N}^{\mathrm{T}}(\boldsymbol{B}^{-1})^{\mathrm{T}}\boldsymbol{H}_{12}+\boldsymbol{N}^{\mathrm{T}}(\boldsymbol{B}^{-1})^{\mathrm{T}}\boldsymbol{H}_{11}\boldsymbol{B}^{-1}\boldsymbol{N}\\ \hat{\boldsymbol{c}}_{\mathrm{N}}&=\boldsymbol{c}_{\mathrm{N}}-\boldsymbol{N}^{\mathrm{T}}(\boldsymbol{B}^{-1})^{\mathrm{T}}\boldsymbol{c}_{\mathrm{B}}+(\boldsymbol{H}_{21}-\boldsymbol{N}^{\mathrm{T}}(\boldsymbol{B}^{-1})^{\mathrm{T}}\boldsymbol{H}_{11})\boldsymbol{B}^{-1}\boldsymbol{b}\end{aligned} \tag{1.81}$$

如果 $\hat{\boldsymbol{H}}_2$ 正定，则式（1.80）的最优解为

$$x_N^* = -\hat{H}_2^{-1}\hat{c}_N$$

此时，式（1.77）的解为

$$x^* = \begin{bmatrix} x_B^* \\ x_N^* \end{bmatrix} = \begin{bmatrix} B^{-1}b \\ 0 \end{bmatrix} + \begin{bmatrix} B^{-1}N \\ -I \end{bmatrix} \hat{H}_2^{-1}\hat{c}_N \tag{1.82}$$

记点 x^* 处的拉格朗日乘子为 λ^*，则有

$$A^T\lambda^* = \nabla f(x^*) = Hx^* + c \tag{1.83}$$

$$\lambda^* = (B^{-1})^T(H_{11}x_B^* + H_{12}x_N^* + c_B) \tag{1.84}$$

如果 $\hat{H}_2$ 半正定且式（1.80）无下界，或者 $\hat{H}_2$ 有负特征值，则式（1.77）不存在有限解。

例 1.6 求解二次规划问题

$$\begin{cases} \min & f(x) = x_1^2 + x_2^2 + x_3^2 \\ \text{s.t.} & x_1 + 2x_2 - x_3 = 4 \\ & x_1 - x_2 + x_3 = -2 \end{cases}$$

解 首先将约束写成

$$\begin{cases} x_1 + 2x_2 = 4 + x_3 \\ x_1 - x_2 = -2 - x_3 \end{cases}$$

通过高斯消元法可得

$$\begin{cases} x_1 = -\dfrac{1}{3}x_3 \\ x_2 = 2 + \dfrac{2}{3}x_3 \end{cases}$$

代入 $f(x)$ 中可得到等价的无约束问题

$$\min\varphi(x_3) = \frac{14}{9}x_3^2 + \frac{8}{3}x_3 + 4$$

由标准形式可知 $\hat{H}_2 = \left(\dfrac{28}{9}\right)$，显然为正定，故求其极值只需令其梯度为0。

$$\nabla\varphi(x_3) = \frac{28}{9}x_3 + \frac{8}{3} = 0$$

故可求得问题的唯一最优解为

$$x^* = (x_1^*, x_2^*, x_3^*)^T = \left(\frac{2}{7}, \frac{10}{7}, -\frac{6}{7}\right)^T$$

再利用 $A^T\lambda^* = \nabla f(x^*) = Hx^* + c$，即

$$\begin{bmatrix} 1 & 1 \\ 2 & -1 \\ -1 & 1 \end{bmatrix} \begin{bmatrix} \lambda_1^* \\ \lambda_2^* \end{bmatrix} = \begin{bmatrix} 2 & 0 & 0 \\ 0 & 2 & 0 \\ 0 & 0 & 2 \end{bmatrix} \begin{bmatrix} \dfrac{2}{7} & \dfrac{10}{7} & -\dfrac{6}{7} \end{bmatrix}^T$$

可以求得

$$\lambda_1^* = \frac{8}{7}, \ \lambda_2^* = -\frac{4}{7}$$

直接消去法思想简单明了，使用方便。不足之处是 B 可能接近一个奇异方阵，从而引起最优解 x^* 的数值不稳定。

1.1.2.3 求解二次规划问题的拉格朗日乘子法

对于只有等式约束的二次规划问题［式（1.77)］，另一种有效的求解方法是拉格朗日乘

子法。

式（1.77）的拉格朗日函数为

$$L(x, \lambda)=\frac{1}{2}\boldsymbol{x}^{\mathrm{T}}\boldsymbol{H}x+\boldsymbol{c}^{\mathrm{T}}x-\lambda^{\mathrm{T}}(\boldsymbol{A}x-\boldsymbol{b})$$

令$\nabla_x L(x, \lambda)=0$，$\nabla_\lambda L(x, \lambda)=0$，得到方程组

$$\boldsymbol{H}x+\boldsymbol{c}-\boldsymbol{A}^{\mathrm{T}}v=0$$
$$-\boldsymbol{A}x+\boldsymbol{b}=0$$

将此方程组写成

$$\begin{bmatrix}\boldsymbol{H} & -\boldsymbol{A}^{\mathrm{T}}\\ -\boldsymbol{A} & 0\end{bmatrix}\begin{bmatrix}x\\ v\end{bmatrix}=\begin{bmatrix}-\boldsymbol{c}\\ -\boldsymbol{b}\end{bmatrix} \tag{1.85}$$

系数矩阵$\begin{bmatrix}\boldsymbol{H} & -\boldsymbol{A}^{\mathrm{T}}\\ -\boldsymbol{A} & 0\end{bmatrix}$称为拉格朗日矩阵。

设拉格朗日矩阵可逆，可表示为

$$\begin{bmatrix}\boldsymbol{H} & -\boldsymbol{A}^{\mathrm{T}}\\ -\boldsymbol{A} & 0\end{bmatrix}^{-1}=\begin{bmatrix}\boldsymbol{Q} & -\boldsymbol{R}^{\mathrm{T}}\\ -\boldsymbol{R} & \boldsymbol{S}\end{bmatrix}$$

由

$$\begin{bmatrix}\boldsymbol{H} & -\boldsymbol{A}^{\mathrm{T}}\\ -\boldsymbol{A} & 0\end{bmatrix}\begin{bmatrix}\boldsymbol{Q} & -\boldsymbol{R}^{\mathrm{T}}\\ -\boldsymbol{R} & \boldsymbol{S}\end{bmatrix}=\boldsymbol{I}_{m+n}$$

推得

$$\boldsymbol{HQ}+\boldsymbol{A}^{\mathrm{T}}\boldsymbol{R}=\boldsymbol{I}_n$$
$$-\boldsymbol{HR}^{\mathrm{T}}-\boldsymbol{A}^{\mathrm{T}}\boldsymbol{S}=\boldsymbol{0}_{n\times m}$$
$$-\boldsymbol{AQ}=\boldsymbol{0}_{m\times n}$$
$$\boldsymbol{AR}^{\mathrm{T}}=\boldsymbol{I}_m$$

假设逆矩阵$\boldsymbol{H}^{-1}$存在，由上述关系可得$\boldsymbol{Q}$，$\boldsymbol{R}$，$\boldsymbol{S}$的表达式

$$\boldsymbol{Q}=\boldsymbol{H}^{-1}-\boldsymbol{H}^{-1}\boldsymbol{A}^{\mathrm{T}}(\boldsymbol{AH}^{-1}\boldsymbol{A}^{\mathrm{T}})^{-1}\boldsymbol{AH}^{-1} \tag{1.86}$$
$$\boldsymbol{R}=(\boldsymbol{AH}^{-1}\boldsymbol{A}^{\mathrm{T}})^{-1}\boldsymbol{AH}^{-1} \tag{1.87}$$
$$\boldsymbol{S}=-(\boldsymbol{AH}^{-1}\boldsymbol{A}^{\mathrm{T}})^{-1} \tag{1.88}$$

式（1.85）两端乘以拉格朗日矩阵的逆，得到问题的解

$$\overline{x}=-\boldsymbol{Qc}+\boldsymbol{R}^{\mathrm{T}}\boldsymbol{b} \tag{1.89}$$
$$\overline{\lambda}=\boldsymbol{Rc}-\boldsymbol{Sb} \tag{1.90}$$

例 1.7 用拉格朗日法求解

$$\min\ x_1^2+2x_2^2+x_3^2-2x_1x_2+x_3$$
$$\text{s.t.}\ \ x_1+x_2+x_3=4$$
$$2x_1-x_2+x_3=2$$

解 从上述问题可得如下矩阵和向量

$$\boldsymbol{H}=\begin{bmatrix}2 & -2 & 0\\ -2 & 4 & 0\\ 0 & 0 & 2\end{bmatrix},\ \boldsymbol{c}=\begin{bmatrix}0\\ 0\\ 1\end{bmatrix},\ \boldsymbol{A}=\begin{bmatrix}1 & 1 & 1\\ 2 & -1 & 1\end{bmatrix},\ \boldsymbol{b}=\begin{bmatrix}4\\ 2\end{bmatrix}$$

可计算出

$$\boldsymbol{H}^{-1}=\begin{bmatrix}1 & 1/2 & 0\\ 1/2 & 1/2 & 0\\ 0 & 0 & 1/2\end{bmatrix}$$

由式（1.86）～式（1.88）算得

$$Q=\frac{4}{11}\begin{bmatrix}1 & 1/4 & -3/4\\ 1/4 & 1/8 & -3/8\\ -3/4 & -3/8 & 9/8\end{bmatrix}$$

$$R=\frac{4}{11}\begin{bmatrix}3/4 & 7/4 & 1/4\\ 3/4 & -1 & 1/4\end{bmatrix};\quad S=-\frac{4}{11}\begin{bmatrix}3 & -5/2\\ -5/2 & 3\end{bmatrix}$$

再根据式（1.89），计算问题的最优解为

$$\bar{x}=(21/11,\ 43/22,\ 3/22)^{\mathrm{T}}$$
$$\bar{\boldsymbol{\lambda}}=(29/11,\ -15/11)^{\mathrm{T}}$$

1.1.2.4　求解一般二次规划问题的有效集法

对于具有不等式约束的二次规划问题，常采用有效集法求解。有效集法又称为起作用集方法。

考虑具有不等式约束的二次规划问题

$$\begin{aligned}&\min f(x)=\frac{1}{2}\boldsymbol{x}^{\mathrm{T}}\boldsymbol{H}x+\boldsymbol{c}^{\mathrm{T}}x\\&\text{s. t. }\ \boldsymbol{A}x\geqslant \boldsymbol{b}\end{aligned}\tag{1.91}$$

式中：$\boldsymbol{H}$ 为 n 阶对称正定矩阵，$\boldsymbol{A}$ 为 $m\times n$ 矩阵，秩为 m。

该问题不能直接用拉格朗日方法求解，求解的策略之一是用有效集法将它转化为求解等式约束问题。

有效集算法在每次迭代中，都以已知的可行点为起点，把在该点有效的约束（即起作用约束）作为等式约束，暂时不考虑该点的无效约束（即不起作用约束），在新的约束条件下极小化目标函数，求得新的比较好的可行点后，再重复以上步骤。这样，可把问题转化为有限个仅带等式约束的二次凸规划问题来求解。

设在第 k 次迭代中，已知可行点 $x^{(k)}$，在该点起作用约束指标集用 $I^{(k)}$ 表示。这时需求解等式约束问题

$$\begin{aligned}&\min f(x)\\&\text{s. t. }\ \boldsymbol{a}^{i}x=b_i\qquad i\in I^{(k)}\end{aligned}\tag{1.92}$$

式中：$\boldsymbol{a}^{i}$ 为矩阵 $\boldsymbol{A}$ 的第 i 行，也是在 $x^{(k)}$ 处起作用约束函数的梯度。

将坐标原点移至 $x^{(k)}$，令 $\delta=x-x^{(k)}$，则

$$\begin{aligned}f(x)&=\frac{1}{2}(\delta+x^{(k)})^{\mathrm{T}}\boldsymbol{H}(\delta+x^{(k)})+\boldsymbol{c}^{\mathrm{T}}(\delta+x^{(k)})\\&=\frac{1}{2}\delta^{\mathrm{T}}\boldsymbol{H}\delta+\delta^{\mathrm{T}}\boldsymbol{H}x^{(k)}+\frac{1}{2}x^{(k)\mathrm{T}}\boldsymbol{H}x^{(k)}+\boldsymbol{c}^{\mathrm{T}}\delta+\boldsymbol{c}^{\mathrm{T}}x^{(k)}\\&=\frac{1}{2}\delta^{\mathrm{T}}\boldsymbol{H}\delta+\nabla\boldsymbol{f}(x(k))^{\mathrm{T}}\delta+f(x^{(k)})\end{aligned}\tag{1.93}$$

问题［式(1.92)］等价于求校正量 $\delta^{(k)}$ 的问题

$$\begin{aligned}&\min \frac{1}{2}\delta^{\mathrm{T}}\boldsymbol{H}\delta+\nabla\boldsymbol{f}(x(k))^{\mathrm{T}}\delta\\&\text{s. t. }\ \boldsymbol{a}^{i}\delta=0\qquad i\in I^{(k)}\end{aligned}\tag{1.94}$$

解此二次规划问题，求出最优解 $\delta^{(k)}$，然后区别不同的情形，决定下面应采取的步骤。

(1) 如果 $x^{(k)}+\delta^{(k)}$ 是可行点，且 $\delta^{(k)}\neq 0$，则在第 $k+1$ 次迭代中，已知点取作

$$x^{(k+1)}=x^{(k)}+\delta^{(k)}$$

（2）如果 $x^{(k)}+\delta^{(k)}$ 不是可行点，则令方向 $\boldsymbol{d}^{(k)}=\delta^{(k)}$，沿 $\boldsymbol{d}^{(k)}$ 搜索。令

$$x^{(k+1)}=x^{(k)}+\varepsilon\boldsymbol{d}^{(k)}$$

其中，沿方向 $\boldsymbol{d}^{(k)}$ 搜索步长 ε_k 的确定方法如下（基本要求是保持点的可行性）。

ε_k 的取值应使得对于每个 $i\notin I^{(k)}$，有

$$\boldsymbol{a}^i(x^{(k)}+\varepsilon_k\boldsymbol{d}^{(k)})\geqslant b_i \tag{1.95}$$

已知 $x^{(k)}$ 是可行点，故 $\boldsymbol{a}^i x^{(k)}\geqslant b_i$。

（1）当 $\boldsymbol{a}^i\boldsymbol{d}^{(k)}\geqslant 0$ 时，对于任意非负数 ε_k，式（1.95）总成立

（2）当 $\boldsymbol{a}^i\boldsymbol{d}^{(k)}<0$ 时，只要取正数

$$\varepsilon_k\leqslant\min\left\{\frac{b_i-\boldsymbol{a}^i x^{(k)}}{\boldsymbol{a}^i\boldsymbol{d}^{(k)}}\mid i\notin I^{(k)},\ \boldsymbol{a}^i\boldsymbol{d}^{(k)}<0\right\}$$

对于每个 $i\notin I^{(k)}$，式（1.95）成立。

记
$$\hat{\varepsilon}_k=\min\left\{\frac{b_i-\boldsymbol{a}^i x^{(k)}}{\boldsymbol{a}^i\boldsymbol{d}^{(k)}}\mid i\notin I^{(k)},\ \boldsymbol{a}^i\boldsymbol{d}^{(k)}<0\right\}$$

$\delta^{(k)}$ 是式（1.94）的最优解，为在第 k 次迭代中得到较好的可行点，应取

$$\varepsilon_k=\min\{1,\ \hat{\varepsilon}_k\} \tag{1.96}$$

并令

$$x^{(k+1)}=x^{(k)}+\varepsilon_k\boldsymbol{d}^{(k)}$$

如果

$$\varepsilon_k=\frac{b_p-\boldsymbol{a}^p x^{(k)}}{\boldsymbol{a}^p\boldsymbol{d}^{(k)}}<1 \tag{1.97}$$

则在点 $x^{(k+1)}$，有

$$\boldsymbol{a}^p x^{(k+1)}=\boldsymbol{a}^p(x^{(k)}+\varepsilon_k\boldsymbol{d}^{(k)})=b_p$$

故在 $x^{(k+1)}$ 处，$\boldsymbol{a}^p x\geqslant b_p$ 为起作用约束。

把指标 p 加入 $I^{(k)}$，得到在 $x^{(k+1)}$ 处起作用的约束指标集 $I^{(k+1)}$。

综上所述，有效集法计算步骤可归纳为：

（1）给定初始可行点 $x^{(1)}$，相应的起作用约束指标集为 $I^{(1)}$，置 $k=1$。

（2）求解问题

$$\min\frac{1}{2}\delta^{\mathrm{T}}\boldsymbol{H}\delta+\boldsymbol{\nabla f}(x(k))^{\mathrm{T}}\delta$$
$$\text{s.t. } \boldsymbol{a}^i\delta=0,\ i\in I^{(k)}$$

设其最优解为 $\delta^{(k)}$，若 $\delta^{(k)}=0$，则转到步骤（5）；否则，进行步骤（3）。

（3）令 $\boldsymbol{d}^{(k)}=\boldsymbol{\delta}^{(k)}$，由 $\varepsilon_k=\min\{1,\ \varepsilon_k\}$ 确定 ε_k，令

$$x^{(k+1)}=x^{(k)}+\varepsilon_k\boldsymbol{d}^{(k)}$$

计算 $\boldsymbol{\nabla f}(x^{(k+1)})$。

（4）若 $\varepsilon_k<1$，则置 $I^{(k+1)}=I^{(k)}\cup\{p\}$，$k:=k+1$，返回步骤（2）；若 $\varepsilon_k=1$，记点 $x^{(k+1)}$ 处起作用约束指标集为 $I^{(k+1)}$，置 $k:=k+1$，进行步骤（5）。

（5）用 $\bar{\lambda}=Rg_k$ 计算对应起作用约束的拉格朗日乘子 $\lambda^{(k)}$，设 $\lambda_q^{(k)}=\min\ \{\lambda_i^{(k)}\mid i\in I^{(k)}\}$。若 $\lambda_q^{(k)}\geqslant 0$，则停止计算，得到最优解 $x^{(k)}$；否则，从 $I^{(k)}$ 中删除 q，返回步骤（2）。

例 1.8 用起作用集方法求解问题

$$\min f(x)=x_1^2-x_1x_2+2x_2^2-x_1-10x_2$$
$$\text{s.t. } -3x_1-2x_2\geqslant -6$$
$$x_1,\ x_2\geqslant 0$$

解 目标函数可表示为

$$f(x)=\frac{1}{2}(x_1,\ x_2)^{\mathrm{T}}\begin{bmatrix}2 & -1\\ -1 & 4\end{bmatrix}(x_1,\ x_2)+(-1,\ -10)\begin{bmatrix}x_1\\ x_2\end{bmatrix}$$

$$\boldsymbol{H}=\begin{bmatrix}2 & -1\\ -1 & 4\end{bmatrix},\ \boldsymbol{c}=\begin{bmatrix}-1\\ -10\end{bmatrix}$$

取初始可行点 $x^{(1)}=(0,0)^{\mathrm{T}}$，在该点起作用约束指标集 $I^{(1)}=\{2,3\}$，求解式（1.94）

$$\begin{aligned}\min\ & \delta_1^2-\delta_1\delta_2+2\delta_2^2-\delta_1-10\delta_2\\ \text{s.t.}\ & \delta_1=0\\ & \delta_2=0\end{aligned}$$

得到 $\delta^{(1)}=(0,0)^{\mathrm{T}}$。因此 $x^{(1)}$ 是相应问题[式(1.92)] 的最优解。

为判断 $x^{(1)}$ 是否为本例最优解，需计算拉格朗日乘子。

由 $I^{(1)}=\{2,\ 3\}$ 知

$$\boldsymbol{A}=\begin{bmatrix}1 & 0\\ 0 & 1\end{bmatrix},\ \boldsymbol{b}=\begin{bmatrix}0\\ 0\end{bmatrix}$$

利用 $\bar{\lambda}=Rg_k$ 算得乘子 $\lambda_2^{(1)}=-1$，$\lambda_3^{(1)}=-10$，可知 $x^{(1)}$ 不是问题的最优解。

将 $\lambda_3^{(1)}$ 对应的约束从起作用约束集中去掉，置 $I^{(1)}=\{2\}$，再解式（1.94）

$$\begin{aligned}\min\ & \delta_1^2-\delta_1\delta_2+2\delta_2^2-\delta_1-10\delta_2\\ \text{s.t.}\ & \delta_1=0\end{aligned}$$

得解 $\boldsymbol{\delta}^{(1)}=(0,5/2)^{\mathrm{T}}$。由于 $\delta^{(1)}\neq 0$，需要由式（1.96）计算 ε_1

$$\varepsilon_1=\min\{1,\ 6/5\}=1$$

令

$$\boldsymbol{x}^{(2)}=\boldsymbol{x}^{(1)}+\varepsilon_1\boldsymbol{\delta}^{(1)}=\begin{bmatrix}0\\ 0\end{bmatrix}+1\times\begin{bmatrix}0\\ 5/2\end{bmatrix}=\begin{bmatrix}0\\ 5/2\end{bmatrix}$$

算出 $\nabla\boldsymbol{f}(x^{(2)})=(-7/2,0)^{\mathrm{T}}$。

由于 $\varepsilon_1=1$，置 $I^{(2)}=\{2\}$。在点 $x^{(2)}$ 处计算相应的拉格朗日乘子，此时

$$\boldsymbol{A}=(1,\ 0),\ \boldsymbol{b}=0$$

由 $\bar{\lambda}=Rg_k$ 算得 $\lambda_2^{(2)}=-7/2$，$\boldsymbol{x}^{(2)}$ 不是问题的最优解。

将指标 2 从 $I^{(2)}$ 中删除，有 $I^{(2)}=\varphi$，再解问题

$$\min\ \delta_1^2-\delta_1\delta_2+2\delta_2^2-\frac{7}{2}\delta_1$$

得解 $\boldsymbol{\delta}^{(2)}=(2,1/2)^{\mathrm{T}}$。由于 $\delta^{(2)}\neq 0$，需要计算 ε_2

$$\varepsilon_2=\min\{1,\ 1/7\}=1/7$$

令

$$\boldsymbol{x}^{(3)}=\boldsymbol{x}^{(2)}+\varepsilon_2\boldsymbol{\delta}^{(2)}=\begin{bmatrix}0\\ 5/2\end{bmatrix}+\frac{1}{7}\times\begin{bmatrix}2\\ 1/2\end{bmatrix}=\begin{bmatrix}2/7\\ 18/7\end{bmatrix}$$

算出 $\nabla\boldsymbol{f}(x^{(3)})=(-3,0)^{\mathrm{T}}$。

在点 $x^{(3)}$，第 1 个约束是起作用约束，这时有 $I^{(3)}=\{1\}$，解式（1.94）

$$\begin{aligned}\min\ & \delta_1^2-\delta_1\delta_2+2\delta_2^2-3\delta_1\\ \text{s.t.}\ & -3\delta_1-2\delta_2=0\end{aligned}$$

得解 $\boldsymbol{\delta}^{(3)}=(3/14,-9/28)^{\mathrm{T}}$。需要计算 $\varepsilon_3=\min\{1,\ 8\}=1$。

令

$$\boldsymbol{x}^{(4)}=\boldsymbol{x}^{(3)}+\varepsilon_3\boldsymbol{\delta}^{(3)}=\begin{bmatrix}2/7\\ 18/7\end{bmatrix}+1\times\begin{bmatrix}3/14\\ -9/28\end{bmatrix}=\begin{bmatrix}1/2\\ 9/4\end{bmatrix}$$

算出$\nabla f(x^{(4)})=(-9/4,-3/2)^{\mathrm{T}}$。

在点$x^{(4)}$，$I^{(4)}=\{1\}$，计算相应的拉格朗日乘子$\lambda_1^{(4)}=3/4$。因此$x^{(4)}=\begin{bmatrix}1/2\\9/4\end{bmatrix}$是所求的最优解。

1.1.3 线性规划方法

1.1.3.1 线性规划的标准格式

线性规划也是非线性规划的一种特殊类型，比起二次规划更加特殊，它的目标函数和约束条件都是线性的。自从 1947 年乔治·伯纳德·丹齐格（G. B. Dantzig）提出求解线性规划的单纯形方法以来，线性规划在理论上趋向成熟，实用日益广泛与深入。特别是在计算机能处理成千上万个约束条件和决策变量的线性规划问题之后，线性规划的适用领域更为广泛了，特别是在电网经济运行中经常被采用。

值得注意的是，并非所有的线性规划问题都很容易解决，有些优化问题可能有许多变量和许多约束。某些变量要约束为非负变量，而其他变量不受约束。约束条件总体上分为等式约束和不等式约束。此外，最大化问题和最小化问题的标准格式是不一样的。在这些问题中，所有变量均为非负变量，主要约束均为不等式约束。

给定一个 $\boldsymbol{m}$ 向量，$\boldsymbol{b}=(b_1,\cdots,b_m)^{\mathrm{T}}$，一个 $\boldsymbol{n}$ 向量，$\boldsymbol{c}=(c_1,\cdots,c_n)^{\mathrm{T}}$，和 $\boldsymbol{m}\times\boldsymbol{n}$ 大小的矩阵为

$$\boldsymbol{A}=\begin{pmatrix}a_{11} & a_{12} & \cdots & a_{1n}\\ a_{21} & a_{22} & \cdots & a_{2n}\\ \vdots & \vdots & \ddots & \vdots\\ a_{m1} & a_{m1} & \cdots & a_{mn}\end{pmatrix} \tag{1.98}$$

线性规划最大化问题的标准格式表示如下

$$\begin{aligned}\max\quad & c_1x_1+c_2x_2+\cdots+c_nx_n\\ \text{s.t.}\quad & a_{11}x_1+a_{12}x_2+\cdots+a_{1n}x_n\leqslant b_1\\ & a_{21}x_1+a_{22}x_2+\cdots+a_{2n}x_n\leqslant b_2\\ & \cdots\\ & a_{m1}x_1+a_{m2}x_2+\cdots+a_{mn}x_n\leqslant b_m\\ & x_1,x_2,\cdots,x_n\geqslant 0\end{aligned}$$

或者

$$\begin{aligned}\max\quad & \boldsymbol{c}^{\mathrm{T}}\boldsymbol{x}\\ \text{s.t.}\quad & \boldsymbol{A}x\leqslant\boldsymbol{b}\\ & \boldsymbol{x}\geqslant 0\end{aligned}$$

如果用 m 表示约束的个数，n 表示决策变量的个数，线性规划最小化问题的标准格式表示如下

$$\begin{aligned}\max\quad & y_1b_1+y_2b_2+\cdots+y_mb_m\\ \text{s.t.}\quad & y_1a_{11}+y_2a_{12}+\cdots+y_ma_{m1}\geqslant c_1\\ & y_1a_{12}+y_2a_{22}+\cdots+y_ma_{m2}\geqslant c_2\\ & \cdots\\ & y_1a_{1n}+y_2a_{2n}+\cdots+y_ma_{mn}\geqslant c_n\\ & y_1,y_2,\cdots,y_m\geqslant 0\end{aligned}$$

或

$$
\begin{aligned}
\min \quad & \boldsymbol{y}^{\mathrm{T}}\boldsymbol{b} \\
\text{s.t.} \quad & \boldsymbol{y}^{\mathrm{T}}\boldsymbol{A} \geqslant \boldsymbol{c} \\
& \boldsymbol{y} \geqslant 0
\end{aligned}
$$

在线性规划中采用了如下术语：

(1) 需要最大化或者最小化的函数称为目标函数。

(2) 对于标准最大问题的向量 $\boldsymbol{x}$ 或标准最小问题的向量 $\boldsymbol{y}$，如果满足相应约束，则称为可行解。

(3) 可行向量集称为约束集。

(4) 如果约束集不为空，则线性规划问题被认为是可行的；否则称为不可行。

(5) 如果目标函数能在可行向量上取任意大的正（负值）值，则最大（或最小）问题的可行域被认为是无界的；否则，称为有界的。因此，存在线性规划问题的三种可能性：①有界可行；②无界可行；③不可行。

(6) 有界可行最大（或最小）问题的解为约束集合的变量范围内使得目标函数最大（或最小）的解。

(7) 可行向量使目标函数达到最优时称为最优解。

例 1.9 线性规划问题如下所示。

$$
\begin{aligned}
\max \quad & 7x_1+5x_2 \\
\text{s.t.} \quad & x_1+x_2 \leqslant 1 \\
& -3x_1-3x_2 \leqslant -15 \\
& x_1,\ x_2 \geqslant 0
\end{aligned}
$$

解 实际上，第二条约束意味着 $x_1+x_2 \geqslant 5.0$，这与第一条约束相矛盾。如果问题没有可行的解决方案，那么问题本身被称为不可行。

考虑另外一种无解的极端情况。当问题具有任意大目标值的可行解时，则问题是无限的。例如，考虑

$$
\begin{aligned}
\max \quad & 3x_1-4x_2 \\
\text{s.t.} \quad & -2x_1+3x_2 \leqslant -1 \\
& -x_1-2x_2 \leqslant -5 \\
& x_1,\ x_2 \geqslant 0
\end{aligned}
$$

此时，将 x_2 设置为零，让 x_1 任意大。只要 x_1 大于 5，解将是可行的，并且随之变大，目标函数也变得可行。因此，问题是无限的。除了找到线性规划问题的最佳解决方案外，还需检测问题何时不可行或无界。

线性规划问题定义为受线性函数约束的最大化或最小化问题。该问题均可通过以下技术转换成标准的最大化形式。

通过将目标函数乘以 -1，可以将最小问题转化为最大问题。同样地，约束 $\sum_{j=1}^{n} a_{ij}x_j \geqslant b_i$ 可转化为 $\sum_{j=1}^{n}(-a_{ij})x_j \leqslant -b_i$。另外两个问题如下：

(1) 对于等式约束。对 $a_{ij} \neq 0$ 的等式约束，通过求解该约束，并将解代入其他含有 x_j 的约束条件和目标函数中，从而在等式约束 $\sum_{j=1}^{n} a_{ij}x_j = b_i$ 中将其消除。

(2) 对于不受非负限制的变量。假设变量 x_j 不受非负限制，可由两个非负变量的差替换，

即 $x_j = u_j - v_j$，其中 $u_j \geqslant 0$，$v_j \geqslant 0$。对原问题来说，增加了一个约束和两个变量。

因此，基于标准形式得出的任何理论都适用于一般问题。然而，上述（2）中的处理方法将使得变量和约束的个数增加。

1.1.3.2　线性规划的图解法

对于简单的线性规划问题（只有两个决策变量的线性规划问题），通过图解法可以对它进行求解。

例 1.10　用图解法求解线性规划问题。

$$\begin{aligned} \max \quad & z = 4x_1 + 3x_2 \\ \text{s. t.} \quad & 2x_1 + 2x_2 \leqslant 1600 \\ & 5x_1 + 2.5x_2 \leqslant 2500 \\ & x_1 \leqslant 400 \\ & x_1,\ x_2 \geqslant 0 \end{aligned}$$

解　将上述约束条件用图 1.2 表示，由约束条件得到可行域 $OABCD$。由等值线 $z = 4x_1 + 3x_2$ 沿箭头方向向上平移与可行域交于 B 点，则 B 点就是最优点。最优值等于 2600。

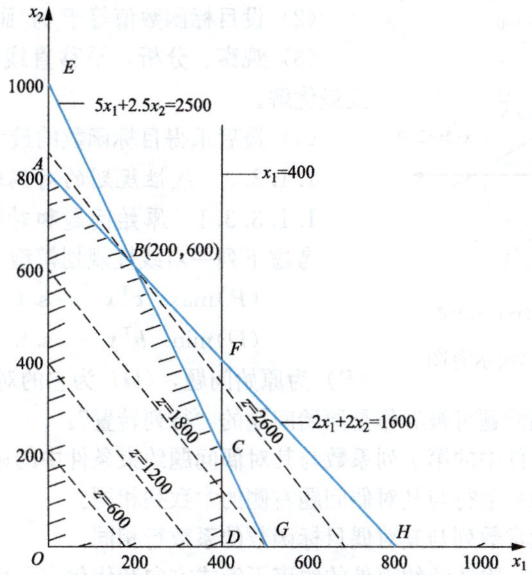

图 1.2　例 1.10 的图解法示意图

例 1.11　用图解法求解线性规划问题。

$$\begin{aligned} \max \quad & z = x + 0.5y \\ \text{s. t.} \quad & \begin{cases} 18x + 15y = 66 \\ 4x + y = 0 \end{cases} \end{aligned}$$

解　也可以用图解法得到上述线性规划最优解。将两个约束画在下面以 x 和 y 的平面上形成可行域，如图 1.3 所示。把 $z = x + 0.5y$ 变形为 $y = -2x + 2z$，得到斜率为 -2，在 y 轴上截距为 $2z$，随 z 变化的一组平行直线。由图可以看出，当直线 $y = -2x + 2z$ 经过可行域上的点 $M(2,\ 2)$ 时，截距 $2z$ 最大，即 z 最大。因此当 $x = 2$，$y = 2$ 时，$z = x + 0.5y$ 取最大值，最大值为 3。

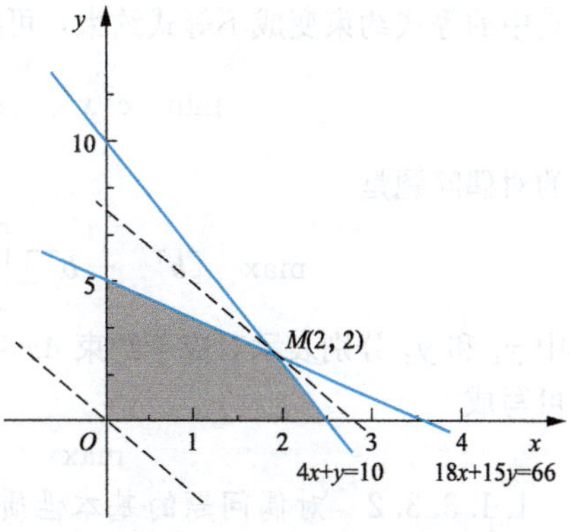

图 1.3　例 1.11 的图解法示意图

例 1.12 用图解法同时求解一个可行域的最大和最小最优解。

$$\max \quad z=3x+5y \quad 或 \quad \min \quad z=3x+5y$$

$$\text{s.t.}\begin{cases}5x+3y\leqslant 15\\ y\leqslant x+1\\ x-5y\geqslant 3\end{cases}$$

解 首先用三个约束条件即不等式画出问题的可行域，如图 1.4 所示。

从图示可知直线 $3x+5y=z$ 在经过不等式组所表示的公共区域内的点时，以经过点 $(-2, -1)$ 的直线所对应的 z 最小，以经过点 $\left(\frac{9}{8}, \frac{17}{8}\right)$ 的直线所对应的 z 最大。

所以 $z_{\min}=3\times(-2)+5\times(-1)=-11$，$z_{\max}=3\times\frac{9}{8}+5\times\frac{17}{8}=14$。

用图解法解决简单的线性规划问题的基本步骤可归纳如下：

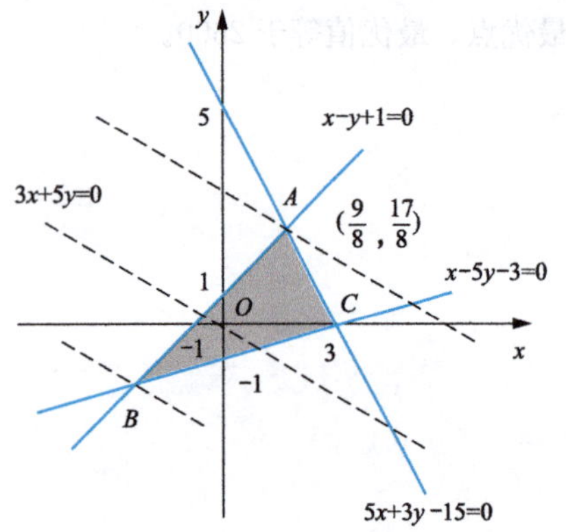

图 1.4 例 1.12 的图解法示意图

（1）首先，要根据线性约束条件画出可行域（即画出不等式组所表示的公共区域）。

（2）设目标函数值等于 0，画出对应的直线。

（3）观察、分析，平移直线目标函数直线，从而找到最优解。

（4）最后求得目标函数的最大值及最小值。

1.1.3.3 线性规划的对偶理论

1.1.3.3.1 原始问题和对偶问题

考虑下列一对线性规划模型

$$(P)\max \quad \boldsymbol{c}^{\mathrm{T}}\boldsymbol{x} \qquad \text{s.t.} \quad \boldsymbol{A}\boldsymbol{x}\leqslant\boldsymbol{b},\ \boldsymbol{x}\geqslant 0$$

$$(D)\min \quad \boldsymbol{b}^{\mathrm{T}}\boldsymbol{y} \qquad \text{s.t.} \quad \boldsymbol{A}^{\mathrm{T}}\boldsymbol{y}\geqslant\boldsymbol{c},\ \boldsymbol{y}\geqslant 0$$

(P) 为原始问题，(D) 为它的对偶问题。

不太严谨地说，对偶问题可被看作是原始问题的“行列转置”：

（1）原始问题约束条件中的第 j 列系数与其对偶问题约束条件中的第 j 行的系数相同。

（2）原始目标函数的系数行与其对偶问题右侧的常数列相同。

（3）原始问题右侧的常数列与其对偶目标函数的系数行相同。

（4）在这一对问题中，除非负约束外的约束不等式方向和优化方向相反。

考虑线性规划，有

$$\min \quad \boldsymbol{c}^{\mathrm{T}}\boldsymbol{x} \qquad \text{s.t.} \quad \boldsymbol{A}\boldsymbol{x}=\boldsymbol{b},\ \boldsymbol{x}\geqslant 0$$

把其中的等式约束变成不等式约束，可得

$$\min \quad \boldsymbol{c}^{\mathrm{T}}\boldsymbol{x} \qquad \text{s.t.} \quad \begin{bmatrix}\boldsymbol{A}\\ -\boldsymbol{A}\end{bmatrix}\boldsymbol{x}\geqslant\begin{bmatrix}\boldsymbol{b}\\ -\boldsymbol{b}\end{bmatrix},\ \boldsymbol{x}\geqslant 0$$

它的对偶问题是

$$\max \quad [\boldsymbol{b}^{\mathrm{T}} \quad -\boldsymbol{b}^{\mathrm{T}}]\begin{bmatrix}y_1\\ y_2\end{bmatrix} \qquad \text{s.t.} \quad [\boldsymbol{A}^{\mathrm{T}} \quad -\boldsymbol{A}^{\mathrm{T}}]\begin{bmatrix}y_1\\ y_2\end{bmatrix}\leqslant\boldsymbol{c}$$

其中 y_1 和 y_2 分别表示对应于约束 $\boldsymbol{A}x\geqslant\boldsymbol{b}$ 和 $-\boldsymbol{A}x\geqslant-\boldsymbol{b}$ 的对偶变量组。令 $y=y_1-y_2$，则上式又可写成

$$\max \quad \boldsymbol{b}^{\mathrm{T}}\boldsymbol{y} \qquad \text{s.t.} \quad \boldsymbol{A}^{\mathrm{T}}\boldsymbol{y}\leqslant\boldsymbol{c}$$

1.1.3.3.2 对偶问题的基本性质

（1）对称性：对偶问题的对偶是原问题。

(2) 弱对偶性：若 $\bar{x}$ 是原问题的可行解，$\bar{y}$ 是对偶问题的可行解。则恒有：$\boldsymbol{c}^{\mathrm{T}}\bar{x}\leqslant\boldsymbol{b}^{\mathrm{T}}\bar{y}$。

(3) 无界性：若原问题（对偶问题）为无界解，则其对偶问题（原问题）无可行解。

(4) 可行解是最优解时的性质：设 $\hat{x}$ 是原问题的可行解，$\hat{y}$ 是对偶问题的可行解，当 $\boldsymbol{c}^{\mathrm{T}}\hat{x}=\boldsymbol{b}^{\mathrm{T}}\hat{y}$ 时，$\hat{x}$，$\hat{y}$ 是最优解。

(5) 对偶定理：若原问题有有限最优解，那么对偶问题也有最优解；且目标函数值相同。

(6) 互补松弛性：若 $\hat{x}$，$\hat{y}$ 分别是原问题和对偶问题的最优解，则

$$\hat{y}^{\mathrm{T}}(\boldsymbol{A}\hat{x}-\boldsymbol{b})=0,\quad \hat{x}^{\mathrm{T}}(\boldsymbol{A}^{\mathrm{T}}\hat{y}-\boldsymbol{c})=0$$

由上述性质可知，对任一线性规划问题（P），若它的对偶问题（D）可能的话，总可以通过求解（D）来讨论原问题（P）：若（D）无界，则（P）无可行解；若（D）有有限最优解 w^*，最优值 w^*b，则利用互补松弛性可求得（P）的所有最优解，且（P）的最优值为 w^*b。例如对只有两个行约束的线性规划，其对偶问题只有两个变量，总可用图解法来求解。

例 1.13　已知线性规划问题

$$\begin{aligned}
\min\quad & \omega=2x_1+3x_2+5x_3+2x_4+3x_5\\
\text{s.t.}\quad & x_1+x_2+2x_3+x_4+3x_5\geqslant 4\\
& 2x_1-x_2+3x_3+x_4+x_5\geqslant 3\\
& x_j\geqslant 0,\ j=1,\ 2,\ \cdots,\ 5
\end{aligned}$$

已知其对偶问题的最优解为 $y_1^*=\dfrac{4}{5}$，$y_2^*=\dfrac{3}{5}$，最优值为 $z^*=5$。试用对偶理论找出原问题的最优解。

解　先写出它的对偶问题

$$\begin{aligned}
\max\quad & z=4y_1+3y_2\\
\text{s.t.}\quad & y_1+2y_2\leqslant 2 & ①\\
& y_1-y_2\leqslant 3 & ②\\
& 2y_1+3y_3\leqslant 5 & ③\\
& y_1+y_2\leqslant 2 & ④\\
& 3y_1+y_2\leqslant 3 & ⑤\\
& y_1,\ y_2\geqslant 0
\end{aligned}$$

将 y_1^*，y_2^* 的值代入约束条件，得②～④为严格不等式；设原问题的最优解为 $x^*=(x_1^*,\ \cdots,\ x_5^*)$，由互补松弛性得 $x_2^*=x_3^*=x_4^*=0$。因 y_1^*，$y_2^*>0$；原问题的两个约束条件应取等式，故有

$$3x_1^*+x_5^*=4$$
$$2x_1^*+x_5^*=3$$

求解后得到 $x_1^*=1$，$x_5^*=1$；故原问题的最优解为

$$\boldsymbol{X}^*=[1\quad 0\quad 0\quad 0\quad 1]^{\mathrm{T}}，最优值为\ w^*=5。$$

常规的标准最大化问题与其对偶的标准最小化问题如下

	x_1	x_2	$\cdots$	x_n	
y_1	a_{11}	a_{12}	$\cdots$	a_{1n}	$\leqslant b_1$
y_2	a_{21}	a_{22}	$\cdots$	a_{2n}	$\leqslant b_2$
$\vdots$	$\vdots$	$\vdots$	$\cdots$	$\vdots$	$\vdots$
y_m	a_{m1}	a_{m2}	$\cdots$	a_{mn}	$\leqslant b_m$
	$\geqslant c_1$	$\geqslant c_1$	$\cdots$	$\geqslant c_n$	

(1.99)

通过以下定理及其推论可以看出标准问题与其对偶问题的关系。

定理 1：当 $\boldsymbol{x}$ 对于标准最大问题（P）是可行的，且 $\boldsymbol{y}$ 对于其对偶问题（D）是可行的，则

$$\boldsymbol{c}^{\mathrm{T}}\boldsymbol{x} \leqslant \boldsymbol{y}^{\mathrm{T}}\boldsymbol{b} \tag{1.100}$$

证明

$$\boldsymbol{c}^{\mathrm{T}}\boldsymbol{x} \leqslant \boldsymbol{y}^{\mathrm{T}}\boldsymbol{A}\boldsymbol{x} \leqslant \boldsymbol{y}^{\mathrm{T}}\boldsymbol{b}$$

第一个不等式满足 $\boldsymbol{x}\geqslant 0$ 和 $\boldsymbol{c}^{\mathrm{T}}\leqslant\boldsymbol{y}^{\mathrm{T}}\boldsymbol{A}$。第二个不等式满足 $\boldsymbol{y}\geqslant 0$ 和 $\boldsymbol{A}\boldsymbol{x}\leqslant\boldsymbol{b}$。

推论 1：如果一个标准问题及其对偶都是可行的，那么这两个都是有界可行的。

证明：如果对于最小问题 $\boldsymbol{y}$ 是可行的，则 $\boldsymbol{y}^{\mathrm{T}}\boldsymbol{b}$ 为 $\boldsymbol{c}^{\mathrm{T}}\boldsymbol{x}$ 上限且 $\boldsymbol{x}$ 可行；反之亦然。

推论 2：当标准 $\boldsymbol{x}^*$ 和 $\boldsymbol{y}^*$ 分别为标准优化问题（P）及其对偶优化问题（D）的可行解时，且满足 $\boldsymbol{c}^{\mathrm{T}}\boldsymbol{x}^*=\boldsymbol{y}^{*\mathrm{T}}\boldsymbol{b}$，则 $\boldsymbol{x}^*$ 和 $\boldsymbol{y}^*$ 分别为各种模型的最优解。

证明：当 $\boldsymbol{x}$ 为 $\boldsymbol{A}_1$ 的可行解时，且 $\boldsymbol{c}^{\mathrm{T}}\boldsymbol{x}\leqslant\boldsymbol{y}^{*\mathrm{T}}\boldsymbol{b}=\boldsymbol{c}^{\mathrm{T}}\boldsymbol{x}^*$，则有 $\boldsymbol{x}$ 为最优解。同理可得 $\boldsymbol{y}^*$。

以下定理基本上描述了标准问题与其对偶问题之间的关系，表明了当其中一个问题有界可行时，推论 2 的假设总是满足。

对偶定理：当标准线性规划问题有界可行时，则其对偶问题也有界可行，两者的值相等，且均存在最优解。

平衡定理可作为对偶定理的推论，即：令 x^* 和 y^* 分别是标准优化问题（P）及其对偶优化问题（D）的可行解，只有当满足如下条件时，x^* 和 y^* 才是最优的。

$$y_i^*=0 \quad \text{所有 } i \text{ 满足} \sum_{j=1}^{n} a_{ij}x_i^* < b_i \tag{1.101}$$

且

$$x_j^*=0 \quad \text{所有 } j \text{ 满足} \sum_{i=1}^{m} y_i^* a_{ij} > c_j \tag{1.102}$$

证明：

1）对于第一部分。式（1.101）中 $y_i^*=0$ 时 $\sum\limits_{j=1}^{n} a_{ij}x_j^* \leqslant b_i$ 相等，因此

$$\sum_{i=1}^{m} y_i^* b_i = \sum_{i=1}^{m} y_i^* \sum_{j=1}^{n} a_{ij}x_j^* = \sum_{i=1}^{m}\sum_{j=1}^{n} y_i^* a_{ij} x_j^* \tag{1.103}$$

同理，根据式（1.102），有

$$\sum_{i=1}^{m}\sum_{j=1}^{n} y_i^* a_{ij} x_j^* = \sum_{j=1}^{n} c_j x_j^* \tag{1.104}$$

根据推论 2，x^* 和 y^* 为最优解。

2）对于第二部分。如定理 1 证明的第一行

$$\sum_{j=1}^{n} c_j x_j^* \leqslant \sum_{i=1}^{m}\sum_{j=1}^{n} y_i^* a_{ij} x_j^* \leqslant \sum_{i=1}^{m} y_i^* b_i \tag{1.105}$$

通过对偶定理可知，当 x^* 和 y^* 是最优解，则等式左边等于右边。等式的第一和第二项可写为

$$\sum_{j=1}^{n}\Big(c_j - \sum_{i=1}^{m} y_i^* a_{ij}\Big)x_j^* = 0 \tag{1.106}$$

由于 x^* 和 y^* 可行，求和的每一项均为非负。只有当每一项均为零时，求和才会为零。因此，当 $\sum\limits_{i=1}^{m} y_i^* a_{ij} > c_j$，则有 $x_j^*=0$；同理可得，当 $\sum\limits_{j=1}^{n} a_{ij}x_j^* < b_i$，则有 $y_i^*=0$。

式（1.101）和式（1.102）有时被称为互补松弛条件。原问题中的严格不等式（松弛）约束，在其对偶问题中也会有互补约束与之对应。

1.1.3.4 单纯形法

在介绍单纯形法求解线性规划问题之前，先通过下面的例子来说明单纯形法的求解过程。

例 1.14

$$\begin{aligned}\max\quad & 5x_1+4x_2+3x_3\\ \text{s. t.}\quad & 2x_1+3x_2+x_3\leqslant 5\\ & 4x_1+x_2+2x_3\leqslant 11\\ & 3x_1+4x_2+2x_3\leqslant 8\\ & x_1,\ x_2,\ x_3\geqslant 0\end{aligned}$$

解 首先添加松弛变量。对于上述问题中的每个不等式，引入一个新变量，表示右侧和左侧之间的差。例如，对于第一不等式，$2x_1+3x_2+x_3\leqslant 5$，引入松弛变量 w_1 如下

$$w_1=5-2x_1-3x_2-x_3$$

此时，不等式约束变为等式约束，即 $2x_1+3x_2+x_3+w_1=5$。

可以看出，w_1 的定义及其非负约束等同于原始约束。对每个不等式约束执行此过程以获得问题的等效表示如下。

$$\begin{aligned}\max\quad & y=5x_1+4x_2+3x_3\\ \text{s. t.}\quad & w_1=5-2x_1-3x_2-x_3\\ & w_2=11-4x_1-x_2-2x_3\\ & w_3=8-3x_1-4x_2-2x_3\\ & x_1,\ x_2,\ x_3,\ w_1,\ w_2,\ w_3\geqslant 0\end{aligned}\tag{1.107}$$

值得注意的是 y 为目标函数，取值由 $5x_1+4x_2+3x_3$ 决定。

单纯形法是一个迭代过程，首先从解 x_1、x_2、x_3、w_1、w_2、w_3 开始，满足上述等效问题中的方程和非负数，然后寻找一个新的可行解 x_1'、x_2'、x_3'、w_1'、w_2'、w_3'，该可行解能使得目标函数更大，即 $5x_1'+4x_2'+3x_3'>5x_1+4x_2+3x_3$。

继续这个过程，直到获得一个不能改进的解。此时最终解为最优解。

开始进行迭代时，需要给定一个初始可行解 x_1、x_2、x_3、w_1、w_2、w_3。在本例中，这很容易给出初始可行解。本例中，将所有原始变量设置为零，并使用定义方程来确定松弛变量。初值为：$x_1=0$，$x_2=0$，$x_3=0$，$w_1=5$，$w_2=11$，$w_3=8$，初始可行解对应的目标函数值为 $y=0$。

现在讨论该可行解是否为最优解。由于 x_1 的系数为正，如果将 x_1 的值从零增加到某个正值，y 将增加。但是当改变 x_1 的值时，松弛变量的值也将改变。必须确保所有变量为非负数。由于 $x_2=x_3=0$，则 $w_1=5-2x_1$，因此要保持 w_1 非负，x_1 不能超过 5/2。类似地，w_2 的非负性强加了 $x_1\leqslant 11/4$ 的限制，而 w_3 的非负性引入了 $x_1\leqslant 8/3$ 的限制。由于必须满足所有这些条件，可看到 x_1 不能大于这些边界中的最小值：$x_1\leqslant 5/2$。新的改进的解是：$x_1=5/2$，$x_2=0$，$x_3=0$，$w_1=0$，$w_2=1$，$w_3=1/2$。

第一步简单直接，但具体如何实现却不够清晰。第一步容易实现的原因是有一组初值为零的变量，且各个变量有明确的属性。该属性甚至可以制定新的解。实际上，只需重写式（1.107）中的方程，使得 x_1、w_2、w_3 和 y 表示为 w_1、x_2 和 x_3 的函数。也就是说，必须交换 x_1 和 w_1 的角色。为此，使用式（1.107）中的 w_1 的等式来求解 x_1，有

$$x_1=\frac{5}{2}-\frac{1}{2}w_1-\frac{3}{2}x_2-\frac{1}{2}x_3$$

w_2、w_3 和 y 的方程式也必须进行修正，使得 x_1 不出现在右侧。实现这一点的最简单的方法是对等效问题中的等式进行操作。例如，将 w_2 的方程减去 w_1 的方程的两倍，然后将 w_1 项代到右边，可得 $w_2=1+2w_1+5x_2$。

对 w_3 和 y 执行类似的行操作，式（1.107）中的等式重写为

$$\begin{aligned} y &= 12.5 - 2.5w_1 - 3.5x_2 + 0.5x_3 \\ x_1 &= 2.5 - 0.5w_1 - 1.5x_2 - 0.5x_3 \\ w_2 &= 1 + 2w_1 + 5x_2 \\ w_3 &= 0.5 + 1.5w_1 + 0.5x_2 - 0.5x_3 \end{aligned} \tag{1.108}$$

将自变量设置为零，并通过方程读出因变量的值可重置当前解。

由此可知，增加 w_1 或 x_2 将导致目标函数值的减少。因此，x_3 是唯一具有正系数的变量，是唯一可以增加以获得目标函数的进一步增加的独立变量。为保证所有因变量非负，需要明确该变量的最大允许增量。w_2 的等式与 x_3 无关，但将对 x_1 和 w_3 的等式施加边界，即 $x_3 \leqslant 5$ 和 $x_3 \leqslant 1$。后者是更严格的界限，因此新的解为：$x_1=2$，$x_2=0$，$x_3=1$，$w_1=0$，$w_2=1$，$w_3=0$。相应的目标函数值为 $y=13$。

再次，需要判断是否可以进一步提高目标函数。因此，将 y、x_1、w_2 和 x_3 写为 w_1、x_2 和 w_3 的函数。求解式（1.108）中的最后一个方程为 x_3，得到 $x_3=1+3w_1+x_2-2w_3$。

此外，执行适当的行操作，可从其他方程中消除 x_3，有

$$\begin{aligned} y &= 13 - w_1 - 3x_2 - w_3 \\ x_1 &= 2 - 2w_1 - 2x_2 + w_3 \\ w_2 &= 1 + 2w_1 + 5x_2 \\ x_3 &= 1 + 3w_1 + x_2 - 2w_3 \end{aligned} \tag{1.109}$$

现在准备开始第三次迭代。第一步是识别一个自变量，其值的增加将导致 y 的相应增加。但是这次没有这样的变量，因为所有变量在 y 的表达式中具有负系数。此时单纯形法陷入停顿，且证明了当前解是最优的。原因在于式（1.109）中的等式与式（1.107）中的等式完全等价，并且由于所有变量必须是非负的，所以对于每个可行解，$y \leqslant 13$。由于当前解已经达到了 13，显然它确实是最优的。

现在对于标准最大问题，单纯形法如下所示。

首先，添加松弛变量 $\boldsymbol{w}=\boldsymbol{b}-\boldsymbol{Ax}$。问题变为：找到 $\boldsymbol{x}$ 和 $\boldsymbol{w}$ 以使 $\boldsymbol{c}^{\mathrm{T}}\boldsymbol{x}$ 最大化，受 $\boldsymbol{x} \geqslant 0$，$\boldsymbol{u} \geqslant 0$ 和 $\boldsymbol{u}=\boldsymbol{b}-\boldsymbol{Ax}$ 的约束。

当将约束 $\boldsymbol{w}=\boldsymbol{b}-\boldsymbol{Ax}$ 写成 $-\boldsymbol{w}=\boldsymbol{Ax}-\boldsymbol{b}$ 时，可通过式（1.110）来解决这个问题。

$$\begin{array}{c|cccc|c} & x_1 & x_2 & \cdots & x_n & -1 \\ \hline -w_1 & a_{11} & a_{12} & \cdots & a_{1n} & b_1 \\ -w_2 & a_{21} & a_{22} & \cdots & a_{2n} & b_2 \\ \vdots & \vdots & \vdots & \ddots & \vdots & \vdots \\ -w_m & a_{m1} & a_{m2} & \cdots & a_{mn} & b_m \\ \hline & -c_1 & -c_2 & \cdots & -c_n & 0 \end{array} \tag{1.110}$$

可发现，当 $-\boldsymbol{c} \geqslant 0$ 和 $\boldsymbol{b} \geqslant 0$ 时，解是显而易见的：$\boldsymbol{x}=\boldsymbol{0}$，$\boldsymbol{w}=\boldsymbol{b}$，值等于零（因为问题等于最小化 $-\boldsymbol{c}^{\mathrm{T}}\boldsymbol{x}$）。

假设 $a_{11}=0$ 且交换 w_1 和 x_1，则方程

$$\begin{aligned} -w_1 &= a_{11}x_1 + a_{12}x_2 + \cdots + a_{1n}x_n - b_1 \\ -w_2 &= a_{21}x_1 + a_{22}x_2 + \cdots + a_{2n}x_n - b_2 \\ &\cdots \\ -w_m &= a_{m1}x_1 + a_{m2}x_2 + \cdots + a_{mn}x_n - b_m \end{aligned}$$

变为

$$-x_1=\frac{1}{a_{11}}w_1+\frac{a_{12}}{a_{11}}x_2+\frac{a_{1n}}{a_{11}}x_n-\frac{b_1}{a_{11}}$$

$$-w_2=-\frac{a_{21}}{a_{11}}w_1+\left(a_{22}-\frac{a_{21}a_{12}}{a_{11}}\right)x_2+\cdots$$

换句话说，同样的变换规则应用于

$$\begin{pmatrix} p & r \\ c & q \end{pmatrix}\Rightarrow\begin{pmatrix} 1/p & r/p \\ -c/p & q-(rc/p) \end{pmatrix}$$

当变换到最后一行和列是非负的，可同时找到对偶问题和原始问题的解。

令 $x_{n+i}=w_i$，则有 $n+m$ 个变量 x。最初，有 n 个非基本变量（也称非基变量）$N=\{1, 2, \cdots, n\}$（如 x_1，…，x_n）和 m 个基本变量（也称基变量）$B=\{n+1, n+2, \cdots, n+m\}$（如 $x_{n=1}$，…，x_{n+m}）。

在单纯形法的每次迭代中，恰好是一个变量从非基变量变为基变量，而另一个变量从基变量变为非基变量。从非基变量变为基变量的变量称为进基变量。选择它的目的是增加 y；即系数为正的那一个：从 $\{j\in N: c'_j>0\}$ 中挑选 k，其中 N 是非基变量的集合。注意，如果该集合为空，则当前解是最优的。如果集合由多个元素组成（通常是这种情况），则可以选择元素。有几个可能的选择标准，通常选择具有最大系数的指标 k。

从基变量到非基变量的变量称为退出变量，用来保持当前基变量的非负性。当选择 x_k 为进基变量，它的值将从零增加到正值。这种增加将改变基变量的值。

$$x_i=b'_i-a'_{ik}x_k,\quad i\in B$$

必须确保每个变量都是非负的。则有

$$b'_i-a'_{ik}x_k\geqslant 0,\quad i\in B$$

在这些表达式中，当 a'_{ik} 为正数，随着 x_k 增加将变化负数。因此，重点关注 a'_{ik} 为正数的那些 i 值，表达式变为零的 x_k 的值为

$$x_k=\frac{b'_i}{a'_{ik}}$$

由于不能出现负值，通过提高 x_k 保证最小值非负。

$$x_k=\min_i\left(\frac{b'_i}{a'_{ik}}\right),\ i\in B,\ a'_{ik}>0$$

因此，当还存在下降裕度时，用于选择退出变量的规则为 $\{i\in B: a'_{ik}>0$ 和 b'_i/a'_{ik} 为最小的 $l\}$。

刚才给出的选择退出变量的规则恰好描述了在实践中使用规则的过程。也就是说，只看那些 a'_{ik} 是正的那些变量，并选择 b'_i/a'_{ik} 最小值的变量。

可以用上述相同方法解决对偶问题是标准的线性规划最小问题：找到使 $\boldsymbol{y}^{\mathrm{T}}\boldsymbol{b}$ 最小化的 $\boldsymbol{y}$，满足约束 $\boldsymbol{y}\geqslant\boldsymbol{0}$ 和 $\boldsymbol{y}^{\mathrm{T}}\boldsymbol{A}\geqslant\boldsymbol{c}^{\mathrm{T}}$。

类似地，通过增加松弛变量 $\boldsymbol{s}^{\mathrm{T}}=\boldsymbol{y}^{\mathrm{T}}\boldsymbol{A}-\boldsymbol{c}^{\mathrm{T}}\geqslant 0$ 将不等式约束转换成等式约束。问题重述为：找到 $\boldsymbol{y}$ 和 $\boldsymbol{s}$ 以最小化 $\boldsymbol{y}^{\mathrm{T}}\boldsymbol{b}$，约束为 $\boldsymbol{y}\geqslant 0$，$\boldsymbol{s}\geqslant 0$ 和 $\boldsymbol{s}^{\mathrm{T}}=\boldsymbol{y}^{\mathrm{T}}\boldsymbol{A}-\boldsymbol{c}^{\mathrm{T}}$。

用表的形式来表示线性方程 $\boldsymbol{s}^{\mathrm{T}}=\boldsymbol{y}^{\mathrm{T}}\boldsymbol{A}-\boldsymbol{c}^{\mathrm{T}}$，如下所示

	s_1	s_2	$\cdots$	s_n	
y_1	a_{11}	a_{12}	$\cdots$	a_{1n}	b_1
y_2	a_{21}	a_{22}	$\cdots$	a_{2n}	b_2
$\vdots$	$\vdots$	$\vdots$	$\ddots$	$\vdots$	$\vdots$
y_m	a_{m1}	a_{m2}	$\cdots$	a_{mn}	b_m
1	$-c_1$	$-c_2$	$\cdots$	$-c_n$	0

(1.111)

最后一列表示其内积 y 与试图最小化的向量。

当 $-\boldsymbol{c}\geqslant\boldsymbol{0}$ 和 $\boldsymbol{b}\geqslant\boldsymbol{0}$ 时，该问题有明显的求解方法；即最小值出现在 $\boldsymbol{y}=\boldsymbol{0}$ 和 $\boldsymbol{s}=-\boldsymbol{c}$ 处，并且最小值为 $\boldsymbol{y}^{\mathrm{T}}\boldsymbol{b}=\boldsymbol{0}$。这是可行的，因为 $\boldsymbol{y}\geqslant 0$，$\boldsymbol{s}\geqslant 0$，且 $\boldsymbol{s}^{\mathrm{T}}=\boldsymbol{y}^{\mathrm{T}}\boldsymbol{A}-\boldsymbol{c}$，而任何 $\sum y_i b_i$ 都不能是小于 0，因为 $\boldsymbol{y}\geqslant\boldsymbol{0}$，$\boldsymbol{b}\geqslant\boldsymbol{0}$。

假设不能很容易地解决这个问题，在最后一列或最后一行中至少有一个为负值。通过变换 a_{11}（假设 $a_{11}\neq 0$），包括对最后一列和最后一行的变换操作，得到

$$
\begin{array}{r|cccc|c}
 & y_1 & s_2 & \cdots & s_n & \\
\hline
s_1 & a'_{11} & a'_{12} & \cdots & a'_{1n} & b'_1 \\
y_2 & a'_{21} & a'_{22} & \cdots & a'_{2n} & b_2 \\
\vdots & \vdots & \vdots & \ddots & \vdots & \vdots \\
y_m & a'_{m1} & a'_{m2} & \cdots & a'_{mn} & b_m \\
\hline
1 & -c'_1 & -c'_1 & \cdots & -c'_n & v'
\end{array}
\tag{1.112}
$$

令 $\boldsymbol{r}=(r_1, \cdots, r_n)=(y_1, s_2, \cdots, s_n)$ 表示上方的变量和左边的变量。该组方程由新的表格表示。此外，目标函数 $\boldsymbol{y}^{\mathrm{T}}\boldsymbol{b}$（用 s_1 替换 y_1 的值）可以表示为

$$
\begin{aligned}
\sum_{i=1}^{m} y_i b_i &= \frac{b_1}{a_{11}} s_1 + \left(b_2 - \frac{a_{21}b_1}{a_{11}}\right) y_2 + \cdots + \left(b_m - \frac{a_{m1}b_1}{a_{11}}\right) y_2 + \frac{c_1 b_1}{a_{11}} \\
&= \boldsymbol{t}^{\mathrm{T}}\boldsymbol{b}' + \boldsymbol{v}'
\end{aligned}
\tag{1.113}
$$

这样问题转化为：找到向量 $\boldsymbol{y}$ 和 $\boldsymbol{s}$，以最小化 $\boldsymbol{t}^{\mathrm{T}}\boldsymbol{b}'$，约束为 $\boldsymbol{y}\geqslant\boldsymbol{0}$，$\boldsymbol{s}\geqslant\boldsymbol{0}$ 和 $\boldsymbol{r}=\boldsymbol{t}^{\mathrm{T}}\boldsymbol{A}'-\boldsymbol{c}'$ 的 $\boldsymbol{t}^{\mathrm{T}}\boldsymbol{b}'$（其中 $\boldsymbol{t}^{\mathrm{T}}$ 表示向量 $\boldsymbol{s}_1$，$\boldsymbol{y}_2$，$\cdots$，$\boldsymbol{y}_m$，$\boldsymbol{r}^{\mathrm{T}}$ 表示矢量 $\boldsymbol{y}_1$，$\boldsymbol{s}_2$，$\cdots$，$\boldsymbol{s}_n$）。

显然，当 $-\boldsymbol{c}'\geqslant\boldsymbol{0}$ 和 $\boldsymbol{b}'\geqslant\boldsymbol{0}$ 时，有明显的解：$\boldsymbol{t}=0$ 和 $\boldsymbol{r}=-\boldsymbol{c}'$，其值为 $\boldsymbol{v}'$。

类似于通过单纯形法解决的标准最大问题，该过程将继续，直到获得最优解。

1.1.4 网络流规划方法

1.1.4.1 网络流规划中的基本概念

网络流规划（Network Flow Program，NFP）是线性规划（Linear Programming，LP）的一种特殊形式，线性规划算法包括单纯形法，也可以用于NFP问题的求解。然而，由于NFP问题的特殊性，特别是当NFP应用到电力系统经济调度问题时，一些简化算法求解NFP问题会更有效率。本节仅介绍网络流问题在电网优化运行中的几种最重要的应用。下面先介绍有关网络流的基本概念。

1.1.4.1.1 网络与网络流

网络或容量网络是指一个连通的带权有向图 $D=(V、E、U)$，其中 V 是该图的顶点（即节点）集，E 是有向边（即弧）集，U 是弧上的容量。此外顶点集中包括一个源点（起点）和一个汇点（终点）。

网络流是由起点流向终点的可行流，这是定义在网络上的非负函数，它一方面受到容量的限制，另一方面除去起点和终点以外，在所有中途点要求保持流入量和流出量是平衡的。

1.1.4.1.2 可行流

如果网络流 f 满足下述条件则称为可行流。

（1）容量约束：对每一条边 $ij\in E$，$0\leqslant f_{ij}\leqslant U_{ij}$。

（2）平衡约束。

1）对于中间顶点：流出量等于流入量。

2）即对每个 $i\in V$（$i\neq s$，t）有

$$\sum_{ij\in E} f_{ij} - \sum_{ji\in E} f_{ji} = 0 \tag{1.114}$$

式中：$\sum_{ij\in E} f_{ij}$ 为顶点 i 的流出量；$\sum_{ji\in E} f_{ji}$ 为顶点 i 的流入量。

3）对于源点 s，有

$$\sum_{si\in E} f_{si} - \sum_{is\in E} f_{is} = r \tag{1.115}$$

式中：$\sum_{si\in E} f_{si}$ 为源点 s 的流出量；$\sum_{is\in E} f_{is}$ 为源点 s 的流入量；r 为源点净输出量。

4）对于汇点 t，有

$$\sum_{it\in E} f_{it} - \sum_{ti\in E} f_{ti} = r \tag{1.116}$$

式中：$\sum_{it\in E} f_{it}$ 为汇点 t 的流入量；$\sum_{ti\in E} f_{ti}$ 为汇点 t 的流出量；r 为这个可行流的流量，即源点净输出量（或汇点净输入量）。

可行流总是存在的，例如，让所有边的流量 $f_{ij}=0$，就得到一个其流量 $r=0$ 的可行流（称为零流）。对于网络 G 的一个给定的可行流，将网络中满足 $f_{ij}=U_{ij}$ 的边称为饱和边；$f_{ij}<U_{ij}$ 的边称为非饱和边；$f_{ij}=0$ 的边称为零流边；$f_{ij}>0$ 的边称为非零流边。当边 ij 既不是一条零流边，也不是一条饱和边时，称为弱流边。

1.1.4.1.3　最大流与费用流

最大流问题即求网络 G 的一个可行流 f，使其流量 r 达到最大。即 f 满足：$0\leqslant f_{ij}\leqslant U_{ij}$，$ij\in E$，且

$$\sum f_{ij} - \sum f_{ji} = \begin{cases} r & i=s \\ 0 & i\neq s,\ t \\ -r & i=t \end{cases} \tag{1.117}$$

在实际应用中，与网络流有关的问题，不仅涉及流量，而且还有费用的因素。此时网络的每一条边除了给定容量 U_{ij} 外，还定义了一个单位流量费用 c_{ij}。对于网络中一个给定的可行流 f，其费用定义为

$$C(f) = \sum_{ij\in E} c_{ij} \times f_{ij} \tag{1.118}$$

1.1.4.2　运输问题

运输问题是指寻找恰当数量的货物从供应点运到需求点使得总运输费用最小。将运输问题应用到电力系统经济调度中，供应点对应于电源（发电机），需求节点对应于负荷需求，运输路径对应于输电线路。

将运输问题用网络来描述，供应点称为源点或发点，需求节点称为汇点或收点，则运输问题数学描述为

$$\min C = \sum_{i=1}^{S}\sum_{j=1}^{D} c_{ij} f_{ij} \tag{1.119}$$

约束条件为

$$\sum_{j\in D} f_{ij} \leqslant s_i \qquad i\in S \tag{1.120}$$

$$\sum_{i\in S} f_{ij} \geqslant r_j \qquad j\in D \tag{1.121}$$

$$f_{ij} \geqslant 0 \qquad i\in S,\ j\in D \tag{1.122}$$

式中：c_{ij} 为源点 i 到汇点 j 的运输成本；f_{ij} 为源点 i 到汇点 j 的供应量，必须为非负；s_i 为源

点输出的供应量；r_j 为汇点输入的接受量；S 为网络中所有源点数；D 为网络中所有汇点数。

显然，供应量至少要等于需求量，否则运输问题不可行，有

$$\sum_{i \in S} s_i \geqslant \sum_{j \in D} r_j \tag{1.123}$$

如果不等式成立，则运输问题可行。通常对于电力系统而言，这个条件成立，因为总发电量等于总负荷加上网络损耗。

为简化起见，假设运输问题的总需求等于总供应，即

$$\sum_{i \in S} s_i = \sum_{j \in D} r_j \tag{1.124}$$

此种假设下，式（1.120）和式（1.121）需要满足等式约束，即

$$\sum_{j \in D} f_{ij} = s_i \qquad i \in S \tag{1.125}$$

$$\sum_{i \in S} f_{ij} = r_j \qquad j \in D \tag{1.126}$$

这是对应于忽略网络损耗的经济调度问题。

1.1.4.3　求最短路和最大流算法

1.1.4.3.1　狄克斯特拉（Dijkstra）最短路算法

Dijkstra算法是典型最短路算法，用于计算一个节点到其他所有节点的最短路径。它的主要特点是以起始点为中心向外层层扩展，直到扩展到终点为止。Dijkstra算法能得出最短路径的最优解，但由于它遍历计算的节点很多，所以效率低。

Dijkstra算法思想为：设$G=(V, E)$是一个带权有向图，把图中顶点集合V分成两组，第一组为已求出最短路径的顶点集合（用S表示，初始时S中只有一个源点，以后每求得一条最短路径，就将加入集合S中，直到全部顶点都加入S中，算法就结束了）；第二组为其余未确定最短路径的顶点集合（用U表示），按最短路径长度的递增次序依次把第二组的顶点加入S中。在加入的过程中，总保持从源点v到S中各顶点的最短路径长度不大于从源点v到U中任何顶点的最短路径长度。此外，每个顶点对应一个距离，S中的顶点的距离就是从v到此顶点的最短路径长度，U中的顶点的距离，是从v到此顶点只包括S中的顶点为中间顶点的当前最短路径长度。

Dijkstra算法具体步骤：

（1）初始时，S只包含源点v。U包含除v外的其他顶点，U中顶点u距离为边上的权（若v与u有边）。

（2）从U中选取一个距离v最小的顶点k，把k加入S中（该选定的距离就是v到k的最短路径长度）。

（3）以k为新考虑的中间点，修改U中各顶点的距离；若从源点v到顶点u的距离（经过顶点k）比原来距离（不经过顶点k）短，则修改顶点u的距离值，修改后的距离值的顶点k的距离加上边上的权。

（4）重复步骤（2）和（3）直到所有顶点都包含在S中。

1.1.4.3.2　求最大流算法

最大流算法主要采用福特—福克逊（Ford-Fulkerson）标号算法（最简单的实现）。该方法分别记录每一轮扩展过程中的每个点的前驱与到该节点的增广最大流量，从源点开始扩展，每次选择一个点（必须保证已经扩展到这个点），检查与它连接的所有边，并进行扩展，直到扩展到t。

设给定一个带权有向图$G(V, E)$，从任一可行流出发，例如从零流$f_1(x, y)\equiv 0$出发，令

V_1 为由发点 s 和对于 f_1 的非饱和点组成的节点子集。

若收点 $t \notin V_1$，则 f_1 为最大流。

若收点 $t \in V_1$，则 f_1 不是最大流，从而可由下列方法加以改进。因 $t \in V_1$，故存在从 s 到 t 的非饱和路 R，在 R 上的每边 $(x, y) \in R$，均有 $f_1(x, y) < \omega(x, y)$，$(x, y) \in R$。

令 $a = \min\{\min\limits_{(x,y)\in R}\{\omega(x, y) - f_1(x, y)\}, \min\limits_{-(x,y)}\{-f_1(x, y)\}\}$，其中，$-(x, y) \in R$ 表示边 (x, y) 的方向与路 R 的方向相反。并令

$$f_2(x, y) = \begin{cases} f_1(x, y) + a & (x, y) \in R \\ -f_1(x, y) - a & -(x, y) \in R \\ f_1(x, y) & \text{其他边} \end{cases}$$

容易验证，f_2 也为可行流，且它的流值为 $Q(f_2) = Q(f_1) + a$，$a \geqslant 1$。

再以 f_2 为基础，重复上面的步骤，必可经过有限步后得到一个最大流。这个算法称为非饱和算法。

1.1.4.4 最小费用最大流

在实际问题中，人们不仅考虑流量的大小，还要考虑输送这些流量所需的费用、代价等。例如电力系统中发电厂要把电传输到用户，在选择传输路线时，不仅要考虑传输功率量，而且还要考虑传输功率时的经济性问题，这也是一种最小费用最大流问题，或称为最小费用流问题。本节介绍一种用标号法求最小费用流问题。

设一个网络 $G(V, E)$，E 中每条边 ij 对应一个容量 U_{ij}（如最大输送能力），以及一个 c_{ij} 表示输送单位流量所需的费用。如果有一个运输方案（可行流），流量为 f_{ij}，则最小费用最大流问题就是求下列的极值问题

$$\min_{f\in F} c(f) = \min_{f\in F} \sum_{(i, j)\in E} c_{ij} f_{ij} \tag{1.127}$$

式中：F 为 G 的最大流的集合，即在最大流中寻找一个费用最小的最大流。

确定最小费用流的基本思想是从零流为初始可行流开始，在每次迭代过程中对每条边赋予与 U_{ij}（容量）、c_{ij}（单位流量运输费用）、f_{ij}（现有流的流量）有关的权系数 ω_{ij}，以形成一个带权有向图。再通过求最短路的方法确定由 s 到 t 的费用最小的非饱和路，沿着该路增加流量，得到相应的新流，经过多次迭代，直至达到最大流为止。

构造权系数的方法如下：对任意边 ij，根据现有的流 f，该边上的流量可能增加（$f_{ij} < U_{ij}$），也可能减小（$f_{ij} > 0$），因此每条边赋予向前费用权 ω_{ij}^{+} 与向后费用权 ω_{ij}^{-}

$$\omega_{ij}^{+} = \begin{cases} c_{ij} & \text{若 } f_{ij} < U_{ij} \\ +\infty & \text{若 } f_{ij} = U_{ij} \end{cases} \tag{1.128}$$

$$\omega_{ij}^{-} = \begin{cases} -c_{ij} & \text{若 } f_{ij} > 0 \\ +\infty & \text{若 } f_{ij} = 0 \end{cases} \tag{1.129}$$

对带权有向图，如果把权 ω_{ij} 看作长度，即可确定从 s 到 t 的费用最小的非饱和路，它等价于确定从 s 到 t 的最短路。确定了非饱和路后就可确定该路的最大可增流量，因此需对每一条边确定一个向前可增流量 $\Delta^{+}(i, j)$ 与向后可增流量 $\Delta^{-}(i, j)$

$$\Delta^{+}(i, j) = \begin{cases} U_{ij} - f_{ij} & \text{若 } f_{ij} < U_{ij} \\ 0 & \text{若 } f_{ij} = U_{ij} \end{cases} \tag{1.130}$$

$$\Delta^{-}(i, j) = \begin{cases} f_{ij} & \text{若 } f_{ij} > 0 \\ 0 & \text{若 } f_{ij} = 0 \end{cases} \tag{1.131}$$

因此，确定最小费用最大流的算法如下。

(1) 从零流开始，令 $f_0 \equiv 0$，赋权：

当 $f_{kij} < U_{ij}$， $\begin{cases} \omega^+(i,j) = c_{ij} \\ \Delta^+(i,j) = U_{ij} - f_{kij} \end{cases}$

当 $f_{kij} = U_{ij}$， $\begin{cases} \omega_{ij}^+ = +\infty \\ \Delta^+(i,j) = 0 \end{cases}$

当 $f_{kij} > 0$， $\begin{cases} \omega_{ij}^- = -c_{ij} \\ \Delta^-(i,j) = f_{kij} \end{cases}$

当 $f_{kij} = 0$， $\begin{cases} \omega_{ij}^- = +\infty \\ \Delta^-(i,j) = 0 \end{cases}$

(2) 确定一条从 s 到 t 的最短路 $R(s,t) = \{(s,i_1),(i_1,i_2),\cdots,(i_k,t)\}$。若 $R(s,t)$ 的长度为 $+\infty$，则已得最小费用最大流，停机，否则转入 (3)。

(3) 确定沿着该路 $R(s,t)$ 的最大可增流量 $a = \min\{\Delta(s,i_1), \Delta(i_1,i_2), \cdots, \Delta(i_k,t)\}$，其中根据边的取向决定取 Δ^+ 或 Δ^-。

(4) 生成新的流

$$f_{(k+1)ij} = \begin{cases} f_{kij} + a & ij \text{ 为向前边} \\ f_{kij} - a & ij \text{ 为向后边} \end{cases} \tag{1.132}$$

若 $f_{(k+1)ij}$ 已为最小费用最大流，停机，否则转入 (2)。

1.1.5 内点优化方法

1.1.5.1 卡马卡 (Karmarkar) 梯度投影算法

内点法 (Interior Point Method) 是一种求解线性规划或非线性凸优化问题的算法。它是由冯诺曼 (John von Neumann) 利用戈尔丹的线性齐次系统提出了这种新的求解方法，后被纳伦德拉·卡马卡 (Narendra Karmarkar) 于 1984 年推广应用到线性规划，即卡马卡 (Karmarkar) 算法。Karmarkar 梯度投影算法理论上的多项式收敛性及实际计算的有效性，使得内点法成为近十多年来优化界研究的热点。现在内点法大致可分为三种类型：梯度投影算法、仿射尺度算法和路径跟踪算法。仿射尺度算法的特点之一是用简单的仿射变换替代 Karmarkar 原来的投影变换，并直接求解标准形式的线性规划问题；它的另一特点是结构简单，易于实现，计算效果好。但是，该算法的收敛性证明却十分困难。路径跟踪法，又称跟踪中心轨迹法。这种方法将对数壁垒函数与牛顿法结合起来应用到线性规划问题。

本节首先根据 Karmarkar 梯度投影算法介绍梯度投影算法的基本原理。

考虑最优化问题

$$\begin{cases} \min & f(x) \\ \text{s.t.} & \boldsymbol{A}^{\mathrm{T}} x \geqslant \boldsymbol{b} \end{cases} \tag{1.133}$$

其中，$\boldsymbol{A} = (a_1, a_2, \cdots, a_m) \in R^{n \times m}$，$\boldsymbol{b} = (b_1, b_2, \cdots, b_m)^{\mathrm{T}}$

设该优化问题的可行域记为 S，对任意 $x \in S$，令

$$I(x) = \{i \mid a_i^{\mathrm{T}} x = b_i, 1 \leqslant i \leqslant m\} \tag{1.134}$$

定理 1：设 $x \in S$，则 $d \in R^n$。x 处的可行方向的充分必要条件是

$$a_i^{\mathrm{T}} d \geqslant 0, i \in I(x) \tag{1.135}$$

推论 1：设 d 是在 $x \in S$ 处的可行方向，令

$$\alpha_0 = \left\{ \min \left\{ \frac{(A_2^{\mathrm{T}} x - b_2)_i}{-(A_2^{\mathrm{T}} d)_i}, (A_2^{\mathrm{T}} d < 0) \right\} \right.$$

则对任意 $\alpha \in (0, \alpha_0)$，有 $x + \alpha d \in S$。

定义 1：设 $\boldsymbol{P}$ 是 n 阶实对称矩阵，如果 $\boldsymbol{P}^2=\boldsymbol{P}$，则称 $\boldsymbol{P}$ 是投影矩阵。

定理 2：设 $\boldsymbol{P}$ 是 n 阶投影矩阵，则

(1) $\boldsymbol{P}$ 是半正定矩阵。

(2) $\boldsymbol{Q}=1-\boldsymbol{P}$ 也是投影矩阵。

(3) 线性子空间 $R(P)$ 与 $R(Q)$ 正交，其中

$$R(P)=\{y=\boldsymbol{P}x \mid x\in R^n\},\ R(Q)=\{z=\boldsymbol{Q}x \mid x\in R^n\} \tag{1.136}$$

(4) 对任意 $x\in R^n$，有唯一分解式 $x=y+z$，$y\in R(P)$，$z\in R(Q)$。

定理 3：设 $x\in S$ 且 $\boldsymbol{I}(x)=(i_1,\ i_2,\ \cdots,\ i_k)$，记 $\boldsymbol{A}_k=(a_1,\ a_2,\ \cdots,\ a_k)$，如果 $\mathrm{rank}(\boldsymbol{A}_k)=k$，则

(1) $\boldsymbol{P}_k=1-\boldsymbol{A}_k(\boldsymbol{A}_k^{\mathrm{T}}\boldsymbol{A}_k)^{-1}\boldsymbol{A}_k^{\mathrm{T}}$ 是投影矩阵。

(2) 当 $\boldsymbol{P}\Delta f(x^{(k)})\neq 0$ 时，$d=-\boldsymbol{P}\Delta f(x^{(k)})$ 是在 x 处的可行下降方向。

定理 4：设 $x\in S$ 满足定理 3 的条件且 $\boldsymbol{P}\Delta f(x^{(k)})=0$，$\boldsymbol{\lambda}=(\boldsymbol{A}_k^{\mathrm{T}}\boldsymbol{A}_k)\boldsymbol{A}_k^{\mathrm{T}}\Delta f(x)=(\lambda_{i1},\ \cdots\lambda_{i2},\ \cdots,\ \lambda_{ik})^{\mathrm{T}}$。

(1) 如果 $\boldsymbol{\lambda}\geqslant 0$，则 x 是所求的 K-T 点。

(2) 如果 $\lambda_{ir}<0$，令 $\boldsymbol{A}_{k-1}=(a_{i1},\ a_{i2},\ \cdots,\ a_{ik})$，$\boldsymbol{P}_{k-1}=\boldsymbol{I}-\boldsymbol{A}_{k-1}(\boldsymbol{A}_{k-1}^{\mathrm{T}}\boldsymbol{A}_{k-1})^{-1}\boldsymbol{A}_{k-1}^{\mathrm{T}}$，则 $\boldsymbol{P}_{k-1}$ 是投影矩阵，且 $d=-\boldsymbol{P}_{k-1}\Delta f(x)$ 是所求解在 x 处的可行下降方向。

Karmarkar 梯度投影算法的具体步骤如下：

1) 取初始可行点 $x^{(0)}$，允许误差 $\varepsilon>0$，令 $k=0$。

2) 计算 $I(x^{(k)})$，将 $\boldsymbol{A}$ 和 $\boldsymbol{b}$ 划分为 $\boldsymbol{A}=(\boldsymbol{A}_1,\ \boldsymbol{A}_2)$，$\boldsymbol{b}=\begin{pmatrix}\boldsymbol{b}_1\\ \boldsymbol{b}_2\end{pmatrix}$，使得 $\boldsymbol{A}_1^{\mathrm{T}}x^{(k)}=\boldsymbol{b}_1$，$\boldsymbol{A}_2^{\mathrm{T}}x^{(k)}=\boldsymbol{b}_2$。

3) 如果 $I(x^{(k)})=\phi$，令 $\boldsymbol{P}=\boldsymbol{I}$，否则，令 $\boldsymbol{P}=\boldsymbol{I}-\boldsymbol{A}_1(\boldsymbol{A}_1^{\mathrm{T}}\boldsymbol{A}_1)^{-1}\boldsymbol{A}_1^{\mathrm{T}}$。

4) 令 $d^{(k)}=-\boldsymbol{P}\Delta f(x^{(k)})$，若 $\|d^{(k)}\|\leqslant\varepsilon$，则转至 6)，否则转至下一步。

5) 求 $a_k>0$，使得 $f(x^{(k)}+\alpha_k d^{(k)})=\min\limits_{0\leqslant\alpha\leqslant\alpha_0} f(x^{(k)}+\alpha_k d^{(k)})=\min\limits_{0\leqslant\alpha\leqslant\alpha_0} f(x^{(k)}+\alpha d^{(k)})$，其中

$$\alpha_0=\begin{cases}+\infty,\ \boldsymbol{A}_2^{\mathrm{T}}d\geqslant 0\\ \min\left\{\dfrac{(\boldsymbol{A}^{\mathrm{T}}x-b_2)_i}{-(\boldsymbol{A}_2^{\mathrm{T}}d)_i}\quad(\boldsymbol{A}_2^{\mathrm{T}}d<0)\right\}\end{cases}$$

否则，令 $x^{(k+1)}=x^{(k)}+\alpha_k d^{(k)}$，$k=k+1$，转至 2)。

6) 计算 $\boldsymbol{\lambda}=(\boldsymbol{A}_1^{\mathrm{T}}\boldsymbol{A}_1)^{-1}\boldsymbol{A}_1^{\mathrm{T}}\Delta f(x^{(k)})$，若 $\boldsymbol{\lambda}\geqslant 0$，则 $x^{(k)}$ 是 K-T 点，停止计算；否则，令 $\lambda_{ir}=\min\{\lambda_{ir}\}<0$，$\boldsymbol{A}_1=(a_{i1},\ \cdots,\ a_{ir-1},\ a_{ir+1},\ \cdots,\ a_{ik})$，$\boldsymbol{P}=\boldsymbol{I}-\boldsymbol{A}_1(\boldsymbol{A}_1^{\mathrm{T}}\boldsymbol{A}_1)^{-1}\boldsymbol{A}_1^{\mathrm{T}}$，$d^{(k)}=-\boldsymbol{P}\Delta f(x^{(k)})$，转至 5)。

梯度投影算法也是一种迭代方法，它是基于直观的映射尺度变换进行计算，该算法有三个特点：

1) 通过可行区域的内部朝向寻求最优解。

2) 以最快的速度向能够改善目标函值的方向移动。

3) 在可行区域以内中心点附近开始寻优搜索，从而在很大程度上改进 2)。

梯度投影算法的概念可用图 1.5 表示。

例 1.15 说明内点法迭代过程。

$$\begin{aligned}\max\quad & p=2x_1+3x_2\\ \text{s.t.}\quad & 3x_1+4x_2\leqslant 12\\ & x_1\geqslant 0\end{aligned}$$

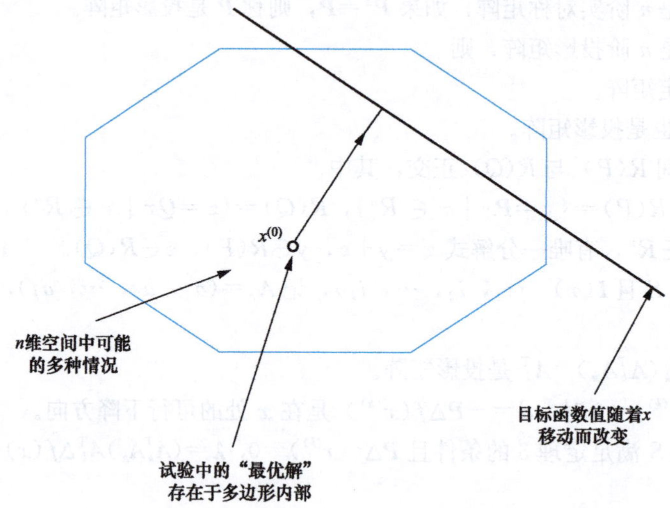

图 1.5　梯度投影算法的基本概念

这个问题的解为 $x_1=0$，$x_2=3$。使用内点法仅做一次迭代将展示该算法在解决方案中移动的速度。

解　第一步是将不等式约束改变为等式约束，方法是将松弛变量 x_3 加入到约束中，形式如下

$$3x_1+4x_2+x_3=12$$

$$\boldsymbol{P}=\boldsymbol{C}^{\mathrm{T}}\boldsymbol{x}$$

$$\boldsymbol{C}^{\mathrm{T}}=[2\quad 3\quad 0]$$

用矩阵形式表示为

$$\boldsymbol{Ax}=\boldsymbol{b},\ \boldsymbol{A}=[3\quad 4\quad 1]\quad \boldsymbol{b}=[12]$$

$$\boldsymbol{x}=[x_1,\ x_2,\ x_3]^{\mathrm{T}}$$

选择初始值 $\boldsymbol{x}=[1,\ 2,\ 1]^{\mathrm{T}}$，则有

$$\boldsymbol{P}=\boldsymbol{C}^{\mathrm{T}}\boldsymbol{x}=[2\quad 3\quad 0]\begin{bmatrix}1\\2\\1\end{bmatrix}=8$$

得到方阵

$$\boldsymbol{D}=\mathrm{diag}(\boldsymbol{x})\Rightarrow\boldsymbol{D}=\begin{bmatrix}1&0&0\\0&2&0\\0&0&1\end{bmatrix}$$

$$\tilde{\boldsymbol{x}}=\boldsymbol{D}^{-1}\boldsymbol{x}=\begin{bmatrix}1&0&0\\0&0.5&0\\0&0&1\end{bmatrix}\begin{bmatrix}1\\2\\1\end{bmatrix}=\begin{bmatrix}1\\1\\1\end{bmatrix}$$

$$\tilde{\boldsymbol{A}}=\boldsymbol{AD}=[3\quad 4\quad 1]\begin{bmatrix}1&0&0\\0&2&0\\0&0&1\end{bmatrix}=[3\quad 8\quad 1]$$

$$\tilde{\boldsymbol{A}}\tilde{\boldsymbol{A}}^{\mathrm{T}}=[3\quad 8\quad 1]\begin{bmatrix}3\\8\\1\end{bmatrix}=74$$

$$\boldsymbol{P}=1-\tilde{\boldsymbol{A}}^{\mathrm{T}}(\tilde{\boldsymbol{A}}\tilde{\boldsymbol{A}}^{\mathrm{T}})^{-1}\tilde{\boldsymbol{A}}=1-\frac{1}{74}\begin{bmatrix}3\\8\\1\end{bmatrix}\begin{bmatrix}3 & 8 & 1\end{bmatrix}=1-\frac{1}{74}\begin{bmatrix}9 & 24 & 3\\24 & 64 & 8\\3 & 8 & 1\end{bmatrix}=\frac{1}{74}\begin{bmatrix}65 & -24 & -3\\-24 & 10 & -8\\-3 & -8 & 73\end{bmatrix}$$

$$\tilde{\boldsymbol{C}}=\boldsymbol{DC}=\begin{bmatrix}1 & 0 & 0\\0 & 2 & 0\\0 & 0 & 1\end{bmatrix}\begin{bmatrix}2\\3\\0\end{bmatrix}=\begin{bmatrix}2\\6\\0\end{bmatrix}$$

$$\boldsymbol{C}_P=\boldsymbol{P}\tilde{\boldsymbol{C}}=\frac{1}{74}\begin{bmatrix}65 & -24 & -3\\-24 & 10 & -8\\-3 & -8 & 73\end{bmatrix}\begin{bmatrix}2\\6\\0\end{bmatrix}=\frac{1}{74}\begin{bmatrix}-14\\12\\-54\end{bmatrix}\Rightarrow\gamma=\frac{54}{74}$$

$$\tilde{\boldsymbol{x}}^{\text{new}}=\tilde{x}^{\text{old}}+\frac{\alpha}{\gamma}\boldsymbol{C}_P$$

这里 α 是一个（0，1）之间的常数，选择 α 为 0.9。

$$\tilde{\boldsymbol{x}}^{\text{new}}=\begin{bmatrix}1\\1\\1\end{bmatrix}+\left(\frac{0.9}{54/74}\right)\left(\frac{1}{74}\right)\begin{bmatrix}-14\\12\\-54\end{bmatrix}=\begin{bmatrix}0.767\\1.2\\0.1\end{bmatrix}$$

$$\boldsymbol{x}^{\text{new}}=\boldsymbol{D}\tilde{\boldsymbol{x}}^{\text{new}}=\begin{bmatrix}1 & 0 & 0\\0 & 2 & 0\\0 & 0 & 1\end{bmatrix}\begin{bmatrix}0.767\\1.2\\0.1\end{bmatrix}=\begin{bmatrix}0.767\\2.4\\0.1\end{bmatrix}$$

$$\boldsymbol{P}^{\text{new}}=\boldsymbol{C}^{\mathrm{T}}\boldsymbol{x}^{\text{new}}=\begin{bmatrix}2 & 3 & 0\end{bmatrix}\begin{bmatrix}0.767\\2.4\\0.1\end{bmatrix}=8.734$$

那么目标函数将变成

$$\Delta P=8.734-8=0.734$$

重复前面的迭代步骤，直到目标函数的变化值忽略不计。

下面用图解法演示内点法的计算步骤。

例 1.16 用内点法图解法求解下列线性规划问题

$$\begin{aligned}\max\quad & Z=x_1+2x_2\\ \text{s. t.}\quad & x_1+x_2\leqslant 8\\ & x_1\geqslant 0,\ x_2\geqslant 0\end{aligned}$$

解 将上述线性规划问题用图 1.6 表示。

初始解存在于可行域 $x_1=0$，$x_2=0$，$x_1+x_2=8$ 内部，即解的范围不能任意选择。于是选择初始解为 x_1°，$x_2^{\circ}=(2,2)$。

让向量 $\boldsymbol{x}_{\text{final}}$，$\boldsymbol{y}_{\text{final}}=(2,2)+(1,2)$ 垂直于目标函数线 $Z=x_1+2x_2$，并朝着目标函数线方向移动。其中向量（1，2）是目标函数的梯度（也就是目标函数的系数），定义了移动的方向（不是大小）。

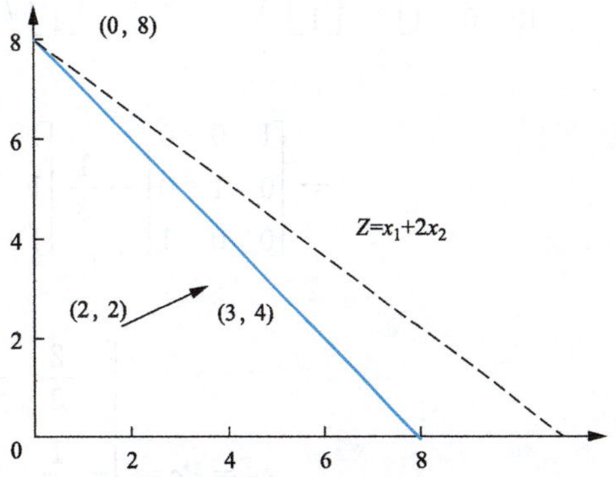

图 1.6 内点法的图解说明

1.1.5.2 内点法在线性规划问题中的应用

如果使用矩阵方法，并引入松弛变量，线性规划问题[式(1.133)] 可以写成增广形式

$$\max \quad Z=\boldsymbol{c}^{\mathrm{T}}\boldsymbol{x}$$
$$\text{s.t.} \quad \boldsymbol{A}\boldsymbol{x}=\boldsymbol{b},\ \boldsymbol{x}\geqslant 0$$

将例 1.16 问题形成增广形式

$$\max \quad Z=x_1+2x_2$$
$$\text{s.t.} \quad x_1+x_2+x_3=8,\ x_1\geqslant 0,\ x_2\geqslant 0,\ x_3\geqslant 0$$

其中

$$\boldsymbol{c}=\begin{bmatrix}1\\2\\0\end{bmatrix},\ \boldsymbol{x}=\begin{bmatrix}x_1\\x_2\\x_3\end{bmatrix}$$

$\boldsymbol{A}=[1\quad 1\quad 1]$，$\boldsymbol{c}^{\mathrm{T}}=[1\quad 2\quad 0]$，$\boldsymbol{b}=[8]$，$\boldsymbol{0}=[0,\ 0,\ \cdots,\ 0]^{\mathrm{T}}$。

$\boldsymbol{c}^{\mathrm{T}}=[1\quad 2\quad 0]$ 是目标函数的梯度。

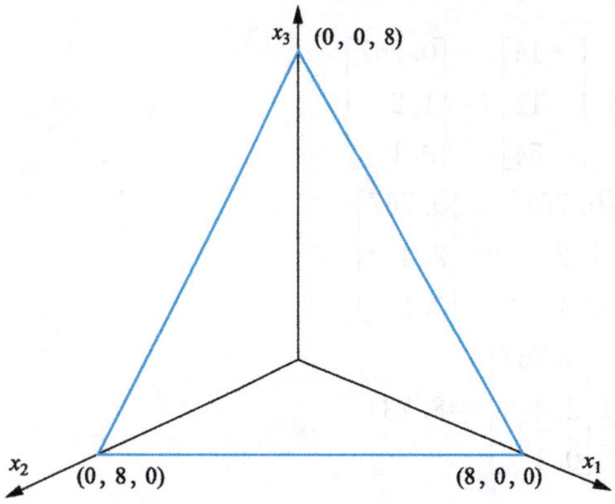

图 1.7　内点法图形投影表示之一

图 1.7 是用内点法图形投影显示线性规划问题的增广形式。

根据内点法思想，每一个 $\boldsymbol{x}_j$ 都有迫使另一个 x 远离可行域边界三条线中的一条的作用。其具体解算方法如下。

设初始解为 $(x_1,\ x_2,\ x_3)=(2,\ 2,\ 4)$，加入梯度 $[1,\ 2,\ 0]$ 使其垂直于给定的线。

$(x_1{}^F,\ x_2{}^F,\ x_3{}^F)=[2,\ 2,\ 4]+[1,\ 2,\ 0]\Rightarrow[3,\ 4,\ 4]$

式中：F 表示可行性。

由于不可行性，内点法不能从 $(2,\ 2,\ 4)$ 移到 $[3,\ 4,\ 4]$。检查是否 $x_1=3$，$x_2=4\rightarrow 8-3-4=1=x_3\neq 4$。

但垂直线与三角形相交与点 $(2,\ 3,\ 3)$，即 $(2,\ 3,\ 3)=(2,\ 2,\ 4)+(0,\ 1,\ -1)$。因此，投影梯度由原始 $\boldsymbol{c}^{\mathrm{T}}$ 变为 $\boldsymbol{c}_{\text{new}}^{\mathrm{T}}=[0,\ 1,\ -1]$。这样就定义了所示算法方向的梯度，详细计算如下。

构造 $\boldsymbol{c}_{\text{new}}^{\mathrm{T}}$，投影矩阵 $\boldsymbol{P}=1-\boldsymbol{A}^{\mathrm{T}}(\boldsymbol{A}\boldsymbol{A}^{\mathrm{T}})^{-1}\boldsymbol{A}$，投影梯度为 $\boldsymbol{c}_{\mathrm{P}}=\boldsymbol{P}\boldsymbol{c}$，即

$$\boldsymbol{P}=\begin{bmatrix}1&0&0\\0&1&0\\0&0&1\end{bmatrix}-\begin{bmatrix}1\\1\\1\end{bmatrix}\left([1\quad 1\quad 1]\begin{bmatrix}1\\1\\1\end{bmatrix}\right)^{-1}[1\quad 1\quad 1]=\begin{bmatrix}1&0&0\\0&1&0\\0&0&1\end{bmatrix}-\frac{1}{3}\begin{bmatrix}1\\1\\1\end{bmatrix}=[1\quad 1\quad 1]$$

$$=\begin{bmatrix}1&0&0\\0&1&0\\0&0&1\end{bmatrix}-\frac{1}{3}\begin{bmatrix}1&1&1\\1&1&1\\1&1&1\end{bmatrix}=\begin{bmatrix}\frac{2}{3}&-\frac{1}{3}&-\frac{1}{3}\\-\frac{1}{3}&\frac{2}{3}&-\frac{1}{3}\\-\frac{1}{3}&-\frac{1}{3}&\frac{2}{3}\end{bmatrix}$$

$$\boldsymbol{c}_{\mathrm{P}}=\boldsymbol{P}\boldsymbol{c}=\begin{bmatrix}\frac{2}{3}&-\frac{1}{3}&-\frac{1}{3}\\-\frac{1}{3}&\frac{2}{3}&-\frac{1}{3}\\-\frac{1}{3}&-\frac{1}{3}&\frac{2}{3}\end{bmatrix}\begin{bmatrix}1\\2\\0\end{bmatrix}=\begin{bmatrix}0\\1\\-1\end{bmatrix}$$

α 从 0 开始变化，在投影梯度（0，1，1）方向移动（2，2，4），即

$$\boldsymbol{x}=\begin{bmatrix}2\\2\\4\end{bmatrix}+4\alpha \boldsymbol{c}_{\mathrm{P}}=\begin{bmatrix}2\\2\\4\end{bmatrix}+4\alpha\begin{bmatrix}0\\1\\-1\end{bmatrix}$$

式中的系数 4 用于简单地给出 α 的上界 1 以保持解的可行性（所有 $x_j\geqslant 0$）。因此 α 测量离开可行区域之前可以移动的距离。α 应该多大呢？一般建议在计算时接近可行区域的中心或附近的地方更利于求解，而不太接近任何约束边界。Karmarker 在他的算法中建议 $\alpha=0.25$。

例如 $\boldsymbol{AX}=\boldsymbol{B}$ 中，$x_1+x_2+x_3=8$，初始解为 $(x_1,\ x_2,\ x_3)=(2,\ 2,\ 4)$，这代表 x_1 在矢量 $(x_1,\ x_2,\ x_3)=(2,\ 2,\ 4)$ 移动 2 个单位，x_2 移动 2 个单位，x_3 移动 4 个单位。通过尺度缩小变化属性得

$$\tilde{x}_1=\frac{x_1}{2},\quad \tilde{x}_2=\frac{x_2}{2},\quad \tilde{x}_3=\frac{x_3}{4}$$

由 $(x_1,\ x_2,\ x_3)=(2,\ 2,\ 4)$ 得 $(\tilde{x}_1,\ \tilde{x}_2,\ \tilde{x}_3)=(1,\ 1,\ 1)$，从而得到新的线性规划问题为

$$\begin{aligned}&\max \quad Z=2\tilde{x}_1+4\tilde{x}_2\\&\text{s. t.}\quad 2\tilde{x}_1+2\tilde{x}_2+4\tilde{x}_3=8\quad x_i\geqslant 0\end{aligned}$$

上述问题用图 1.8 表示。得到 $(1,\ 1,\ 1)\rightarrow \tilde{x}_1=1$，$\tilde{x}_2=1$，$\tilde{x}_3=1$。对于每个后续的迭代，再次进行尺度缩小变化以实现相同的属性，因此在当前坐标中的解始终是（1，1，1）。

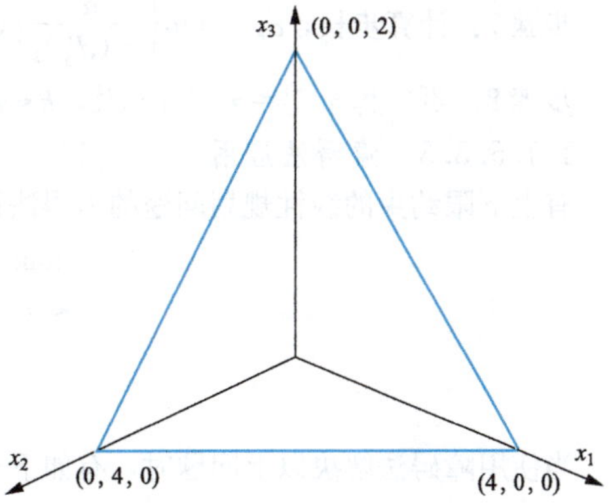

图 1.8 内点法图形投影表示之二

1.1.5.3 对偶仿射法应用

Karmarkar 所提出的初始和对偶内点法都可以看作是应用于原始或对偶问题的对数障碍法的特例。对偶和原始仿射方法解决的问题及其算法如下所示。

1.1.5.3.1 对偶仿射法

对偶仿射法的优化问题表示为

$$\begin{aligned}&\max \quad \boldsymbol{c}^{\mathrm{T}}x\\&\text{s. t.}\quad \boldsymbol{A}x\leqslant \boldsymbol{b}\end{aligned}\tag{1.137}$$

对偶仿射法的计算步骤如下。

步骤 1：初始化，令 $k=0$，$x^0>0$，$\boldsymbol{A}x^0=\boldsymbol{b}$。

步骤 2：获得变换方向，$v_k=\boldsymbol{b}-\boldsymbol{A}x^k$。

步骤 3：确定其无界性，$\boldsymbol{D}_k=\mathrm{diag}\left(\dfrac{1}{v_1^k},\ \cdots,\ \dfrac{1}{v_m^k}\right)$。

步骤 4：原始估计的计算，$\mathrm{d}x=(\boldsymbol{A}^{\mathrm{T}}\boldsymbol{D}_k{}^2\boldsymbol{A})^{-1}\boldsymbol{C}$，$\mathrm{d}x=-\boldsymbol{A}\mathrm{d}x$。

步骤 5：最优性检查，$y^k=-\boldsymbol{D}_k{}^2\mathrm{d}x$，$y^k\leqslant\varepsilon$（一个给定的系数），则停止优化。否则，转至下一步。

步骤 6：计算步长，$\alpha=rx\min\left\{\dfrac{v_i{}^k}{(\mathrm{d}v)_i}:\ (\mathrm{d}v)_i<0,\ i=1,\ \cdots,\ m\right\}$。

步骤 7：更新解，$x^{k+1}=x^k+\alpha\mathrm{d}x$，转至步骤 2。

1.1.5.3.2 仿射法应用

仿射法主要用于解决以下优化问题

$$\begin{aligned} \min \quad & \boldsymbol{c}^{\mathrm{T}} x \\ \text{s.t.} \quad & \boldsymbol{A}x = \boldsymbol{b} \\ & 1 \leqslant x \leqslant u \end{aligned} \tag{1.138}$$

原始仿射法的计算步骤如下。

步骤1：初始化，$k=0$，$x^0>0$，$\boldsymbol{A}x^0=\boldsymbol{b}$。

步骤2：对偶估计的计算，$w^k=(\boldsymbol{A}\boldsymbol{x}_k^2\boldsymbol{A}^{\mathrm{T}})^{-1}\boldsymbol{A}\boldsymbol{x}_k^2 c$，其中，$\boldsymbol{x}^k$ 是对角矩阵。

步骤3：缩减成本计算，$r^k=c-\boldsymbol{A}^{\mathrm{T}}w^k$。

步骤4：最优性检查，若 $r^k\geqslant 0$ 且 $e^{\mathrm{T}}X^k r^k\leqslant e$（一个给定的系数），则停止优化。否则，转至下一步。其中，x^k 为原始最佳解，w^k 为对偶最佳解。

步骤5：获得变换方向，$d_y^k=-X_k r^k$。

步骤6：检查无界性及约束目标值。若 $d_y^k>0$，则该问题是无界的，停止；若 $d_y^k=0$，则停止，x^k 为原始最佳解；否则，转至步骤7。

步骤7：计算步长，$\alpha_k=\min\left\{\dfrac{\alpha}{-(d_y^k)_i} \mid (d_y^k)_i<0\right\}$，$0\leqslant\alpha\leqslant 1$。

步骤8：更新解 $x^{k+1}=x^k+\alpha x_k d_y^k$，$k\leftarrow k+1$。转至步骤2。

1.1.5.3.3 障碍法应用

有上下限约束的线性规划问题的障碍法计算如下。

$$\begin{aligned} \min \quad & \boldsymbol{c}^{\mathrm{T}} x \\ \text{s.t.} \quad & \boldsymbol{A}x = \boldsymbol{b} \\ & 1 \leqslant x \leqslant u \\ & \boldsymbol{m} \leqslant \boldsymbol{n} \end{aligned} \tag{1.139}$$

当使用障碍法解决以上问题时，有如下子问题

$$\begin{aligned} \min \quad & F(x) \equiv \boldsymbol{c}^{\mathrm{T}} x - \mu \sum_{j=1}^{n} \ln x_j \\ \text{s.t.} \quad & \boldsymbol{A}x = \boldsymbol{b} \\ & \mu > 0 \end{aligned} \tag{1.140}$$

在每次迭代开始时，μ、x、π、η 已知，且 $\mu>0$、$x>0$、$\boldsymbol{A}x=\boldsymbol{b}$、$\eta=c-\boldsymbol{A}^{\mathrm{T}}p$。在每个阶段都计算 π 的校正值，因为之前的迭代可以获得良好的估计。其计算步骤如下。

步骤1：定义 $\boldsymbol{D}=\mathrm{diag}(x_j)$，$r=\boldsymbol{D}\eta-\mu e$，$r$ 是障碍子问题的最优条件的剩余部分，因此若 $x=x^*(m)$，则 $\|r\|=0$。

步骤2：若 μ 和 $\|r\|$ 足够小，则停止。

步骤3：若合适，则减小 μ 并重置 r。

步骤4：解决最小平方问题 $\min\|r-\boldsymbol{D}\boldsymbol{A}^{\mathrm{T}}\Delta\pi\|$。

步骤5：计算更新向量

$$\pi \leftarrow \pi + \delta\pi,\quad \eta \leftarrow \eta - \boldsymbol{A}^{\mathrm{T}}\delta\pi$$

$$r = \boldsymbol{D}\eta - \mu e,\quad \pi = -\frac{1}{\mu}\boldsymbol{D}r$$

步骤6：找出 α 的最大值 α_{M}，且 $x+\alpha p\geqslant 0$。

步骤7：决定步长 $\alpha\in(0,\alpha_{\mathrm{M}})$，使障碍函数 $F(x+\alpha p)$ 适当的少。

步骤 8：更新 $x=x+\alpha p$。

当所有迭代满足 $\boldsymbol{A}x=\boldsymbol{b}$ 且 $x<0$，向量 $\boldsymbol{p}$ 和 $\boldsymbol{\eta}$ 接近 π^* 和 η^*。

1.1.5.4 非线性规划内点法

1.1.5.4.1 内点法之罚函数法

内点法每次迭代总是从可行域的内点出发，并保持在可行域内部进行搜索。因此，内点法适用于不等式约束的问题，而且还可适用于非线性规划问题

$$\begin{cases}\min f(X) \quad X\in R \\ R=\{X/g_j(X)\geqslant 0 \quad j=1,2,\cdots,l\}\end{cases} \tag{1.141}$$

其中 $f(X)$ 和 $g_j(X)$ 都是 R 上的连续函数。

现把可行域记为

$$R_0=\{X\,|\,g_j(X)>0 \quad j=1,2,\cdots,l\} \tag{1.142}$$

根据障碍函数法，要保持迭代点含于可行域内部的方法是定义一个函数，如

$$G(X,r)=f(X)+rB(X) \tag{1.143}$$

其中，$B(X)$ 是连续函数，当点 X 趋向可行域边界时，$B(X)\rightarrow+\infty$。

因此，可通过求解下列问题得到上述非线性规划的近似解

$$\begin{cases}\min \quad G(X,r) \\ \text{s.t.} \quad X\in R\end{cases} \tag{1.144}$$

由于 $B(X)$ 的存在，在可行域边界形成"围墙"，因此，式（1.144）的解必含于可行域的内部。值得注意的是，式（1.144）仍然是约束，看起来它的约束条件比原来的问题还要复杂。但是，由于函数 $B(X)$ 的阻挡作用是自动实现的，因此从计算的观点看，式（1.144）可当成是无约束问题来处理。

实际计算中，罚因子 r 的选择十分重要。r 若越小，式（1.144）的最优解越接近非线性规划的最优解。但是 r 太小，则给罚函数的极小化问题增加计算上的困难；因此仍然采用序列极小化方法，取一个严格单调递减且趋于零的罚因子（障碍因子）数列，对每一个 k，从内部出发，求解问题 [式(1.144)]，而得到一个极小点的序列，在适当的条件下，这个序列将收敛到约束问题的最优解。

非线性规划内点法的计算步骤总结如下。

步骤 1：给定初始点 $X^{(0)}$，初始参数 r_1，缩小系数 $\beta\in(0,1)$，允许误差 $\varepsilon>0$，置 $k=1$。

步骤 2：以 $X^{(k-1)}$ 为初始点，求解无约束优化问题 $\min f(X)+r_kB(X)$，设其极小点为 $X^{(k)}$。

步骤 3：若 $r_kB(X^{(k)})<\varepsilon$，则停止计算，得到点 $X^{(k)}$；否则，令 $r_k=\beta r_k$，置 $k=k+1$ 转步骤 2。

1.1.5.4.2 内点法之障碍罚函数法

罚函数法的一个重要特点是函数 $P(X,M)$ 可以在整个 E^n 空间内进行优化，可以任意选择初始点，这给计算带来了很大的方便。但是，由于迭代过程常常在可行域外部进行，因而不能以中间结果直接作为近似解使用。如果要求每次的近似解都是可行的，以便观察目标函数值的改善情况，这时就无法使用罚函数法。

障碍函数内点法求解线性规划问题，也可用于求解非线性规划问题。障碍函数法与罚函数法不同，它要求迭代过程始终在可行域内进行。可以仿照罚函数法，通过函数叠加的办法来改造原来约束极值问题的目标函数，使改造后的目标函数具有这种性质：在可行域 R 的内部与边界较远的地方，其值与原来的目标函数值尽可能地相近，而在接近于边界面时可以达到任意值。如

果将初始迭代点取在可行域内部（内点），在进行无约束极小化时，这样的函数就会像障碍一样阻止迭代点到可行域 R 的边界上去，而使迭代过程始终在可行域内部进行。经过这样改造后的新目标函数，称为障碍函数。可以想象，满足这种要求的障碍函数，其最小解自然不会在可行域 R 边界上达到。这就是说，这时的极小化是在不包括可行域边界的可行集上进行的，因而实际上是一种具有无约束性质的极值问题，可以利用无约束极小化的方法进行计算。

考虑非线性规划

$$\begin{cases}\min f(X) \quad X \in R \\ R=\{X \mid g_j(X) \geqslant 0 \quad j=1,2,\cdots,l\}\end{cases} \tag{1.145}$$

当 X 点从可行域 R 内部趋于其边界时，至少有某一个约束函数 $g_j(X)$ $(1 \leqslant j \leqslant l)$ 趋于零，从而下述倒数函数

$$\sum_{j=1}^{l} \frac{1}{g_j(X)} \tag{1.146}$$

和对数函数

$$-\sum_{j=1}^{l} \log(g_j(X)) \tag{1.147}$$

都将无限增大。如果将式（1.146）或式（1.147）加到非线性规划式（1.145）的目标函数 $f(X)$ 上，就能构造成所要求的新的目标函数。为了逐步逼近问题［式(1.145)］的极小点，取实数 $r_k>0$，并构成一系列无约束性质的极小化问题如下

$$\min_{X \in R_0} \overline{P}(X, r_k) \tag{1.148}$$

式中：$\overline{P}(X, r_k)$ 为障碍函数；r_k 为障碍因子。

$$\overline{P}(X, r_k)=f(X)+r_k \sum_{j=1}^{l} \frac{1}{g_j(X)} \tag{1.149}$$

或

$$\overline{P}(X, r_k)=f(X)-r_k \sum_{j=1}^{l} \log(g_j(X)) \tag{1.150}$$

式（1.149）和式（1.150）右端的第二项称为障碍项。

此处，R_0 为所有严格内点的集合，即

$$R_0=\{X \mid g_j(X)>0 \quad j=1,2,\cdots,l\} \tag{1.151}$$

如果从某一点 $X^{(0)} \in R_0$ 出发，按无约束极小化方法（但在进行一维搜索时需注意控制步长，不要使迭代点越出 R_0）对问题［式(1.148)］进行迭代，则随着障碍因子 r_k 的逐渐减小，即 $r_1>r_2>\cdots>r_k>\cdots>0$，障碍项所起的作用也越来越小，因而，求出的问题［式(1.148)］的解 $X(r_k)$ 就会逐步逼近原约束问题［式(1.145)］的极小解。若［式(1.145)］的极小点在可行域的边界上，则随着 r_k 的逐渐减小，“障碍”作用逐步降低，所求出的障碍函数的极小点就会不断靠近 R 的边界，直到满足某一精度要求为止。

障碍函数法的迭代步骤如下。

(1) 取第一个障碍因子 $r_1>0$（比如说取 $r_1=1$），允许误差 $\varepsilon>0$，并令 $k:=1$。

(2) 构造障碍函数，障碍项可采用倒数函数，也可采用对数函数。

(3) 求无约束极值问题的最优解：$\min\limits_{X \in R_0} \overline{P}(X, r_k)$，其中 $\overline{P}(X, r_k)$ 可取式（1.149）或式（1.150）。设其极小点为 $X^{(k)} \in R_0$。

(4) 检查是否满足收敛准则。

$$r_k\sum_{j=1}^{l}\frac{1}{g_j(X^{(k)})}\leqslant\varepsilon \tag{1.152}$$

$$\left|r_k\sum_{j=1}^{l}\log(g_j(X^{(k)}))\right|\leqslant\varepsilon \tag{1.153}$$

如果满足此准则，则以 $X^{(k)}$ 为原来约束问题的近似极小解，停止迭代。否则，取 $r_{k+1}<r_k$，令 $k:=k+1$，转回第（3）步，继续进行迭代。

例 1.17 使用内点法解

$$\begin{cases}\min\quad f(X)=\dfrac{1}{3}(x_1+1)^3+x_2\\ g_1(X)=x_1-1\geqslant 0\\ g_2(X)=x_2\geqslant 0\end{cases}$$

解 构造障碍函数

$$\overline{P}(X,\ r)=\frac{1}{3}(x_1+1)^3+x_2+\frac{r}{x_1-1}+\frac{r}{x_2}$$

$$\frac{\partial\overline{P}}{\partial x_1}=(x_1+1)^2-\frac{r}{(x_1-1)^2}=0$$

$$\frac{\partial\overline{P}}{\partial x_2}=1-\frac{r}{x_2^2}=0$$

联立上述两个方程得 $x_1(r)=\sqrt{1+\sqrt{r}}$，$x_2(r)=\sqrt{r}$。

如此得到最优解 $X_{\min}=\lim\limits_{r\to 0}(\sqrt{1+\sqrt{r}},\ \sqrt{r})^{\mathrm{T}}=(1,\ 0)^{\mathrm{T}}$。

如前所述，内点法的迭代过程必须由某一个严格的内点开始，在处理实际问题时，如果凭直观即可找到一个初始内点，这当然十分方便；如果找不到，则可用下述方法。

先任找一点 $X^{(0)}\in E^n$，如果它以严格不等式满足所有约束，则可以它作为初始点。若该点以严格不等式满足一部分约束，而不能以严格不等式满足另外的约束，则以不能严格满足的这些约束函数为假拟目标函数，而以严格满足的约束函数形成障碍项，构成一无约束性质的问题。求解这个问题，可得一新点 $X^{(1)}$，若 $X^{(1)}$ 仍不是内点，就如上继续进行，并减小障碍因子，直至求出一个初始内点为止。

1.2 智 能 算 法

1.2.1 优化神经网络方法

优化神经网络（Optimization Neural Network，ONN）最初于 1986 用来解决线性规划问题。而最近，其被扩展至求解非线性规划问题。与传统的优化方法完全不同，它将一个优化问题的解转化为一个非线性动态系统的平衡点（或平衡状态），并将其转化为动态系统的能量函数的最优准则。由于其并行计算结构和动力学演化，ONN 的方法优于传统的优化方法。

具有等式约束和不等式约束的非线性问题可以表示为

$$\min\ f(x) \tag{1.154}$$

$$h_j(x)=0\quad j=1,\ \cdots,\ m \tag{1.155}$$

$$g_i(x)\geqslant 0\quad i=1,\ \cdots,\ k \tag{1.156}$$

为了将式（1.156）的不等式约束变为等式约束，引入新变量 y_1，…，y_m，此时，上述模型可以改写为

$$\min \quad f(x) \tag{1.157}$$

$$h_j(x)=0 \quad j=1,\cdots,m \tag{1.158}$$

$$g_i(x)-y_i{}^2=0 \quad i=1,\cdots,k \tag{1.159}$$

优化神经网络方法不同于传统的优化方法，它将优化问题的解变为非线性动态系统的平衡点，并将最优目标变为动态系统的能量函数，是一个非线性优化神经网络（Non-Linear Optimization Neural Network，NLONN）问题。因此，NLONN 的能量函数需要在初始时给定，上述模型的神经网络的能量函数为

$$E(x,y,\lambda,\mu,S)=f(x)-\mu^{\mathrm{T}}h(x)-\lambda^{\mathrm{T}}[g(x)-y^2]+(S/2)\|h(x)\|^2+(S/2)\|g(x)-y^2\|^2 \tag{1.160}$$

式中：λ，μ 是拉格朗日乘子或因子。

值得注意的是，不同的能量函数对应不同的神经网络且具有不同特性。NLONN 方法有两个优点：①能量函数方程中前三项是对传统非线性规划中拉格朗日函数的扩展，该方法能保证能量函数的最优解；②存在二次罚因子，它是能量函数式（1.160）和等式约束式（1.155）～式（1.157）的一部分。这些罚因子对处理任何违反约束的情况都非常有效。

神经网络的动态方程可以根据式（1.160）得到。

$$\mathrm{d}x/\mathrm{d}t=-\{\nabla_x f(x)+(Sh(x)-\mu)^{\mathrm{T}}\nabla_x h(x)+[S(g(x)-y^2)-\lambda]^{\mathrm{T}}\nabla_x(g(x)-y^2)\} \tag{1.161}$$

$$\mathrm{d}y/\mathrm{d}t=-\{\nabla_y f(x)+(Sh(x)-\mu)^{\mathrm{T}}\nabla_y h(x)+[S(g(x)-y^2)-\lambda]^{\mathrm{T}}\nabla_y(g(x)-y^2)\} \tag{1.162}$$

$$\partial\mu/\partial t=Sh(x) \tag{1.163}$$

$$\partial\lambda/\partial t=S(g(x)-y^2) \tag{1.164}$$

从式（1.160），可知变量 x，y 是可分离的，因此可以得到下式

$$\min_{x,y}E(x,y,\lambda,\mu,S)=\min_x\min_y E(x,y,\lambda,\mu,S)=\min_x E[x,y^*(x,\lambda,\mu,S),\lambda,\mu,S] \tag{1.165}$$

其中 $y^*(x,\lambda,\mu,S)$ 满足以下等式

$$\min_y E(x,y,\lambda,\mu,S)=E[x,y^*(x,\lambda,\mu,S),\lambda,\mu,S] \tag{1.166}$$

为得到 $y^*(x,\lambda,\mu,S)$，令 $\mathrm{d}E/\mathrm{d}y=0$。由式（1.160）可得

$$2y^{\mathrm{T}}[\lambda+Sy^2-Sg(x)]=0 \tag{1.167}$$

显然，由式（1.167）可得

$$y^2=\begin{cases}0 & 若\ \lambda-Sg(x)\geqslant 0\\ [Sg(x)-\lambda]/S & 若\ \lambda-Sg(x)<0\end{cases} \tag{1.168}$$

或者

$$y^2-g(x)=\begin{cases}-g(x) & 若\ -g(x)\geqslant-\lambda/S\\ -\lambda/S & 若\ -g(x)<-\lambda/S\end{cases} \tag{1.169}$$

从等式（1.169），可得到以下表达式

$$y^2-g(x)=\max[-g(x),-\lambda/S] \tag{1.170}$$

$$y^2-g(x)=-\min[g(x),\lambda/S] \tag{1.171}$$

$$g(x)-y^2=\min[g(x),\lambda/S] \tag{1.172}$$

将式（1.170）代入式（1.160），可得

$$E(x,\lambda,\mu,S)=f(x)-\mu^{\mathrm{T}}h(x)+(S/2)\|h(x)\|^2$$

$$
\begin{aligned}
&-\lambda^{\mathrm{T}}[-\max(-g(x),\ -\lambda/S)]+(S/2)\|\max(-g(x),\ -\lambda/S)\|^2 \\
&=f(x)-\mu^{\mathrm{T}}h(x)+(S/2)\|h(x)\|^2-(1/2S)[2\lambda^{\mathrm{T}}\max(-Sg(x),\ -\lambda)] \\
&\quad+(1/2S)\|\max(-Sg(x),\ -\lambda)\|^2 \\
&=f(x)-\mu^{\mathrm{T}}h(x)+(S/2)\|h(x)\|^2+(1/2S)\{-\|\lambda\|^2+\|\lambda\|^2+2\lambda^{\mathrm{T}}\max[-Sg(x),\ -\lambda] \\
&\quad+\|\max[-Sg(x),\ -\lambda]\|^2\} \\
&=f(x)-\mu^{\mathrm{T}}h(x)+(S/2)\|h(x)\|^2+(1/2S)\{\|\lambda+\max[-Sg(x),\ -\lambda]\|^2-\|\lambda\|^2\} \\
&=f(x)-\mu^{\mathrm{T}}h(x)+(S/2)\|h(x)\|^2+(1/2S)\{\|\max[0,\ \lambda-Sg(x)]\|^2-\|\lambda\|^2\}
\end{aligned}
\tag{1.173}
$$

将式（1.170）代入式（1.171），可得

$$
\begin{aligned}
\mathrm{d}x/\mathrm{d}t&=-\{\nabla_x f(x)+[Sh(x)-\mu]^{\mathrm{T}}\nabla_x h(x)+[S(-\max(-g(x),\ -\lambda/S)-\lambda]^{\mathrm{T}}\nabla_x g(x)\} \\
&=-\{\nabla_x f(x)+[Sh(x)-\mu]^{\mathrm{T}}\nabla_x h(x)+81[-\max(-Sg(x),\ -\lambda)-\lambda]^{\mathrm{T}}\nabla_x g(x)\} \\
&=-\{\nabla_x f(x)+[Sh(x)-\mu]^{\mathrm{T}}\nabla_x h(x)-[\max(-g(x),\ -\lambda)+\lambda]^{\mathrm{T}}\nabla_x g(x)\} \\
&=-\{\nabla_x f(x)+[Sh(x)-\mu]^{\mathrm{T}}\nabla_x h(x)-\max[0,\ \lambda-Sg(x)]^{\mathrm{T}}\nabla_x g(x)\}
\end{aligned}
\tag{1.174}
$$

将式（1.172）代入式（1.164），可得

$$
\mathrm{d}\lambda/\mathrm{d}t=S\min(g(x),\ \lambda/S)=\min[Sg(x),\ \lambda] \tag{1.175}
$$

根据式（1.163）、式（1.173）～式（1.175），推导出了一个新的非线性优化神经网络模型，可用于解决等式和不等式约束的优化问题。NLONN 模型可以写成如下形式

$$
\begin{aligned}
E(x,\ \lambda,\ \mu,\ S)&=f(x)-\mu^{\mathrm{T}}h(x)+(S/2)\|h(x)\|^2 \\
&\quad+(1/2S)\{\|\max[0,\ \lambda-Sg(x)]\|^2-\|\lambda\|^2\}
\end{aligned}
\tag{1.176}
$$

$$
\mathrm{d}x/\mathrm{d}t=-\{\nabla_x f(x)+[Sh(x)-\mu]^{\mathrm{T}}\nabla_x h(x)-\nabla_x g(x)\max[0,\ \lambda-Sg(x)]^{\mathrm{T}}\} \tag{1.177}
$$

$$
\mathrm{d}\mu/\mathrm{d}t=Sh(x) \tag{1.178}
$$

$$
\mathrm{d}\lambda/\mathrm{d}t=\min[Sg(x),\ \lambda] \tag{1.179}
$$

上述模型的能量函数对时间 t 的导数可从以下计算得到，即

$$
\begin{aligned}
\frac{\mathrm{d}E}{\mathrm{d}t}&=\frac{\partial E}{\partial x}\frac{\mathrm{d}x}{\mathrm{d}t}+\frac{\partial E}{\partial \mu}\frac{\mathrm{d}\mu}{\mathrm{d}t}+\frac{\partial E}{\partial \lambda}\frac{\partial \lambda}{\partial t} \\
&=-\left\|\frac{\mathrm{d}x}{\mathrm{d}t}\right\|^2-S\|h(x)\|^2+\frac{1}{S}\{\max[0,\ \lambda-Sg(x)]-\lambda\}^{\mathrm{T}}\min[Sg(x),\ \lambda] \\
&=-\left\|\frac{\mathrm{d}x}{\mathrm{d}t}\right\|^2-S\|h(x)\|^2+\frac{1}{S}\{\max[-\lambda,\ Sg(x)]\}^{\mathrm{T}}[-\max[-Sg(x),\ -\lambda)] \\
&=-\left\|\frac{\mathrm{d}x}{\mathrm{d}t}\right\|^2-S\|h(x)\|^2-\frac{1}{S}\|\max[-Sg(x),\ -\lambda)]\|^2
\end{aligned}
\tag{1.180}
$$

显然，从式（1.180）可知 $\mathrm{d}E/\mathrm{d}t\leqslant 0$，当且仅当

$$
h(x)=0;\ \max[-\lambda,\ -Sg(x)]=0;\ \mathrm{d}x/\mathrm{d}t=0 \tag{1.181}
$$

有

$$
\mathrm{d}E/\mathrm{d}t=0 \tag{1.182}
$$

$\max[-\lambda,-Sg(x)]=0$ 可理解为

$$
Sg(x)\geqslant 0 \quad 当\ \lambda=0 \tag{1.183}
$$

$$
\lambda\geqslant 0 \quad 当\ Sg(x)=0 \tag{1.184}
$$

式（1.183）和式（1.184）是优化理论中的 K-T 条件。因此，$\max[-\lambda,\ -Sg(x)]=0$ 是成立的。当然，包括最优解的所有可行解都满足方程 $h(x)=0$。从式（1.177）可以得到以下表达式

$$dx/dt = -\{\nabla_x f(x) - \mu\nabla_x h(x) - \max[0,\ \lambda - Sg(x)]\nabla_x g(x)\} \tag{1.185}$$

由式（1.183）和式（1.184），可得

$$\max[0,\ \lambda - Sg(x)]\nabla_x g(x) = \lambda\nabla_x g(x) \tag{1.186}$$

由式（1.185）和式（1.186），可得

$$dx/dt = -\{\nabla_x f(x) - \mu\nabla_x h(x) - \lambda\nabla_x g(x)\} \tag{1.187}$$

当且仅当

$$\nabla_x f(x) - \mu\nabla_x h(x) - \lambda\nabla_x g(x) = 0 \tag{1.188}$$

才有

$$dx/dt = 0$$

式（1.188）是优化问题的最优条件，因此这个条件是成立的。这意味着 $dx/dt=0$ 也是成立的。已证明等式（1.181）中的所有条件都满足，因此，式（1.182）也满足。这也证明了所提出的 NLONN 神经网络的能量函数是李雅普诺夫（Lyapunov）函数。相应的神经网络是稳定的，神经网络的平衡点对应于约束优化问题的最优解。

1.2.2 遗传算法

遗传算法（Genetic Algorithm，GA）首先由约翰·霍兰德（John Holland）提出，后来大卫·戈德堡（David Goldberg）拓展了遗传算法。GA 提供了一种面向由个体组成的解集来解决问题的方法，其中每一个个体都代表一个可能的解决方案，每一个可能的解决方案都称为一个染色体。搜索空间的新数据点通过 GA 操作得到，GA 操作复制、交叉、变异三种方式。这些操作通过连续执行而一致产生适应度更强的后代个体，从而迅速指向全局最优方案。GA 的特点在以下方面与其他搜索技术不同：

（1）搜索方式是多路并行搜索，降低了陷入局部最优解的概率。

（2）GA 面向串编码而不是实际的参数，参数编码可以实现遗传算子在最小计算量的前提下，将当前状态进化到下一个状态。

（3）GA 通过评估每一个串的适应性来引导搜索方向而不是通过最优化函数，遗传算法只需要评估目标函数（适应性）来引导搜索，不必进行微分求解。

（4）GA 在性能提升概率高的搜索域里搜索最优解。

几种常用的 GA 算子有：

（1）交叉算子以一定概率发生，两个父代（或母本）组合（交换某些位）形成子代，它们继承了两个父代的特性，尽管交叉是基本的搜索算子，它并不能产生新的原本解集里不存在的信息。

（2）变异算子以一个小概率事件发生，随机抽取后代基因型的某些位，从 0 翻转到 1，反之亦然，以此来产生不存在于现有解集里的新特性。一般而言，变异是次级但非无效算子，它使得每一种可能的解都有一定概率被考虑评估到。

（3）执行精英筛选，每一个最优解都被复制到下一代中，避免经过基因算子运算后被破坏。

（4）适应度尺度缩放是指基因型适应性的一种非线性变换，以比较收敛解集里接近最优化的解之间质量的不同。

值得注意的是，GA 算法实际上是无约束优化，所有信息都表示在适应度函数里。遗传算法的基本步骤如下。

步骤 1 初始化：对于控制变量 X，产生随机种群 $\{X_0^1,\ X_0^2,\ \cdots,\ X_0^p\}$，式中 X_0^i 为二进制代码串。每一个串由一些二进制代码组成，每一个代码是 0 或者 1。每一个个体的适应度为 $f(X_0^i)$，种群的适应度集合为 $\{f(X_0^1),\ f(X_0^2),\ \cdots,\ f(X_0^p)\}$。令种群代数为 $k=0$，进入下一步。

步骤 2 选择：从种群中选择一对个体作为父代。通常来说，具有更大适应度的个体被选择的

概率更大。

步骤 3 交叉：交叉是遗传算法中重要的操作。交叉的目的是交换个体之间的信息。交叉的方法较多，如单点交叉和多点交叉。

1）单点交叉。在父代串中随机选择一个截断点，将其分为两个部分。交换父代串的尾部。单点交叉示例如下。

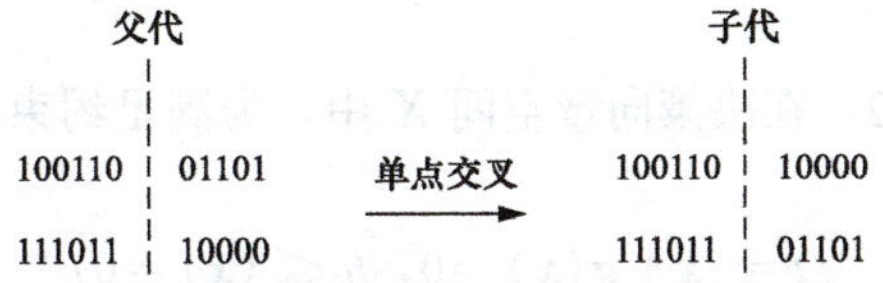

2）多点交叉。在父代串中随机选择多个截断点将其分成多段，交换父代串的多个部分。两点和三点交叉示例如下。

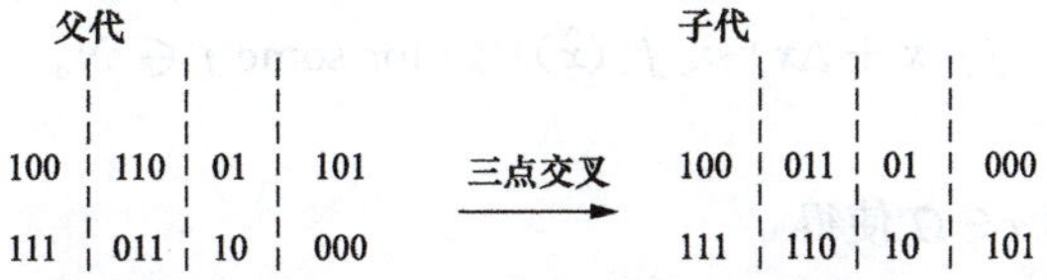

步骤 4 变异：变异是遗传算法中另外一个重要操作。好的变异将被保持，而坏的变异将被舍弃。通常来说，具有较小适应度的个体变异概率较大。与交叉类似，有单点变异和多点变异。

1）单点变异。随机选择父代串中任一二进制代码改变其取值。单点变异示例如下。

2）多点变异。随机选择父代串中多个截断点将其分成若干段，改变其中一些段的二进制代码。多点变异示例如下。

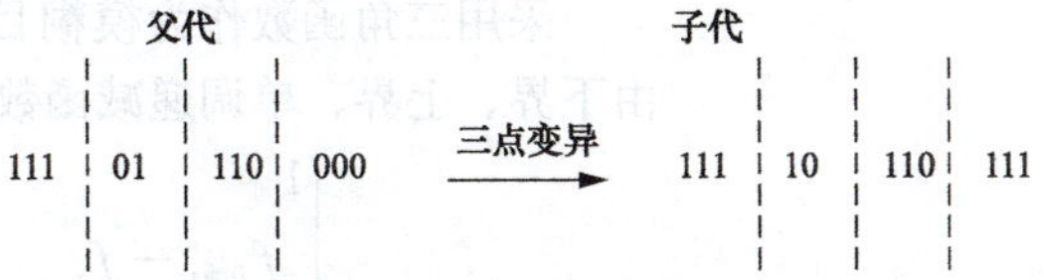

通过步骤 2～步骤 4，产生新一代种群。采用新一代种群代替父代种群并舍弃一些较差个体。通过这种方式，形成新的父代种群。当收敛条件满足时计算停止。否则，返回步骤 2。

1.2.3 基于多目标优化进化算法

1.2.3.1 多目标优化算法

多目标优化问题可表述为

$$\min \quad f_i(\boldsymbol{x}) \qquad i \in N。\tag{1.189}$$

使得

$$g(\boldsymbol{x})=0 \tag{1.190}$$

$$h(\boldsymbol{x})\leqslant 0 \tag{1.191}$$

式中：N。为目标函数数目；$\boldsymbol{x}$ 为决策向量。

三个目标函数彼此竞争，没有一个点 X 能同时满足所有目标函数最小。这种多目标优化问题可采用非劣性概念求解。

定义：约束条件可行域 Ω，在决策向量空间 X 中，为满足约束条件的所有决策向量 $\boldsymbol{x}$ 的集合，即

$$\Omega=\{\boldsymbol{x}\mid g(\boldsymbol{x})=0,\ h\leqslant(\boldsymbol{x})=0\} \tag{1.192}$$

目标函数可行域 ψ，为决策向量空间可行域 Ω 在目标函数空间 F 中的映射 f。

$$\psi=\{f\mid f=f(\boldsymbol{x}),\ \boldsymbol{x}\in\Omega\} \tag{1.193}$$

当且仅当 $\hat{\boldsymbol{x}}\in\Omega$ 的领域不存在 Δx 使得

$$\hat{\boldsymbol{x}}+\Delta\boldsymbol{x}\in\Omega \tag{1.194}$$

并且

$$f_i(\boldsymbol{x}+\Delta\boldsymbol{x})\leqslant f_i(\hat{\boldsymbol{x}}) \qquad i=1,\ 2,\ \cdots,\ N_{\circ} \tag{1.195}$$

$$f_j(\boldsymbol{x}+\Delta\boldsymbol{x})<f_j(\hat{\boldsymbol{x}}) \qquad \text{for some } j\in N_{\circ} \tag{1.196}$$

称 $\hat{\boldsymbol{x}}$ 为局部非劣性解。

当且仅当不存在其他 $x\in\Omega$ 使得

$$f_i(\boldsymbol{x})\leqslant f_i(\hat{\boldsymbol{x}}) \qquad i=1,\ 2,\ \cdots,\ N_{\circ} \tag{1.197}$$

$$f_j(\boldsymbol{x})<f_j(\hat{\boldsymbol{x}}) \qquad \text{for some } j\in N_{\circ} \tag{1.198}$$

称 $\hat{\boldsymbol{x}}$ 为全局非劣性解。

多目标问题的全局非劣性解是一个目标函数的任意提高可由牺牲至少一个其他目标实现。典型地，在一个多目标问题中，存在无限多个非劣性解。非劣性解与最优折中解的直觉概念相同。明显地，如果存在决策者，它是不想要选择劣质解的。因此决策者在做最终决策时尝试选择非劣性解。

决策者结合主观判断和定量分析，因为非劣性最优解通常有无数多个。

1.2.3.2　含模糊目标函数的进化算法

1.2.3.2.1　模糊目标函数

模糊集通常由隶属度函数表示。较高的隶属度函数意味着对解的更高的满意度。典型的隶属度函数为三角形函数，如图 1.9 所示。

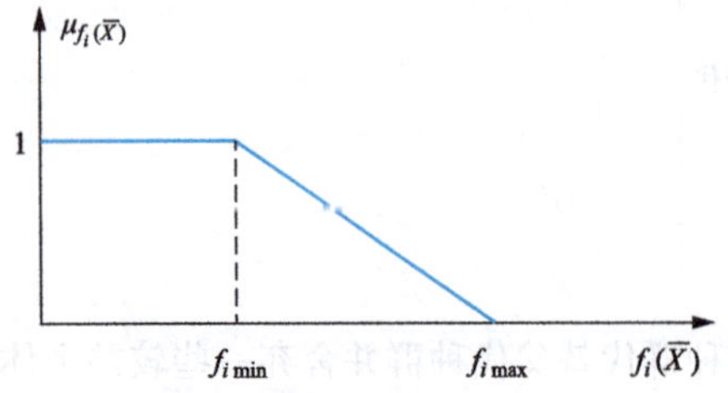

图 1.9　模糊隶属模型

采用三角函数作为模糊目标函数。三角隶属函数由下界、上界、单调递减函数组成，由下式表示

$$\mu_{f_i}(\overline{X})=\begin{cases}1 & f_i\leqslant f_{i\min}\\ \dfrac{f_{i\max}-f_i}{f_{i\max}-f_{i\min}} & f_{i\min}\leqslant f_i\leqslant f_{i\max}\\ 0 & f_i\geqslant f_{i\max}\end{cases} \tag{1.199}$$

1.2.3.2.2　进化规划（EP）

仍以电力配电网络重构问题为例说明其方法。状态变量 $\overline{X}$ 代表一个染色体，每个基因代表一个断开开关。$\overline{X}$ 的适应度函数定义为

$$C(\overline{X})=\frac{1}{1+F(\overline{X})} \tag{1.200}$$

$$F(\overline{X})=\min_{X\in\Omega}\{\max_{i=1,2,\cdots N_o}[\overline{\mu_{f_i}}-\mu_{f_i(\overline{X})}]\} \tag{1.201}$$

式中：$\overline{\mu_{f_i}}$ 为目标函数期望；$\mu_{f_i(\overline{X})}$ 为目标函数实际值；$C(\overline{X})$为适应度函数。

函数 $F(\overline{X})$ 为最小化多目标函数与其期望值的最大距离。对于给定 $\overline{\mu_{f_i}}$，随着适应度值增加，解到达最优。

进化规划的步骤如下。

步骤1输入参数：输入进化规划的参数，如个体长度和种群规模 N_P。

步骤2初始化：初始种群通过从原始开关及其派生集中选择 P_j 确定。P_j 为个体（$j=1$，2，…），N_P，N_S 为总开关数。

步骤3计分：由式（1.200）、式（1.201）计算每个个体的适应度值。

步骤4变异：在配电网重构问题中，辐射结构必须保持，功率必须供应到每个负荷节点。因此，每一个 P_j 发生变异，分配给 P_{j+N_P}。每个个体 P_j 的后代数 n_j 为

$$n_j=G\left(N_P\frac{C_j}{\sum_{j=1}^{N}C_j}\right) \tag{1.202}$$

式中：$G(x)$ 为向上取整函数。适应度越大的个体产生的后代更多。联合种群由旧代和新代种群组成。

步骤5竞争：联合种群中的每个个体 P_j 需要同其他个体竞争，以获得转录到下一代的机会。依据适应度大小降序排列所有个体。前 N_P 个个体转录到下一代。

步骤6停止准则：当迭代次数达到最大次数或者平均适应度不再发生明显改变时，算法收敛，计算停止，否则，返回到变异操作。

1.2.3.2.3 优化方法

为了采用模糊目标函数，选择期望目标函数值产生多目标问题的候选解。期望值为［0，1］之间的实数，代表了每个目标函数的权重。求解上述的最小—最大问题产生最优解，优化方法描述如下。

步骤1：输入数据，设置交互指针 $p=0$。

步骤2：确定每个目标函数的上、下边界 $f_{i\max}$、$f_{i\min}$，以及隶属度函数 $\mu_{f_i(\overline{X})}$。

步骤3：设置每一目标函数的初始期望值 $\mu_{f_i(0)}$，$i=1$，2，…，N_o。

步骤4：应用进化规划求解最小—最大问题。

步骤5：计算 $\overline{X}$、$f_i(\overline{X})$、$\mu_{f_i(\overline{X})}$ 的值，满足时进入下一步，否则，设置 $p=p+1$，选择新的期望值 $\overline{\mu_{f_i(p)}}$，$i=1$，2，…，N_o，然后转入步骤4。

步骤6：输出最优满意度可行解 X^*、$f_i(X^*)$、$\mu_{f_i(X^*)}$。

1.2.4 粒子群优化方法

1.2.4.1 传统粒子群优化法

在传统的粒子群优化（Particle Swarm Optimization，PSO）算法中，每个粒子以合适的速度在搜索空间移动，并且记录其到目前为止发现的最好位置。整个群体中的每个粒子获得的最好位置可传递到其他所有粒子。传统的PSO假定有 n 维搜索空间，即 $S\subset R^n$，其中 n 是优化问题中变量的数量，也表示由 N 个粒子组成的群体。

在PSO算法中，在整个搜索空间，各粒子在飞行过程中形成一个群，以搜索最优或近似最

优解。每个粒子的坐标表示相关联的两个矢量，位置 $\boldsymbol{X}$ 和速度 $\boldsymbol{V}$。在搜索期间，粒子以某种方式相互联系，以优化其搜索空间。有不同变体的粒子群范例，但最常见的是 P_{gb} 模型，其中在优化过程中，整个群体认为是一个邻域。在每次迭代中，具有最佳解的粒子与群体跟其他粒子共享其位置坐标（P_{gb}）信息。

定义如下变量。

第 i 个粒子在时间 t 的位置由一个 n 维向量表示

$$\boldsymbol{X}_i(t)=(x_{i,1},\ x_{i,2},\ \cdots,\ x_{i,n})\in S \tag{1.203}$$

该粒子在时间 t 的速度也由一个 n 维向量表示

$$\boldsymbol{V}_i(t)=(v_{i,1},\ v_{i,2},\ \cdots,\ v_{i,n})\in S \tag{1.204}$$

第 i 个粒子在时间 t 的最佳位置是 S 空间中的一个点，表示为

$$\boldsymbol{P}_i=(p_{i,1},\ p_{i,2},\ \cdots,\ p_{i,n})\in S \tag{1.205}$$

所有粒子在 S 空间中获得的全局最佳位置表示为

$$\boldsymbol{P}_{gb}=(p_{gb,1},\ p_{gb,2},\ \cdots,\ p_{gb,n})\in S \tag{1.206}$$

对于每次迭代，每个粒子按以下公式更新自己的速度和位置

$$\boldsymbol{V}_i^{t+1}=w\boldsymbol{V}_i^t+C_1r_1(\boldsymbol{P}_i-\boldsymbol{X}_i^t)+C_2r_2(\boldsymbol{P}_{gb}-\boldsymbol{X}_i^t) \tag{1.207}$$

$$\boldsymbol{X}_i^{t+1}=\boldsymbol{X}_i^t+\boldsymbol{V}_i^{t+1} \tag{1.208}$$

式中：w 为惯性权重系数；C_1、C_2 为加速权重系数；r_1、r_2 为 [0，1] 范围内的两个随机常数。

粒子速度的惯性权重系数由惯性加权法定义

$$w^t=w_{\max}-\frac{w_{\max}-w_{\min}}{t_{\max}}t \tag{1.209}$$

式中：$t_{\max}$ 为最大迭代次数；t 为当前迭代次数；$w_{\max}$ 和 $w_{\min}$ 分别为惯性权重系数的上限和下限。

此外，为了保证 PSO 算法的收敛性，定义收缩因子 k 为

$$k=\frac{2}{\left|2-\varphi-\sqrt{\varphi^2-4\varphi}\right|} \tag{1.210}$$

其中 $\varphi=C_1+C_2$，$\varphi\geqslant 4$。

在这种收缩因子方法（Constriction Factor Approach，CFA）中，PSO 的基本系统方程 [式(1.207)和式(1.208)] 可认为是差分方程。因此，通过特征值来分析系统动力学，即搜索过程，并且通过控制特征值，使得系统具有以下特征：

1）系统收敛。

2）系统可以有效地搜索不同区域。

在 CFA 中，φ 必须大于 4.0，以保证稳定性。但随着 φ 增加，k 也减少，导致响应速度慢。因此，选择最小的值 4.1 以保证稳定性，同时也可以获得最快的响应速度。当 $4.1\leqslant\varphi\leqslant 4.2$ 时可获得好的解。

1.2.4.2 基于被动聚集的 PSO

根据局部邻域变化的粒子群算法（Local-neighborhood variant PSO，L-PSO），每个粒子移向其上一个最佳位置，并朝向其受限邻域中的最佳粒子。作为粒子的局部邻域引领者，其最近粒子（在搜索空间中的距离）具有更好评估性。由于收缩因子法在基本 PSO 法中能产生更好的解，因此收缩因子的权重系数增大了。尤其是帕里什（Parrish）和哈默尔（Hammer）提出了一个数学模型，该模型可以分为两类：聚合力和集合力。

聚合有时候代表有机群体的无社会性的外部物理力量。有两种类型的聚合：被动聚合和主动聚合。被动聚合是物理力量的聚集，例如开放水域的浮游生物的聚集。主动聚合是指在没有外部能量输入的情况下群体通过自身聚集。

集合是社会力量的聚集，是由社会力量推动群聚的，就是说吸引聚合的源头是这个群体本身，集合分为社会集合（聚集）和被动集合（聚集）。社会集合通常发生在高度相关的群中，例如遗传关系。社会集合需要主动传递信息，例如，具有高遗传关系的蚂蚁使用触角接触来传递关资源位置的信息。

被动聚合是粒子对其他群成员的吸引力，其中没有社会行为的显示，因为粒子需要监视环境及其周围环境，例如邻居的位置和速度。被动集合也使用这样的信息传递。具有被动聚合算子（Passive Congregation Operator，PAC）的混合 L-PSO 称为 LPAC，该方法也可以改进为基于全局变量的被动聚集 PSO（Global variant-based Passive Congregation，GPAC）。

改进型 GPAC 和 LPAC 的粒子群由下式来更新速度。

$$\boldsymbol{V}_i^{t+1}=k[w^t\boldsymbol{V}_i^t+C_1r_1(\boldsymbol{P}_i-\boldsymbol{X}_i^t)+C_2r_2(\boldsymbol{P}_k-\boldsymbol{X}_i^t)+C_3r_3(\boldsymbol{P}_r-\boldsymbol{X}_i^t)]$$

$$i=1,\ 2,\ \cdots,\ N \tag{1.211}$$

式中：C_1、C_2、C_3 分别为认知，社会和被动的聚集参数；P_i 为第 i 个粒子的上一个最佳位置；P_k 为在改进的 GPAC 情况下所有粒子已处于全局最佳位置，或者在 LPAC 的情况下粒子 i 处于局部最优位置，即可更好地评估其最近粒子 k 的位置；P_r 为被动聚集器的位置（随机选择粒子 r 的位置）。

使用式（1.208）更新位置。n 维搜索空间中的第 i 个粒子的位置范围为

$$\boldsymbol{X}_{i\min}\leqslant\boldsymbol{X}_i\leqslant\boldsymbol{X}_{i\max} \tag{1.212}$$

n 维搜索空间中的第 i 个粒子的速度范围为

$$\boldsymbol{V}_{i\max}\leqslant\boldsymbol{V}_i\leqslant\boldsymbol{V}_{i\max} \tag{1.213}$$

最大速度在搜索空间中以小间隔收缩，以在搜索过程中获得更好的平衡。搜索空间的第 m 维的最大速度的计算式为

$$\boldsymbol{V}_{i\max}^m=\frac{\boldsymbol{s}_{i\max}^m-\boldsymbol{s}_{i\min}^m}{Nr}\qquad m=1,\ 2,\ \cdots,\ n \tag{1.214}$$

式中：$s_{i\max}^m$、$s_{i\min}^m$ 为搜索空间第 m 维的限值；Nr 为粒子搜索间隔数量。它是改进的 GPAC 和 LPAC PSO 算法中的重要参数。一个小的 Nr 促进全局探索（搜索新的领域），而一个大的 Nr 更倾向于促进局部探索。适当的 Nr 值通常会平衡全局和局部探索能力，并且减少定位最优解所需的迭代次数。改进型 GPAC 和 LPAC 的基本步骤如下所示。

步骤 1：随机初始化种群中各粒子的位置 $\boldsymbol{X}_i(\boldsymbol{0})$ 和速度 $\boldsymbol{V}_i(\boldsymbol{0})$（$i=1,\ 2,\ \cdots,\ N$），用目标函数 f（比如最小化）评估每个粒子 i。

步骤 2：计算每个粒子 i 和其他粒子之间的距离

$$d_{ij}=\|\boldsymbol{X}_i-\boldsymbol{X}_j\|(i=1,\ 2,\ \cdots,\ N,\ i\neq j)$$

其中：$\boldsymbol{X}_i$ 和 $\boldsymbol{X}_j$ 分别为粒子 i 和粒子 j 的位置向量。

步骤 3：确定每个粒子 i 和比自己有更好评价的粒子 k，即 $d_{ik}=\min_j(d_{ij})$，$f_k\leqslant f_j$，将其设置为粒子 i 的引领方向。

在改进的 GPAC 的情况下，认为粒子 k 是全局最佳。

步骤 4：对每个粒子 i，随机选择粒子 r 并将其设置为粒子 i 的被动聚集器。

步骤 5：分别使用式（1.211）和式（1.208）更新粒子的速度和位置。

步骤 6：检查是否满足了式（1.212）中位置限制和式（1.213）、式（1.214）中的速度限

制。如果违反了限制，则它们将被相应的限制替换。

步骤 7：使用目标函数 f 来评估每个粒子。计算目标函数 f，在粒子不存在解决方案的情况下，返回误差并且粒子保持其先前的位置。

步骤 8：如果不满足迭代停止条件，返回步骤 2。

如果满足以下标准之一，将终止改进的 GPAC 和 LPAC PSO 算法：①迭代的最后 30 次中全局最佳没改善，②达到了允许的最大迭代数。

最后，式（1.211）的最后一项表示粒子的被动聚集与随机选择的粒子 r 传递的信息。这个被动聚集粒子可认为是一个随机变量，表示在搜索过程中引入的扰动量。每个粒子 i 的扰动和随机选择的粒子 r 的距离成比例。收缩因子法比扰动因子法更有助于算法的收敛，原因是：①搜索早期，各粒子之间的距离大，扰动因子也大，导致收敛速度慢；②在搜索的最后阶段，随着粒子之间的距离变小，扰动因子也变小，使得种群在全局最优中收敛。因此，LPAC 法比其他传统的 PSO 法探测搜索空间的效率更高，避免了局部优化并且提高了种群中信息传播的速度。

1.2.4.3　基于协调聚合的 PSO

协调聚合是在种群中引入的一个全新算子，除了随机移动的最佳粒子，每个粒子移动仅考虑比它更好位置的粒子。协调聚合可认为是一种主动性聚合。

粒子 i 和粒子 j 在迭代周期 t 的位置分别是 $\boldsymbol{X}_i(t)$ 和 $\boldsymbol{X}_j(t)$。两粒子距离之差 $\boldsymbol{X}_i(t)-\boldsymbol{X}_j(t)$ 定义为粒子速度的协调器。粒子 i 的位置函数 $A(\boldsymbol{X}_i)$ 与有更好位置的粒子 j 的函数 $A(\boldsymbol{X}_j)$ 距离之差与所有距离差之和的比称为权重因子

$$\omega_{ij}=\frac{A(\boldsymbol{X}_j)-A(\boldsymbol{X}_i)}{\sum_l A(\boldsymbol{X}_l)-A(\boldsymbol{X}_i)}\qquad j,\ l\in\Omega_i \tag{1.215}$$

式中：Ω_i 为粒子 i 和粒子 j 的集合。

粒子的速度通过协调器乘以权重因子来调整。下面是基于协调聚合的 PSO(CAPSO) 算法的步骤。

步骤 1 初始化：产生 N 个粒子。给每个粒子 i 随机选择初始位置 $\boldsymbol{X}_i(\boldsymbol{0})$。用目标函数 f 计算 $A(\boldsymbol{X}_i(\boldsymbol{0}))$，并找到全局最佳的最大值 $A_g(0)=\max_i A(\boldsymbol{X}_i(\boldsymbol{0}))$。然后，粒子按以下步骤更新它们的位置。

步骤 2 种群处理：除了最好的粒子，其他粒子根据下面方程调整它们的速度

$$\boldsymbol{V}_i^{t+1}=w^t\boldsymbol{V}_i^t+\sum_j r_j\omega_{ij}^t(\boldsymbol{X}_j^t-\boldsymbol{X}_i^t)\qquad j\in\Omega_i,\ i=1,\ 2,\ \cdots,\ N \tag{1.216}$$

式中：ω_{ij}^t 为加权因子；惯性权重因子 w^t 由式（1.209）确定。惯性权重因子对 CAPSO 收敛非常重要。它表示粒子之前速度对当前速度的影响力。因此，惯性权重函数起到平衡群体全局和局部探索能力的作用。

步骤 3 最佳粒子处理：种群中最好粒子通过随机协调器计算其位置和随机选择的粒子在群中的位置之间的距离更新其速度。最佳粒子的处理看起来像疯狂的代理器或扰动因子一样，帮助群体远离局部最小值。

步骤 4 检查式（1.213）、式（1.214）中的速度是否满足极限。如果违反了极限范围，将被相应的限制替换。

步骤 5 位置更新：用式（1.208）更新粒子的位置。检查式（1.212）中位置极限是否满足。

步骤 6 评估：用目标函数 f 计算每个粒子的 $A(\boldsymbol{X}_i(t))$。$A(\boldsymbol{X}_i(t))$ 通过计算得到。在粒子不存在解的情况下，返回误差并且保持粒子之前的结果。

步骤 7 如果不满足停止标准，则转到步骤 2。如果在迭代的最后 30 次全局最佳结果没得到改进或者达到了允许的最大迭代次数，则 CAPSO 算法将被终止。

步骤 8 全局最优解：选择最优解作为全局最佳。

1.3 不确定分析方法

1.3.1 概率统计方法

1.3.1.1 概率基础

研究随机试验，仅知道可能发生哪些随机事件是不够的，还需了解各种随机事件发生的可能性大小，以揭示这些事件的内在的统计规律性，从而指导实践。这就要求有一个能够刻画事件发生可能性大小的数量指标，这个指标应该是事件本身所固有的，且不随人的主观意志而改变，被称为概率（probability）。事件 A 的概率记为 $P(A)$。下面先介绍概率的统计定义。

在相同条件下进行 n 次重复试验，如果随机事件 A 发生的次数为 m，那么 m/n 称为随机事件 A 的频率（frequency）；当试验重复数 n 逐渐增大时，随机事件 A 的频率越来越稳定地接近某一数值 p，那么就把 p 称为随机事件 A 的概率。这样定义的概率称为统计概率（statistics probability），或者称后验概率（posterior probability）。

在一般情况下，随机事件的概率 p 是不可能准确得到的。通常以试验次数 n 充分大时随机事件 A 的频率作为该随机事件概率的近似值，即

$$P(A)=p\approx m/n \quad (n\ \text{充分大}) \tag{1.217}$$

对于某些随机事件，不用进行多次重复试验来确定其概率，而是根据随机事件本身的特性直接计算其概率。

有很多随机试验具有以下特征：

(1) 试验的所有可能结果只有有限个，即样本空间中的基本事件只有有限个。

(2) 各个试验的可能结果出现的可能性相等，即所有基本事件的发生是等可能的。

(3) 试验的所有可能结果两两互不相容。

具有上述特征的随机试验，称为古典模型（classical model）。对于古典模型，概率的定义为：设样本空间由 n 个等可能的基本事件所构成，其中事件 A 包含有 m 个基本事件，则事件 A 的概率为 m/n，即

$$P(A)=m/n \tag{1.218}$$

这样定义的概率称为古典概率（classical probability）或先验概率（prior probability）。

例 1.18 在编号为 1、2、3、…、10 的十头猪中随机抽取 1 头，求下列随机事件的概率。

(1) A=“抽得一个编号≤4”。

(2) B=“抽得一个编号是 2 的倍数”。

解 因为该试验样本空间由 10 个等可能的基本事件构成，即 $n=10$，而事件 A 所包含的基本事件有 4 个，即抽得编号为 1、2、3、4 中的任何一个，事件 A 便发生，即 $m_A=4$，所以

$$P(A)=m_A/n=4/10=0.4$$

同理，事件 B 所包含的基本事件数 $m_B=5$，即抽得编号为 2、4、6、8、10 中的任何一个，事件 B 便发生，故 $P(B)=m_B/n=5/10=0.5$。

例 1.19 在 N 头奶牛中，有 M 头曾有流产史，从这群奶牛中任意抽出 n 头奶牛，试求：

(1) 其中恰有 m 头有流产史奶牛的概率是多少？

(2) 若 $N=30$，$M=8$，$n=10$，$m=2$，其概率是多少？

解　把从有 M 头奶牛曾有流产史的 N 头奶牛中任意抽出 n 头奶牛，其中恰有 m 头有流产史这一事件记为 A，因为从 N 头奶牛中任意抽出 n 头奶牛的基本事件总数为 C_N^n，事件 A 所包含的基本事件数为 $C_M^m C_{N-M}^{n-m}$，因此所求事件 A 的概率为

$$P(A)=\frac{C_M^m C_{N-M}^{n-m}}{C_N^n}$$

将 $N=30$、$M=8$、$n=10$、$m=2$ 代入上式，得

$$P(A)=\frac{C_8^2 C_{30-8}^{10-2}}{C_{30}^{10}}=0.0695$$

即在 30 头奶牛中有 8 头曾有流产史，从这群奶牛随机抽出 10 头奶牛其中有 2 头曾有流产史的概率为 6.95%。

因此，根据概率的定义，概率有如下基本性质：

(1) 对于任何事件 A，有 $0\leqslant P(A)\leqslant 1$。

(2) 必然事件的概率为 1，即 $P(\Omega)=1$。

(3) 不可能事件的概率为 0，即 $P(\phi)=0$。

1.3.1.2　概率统计分布

事件的概率表示了一次试验某一个结果发生的可能性大小。若要全面了解试验，则必须知道试验的全部可能结果及各种可能结果发生的概率，即必须知道随机试验的概率分布（probability distribution）。

作一次试验，其结果有多种可能。每一种可能结果都可用一个数来表示，把这些数作为变量 x 的取值范围，则试验结果可用变量 x 来表示。

如果表示试验结果的变量 x，其可能取值为有限个数，且以各种确定的概率取这些不同的值，则称 x 为离散型随机变量（discrete random variable）；如果表示试验结果的变量 x，其可能取值为某范围内的任何数值，且 x 在其取值范围内的任一区间中取值时，其概率是确定的，则称 x 为连续型随机变量（continuous random variable）。

电力负荷特别是居民负荷是可变的不确定数据，例如，一户居民的电力消耗变化量通常取决于家庭成员在家里的时间、短时使用的大功率电器使用时间，其具有极大的不确定性。概率分析可以用来分析不确定性负荷。不同类型的不确定性负荷可以选取不同的概率分布函数，以下概率分布函数经常被用来表示不确定性负荷。

1.3.1.2.1　正态分布

正态分布（normal distribution），也称常态分布，又名高斯分布（Gaussian distribution），是一个在数学、物理及工程等领域都非常重要的概率分布，在统计学的许多方面有着重大的影响力。正态曲线呈钟形，两头低，中间高，左右对称，因此常被称为钟形曲线。

不确定性负荷 P_D 的通用正态分布概率密度函数为

$$f(P_D)=\frac{\mathrm{e}^{-\frac{(P_D-\mu)^2}{2\sigma^2}}}{\sigma\sqrt{2\pi}} \tag{1.219}$$

$$\begin{gathered}-\infty\leqslant P_D\leqslant\infty\\ \sigma>0\end{gathered} \tag{1.220}$$

式中：P_D 为不确定性负荷；μ 为不确定负荷的均值，也称为位置参数；σ 为不确定负荷的标准差，也称为尺度参数。

正态分布具有以下几个重要特征：

(1) 正态分布密度曲线是单峰、对称的悬钟形曲线，对称轴为 $x=\mu$。

(2) $f(x)$ 在 $x=\mu$ 处达到极大，极大值 $f(\mu)=\dfrac{1}{\sigma\sqrt{2\pi}}$。

(3) $f(x)$ 是非负函数，以 x 轴为渐近线，分布从 $-\infty\sim+\infty$。

(4) 曲线在 $x=\mu\pm\sigma$ 处各有一个拐点，即曲线在 $(-\infty,\ \mu-\sigma)$ 和 $(\mu+\sigma,\ +\infty)$ 区间上是下凸的，在 $[\mu-\sigma,\ \mu+\sigma]$ 区间内是上凸的。

(5) 正态分布有两个参数，即平均数 μ 和标准差 σ。当 σ 恒定时，μ 愈大，则曲线沿 x 轴愈向右移动；反之，μ 愈小，曲线沿 x 轴愈向左移动。当 μ 恒定时，σ 愈大，表示 x 的取值愈分散，曲线愈"胖"；σ 愈小，x 的取值愈集中在 μ 附近，曲线愈"瘦"。

(6) 分布密度曲线与横轴所夹的面积为 1，即

$$P(-\infty<x<+\infty)=\int_{-\infty}^{+\infty}\frac{1}{\sigma\sqrt{2\pi}}e^{-\frac{(x-\mu)^2}{2\sigma^2}}dx=1$$

1.3.1.2.2 对数正态分布

许多概率分布不是单一分布，而是一系列分布的组合，这是由于分布有一个或者多个形状参数。如对数正态分布（logarithmic normal distribution）是指一个随机变量的对数服从正态分布，该随机变量服从对数正态分布。对数正态分布从短期来看，与正态分布非常接近。但长期来看，对数正态分布向上分布的数值更多一些。

形状参数使得一个分布可以有不同的曲线形状，取决于形状参数的取值，这些分布在建模应用中十分实用，因为其能够灵活地对多种不确定负荷数据集进行建模，以下是不确定性负荷 P_D 的对数正态分布方程

$$f(P_D)=\frac{e^{-\frac{\{\ln[(P_D-\mu)/m]\}^2}{2a^2}}}{\sigma(P_D-\mu)\sqrt{2\pi}} \tag{1.221}$$

$$\begin{gathered}P_D\geqslant\mu\\ \sigma>0\end{gathered} \tag{1.222}$$

式中：m 为尺度参数；ln 为自然对数。

1.3.1.2.3 指数分布

在概率理论和统计学中，指数分布（也称为负指数分布）是描述泊松过程中的事件之间的时间的概率分布，即事件以恒定平均速率连续且独立地发生的过程。这是伽马分布的一个特殊情况。它是几何分布的连续模拟，具有无记忆的关键性质。

不确定性负荷 P_D 的指数分布概率密度函数为

$$f(P_D)=\frac{e^{-\frac{P_D-\mu}{b}}}{b} \tag{1.223}$$

$$\begin{gathered}P_D\geqslant\mu\\ b>0\end{gathered} \tag{1.224}$$

式中：b 为尺度系数。

1.3.1.2.4 贝塔分布

贝塔分布（Beta Distribution，Beta 分布）是一个作为伯努利分布和二项式分布的共轭先验分布的密度函数，在机器学习和数理统计学中有重要应用。在概率论中，是指一组定义在 (0，1) 区间的连续概率分布。

不确定性负荷 P_D 的 Beta 分布概率密度函数为

$$f(P_D)=\frac{(P_D-d)^{a-1}(c-P_D)^{b-1}}{B(a,\ b)(c-d)^{a+b-1}}=\frac{\Gamma(a+b)(P_D-d)^{a-1}(c-P_D)^{b-1}}{\Gamma(a)\Gamma(b)(c-d)^{a+b-1}} \tag{1.225}$$

$$d\leqslant P_D\leqslant c$$
$$a>0 \tag{1.226}$$
$$b>0$$

式中：a、b 为形状参数；c 为上边界；d 为下边界；$B(a,\ b)$ 为 Beta 函数。

通常通过位置参数与尺度参数定义一个分布的通用形式，Beta 分布则不同，其通过上边界与下边界来定义 Beta 函数。

1.3.1.2.5　伽马分布

伽马分布（Gamma Distribution）是统计学的一种连续概率函数，是概率统计中一种非常重要的分布。"指数分布"是伽马分布的特例。

不确定性负荷 P_D 的伽马概率密度分布函数为

$$f(P_D)=\frac{(P_D-\mu)^{a-1}}{b^a\Gamma(a)}\mathrm{e}^{-\left(\frac{P_D-\mu}{b}\right)} \tag{1.227}$$

$$P_D\geqslant\mu$$
$$a>0 \tag{1.228}$$
$$b>0$$

式中：a 为形状参数；μ 为位置参数；b 为尺度参数；Γ 为伽马函数。

伽马函数其表达式为

$$\Gamma(a)=\int_0^{\infty}t^{a-1}\mathrm{e}^{-t}\mathrm{d}t \tag{1.229}$$

1.3.1.2.6　耿贝尔分布

耿贝尔分布（Gumbel Distribution）是根据极值定理导出，费雪（R・A・Fisher）和蒂培特（L・H・C・Tippett）于 1928 年发现各个样本的最大值分布将趋于三种极限形式中的一种，具体由形式参数 K 确定，当 $K=0$ 时也就是耿贝尔分布。

耿贝尔分布也称为极值 I 类分布，极值 I 类分布有两种形式，一是基于最小极值，二是基于最大极值，分别称为最小与最大情景。

耿贝尔分布的不确定负荷 P_D 的概率密度函数（最大）通用公式为

$$f(P_D)=\frac{1}{b}\mathrm{e}^{\left(\frac{\mu-P_D}{b}\right)}\mathrm{e}^{-\mathrm{e}^{\left(\frac{\mu-P_D}{b}\right)}} \tag{1.230}$$

$$-\infty\leqslant P_D\leqslant\infty$$
$$b>0 \tag{1.231}$$

式中：μ 为位置参数；b 为尺度参数。

1.3.1.2.7　卡方分布

卡方分布（Chi-square Distribution）是概率论与统计学中常用的一种概率分布。v 个独立正态分布随机变量的平方和构成的随机变量服从卡方分布，不确定性负荷 P_D 的卡方分布概率密度函数表达式为

$$f(P_D)=\frac{P_D^{\frac{v}{2}-1}}{2^{\frac{v}{2}}\Gamma\left(\frac{v}{2}\right)}e^{-\left(\frac{P_D}{2}\right)} \tag{1.232}$$

$$P_D\geqslant 0 \tag{1.233}$$

式中：v 为形状参数；Γ 为伽马函数。

1.3.1.2.8　威布尔分布

从概率论和统计学角度看，威布尔分布（Weibull distribution）是连续性的概率分布，威布尔分布函数可以看成是扩展的指数分布函数。

威布尔分布的不确定性负荷 P_D 的概率密度函数表达式为

$$f(P_D)=\frac{a(P_D-\mu)^{a-1}}{b^a}e^{-\left(\frac{P_D-\mu}{b}\right)^a} \tag{1.234}$$

$$\begin{aligned}&P_D\geqslant\mu\\&a>0\\&b>0\end{aligned} \tag{1.235}$$

式中：a 为形状参数；μ 为位置参数；b 为尺度参数。

1.3.2　鲁棒优化

在电力系统优化运行决策过程中，经常遇到这样的情形，数据是不确定的或者是非精确的；最优解不易计算，即使计算得非常精确，也很难准确地实施。对于数据的一个小的扰动可能导致解是不可行的。鲁棒优化是一个建模技术，可以处理数据不确定但属于一个不确定集合的优化问题。

一个一般的数学规划的形式为

$$\min_{x_0\in R,\ \boldsymbol{x}\in R^n}\{x_0:\ f_0(\boldsymbol{x},\ \xi)-x_0\leqslant 0,\ f_i(\boldsymbol{x},\ \xi)\leqslant 0,\ i=1,\ \cdots,\ m\} \tag{1.236}$$

式中：$\boldsymbol{x}$ 为设计向量；f_0 为目标函数；f_1，f_2，…，f_m 为问题的结构元素；ξ 为属于特定问题的数据。

对于一个不确定问题的相应的鲁棒问题为

$$\min_{x_0\in R,\ \boldsymbol{x}\in R^n}\{x_0:\ f_0(\boldsymbol{x},\ \xi)-x_0\leqslant 0,\ f_i(\boldsymbol{x},\ \xi)\leqslant 0,\ i=1,\ \cdots,\ m,\ \forall\xi\in U\} \tag{1.237}$$

式中：U 为数据空间中的某个不确定的集合。

这个问题的可行解和最优解分别称为不确定问题的鲁棒可行和鲁棒最优解。

下面介绍常用的鲁棒优化的基本方法。

1.3.2.1　鲁棒线性规划

一个不确定线性规划问题可以表示如下

$$\{\min_{\boldsymbol{x}}\{\boldsymbol{c}^{\mathrm{T}}\boldsymbol{x}:\ \boldsymbol{Ax}\geqslant\boldsymbol{b}\}\mid(\boldsymbol{c},\ \boldsymbol{A},\ \boldsymbol{b})\in U\subset R^n\times R^{m\times n}\times R^m\} \tag{1.238}$$

它所对应的鲁棒优化问题为

$$\min_{\boldsymbol{x}}\{t:\ t\geqslant\boldsymbol{c}^{\mathrm{T}}\boldsymbol{x},\ \boldsymbol{Ax}\geqslant\boldsymbol{b},\ (\boldsymbol{c},\ \boldsymbol{A},\ \boldsymbol{b})\in U\} \tag{1.239}$$

如果不确定的集合是一个计算上易处理的问题，则这个线性规划也是一个计算上易处理的问题，并且有下列的结论。

假设不确定的集合由一个有界的集合 $Z=\{\xi\}\subset R^N$ 的仿射像给出，如果 Z 是：

1）线性不等式约束系统构成 $P\xi\leqslant p$，则不确定线性规划的鲁棒规划等价于一个线性规划问题。

2）由锥二次不等式系统给出 $\|P_i\xi-p_i\|_2\leqslant q_i^{\mathrm{T}}\xi-r_i$（$i=1$，…，$M$），则不确定线性规划的鲁棒规划等价于一个锥二次的问题。

3）由线性矩阵不等式系统给出 $P_0+\sum_{i=1}^{\dim\xi}\xi_i P_i\geqslant 0$，则所导致的问题为一个半定规划问题。

1.3.2.2　鲁棒二次规划

考虑一个不确定的凸二次约束问题

$$\{\min_{x}\{\boldsymbol{c}^{\mathrm{T}}\boldsymbol{x}:\ \boldsymbol{x}^{\mathrm{T}}A_i\boldsymbol{x}\leqslant 2\boldsymbol{b}_i^{\mathrm{T}}\boldsymbol{x}+c_i,\ i=1,\ \cdots,\ m\}\mid(A_i,\ b_i,\ c_i)_{i=1}^{m}\in U\} \tag{1.240}$$

对于这样的一个问题，即使不确定集合的结构很简单，也会导致维数灾难的问题，所以对于这种问题的处理通常是采用它的近似的鲁棒规划问题。

考虑一个不确定的优化问题 $P=\{\min_{x}\ \{\boldsymbol{c}^{\mathrm{T}}\boldsymbol{x}:\ F(\boldsymbol{x},\ \xi)\leqslant 0\}\mid\xi\in U\}$，假设不确定集合为 $U=\xi^n+V$，而 ξ^n 表示名义的数据，而 V 表示一个扰动的集合，假设 V 是一个包含原点的凸紧集。不确定问题 P 可以看成是一个不确定问题的参数族

$$P_\rho=\{\min_{x}\{\boldsymbol{c}^{\mathrm{T}}\boldsymbol{x}:\ F(\boldsymbol{x},\ \xi)\leqslant 0\}\mid\xi\in U_\rho=\xi^n+\rho V\},\ \rho\geqslant 0 \tag{1.241}$$

其中，$\rho\geqslant 0$ 表示不确定的水平。

具有椭圆不确定性的不确定的凸二次规划问题的近似鲁棒问题表示为

$$U=\{\{(c_i,\ A_i,\ b_i)=(c_i^n,\ A_i^n,\ b_i^n)+\sum_{l=1}^{L}\xi_l(c_i^l,\ A_i^l,\ b_i^l)\}_{i=1}^{m}\mid\xi^{\mathrm{T}}Q_j\xi\leqslant 1,\ j=1,\ \cdots,\ k\} \tag{1.242}$$

其中，$Q_j\geqslant 0$，$\sum_{j=1}^{k}Q_j>0$。

则问题可以转化为一个半定规划问题

$$\min\quad \boldsymbol{c}^{\mathrm{T}}\boldsymbol{x}$$

$$\text{s.t.}\ \begin{pmatrix} 2\boldsymbol{x}^{\mathrm{T}}b_i^n+c_i^n-\sum_{j=1}^{k}\lambda_{ij} & \frac{c_i^1}{2}+\boldsymbol{x}^{\mathrm{T}}b_i^1\cdots\frac{c_i^L}{2}+\boldsymbol{x}^{\mathrm{T}}b_i^L & [A_i^n\boldsymbol{x}]^{\mathrm{T}} \\ \frac{c_i^1}{2}+\boldsymbol{x}^{\mathrm{T}}b_i^1 & & [A_i^1\boldsymbol{x}]^{\mathrm{T}} \\ \vdots & \sum_{j=1}^{k}\lambda_{ij}Q_i & \vdots \\ \frac{c_i^L}{2}+\boldsymbol{x}^{\mathrm{T}}b_i^L & & [A_i^L\boldsymbol{x}]^{\mathrm{T}} \\ A_i^n\boldsymbol{x} & A_i^1\boldsymbol{x}\cdots A_i^L\boldsymbol{x} & I \end{pmatrix}\geqslant 0\quad i=1,\ \cdots,\ m \tag{1.243}$$

这是一个具有椭圆不确定集合的不确定锥二次问题的近似鲁棒规划。考虑如下不确定锥二次规划

$$\{\min_{x}\{\boldsymbol{c}^{\mathrm{T}}\boldsymbol{x}:\ \|A_i\boldsymbol{x}+b_i\|_2\leqslant\alpha_i^{\mathrm{T}}\boldsymbol{x}+\beta_i,\ i=1,\ \cdots,\ m\}\mid\{(A_i,\ b_i,\ \alpha_i,\ \beta_i)\}_{i=1}^{m}\in U\} \tag{1.244}$$

它的约束为左右侧的不确定，即

$$U=\left\{(A_i,\ b_i,\ \alpha_i,\ \beta_i)_{i=1}^{m}\left|\begin{matrix}\{A_i,\ b_i\}_{i=1}^{m}\in U^{left}\\ \{\alpha_i,\ \beta_i\}_{i=1}^{m}\in U^{right}\end{matrix}\right.\right\} \tag{1.245}$$

它的左侧的不确定的集合是一个椭圆，可以表示为

$$U^{left}=\{\{(A_i,\ b_i)=(A_i^n,\ b_i^n)+\sum_{l=1}^{L}\xi_l(A_i^l,\ b_i^l)\}_{i=1}^{m}\mid\xi^{\mathrm{T}}Q_j\xi\leqslant 1,\ j=1,\ \cdots,\ k\} \tag{1.246}$$

其中

$$Q_j\geqslant 0,\ \sum_{j=1}^{k}Q_j>0$$

右侧的不确定集合是有界的，它的半定表示为

$$U^{right}=\{\{(\alpha_i,\ \beta_i)=(\alpha_i^n,\ \beta_i^n)+\sum_{r=1}^{R}\eta_r(\alpha_i^r,\ \beta_i^r)\}_{i=1}^{m}\mid \eta\in V\} \tag{1.247}$$

其中 $V=\{\eta\mid \exists u:\ P(\eta)+Q(u)-R\geqslant 0\}$，$P(\eta)$、$Q(u)$ 为线性映射。

则半定规划为

$$\begin{aligned}
&\min \quad c^{\mathrm{T}}x\\
&\text{s.t.}\begin{pmatrix}
\tau-\sum\limits_{j=1}^{k}\lambda_{ij} & & [A_i^n x+b_i^n]^{\mathrm{T}}\\
 & \sum\limits_{j=1}^{k}\lambda_{ij}Q_i & \begin{matrix}[A_i^1 x+b_i^1]^{\mathrm{T}}\\ \vdots\\ [A_i^L x+b_i^L]^{\mathrm{T}}\end{matrix}\\
A_i^n x+b_i^n & A_i^1 x\cdots A_i^L x & \tau_i I
\end{pmatrix}\geqslant 0 \quad i=1,\ \cdots,\ m\\
&\lambda_{ij}\geqslant 0 \quad i=1,\ \cdots,\ m,\ j=1,\ \cdots,\ k\\
&\tau_i=x^{\mathrm{T}}\alpha_i^n+\beta_i^n+Tr(RV_i) \quad i=1,\ \cdots,\ m
\end{aligned} \tag{1.248}$$

其中

$$\begin{aligned}
&P^*(V_i)=\begin{pmatrix}x^{\mathrm{T}}\alpha_i^1+\beta_i^1\\ \vdots\\ x^{\mathrm{T}}\alpha_i^R+\beta_i^R\end{pmatrix} \quad i=1,\ \cdots,\ m\\
&Q^*(V_i)=0 \quad i=1,\ \cdots,\ m\\
&V_i\geqslant 0 \quad i=1,\ \cdots,\ m
\end{aligned} \tag{1.249}$$

1.3.2.3 鲁棒半定规划

一个不确定的半定规划的鲁棒规划为

$$\{\min_{x}\{c^{\mathrm{T}}x:\ A_0+\sum_{i=1}^{n}x_iA_i\geqslant 0\}\mid\{(A_0,\ \cdots,\ A_n)\}_{i=1}^{m}\in U\} \tag{1.250}$$

如果是一个箱式不确定集合，则不确定半定规划的近似鲁棒问题

$$U=\{(A_0,\ \cdots,\ A_n)=(A_0^n,\ \cdots,\ A_n^n)+\sum_{l=1}^{L}\xi_l(A_0^l,\ \cdots,\ A_n^l)\mid \|\xi\|_\infty\leqslant 1\} \tag{1.251}$$

则半定规划的近似的鲁棒优化为

$$\min_{x,X^l}\left\{c^{\mathrm{T}}x:\ \begin{aligned}&X^l\geqslant A_l[x]\equiv A_0^l+\sum_{j=1}^{n}x_jA_j^l,\ l=1,\ \cdots,\ L\\ &X^l\geqslant -A_l[x],\ l=1,\ \cdots,\ L\\ &\sum_{l=1}^{L}X^l\leqslant A_0^l+\sum_{j=1}^{n}x_jA_j^l,\ l=1,\ \cdots,\ L\end{aligned}\right\} \tag{1.252}$$

如果是一个球不确定集合，则不确定半定规划的近似鲁棒问题

$$U=\{(A_0,\ \cdots,\ A_n)=(A_0^n,\ \cdots,\ A_n^n)+\sum_{l=1}^{L}\xi_l(A_0^l,\ \cdots,\ A_n^l)\mid \|\xi\|_2\leqslant 1\} \tag{1.253}$$

则半定规划问题为具有易处理的鲁棒的不确定线性规划，即

$$\min_{x,F,G}\left\{c^{\mathrm{T}}x:\ \begin{pmatrix}G & A_1[x]A_2[x]\cdots & A_L[x]\\ A_1[x] & & \\ A_2[x] & F & \vdots\\ \vdots & & \\ A_L[x] & & F\end{pmatrix}\geqslant 0,\ F+G\leqslant 2(A_0^n+\sum_{j=1}^{n}x_jA_j^n)\right\} \tag{1.254}$$

1.3.2.4 可调节的鲁棒线性规划

不确定线性规划为

$$LP_Z\{\min_{u,\ v} c^{\mathrm{T}}\boldsymbol{u}:\ \boldsymbol{U}\boldsymbol{u}+\boldsymbol{V}\boldsymbol{v}\leqslant \boldsymbol{b}\}_{\zeta=[U,\ V,\ b]\in Z}$$

其中，不确定集合 $Z\subset R^n\times R^{m\times n}\times R^m$ 是一个非空的紧的凸集，$\boldsymbol{V}$ 为补偿矩阵。当 $\boldsymbol{V}$ 是确定的情况下，则称相应的不确定线性规划为固定补偿的。

定义：线性规划 LP_Z 的鲁棒对应模型为

$$(RC):\ \min_{u}\{\boldsymbol{c}^{\mathrm{T}}\boldsymbol{u}:\ \exists v\,\forall(\zeta=[\boldsymbol{U},\ \boldsymbol{V},\ \boldsymbol{b}]\in Z):\ \boldsymbol{U}\boldsymbol{u}+\boldsymbol{V}\boldsymbol{v}\leqslant \boldsymbol{b}\} \tag{1.255}$$

则它的可调节的鲁棒对应模型为

$$(ARC):\ \min_{u}\{\boldsymbol{c}^{\mathrm{T}}\boldsymbol{u}:\ \forall(\zeta=[\boldsymbol{U},\ \boldsymbol{V},\ \boldsymbol{b}]\in Z),\ \exists v:\ \boldsymbol{U}\boldsymbol{u}+\boldsymbol{V}\boldsymbol{v}\leqslant \boldsymbol{b}\} \tag{1.256}$$

可调节的鲁棒规划比一般的鲁棒规划灵活，但是同时它也比一般的鲁棒规划难解。对于一个不确定线性规划的鲁棒规划是一个计算上易处理的问题，然而它相应的可调节的鲁棒规划却是不易处理的问题。但是如果不确定集合是有限集合的凸包，则固定补偿的 ARC 是通常的线性规划。从实际的应用来看，只有当原不确定问题的鲁棒对应模型在计算上容易处理的时候，鲁棒优化方法才有意义。当可调节的变量是数据的仿射函数时，可以得到一个计算上易处理的鲁棒对应模型。

对于 LP_Z 的仿射可调节的鲁棒对应（AARC）可以表示为

$$(AARC):\ \min_{u,\ w,\ W}\{c^{\mathrm{T}}\boldsymbol{u}:\ \boldsymbol{U}\boldsymbol{u}+\boldsymbol{V}(w+\boldsymbol{W}\zeta)\leqslant \boldsymbol{b},\ \forall(\zeta=[\boldsymbol{U},\ \boldsymbol{V},\ \boldsymbol{b}]\in Z)\} \tag{1.257}$$

如果 Z 是一个计算上易处理的集合，则在固定补偿的情况下，LP_Z 的仿射可调节的鲁棒对应（AARC）是一个计算上易处理的问题。如果 Z 是这样的一个集合

$$Z=\{[\boldsymbol{U},\ \boldsymbol{V},\ \boldsymbol{b}]=[U^0,\ V^0,\ b^0]+\sum_{l=1}^{L}\xi_l[U^l,\ V^l,\ b^l]:\ \xi\in\aleph\} \tag{1.258}$$

式中：$\aleph$ 为一个非空的凸紧集。

在固定补偿的情况下，AARC 具有这样的形式

$$\min_{u,\ v^0,\ v^1,\ \cdots,\ v^L}\{\boldsymbol{c}^{\mathrm{T}}\boldsymbol{u}:\ [U^0+\sum\xi_l U^l]\boldsymbol{u}+\boldsymbol{V}[v^0+\sum\xi_l v^l]\leqslant[b^0+\sum\xi_l b^l],\ \forall\xi\in\aleph\} \tag{1.259}$$

如果不确定的集合是一个锥表示的，则 LP_Z 的仿射可调节的鲁棒对应模型（AARC）是一个锥二次或半定规划。

如果补偿也是可变的，则 AARC 是不易处理的问题，这时采用它的近似形式。在简单椭圆不确定集合的情况下，AARC 等价于一个半定规划。当扰动的集合是一个中心在原点的箱式集合或者是一个关于原点对称的多胞形集合，则 AARC 可以由一个半定规划来近似。

1.3.2.5 鲁棒凸二次约束的规划

一个凸二次约束的规划问题为

$$\begin{aligned}&\min\quad \boldsymbol{c}^{\mathrm{T}}\boldsymbol{x}\\&\text{s.t.}\quad \boldsymbol{x}^{\mathrm{T}}Q_i\boldsymbol{x}+2\boldsymbol{q}_i^{\mathrm{T}}\boldsymbol{x}+\gamma_i\leqslant 0\qquad i=1,\ \cdots,\ p\end{aligned} \tag{1.260}$$

式中：$\boldsymbol{x}$ 为决策向量；$\boldsymbol{c}\in R^n$；$\gamma_i\in R$；$\boldsymbol{q}_i\in R^n$；$Q_i\in R^{n\times n}$；$Q_i\geqslant 0$ 为参数。

上面的这个问题可以转化为一个二阶的锥规划问题

$$\begin{aligned}&\min\quad \boldsymbol{c}^{\mathrm{T}}\boldsymbol{x}\\&\text{s.t.}\quad \left\|\begin{bmatrix}2V_i\boldsymbol{x}\\(1+\gamma_i+2\boldsymbol{q}_i^{\mathrm{T}}\boldsymbol{x})\end{bmatrix}\right\|\leqslant 1-\gamma_i-2\boldsymbol{q}_i^{\mathrm{T}}\boldsymbol{x}\qquad i=1,\ \cdots,\ p\end{aligned} \tag{1.261}$$

由于上述的模型对于参数很敏感，所以有必要研究其对应的鲁棒问题。一个一般的鲁棒凸

二次规划问题为

$$\begin{aligned} &\min \quad \boldsymbol{c}^{\mathrm{T}}\boldsymbol{x} \\ &\text{s.t.} \quad \boldsymbol{x}^{\mathrm{T}}Q_i\boldsymbol{x}+2\boldsymbol{q}_i^{\mathrm{T}}\boldsymbol{x}+\gamma_i \leqslant 0 \qquad (Q_i,\ q_i,\ \gamma_i)\in S_i,\ i=1,\ \cdots,\ p \end{aligned} \tag{1.262}$$

当不确定的集合 S_i（$i=1$，…，p）是椭球时，上面的问题可以转化为一个半定规划问题，来确定 S_i 的结构，使它能够转化为一个二阶锥规划，分成以下的三种情况。

1.3.2.5.1 离散集合和多边形不确定集合

对于离散形式的集合定义为

$$S_a=\{(\boldsymbol{Q},\ \boldsymbol{q},\ \boldsymbol{\gamma}):\ (\boldsymbol{Q},\ \boldsymbol{q},\ \boldsymbol{\gamma})=(Q_j,\ q_j,\ \gamma_j),\ Q_j\geqslant 0,\ j=1,\ \cdots,\ k\} \tag{1.263}$$

鲁棒约束 $\boldsymbol{x}^{\mathrm{T}}\boldsymbol{Q}\boldsymbol{x}+2\boldsymbol{q}^{\mathrm{T}}\boldsymbol{x}+\boldsymbol{\gamma}\leqslant 0$，$(\boldsymbol{Q},\ \boldsymbol{q},\ \boldsymbol{\gamma})\in S_a$ 等价于 K 个凸二次约束（或者等价的 k 个二阶锥约束）。

$$\boldsymbol{x}^{\mathrm{T}}Q_i\boldsymbol{x}+2\boldsymbol{q}_i^{\mathrm{T}}\boldsymbol{x}+\gamma_i\leqslant 0,\ \forall j=1,\ \cdots,\ k \tag{1.264}$$

对于离散集合的凸包为

$$S_a=\{(\boldsymbol{Q},\ \boldsymbol{q},\ \boldsymbol{\gamma}):\ (\boldsymbol{Q},\ \boldsymbol{q},\ \boldsymbol{\gamma})=\sum_{j=1}^{k}\lambda_j(Q_j,\ q_j,\ \gamma_j),\ Q_j\geqslant 0,\ \lambda_j\geqslant 0,\ \forall j,\ \sum_{j=1}^{k}\lambda_j=1\} \tag{1.265}$$

则鲁棒约束 $\boldsymbol{x}^{\mathrm{T}}\boldsymbol{Q}\boldsymbol{x}+2\boldsymbol{q}^{\mathrm{T}}\boldsymbol{x}+\boldsymbol{\gamma}\leqslant 0$，$(\boldsymbol{Q},\ \boldsymbol{q},\ \boldsymbol{\gamma})\in S_a$ 等价于

$$\sum_{j=1}^{k}\lambda_j\boldsymbol{x}^{\mathrm{T}}Q_i\boldsymbol{x}+2\boldsymbol{q}_i^{\mathrm{T}}\boldsymbol{x}+\gamma_i\leqslant 0,\ \lambda_j\geqslant 0,\ \forall j,\ \sum_{j=1}^{k}\lambda_j=1 \tag{1.266}$$

将上面的两种情况下的集合推广到多边形的不确定集合

$$S_b=\{(\boldsymbol{Q},\ \boldsymbol{q},\ \boldsymbol{\gamma}):\ (\boldsymbol{Q},\ \boldsymbol{q},\ \boldsymbol{\gamma})=\sum_{j=1}^{k}\lambda_j(Q_j,\ q_j,\ \gamma_j),\ Q_j\geqslant 0,\ j=1,\ \cdots,\ k,\ \boldsymbol{A}\lambda=\boldsymbol{b},\ \lambda\geqslant 0\} \tag{1.267}$$

如果决策向量 $\boldsymbol{x}\in R^n$ 满足鲁棒约束 $\boldsymbol{x}^{\mathrm{T}}\boldsymbol{Q}\boldsymbol{x}+2\boldsymbol{q}^{\mathrm{T}}\boldsymbol{x}+\boldsymbol{\gamma}\leqslant 0$，对于所有的 $(\boldsymbol{Q},\ \boldsymbol{q},\ \boldsymbol{\gamma})\in S_b$，当且仅当存在着 $\mu\in R^k$，使得

$$\begin{aligned} &\boldsymbol{b}^{\mathrm{T}}\mu\leqslant 0 \\ &\text{s.t.} \left\|\begin{bmatrix} 2V_i\boldsymbol{x} \\ (1+\gamma_i+2\boldsymbol{q}_i^{\mathrm{T}}\boldsymbol{x}-\boldsymbol{A}_j^{\mathrm{T}}\mu)\end{bmatrix}\right\|\leqslant 1-\gamma_i-2\boldsymbol{q}_i^{\mathrm{T}}\boldsymbol{x}+\boldsymbol{A}_j^{\mathrm{T}}\mu \qquad i=1,\ \cdots,\ p \end{aligned} \tag{1.268}$$

其中 A_j 是 $\boldsymbol{A}$ 的第 j 列，$Q_j=\boldsymbol{V}_j^{\mathrm{T}}V_j$（$j=1$，…，$k$）。

1.3.2.5.2 范数约束的不确定的集合

范数约束的不确定的集合表示为

$$S_c=\{(\boldsymbol{Q},\ \boldsymbol{q},\ \boldsymbol{\gamma}):\ (\boldsymbol{Q},\ \boldsymbol{q},\ \boldsymbol{\gamma})=(Q_0,\ q_0,\ \gamma_0)+\sum_{j=1}^{k}u_j(Q_j,\ q_j,\ \gamma_j),\ Q_j\geqslant 0,\ u\geqslant 0,\ \|u\|_p\leqslant 1\} \tag{1.269}$$

一个决策向量 $\boldsymbol{x}\in R^n$ 满足鲁棒约束 $\boldsymbol{x}^{\mathrm{T}}\boldsymbol{Q}x+2\boldsymbol{q}^{\mathrm{T}}\boldsymbol{x}+\boldsymbol{\gamma}\leqslant 0$，对于所有的 $(\boldsymbol{Q},\ \boldsymbol{q},\ \boldsymbol{\gamma})\in S_c$，当且仅当存在 $f\in R_+^k$ 和 $\nu\geqslant 0$，满足

$$\left\|\begin{bmatrix} 2V_i\boldsymbol{x} \\ (1+\gamma_i+2\boldsymbol{q}_i^{\mathrm{T}}\boldsymbol{x}-f_j)\end{bmatrix}\right\|\leqslant 1-\gamma_i-2\boldsymbol{q}_i^{\mathrm{T}}\boldsymbol{x}+f_j \qquad i=1,\ \cdots,\ p \tag{1.270}$$

$$\left\|\begin{bmatrix} 2V_0\boldsymbol{x} \\ 1-\upsilon\end{bmatrix}\right\|\leqslant 1+\upsilon,\ \|f\|_q\leqslant -\upsilon-2\boldsymbol{q}_0^{\mathrm{T}}\boldsymbol{x}-\gamma_0 \tag{1.271}$$

其中 $\dfrac{1}{p}+\dfrac{1}{q}=1$，$Q_j=\boldsymbol{V}_j^{\mathrm{T}}\boldsymbol{V}_j$（$j=0$，…，$k$）。

二次项和锥项的不确定性是独立的，即

$$S_d=\{(\boldsymbol{Q},\boldsymbol{q},\boldsymbol{\gamma}):(\boldsymbol{Q},\boldsymbol{q},\boldsymbol{\gamma})$$

$$=(Q_0,q_0,\gamma_0)+\sum_{j=1}^{k}u_j(Q_j,q_j,\gamma_j),\ Q_j\geqslant 0,\ j=1,\cdots,k,\ \|u\|_p\leqslant 1$$

$$(\boldsymbol{q},\boldsymbol{\gamma})=(q_0,\gamma_0)+\sum_{j=1}^{k}v_j(q_j,\gamma_j),\ \|v\|_r\leqslant 1\} \tag{1.272}$$

一个决策向量 $\boldsymbol{x}\in R^n$ 满足鲁棒约束 $\boldsymbol{x}^{\mathrm{T}}\boldsymbol{Q}\boldsymbol{x}+2\boldsymbol{q}^{\mathrm{T}}\boldsymbol{x}+\boldsymbol{\gamma}\leqslant 0$，对于所有的 $(\boldsymbol{Q},\boldsymbol{q},\boldsymbol{\gamma})\in S_d$，当且仅当存在 f，$g\in R^k$ 和 $v\geqslant 0$，满足

$$g_j=2\boldsymbol{q}_j^{\mathrm{T}}\boldsymbol{x}+\boldsymbol{\gamma}_j,\ j=1,\cdots,k,\ \left\|\begin{bmatrix}2V_i\boldsymbol{x}\\(1-f_j)\end{bmatrix}\right\|\leqslant 1+f_j\quad i=1,\cdots,k \tag{1.273}$$

$$\left\|\begin{bmatrix}2V_0\boldsymbol{x}\\1-\upsilon\end{bmatrix}\right\|\leqslant 1+v,\ \|f\|_q+\|g\|_s\leqslant-\upsilon-2\boldsymbol{q}_0^{\mathrm{T}}\boldsymbol{x}-\gamma_0 \tag{1.274}$$

其中$\frac{1}{p}+\frac{1}{q}=1$，$\frac{1}{r}+\frac{1}{s}=1$，$\boldsymbol{Q}_j=\boldsymbol{V}_j^{\mathrm{T}}\boldsymbol{V}_j$ $(j=0,\cdots,k)$。

1.3.2.5.3 因子化的不确定的集合

如果不确定的集合定义为

$$S_e=\left\{(\boldsymbol{Q},\boldsymbol{q},\gamma_0):\begin{array}{c}\boldsymbol{Q}=\boldsymbol{V}^{\mathrm{T}}\boldsymbol{F}\boldsymbol{V},\ \boldsymbol{F}\in R^{m\times m},\ \boldsymbol{V}\in R^{m\times n}\\ \boldsymbol{F}=\boldsymbol{F}_0+\boldsymbol{\Delta},\ \boldsymbol{\Delta}=\boldsymbol{\Delta}^{\mathrm{T}},\ \|\boldsymbol{N}^{-\frac{1}{2}}\boldsymbol{\Delta}\boldsymbol{N}^{-\frac{1}{2}}\|\leqslant\eta,\ \boldsymbol{F}_0\geqslant 0,\ \boldsymbol{N}>0\\ \boldsymbol{V}=\boldsymbol{V}_0+\boldsymbol{\Delta},\ \|W_i\|_g=\sqrt{W_i^{\mathrm{T}}\boldsymbol{G}W_i}\leqslant\rho_i,\ \forall i,\ \boldsymbol{G}>0\\ \boldsymbol{q}=\boldsymbol{q}_0+\boldsymbol{\xi}\in R^n,\ \|\xi_i\|_s=\sqrt{\boldsymbol{\xi}^{\mathrm{T}}\boldsymbol{S}\boldsymbol{\xi}}\leqslant\delta,\ \boldsymbol{S}>0\end{array}\right\} \tag{1.275}$$

一个决策向量 $\boldsymbol{x}\in R^n$ 满足鲁棒约束 $\boldsymbol{x}^{\mathrm{T}}\boldsymbol{Q}\boldsymbol{x}+2\boldsymbol{q}^{\mathrm{T}}\boldsymbol{x}+\boldsymbol{\gamma}\leqslant 0$，对于所有的 $(\boldsymbol{Q},\boldsymbol{q},\boldsymbol{\gamma})\in S_e$，当且仅当存在 τ，v，σ，$r\in R$，$u\in R^n$，$w\in R^m$，$t\in R_+^m$，使得下式成立

$$\tau\geqslant 0,\ v\geqslant\tau+1^{\mathrm{T}}t,\ \sigma\leqslant\frac{1}{\lambda_{\max}(\boldsymbol{H})},\ r\geqslant\sum\nolimits_{i=1}^{n}\rho_i u_i,\ u_j\geqslant x_j,\ u_j\geqslant -x_j\quad j=1,\cdots,n \tag{1.276}$$

$$2\delta\|\boldsymbol{S}^{-\frac{1}{2}}\boldsymbol{x}\|\leqslant-v-2\boldsymbol{q}_0^{\mathrm{T}}\boldsymbol{x}-\gamma_0 \tag{1.277}$$

$$\left\|\begin{bmatrix}2r\\\sigma-\tau\end{bmatrix}\right\|\leqslant\sigma+\tau,\ \left\|\begin{bmatrix}2w_i\\(\lambda_i-\sigma-\tau_i)\end{bmatrix}\right\|\leqslant(\lambda_i-\sigma+\tau_i)\quad i=1,\cdots,m \tag{1.278}$$

其中 $\boldsymbol{H}=\boldsymbol{G}^{-\frac{1}{2}}(\boldsymbol{F}_0+\eta\boldsymbol{N})\boldsymbol{G}^{-\frac{1}{2}}$，$\boldsymbol{H}=\boldsymbol{Q}^{\mathrm{T}}\boldsymbol{\Lambda}\boldsymbol{Q}$ 为 $\boldsymbol{H}$ 的谱分解，$\boldsymbol{\Lambda}=\mathrm{diag}(\boldsymbol{\lambda})$，$\lambda_{\max}(\boldsymbol{H})=\max_{1\leqslant i\leqslant m}\{\lambda_i\}$，$w=\boldsymbol{Q}^{\mathrm{T}}\boldsymbol{F}^{\frac{1}{2}}\boldsymbol{G}^{\frac{1}{2}}\boldsymbol{V}_0\boldsymbol{x}$。

1.3.3 层次分析法

1.3.3.1 层次分析法原理

层次分析法（Analytic Hierarchy Process，AHP）是一种决策方法，它是一种分析复杂问题的简单而方便的方法，特别适用于那些难以分析或不能定量分析的复杂问题。AHP 通过将复杂问题分成不同的层次，并定义不同的性能指标或准则，对于难以定量的因素构造相对重要性的判断矩阵，作为替代方案，然后进行评估权衡，并根据综合分析以达成最终决策。因此 AHP 可同时适用于定性和定量分析的情况。AHP 算法的步骤如下。

步骤 1：建立层次结构模型。

步骤2：构造判断矩阵。

判断矩阵中的元素的值反映了用户对每对因素之间的相对重要性的了解。可用9－标度法表示判断矩阵中的元素的值，如两个因素同等重要，其元素的值为1；如果因素A比因素B重要，其元素的值为3；如果因素A比因素B重要许多，其元素的值可以为5；如果因素A比因素B超级重要，其元素的值可以为9等。

步骤3：计算矩阵的最大特征值和对应的特征向量。

步骤4：结果的层次等级和一致性检验。

可以根据特征向量中的元素的值来安排等级，其表示相应因子的相对重要性。层次结构排名的一致性指标定义为

$$CI=\frac{\lambda_{\max}-n}{n-1} \tag{1.279}$$

式中：$\lambda_{\max}$为判断矩阵的最大特征值；n为判断矩阵的阶数。

随机一致性比率定义为

$$CR=\frac{CI}{RI} \tag{1.280}$$

式中：RI为给定的平均随机一致性指数的集合；CR为随机一致性比率。

对于1～9维的矩阵，RI的值如下

n：	1	2	3	4	5	6	7	8	9
RI：	0.00	0.00	0.58	0.90	1.12	1.24	1.32	1.41	1.45

显然，一维或二维的矩阵不需要检查随机一致性比率。一般，如果随机一致性比率$CR<0.10$，则判断矩阵满足一致性要求。

1.3.3.2 层次分析法中特征值算法

当矩阵维数较高时，要精确计算矩阵的特征值和对应的特征向量是很耗时的。层次分析法中判断矩阵元素是专家或用户的主观判断形成，本身就具有一定的误差，即不是精确的，因此，可不必精确计算判断矩阵的特征值和对应的特征向量。可用以下两种近似方法来计算矩阵最大特征值和对应的特征向量。

1.3.3.2.1 根法

(1) 计算判断矩阵中每行的所有元素乘积

$$M_i=\Pi_i X_{ij} \qquad i=1,\ \cdots,\ n; \qquad j=1,\ \cdots,\ n \tag{1.281}$$

式中：n为判断矩阵$\boldsymbol{A}$的阶数；X_{ij}为判断矩阵$\boldsymbol{A}$的元素值。

(2) 计算M_i的n次方根

$$W_i{}^*=\sqrt[n]{M_i} \qquad i=1,\ \cdots,\ n \tag{1.282}$$

得到向量

$$\boldsymbol{W}^*=[W_1{}^*,\ W_2{}^*,\ \cdots,\ W_n{}^*]^{\mathrm{T}} \tag{1.283}$$

(3) 对向量$\boldsymbol{W}^*$进行归一化处理

$$W_i=\frac{W_i{}^*}{\sum_{j=1}^{n}W_j{}^*} \qquad i=1,\ \cdots,\ n \tag{1.284}$$

因此，可以得到判断矩阵$\boldsymbol{A}$的特征向量

$$\boldsymbol{W}=[W_1,\ W_2,\ \cdots,\ W_n]^{\mathrm{T}} \tag{1.285}$$

(4) 计算判断矩阵的最大特征值$\lambda_{\max}$

$$\lambda_{\max}=\sum_{i=1}^{n}\frac{(AW)_j}{nW_i}\qquad j=1,\ \cdots,\ n \tag{1.286}$$

式中：$(AW)_j$ 为向量 $\boldsymbol{AW}$ 的第 j 个元素。

1.3.3.2.2 和法

(1) 归一化判断矩阵中的每一列

$$X_{ij}{}^{*}=\frac{X_{ij}}{\sum_{k=1}^{n}X_{kj}}\qquad i,\ j=1,\ \cdots,\ n \tag{1.287}$$

现在将判断矩阵 $\boldsymbol{A}$ 变为新的矩阵 $\boldsymbol{A}^{*}$，它每个列元素已被归一化处理了。

(2) 将矩阵 $\boldsymbol{A}$ 中每行的所有元素相加

$$W_i{}^{*}=\sum_{j=1}^{n}X_{ij}\qquad i=1,\ \cdots,\ n \tag{1.288}$$

(3) 归一化向量 $\boldsymbol{W}^{*}$

$$W_i=\frac{W_i{}^{*}}{\sum_{j=1}^{n}W_j{}^{*}}\qquad i=1,\ \cdots,\ n \tag{1.289}$$

因此，得到判断矩阵 $\boldsymbol{A}$ 的特征向量

$$\boldsymbol{W}=[W_1,\ W_2,\ \cdots,\ W_n]^{\mathrm{T}} \tag{1.290}$$

(4) 计算判断矩阵的最大特征值 $\lambda_{\max}$

$$\lambda_{\max}=\sum_{i=1}^{n}\frac{(AW)_j}{nW_i}\qquad j=1,\ \cdots,\ n \tag{1.291}$$

问题与练习

(1) 最速下降法的缺点是什么？

(2) 拟牛顿法与牛顿法的区别是什么？

(3) 如何将有约束的非线性规划问题化为无约束优化问题？

(4) 用梯度法求函数 $f(X)=x_1^2+5x_2^2$ 的极小点，取允许误差 $\varepsilon=0.7$。

(5) 用牛顿法 $\min f(X)=x_1^2+25x_2^2$ 求极小点。

(6) 判断题（对或错）。

1) 网络中的零流一定是可行的。 (　　)

2) 并非所有的网络都有零流。 (　　)

3) 所有网络流规划模型都是线性的。 (　　)

4) 网络流必须是非负的。 (　　)

5) 电网经济运行中的某些问题可用网络流规划模型表示。 (　　)

6) 通常的网络流规划模型可以用线性规划求解的。 (　　)

7) 求网络最大流可以不需要知道流的费用。 (　　)

8) 网络流规划模型中约束必须大于或等于零。 (　　)

9) 判断矩阵是对称矩阵。 (　　)

10) 判断矩阵的特征值和对应的特征向量必须精确计算。 (　　)

11) AHP 是一种精确的计算方法。 (　　)

12) AHP 可用于非定量问题的分析。 (　　)

13）可用近似方法计算判断矩阵。（　）

14）AHP 方法实施首先要建立层次结构模型。（　）

15）判断矩阵最大特征值没有对应的特征向量。（　）

16）判断矩阵的主对角元素都相等并且为 1。（　）

（7）用乘子法求解下列二次规划问题。

$$\begin{aligned} \min \quad & f(x)=(x_1-2)^2+(x_2-3)^2 \\ \text{s.t.} \quad & g(x)=x_2-(x_1-2)^2\leqslant 0 \\ & h(x)=2x_1-x_2-1=0 \end{aligned}$$

（8）用罚函数法求解下列问题。

$$\begin{aligned} \min \quad & f(x)=(x_1-1)^2+x_2^2 \\ \text{s.t.} \quad & g(x)=x_2-1\geqslant 0 \end{aligned}$$

（9）求下列非线性规划问题的 K-T 点。

$$\min \quad f(X)=2x_1^2+2x_1x_2+x_2^2-10x_1-10x_2$$

$$\text{s.t.} \quad \begin{cases} x_1^2+x_2^2\leqslant 5 \\ 3x_1+x_2\leqslant 6 \end{cases}$$

（10）对于如下的最小化问题，请写出它的对偶线性规划问题。

$$\begin{aligned} \min \quad & 8x_1+6x_2+2x_3 \\ \text{s.t.} \quad & x_1+x_2+x_3\geqslant 6 \\ & 2x_1+3x_2+x_3\geqslant 10 \\ & x_1+4x_2+x_3\geqslant 15 \\ & x_1,\ x_2,\ x_3\geqslant 0 \end{aligned}$$

（11）图 1.10 表示一个网络，V_1 是源点，V_5 是汇点，每条边旁的两个数字分别表示该支路的容量和单位费用。寻求该网络的最小费用最大流。

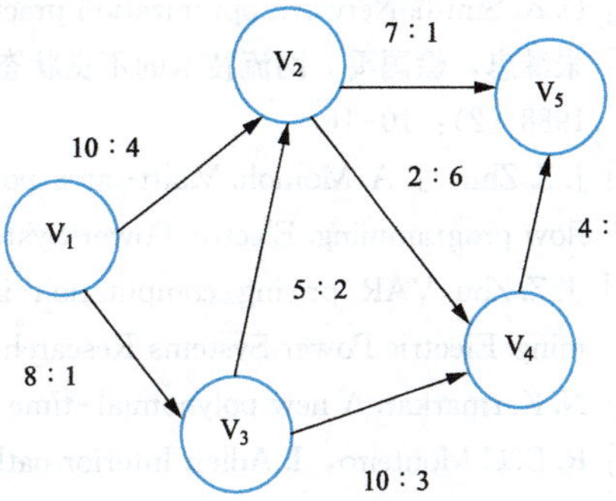

图 1.10　网络图

（12）用内点法求解下列线性规划问题。

$$\begin{aligned} \max \quad & Z=2x_1+3x_2 \\ \text{s.t.} \quad & x_1+x_2\leqslant 8 \\ & x_1\geqslant 0,\ x_2\geqslant 0 \end{aligned}$$

（13）用和法计算下面判断矩阵最大特征值和对应的特征向量。

$$\boldsymbol{A}=\begin{bmatrix} 1 & \dfrac{1}{6} & \dfrac{1}{4} \\ 6 & 1 & 3 \\ 4 & \dfrac{1}{3} & 1 \end{bmatrix}$$

（14）用根法计算下面判断矩阵最大特征值和对应的特征向量。

$$\boldsymbol{A}=\begin{bmatrix} 1 & \dfrac{1}{8} & \dfrac{1}{6} \\ 8 & 1 & 5 \\ 6 & \dfrac{1}{5} & 1 \end{bmatrix}$$

参 考 文 献

[1] M. S. Bazaraa，C. M. Shetty. Nonlinear programming - theory and algorithms. New York：John Wiley & Sons，1979.

[2] 陈宝林．最优化理论与算法．北京：清华大学出版社，1989.

[3] 席少林．非线性最优化方法．北京：高等教育出版社，1992.

[4] 袁亚湘，孙文瑜．最优化理论与方法．北京：科学出版社，1997.

[5] D. P. Bertsekas. Nonlinear programming，2nd ed. Belmont Massachusetts：Athena Scientific，1999.

[6] M. Avriel. Nonlinear programming：analysis and methods. Dover Publishing，2003.

[7] A. Ruszczyński. Nonlinear optimization. Princeton，NJ：Princeton University Press，2006.

[8] T. S. Ferguson. Linear programming，Academic Press，1967.

[9] G. B. Dantzig. Linear programming and extensions. Princeton University Press，1963.

[10] D. G. Luenberger. Introduction to linear and nonlinear programming. USA：Addison - wesley Publishing Company，Inc. 1973.

[11] J. K. Strayer. Linear programming and applications. Springer - Verlag，1989.

[12] D. K. Smith. Network optimization practice. UK：Ellis Horwood，Chichester，1982.

[13] 朱继忠，徐国禹．网流技术的不良状态校正法用于安全有功经济调度．重庆大学学报：自然科学版，1988（2）：10-16.

[14] J. Z. Zhu，J. A. Momoh. Multi - area power systems economic dispatch using nonlinear convex network flow programming. Electric Power Systems Research，2001，59（1）：13-20.

[15] J. Z. Zhu. VAR pricing computation in multi - areas by nonlinear convex network flow programming. Electric Power Systems Research，Vol. 65，No. 2，2003，pp129-134.

[16] N. Karmarkar. A new polynomial - time algorithm for linear programming. 1984.

[17] R. D. C Monteiro，I. Adler. Interior path following primal - dual algorithms. Mathematical Programming，1989，44：27-41.

[18] J. A. Momoh，J. Z. Zhu. Improved interior point method for OPF problems. IEEE Transactions on Power Systems，1999，14（3）：1114-1120.

[19] J. H. Holland. Adaptation in Nature and Artificial Systems. The University of Michigan Press，1975.

[20] D. E. Goldberg. Genetic Algorithms in search，optimization and machine learning. Addision - Wesley，Reading，1989.

[21] T. L. Satty. The analytic hierarchy process. McGraw Hill，Inc，1980.

[22] J. A. Momoh，J. Z. Zhu. Optimal generation scheduling based on AHP/ANP. IEEE Trans. on Systems，Man，and Cybernetics - Part B，2003，33（3）.

[23] J. Z. Zhu，M. R. Irving. Combined active and reactive dispatch with multiple objectives using an analytic hierarchical process. IEE Proceedings - C，1996，143（4）：344-352.

[24] J. Z. Zhu，J. A. Momoh. Optimal VAr pricing and VAr placement using analytic hierarchy process. Elec. Power Syst. Res.，1998，48：11-17.

[25] J. Z. Zhu. Optimization of power system operation. 2 nd. New Jersey：Wiley - IEEE Press，2015.

[26] 吕恩博格．线性和非线性规划．2 版．北京：世界图书出版公司北京公司，2015.

第 2 章

灵敏度计算方法

2.1 引 言

灵敏度分析在电力市场环境下的电力系统运行中变得越来越重要。本章着重分析和讨论各种灵敏度因子如网损灵敏度因子（Loss Sensistivity Factor，LSF）、发电机输出功率转移分布因子（Generator Shift Factor，GSF）、线路开断分布因子（Line Outage Distribution Factor，LODF）、线路开断功率传输分布因子（Outage Transfer Distribution Factor，OTDF）和电压灵敏度。另外还涉及以不同方法转换灵敏度因子的实用方法。

2.2 网损灵敏度计算

本节介绍一种快速且有效的计算任意节点网损灵敏度公式。值得注意的是，该方法选取负荷作为分布式平衡节点而不是通常的发电机节点，无论自动发电控制（AGC，Automatic Generation Control）机组的状态如何变化，同一网络拓扑下的网损灵敏度值将保持不变，因此计算结果不依赖于传统的发电机平衡节点（又称参考节点，松弛节点）。

在能量市场中，最优经济调度的表述如下

$$\min \quad F=f_i(P_i)=\sum_i C_i P_{Gi} \quad Gi \in NG \tag{2.1}$$

满足约束

$$\sum P_D+P_{\mathrm{L}}=\sum_i P_{Gi} \quad Gi \in NG \tag{2.2}$$

$$\sum_l S_{il} P_l \leqslant P_{l\max} \quad i \in n,\ l \in K_{\max} \tag{2.3}$$

$$P_{G i\min} \leqslant P_{Gi} \leqslant P_{G i\max} \quad Gi \in NG \tag{2.4}$$

式中：P_D 为有功功率负荷；$P_{l\max}$ 为约束支路 l 传输的有功功率最大值；P_{Gi} 为发电机节点 Gi 的有功功率输出；$P_{Gi\min}$ 为发电机 Gi 的有功输出最小值；$P_{Gi\max}$ 为发电机 Gi 的有功输出最大值；P_{L} 为系统网络有功损耗；S_{il} 为节点 i 对于约束支路 l 的灵敏度系数（转移因子）；C_i 为电源（或机组）i 的实时电价；$K_{\max}$ 为有效约束数；NG 为发电机组数；n 为网络节点数。

从式（2.1）和式（2.2）可得如下拉格朗日方程为

$$F_{\mathrm{L}}=\sum_i f_i(P_i)+\lambda\left(\sum_i P_{Di}+P_{\mathrm{L}}-\sum_i P_{Gi}\right) \tag{2.5}$$

式（2.5）的最优性准则如下

$$\frac{\partial F_{\mathrm{L}}}{\partial P_{Di}}=\frac{\mathrm{d} f_i}{\mathrm{d} P_{Di}}+\lambda\left(1+\frac{\partial P_{\mathrm{L}}}{\partial P_{Di}}\right)=0 \quad Di \in ND \tag{2.6}$$

$$\frac{\partial F_{\mathrm{L}}}{\partial P_{Gi}}=\frac{\mathrm{d} f_i}{\mathrm{d} P_{Gi}}+\lambda\left(\frac{\partial P_{\mathrm{L}}}{\partial P_{Gi}}-1\right)=0 \quad Gi \in NG \tag{2.7}$$

$$\frac{\mathrm{d} f_i}{\mathrm{d} P_{Di}} L_{Di}=\lambda \quad Di \in ND \tag{2.8}$$

$$L_{Di}=-\frac{1}{1+\dfrac{\partial P_{\mathrm{L}}}{\partial P_{Di}}}\quad Di\in ND \tag{2.9}$$

$$\frac{\mathrm{d}f_i}{\mathrm{d}P_{Gi}}L_{Gi}=\lambda\quad Gi\in NG \tag{2.10}$$

$$L_{Gi}=\frac{1}{1-\dfrac{\partial P_{\mathrm{L}}}{\partial P_{Gi}}}\quad Gi\in NG \tag{2.11}$$

式中：λ 为拉格朗日乘子；$\dfrac{\partial P_{\mathrm{L}}}{\partial P_{Di}}$为负荷节点的网损灵敏度；$\dfrac{\partial P_{\mathrm{L}}}{\partial P_{Gi}}$为发电机节点的网损灵敏度。

用$\dfrac{\partial P_{\mathrm{L}}}{\partial P_i}$表示节点 i 的网损灵敏度，它包括$\dfrac{\partial P_{\mathrm{L}}}{\partial P_{Di}}$与$\dfrac{\partial P_{\mathrm{L}}}{\partial P_{Gj}}$。因为分布式松弛节点的存在，所有网损因子为非零值。

如果任意选一个节点 k 为平衡节点，那么 P_k 为其他注入功率的函数，即

$$P_k=f(P_i)\quad i\in n,\ i\neq k \tag{2.12}$$

式中：P_i 为节点 i 的注入功率，包括负荷 P_{Di} 和发电量 P_{Gi}。

事实上，负荷可以被视为负的发电量。于是式（2.9）和式（2.11）可以变为式（2.13），式（2.8）和式（2.10）可以转化为式（2.14）。

$$L_i=\frac{1}{1-\dfrac{\partial P_{\mathrm{L}}}{\partial P_i}}\quad i\in n \tag{2.13}$$

$$\frac{\mathrm{d}f_i}{\mathrm{d}P_i}L_i=\lambda\quad i\in n \tag{2.14}$$

式（2.2）被重写为

$$P_{\mathrm{L}}=P_k+\sum_{i\neq k}P_i\quad i\in n \tag{2.15}$$

从式（2.1）和式（2.15）可得到新的拉格朗日方程为

$$F_{\mathrm{L}}^{*}=\sum_i f_i(P_i)+\lambda\Big(P_{\mathrm{L}}-P_k-\sum_{i\neq n}P_i\Big) \tag{2.16}$$

从拉格朗日函数式（2.16）可得到如下最优性准则

$$\frac{\partial F_{\mathrm{L}}^{*}}{\partial P_i}=\frac{\mathrm{d}f_i}{\mathrm{d}P_i}+\frac{\mathrm{d}f_k}{\mathrm{d}P_k}\frac{\partial P_k}{\partial P_i}+\lambda\Big(\frac{\partial P_{\mathrm{L}}}{\partial P_i}-\frac{\partial P_k}{\partial P_i}-1\Big)=0\quad i\in n,\ i\neq k \tag{2.17}$$

从式（2.15）可得

$$\frac{\partial P_{\mathrm{L}}}{\partial P_i}=1+\frac{\partial P_k}{\partial P_i} \tag{2.18}$$

从式（2.17）和式（2.18），可得

$$\frac{\mathrm{d}f_i}{\mathrm{d}P_i}L_i^{*}=\frac{\mathrm{d}f_k}{\mathrm{d}P_k} \tag{2.19}$$

$$L_i^{*}=\frac{1}{1-\dfrac{\partial P_{\mathrm{L}}}{\partial P_i}}\quad i\in n,\ i\neq k \tag{2.20}$$

L_i 与 $L_i{}^{*}$ 十分相似，但它们有不同的意义。前者是基于分布式平衡节点计算得到，而后者是基于任意平衡节点 k 计算得到。同样地，L_i 的网损灵敏度是基于分布式平衡节点（Distributed Slack，DS），即$\left.\dfrac{\partial P_{\mathrm{L}}}{\partial P_i}\right|_{DS}$。值得注意的是，第 k 个节点是平衡节点，它的网损灵敏度为零。

从式（2.14）与式（2.19）可得

$$L_i^* = \frac{L_i}{L_k}, \quad L_k^* = 1 \tag{2.21}$$

从式（2.13）、式（2.20）与式（2.21）得到

$$\frac{1}{1-\left.\frac{\partial P_L}{\partial P_i}\right|_k} = \frac{1-\left.\frac{\partial P_L}{\partial P_k}\right|_{DS}}{1-\left.\frac{\partial P_L}{\partial P_i}\right|_{DS}} \tag{2.22}$$

$$1-\left.\frac{\partial P_L}{\partial P_i}\right|_k = \frac{1-\left.\frac{\partial P_L}{\partial P_i}\right|_{DS}}{1-\left.\frac{\partial P_L}{\partial P_k}\right|_{DS}} \tag{2.23}$$

因此，有一组基于分布式平衡节点的网损灵敏度系数，就可以计算出基于任意单个平衡节点的网损灵敏度，即

$$\left.\frac{\partial P_L}{\partial P_i}\right|_k = \frac{\left.\frac{\partial P_L}{\partial P_i}\right|_{DS} - \left.\frac{\partial P_L}{\partial P_k}\right|_{DS}}{1-\left.\frac{\partial P_L}{\partial P_k}\right|_{DS}} \tag{2.24}$$

2.3 约束转移灵敏度因子的计算

2.3.1 发电机传输功率转移分布因子

发电机输出功率转移分布因子（Generator Shift Factor，GSF）也称为无线路开断的约束转移灵敏度因子。

从直流潮流算法可得如下方程

$$\begin{bmatrix} \Delta P_1 \\ \Delta P_2 \\ \vdots \\ \Delta P_n \end{bmatrix} = [\boldsymbol{B}'] \begin{bmatrix} \Delta\theta_1 \\ \Delta\theta_2 \\ \vdots \\ \Delta\theta_n \end{bmatrix} \tag{2.25}$$

直流潮流计算的标准矩阵形式可以写为

$$\boldsymbol{\theta} = [\boldsymbol{X}]\boldsymbol{P} \tag{2.26}$$

直流潮流是一个线性模型，可以很容易得到一个关于注入功率扰动的增量表达式，即

$$\boldsymbol{\Delta\theta} = [\boldsymbol{X}]\,\Delta\boldsymbol{P} \tag{2.27}$$

其中参考节点的功率扰动等于其他所有节点功率的扰动之和。

为了计算节点 i 上的发电机输出功率转移分布因子，设置节点 i 上的扰动为 1p. u. 和除参考节点外所有其他节点上的扰动为零，这样就可以用下列矩阵计算节点相位角的变化。

$$\boldsymbol{\Delta\theta} = [\boldsymbol{X}] \begin{bmatrix} +1 \\ -1 \end{bmatrix} \begin{matrix} \leftarrow \text{节点 } i \\ \leftarrow \text{参考节点} \end{matrix} \tag{2.28}$$

上式表示节点 i 增加 1-p. u. 功率将由参考节点降低 1-p. u. 功率来补偿，因此式中的 $\Delta\theta$ 值等于节点 i 的电压角关于注入功率的导数。

因此不考虑线路开断的约束转移因子即发电机输出功率转移分布因子 S_{ki} 可从如下得出。设 p 和 q 为线路 k 的终端节点，线路 k 上的直流功率潮流为

$$P_k = \frac{1}{x_k}(\theta_p - \theta_q) \tag{2.29}$$

发电机输出功率转移分布因子被定义为

$$
\begin{aligned}
S_{ki} &= \frac{\mathrm{d}P_k}{\mathrm{d}P_i} = \frac{\mathrm{d}}{\mathrm{d}P_i}\left[\frac{1}{x_k}(\theta_p - \theta_q)\right] \\
&= \frac{1}{x_k}\left(\frac{\mathrm{d}\theta_p}{\mathrm{d}P_i} - \frac{\mathrm{d}\theta_q}{\mathrm{d}P_i}\right) = \frac{1}{x_k}(X_{pi} - X_{qi})
\end{aligned} \tag{2.30}
$$

在实际应用中，通过对矩阵 $[\boldsymbol{B}']$ 进行前向—后向迭代计算，可以直接计算出发电机输出功率转移分布因子。

假设 p 和 q 两节点间线路 k 上的电抗为 x_k，从 $[\boldsymbol{B}'][\boldsymbol{\theta}]=[\boldsymbol{P}]$ 得到

$$
[\boldsymbol{B}'][\boldsymbol{\theta}] = \begin{bmatrix} 0 \\ \vdots \\ 0 \\ +\dfrac{1}{x_k} \\ 0 \\ \vdots \\ 0 \\ -\dfrac{1}{x_k} \\ 0 \\ \vdots \\ 0 \end{bmatrix} \begin{matrix} \\ \\ \\ \leftarrow p\text{ 行} \\ \\ \\ \\ \leftarrow q\text{ 行} \\ \\ \\ \\ \end{matrix} \tag{2.31}
$$

通过对上述方程进行前向—后向迭代计算，其解将是所有节点对于约束支路 K 的转移分布因子。如果一个约束包含多条线路（支路），可以应用叠加理论计算约束功率转移分布因子。例如，一个约束包含两条支路 K（从 p 到 q）和 T（从 i 到 j），其支路电抗为 x_k，x_t，可以得到以下关系

$$
[\boldsymbol{B}'][\boldsymbol{\theta}] = \begin{bmatrix} 0 \\ \vdots \\ 0 \\ +\dfrac{1}{x_k} \\ 0 \\ \vdots \\ 0 \\ -\dfrac{1}{x_k} \\ 0 \\ \vdots \\ 0 \\ +\dfrac{1}{x_k} \\ 0 \\ \vdots \\ 0 \\ -\dfrac{1}{x_k} \\ 0 \\ \vdots \\ 0 \end{bmatrix} \begin{matrix} \\ \\ \\ \leftarrow p\text{ 行} \\ \\ \\ \\ \leftarrow q\text{ 行} \\ \\ \\ \\ \leftarrow i\text{ 行} \\ \\ \\ \\ \leftarrow j\text{ 行} \\ \\ \\ \\ \end{matrix}
$$

通过对上述方程进行前向—后向迭代计算，可得到所有节点对于线路 K 和 T 的功率转移分布因子。

2.3.2　线路开断分布因子

模拟线路开断如图 2.1 所示。图 2.1(a) 是一个无线路开断的网络。

假设从节点 m 到节点 n 的线路 l 被断路器断开，如图 2.1(b) 所示。线路中断可以通过向系统中线路两端注入功率来进行模拟，如图 2.1(c) 所示。当断路器断开时，没有电流流过它们，并且该线路与网络的其余部分完全隔离。在图 2.1(c) 中，断路器仍然关闭，但注入功率 ΔP_m 和 ΔP_n 已被分别添加到节点 m 和节点 n。如果 $\Delta P_m = P_{mn}$ 与 $\Delta P_n = -P_{mn}$ 均成立，其中 P_{mn} 与线路断开前流过的功率相等，那么即使断路器闭合，仍没有电流流过断路器，就网络的其余部分而言，相当于线路断开。P_{mn} 为故障前线路上的功率潮流，ΔP_{mn} 为故障后线路 l 上功率的增量，P'_{mn} 为故障后线路上的功率潮流。

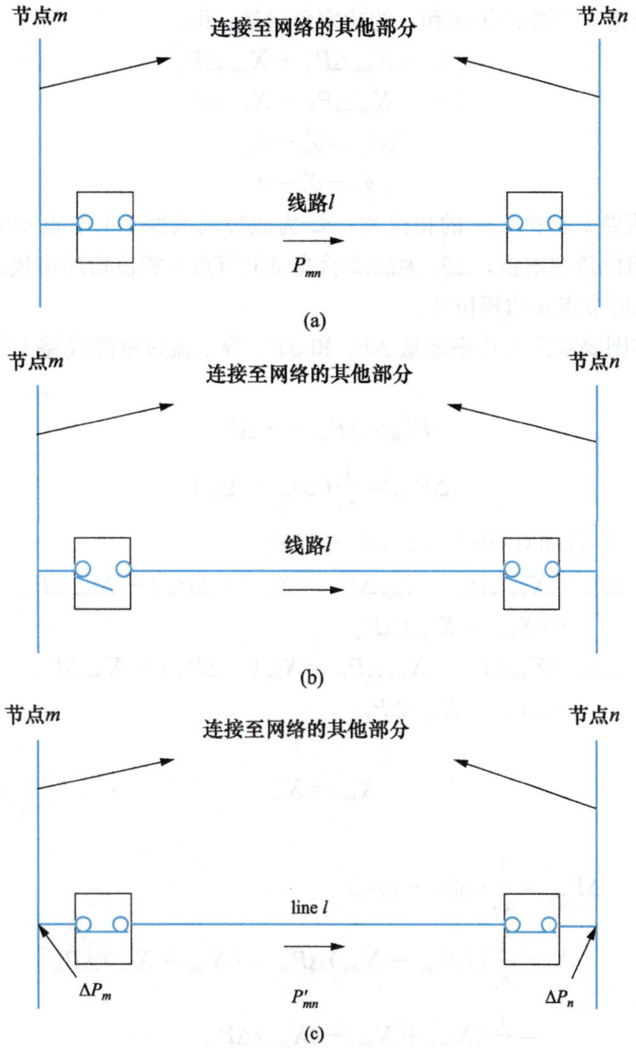

图 2.1　模拟线路开断

(a) 线路 l 断开前的网络；(b) 线路 l 断开后的网络；(c) 使用注入功率后线路 l 的断开模拟

在式（2.27）中，线路开断后只有节点 m 和 n 的注入功率有改变，即

$$\Delta \boldsymbol{P}=\begin{bmatrix}0\\ \vdots\\ 0\\ \Delta P_m\\ 0\\ \vdots\\ 0\\ \Delta P_n\\ 0\\ \vdots\\ 0\end{bmatrix} \tag{2.32}$$

于是可以得到线路 l 两端节点 m 和 n 的功率角增量，即

$$\Delta\theta_m=X_{mn}\Delta P_n+X_{mm}\Delta P_m \tag{2.33}$$

$$\Delta\theta_n=X_{m}\Delta P_n+X_{nm}\Delta P_m \tag{2.34}$$

$$\Delta\theta_m=\theta'_m-\theta_m$$

$$\Delta\theta_n=\theta'_n-\theta_n$$

式中：θ_m 为故障前线路 l 上节点 m 的相位角；θ_n 为故障前线路 l 上节点 n 的相位角；$\Delta\theta_m$ 为故障后线路上节点 m 相位角的增量；$\Delta\theta_n$ 为故障后线路上节点 n 相位角的增量；θ'_m 为故障后节点 m 的相位角；θ'_n 为故障后节点 n 的相位角。

线路开断模拟准则要求注入功率增量 ΔP_n 和 ΔP_m 等于流过故障线路上的功率。假设线路电抗为 x_l

$$P'_{mn}=\Delta P_m=-\Delta P_n \tag{2.35}$$

$$\Delta P_{mn}=\frac{1}{x_l}(\Delta\theta_m-\Delta\theta_n) \tag{2.36}$$

因为 $\Delta P_n=-\Delta P_m$，式（2.33）和式（2.34）可写成

$$\begin{aligned}\Delta\theta_m&=X_{mn}\Delta P_n+X_{mm}\Delta P_m=X_{mn}(-\Delta P_m)+X_{mm}\Delta P_m\\&=(X_{mm}-X_{mn})\Delta P_m\end{aligned} \tag{2.37}$$

$$\begin{aligned}\Delta\theta_n&=X_{nn}\Delta P_n+X_{nm}\Delta P_m=X_{nn}(-\Delta P_m)+X_{nm}\Delta P_m\\&=(X_{nm}-X_{nn})\Delta P_m\end{aligned} \tag{2.38}$$

其中

$$X_{mn}=X_{nm} \tag{2.39}$$

因此

$$\begin{aligned}\Delta P_{mn}&=\frac{1}{x_l}(\Delta\theta_m-\Delta\theta_n)\\&=\frac{1}{x_l}[(X_{mm}-X_{mn})\Delta P_m-(X_{nm}-X_{nn})\Delta P_m]\\&=\frac{1}{x_l}(X_{mm}+X_{nn}-2X_{mn})\Delta P_m\end{aligned} \tag{2.40}$$

线路开断后，从节点 m 到节点 n 的线路 l 的功率 P'_{mn} 计算如下

$$P'_{mn}=P_{mn}+\Delta P_{mn}$$

$$=P_{mn}+\frac{1}{x_l}(X_{mm}+X_{nn}-2X_{mn})\Delta P_m \tag{2.41}$$

从式（2.35）与式（2.41）得到

$$\Delta P_m=P_{mn}+\frac{1}{x_l}(X_{mm}+X_{nn}-2X_{mn})\Delta P_m \tag{2.42}$$

即

$$\Delta P_m=\frac{P_{mn}}{1-\frac{1}{x_l}(X_{mm}+X_{nn}-2X_{mn})} \tag{2.43}$$

由于在功率注入矢量中只有节点 m 和 n 上有两个非零元素，所以任意节点上的相位角增量变化可以如下计算

$$\begin{aligned}\Delta\theta_i&=X_{in}\Delta P_n+X_{im}\Delta P_m\\&=(X_{im}-X_{in})\Delta P_m\\&=(X_{im}-X_{in})\frac{P_{mn}}{1-\frac{1}{x_l}(X_{mm}+X_{nn}-2X_{mn})}\\&=\frac{x_l(X_{im}-X_{in})P_{mn}}{x_l-(X_{mm}+X_{nn}-2X_{mn})}=S_{i,\,l}P_{mn}\end{aligned} \tag{2.44}$$

其中，线路 l 开断前节点 i 的相位角对于线路上的电流变化的灵敏感因子为

$$S_{i,\,l}=\frac{\Delta\theta_i}{\Delta P_l}=\frac{x_l(X_{im}-X_{in})}{x_l-(X_{mm}+X_{nn}-2X_{mn})} \tag{2.45}$$

为了计算线路 l 停运对其他约束 k 的影响，定义如下线路开断分布因子

$$\begin{aligned}LODF_{k,\,l}&=\frac{\Delta P_k}{\Delta P_l}=\frac{\frac{1}{x_k}(\Delta\theta_p-\Delta\theta_q)}{\Delta P_l}\\&=\frac{1}{x_k}\left(\frac{\Delta\theta_p}{\Delta P_l}-\frac{\Delta\theta_q}{\Delta P_l}\right)\\&=\frac{1}{x_k}(S_{p,\,l}-S_{q,\,l})\end{aligned} \tag{2.46}$$

根据式（2.45），$S_{p,l}$、$S_{q,l}$ 可被写成

$$S_{p,\,l}=\frac{\Delta\theta_p}{\Delta P_l}=\frac{x_l(X_{pm}-X_{pn})}{x_l-(X_{mm}+X_{nn}-2X_{mn})} \tag{2.47}$$

$$S_{q,\,l}=\frac{\Delta\theta_q}{\Delta P_l}=\frac{x_l(X_{qm}-X_{qn})}{x_l-(X_{mm}+X_{nn}-2X_{mn})} \tag{2.48}$$

因此

$$\begin{aligned}LODF_{k,\,l}&=\frac{1}{x_k}(S_{p,\,l}-S_{q,\,l})\\&=\frac{1}{x_k}\left[\frac{x_l(X_{pm}-X_{pn})}{x_l-(X_{mm}+X_{nn}-2X_{mn})}-\frac{x_l(X_{qm}-X_{qn})}{x_l-(X_{mm}+X_{nn}-2X_{mn})}\right]\\&=\frac{1}{x_k}\left[\frac{x_l(X_{pm}-X_{pn})-x_l(X_{qm}-X_{qn})}{x_l-(X_{mm}+X_{nn}-2X_{mn})}\right]\\&=\frac{1}{x_k}\left[\frac{x_l(X_{pm}-X_{qm}-X_{pn}+X_{qn})}{x_l-(X_{mm}+X_{nn}-2X_{mn})}\right]\end{aligned}$$

$$=\frac{\frac{x_l}{x_k}(X_{pm}-X_{qm}-X_{pn}+X_{qn})}{x_l-(X_{mm}+X_{nn}-2X_{mn})} \tag{2.49}$$

2.3.3 线路开断功率传输分布因子

因为发电机功率转移因子和线路开断分布因子都是线性模型，可以对这两个因子使用叠加法扩展到计算支路断开后的网络约束灵敏度，即线路开断功率传输分布因子(OTDF)。首先假设节点 j 的发电量变化对线路 k 有直接影响和对线路 l 有间接作用，而线路 l 断开会影响线路 k 的功率变化。

$$\begin{aligned}\Delta P_k &= S_{kj}\Delta P_j + LODF_{k,l}\Delta P_l \\ &= S_{kj}\Delta P_j + LODF_{k,l}(S_{lj}\Delta P_j) \\ &= (S_{kj}+LODF_{k,l}S_{lj})\Delta P_j\end{aligned} \tag{2.50}$$

因此，线路 l 开断后的灵敏度可以被定义为

$$OTDF_{k,j}=\frac{\Delta P_k}{\Delta P_j}=(S_{kj}+LODF_{k,l}S_{lj}) \tag{2.51}$$

式中：$OTDF_{k,j}$ 为线路 l 开断后线路 k 相对于发电机节点 j 的敏感度因子。

2.3.4 不同参考节点下的功率转移因子

电力系统优化中转移因子的计算是基于能量管理系统（EMS）网络拓扑中的参考节点进行的，但它可以很容易地转换为市场管理系统（MMS）中任意参考节点的情况。设 y 为市场系统计算中的参考节点（平衡机组），约束 k 基于EMS参考节点获得的相对于机组 y 和任意机组 j 的转移因子分别为 S_{kj} 和 S_{ky}。于是，可以得到以市场系统平衡机组 k 为参考节点的各灵敏度如下

$$S_{ky}'=0 \quad k=1, \cdots, K_{\max} \tag{2.52}$$

$$S_{kj}'=S_{kj}-S_{ky} \quad k=1, \cdots, K_{\max};\ j\neq y \tag{2.53}$$

式中：S_{kj} 为基于EMS系统参考节点得到的约束 k 对于机组 j 的转移因子；S_{ky} 为基于EMS参考节点得到的约束 k 对于机组 y 的转移因子；S'_{kj} 为基于MMS系统参考节点得到的约束 k 对于机组 j 的转移因子；S'_{ky} 为基于MMS系统参考节点得到的约束 k 对于机组 y 的转移因子。

显然，约束灵敏度即节点功率转移因子与所选的参考节点有关，也就是说，如果参考节点不同，即使系统的拓扑结构和条件相同，约束灵敏度的值也会有所不同。在实际系统运行中，有时系统运行人员希望在同一网络拓扑情况下有稳定的约束灵敏度值，而不关心参考节点、机组的选择。因此，如果系统的拓扑结构和条件不变，就可以采用分布式负荷参考节点（Load Distribution Reference，LDREF）来计算各种灵敏度。

设 S_{kldref} 是以分布式负荷参考节点计算得到的约束 k 的灵敏度，基于EMS参考机组 j 计算得到的约束 k 的灵敏度为 S_{kj}，于是，可以将此灵敏度转换为以分布式负荷参考节点LDREF的灵敏度，即

$$S'_{kj}=S_{kj}-S_{kldref} \quad k=1, \cdots, K_{\max} \tag{2.54}$$

式中：S_{kldref} 为以分布式负荷参考节点计算得到的约束 k 的灵敏度，可以通过下式获得

$$S_{kldref}=\frac{\sum_{jd=1}^{LD_{\max}}(S_{kjd}\times LD_{jd})}{\sum_{jd=1}^{LD_{\max}}LD_{jd}} \quad k=1, \cdots, K_{\max} \tag{2.55}$$

式中：S_{kjd} 为约束 k 相对于负荷 jd 的灵敏度；LD_{jd} 为负荷节点 jd 的负荷需求。

在实际电力市场中，市场系统（如ISO）由许多区域组成，但有一个是市场系统的主要区

域，被称为内部区域，其他被称为外部区域。如果内部区域是这个市场系统价格计算时的主要关注部分，那么分布式负荷参考节点可以只基于内部区域的负荷进行选择。

设 LDA_{max} 为市场系统内部地区的负荷数，其值小于在整个市场系统的总负荷数 LD_{max}。根据内部区域 A 的分布式负荷参考节点 LDAREF 计算的约束灵敏度如下

$$S'_{kj}=S_{kj}-S_{kldaref}\quad k=1,\cdots,K_{max}\tag{2.56}$$

其中，内部区域 A 中约束 k 的分布式负荷灵敏度为

$$S_{kldaref}=\frac{\sum\limits_{jd=1}^{LDA_{max}}(S_{kjd}\times LD_{jd})}{\sum\limits_{jd=1}^{LDA_{max}}LD_{jd}}\quad k=1,\cdots,K_{max},\ LDA_{max}\in LD_{max}\tag{2.57}$$

式中：LDA_{max} 为区域 A 中负荷数。

2.3.5 传输路径的灵敏度

传递路径是功率传输点（Point of Delivery，POD）和接收点（Point of Receipt，POR）之间的能量传输通道。POD 和 POR 定义了一条功率流动路径和功率流动方向。对于内部路径，这将是该区域的特定的位置。对于外部路径，这将是不同区域之间的接口。

类似于 POD/POR 的概念，一条传递路径也可以被定义为从源到汇的通道。如果 POD/POR（或源/汇）是一个单一机组或单个注入的节点，POR 或 POD 的灵敏度与节点灵敏度因子相同。如果 POD/POR（或源/汇）是一个区域，POR 或 POD 的灵敏度可计算如下。

设 PF_j 为机组 j 的分配因子，而约束 k 对任何机组 j 的灵敏度为 S_{kj}。约束 k 基于区域的灵敏度是 S_{kA}，可计算如下

$$S_{kA}=\frac{\sum\limits_{j\in A}(PF_j\times S_{kj})}{\sum\limits_{j\in A}PF_j}\quad k=1,\cdots,K_{max};\ j\in A\tag{2.58}$$

如果考虑线路中断的影响，约束 k 基于区域的灵敏度可以由下式计算

$$S_{kA}=\frac{\sum\limits_{j\in A}(PF_j\times OTDF_{kj})}{\sum\limits_{j\in A}PF_j}\quad k=1,\cdots,K_{max};\ j\in A\tag{2.59}$$

如果传输路径是从 A 区到 B 区，那么传输路径 $A-B$ 的灵敏度可以计算为

$$S_{TP}(A\to B)=S_{kA}-S_{kB}\tag{2.60}$$

如果一个传输路径是从一个注入节点 i 到另一个注入节点 j，则该传输路径的灵敏度为

$$S_{TP}(I\to J)=OTDF_{ki}-OTDF_{kj}\tag{2.61}$$

如果一个传输路径是从一个注入节点 i 到 A 区，或从 A 区到注入节点 i，那么相应的传输路径灵敏度计算如下

$$S_{TP}(I\to A)=OTDF_{ki}-S_{kA}\tag{2.62}$$

$$S_{TP}(A\to I)=S_{kA}-OTDF_{ki}\tag{2.63}$$

2.4 扰动法计算灵敏度

灵敏度分析方法是基于矩阵（B′矩阵或雅可比矩阵）计算而得，这种根据偏导数计算的灵敏度值是稳定的，只要系统拓扑结构不变，灵敏度值就不会改变。为了便于理解各种灵敏度含义，本节介绍一种简单直接但粗略的方法即扰动法计算灵敏度。

2.4.1 扰动法计算网损灵敏度

用扰动法计算网损灵敏度的步骤如下：

(1) 进行功率潮流计算，获得原始网络损耗 P_{L0}。

(2) 针对发电机 i 进行网损灵敏度计算。增加发电机 i 的功率输出 ΔP_{Gi}（如果计算负荷 k 的网损灵敏度，那就减少负荷 k 的功率需求 ΔP_{Dk}），而平衡节点或松弛节点将会吸收相同的 ΔP_{Gi} 以保持系统的功率平衡。

(3) 再次进行潮流计算，得到新的功率损失 P_L。

(4) 网损灵敏度计算如下。

1) 发电机节点的网损灵敏度

$$LS_{Gi}=\frac{P_L-P_{L0}}{\Delta P_{Gi}} \quad i\in NG \tag{2.64}$$

2) 负荷节点的网损灵敏度

$$LS_{Dk}=\frac{P_L-P_{L0}}{\Delta P_{Dk}} \quad i\in ND \tag{2.65}$$

式中：LS_{Gi} 和 LS_{Dk} 分别为对机组 i 和负荷 k 的损灵敏度。

2.4.2 扰动法计算发电机输出功率转移分布因子

用扰动法计算发电机输出功率转移分布因子（即线路相对于发电机的灵敏度）的方法如下。

(1) 选择一个机组 i 和线路约束 j。

(2) 进行潮流计算，获得线路 j 的初始功率潮流 P_{j0}。

(3) 增加发电机 i 的功率输出 ΔP_{Gi}，而松弛节点接受相同的 ΔP_{Gi} 以保持系统的功率平衡。

(4) 再次进行潮流计算，获得线路 j 的新功率潮流 P_j。

(5) 发电机输出功率转移分布因子计算如下

$$GSF_{j,i}=\frac{P_j-P_{j0}}{\Delta P_{Gi}} \quad i\in NG \tag{2.66}$$

式中：$GSF_{j,i}$ 为线路 j 对机组 i 的功率转移分布因子。

如果把负荷看作负的发电机，负荷的功率转移分布因子与发电机的功率转移分布因子计算类似，但负荷的灵敏度值是负的。

2.4.3 扰动法计算移相器的功率转移分布因子

用扰动法计算移相器功率转移分布因子（即线路相对于移相器的灵敏度）的方法如下。

(1) 选择一个移相器 t 和一条线路 j。

(2) 进行潮流计算，获得线路 j 的初始功率潮流 P_{j0}。

(3) 增加移相器 t 的变比 ΔT_t（或者是角度变化 $\Delta\theta_t$），这可通过改变移相器的电纳来获得。

(4) 再次进行潮流计算，获得线路 j 的新功率潮流 P_j。

(5) 计算线路相对于移相器的灵敏度如下

$$SF_{j,t}=\frac{P_j-P_{j0}}{\Delta T_t}$$

或者

$$SF_{j,t}=\frac{P_j-P_{j0}}{\Delta\theta_t} \tag{2.67}$$

式中：$SF_{j,t}$ 为线路 j 对移相器 t 的功率转移灵敏度。

2.4.4 扰动法计算线路开断分布因子

用扰动法计算线路开断分布因子的方法如下。

(1) 选择将会被断开的线路 l 和线路约束 j。

(2) 在线路 l 断开前进行潮流计算，获得 j 的初始功率潮流 P_{j0} 和 l 的初始功率潮流 P_{l0}。

(3) 当机组功率和负荷功率保持不变时，断开线路 l。

(4) 再次进行潮流计算，获得线路 j 的新功率潮流 P_j。值得注意的是，当线路 l 断开时该线路本身功率 P_l 为 0。

(5) 计算线路 l 断开时线路 j 的线路断开分布因子

$$LODF_{j,l}=\frac{P_j-P_{j0}}{P_{l0}} \tag{2.68}$$

式中：$LODF_{j,l}$ 为线路 j 对开断线路 l 的灵敏度，即线路开断分布因子。

2.4.5 扰动法计算线路开断功率传输分布因子

用扰动法计算线路开断功率传输分布因子的方法如下。

(1) 选择一个机组 i，线路约束 j 和一条将会被断开的线路 l。

(2) 进行功率潮流计算，获得线路 j 和 l 的初始功率潮流分布 P_{j0} 与 P_{l0}。

(3) 首先，计算线路 j 和 l 对机组 i 的发电转移因子灵敏度。增加发电机 i 的功率输出 ΔP_{Gi}，然后松弛发电机将接受相同的功率增量 ΔP_{Gi}。

(4) 进行功率潮流计算，获得线路 j 和 l 的新功率潮流 P_j 和 P_l。

(5) 分别计算线路 j 和 l 相对于发电机 i 的灵敏度如下

$$GSF_{j,i}=\frac{P_j-P_{j0}}{\Delta P_{Gi}} \qquad i\in NG \tag{2.69}$$

$$GSF_{l,i}=\frac{P_l-P_{l0}}{\Delta P_{Gi}} \qquad i\in NG \tag{2.70}$$

(6) 然后计算线路 j 对断开线路 l 的 LODF。断开线路 l 且机组功率和负荷功率保持不变。

(7) 再次进行功率潮流计算，获得线路 j 的功率潮流 P_j'，开断线路 l 的功率潮流为 0。

(8) 计算线路 l 断开时线路 j 的开断分布因子

$$LODF_{j,l}=\frac{P_j'-P_j}{P_l} \tag{2.71}$$

(9) 最后，计算线路 l 断开后线路 j 相对于发电机 i 的灵敏度 OTDF

$$OTDF_{j,i}=GSF_{j,i}+LODF_{j,l}GSF_{l,i} \tag{2.72}$$

式中：$OTDF_{j,i}$ 为当线路 l 断开时线路 j 相对于发电机节点 i 的灵敏度因子。

值得注意的是扰动法计算灵敏度是非常直接的，但存在一个缺点：灵敏度的值高度依赖潮流解的值和拓扑，潮流的解与初始条件如发电机功率分布（即使总发电功率不变）和初始节点电压值有关。如果系统拓扑不变但潮流结果和扰动量不同，灵敏度的值或许有些小差异。一般来讲扰动量选取不宜太大，1～3MW 比较合适，对于较大的系统，扰动量可以稍大些，但最好不超过 5MW。

2.5 电压灵敏度分析

在进行电压灵敏度分析前，需要明白电压稳定性的重要性和意义。电压稳定性是电力系统维持系统稳定的能力。电压稳定问题包括两个方面：大干扰和小扰动。前者称为动态稳定，后者称为静态稳定。大扰动涉及短路和关注事故后系统响应。这里的电压灵敏度分析针对的是静态电压稳定。

静态电压稳定性主要与无功平衡有关。无功不平衡主要发生在局部网络或系统中特定的网络节点上。图 2.2 表示系统中接收端传输的功率与电压关系。

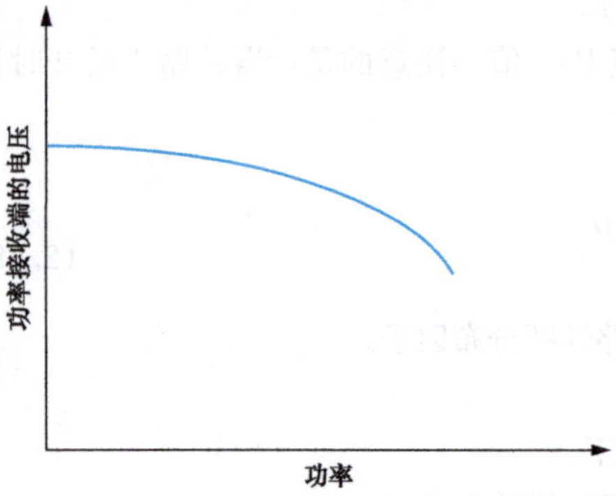

图 2.2 关于功率与电压的关系

图 2.2 一般称为 P-V 曲线或“鼻子”曲线。随着功率传输的增加，接收端的电压将会减小。最后，在一个关键点（鼻子）上，该系统的无功功率不足，这时再增加功率传输将导致电压幅值急速下降甚至电压崩溃。减少电压崩溃的唯一方法是在达到电压崩溃点之前减少无功功率负荷或增加额外的无功输入。

电压灵敏度分析的目的是找到系统中电压薄弱环节，并通过最佳无功功率控制（即增加 VAR 支持），尽量减少系统的有功功率损耗和改善系统中电压分布。因此，如果发电机节点的电压幅值，系统中无功补偿（VAR 支持）和变压器抽头位置被选择作为控制变量，最优无功控制模型可以表示为

$$\min \quad P_{\mathrm{L}}(Q_{\mathrm{S}}, V_{\mathrm{G}}, T) \tag{2.73}$$

约束条件

$$Q(Q_{\mathrm{S}}, V_{\mathrm{G}}, T, V_{\mathrm{D}})=0 \tag{2.74}$$

$$Q_{\mathrm{Gmin}} \leqslant Q_{\mathrm{G}}(Q_{\mathrm{S}}, V_{\mathrm{G}}, T) \leqslant Q_{\mathrm{Gmax}} \tag{2.75}$$

$$V_{\mathrm{Dmin}} \leqslant V_{\mathrm{D}}(Q_{\mathrm{S}}, V_{\mathrm{G}}, T) \leqslant V_{\mathrm{Dmax}} \tag{2.76}$$

$$Q_{\mathrm{Smin}} \leqslant Q_{\mathrm{S}} \leqslant Q_{\mathrm{Smax}} \tag{2.77}$$

$$V_{\mathrm{Gmin}} \leqslant V_{\mathrm{G}} \leqslant V_{\mathrm{Gmax}} \tag{2.78}$$

$$T_{\min} \leqslant T \leqslant T_{\max} \tag{2.79}$$

式中：P_{L} 为系统有功网损；V_{G} 为发电机节点的电压值；Q_{S} 为系统中的 VAR 支持；Q_{G} 为系统中 VAR 发电量；T 为变压器的阀门位置；V_{D} 为负荷节点的电压量；下标“min”和“max”分别代表约束范围的下限和上限。

两种灵敏度相关因子，即电压增益因子（Voltage Benefit Factor，VBF）和网损增益因子（Loss Benefit Factor，LBF）可以通过式（2.73）～式（2.79）计算，即

$$LBF_i=\frac{\sum_i[P_{\mathrm{L0}}-P_{\mathrm{L}}(Q_{si})]}{Q_{si}}\times 100\% \qquad i \in ND \tag{2.80}$$

$$VBF_i=\frac{\sum_i[V_i(Q_{si})-V_{i0}]}{Q_{si}}\times 100\% \qquad i \in ND \tag{2.81}$$

式中：Q_{si} 为负荷节点 i 的无功补偿值；LBF_i 为无功补偿 Q_{si} 的网损增益因子；VBF_i 为无功补偿 Q_{si} 的电压增益因子；P_{L0} 为无功补偿前系统中的功率损耗；$P_{\mathrm{L}}(Q_{si})$ 为无功补偿后系统中的功率损耗；V_{i0} 为无功补偿前系统中节点 i 的电压值；$V_i(Q_{si})$ 为无功补偿 Q_{si} 后系统中节点 i 的电压值；ND 为负荷节点的数量。

2.6 灵敏度计算例子

以 IEEE14 节点系统和新英格兰电网 60 节点系统为例来计算分析灵敏度。新英格兰电网 60 节点系统单线图如图 2.3 所示。60 节点系统有三个区域（区域 1-EAST，区域 2-WEST，区域 3-ECAR），由 24 个发电机（在测试中可用发电机 15 个），32 负荷，43 传输线和 54 变压器组成。

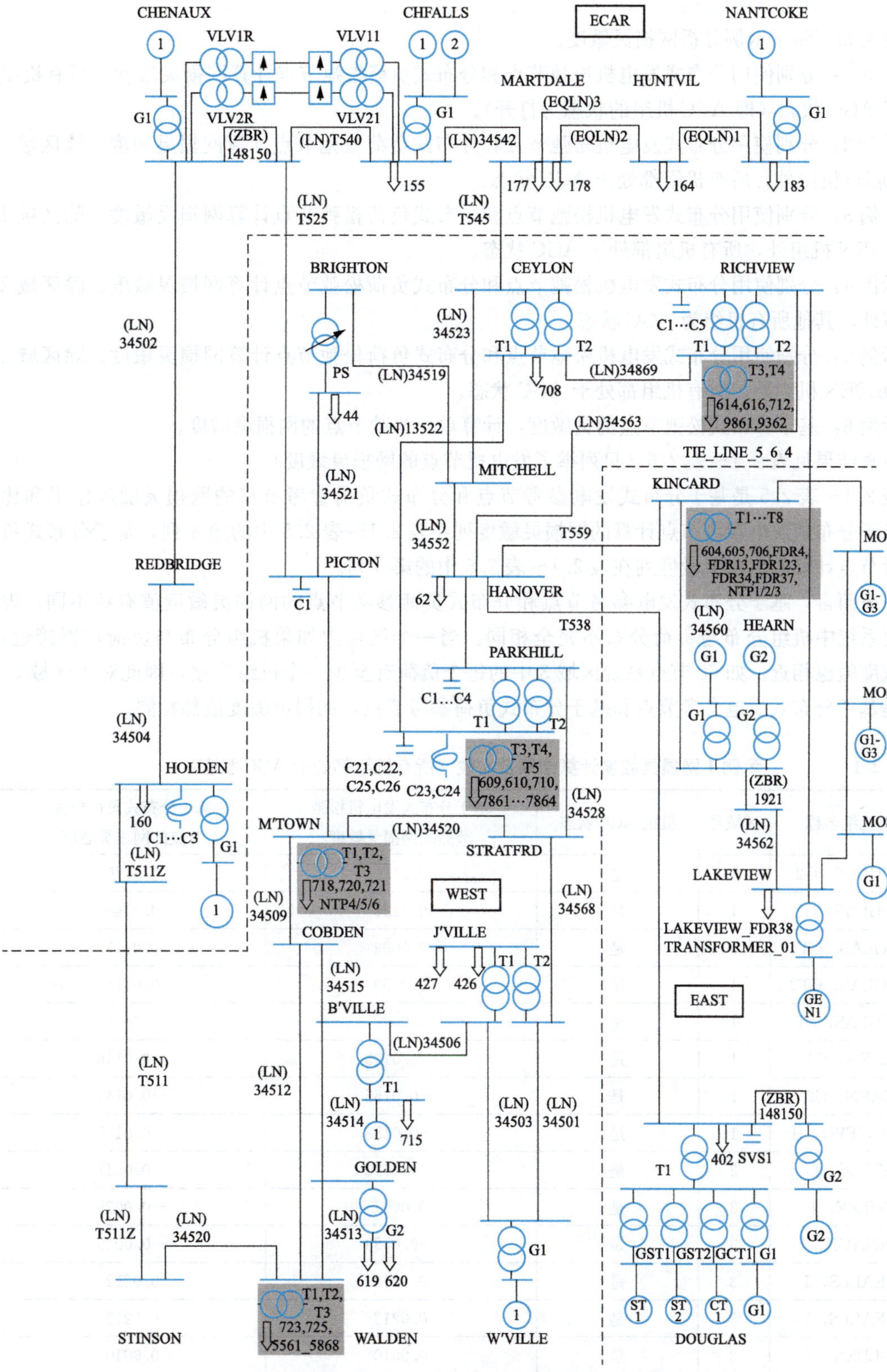

图 2.3 新英格兰电网 60 节点系统单线图

2.6.1 网损灵敏度结果

使用如下测试示例分析网损灵敏度。

示例1：分别使用分布式发电机松弛节点和分布式负荷松弛节点计算网损灵敏度。所有机组都处于AGC状态（即AGC机组的状态为打开）。

示例2：分别使用分布式发电机松弛节点和分布式负荷松弛节点计算网损灵敏度。除区域1中Douglas机组外，所有机组都处于AGC状态。

示例3：分别使用分布式发电机松弛节点和分布式负荷松弛节点计算网损灵敏度。除区域1中HEARN机组外，所有机组都处于AGC状态。

示例4：分别使用分布式发电机松弛节点和分布式负荷松弛节点计算网损灵敏度。除区域2的机组外，其他所有机组为AGC状态。

示例5：分别使用分布式发电机松弛节点和分布式负荷松弛节点计算网损灵敏度。除区域3中HOLDEN机组外，所有机组都处于AGC状态。

示例6：基于分布式松弛节点的灵敏度，计算单个松弛节点的网损灵敏度。

仿真结果见表2.1～表2.6（只列举了发电机节点的网损灵敏度）。

表2.1～表2.5是基于分布式发电参考节点和分布式负荷参考节点的网损灵敏度结果和比较。基于分布式发电参考节点计算的网损灵敏度列在表2.1～表2.5中的第4列，基于分布式负荷参考节点计算的网损灵敏度列在表2.1～表2.5中的第5列。

一般而言，基于分布式发电参考节点和分布式负荷参考节点的网损灵敏度值有些不同，因为电力系统中机组分布与负荷分布不完全相同。当一个区域内如果机组分布与负荷位置接近，则灵敏度值也相近。如60节点系统区域3中的每个负荷有至少一个机组连接，因此对于区域3，不论是基于分布式发电参考节点和基于分布式负荷参考节点，网损灵敏度值都相同。

表2.1　示例1网损灵敏度计算结果及比较（所有机组都处于AGC状态）

发电机组名称	区域号	机组AGC状态	基于分布式发电机松弛节点的网损灵敏度	基于分布式负荷松弛节点的网损灵敏度
DOUGLAS，G2	1	是	0.0151	0.0170
DOUGLAS，G1	1	是	0.0121	0.0140
DOUGLAS，CT1	1	是	0.0099	0.0118
DOUGLAS，CT2	1	是	0.0099	0.0118
DOUGLAS，ST	1	是	0.0097	0.0116
HEARN，G1	1	是	−0.0165	−0.0146
HEARN，G2	1	是	−0.0165	−0.0146
LAKEVIEW，G1	1	是	−0.0188	−0.0170
BVILLE，1	2	是	−0.0010	−0.0042
WVILLE，1	2	是	0.0007	−0.0025
CHENAUX，1	3	是	−0.0089	−0.0089
CHEALLS，1	3	是	0.0212	0.0212
CHEALLS，2	3	是	0.0212	0.0212
HOLDEN，1	3	是	0.0010	0.0010
NANTCOKE，1	3	是	−0.0122	−0.0122

表 2.2　　示例 2 网损灵敏度计算结果及比较

（除区域 1 中 Douglas 机组外，所有机组都处于 AGC 状态）

发电机组名称	区域号	机组 AGC 状态	基于分布式发电机松弛节点的网损灵敏度	基于分布式负荷松弛节点的网损灵敏度
DOUGLAS，G2	1	否	0.0328	0.0170
DOUGLAS，G1	1	否	0.0299	0.0140
DOUGLAS，CT1	1	否	0.0278	0.0118
DOUGLAS，CT2	1	否	0.0278	0.0118
DOUGLAS，ST	1	否	0.0276	0.0116
HEARN，G1	1	是	0.0015	−0.0146
HEARN，G2	1	是	0.0015	−0.0146
LAKEVIEW，G1	1	是	−0.0008	−0.0170
BVILLE，1	2	是	−0.0010	−0.0042
WVILLE，1	2	是	0.0007	−0.0025
CHENAUX，1	3	是	−0.0089	−0.0089
CHEALLS，1	3	是	0.0212	0.0212
CHEALLS，2	3	是	0.0212	0.0212
HOLDEN，1	3	是	0.0010	0.0010
NANTCOKE，1	3	是	−0.0122	−0.0122

表 2.3　　示例 3 网损灵敏度计算结果及比较

（除区域 1 中 HEARN 机组外，所有机组处于 AGC 状态）

发电机组名称	区域号	机组 AGC 状态	基于分布式发电机松弛节点的网损灵敏度	基于分布式负荷松弛节点的网损灵敏度
DOUGLAS，G2	1	是	0.0126	0.0170
DOUGLAS，G1	1	是	0.0096	0.0140
DOUGLAS，CT1	1	是	0.0074	0.0118
DOUGLAS，CT2	1	是	0.0074	0.0118
DOUGLAS，ST	1	是	0.0072	0.0116
HEARN，G1	1	否	−0.0190	−0.0146
HEARN，G2	1	否	−0.0190	−0.0146
LAKEVIEW，G1	1	是	−0.0213	−0.0170
BVILLE，1	2	是	−0.0010	−0.0042
WVILLE，1	2	是	0.0007	−0.0025
CHENAUX，1	3	是	−0.0089	−0.0089
CHEALLS，1	3	是	0.0212	0.0212
CHEALLS，2	3	是	0.0212	0.0212
HOLDEN，1	3	是	0.0010	0.0010
NANTCOKE，1	3	是	−0.0122	−0.0122

表 2.4　　示例 4 网损灵敏度计算结果及比较

（除区域 2 机组外，所有机组均处于 AGC 状态）

发电机组名称	区域号	机组 AGC 状态	基于分布式发电机松弛节点的网损灵敏度	基于分布式负荷松弛节点的网损灵敏度
DOUGLAS，G2	1	是	0.0152	0.0170
DOUGLAS，G1	1	是	0.0122	0.0140
DOUGLAS，CT1	1	是	0.0100	0.0118
DOUGLAS，CT2	1	是	0.0100	0.0118
DOUGLAS，ST	1	是	0.0099	0.0116
HEARN，G1	1	是	−0.0167	−0.0146
HEARN，G2	1	是	−0.0167	−0.0146
LAKEVIEW，G1	1	是	−0.0191	−0.0170
BVILLE，1	2	否	−0.0210	−0.0042
WVILLE，1	2	否	−0.0193	−0.0025
CHENAUX，1	3	是	−0.0089	−0.0089
CHEALLS，1	3	是	0.0212	0.0212
CHEALLS，2	3	是	0.0212	0.0212
HOLDEN，1	3	是	0.0010	0.0010
NANTCOKE，1	3	是	−0.0122	−0.0122

表 2.5　　示例 5 网损灵敏度计算结果及比较

（除区域 3 中 HOLDEN 机组外，所有机组均处于 AGC 状态）

发电机组名称	区域号	机组 AGC 状态	基于分布式发电机松弛节点的网损灵敏度	基于分布式负荷松弛节点的网损灵敏度
DOUGLAS，G2	1	是	0.0151	0.0170
DOUGLAS，G1	1	是	0.0121	0.0140
DOUGLAS，CT1	1	是	0.0099	0.0118
DOUGLAS，CT2	1	是	0.0099	0.0118
DOUGLAS，ST	1	是	0.0097	0.0116
HEARN，G1	1	是	−0.0165	−0.0146
HEARN，G2	1	是	−0.0165	−0.0146
LAKEVIEW，G1	1	是	−0.0188	−0.0170
BVILLE，1	2	是	−0.0010	−0.0042
WVILLE，1	2	是	0.0007	−0.0025
CHENAUX，1	3	是	−0.0085	−0.0089
CHEALLS，1	3	是	0.0216	0.0212
CHEALLS，2	3	是	0.0216	0.0212
HOLDEN，1	3	否	0.0014	0.0010
NANTCOKE，1	3	是	−0.0118	−0.0122

表 2.6　示例 6 网损灵敏度计算结果及比较（分布式松弛节点与单一松弛节点对比）

发电机组名称	机组 AGC 状态	基于分布式负荷松弛节点网损灵敏度	以 HOLDEN 1 为单一松弛节点	以 Douglas ST 为单一松弛节点
DOUGLAS，G2	是	0.017000	0.016016	0.005463
DOUGLAS，G1	是	0.014000	0.013013	0.002428
DOUGLAS，CT1	是	0.011800	0.010811	0.000202
DOUGLAS，CT2	是	0.011800	0.010811	0.000202
DOUGLAS，ST	是	0.011600	0.010611	0.000000
HEARN，G1	是	−0.014600	−0.015616	−0.026507
HEARN，G2	是	−0.014600	−0.015616	−0.026507
LAKEVIEW，G1	是	−0.017000	−0.018018	−0.028936
BVILLE，1	是	−0.004200	−0.005205	−0.015985
WVILLE，1	是	−0.002500	−0.003504	−0.014265
CHENAUX，1	是	−0.008900	−0.009910	−0.020741
CHEALLS，1	是	0.021200	0.020220	0.009713
CHEALLS，2	是	0.021200	0.020220	0.009713
HOLDEN，1	是	0.001000	0.000000	−0.010724
NANTCOKE，1	是	−0.012200	−0.013213	−0.024079

从表 2.1～表 2.5 可以看出，无论机组的 AGC 状态有无变化，基于分布式负荷松弛节点的网损灵敏度是不变的，但基于分布式发电松弛节点的网损灵敏度结果由于机组 AGC 状态不同而改变。

一般来说，机组的 AGC 状态的变化只影响属于同一区域内机组的网损灵敏度。如从表 2.1、表 2.2 可看出，当区域 1 机组的 AGC 状态变化，只有区域 1 中的发电机网损灵敏度受到影响，在其他区域的网损灵敏度不变。

通过以上比较，可以观察到在实时电力市场计算中，基于分布式发电参考节点的网损灵敏度计算方法优于基于分布式负荷参考节点的网损灵敏度计算，这是由于实时系统中机组 AGC 的状态是变化的。

在表 2.6 中，基于单一松弛节点的网损灵敏度是由式（2.24）计算出来的，其中第 4 列为 HOLDEN 1 机组作为的单一松弛节点网损灵敏度结果。第 5 列为 Douglas 机组作为一个松弛节点的网损灵敏度结果。

值得注意的是，如果选取的是分布式松弛节点，则所有的网损灵敏度值为非零；如果选取的是单个机组为松弛节点，则松弛节点的网损灵敏度等于零。

只要系统的拓扑结构不变，基于从 EMS 得到的分布式松弛节点网损灵敏度值就不变，所以电力市场系统进行优化计算时，其任意单一松弛节点的网损灵敏度可以方便快捷地用式（2.24）获得。

为了验证网损灵敏度方程［式(2.24)］的正确性，采用传统潮流计算方法对网损灵敏度进行了计算和比较。结果和比较显示在表 2.7、表 2.8 中（表 2.7 的松弛节点是 HOLDEN-1，表 2.8 的松弛节点是 DOUGLAS-ST），其中第 3 列是通过潮流计算方法得到网损灵敏度，第 4 列是通过式（2.24）直接计算得到的网损灵敏度。

基于式（2.24）和潮流计算方法得到的灵敏度的误差可用下式得出

$$|误差\%|=\left|\frac{LF_{PM}(i)-LF_{PF}(i)}{LF_{PF}(i)}\times 100\%\right| \quad i\in n \tag{2.82}$$

式中：误差%为误差的百分比；LF_{PM} 为基于式（2.24）计算的网损灵敏度；LF_{PF} 为基于传统潮流计算得到网损灵敏度。

可以从表2.7、表2.8得知，这两种方法得到的网损灵敏度结果非常接近。最大误差小于0.6%。

表2.7　HOLDEN-1机组为单一松弛节点的网损灵敏度计算和结果比较

（灵敏度方程与功率潮流法对比）

发电机组名称	机组AGC状态	HOLDEN 1机组为单一松弛节点——功率潮流法	HOLDEN 1机组为单一松弛节点——方程［式(2.24)］	|误差%|
DOUGLAS，G2	是	0.016029	0.016016	0.08110
DOUGLAS，G1	是	0.013053	0.013013	0.30644
DOUGLAS，CT1	是	0.010817	0.010811	0.05547
DOUGLAS，CT2	是	0.010817	0.010811	0.05547
DOUGLAS，ST	是	0.010621	0.010611	0.09415
HEARN，G1	是	−0.015630	−0.015616	0.08957
HEARN，G2	是	−0.015630	−0.015616	0.08957
LAKEVIEW，G1	是	−0.018110	−0.018018	0.50801
BVILLE，1	是	−0.005220	−0.005205	0.23002
WVILLE，1	是	−0.003500	−0.003504	0.02855
CHENAUX，1	是	−0.009920	−0.009910	0.11088
CHEALLS，1	是	0.020247	0.020220	0.13335
CHEALLS，2	是	0.020247	0.020220	0.13335
HOLDEN，1	是	0.000000	0.000000	0.00000
NANTCOKE，1	是	−0.013240	−0.013213	0.20393

表2.8　Douglas-ST机组为单一松弛节点的网损灵敏度计算和结果比较

（灵敏度方程与功率潮流法对比）

状态，发电机	机组AGC状态	Douglas-ST机组为单一松弛节点——潮流方法	Douglas-ST机组为单一松弛节点——方程［式(2.24)］	|误差%|
DOUGLAS，G2	是	0.005467	0.005463	0.07317
DOUGLAS，G1	是	0.002421	0.002428	0.28914
DOUGLAS，CT1	是	0.000202	0.000202	0.14829
DOUGLAS，CT2	是	0.000202	0.000202	0.14829
DOUGLAS，ST	是	0.000000	0.000000	0.00000
HEARN，G1	是	−0.026530	−0.026507	0.08669
HEARN，G2	是	−0.026530	−0.026507	0.08669
LAKEVIEW，G1	是	−0.028950	−0.028936	0.04836

续表

状态，发电机	机组 AGC 状态	Douglas-ST 机组为单一松弛节点——潮流方法	Douglas-ST 机组为单一松弛节点——方程［式(2.24)］	| 误差% |
BVILLE，1	是	−0.016000	−0.015985	0.09999
WVILLE，1	是	−0.014280	−0.014265	0.10504
CHENAUX，1	是	−0.020770	−0.020741	0.13962
CHEALLS，1	是	0.009714	0.009713	0.01029
CHEALLS，2	是	0.009714	0.009713	0.01029
HOLDEN，1	是	−0.010730	−0.010724	0.07454
NANTCOKE，1	是	−0.024090	−0.024079	0.02491

2.6.2 支路约束灵敏度结果

选取电站 CHENAUX 内的支路 T525 为约束，计算该约束对于机组的功率输出灵敏度（即发电机功率输出转移分布因子）。计算结果列于表 2.9、表 2.10 中，其中表 2.9 是选取 DOUGLAS 为松弛节点，表中第 1 列是机组的名称，第 2 列是机组所属的区域号，3 列是机组的 AGC 状态，第 4 列是机组分配因子，第 5 列是基于状态下基于 EMS 参考的机组方面对约束 T525 的移位因子集。

值得注意的是，表 2.9 中区域 1 中机组的支路约束灵敏度是零，这是因为参考节点位于区域 1 中，并且区域 1 中所有机组都十分接近参考机组。

表 2.10 是分别选取 HOLDEN 1 和 BVILLE 为松弛节点计算得到的支路约束灵敏度。

表 2.11 显示了支路约束 T525 基于区域的功率输出灵敏度，这是基于发电机功率输出转移分布因子和区域内发电机分配因子计算而得。如果发电机分配因子发生变化，基于区域的约束灵敏度值将有变化。

表 2.12 显示了支路约束 T525 相对于传递路径的灵敏度。有如下四种类型的传输路径。

(1) 传输类型 1 区域—区域：POR 和 POD（或 SOURCE 与 SINK）都是区域。

(2) 传输类型 2 单一点：POR 和 POD（或 SOURCE 与 SINK）均为单一注入点。

(3) 传输类型 3 点—区域：POR（SOURCE）为单一注入点而 POD（SINK）是区域。

(4) 传输类型 4 区域—点：POR（SOURCE）是区域而 POD（SINK）为单一注入点。

从表 2.12 中看出，无论是哪个机组或节点作为参考点，传输路径的灵敏度都是相同的。

表 2.9　支路约束 T525 相对于 DOUGLAS 机组的灵敏度

发电机名称	区域号	机组是否启动	机组分配因子	DOUGLAS 为松弛节点的支路约束灵敏度
DOUGLAS，G2	1	是	1.5	0.000000
DOUGLAS，G1	1	是	1.8	0.000000
DOUGLAS，CT1	1	是	1.2	0.000000
DOUGLAS，CT2	1	是	1.6	0.000000
DOUGLAS，ST	1	是	0.9	0.000000
HEARN，G1	1	是	0.5	0.000000
HEARN，G2	1	是	0.8	0.000000

续表

发电机名称	区域号	机组是否启动	机组分配因子	DOUGLAS 为松弛节点的支路约束灵敏度
LAKEVIEW，G1	1	是	1.1	0.000000
BVILLE，1	2	是	1.2	−0.013650
WVILLE，1	2	是	1.3	−0.024336
CHENAUX，1	3	是	1.7	0.617887
CHEALLS，1	3	是	0.6	0.521795
CHEALLS，2	3	是	1.9	0.521795
HOLDEN，1	3	是	2.2	0.304269
NANTCOKE，1	3	是	0.7	0.291815

表 2.10　支路约束 T525 相对于不同参考机组的灵敏度

发电机名称	区域号	机组是否启动	HOLDEN 为松弛节点的支路约束灵敏度	BVILLE 为松弛节点的支路约束灵敏度
DOUGLAS，G2	1	是	−0.304269	0.013650
DOUGLAS，G1	1	是	−0.304269	0.013650
DOUGLAS，CT1	1	是	−0.304269	0.013650
DOUGLAS，CT2	1	是	−0.304269	0.013650
DOUGLAS，ST	1	是	−0.304269	0.013650
HEARN，G1	1	是	−0.304269	0.013650
HEARN，G2	1	是	−0.304269	0.013650
LAKEVIEW，G1	1	是	−0.304269	0.013650
BVILLE，1	2	是	−0.317919	0.000000
WVILLE，1	2	是	−0.328605	0.010686
CHENAUX，1	3	是	0.313618	0.631537
CHEALLS，1	3	是	0.217526	0.535445
CHEALLS，2	3	是	0.217526	0.535445
HOLDEN，1	3	是	0.000000	0.317946
NANTCOKE，1	3	是	−0.012454	0.305465

表 2.11　支路约束 T525 相对于区域的灵敏度

区域名	区域号	DOUGLAS 为松弛节点的支路约束灵敏度	HOLDEN 为松弛节点的支路约束灵敏度	BVILLE 为松弛节点的支路约束灵敏度
EAST	1	0.000000	−0.304269	0.013650
WEST	2	−0.019207	−0.323499	−0.005557
ECAR	3	0.454726	0.150458	0.468385

表 2.12　　支路约束 T525 相对于传输路径的灵敏度

传输路径	路径类型	DOUGLAS 为松弛节点的支路约束灵敏度	HOLDEN 为松弛节点的支路约束灵敏度	BVILLE 为松弛节点的支路约束灵敏度
ECAR-WEST	面—面	0.473933	0.473950	0.473940
WEST-EAST	面—面	−0.019207	−0.019230	−0.019207
ECAR-EAST	面—面	0.454726	0.454727	0.454735
BV1-DOUGG1	单—点	−0.013650	−0.013650	−0.013650
WV1-DOUGG1	单—点	−0.024336	−0.024336	−0.024336
CX1-DOUGG1	单—点	0.617887	0.617887	0.617887
CS1-DOUGG1	单—点	0.521795	0.521795	0.521795
CS2-DOUGG1	单—点	0.521795	0.521795	0.521795
HD1-DOUGG1	单—点	0.304269	0.304269	0.304269
NK1-DOUGG1	单—点	0.291815	0.291815	0.291815
BV1-WV1	单—点	0.010686	0.010686	0.010686
CX1-CS1	单—点	0.096092	0.096092	0.096092
HD1-NK1	单—点	0.012454	0.012454	0.012454
HD1-BV1	单—点	0.317919	0.317919	0.317919
HD1-WV1	单—点	0.328605	0.328605	0.328605
BV1-EAST	点—面	−0.013650	−0.013650	−0.013650
HD1-EAST	点—面	0.304269	0.304269	0.304269
HD1-WEST	点—面	0.323476	0.323476	0.323476
WV1-ECAR	点—面	−0.479062	−0.479062	−0.479062
EAST-WV1	面—点	0.024336	0.024336	0.024336
ECAR-BV1	面—点	0.468376	0.468376	0.468376
WEST-DOUGG1	面—点	−0.019207	−0.019207	−0.019207

2.6.3 电压灵敏度结果

表 2.13 与图 2.4 是根据 IEEE 14 节点系统计算出来电压灵敏度结果，其中考虑主要的无功补偿点，即节点 4、5 和 8～13。电压灵敏度包括网损增益因子 *LBF* 和电压增益因子 *VBF*。

从图 2.3 可以看出，节点 9、11、12 和 13 具有相对大的灵敏度值。在这些节点进行无功补偿支持会比在其他节点补偿获得更大的益处。

表 2.13　　IEEE 14 节点系统的电压灵敏度结果

VAR 支持位置	LBF_i	VBF_i
节点 4	0.000376	0.000855
节点 5	0.000337	0.000884
节点 8	0.002309	0.001775
节点 9	0.007674	0.001989
节点 10	0.002618	0.002097
节点 11	0.007407	0.002175
节点 12	0.006757	0.002268
节点 13	0.008840	0.002122

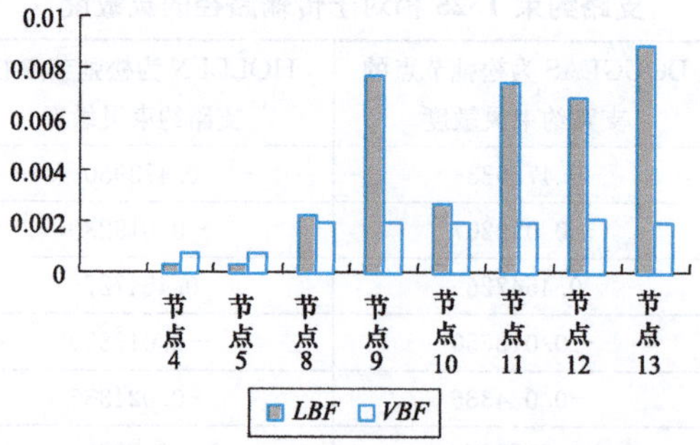

图 2.4　IEEE 14 节点系统的电压灵敏度结果

问题与练习

（1）什么是网损灵敏度因子 LSF？
（2）什么是发电机输出功率转移分布因子 GSF？
（3）什么是电压灵敏度？
（4）什么是线路开断分布因子 LODF？
（5）什么是线路开断功率传输分布因子 OTDF？
（6）什么是扰动法？扰动法计算灵敏度因子存在什么问题？
（7）系统参考节点的选择对灵敏度计算有什么影响？
（8）不同参考节点下的功率转移因子如何转换？

参考文献

[1] T. E. Dy - Liyacco. Control Centers Are Here to Stay. IEEE Computer Applications in Power. 2002，15 (4)：18-23.

[2] N. Winser. FERC's standard market design：the ITC perspective. 2002 IEEE PES Summer Meeting，2002，July 22-26.

[3] A. Ott. Experience with PJM market operation，system design，and implementation. IEEE Trans. on power Systems，2003，18 (2)：528-534.

[4] D. Kathan. FERC's standard market design proposal. 2003 ACEEE/CEE National Symposium on Market Transformation，Washington，DC，April 15，2003.

[5] J. Z. Zhu，D. Hwang，A. Sadjadpour. An Approach of generation scheduling in energy markets. POWERCON 2006.

[6] L. K. Kirchamayer. Economic operation of power systems. New York：Wiley，1958.

[7] H. W. Dommel，W. F. Tinney. Optimal power flow solutions. IEEE Trans. on PAS，1968，87 (10)：1866-1876.

[8] M. Ilic，F. D. Galiana，L. Fink. Power systems restructuring：engineering and economics. Norwell，MA：Kluwer，1998.

[9] D. Kirschen. R. Allan，G. Strbac. Contributions of individual generators to loads and flows. IEEE Trans. Power systems，1997，12 (1)：52-60.

[10] F. Schweppe, M. Caramanis, R. Tabors, and R. Bohn. spot Pricing of electricity, Norwell, MA: Kluwer, 1988.
[11] A. J. Conejo, F. D. Galiana, I. Kochar, Z-Bus loss allocation. IEEE Trans. Power systems, 2001, 16 (1): 105-110.
[12] F. D. Galiana, A. J. Conjeo, I. Korkar. Incremental transmission loss allocation under pool dispatch. IEEE Trans. Power systems, 2002, 17 (1): 26-33.
[13] O. I. Elgerd. Electric energy systems theory: an introduction. New York: McGraw-Hill, 1982.
[14] J. Z. Zhu, D. Hwang, A. Sadjadpour. Loss sensitivity calculation and analysis. in Proc. 2003 IEEE General Meeting, Toronto, July 13-18, 2003.
[15] J. Z. Zhu, D. Hwang, A. Sadjadpour. Real time loss sensitivity calculation in power systems operation. Electric Power Systems Research, 2005, 73 (1): 53-60.
[16] J. Z. Zhu, D. Hwang, A. Sadjadpour. The implementation of alleviating overload in energy markets. IEEE/PES 2007 General Meeting, June 24-28, 2007.
[17] J. Z. Zhu, D. Hwang, and A. Sadjadpour. Calculation of several sensitivity in real time transmission network and energy markets. Power-grid europe 2007, Spain, June 23-26, 2007.
[18] A. J. Wood, B. F. Wollenberg. Power generation, operation, and control. 2nd ed. New York, 1996.
[19] J. Z. Zhu, M. R. Irving. Combined active and reactive dispatch with multiple objectives using an analytic hierarchical process. IEE Proc. C, 1996, 143 (4): 344-352.
[20] J. Z. Zhu, J. A. Momoh. Optimal VAR pricing and VAR placement using analytic hierarchy process. Electric power systems research, 1998, 48 (1): 11-17.
[21] M. O. Mansour, T. M. Abdel-Rahman. Non-linear VAR optimization using decomposition and coordination. IEEE Trans. PAS, 1984, 103: 246-255.
[22] N. H. Dandachi, M. J. Rawlins, O. Alsac, and B. Stott. OPF for Reactive Pricing Studies on the NGC System. IEEE Power Industry Computer Applications Conference, PICA'95, Utah, pp11-17, May 1995.
[23] O. Alsac, B. Stott. Optimal power flow with steady - state security. IEEE Trans. , PAS, 1974, 93: 745-751.
[24] J. A. Momoh, J. Z. Zhu. Improved interior point method for OPF problems. IEEE Trans. on Power Systems, 1999, 14 (3): 1114-1120.
[25] M. Begovic, A. G. Phadke. Control of voltage stability using sensitivity analysis. IEEE Transactions on power systems, 1992, 7: 114-123.
[26] J. Z. Zhu. Optimization of power system operation. 2nd ed. New Jersey: Wiley-IEEE Press, 2015.

第 3 章

电力系统运行中的机组组合计算

3.1 引 言

安全约束机组组合（Security Constrained Unit Commitment，SCUC）是在满足电力系统安全约束的条件下，以全系统发电成本最低或以社会福利最大等为优化目标，制定分时段的机组开停计划。电力现货市场中的日前电能量市场和日内实时市场都需要用 SCUC 模型编制发电计划和计算市场出清结果。日前电能量市场的 SCUC 模型一般选取社会福利最大为优化目标，日内市场的 SCUC 模型一般选取系统发电成本最低为优化目标，但两者的约束条件基本相同。

日前电能量市场可以采用全电量申报，集中优化出清的方式开展。参与市场的发电机组在日前电能量市场中申报运行日的报价信息、售电公司和批发用户在日前电能量市场中申报运行日的用电需求曲线和相应的价格，如果采取“发电侧报量报价，用户侧报量不报价”的模式组织在日前电能量市场交易，售电公司和批发用户就只报用电需求，不申报价格（如广东电网现货市场初期阶段就是采用此方式）。然后电力调度机构在满足系统各种负荷和发电机组检修计划、输变电设备检修计划、发电机组运行约束和电网安全运行约束的前提下，以社会福利最大等为优化目标，采用安全约束机组组合（SCUC）和安全约束经济调度（SCED）算法进行集中优化计算，出清得到运行日的机组开机组合，分时发电输出功率曲线以及分时节点电价。社会福利即为需求侧的售电费用和发电侧的购电费用之差。当负荷侧需求为刚性时，售电费用为常数，社会福利最大的优化目标等同于电网公司从发电侧购电费用最低；而当负荷侧需求为弹性时，即需要考虑社会福利最大。由于日前和日内市场的 SCUC 模型除目标函数外基本相同，下面将主要介绍日前电能量市场中的 SCUC 模型。

3.2 机组组合数学模型

3.2.1 机组组合优化目标

日前市场出清 SCUC 的电力市场模式要求在满足系统和机组约束的各种安全约束的前提下，计算系统购电费用最小的方案。或在满足系统和机组约束的前提下，针对未来电力市场中市场主体报价的形式，以社会福利最大化为优化目标。其数学表达式为

$$\max \sum_{j=1}^{M} \sum_{t=1}^{T} \lambda_{j,t} D_{j,t} - \sum_{i=1}^{N} \sum_{t=1}^{T} \left[C_{i,t}(P_{i,t}) + C_{i,t}^{U} + C_{i,t}^{D} \right] \tag{3.1}$$

式中：$\lambda_{j,t}$ 为用户 j 的报价；$D_{j,t}$ 为用户 j 在 t 时段的负荷；$P_{i,t}$ 为发电机组 i 在 t 时段的有功输出功率；$C_{i,t}(P_{i,t})$ 为发电机组分段报价曲线（新能源发电、自调度机组的报价曲线可置零或低于零以达到优先出清的目的）；$C_{i,t}^{U}$ 为发电机组的启动费用；$C_{i,t}^{D}$ 为发电机组的停机费用；T 为运行周期内的时段总数；M 为参与日前市场报价的用户数；N 为发电机组数。

3.2.2 机组组合约束条件

(1) 功率平衡约束。电力市场中安全约束机组组合和安全约束经济调度计算都仅考虑有功约束，无功及电压约束及其相关变量都忽略，因此功率平衡约束只考虑有功功率平衡，对于每个时段 t，系统有功功率平衡约束可以描述为

$$\sum P_{i,t} = P_{\mathrm{L},t} + D_t \quad i \in G_{\mathrm{T}}, G_{\mathrm{gas}}, G_{\mathrm{H}}, G_{\mathrm{w}} \tag{3.2}$$

式中：$P_{i,t}$ 为各类发电机组 i 在 t 时段的有功输出功率；G_{T} 为火电机组；G_{gas} 为燃气机组；G_{H} 为水电机组；G_{W} 为风电机组；D_t 为 t 时段的系统有功负荷；$P_{\mathrm{L},t}$ 为系统在 t 时段的有功功率损耗。

(2) 系统容量备用约束。在确保系统有功功率平衡的前提下，为了防止系统负荷预测偏差，以及各种实际运行事故带来的系统供需不平衡波动，一般系统需要留有一定的容量备用。容量备用包括正、负备用，前者为系统各个时段机组最大输出功率之和应按照一定比例高于该点系统负荷加损耗，后者为机组最小输出功率之和应按一定比例低于该点系统负荷加损耗。系统正备用和负备用容量约束可以描述如下

$$\sum_{i \in N} k_{i,d} P_{i,\max} \geqslant \max\{D_{t,t \in d}\} + R_{i,U} \tag{3.3}$$

$$\sum_{i \in N} k_{i,d} P_{i,\min} \leqslant \min\{D_{t,t \in d}\} - R_{i,D} \tag{3.4}$$

式中：$k_{i,d}$ 表示机组 i 在第 d 天的启停状态；$P_{i,\max}$ 为各机组的最大输出功率；$P_{i,\min}$ 为各机组的最小输出功率；$\max\{D_{t,t \in d}\}$ 表示第 d 天的最大负荷；$\min\{D_{t,t \in d}\}$ 表示第 d 天的最小负荷；$R_{i,U}$ 为根据电网实际运行情况所确定的正备用容量；$R_{i,D}$ 为根据电网实际运行情况所确定的负备用容量。

(3) 旋转备用约束。日前 SCUC 是一个机组输出功率多时段动态优化问题，经济调度计划必须能够为系统提供足够的机组输出功率动态调节裕度，确保在极端运行情况下满足由于负荷变化或偶然事故带来的系统时段间耦合约束，即旋转备用约束，可以表示如下

$$USR_t = \sum UR_{i,t} \geqslant (LSR_t + \sum_{i \in G_{\mathrm{W}}} P_{i,t} \times wu\%) \quad i \in G_{\mathrm{T}}, G_{\mathrm{gas}} \tag{3.5}$$

$$UR_{i,t} = \min\{P_{i,\max} - P_{i,t}, R_{i,U}\} \quad i \in G_{\mathrm{T}}, G_{\mathrm{gas}} \tag{3.6}$$

$$DSR_t = \sum DR_{i,t} \geqslant \sum_{i \in G_{\mathrm{W}}} (P_{i,t\max} - P_{i,t}) \times wd\% \quad i \in G_{\mathrm{T}}, G_{\mathrm{gas}} \tag{3.7}$$

$$DR_{i,t} = \min\{P_{i,t} - P_{i,t\min}, R_{i,D}\} \quad i \in G_{\mathrm{T}}, G_{\mathrm{gas}} \tag{3.8}$$

式中：USR_t 表示总加速旋转备用；LSR_t 为 $T=t$ 时系统所需的最小旋转备用；$UR_{i,t}$ 为机组在 $T=t$ 时可用的加速旋转备用；$wu\%$为风电输出功率对应的加速旋转备用所需比例；$R_{i,U}$ 为机组爬坡速率；DSR_t 表示总减速旋转备用；$DR_{i,t}$ 为机组在 $T=t$ 时可用的减速旋转备用；$wd\%$为风电偏离最大输出功率下所需减速旋转备用的比例；$R_{i,D}$ 为机组滑坡速率。

(4) 机组输出功率限制约束

$$P_{i,t\min} \leqslant P_{i,t} \leqslant P_{i,t\max} \quad i \in G_{\mathrm{T}}, G_{\mathrm{gas}}, G_{\mathrm{H}}, G_{\mathrm{W}} \tag{3.9}$$

$$\sum_{i \in G_{\mathrm{T}}} P_{i,t\max} + \sum_{i \in G_{\mathrm{H}}} P_{i,t\max} + \sum_{i \in G_{\mathrm{gas}}} P_{i,t\max} + \sum_{i \in G_{\mathrm{W}}} P_{i,t} \geqslant D_t + LSR_t \tag{3.10}$$

$$P_{i,t\max} = \min\{P_{i\max}, P_{i,t-1} + R_{i,U}\} \quad i \in G_{\mathrm{T}}, G_{\mathrm{gas}} \tag{3.11}$$

$$P_{i,t\min} = \max\{P_{i,\min}, P_{i,t-1} - R_{i,D}\} \quad i \in G_{\mathrm{T}}, G_{\mathrm{gas}} \tag{3.12}$$

(5) 机组爬坡滑坡输出功率速率约束。机组爬坡滑坡输出功率速率约束即机组升降输出功率速率约束，包括机组升输出功率速率约束和降输出功率速率约束，支持不同时段设定不同的升降输出功率速率。

$$P_{i,\max}^{-} \leqslant P_{i,t} - P_{i,t-1} \leqslant P_{i,\max}^{+} \tag{3.13}$$

式中：$P_{i,t}$ 为机组 i 在 t 时段的输出功率；$P^{+}_{i,\max}$、$P^{-}_{i,\max}$ 分别为机组 i 的最大升、降输出功率速率。

(6) 机组最小启停时间约束。最小开机时间 $T_{u,i}$ 为

$$\sum_{h=0}^{T_{u,i}-1} k_{i,t+h} \geqslant (k_{i,t} - k_{i,t-1})\min(T_{u,i}, N_{\mathrm{T}} - t + 1) \quad i \in G_{\mathrm{T}} \tag{3.14}$$

最小停机时间 $T_{d,i}$ 为

$$\sum_{h=0}^{T_{d,i}-1} (1 - k_{i,t+h}) \geqslant (k_{i,t-1} - k_{i,t})\min(T_{d,i}, N_{\mathrm{T}} - t + 1) \quad i \in G_{\mathrm{T}} \tag{3.15}$$

(7) 燃气机组发电量约束为

$$\sum_{t \in N_{\mathrm{T}}} P_{i,t} \leqslant R^{\max}_{\mathrm{gas}} \quad i \in G_{\mathrm{gas}} \tag{3.16}$$

式中：气电机组最大燃气储存量决定了气电机组容许的最大发电量 $R^{\max}_{\mathrm{gas}}$。

(8) 水电机组发电量约束。水电机组出力受库容，气候等因素影响，因此，水电机组发电量约束可以表示为

$$\sum_{t \in N_{\mathrm{T}}} P_{i,t} \leqslant W^{\mathrm{H}}_{\max} \quad i \in G_{\mathrm{H}} \tag{3.17}$$

$$W^{\mathrm{H}}_{\max} = \sum Q^{\mathrm{H}}_{i,t} = \sum (V^{\mathrm{H}}_{i,t} - V^{\mathrm{H}}_{i,t+1} + W^{\mathrm{H}}_{i,t} - A^{\mathrm{H}}_{i,t}) \quad t \in N_{\mathrm{T}}, i \in G_{\mathrm{H}} \tag{3.18}$$

式中：$W^{\mathrm{H}}_{\max}$ 为调度周期内水电机组允许的发电量上限；$Q^{\mathrm{H}}_{i,t}$ 为水电机组在 $T=t$ 时的发电流量；$V^{\mathrm{H}}_{i,t}$ 为水电机组在 $T=t$ 时的库容；$W^{\mathrm{H}}_{i,t}$ 为水电机组在 $T=t$ 时的来水量；$A^{\mathrm{H}}_{i,t}$ 为水电机组在 $T=t$ 时的弃水量。

(9) 线路安全约束。线路安全约束可以描述为

$$-P_{l,\max} \leqslant \sum_{i=1}^{N} S_{l-i} P_{i,t} - \sum_{k=1}^{K} S_{l-k} D_{k,t} \leqslant P_{i,\max} \tag{3.19}$$

式中：$P_{l,\max}$ 为线路 l 的有功潮流传输极限；S_{l-i} 为机组 i 所在节点对线路 l 的发电机输出功率转移分布因子；K 为系统中负荷节点数量；S_{l-k} 为节点 k 对线路 l 的发电机输出功率转移分布因子；$D_{k,t}$ 为节点 k 在 t 时段的母线负荷值。

(10) 断面潮流约束。考虑电网中关键断面的有功潮流约束，该约束可以描述为

$$P_{L,\min} \leqslant \sum_{l \in L} \left(\sum_{i=1}^{N} S_{l-i} P_{i,t} - \sum_{k=1}^{K} S_{l-k} D_{k,t} \right) \leqslant P_{L,\max} \tag{3.20}$$

式中：$P_{L,\min}$、$P_{L,\max}$ 分别为断面 L 的潮流传输极限；l 为属于断面 L 的线路。

其他约束可包括发电机组故障和临时检修，线路及变压器事故停运和检修，还可包括特定的电量约束和环境相关的约束。对于多区域的电力系统，还包括区域内和区域间的相关约束。

在实际应用中，根据市场系统具体情况对一些约束进行不同程度的简化，甚至还可忽略某些约束。

3.3 传统的机组组合模型求解方法

目前求解电力系统机组组合模型的方法有很多，大致可分为两大类：一类是传统的 SCUC 模型求解方法，如优先顺序法、动态规划法、拉格朗日松弛法和分支定界法或线性混合整数规划；另一类是智能算法求解 SCUC 模型，如遗传算法（GA）、模拟退火算法（SA）、层次分析法（AHP）和粒子群优化算法（PSO）等。本节介绍常用的几种传统的 SCUC 模型求解方法。

3.3.1 优先顺序法

最简单的机组组合解决方案是列出所有机组组合的开关状态，以及相应的总成本来创建排序

列表，然后根据排序表制定开停机决策，这种方法称为优先列表法或优先顺序法（priority method）。机组组合排名顺序是根据机组的最低平均生产成本来评定，机组的平均生产成本定义为

$$\mu=\frac{F(P_G)}{P_G} \tag{3.21}$$

式中：μ 为机组平均生产成本；P_G 为发电机有功功率输出；$F(P_G)$ 为发电机组的生产成本。

发电机组微增率定义为

$$\lambda=\frac{dF(P_G)}{dP_G} \tag{3.22}$$

当机组平均生产成本等于机组微增率时，相应的平均生产成本称为最小平均生产成本 μ_{min}。通常，当机组处于最小平均生产成本时，输出功率接近额定功率。

下面通过一个算例来说明如何用优先顺序法确定机组组合。

例 3.1 有 5 台发电机机组，最小平均生产成本 μ_{min} 见表 3.1。

表 3.1 最小平均生产成本

机组	最小平均生产成本 μ_{min}	最小有功出力（MW）	最大有功出力（MW）
G1	10.56	100	400
G2	9.76	120	500
G3	11.95	100	300
G4	8.90	50	600
G5	12.32	150	250

基于最小平均生产成本的机组的优先顺序见表 3.2。

表 3.2 5 台发电机机组的优先级顺序

优先顺序	机组	μ_{min}	最小有功值（MW）	最大有功值（MW）
1	G4	8.90	50	600
2	G2	9.76	120	500
3	G1	10.56	100	400
4	G3	11.95	100	300
5	G5	12.32	150	250

机组组合优先顺序法的步骤总结如下。

步骤 1：计算所有机组的最小平均生产成本，并从最小值开始排序，形成优先级列表。

步骤 2：如果负荷在该时段增加，则根据机组最小停机时间确定可以启动多少个机组。然后，根据负荷增加量从优先级列表中选择要打开的第一个机组。

步骤 3：如果负荷在该时段减小，根据机组最小启动时间确定可以关闭多少个机组。然后，根据负荷减少量从优先级列表中选择最后一个要关闭的机组。

步骤 4：对下一小时重复该过程。

前面介绍的是根据最低平均生产成本确定机组组合，在实际执行中还有其他类似的优先顺序法，如基于每个机组的满负荷平均生产成本排序确定机组开停顺序，以及基于每个机组的微增率平均生产成本排序确定机组开停顺序。

3.3.2 动态规划法

假设一个系统有 n 个机组，如果使用枚举法确定机组组合，则存在 2^n-1 个组合。与枚举方法相比，动态规划法（Dynamic Programming，DP）具有许多优点，例如降低问题的维度。

一般来讲，有两种 DP 算法，分别是前向动态规划法和后向动态规划法。前向动态规划法基于下面两种情况常在机组组合中采用：

(1) 通常，初始状态和条件是已知的。

(2) 机组的启动成本是时间的函数，每个阶段的历史机组数据都可以计算出来，因此，前向方法更合适。

递归算法可用于计算可行状态 I 下时段 t 的最小成本，即

$$F_{tc}(t, I)=\min_{\{L\}}[F(t, I)+S_c(t-1, L\Rightarrow t, I)+F_{tc}(t-1, I)] \tag{3.23}$$

式中：$F_{tc}(t, I)$ 为状态 I 从初始时刻到时间 t 的总成本；$S_c(t-1, L\Rightarrow t, I)$ 为从状态 $(t-1, L)$ 到状态 (t, I) 的转移成本；$\{L\}$ 为可行状态在 $t-1$ 时刻的集合；$F(t, I)$ 为状态 (t, I) 的生产成本。

用动态规划法解决机组组合问题应满足以下约束条件

$$\sum_{i=1}^{n} P_{i,t}=D_t \tag{3.24}$$

$$k_{i,t}P_{i,t\min}\leqslant P_{i,t}\leqslant k_{i,t}P_{i,t\max} \tag{3.25}$$

式中：D_t 为 t 时刻的系统负荷；$P_{i,t\min}$ 为机组输出功率的下限；$P_{i,t\max}$ 为机组输出功率的上限；$k_{i,t}$ 为 0—1 变量，0 表示机组停运，1 表示机组开启。

如前所述，对于有 n 个机组的系统，存在 2^n-1 个状态，计算量大。我们可以结合 DP 算法和优先顺序法来舍弃一些不可行状态，以及高成本状态。此外，添加机组最小开机时间和最小停运时间约束，也可以减少状态个数。例如，在使用正向 DP 算法计算机组组合之前，首先根据优先级列表、机组最小开机时间和最小停运时间对机组进行排序。机组排列顺序中的开头部分是必须开机运行的机组，末尾部分是必须停运的机组，中间部分是根据最低平均生产成本排序的机组。用这种方式，DP 的计算量将大大减小。

下面用优先顺序法和动态规划法来解决一个简单的四机组系统的机组组合问题。

例 3.2 发电机组数据和负荷参数分别列于表 3.3、表 3.4 中。

表 3.3 机组数据

机组	最大有功输出功率 (MW)	最小有功输出功率 (MW)	费用 (美元/h)	平均费用	开机费用 (美元)	初始状态	最小开机时间 (h)	最小停机时间 (h)
1	80	25	23.00	23.54	350	−5	4	2
2	250	60	585.62	20.34	400	+8	5	3
3	300	75	684.74	19.74	1100	+8	5	4
4	60	20	252.00	28.00	0	−6	1	1

表 3.4 负荷参数

时段	负荷水平 (MW)
1	450
2	530
3	600

续表

时段	负荷水平（MW）
4	540
5	400
6	280
7	290
8	500

在表 3.3 中，初始状态下的符号“+”表示机组并网运行，“-”表示机组停机状态。例如，“+8”表示机组并网运行已达 8 小时，“-6”表示机组已经停机 6 小时。

四个机组的所有组合是 $2^n-1=2^4-1=15$。如果通过每个组合的最大净容量对机组组合进行排序，得到结果见表 3.5。

在表 3.5 中，“1”表示机组运行，“0”表示机组停机。例如，状态 1 是“0001”意味着机组 4 运行，机组 1、2、3 是停机的。状态 3 的“1001”表示机组 1 和机组 4 运行，机组 2 和机组 3 停机。

表 3.5　机组组合顺序表

状态	机组组合	最大净容量（MW）
15	1 1 1 1	690
14	1 1 1 0	630
13	0 1 1 1	610
12	0 1 1 0	550
11	1 0 1 1	440
10	1 1 0 1	390
9	1 0 1 0	380
8	0 0 1 1	360
7	1 1 0 0	330
6	0 1 0 1	310
5	0 0 1 0	300
4	0 1 0 0	250
3	1 0 0 1	140
2	1 0 0 0	80
1	0 0 0 1	60
0	0 0 0 0	0
（机组）	1 2 3 4	

情况 1：忽略机组最小运行、停机时间的约束，用优先顺序列表解决 UC 问题。

在情况下，机组按顺序启动运行，直到满足负荷条件。总成本是机组发电成本加上机组启动费用的总和。从表 3.3 的平均生产成本（平均费用）中可以知道，四个机组的优先级顺序为机组 3、机组 2、机组 1 和机组 4。所有可能的机组组合从状态 12 开始，因为第 1 小时负荷功率为 450MW，而从状态 1 到状态 11 的最大净容量仅为 440MW，不能满足负荷需求。另外，状态 13 由于不满足优先顺序列表而舍弃。机组组合的优先排序结果见表 3.6。

表 3.6　　机组组合的优先排序结果

时段	负荷水平（MW）	运行机组	发电费用（美元）
1	450	机组 3 和 2	9208
2	530	机组 3 和 2	10648.36
3	600	机组 3、2 和 1	12265.36
4	540	机组 3 和 2	10828.36
5	400	机组 3 和 2	8308.36
6	280	机组 3	5573.54
7	290	机组 3	5748.14
8	500	机组 3 和 2	10108.36

情况 2：忽略机组最小运行、停机时间约束，用动态规划法解决 UC 问题。

在这种情况下，首先使用优先顺序法选择可行状态。在前 4 小时，在表 3.5 中可行状态只有状态 12、14 和 15。在最后 4 小时，可行状态有 5、12、14 和 15。因此，可行状态是 {5，12，14，15}，初始状态是 12。根据动态规划法，可计算最小总成本。

$$F_{tc}(t,\ I)=\min_{\{L\}}[F(t,\ I)+S_c(t-1,\ L\Rightarrow t,\ I)+F_{tc}(t-1,\ I)]$$

当 $t=1$：$\{L\}=\{12\}$，and $\{I\}=\{12,\ 14,\ 15\}$

$$\begin{aligned}F_{tc}(1,\ 12)&=F(1,\ 12)+S_c(0,\ 12\Rightarrow 1,\ 12)+F_{tc}(0,\ 12)\\&=F(1,\ 12)+S_c(0,\ 12\Rightarrow 1,\ 12)+0=9208+0=9208\end{aligned}$$

$$F_{tc}(1,\ 14)=F(1,\ 14)+S_c(0,\ 14\Rightarrow 1,\ 14)+F_{tc}(0,\ 14)=9493+350=9843$$

$$F_{tc}(1,\ 15)=F(1,\ 15)+S_c(0,\ 15\Rightarrow 1,\ 15)+F_{tc}(0,\ 15)=9861+350=1021$$

当 $t=2$：$\{L\}=\{12,\ 14\}$，and $\{I\}=\{12,\ 14,\ 15\}$

$$\begin{aligned}F_{tc}(2,\ 15)&=\min_{\{12,\ 14\}}[F(2,\ 15)+S_c(1,\ L\Rightarrow 2,\ 15)+F_{tc}(1,\ L)]\\&=11301+\min\begin{bmatrix}(350+9208)\\(0+9843)\end{bmatrix}=20859\\&\cdots\end{aligned}$$

以此类推，计算得到的机组组合结果与情况 1 的结果相同。

3.3.3　拉格朗日松弛法

机组组合的数学模型可以表示如下。

（1）目标函数

$$\min\sum_{t=1}^{T}\sum_{i=1}^{n}[F_i(P_{i,t})k_{i,t}+F_{si}(t)k_{i,t}]=F(P_{i,t},k_{i,t})\tag{3.26}$$

式中：F_{si} 为机组 i 在时间段 t 的启动成本。

（2）约束条件。

1）有功平衡方程

$$\sum_{i=1}^{n}P_{i,t}k_{i,t}=D_t\quad t=1,2,\cdots,T\tag{3.27}$$

2）发电机输出功率范围

$$k_{i,t}P_{i,t\min}\leqslant P_{i,t}\leqslant k_{i,t}P_{i,t\max}\quad t=1,\ 2,\ \cdots,\ T\tag{3.28}$$

3）发电功率备用约束

$$\sum_{i=1}^{n} P_{i\max} k_{i,t} \geqslant D_t + R_t \quad t=1, 2, \cdots, T \tag{3.29}$$

4）最小运行和最小停机时间

$$(U_{t-1,i}^{\text{up}} - T_i^{\text{up}})(k_{i,t-1} - k_{i,t}) \geqslant 0 \quad t=1, 2, \cdots, T; \ i=1, 2, \cdots, n \tag{3.30}$$

$$(U_{t-1,i}^{\text{down}} - T_i^{\text{down}})(k_{i,t} - k_{i,t-1}) \geqslant 0 \quad t=1, 2, \cdots, T; \ i=1, 2, \cdots, n \tag{3.31}$$

式中：R_t 为时间段 t 的机组备用功率；T_i^{up} 为机组 i 的最小运行时间（小时）；T_i^{down} 为机组 i 的最小停机时间（小时）；$U_{t-1,i}^{\text{up}}$ 为连续运行到时段 t 的时间，以小时为单位；$U_{t-1,i}^{\text{down}}$ 为连续停机到时段 t 的时间，以小时为单位。

机组组合问题有两种约束条件：可分离约束和耦合约束。可分离的约束条件：如与单个机组相关的容量和最小运行、最小停机时间约束。耦合约束：涉及所有机组，一个机组的变化会影响其他机组，如功率平衡和功率备用约束就是耦合约束。拉格朗日松弛法（Lagrange Relaxation，LR）通过对偶优化过程松弛耦合约束并将它们并入目标函数中。因此，目标函数可分离为每个机组的独立函数，并满足机组容量和最小运行、最小停机时间约束。机组组合问题的拉格朗日函数如下

$$L(\boldsymbol{P}, \boldsymbol{x}, \boldsymbol{\lambda}, \boldsymbol{\beta}) = F(P_{i,t}, k_{i,t}) + \sum_{t=1}^{T} \lambda_t \left(D_t - \sum_{i=1}^{n} P_{i,t} k_{i,t}\right) + \sum_{t=1}^{T} \beta_t \left(D_t + R_t - \sum_{i=1}^{n} P_{i\max} k_{i,t}\right) \tag{3.32}$$

机组组合问题转化为求拉格朗日函数式（3.32）的最小值，约束条件为式（3.28）、式（3.30）和式（3.31）。LR 方法需要最小化拉格朗日函数为

$$q(\boldsymbol{\lambda}, \boldsymbol{\beta}) = \min_{\boldsymbol{P},\boldsymbol{x}} L(\boldsymbol{P}, \boldsymbol{x}, \boldsymbol{\lambda}, \boldsymbol{\beta}) \tag{3.33}$$

由于 $q(\lambda, \beta)$ 为原始问题的目标函数提供了下界，LR 法需要使拉格朗日乘子的目标函数最大化

$$q^*(\boldsymbol{\lambda}, \boldsymbol{\beta}) = \max_{\boldsymbol{\lambda},\boldsymbol{\beta}} q(\boldsymbol{\lambda}, \boldsymbol{\beta}) \tag{3.34}$$

消除式（3.32）中的常数项 $\lambda_t D_t$ 和 $\beta_t (D_t + R_t)$ 后，式（3.33）可写为

$$q(\lambda, \beta) = \min_{P,x} \sum_{i=1}^{n} \sum_{t=1}^{T} \{[F_i(P_{i,t}) + F_{si}(t)] k_{i,t} - \lambda_t P_{i,t} k_{i,t} - \beta_t P_{i\max} k_{i,t}\} \tag{3.35}$$

约束条件为

$$k_{i,t} P_{i,t\min} \leqslant P_{i,t} \leqslant k_{i,t} P_{i,t\max} \quad t=1, 2, \cdots, T$$

$$(U_{t-1,i}^{\text{up}} - T_i^{\text{up}})(k_{i,t-1} - k_{i,t}) \geqslant 0 \quad t=1, 2, \cdots, T; \ i=1, 2, \cdots, n$$

$$(U_{t-1,i}^{\text{down}} - T_i^{\text{down}})(k_{i,t} - k_{i,t-1}) \geqslant 0 \quad t=1, 2, \cdots, T; \ i=1, 2, \cdots, n$$

用拉格朗日法求解机组组合问题有两个基本步骤：

（1）初始化拉格朗日乘子，使 $q(\boldsymbol{\lambda}, \boldsymbol{\beta})$ 取尽可能大的值。

（2）假设步骤（1）中的拉格朗日乘子的值是固定的，通过调整 $P_{i,t}$ 和 $k_{i,t}$ 使拉格朗日函数最小化。

可以用线性规划（Linear Programming，LP）和动态规划法分别对每个机组进行最小化计算。在主问题中对 N 个独立子问题进行求解来找到一组新的拉格朗日乘子，这涉及对偶优化法。对于对偶优化问题，要优化的目标函数是凸函数且变量是连续的，这种情况下得到的对偶函数最大值与原问题获得的最小值是相等的。然而，对于机组组合问题，表示机组状态的 0—1 变量是整数变量，其目标函数既不是连续的，也不是凸的。因此，对偶理论在 UC 问题中并不完全满足。将对偶优化方法应用在机组组合问题中的方法叫“拉格朗日松弛法”，这时对偶优化函数的最大值和原始函数的最小值之间存在误差（也称为对偶间隙）。拉格朗日松弛法的目的是通过迭代来减少对偶间隙。如果预先设定了收敛准则（或容许误差），则迭代过程继续直到满足收敛准则为止。对偶间隙也作为拉格朗日松弛法优化计算的收敛依据，当原始优化和对偶优化法的解

的相对对偶间隙小于给定容许误差，则认为已达到最优解，得到最优可行的机组组合方案。

实际上，可通过缩放因子和调整常数的次梯度法来更新拉格朗日乘子，其方法如下。向量 $\boldsymbol{g}$ 被称为拉格朗日函数 $L(\cdot)$ 在 $\boldsymbol{\lambda}^*$ 处的次梯度

$$L(\lambda) \leqslant L(\lambda^*) + (\lambda - \lambda^*)^{\mathrm{T}} \boldsymbol{g} \tag{3.36}$$

如果次梯度在点 λ 是唯一的，则它就是在该点的梯度。在 λ 处的所有次梯度的集合称为次微分 $\partial \boldsymbol{L}(\boldsymbol{\lambda})$。最优次梯度的充要条件为 $0 \in \partial \boldsymbol{L}(\boldsymbol{\lambda})$。$\lambda$ 的值可以通过下面的次梯度优化算法进行调整

$$\lambda_t^{k+1} = \lambda_t^k + \alpha \boldsymbol{g}^k \tag{3.37}$$

其中，$\boldsymbol{g}^k$ 为 $L(\cdot)$ 在 λ_t^k 次梯度。$\boldsymbol{g}^k$ 计算如下

$$\boldsymbol{g}^k = \frac{\partial \boldsymbol{L}(\boldsymbol{\lambda}_t^k)}{\partial \boldsymbol{L} \boldsymbol{\lambda}_t^k} = D_t - \sum_{i=1}^{n} \boldsymbol{k}_{i,t}^k \boldsymbol{P}_{i,t} \tag{3.38}$$

下面通过算例来演示拉格朗日松弛法在机组组合中的应用。

例 3.3 三个机组的数据如下，采用拉格朗日松弛法计算机组组合问题。

解 （1）机组数据

$$F_1(P_{G1}) = 0.002P_{G1}^2 + 10P_{G1} + 500$$
$$F_2(P_{G2}) = 0.0025P_{G2}^2 + 8P_{G2} + 300$$
$$F_3(P_{G3}) = 0.005P_{G1}^2 + 6P_{G1} + 100$$
$$100 \leqslant P_{G1} \leqslant 600$$
$$100 \leqslant P_{G2} \leqslant 400$$
$$50 \leqslant P_{G3} \leqslant 200$$

（2）每小时负荷数据见表 3.7。

表 3.7　每小时负荷数据

时段（t）	负荷功率 D_t(MW)
1	170
2	520
3	1100
4	330

为了简化计算，忽略启动成本和最小运行、停机时间约束。表 3.8～表 3.13 中列出了几次迭代的结果，从初始条件开始，其中 λ^t 所有值都为零。每小时进行一次经济调度。原始值 J^* 表示所有时间内通过经济调度计算得出的总生成成本。$q(\lambda)$ 代表对偶值，对偶误差是 $J^* - q^*$，或相对对偶误差是 $\dfrac{J^* - q^*}{q^*}$。

表 3.8　一次迭代结果

时段	λ	u_1	u_2	u_3	P_{G1}(MW)	P_{G2}(MW)	P_{G3}(MW)	ΔP(MW)	P_{G1}^{ed}(MW)	P_{G2}^{ed}(MW)	P_{G3}^{ed}(MW)
1	0	0	0	0	0	0	0	170	0	0	0
2	0	0	0	0	0	0	0	520	0	0	0
3	0	0	0	0	0	0	0	1100	0	0	0
4	0	0	0	0	0	0	0	330	0	0	0

注　$\Delta P = D_t - \sum_{i=1}^{n} P_{i,t} k_{i,t}$。

对于一次迭代，$q(\lambda)=0$，$j^*=40000$，在下一次迭代中，λ^t 值增加为1.7、5.2、11.0和3.3。下面给出了几次迭代结果以及相对对偶误差。

表3.9 二次迭代结果

时段	λ	u_1	u_2	u_3	P_{G1}(MW)	P_{G2}(MW)	P_{G3}(MW)	ΔP(MW)	P_{G1}^{ed}(MW)	P_{G2}^{ed}(MW)	P_{G3}^{ed}(MW)
1	1.7	0	0	0	0	0	0	170	0	0	0
2	5.2	0	0	0	0	0	0	520	0	0	0
3	11.0	0	1	1	0	400	200	500	0	0	0
4	3.3	0	0	0	0	0	0	330	0	0	0

对于二次迭代，$q(\lambda)=14982$，$j^*=40000$，$\dfrac{J^*-q^*}{q^*}=1.67$。

表3.10 三次迭代结果

时段	λ	u_1	u_2	u_3	P_{G1}(MW)	P_{G2}(MW)	P_{G3}(MW)	ΔP(MW)	P_{G1}^{ed}(MW)	P_{G2}^{ed}(MW)	P_{G3}^{ed}(MW)
1	3.4	0	0	0	0	0	0	170	0	0	0
2	10.4	0	1	1	0	400	200	−80	0	320	200
3	16.0	1	1	1	600	400	200	−100	500	400	200
4	6.6	0	0	0	0	0	0	330	0	0	0

对于三次迭代，$q(\lambda)=18344$，$j^*=36024$，$\dfrac{J^*-q^*}{q^*}=0.965$。

表3.11 四次迭代结果

时段	λ	u_1	u_2	u_3	P_{G1}(MW)	P_{G2}(MW)	P_{G3}(MW)	ΔP(MW)	P_{G1}^{ed}(MW)	P_{G2}^{ed}(MW)	P_{G3}^{ed}(MW)
1	5.1	0	0	0	0	0	0	170	0	0	0
2	10.24	0	1	1	0	400	200	−80	0	320	200
3	15.8	1	1	1	600	400	200	−100	500	400	200
4	9.9	0	1	1	0	380	200	−250	0	130	200

对于四次迭代，$q(\lambda)=19214$，$j^*=28906$，且$\dfrac{J^*-q^*}{q^*}=0.502$。

表3.12 五次迭代结果

时段	λ	u_1	u_2	u_3	P_{G1}(MW)	P_{G2}(MW)	P_{G3}(MW)	ΔP(MW)	P_{G1}^{ed}(MW)	P_{G2}^{ed}(MW)	P_{G3}^{ed}(MW)
1	6.8	0	0	0	0	0	0	170	0	0	0
2	10.08	0	1	1	0	400	200	−80	0	320	200
3	15.6	1	1	1	600	400	200	−100	500	400	200
4	9.4	0	0	1	0	0	200	130	0	0	200

对于五次迭代，$q(\lambda)=19532$，$j^*=36024$，且$\dfrac{J^*-q^*}{q^*}=0.844$。

表 3.13　六次迭代结果

时段	λ	u_1	u_2	u_3	P_{G1}(MW)	P_{G2}(MW)	P_{G3}(MW)	ΔP(MW)	P_{G1}^{ed}(MW)	P_{G2}^{ed}(MW)	P_{G3}^{ed}(MW)
1	8.5	0	0	1	0	0	200	−30	0	0	170
2	9.92	0	1	1	0	384	200	−64	0	320	200
3	15.4	1	1	1	600	400	200	−100	500	400	200
4	10.7	0	1	1	0	400	200	−270	0	130	200

对于六次迭代，$q(\lambda)=19442$，$j^*=20170$，且$\frac{J^*-q^*}{q^*}=0.037$。

十次迭代后，$q(\lambda)=19485$，$j^*=20017$，$\frac{J^*-q^*}{q^*}=0.027$，相对对偶误差仍不为零，则解不会收敛到最终值。因此，如果使用拉格朗日松弛法，应当引入相对对偶误差 ε。这意味着当 $\frac{J^*-q^*}{q^*}\leqslant\varepsilon$ 时，拉格朗日松弛法收敛，结束计算。

3.4　求解机组组合模型的智能算法

3.4.1　基于进化规划的禁忌搜索法

3.4.1.1　禁忌搜索法

禁忌搜索法（Tabu Search，TS）是一种元启发式（meta-heuristic）随机搜索算法，它从一个初始可行解出发，选择一系列的特定搜索方向（移动）作为试探，选择实现让特定的目标函数值变化最多的移动。为了避免陷入局部最优解，TS 搜索中采用了一种灵活的“记忆”技术，对已经进行的优化过程进行记录和选择，指导下一步的搜索方向，这就是禁忌表（Tabu List，TL）的建立。

机组组合问题是整数变量和连续变量的组合问题，可将其分解为两个子问题：整数变量中的组合问题和输出功率变量中的非线性优化问题。禁忌搜索方法用于求解组合优化问题，非线性优化通过二次规划求解，具体步骤如下。

步骤 1：假设每个小时的燃料成本是固定的，并且所有发电机均等地分担负荷。

步骤 2：通过最优分配，找出机组的初始可行解。

步骤 3：将需求作为控制参数。

步骤 4：生成试探解。

步骤 5：计算总运行成本，包括运行费用和启停费用。

步骤 6：列出每个机组每小时的燃料成本。

试探解的邻域是随机生成的。由于机组组合问题中的约束条件复杂，最难满足的约束是最小启停时间，因此，禁忌搜索算法需要满足所有的系统和机组约束的初始可行计划。

一旦获得试探解，相应的总运行成本也就确定了。由于生产成本是二次函数，因此可以使用二次规划方法来求解子问题，然后计算给定计划的启动成本。如果满足以下条件，则停止计算。

（1）满足负荷平衡约束。

（2）满足旋转旋备用约束。

禁忌表按照试探解的顺序排列。禁忌表是一个循环表，在搜索过程中被循环地修改，每次将新元素添加到列表的“底部”时，列表上最早的元素将从“顶部”删除。但在超过禁忌表维数后循环内的移动是禁止的，以避免回到原来的解，从而避免陷入循环。因此，必须给定停止准则以避免出现循环。当迭代内所发现的最好解无法改进或无法离开它时，算法停止。

为了降低计算量，禁忌长度和禁忌表的集合不宜太大，但是禁忌长度太小容易循环搜索，禁忌表太大容易陷入"局部极优解"。

3.4.1.2 进化规划法

进化规划法（Evolutionary Programming，EP）是进化算法的一种方法。进化计算是基于自然选择和自然遗传等生物进化机制的一种搜索算法。它是从一组随机产生的个体开始进行搜索，通过选择和变异等操作使个体向着搜索空间中越来越靠近全局最优值的区域进化。与普通的搜索方法一样，进化计算也是一种迭代算法，不同的是进化计算在最优解的搜索过程中，一般是从原问题的一组解出发改进到另一组较好的解，再从这组改进的解出发进一步改进。而且在进化问题中，要求当原问题的优化模型建立后，还必须对原问题的解进行编码。进化计算在搜索过程中利用结构化和随机性的信息，使最满足目标的决策获得最大的生存可能，是一种概率型的算法。

一般的进化规划算法如下所示。

（1）初始种群确定

$$\boldsymbol{s}_i=\boldsymbol{S}_i \sim U(a_k,\ b_k)^k \quad i=1,\ \cdots,\ m \tag{3.39}$$

式中：$\boldsymbol{S}_i$ 为随机向量；$\boldsymbol{s}_i$ 为随机向量的输出结果；$U(a_k,\ b_k)^k$ 为在 k 维中的每一维 $[a_k,\ b_k]$ 的均匀分布；m 为上代数量。

（2）每个 $\boldsymbol{s}_i$ 赋值一个适应度

$$\boldsymbol{\varphi}(\boldsymbol{s}_i)=\boldsymbol{G}(\boldsymbol{F}(\boldsymbol{s}_i),\ \boldsymbol{v}_i) \quad i=1,\ \cdots,\ m \tag{3.40}$$

式中：$\boldsymbol{F}$ 为 $\boldsymbol{s}_i$ 的真实适应度；$\boldsymbol{v}_i$ 为 $\boldsymbol{s}_i$ 中的随机变量；$\boldsymbol{G}(\boldsymbol{F}(\boldsymbol{s}_i),\ \boldsymbol{v}_i)$ 为要分配的适应度。

通常，函数 F 和 G 根据需要来确定其复杂度。例如，F 不仅可以是特定群体 $\boldsymbol{s}_i$ 的函数，而且可以是特定群体的其他成员的函数。

（3）每个 $\boldsymbol{s}_i$ 修改后确定 $\boldsymbol{s}_{i+m}$

$$\boldsymbol{s}_{i+m}=\boldsymbol{s}_{i,j}+\boldsymbol{N}(\boldsymbol{0},\boldsymbol{\beta}_j\boldsymbol{\varphi}(\boldsymbol{s}_i)+\boldsymbol{z}_j) \quad j=1,\ \cdots,\ k \tag{3.41}$$

式中：$\boldsymbol{N}(\boldsymbol{0},\ \boldsymbol{\beta}_j\boldsymbol{\varphi}(\boldsymbol{s}_i)+\boldsymbol{z}_j)$ 为高斯随机变量，$\boldsymbol{\beta}_j$ 为 $\boldsymbol{\varphi}(\boldsymbol{s}_i)$ 的比例常数，$\boldsymbol{z}_j$ 为保证最小方差量的偏移量。

（4）每个 $\boldsymbol{s}_{i+m}$ 赋值一个适应度

$$\boldsymbol{\varphi}(\boldsymbol{s}_{i+m})=\boldsymbol{G}(\boldsymbol{F}(\boldsymbol{s}_{i+m}),\ \boldsymbol{v}_{i+m}) \quad i=1,\ \cdots,\ m \tag{3.42}$$

（5）对每个 $\boldsymbol{s}_i$（$i=1,\ \cdots,\ 2m$），根据下式确定 w_i 赋值

$$w_i=\sum_{t=1}^{c} w_t^* \tag{3.43}$$

$$w_t^*=\begin{cases}1 & if\ \boldsymbol{\varphi}(\boldsymbol{s}_t^*)\leqslant\boldsymbol{\varphi}(\boldsymbol{s}_i)\\ 0 & \text{otherwise}\end{cases} \tag{3.44}$$

式中：c 为竞争者的数量。

（6）$\boldsymbol{s}_i$（$i=1,\ \cdots,\ 2m$）根据 w_i 值按降序排列。第一组 m 解与其对应的 $\boldsymbol{\varphi}(s_i)$ 值一起将作为下一代的基础。

（7）除非允许的执行时间到或已得到充分解，否则回到步骤（3）。

将上述进化规划法应用于机组组合问题，计算步骤如下所示。

（1）初始化父代矢量 $\boldsymbol{p}=[\boldsymbol{p}_1,\ \boldsymbol{p}_2,\cdots,\ \boldsymbol{p}_n]$（$i=1,\ 2,\ \cdots,\ N_p$），使得矢量中的每个元素由 $p_j\sim \text{random}(p_{j\min},\ p_{j\max})$（$j=1,\ 2,\ \cdots,\ N$）来确定（对应 UC 中的发电机）。

（2）用试探向量 $\boldsymbol{p}_i$，计算 UC 问题的目标函数，并找到目标函数的最小值。

(3) 按如下方法创建后代试探解 $\boldsymbol{p}_i'$。

1) 计算标准偏差

$$\boldsymbol{\sigma}_j = \boldsymbol{\beta}\left(\frac{\boldsymbol{F}_{Tij}}{\min(\boldsymbol{F}_{Ti})}\right)(\boldsymbol{P}_{j\max} - \boldsymbol{P}_{j\min}) \tag{3.45}$$

2) 将高斯随机变量 $N(0, \sigma_j^2)$ 加到 $\boldsymbol{p}_i$ 的所有状态变量中以得到 $\boldsymbol{p}_i'$。

(4) 从包括 $\boldsymbol{p}_i$ 和 $\boldsymbol{p}_i'$ 的 $2N_p$ 总个体中选择前 N_p 个，并通过 $\boldsymbol{W}_{pi} = \mathrm{sum}(\boldsymbol{W}_x)$，评估每个向量，其中 $x=1, 2, \cdots, N_p$；$i=1, 2, \cdots, 2N_p$。

$$\boldsymbol{W}_x = \begin{cases} 1 & \text{if } \dfrac{\boldsymbol{F}_{Tij}}{\boldsymbol{F}_{Tij} + \boldsymbol{F}_{Tir}} < \mathrm{random}(0, 1) \\ 0 & \text{otherwise} \end{cases} \tag{3.46}$$

(5) 将 $\boldsymbol{W}_{pi}$ 按降序排序，前 N_p 个个体将继续存活并与其元素一起复制到下代个体。

(6) 直到达到最大迭代数 N_m，否则返回步骤 (2)。

3.4.1.3 基于 TS 的 EP 解决机组组合问题

在解决机组组合问题的 TS 方法中，每个机组的最大有功输出功率作为初始状态输入，并通过避免局部最小值来改善 TS 的给定状态。从 EP 算法获得的下代作为 TS 的输入以改善其值。考虑到 EP 和 TS 算法的特点，将两种算法进行组合，从而得到基于 TS 的 EP 法并用于解决机组组合问题。具体计算步骤如下：

(1) 获得一定时间周期如 24 小时内的负荷需求，并设定迭代次数。

(2) 将当前解（机组输出功率）调节到给定负荷需求，以此作为状态变量的形式来生成父辈群体 (N)。

(3) 根据机组停机时间随机确定机组的停机。

(4) 通过 TS 检查新调度计划中的约束。如果不满足约束，则修改调度计划。用于调整违反约束到可行性的修复方法描述如下。

1) 在某个违约的小时中，随机选择一个 OFF 机组。

2) 应用 3.4.1.1 节中的规则将所选机组从 OFF 切换到 ON，并保持最小停机时间满足要求。

3) 检查此时段的备用限制。否则，在该时段内对另一个机组重复上述过程。

(5) 解决 UC 的主问题，并计算每个父代的总生产成本。

(6) 将高斯随机变量加到每个状态变量，就创建了一个子代。但需要进行一些修正，然后检查新调度计划是否满足所有约束。

(7) 改善进化后子代的状态，并用 TS 验证约束。

(8) 对整个种群排名。

(9) 为下一次迭代选择最佳 N 个种群。

(10) 是否已达到迭代次数？如果是，转到步骤 (11)，否则，回到步骤 (2)。

(11) 通过进化策略选择最佳种群。

(12) 打印最佳调度计划。

3.4.2 机组组合的粒子群优化算法

3.4.2.1 PSO 算法

粒子群算法，也称粒子群优化算法或鸟群觅食算法 (Particle Swarm Optimization，PSO)。PSO 算法属于进化算法 (Evolutionary Algorithm，EA) 的一种，和模拟退火算法相似，它也是从随机解出发，通过迭代寻找最优解，它也是通过适应度来评价解的品质，但比遗传算法规则更为简单，它没有遗传算法的“交叉”(Crossover) 和“变异”(Mutation) 操作，而是通过追随当前搜索到的最优值来寻找全局最优。这种算法以其实现容易、精度高、收敛快等优点引起了学术界的重视，并且在解决实际问题中展示了其优越性。粒子群算法是一种并行算法。

PSO 通过将粒子吸引到具有最优解的位置来改进其搜索。每个粒子能记住在搜索过程中的最佳位置，这个位置用 P_{bi}^{t} 表示。在这些 P_{bi}^{t} 中，只有一个具有最佳适应值的粒子，称为全局最佳，用 P_{gbi}^{t} 表示。PSO 的速度和位置更新公式为

$$V_i^t = wV_i^{t-1} + C_1 r_1 (P_{bi}^{t-1} - X_i^{t-1}) + C_2 r_2 (P_{gbi}^{t-1} - X_i^{t-1}) \tag{3.47}$$

$$X_i^t = X_i^{t-1} + V_i^t \quad i = 1, \cdots, N_D \tag{3.48}$$

式中：w 为惯性量；C_1、C_2 为加速度系数；N_D 为优化问题的维数（决策变量的数量）；r_1、r_2 为两个单独生成的均匀分布的随机数 0 或 1；X 为粒子的位置；V_i 为第 i 维的速度。

与传统优化算法相比，PSO 具有以下主要特征：

（1）它只需要一个适应值函数来测量解的“质量”，而不是复杂的数学运算，如梯度，海森矩阵或矩阵求逆。这降低了计算复杂度并减轻了目标函数上的一些限制（如可微分性，连续性或凸性）。

（2）它对好的初始解不太敏感，因其是一种基于种群的方法。

（3）很容易与其他优化方法结合成混合型。

（4）因它符合概率转换规则，因此具有避开局部最小值的能力。

与进化算法的其他方法相比，PSO 优点如下：

（1）可以通过基本的数学和逻辑运算进行编程和修改。

（2）省时和节约内存。

（3）要调的参数少。

（4）与实值数字一起运算，不需要像经典遗传算法那样进行二进制转换。

最简单的 PSO 允许每个个体从一个确定点移动到一个新的位置。PSO 算法的参数（如惯性权重）对算法的速度和效率至关重要。

如果在机组组合中也考虑经济调度（Economic Dispatch，ED），则可使用混合 PSO 法（Hybrid PSO，HPSO）。二进制值 PSO（求解 UC）与混合实值 PSO（求解 ED）是独立且同时运行的。对粒子群算法的简单修改，可产生二进制 PSO（Binary PSO，BPSO）。这个 BPSO 求解二进制问题与传统方法类似。在二进制粒子群中，X_i 和 P_{bi}^{t} 仅可取值 0 或 1。速度 V_i 决定概率门槛值或阈值。如果 V_i 较大，个体更可能选择 1，较小则更利于 0 的选择。这样阈值需要保持在［0.0，1.0］的范围内。神经网络中通常用一个简洁函数实现这一功能，该函数称为 S 型（Sigmoid）函数，定义如下

$$s(V_i) = \frac{1}{1 + \exp(-V_i)} \tag{3.49}$$

该函数将其输入限定在所需范围内，并且具有适合用作概率阈值的特性。然后生成随机数（在 0.0 和 1.0 之间），如果随机数小于 Sigmoid 函数的值，则将 X_i 设置为 1，即

$$X_i = \begin{cases} 1 & \text{if } r < s(V_i) \\ 0 & \text{otherwise} \end{cases} \tag{3.50}$$

在 UC 问题中，X_i 表示发电机 i 的开或关状态。为了确保始终有转换的可能（打开和关闭发电机），V_{max} 开始时选取为常数以限制 V_i 的范围。V_{max} 值大将使发电机改变状态的频率低，V_{max} 值小将增加发电机的开或关的频率。

3.4.2.2 算法实现

机组组合问题的数学模型可以表示为一般形式

$$\min f(x) \tag{3.51}$$

$$\text{s.t. } h_j(x)=0 \quad j=1,\cdots,m \tag{3.52}$$

$$g_i(x)\geqslant 0 \quad i=1,\cdots,k \tag{3.53}$$

为了处理不可行解，成本函数用于评估可行解，即

$$\Phi_f(x)=f(x) \tag{3.54}$$

对 $r+m$ 违反约束形成约束违反检测函数 $\Phi u(x)$，即

$$\Phi_u(x)=\sum_{i=1}^{r}g_i^{+}(x)+\sum_{j=1}^{m}\mid h_j^{+}(x)\mid \tag{3.55}$$

或者

$$\Phi_u(x)=\frac{1}{2}\left\{\sum_{i=1}^{r}[g_i^{+}(x)]^2+\sum_{j=1}^{m}[h_j^{+}(x)]^2\right\} \tag{3.56}$$

式中：$g_i^{+}(x)$ 为违反第 i 个不等式约束的大小；$h_j^{+}(x)$ 为违反第 j 个等式约束的大小；r 为不等式约束的个数；m 为等式约束的个数。

然后，个体 x 的总评价函数为

$$\Phi(x)=\Phi_f(x)+\gamma\Phi_u(x) \tag{3.57}$$

式中：γ 为用于最小化（或最大化）问题的正（或负）罚参数。

通过将罚参数与所有约束违反条件组合，约束问题被转换为无约束问题，这样可以不考虑约束条件而生成潜在解。

根据式（3.57)，将 UC 问题的总生产成本作为主要目标，并与功率平衡和旋转备用组合作为不等式约束，然后得到

$$\Phi(x)=F(P_{i,t},k_{i,t})+\frac{\gamma}{2}\sum_{t=1}^{T}\left[C_1\left(D_t-\sum_{i=1}^{n}P_{i,t}k_{i,t}\right)^2+C_2\left(D_t+R_t-\sum_{i=1}^{n}P_{i,t\max}k_{i,t}\right)^2\right] \tag{3.58}$$

第 k 代罚因子 γ 由下式计算

$$\gamma=\gamma_0+\log(k+1) \tag{3.59}$$

γ 的选择决定了收敛的精度和速度。根据经验，较大的 γ 值会增加收敛的精度和速度，因此，γ_0 的初值选为100。在式（3.58）中，如果违反有功平衡方程式，C_1 设为1；不违反时 $C_1=0$。同样地，当检测到违反发电机备用约束时，C_2 设为 1，否则为 0。

将机组组合问题目标函数代入式（3.58)，得到

$$\begin{aligned}\Phi(x)=&\sum_{t=1}^{T}\sum_{i=1}^{n}[F_i(P_{i,t})k_{i,t}+F_{si}(t)k_{i,t}]\\&+\frac{\gamma}{2}\sum_{t=1}^{T}\left[C_1\left(D_t-\sum_{i=1}^{n}P_{i,t}k_{i,t}\right)^2+C_2\left(D_t+R_t-\sum_{i=1}^{n}P_{i,t\max}k_{i,t}\right)^2\right]\\=&\sum_{t=1}^{T}\left\{\sum_{i=1}^{n}[F_i(P_{i,j})+F_{si}(t)]k_{i,t}\right.\\&\left.+\frac{\gamma}{2}\left[C_1\left(D_t-\sum_{i=1}^{n}P_{i,t}k_{i,t}\right)^2+C_2\left(D_t+R_t-\sum_{i=1}^{n}P_{i,t\max}k_{i,t}\right)^2\right]\right\}\end{aligned} \tag{3.60}$$

式（3.60）是在时间周期 T 内评估 PSO 群体中的每个粒子的适应值函数。初始功率值在发电机功率范围内随机生成。当粒子探索搜索空间时，从发电机组的功率输出范围内随机产生的初始值开始，当功率超过边界（最小或最大容量）时，属于违反约束条件。为了避免越界，当出现功率大于最大容量或小于最小容量时，重新在发电机的输出功率范围内进行初始化。

解是过去整个群体的最佳粒子（P_{gbi}^{t}），所以容易通过强制改变二进制值状态来处理最小启停时间约束。然而，这可能会改变当前适应度函数值，这意味着当前的 P_{gbi}^{t} 值可能不是所有粒

子中最优的。为了避免这种情况，需要用式（3.60）重新评价。

问题与练习

（1）电力系统中的机组组合主要计算什么？

（2）如何用优先顺序法求解机组组合问题？

（3）阐述基于动态规划方法的机组组合算法特点。

（4）五个发电机组的燃料消耗特性如下。

$F_1=0.0005P_{G1}^2+0.6P_{G1}+9$（Btu/h）（本书中 Btu 为英热量单位）

$F_2=0.0013P_{G2}^2+0.5P_{G2}+6$（Btu/h）

$F_3=0.0008P_{G3}^2+0.7P_{G3}+5$（Btu/h）

$F_4=0.0010P_{G4}^2+0.6P_{G4}+7$（Btu/h）

$F_5=0.0007P_{G5}^2+0.8P_{G5}+4$（Btu/h）

对应的五个发电机组功率上下限为

$100\text{MW}\leqslant P_{G1}\leqslant 500\text{MW}$

$150\text{MW}\leqslant P_{G2}\leqslant 300\text{MW}$

$150\text{MW}\leqslant P_{G3}\leqslant 400\text{MW}$

$100\text{MW}\leqslant P_{G4}\leqslant 350\text{MW}$

$100\text{MW}\leqslant P_{G5}\leqslant 450\text{MW}$

1）计算每个发电机组的平均生产成本。

2）列出五个发电机组的优先顺序。

（5）四个发电机组的系统，发电机参数和系统负荷见表 3.14、表 3.15。请求解该系统的机组组合问题。

表 3.14　　题 5 的发电机组数据

发电机组	最大输出功率（MW）	最小输出功率（MW）	发电费用（美元/h）	发电平均费用（美元）	机组启动费用（美元）	初始状态（h）	最小运行时间（h）	最少停运时间（h）
1	100	30	213.00	23.54	350	5	4	2
2	200	50	585.62	20.34	400	8	5	3
3	250	70	684.74	19.74	1100	8	5	4
4	50	20	252.00	28.00	0	−6	1	1

表 3.15　　题 5 的系统负荷数据

时间（h）	负荷（MW）
1	450
2	500
3	650
4	550
5	400
6	260

参 考 文 献

[1] J. Z. Zhu. Optimization of power system operation. 2nd ed. New Jersey：Wiley-IEEE Press，2015.

[2] A. I. Cohen，M. Yoshimura. A branch and bound algorithm for unit commitment. IEEE Trans. Power Syst.，1982，101：444-451.

[3] A. I. Cohen，S. H. Wan. A method for solving the fuel constrained unit commitment. IEEE Trans. Power Syst.，1987，1：608-614.

[4] W. L. Snyder，H. D. Powell，C. Rayburn. Dynamic programming approach to unit commitment. IEEE Trans. Power Syst.，1987，PWRS-2：339-350.

[5] S. Vemuri，L. Lemonidis. Fuel constrained unit commitment. IEEE Trans. Power Syst.，1992，7：410-415.

[6] S. Ruzic，N. Rajakovic. A new approach for solving extended unit commitment problem. IEEE Trans. Power Syst. 1991，6：269-277.

[7] E. H. Allen，M. D. Ilic. Stochastic unit commitment in a deregulated utility industry. in Proc. 29th North Amer. Power Symp.，Laramie，Wyoming，Oct. 1997，pp. 105-112.

[8] J. A. Momoh，J. Z. Zhu. Optimal generation scheduling based on AHP/ANP. IEEE Trans. on Systems，Man，and Cybernetics-Part B，2003，33（3）.

[9] G. S. Lauer，D. P. Bertsekas，N. R. Sandell，Jr.，T. A. Posbergh. Solution of large-scale optimal unit commitment problems. IEEE Trans. Automat. Contr.，1982，AC28：1-11.

[10] A. Merlin，P. Sandrin. A new method for commitment at electricitéde France. IEEE Trans. Power Syst.，1983，PAS102：1218-1255.

[11] Z. Ouyang，S. M. Shahiderpour. Short term unit commitment expert system. Int. J. Elect. Power Syst. Res.，1990，20：1-13.

[12] C. C. Su，Y. Y. Hsu. Fuzzy dynamic programming：an application to unit commitment. IEEE Trans. Power Syst.，1991，6：1231-1237.

[13] H. Sasaki，M. Watanabe，J. Kubokawa，N. Yorino. A solution method of unit commitment by artificial neural networks. IEEE Trans. Power Syst.，1992，7：974-981.

[14] N. P. Padhy. Unit commitment using hybrid models：a comparative study for dynamic programming，expert systems，fuzzy system and genetic algorithms. Int. J. Elect. Power Energy Syst.，2000，23（1）：827-836.

[15] A. H. Mantawy，Y. L. Youssef L. Abdel-Magid，S. Z. Shokri Z. Selim. A unit commitment by Tabu search. Proc. Inst. Elect. Eng. Gen. Transm. Dist.，1998，145（1）：56-64.

[16] K. A. Juste，H. Kita，E. Tanaka，J. Hasegawa. An evolutionary programming solution to the unit commitment problem. IEEE Trans. Power Syst.，1999，14：1452-1459.

[17] H. T. Yang，P. C. Yang，C. L. Huang. Evolutionary programming based economic dispatch for units with nonsmooth fuel cost functions. IEEE Trans. Power Syst.，1996，11：112-117.

[18] A. H. Mantawy，Y. L. Abdel-Magid，S. Z. Selim. Integrating genetic algorithm，Tabu search and simulated annealing for the unit commitment problem. IEEE Trans. Power Syst.，1999，14：829-836.

[19] C. C. A. Rajan，M. R. Mohan. An evolutionary programming-based tabu search method for solving the unit commitment problem. IEEE Trans. Power Syst.，2004，19（1）：577-585.

[20] H. H. Balci，J. F. Valenzuela. Scheduling electric power generators using particle swarm optimization combined with the lagrangian relaxation method. Int. J. Appl. Math. Comput. Sci.，2004，14（3）.

[21] T. O. Ting，M. V. C. Rao，C. K. Loo. A novel approach for unit commitment problem via an effective hybrid particle swarm optimization. IEEE Trans. Power Syst.，2006，21 (1)：411-418.
[22] A. J. Wood，B. Wollenberg. Power generation operation and control，2nd ed. New York：Wiley，1996.
[23] 李文源．电力系统安全经济运行．重庆：重庆大学出版社，1989.
[24] 朱继忠．电网安全经济运行理论与技术．北京：中国电力出版社，2018.
[25] D. B. Fogel. Evolutionary computation，toward a new philosophy of machine intelligence. Piscataway，NJ：IEEE Press，1995.
[26] T. Back. Evolutionary algorithms in theory and practice. New York：Oxford Univ. Press，1996.
[27] L. J. Fogel，A. J. Owens，M. J. Walsh，Artificial intelligence through simulated evolution. New York：Wiley，1996.

第 4 章

经典经济调度方法

4.1 引　　言

电力系统经济调度是指在满足电网安全约束的前提下，合理分配各机组输出功率，以最低的发电成本或燃料费用保证对用户可靠地供电的一种调度方法。因为早期电力系统比较简单，以就地供电为主，所以输电线路的安全限制或约束影响可以忽略，早期经济调度问题主要是并列运行机组间负荷分配问题。最初的方法是按机组效率和经济负荷点的原则进行发电机输出功率分配，实际并未达到最优。按等微增率分配负荷在 20 世纪 30 年代初期被提出，这就是早期经典经济调度的概念。网络输电损失对经济负荷分配有一定的影响，但在没有计算机的年代涉及网络计算是一个困难问题，同时早期的电网比较简单，采用各发电厂输出功率表示的网损公式（即 B 系数法）来计算网损及其微增率，这是一种简单而可行的方法。20 世纪 50 年代初根据 B 系数公式的发电与输电的协调方程式被提出，扩展了等微增率准则。

水火电联合调度也是早期受关注的一个经济调度问题，20 世纪 50 年代火电系统的等微增率准则应用到水火电联合运行，分别产生了定水头水电站的水火电协调方程式和变水头水电站的水火电协调方程式。

本章将对经典经济调度主要理论基础等微增率、发电输电协调（网损修正）和水火电协调逐一进行介绍。

4.2 忽略网损的火电系统经济调度

4.2.1 等微增率准则

经典经济调度中最主要的方法是等耗量微增率法，即等微增率准则。已知一个两台发电机连接在供电负荷 P_D 的单母线系统，两发电单元输入—输出曲线分别是 $F_1(P_{G1})$ 和 $F_2(P_{G2})$，系统总的燃料消耗 F 是两机组燃料消耗之和。假设两机组没有输出功率限制，系统运行必要的约束条件是输出功率之和等于负荷需求。系统经济调度问题就是在上述约束条件下求系统总的燃料消耗 F 最小，数学描述为

$$\min F = F_1(P_{G1}) + F_2(P_{G2}) \tag{4.1}$$

约束条件

$$P_{G1} + P_{G2} = P_D \tag{4.2}$$

根据等微增率准则，当两台发电机的燃料损耗增长率相等时，总燃料损耗达到最小，即最优条件

$$\frac{dF_1}{dP_{G1}} = \frac{dF_2}{dP_{G2}} = \lambda \tag{4.3}$$

此处$\frac{dF_i}{dP_{Gi}}$表示机组i的燃料消耗微增率，对应于发电机单元输入—输出特性曲线的斜率。

如果两台发电机工作在不同微增率的条件下，且

$$\frac{dF_1}{dP_{G1}} > \frac{dF_2}{dP_{G2}}$$

保持输出功率相同，如果发电机1减少输出功率ΔP，发电机2将增加输出功率ΔP，于是发电机1减少燃料消耗$\frac{dF_1}{dP_{G1}}\Delta P$，同时发电机2增加燃料消耗$\frac{dF_2}{dP_{G2}}\Delta P$，节省的燃料消耗为

$$\Delta F = \frac{dF_1}{dP_{G1}}\Delta P - \frac{dF_2}{dP_{G2}}\Delta P = \left(\frac{dF_1}{dP_{G1}} - \frac{dF_2}{dP_{G2}}\right)\Delta P > 0 \tag{4.4}$$

从式（4.4）可以看出当$\frac{dF_1}{dP_{G1}} = \frac{dF_2}{dP_{G2}}$时，$\Delta F$等于零，即两台发电机燃料微增率相等。

例4.1 两台发电机单元输入—输出特性如下

$$F_1 = 0.0008P_{G1}^2 + 0.2P_{G1} + 5(\text{Btu/h})$$
$$F_2 = 0.0005P_{G2}^2 + 0.3P_{G2} + 4(\text{Btu/h})$$

求负荷需求500MW时，两台发电机的最优济运行点。

解 首先，求取两台发电机组的燃料微增率如下

$$\lambda_1 = \frac{dF_1}{dP_{G1}} = 0.0016P_{G1} + 0.2$$

$$\lambda_2 = \frac{dF_2}{dP_{G2}} = 0.001P_{G2} + 0.3$$

根据等微增率准则，得到

$$\lambda_1 = \lambda_2$$

即
$$0.0016P_{G1} + 0.2 = 0.001P_{G2} + 0.3$$

或
$$1.6P_{G1} - P_{G2} = 100$$

已知系统负荷500MW，所以

$$P_{G1} + P_{G2} = 500$$

求解关于P_{G1}、P_{G2}的方程组，得到

$$P_{G1} = 230.77\text{MW}$$
$$P_{G2} = 269.23\text{MW}$$

例4.2 假设两台发电机组的输入—输出特性与例4.1略微不同，如下所示

$$F_1 = 0.0008P_{G1}^2 + 0.02P_{G1} + 5(\text{Btu/h})$$
$$F_2 = 0.0005P_{G2}^2 + 0.03P_{G2} + 4(\text{Btu/h})$$

仍在系统负荷需求500MW时确定发电机组的经济运行点。

解 首先，求取两台发电机组的微增率如下

$$\lambda_1 = \frac{dF_1}{dP_{G1}} = 0.0016P_{G1} + 0.02$$
$$\lambda_2 = \frac{dF_2}{dP_{G2}} = 0.001P_{G2} + 0.03$$

根据等微增率准则，可得

$$\lambda_1 = \lambda_2$$

即
$$0.0016P_{G1} + 0.02 = 0.001P_{G2} + 0.03$$

或
$$1.6P_{G1}-P_{G2}=10$$
已知负荷需求为500MW，所以
$$P_{G1}+P_{G2}=500$$
求解以上两个关于 P_{G1}、P_{G2} 的方程，得到
$$P_{G1}=196.15\text{MW}$$
$$P_{G2}=303.85\text{MW}$$

4.2.2 忽略网络损耗

4.2.2.1 忽略输出功率限制

等微增率准则可以用于 N 台火电机组的系统，已知 N 台火电机组的输入—输出特性分别为 $F_1(P_{G1})$，$F_2(P_{G2})$，…，$F_n(P_{Gn})$，系统总负荷为 P_D，则问题可以表示为
$$\min F=F_1(P_{G1})+F_2(P_{G2})+\cdots+F_n(P_{Gn})=\sum_{i=1}^{N}F_i(P_{Gi}) \tag{4.5}$$
约束条件
$$\sum_{i=1}^{N}P_{Gi}=P_D \tag{4.6}$$
这是一个带约束条件的最优化问题，可通过拉格朗日乘子法求解。首先，通过将约束方程乘以未知乘子后加到目标函数上来构造拉格朗日函数
$$L=F+\lambda\left(P_D-\sum_{i=1}^{N}P_{Gi}\right) \tag{4.7}$$
式中：λ 为拉格朗日乘子。

拉格朗日函数取得极值的必要条件是拉格朗日函数对各独立变量的一阶偏微分等于零
$$\frac{\partial L}{\partial P_{Gi}}=\frac{\partial F}{\partial P_{Gi}}-\lambda=0 \quad i=1,2,\cdots,N \tag{4.8}$$
或
$$\frac{\partial F}{\partial P_{Gi}}=\lambda \quad i=1,2,\cdots,N \tag{4.9}$$
由于各个发电机组的燃料消耗函数仅与本机组输出功率有关，所以方程又可以被写成
$$\frac{dF_i}{dP_{Gi}}=\lambda \quad i=1,2,\cdots,N \tag{4.10}$$
或
$$\frac{dF_1}{dP_{G1}}=\frac{dF_2}{dP_{G2}}=\cdots=\frac{dF_N}{dP_{GN}}=\lambda \tag{4.11}$$
式（4.11）为多发电机组经济运行的等微增率准则。

例 4.3 假设三台发电机组的输入—输出特性如下
$$F_1=0.0006P_{G1}^2+0.5P_{G1}+6(\text{Btu/h})$$
$$F_2=0.0005P_{G2}^2+0.6P_{G2}+5(\text{Btu/h})$$
$$F_3=0.0007P_{G3}^2+0.4P_{G3}+3(\text{Btu/h})$$
相应求取系统负荷功率需求为500MW和800MW时的经济运行点。

解 （1）总负荷 $P_D=500\text{MW}$。三台发电机组的微增率分别如下
$$\lambda_1=\frac{dF_1}{dP_{G1}}=0.0012P_{G1}+0.5$$
$$\lambda_2=\frac{dF_2}{dP_{G2}}=0.001P_{G2}+0.6$$

$$\lambda_3=\frac{dF_3}{dP_{G3}}=0.0014P_{G3}+0.4$$

根据等微增率准则，有

$$\lambda_1=\lambda_2=\lambda_3$$

即

$$0.0012P_{G1}+0.5=0.001P_{G2}+0.6=0.0014P_{G3}+0.4$$

从以上方程得到

$$1.2P_{G1}-P_{G2}=100$$

$$1.2P_{G1}-1.4P_{G3}=-100$$

已知负荷需求总功率为500MW，所以

$$P_{G1}+P_{G2}+P_{G3}=500$$

求解关于 P_{G1}、P_{G2}、P_{G3}，的方程组，得到

$$P_{G1}=172.897\text{MW}$$

$$P_{G2}=107.477\text{MW}$$

$$P_{G3}=219.626\text{MW}$$

在这个负荷条件下系统的燃料损耗微增率为

$$\lambda=0.70748$$

(2) 总负荷 $P_D=800$MW。与上面 (1) 相同，可以得到如下方程

$$1.2P_{G1}-P_{G2}=100$$

$$1.2P_{G1}-1.4P_{G3}=-100$$

$$P_{G1}+P_{G2}+P_{G3}=800$$

求解以上关于 P_{G1}、P_{G2}、P_{G3}，的方程组，得到

$$P_{G1}=271.028\text{MW}$$

$$P_{G2}=225.234\text{MW}$$

$$P_{G3}=303.738\text{MW}$$

相应的燃料损耗微增率为

$$\lambda=0.82523$$

4.2.2.2 考虑输出功率限制

上述已经讨论过经济运行的等微增率准则，可知火电机组经济运行的必要条件是所有机组的燃料消耗微增率都相等。然而，并没有考虑两个不等式约束条件，即每台机组的输出功率必须大于本机组最小允许输出功率，同时小于本机组最大允许输出功率。

考虑不等式约束后，经济调度问题又可描述为如下

$$\min F=F_1(P_{G1})+F_2(P_{G2})+\cdots+F_n(P_{Gn})=\sum_{i=1}^{N}F_i(P_{Gi}) \tag{4.12}$$

约束条件

$$\sum_{i=1}^{N}P_{Gi}=P_D \tag{4.13}$$

$$P_{Gi\min}\leqslant P_{Gi}\leqslant P_{Gi\max} \tag{4.14}$$

等微增率原则仍然可以被应用到上述方程，计算过程如下：

(1) 忽略不等式约束，根据等微增率准则在机组间分配功率。

(2) 检查每台发电机组的输出功率限制，如果功率输出超出限制，将其设置为相应的限制

值，即

$$若\quad P_{Gk} \geqslant P_{Gk\max}，\ P_{Gk} = P_{Gk\max} \tag{4.15}$$

$$若\quad P_{Gk} \leqslant P_{Gk\min}，\ P_{Gk} = P_{Gk\min} \tag{4.16}$$

(3) 把越限机组处理为负的功率负荷，即

$$P'_{Dk} = -P_{Gk}，对越限机组 k(k=1, \cdots, nk)$$

(4) 重新计算功率平衡方程如下

$$\sum_{\substack{i=1 \\ i \notin nk}}^{N} P_{Gi} = P_D + \sum_{k=1}^{nk} P'_{Dk} \tag{4.17}$$

或

$$\sum_{\substack{i=1 \\ i \notin nk}}^{N} P_{Gi} = P_D - \sum_{k=1}^{nk} P_{Gk} \tag{4.18}$$

(5) 返回步骤 (1) 直到满足所有不等式约束。

例 4.4 在例 4.2 的基础上考虑如下的不等式约束条件

$$100\text{MW} \leqslant P_{G1} \leqslant 250\text{MW}$$

$$150\text{MW} \leqslant P_{G2} \leqslant 300\text{MW}$$

从例 4.2 可知不考虑不等式约束时，当系统有功输出 500MW 时，两机组的经济运行点为

$$P_{G1} = 196.15\text{MW}$$

$$P_{G2} = 303.85\text{MW}$$

检查不等式约束条件，可知机组 2 的功率输出超过上限，所以把机组 2 的功率输出设为上限，有

$$P_{G2} = 303.85\text{MW} \geqslant 300(P_{G2\max})\text{MW}，P_{G2} = 300\text{MW}$$

所以功率调度变为

$$P_{G1} = 200\text{MW}$$

$$P_{G2} = 300\text{MW}$$

例 4.5 在例 4.3 的基础上，考虑如下的不等式约束

$$100\text{MW} \leqslant P_{G1} \leqslant 250\text{MW}$$

$$100\text{MW} \leqslant P_{G2} \leqslant 250\text{MW}$$

$$150\text{MW} \leqslant P_{G3} \leqslant 350\text{MW}$$

(1) 总负荷 $P_D = 500\text{MW}$。当系统功率负荷需求为 500MW 时，例 4.3 功率分配如下

$$P_{G1} = 172.897\text{MW}$$

$$P_{G2} = 107.477\text{MW}$$

$$P_{G3} = 219.626\text{MW}$$

通过检验机组的不等式约束，可知所有机组的输出功率都在限制值之内，因此，以上便是最优功率分配，其结果不存在功率越限的情况。

(2) 总负荷 $P_D = 800\text{MW}$。当系统功率负荷需求为 800MW 时，例 4.3 功率分配如下

$$P_{G1} = 271.028\text{MW}$$

$$P_{G2} = 225.234\text{MW}$$

$$P_{G3} = 303.738\text{MW}$$

检验机组的不等式约束，可见机组 1 输出功率超过上限，根据式 (4.15) 可得

$$P_{G1} = 250\text{MW}$$

即

$$P'_{D1}=-250\text{MW}$$

由式（4.18）得到新的功率平衡方程

$$P_{G2}+P_{G3}=800-250=550(\text{MW})$$

对机组 2、机组 3 应用等微增率原则，可得

$$\lambda_2=\frac{dF_2}{dP_{G2}}=0.001P_{G2}+0.6$$

$$\lambda_3=\frac{dF_3}{dP_{G3}}=0.0014P_{G3}+0.4$$

$$\lambda_2=\lambda_3$$

即

$$0.001P_{G2}+0.6=0.0014P_{G3}+0.4$$

最终得到如下两个方程

$$P_{G2}-1.4P_{G3}=-200$$
$$P_{G2}+P_{G3}=550$$

求解上述方程，功率分配变为

$$P_{G1}=250.0\text{MW}$$
$$P_{G2}=237.5\text{MW}$$
$$P_{G3}=312.5\text{MW}$$

4.3 考虑网损的火电机组经济调度

前面章节介绍的经济调度方法忽略了网络损耗。网络有功损耗对经济调度负荷分配产生影响，本节将对其进行分析。一般主要有两种方式求解网络损耗和相应的网损微增率。一种是建立网络损耗的数学表达式，即把网损仅仅表达为每个发电机组输出有功功率的函数，称为 B 系数法；另一种是基于潮流方程的方法。早期经典经济调度采用的是 B 系数法计算网络损耗和网损微增率。B 系数法公式可表示为

$$P_L=P_G^T\boldsymbol{B}_LP_G+\boldsymbol{B}_{L0}^TP_G+\boldsymbol{B}_0 \tag{4.19}$$

其中的系统矩阵为

$$\boldsymbol{B}_L=FA_{GG}F+A_{GG}+2FB_{GG} \tag{4.20}$$

$$\boldsymbol{B}_{L0}^T=2\boldsymbol{Q}_{G0}^T(A_{GG}F+B_{GG})+\boldsymbol{C}_{DG}^TF+\boldsymbol{C}_{GD}^T \tag{4.21}$$

$$\boldsymbol{B}_0=\boldsymbol{Q}_{G0}^TA_{GG}\boldsymbol{Q}_{G0}+\boldsymbol{C}_{DG}^T\boldsymbol{Q}_{G0}+C \tag{4.22}$$

网损微增率可以从式（4.19）得出

$$\frac{\partial P_L}{\partial P_G}=2\boldsymbol{B}_LP_G+\boldsymbol{B}_{L0}^T \tag{4.23}$$

考虑了网络损耗的火电机组经济调度问题，在数学上可以描述为

$$\min F=F_1(P_{G1})+F_2(P_{G2})+\cdots+F_n(P_{Gn})=\sum_{i=1}^{N}F_i(P_{Gi}) \tag{4.24}$$

约束条件

$$\sum_{i=1}^{N}P_{Gi}=P_D+P_L \tag{4.25}$$

$$P_{Gi\min}\leqslant P_{Gi}\leqslant P_{Gi\max} \tag{4.26}$$

构造拉格朗日函数，即

$$L=F+\lambda\left(P_{\mathrm{D}}+P_{\mathrm{L}}-\sum_{i=1}^{N}P_{\mathrm{G}i}\right) \tag{4.27}$$

拉格朗日函数取极值的必要条件是对各个独立变量的一阶导数都等于零。

$$\frac{\partial L}{\partial P_{\mathrm{G}i}}=\frac{\mathrm{d}F_i}{\mathrm{d}P_{\mathrm{G}i}}-\lambda\left(1-\frac{\partial P_{\mathrm{L}}}{\partial P_{\mathrm{G}i}}\right)=0 \quad i=1,\ 2,\ \cdots,\ N \tag{4.28}$$

或

$$\frac{\mathrm{d}F_i}{\mathrm{d}P_{\mathrm{G}i}}\times\frac{1}{\left(1-\dfrac{\partial P_{\mathrm{L}}}{\partial P_{\mathrm{G}i}}\right)}=\frac{\mathrm{d}F_i}{\mathrm{d}P_{\mathrm{G}i}}a_i=\lambda \quad i=1,\ 2,\ \cdots,\ N \tag{4.29}$$

其中网络损耗修正系数为

$$a_i=\frac{1}{\left(1-\dfrac{\partial P_{\mathrm{L}}}{\partial P_{\mathrm{G}i}}\right)} \tag{4.30}$$

考虑网络损耗后，经济调度等微增率准则可以表述为

$$\frac{\mathrm{d}F_i}{\mathrm{d}P_{\mathrm{G}i}}a_i=\lambda \quad i=1,\ 2,\ \cdots,\ N \tag{4.31}$$

或

$$\frac{\mathrm{d}F_1}{\mathrm{d}P_{\mathrm{G}1}}a_1=\frac{\mathrm{d}F_2}{\mathrm{d}P_{\mathrm{G}2}}a_2=\cdots\frac{\mathrm{d}F_N}{\mathrm{d}P_{\mathrm{G}N}}a_N=\lambda \tag{4.32}$$

式（4.31）也被称为经济运行的协调方程。

火电机组经济调度的求解过程如下：

(1) 选择一组机组有功功率初值 $P_{\mathrm{G}0i}$，使其总和等于负荷。

(2) 计算机组燃料微增率$\dfrac{\mathrm{d}F_i}{\mathrm{d}P_{\mathrm{G}i}}$。

(3) 计算网损微增率$\dfrac{\partial P_{\mathrm{L}}}{\partial P_{\mathrm{G}i}}$和总网损。

(4) 根据协调式（4.32）和功率平衡方程计算 λ 与 $P_{\mathrm{G}i}$ 的值。

(5) 比较步骤（4）的 $P_{\mathrm{G}i}$ 与初始数值 $P_{\mathrm{G}i0}$，如果没有显著差异，转到步骤（6），否则转到步骤（2）。

(6) 完成。

4.4 水火电混合系统经济调度

4.4.1 忽略网络损耗

水火电混合系统的经济调度通常比单纯的火电系统情况复杂。所有的水电系统都是有差异的，这是因为有流域的天然差异，用于控制水流的储水放水机制的差异，以及对水电系统运行所施加的许多不同类型的自然或人为的约束。水电厂的协调运行涉及水量的规划调度计划，根据规划时间长短，水电系统运行可分为长期计划和短期计划。

长期水电运行计划包括长期可利用水力预测和在一定时间周期内根据水库容量确定的水电调度计划。典型的长期调度时间长度从1周到1年或几年。对于具有超过几个季节蓄水能力的水电调度，长期调度包括气象和数据统计的分析。这里仅考虑短期水电调度问题。

短期水电调度的时间长度从1天到1周，包括了水火电系统在给定时间为实现最小发电成本（或最小燃料消耗）的所有发电机每个小时的发电计划。

设 P_T、$F(P_T)$ 为火电厂的有功输出和输入—输出特性，$P_{\rm H}$、$W(P_{\rm H})$ 为水电厂的有功输出和输入输出特性，则水火电混合系统经济调度问题可被描述为

$$\min F_{\Sigma}=\int_0^T F[P_T(t)]\mathrm{d}t \tag{4.33}$$

约束条件

$$P_{\rm H}(t)+P_T(t)-P_{\rm D}(t)=0 \tag{4.34}$$

$$\int_0^T W[P_{\rm H}(t)]\mathrm{d}t-W_{\Sigma}=0 \tag{4.35}$$

把时间 T 分为 s 个阶段

$$T=\sum_{k=1}^{s}\Delta t_k \tag{4.36}$$

对于任意一个时间段，假设水电厂和火电厂的有功输出以及负荷需求都是常数，则式（4.34）和式（4.35）可变为

$$P_{{\rm H}k}+P_{{\rm T}k}-P_{{\rm D}k}=0\quad k=1,\ 2,\ \cdots,\ s \tag{4.37}$$

$$\sum_{k=1}^{s}W(P_{{\rm H}k})\Delta t_k-W_{\Sigma}=\sum_{k=1}^{s}W_k\Delta t_k-W_{\Sigma}=0 \tag{4.38}$$

目标函数变为

$$F_{\Sigma}=\sum_{k=1}^{s}F(P_{{\rm T}k})\Delta t_k=\sum_{k=1}^{s}F_k\Delta t_k \tag{4.39}$$

构造拉格朗日函数

$$L=\sum_{k=1}^{s}F_k\Delta t_k-\sum_{k=1}^{s}\lambda_k(P_{{\rm H}k}+P_{{\rm T}k}-P_{{\rm D}k})\Delta t_k+\gamma\left(\sum_{k=1}^{s}W_k\Delta t_k-W_{\Sigma}\right) \tag{4.40}$$

拉格朗日函数取得极值的必要条件

$$\frac{\partial L}{\partial P_{{\rm H}k}}=\gamma\frac{\mathrm{d}W_k}{\mathrm{d}P_{{\rm H}k}}\Delta t_k-\lambda_k\Delta t_k=0\quad k=1,\ 2,\ \cdots,\ s \tag{4.41}$$

$$\frac{\partial L}{\partial P_{{\rm T}k}}=\frac{\mathrm{d}F_k}{\mathrm{d}P_{{\rm T}k}}\Delta t_k-\lambda_k\Delta t_k=0\quad k=1,\ 2,\ \cdots,\ s \tag{4.42}$$

$$\frac{\partial L}{\partial\lambda_k}=-(P_{{\rm H}k}+P_{{\rm T}k}-P_{{\rm D}k})\Delta t_k=0\quad k=1,\ 2,\ \cdots,\ s \tag{4.43}$$

$$\frac{\partial L}{\partial\gamma}=\sum_{k=1}^{s}W_k\Delta t_k-W_{\Sigma}=0 \tag{4.44}$$

从式（4.41）和式（4.42）可以得到

$$\frac{\mathrm{d}F_k}{\mathrm{d}P_{{\rm T}k}}=\gamma\frac{\mathrm{d}W_k}{\mathrm{d}P_{{\rm H}k}}=\lambda_k\quad k=1,\ 2,\ \cdots,\ s \tag{4.45}$$

如果时间段非常短，式（4.45）可以表示为

$$\frac{\mathrm{d}F}{\mathrm{d}P_T}=\gamma\frac{\mathrm{d}W}{\mathrm{d}P_{\rm H}}=\lambda \tag{4.46}$$

式（4.46）为水火电混合系统经济调度的等微增率准则，表示当火电机组增加 ΔP 的有功输出时，增加的燃料消耗是

$$\Delta F=\frac{\mathrm{d}F}{\mathrm{d}P_T}\Delta P \tag{4.47}$$

当水电机组增加有功输出 ΔP 时，增加的水量消耗是

$$\Delta W=\frac{\mathrm{d}W}{\mathrm{d}P_{\rm H}}\Delta P \tag{4.48}$$

从式（4.46）～式（4.48），得到水量转化为燃料的转化系数

$$\gamma=\frac{\Delta F}{\Delta W} \tag{4.49}$$

换句话说，水电机组的水力消耗量乘以 γ 便是等值的火电机组燃料消耗量，这样水电机组等效于火电机组。

一般而言，γ 的数值与一段时间内（如 1 天）的给定水消耗量有关，如果给定的水消耗量很大，水电机组可以发出更多的电量来满足负荷需求，这种情况下，γ 取值相对较小，否则，γ 可取较大值。水火电系统经济调度问题的计算流程如下：

（1）给定初始数值 $\gamma(0)$，迭代次数 $k=0$。

（2）根据式（4.45）计算水火混合系统在全时段的功率分配。

（3）检验总的水量消耗是否等于给定的水量，即

$$|W(k)-W_{\Sigma}|<\varepsilon \tag{4.50}$$

如果满足条件，则停止计算；否则，进行下一步计算。

（4）如果 $W(k)>W_{\Sigma}$，意味着选择的 γ 太小，取 $\gamma(k+1)>\gamma(k)$，如果 $W(k)<W_{\Sigma}$，意味着选择的 γ 太大，取 $\gamma(k+1)<\gamma(k)$，返回步骤（2）。

例 4.6 一个电力系统里有一个火电厂和一个水电厂，火电厂输入—输出特性是

$$F=0.00035P_T^2+0.4P_T+3(\text{Btu/h})$$

水电厂输入—输出特性为

$$W=0.0015P_H^2+0.8P_H+2(\text{m}^3/\text{s})$$

水电厂 1 天的水消耗量是

$$W_{\Sigma}=1.5\times10^7(\text{m}^3)$$

系统日负荷需求如图 4.1 所示。

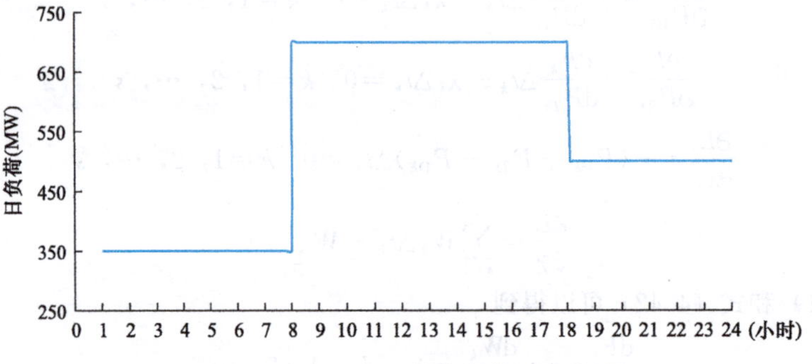

图 4.1 例 4.6 的系统日负荷需求曲线

火电厂输出功率限制为

$$50\text{MW}\leqslant P_T\leqslant 600\text{MW}$$

水电厂输出功率限制为

$$50\text{MW}\leqslant P_H\leqslant 450\text{MW}$$

求解此水火电混合系统的经济调度调度问题。

解 根据水电厂和火电厂的输入—输出特性以及式（4.46），可以得到以下方程

$$0.0007P_T+0.4=\gamma(0.003P_H+0.8)$$

从负荷曲线可知有三个时间阶段，每个时间段里负荷维持不变，因此，对于每个时段有如下功率平衡方程

$$P_{Hk}+P_{Tk}=P_{Dk}\quad k=1,2,3$$

从以上两个方程可得

$$P_{Hk}=\frac{0.4-0.8\gamma+0.0007P_{Dk}}{0.003\gamma+0.0007}\quad k=1,2,3$$

$$P_{Tk}=\frac{-0.4+0.8\gamma+0.003\gamma P_{Dk}}{0.003\gamma+0.0007}\quad k=1,2,3$$

选择γ初始值为0.5，第一阶段的负荷水平是350MW，可以得到

$$P_{H1}=\frac{0.4-0.8\times0.5+0.0007\times350}{0.003\times0.5+0.0007}=111.36(\mathrm{MW})$$

$$P_{T1}=\frac{-0.4+0.8\times0.5+0.003\times0.5\times350}{0.003\times0.5+0.0007}=238.64(\mathrm{MW})$$

第二阶段负荷水平为700MW，同样得到

$$P_{H2}=\frac{0.4-0.8\times0.5+0.0007\times700}{0.003\times0.5+0.0007}=222.72(\mathrm{MW})$$

$$P_{T2}=\frac{-0.4+0.8\times0.5+0.003\times0.5\times700}{0.003\times0.5+0.0007}=477.28(\mathrm{MW})$$

第三阶段负荷水平为500MW，同理可得

$$P_{H3}=\frac{0.4-0.8\times0.5+0.0007\times500}{0.003\times0.5+0.0007}=159.09(\mathrm{MW})$$

$$P_{T3}=\frac{-0.4+0.8\times0.5+0.003\times0.5\times500}{0.003\times0.5+0.0007}=340.91(\mathrm{MW})$$

根据水电厂的输出功率和输入—输出特性，可计算得到1天的耗水量

$$\begin{aligned}W_{\Sigma}=&(0.0015\times111.36^2+0.8\times111.36+2)\times8\times3600+\\&(0.0015\times222.72^2+0.8\times222.72+2)\times10\times3600+\\&(0.0015\times159.09^2+0.8\times159.09+2)\times6\times3600=1.5937\times10^7(\mathrm{m}^3)\end{aligned}$$

可见计算得到的耗水量大于实际给定的日耗水量，所以增大γ，使其等于0.52，重新计算功率输出，对于第一阶段，负荷水平350MW，可得

$$P_{H1}=\frac{0.4-0.8\times0.52+0.0007\times350}{0.003\times0.52+0.0007}=101.33(\mathrm{MW})$$

$$P_{T1}=\frac{-0.4+0.8\times0.52+0.003\times0.52\times350}{0.003\times0.52+0.0007}=248.67(\mathrm{MW})$$

第二阶段负荷水平700MW，所以

$$P_{H2}=\frac{0.4-0.8\times0.52+0.0007\times700}{0.003\times0.52+0.0007}=209.73(\mathrm{MW})$$

$$P_{T2}=\frac{-0.4+0.8\times0.52+0.003\times0.52\times700}{0.003\times0.52+0.0007}=490.27(\mathrm{MW})$$

第三阶段负荷水平500MW，因此

$$P_{H3}=\frac{0.4-0.8\times0.52+0.0007\times500}{0.003\times0.52+0.0007}=147.79(\mathrm{MW})$$

$$P_{T3}=\frac{-0.4+0.8\times0.52+0.003\times0.52\times500}{0.003\times0.52+0.0007}=352.21(\mathrm{MW})$$

计算日总耗水量得到

$$W_{\Sigma}=(0.0015\times101.33^2+0.8\times101.33+2)\times8\times3600+$$

$(0.0015\times 209.73^2+0.8\times 209.73+2)\times 10\times 3600+$

$(0.0015\times 147.79^2+0.8\times 147.79+2)\times 6\times 3600=1.4628\times 10^7(m^3)$

计算得出的耗水量比给定的日总耗水量小，因此减小γ值，重新计算功率输出，直到计算得出的耗水量等于实际给定的耗水量或满足不等式为止。迭代过程见表4.1。四次迭代之后，耗水量几乎等于给定日总耗水量，停止迭代。

表4.1　例4.6水火电系统调度的迭代过程

迭代次数	γ	P_{H1} (MW)	P_{H1} (MW)	P_{H1} (MW)	W_{Σ} (m^3)
1	0.5000	111.360	222.720	159.090	1.5937×10^7
2	0.5200	101.330	209.730	147.790	1.4628×10^7
3	0.5140	104.280	213.560	151.110	1.5010×10^7
4	0.5145	104.207	213.463	151.031	1.5000×10^7

4.4.2　考虑网络损耗

假设水火电系统中有m个水电厂，n个火电厂，水火电系统时间周期内的负荷已知，给定第j个水电厂耗水量是$W_{\Sigma j}$，考虑网损的水火电混合系统经济调度可描述为

$$\min F_{\Sigma}=\sum_{i=1}^{n}\int_{0}^{T}F_i[P_{Ti}(t)]\mathrm{d}t \tag{4.51}$$

约束条件

$$\sum_{j=1}^{m}P_{Hj}(t)+\sum_{i=1}^{n}P_{Ti}(t)-P_L(t)-P_D(t)=0 \tag{4.52}$$

$$\int_{0}^{T}W_j[P_{Hj}(t)]\mathrm{d}t-W_{\Sigma j}=0 \tag{4.53}$$

与前一节相似，把时间段T分为s个阶段

$$T=\sum_{k=1}^{s}\Delta t_k \tag{4.54}$$

可得

$$F_{\Sigma}=\sum_{i=1}^{n}\sum_{k=1}^{s}F_{ik}(P_{Tik})\Delta t_k \tag{4.55}$$

$$\sum_{j=1}^{m}P_{Hjk}+\sum_{i=1}^{n}P_{Tik}-P_{Lk}-P_{Dk}=0\quad k=1,2,\cdots,s \tag{4.56}$$

$$\sum_{k=1}^{s}W_{jk}(P_{Hjk})\Delta t_k-W_{\Sigma j}=0\quad j=1,2,\cdots,m \tag{4.57}$$

构造拉格朗日函数

$$L=\sum_{i=1}^{n}\sum_{k=1}^{s}F_{ik}(P_{Tik})\Delta t_k-\sum_{k=1}^{s}\lambda_k\Big(\sum_{j=1}^{m}P_{Hjk}+\sum_{i=1}^{n}P_{Tik}-P_{Lk}-P_{Dk}\Big)\Delta t_k+\sum_{j=1}^{m}\gamma_j\Big(\sum_{k=1}^{s}W_{jk}(P_{Hjk})\Delta t_k-W_{\Sigma j}\Big) \tag{4.58}$$

拉格朗日函数极值必要条件是

$$\frac{\partial L}{\partial P_{Hjk}}=\gamma_j\frac{\mathrm{d}W_{jk}}{\mathrm{d}P_{Hjk}}\Delta t_k-\lambda_k\left(1-\frac{\partial P_{Lk}}{\partial P_{Hjk}}\right)\Delta t_k=0\quad j=1,2,\cdots,m;\ k=1,2,\cdots,s \tag{4.59}$$

$$\frac{\partial L}{\partial P_{Tik}}=\frac{\mathrm{d}F_{ik}}{\mathrm{d}P_{Tik}}\Delta t_k-\lambda_k\left(1-\frac{\partial P_{Lk}}{\partial P_{Tik}}\right)\Delta t_k=0\quad i=1,2,\cdots,n;\ k=1,2,\cdots,s \tag{4.60}$$

$$\frac{\partial L}{\partial \lambda_k}=-\left(\sum_{j=1}^{m}P_{\mathrm{H}jk}+\sum_{i=1}^{n}P_{\mathrm{T}ik}-P_{\mathrm{L}k}-P_{\mathrm{D}k}\right)\Delta t_k=0 \quad k=1,\ 2,\ \cdots,\ s \tag{4.61}$$

$$\frac{\partial L}{\partial \gamma_j}=\sum_{k=1}^{s}W_{jk}\Delta t_k-W_{\sum j}=0 \quad j=1,\ 2,\ \cdots,\ m \tag{4.62}$$

从式（4.59）和式（4.60）可得

$$\frac{\mathrm{d}F_{ik}}{\mathrm{d}P_{\mathrm{T}ik}}\times\frac{1}{1-\dfrac{\partial P_{\mathrm{L}k}}{\partial P_{\mathrm{T}ik}}}=\gamma_j\frac{\mathrm{d}W_{jk}}{\mathrm{d}P_{\mathrm{H}jk}}\times\frac{1}{1-\dfrac{\partial P_{\mathrm{L}k}}{\partial P_{\mathrm{H}jk}}}=\lambda_k \quad k=1,\ 2,\ \cdots,\ s \tag{4.63}$$

式（4.63）对任何时间阶段都成立，即

$$\frac{\mathrm{d}F_i}{\mathrm{d}P_{\mathrm{T}i}}\times\frac{1}{1-\dfrac{\partial P_{\mathrm{L}}}{\partial P_{\mathrm{T}i}}}=\gamma_j\frac{\mathrm{d}W_j}{\mathrm{d}P_{\mathrm{H}j}}\times\frac{1}{1-\dfrac{\partial P_{\mathrm{L}}}{\partial P_{\mathrm{H}j}}}=\lambda \tag{4.64}$$

式（4.64）即是考虑网损的水火电混合系统经济调度问题的协调方程。

4.5 梯度法经济调度

4.5.1 简介

等微增率准则仅仅适用于发电机组输入—输出特性是二次函数或者输入—输出特性的增量是分段线性函数，但发电机组的输入—输出特性可能是三次函数或更复杂的形式，例如

$$F_{\mathrm{G}i}=A+BP_{\mathrm{G}i}+CP_{\mathrm{G}i}^2+DP_{\mathrm{G}i}^3+\cdots$$

因此，需要其他方法来得到以上函数的最优结果，于是引入梯度法求解经典的经济调度问题。

4.5.2 经济调度的梯度搜索

梯度法原理是函数 $f(x)$ 的最小值在沿着一系列下降方向计算后，总可以被找到。函数 $f(x)$ 的梯度可以描述如下

$$\boldsymbol{\nabla f}=\begin{bmatrix}\dfrac{\partial f}{\partial x_1}\\ \dfrac{\partial f}{\partial x_2}\\ \vdots\\ \dfrac{\partial f}{\partial x_n}\end{bmatrix} \tag{4.65}$$

梯度方向指向最大增长方向，最大下降方向与之相反，取为梯度的负值。因此，最小化函数的最大下降方向可以用负梯度表示。给定初始点 $\boldsymbol{x}^0$，新得到的点 $\boldsymbol{x}^1$ 是

$$\boldsymbol{x}^1=\boldsymbol{x}^0-\varepsilon\boldsymbol{\nabla f} \tag{4.66}$$

式中：ε 为处理梯度法收敛性的步长单位。

把梯度法应用到经济调度问题，目标函数是

$$\min F=\sum_{i=1}^{N}f_i(P_{\mathrm{G}i}) \tag{4.67}$$

约束条件是有功平衡方程，即

$$\sum_{i=1}^{N}P_{\mathrm{G}i}=P_{\mathrm{D}} \tag{4.68}$$

如前所述，解决此类经典经济调度问题，先构建拉格朗日函数，即

$$L=F+\lambda\left(P_{\mathrm{D}}-\sum_{i=1}^{N}P_{\mathrm{G}i}\right)=\sum_{i=1}^{N}f_i(P_{\mathrm{G}i})+\lambda\left(P_{\mathrm{D}}-\sum_{i=1}^{N}P_{\mathrm{G}i}\right) \tag{4.69}$$

拉格朗日函数梯度是

$$\nabla L=\begin{bmatrix}\dfrac{\partial L}{\partial P_{\mathrm{G1}}}\\ \dfrac{\partial L}{\partial P_{\mathrm{G2}}}\\ \vdots\\ \dfrac{\partial L}{\partial P_{\mathrm{G}N}}\\ \dfrac{\partial L}{\partial \lambda}\end{bmatrix}=\begin{bmatrix}\dfrac{\mathrm{d}f_1(P_{\mathrm{G1}})}{\mathrm{d}P_{\mathrm{G1}}}-\lambda\\ \dfrac{\mathrm{d}f_2(P_{\mathrm{G2}})}{\mathrm{d}P_{\mathrm{G2}}}-\lambda\\ \vdots\\ \dfrac{\mathrm{d}f_N(P_{\mathrm{G}N})}{\mathrm{d}P_{\mathrm{G}N}}-\lambda\\ P_{\mathrm{D}}-\sum\limits_{i=1}^{N}P_{\mathrm{G}i}\end{bmatrix} \tag{4.70}$$

应用梯度∇L解决经济调度问题，要先给出一系列初始值 P_{G1}^0，P_{G2}^0，…，P_{GN}^0，λ^0，新的结果将通过以下方程计算得到

$$\boldsymbol{x}^1=\boldsymbol{x}^0-\varepsilon\nabla\boldsymbol{L} \tag{4.71}$$

其中，向量 $\boldsymbol{x}^1$，$\boldsymbol{x}^0$ 分别是

$$\boldsymbol{x}^0=\begin{bmatrix}P_{\mathrm{G1}}^0\\ P_{\mathrm{G2}}^0\\ \vdots\\ P_{\mathrm{G}N}^0\\ \lambda^0\end{bmatrix} \tag{4.72}$$

$$\boldsymbol{x}^1=\begin{bmatrix}P_{\mathrm{G1}}^1\\ P_{\mathrm{G2}}^1\\ \vdots\\ P_{\mathrm{G}N}^1\\ \lambda^1\end{bmatrix} \tag{4.73}$$

梯度搜索更一般的表达形式为

$$\boldsymbol{x}^n=\boldsymbol{x}^{n-1}-\varepsilon\nabla\boldsymbol{L} \tag{4.74}$$

式中：n 为迭代次数。

梯度法应用到经典经济调度问题的计算步骤总结如下

(1) 选取初始值 P_{G1}^0，P_{G2}^0，…，$P_{\mathrm{G}N}^0$，其中

$$P_{\mathrm{G1}}^0+P_{\mathrm{G2}}^0+\cdots+P_{\mathrm{G}N}^0=P_{\mathrm{D}}$$

(2) 计算每台发电机的初始 λ_i^0 值

$$\lambda_i^0=\left.\frac{\mathrm{d}f_i(P_{\mathrm{G}i})}{\mathrm{d}P_{\mathrm{G}i}}\right|_{P_{\mathrm{G}i}^0}\quad i=1,\ \cdots,\ N$$

(3) 计算初始平均微增费用 λ^0

$$\lambda^0=\frac{1}{N}\sum_{i=1}^{N}\lambda_i^0$$

(4) 计算梯度

$$\nabla L^1=\begin{bmatrix}\dfrac{\mathrm{d}f_1(P_{G1}^0)}{\mathrm{d}P_{G1}}-\lambda^0\\ \dfrac{\mathrm{d}f_2(P_{G2}^0)}{\mathrm{d}P_{G2}}-\lambda^0\\ \vdots\\ \dfrac{\mathrm{d}f_N(P_{GN}^0)}{\mathrm{d}P_{GN}}-\lambda^0\\ P_D-\sum\limits_{i=1}^{N}P_{Gi}^0\end{bmatrix}$$

(5) 如果$\nabla L=0$，结果收敛，停止迭代，否则进入下一步。

(6) 选取尺度 ε 处理收敛。

(7) 根据式 (4.74) 计算新解 P_{G1}^1，P_{G2}^1，…，P_{GN}^1，λ^1。

(8) 将新解代入步骤 (4) 的方程，重新计算梯度。

例 4.7 与例 4.3 相同数据的情况下，解决负荷 500MW 时的经济调度问题。

解 (1) 选择初始数据 $P_{G1}^0=300$，$P_{G2}^0=150$，$P_{G3}^0=250$，并且 $P_{G1}^0+P_{G2}^0+P_{G3}^0=500$。

(2) 对每一台发电机计算初始值 λ_i^0，有

$$\lambda_1^0=\frac{\mathrm{d}f_1(P_{G1}^0)}{\mathrm{d}P_{G1}}=0.0012\times150+0.5=0.68$$

$$\lambda_2^0=\frac{\mathrm{d}f_2(P_{G2}^0)}{\mathrm{d}P_{G2}}=0.001\times100+0.6=0.70$$

$$\lambda_3^0=\frac{\mathrm{d}f_3(P_{G3}^0)}{\mathrm{d}P_{G3}}=0.0014\times250+0.4=0.75$$

(3) 计算初始平均微增费用 λ^0

$$\lambda^0=\frac{1}{3}\sum_{i=1}^{3}\lambda_i^0=\frac{1}{3}(0.68+0.7+0.75)=0.71$$

(4) 计算如下梯度

$$\nabla L^1=\begin{bmatrix}0.68-0.71\\0.70-0.71\\0.75-0.71\\500-(150+100+250)\end{bmatrix}=\begin{bmatrix}-0.03\\-0.01\\0.04\\0.00\end{bmatrix}$$

(5) 选取尺度 $\varepsilon=300$ 处理收敛，根据方程计算新解 P_{G1}^1，P_{G2}^1，…，P_{GN}^1，λ^1

$$\begin{bmatrix}P_{G1}^1\\P_{G2}^1\\P_{G3}^1\\\lambda^1\end{bmatrix}=\begin{bmatrix}150\\100\\250\\0.71\end{bmatrix}-300\begin{bmatrix}-0.03\\-0.01\\0.04\\0.0\end{bmatrix}=\begin{bmatrix}159\\103\\238\\0.71\end{bmatrix}$$

(6) 计算新梯度

$$\nabla L^2=\begin{bmatrix}(0.0012\times159+0.5)-0.71\\(0.0010\times103+0.6)-0.71\\(0.0014\times238+0.4)-0.71\\500-(159+103+238)\end{bmatrix}=\begin{bmatrix}-0.0192\\-0.0070\\0.0232\\0.0000\end{bmatrix}$$

$$\begin{bmatrix} P_{G1}^2 \\ P_{G2}^2 \\ P_{G3}^2 \\ \lambda^2 \end{bmatrix} = \begin{bmatrix} 159 \\ 103 \\ 238 \\ 0.71 \end{bmatrix} - 300 \begin{bmatrix} -0.0192 \\ -0.0070 \\ 0.0232 \\ 0.0 \end{bmatrix} = \begin{bmatrix} 164.76 \\ 105.10 \\ 231.04 \\ 0.71 \end{bmatrix}$$

再次计算梯度

$$\nabla L^3 = \begin{bmatrix} (0.0012 \times 164.76 + 0.5) - 0.71 \\ (0.0010 \times 105.10 + 0.6) - 0.71 \\ (0.0014 \times 231.04 + 0.4) - 0.71 \\ 500 - (164.76 + 105.1 + 231.04) \end{bmatrix} = \begin{bmatrix} -0.0123 \\ -0.0049 \\ 0.0135 \\ -0.9000 \end{bmatrix}$$

梯度$\nabla L^3 \neq 0$，因此计算新的结果

$$\begin{bmatrix} P_{G1}^3 \\ P_{G2}^3 \\ P_{G3}^3 \\ \lambda^3 \end{bmatrix} = \begin{bmatrix} 164.76 \\ 105.10 \\ 231.04 \\ 0.71 \end{bmatrix} - 300 \begin{bmatrix} -0.0123 \\ -0.0049 \\ 0.01346 \\ 0.900 \end{bmatrix} = \begin{bmatrix} 168.45 \\ 107.80 \\ 227.00 \\ 270.71 \end{bmatrix}$$

由于梯度里的 λ 有很大变动，迭代不收敛，得不出有效结果。以下是解决此类问题的三种方法。

4.5.2.1　第一种梯度法

该梯度法是在计算梯度过程中，把 λ 元素移除，即

$$\nabla L = \begin{bmatrix} \dfrac{\partial L}{\partial P_{G1}} \\ \dfrac{\partial L}{\partial P_{G2}} \\ \vdots \\ \dfrac{\partial L}{\partial P_{GN}} \end{bmatrix} = \begin{bmatrix} \dfrac{\mathrm{d}f_1(P_{G1})}{\mathrm{d}P_{G1}} - \lambda \\ \dfrac{\mathrm{d}f_2(P_{G2})}{\mathrm{d}P_{G2}} - \lambda \\ \vdots \\ \dfrac{\mathrm{d}f_N(P_{GN})}{\mathrm{d}P_{GN}} - \lambda \end{bmatrix} \tag{4.75}$$

设 λ 的值总等于发电机迭代后输出功率点处的平均微增费用，即

$$\lambda^k = \frac{1}{N} \sum_{i=1}^{N} \left[\frac{\mathrm{d}f_i(P_{Gi}^k)}{\mathrm{d}P_{Gi}} \right] \tag{4.76}$$

例 4.8　用第一种梯度法重新计算例 4.7，结果见表 4.2。

表 4.2　　第一种梯度法的计算结果（$\varepsilon=300$）

迭代次数	P_{G1} (MW)	P_{G2} (MW)	P_{G3} (MW)	λ
0	150	100	250	0.71
1	159	103	238	0.709
2	164.46	104.8	230.74	0.7084
3	169.7388	105.5388	226.348	0.7086
4	171.21	106.4688	223.888	0.7085
5	172.11	107.0688	222.418	0.7083
6	172.65	107.4288	221.518	0.7082

与通常的经济调度梯度法相比，此梯度法计算结果更加稳定且收敛到最优解。然而第一梯

度法不能保证发电机总输出满足负荷总需求。

4.5.2.2 第二种梯度法

此种方法通过修正第一种梯度法得到，每次完成梯度迭代运算后检验功率平衡方程。具体如下

如果 $\sum_{i=1}^{N}(P_{Gi}^{k}) > P_D$，选择最大微增费用机组来弥补功率不平衡部分

$$P_{GS}^{k\prime}\Big|_{\lambda_{max}} = P_{GS}^{k}\Big(\sum_{i=1}^{N}(P_{Gi}^{k}) - P_D\Big) \tag{4.77}$$

如果 $\sum_{i=1}^{N}(P_{Gi}^{k}) < P_D$，选择最小微增费用的机组来弥补功率不平衡的部分

$$P_{GS}^{k\prime}\Big|_{\lambda_{max}} = P_{GS}^{k}\Big(P_D - \sum_{i=1}^{N}(P_{Gi}^{k})\Big) \tag{4.78}$$

然后重新计算增量损耗，进行一次新的迭代。

例 4.9 使用第二种梯度法重新计算例 4.7 结果见表 4.3。

表 4.3 第二种梯度法计算结果（$\varepsilon=300$）

迭代次数	P_{G1} (MW)	P_{G2} (MW)	P_{G3} (MW)	P_{total} (MW)	λ
0	150	100	250	500	0.71
1	159	103	238	500	0.709
2	164.46	104.8	230.74	500	0.7084
3	169.7388	105.5388	224.7224*	500	0.7079
4	171.0108*	106.2678	222.7214	500	0.7078

注 *表示相应的发电机被选来平衡总的发电和负荷需求。

与通常的经济调度梯度法相比，此梯度法计算结果更加稳定且收敛到最优解。显然第二种梯度法比第一种梯度法好，它能保证发电机总输出满足负荷总需求。

4.5.2.3 第三种梯度法

此种方法在第二种梯度法的基础上做了一些简化，一台固定的机组充当松弛或平衡机组，例如，选取最后一台机组作为松弛发电机，可得

$$P_{GN} = P_D - \sum_{i=1}^{N-1}(P_{Gi}) \tag{4.79}$$

目标函数变为

$$\begin{aligned} F &= f_1(P_{G1}) + f_2(P_{G2}) + \cdots f_N(P_{GN}) \\ &= f_1(P_{G1}) + f_2(P_{G2}) + \cdots f_N\Big(P_D - \sum_{i=1}^{N-1}(P_{Gi})\Big) \end{aligned} \tag{4.80}$$

梯度变为

$$\nabla\boldsymbol{F} = \begin{bmatrix} \dfrac{dF}{dP_{G1}} \\ \dfrac{dF}{dP_{G2}} \\ \vdots \\ \dfrac{dF}{dP_{G(N-1)}} \end{bmatrix} = \begin{bmatrix} \dfrac{df_1(P_{G1})}{dP_{G1}} - \dfrac{df_N(P_{GN})}{dP_{GN}} \\ \dfrac{df_2(P_{G2})}{dP_{G2}} - \dfrac{df_N(P_{GN})}{dP_{GN}} \\ \vdots \\ \dfrac{df_{(N-1)}(P_{G(N-1)})}{dP_{G(N-1)}} - \dfrac{df_N(P_{GN})}{dP_{GN}} \end{bmatrix} \tag{4.81}$$

梯度迭代与前面相同

$$x^n = x^{n-1} - \varepsilon \nabla F \tag{4.82}$$

$$x = \begin{bmatrix} P_{G1} \\ P_{G2} \\ \vdots \\ P_{G(N-1)} \end{bmatrix} \tag{4.83}$$

例 4.10 用第三种梯度法重新计算例 4.7，计算结果见表 4.4。

表 4.4 **梯度法 3 计算结果**（$\varepsilon=300$）

迭代次数	P_{G1}（MW）	P_{G2}（MW）	P_{G3}（MW）	P_{total}（MW）
0	150	100	250	500
1	171	115	214	500
2	169.32	110.38	220.3	500
3	170.8908	109.792	219.317	500
4	171.4728	108.937	219.590	500

与通常的经济调度梯度法相比，此梯度法计算结果更加稳定且收敛到最优解，与第二种梯度法类似，显然第三种梯度法也能保证发电机总输出满足负荷总需求。

问题与练习

（1）什么是等微增率？

（2）什么是 B 系数法公式？

（3）什么是网络损耗修正系数？

（4）水火电混合系统经济调度计算公式是什么？

（5）两发电机组输入—输出特性如下

$$F_1 = 0.0012P_{G1}^2 + 0.3P_{G1} + 2(\text{Btu/h})$$

$$F_2 = 0.0009P_{G2}^2 + 0.5P_{G2} + 1(\text{Btu/h})$$

求解这两个发电机组在负荷需求 600MW 时的经济运行点。

（6）三个发电机组输入—输出特性如下

$$F_1 = 0.0005P_{G1}^2 + 0.8P_{G1} + 9(\text{Btu/h})$$

$$F_2 = 0.0009P_{G2}^2 + 0.5P_{G2} + 6(\text{Btu/h})$$

$$F_3 = 0.0006P_{G3}^2 + 0.7P_{G3} + 8(\text{Btu/h})$$

求解这三个发电机组在负荷需求 600MW 和 800MW 时相应的经济运行点。

（7）两发电机组输入—输出特性如下

$$F_1 = 0.001P_{G1}^2 + 0.5P_{G1} + 3(\text{Btu/h})$$

$$F_2 = 0.002P_{G2}^2 + 0.3P_{G2} + 5(\text{Btu/h})$$

功率输出限制为

$$100\text{MW} \leqslant P_{G1} \leqslant 280\text{MW}$$

$$150\text{MW} \leqslant P_{G2} \leqslant 300\text{MW}$$

求解这两个发电机组在负荷需求 500MW 时的经济运行点。

（8）三个发电机组输入—输出特性如下

$$F_1 = 0.0005P_{G1}^2 + 0.6P_{G1} + 9(\text{Btu/h})$$
$$F_2 = 0.0013P_{G2}^2 + 0.5P_{G2} + 6(\text{Btu/h})$$
$$F_3 = 0.0008P_{G3}^2 + 0.7P_{G3} + 5(\text{Btu/h})$$

功率输出限制为

$$100\text{MW} \leqslant P_{G1} \leqslant 200\text{MW}$$
$$150\text{MW} \leqslant P_{G2} \leqslant 300\text{MW}$$
$$150\text{MW} \leqslant P_{G3} \leqslant 300\text{MW}$$

求解这三个发电机组在负荷需求 400MW 和 700MW 时相应的经济运行点。

（9）三个发电机组输入—输出特性如下

$$F_1 = 0.0005P_{G1}^2 + 0.8P_{G1} + 9(\text{Btu/h})$$
$$F_2 = 0.0009P_{G2}^2 + 0.5P_{G2} + 6(\text{Btu/h})$$
$$F_3 = 0.0006P_{G3}^2 + 0.7P_{G3} + 8(\text{Btu/h})$$

1）使用梯度法求解负荷需求 600MW 时的经济调度问题。

2）使用第一种梯度法求解负荷需求 600MW 时的经济调度问题。

3）使用第二种梯度法求解负荷需求 600MW 时的经济调度问题。

4）使用第三种梯度法求解负荷需求 600MW 时的经济调度问题。

参 考 文 献

[1] L. K. Kirchamayer. Economic operation of power systems. New York：Wiley，1958.
[2] 朱继忠．电力系统经济运行．重庆大学讲义，1990.
[3] 朱继忠，徐国禹．用网流法求解水火电力系统有功负荷分配．系统工程理论与实践，1995，15（1）：69-73.
[4] J. Z. Zhu. Optimization of power system operation. 2nd ed. New Jersey：Wiley-IEEE Press，2015.
[5] Fletcher，R. Practical methods of optimization. John Wiley and Sons，1987.
[6] Fletcher. R，M. J. D. Powell. A rapidly convergent descent method for minimization. Computer Journal，1963，6：163-168.

第 5 章

安全约束经济调度

第 4 章分析的经典经济调度模型和算法忽略了网络的安全约束，但在实际的电力系统运行中，解决具有安全约束的经济调度问题十分重要。安全约束经济调度（Security Constrained Economic Dispatch，SCED）是一种简化的最优潮流（Optimal Power Flow，OPF），因其忽略无功相关的优化控制，所以 SCED 也被称为有功优化或有功优化潮流，在电网运行中被广泛应用。本章介绍几种求解 SCED 问题的主要方法。

5.1 安全约束经济调度问题数学模型

安全约束的有功经济调度数学模型可以被描述如下

$$\min F=\sum_{i\in NG}f_i(P_{Gi}) \tag{5.1}$$

约束条件

$$\sum_{i\in NG}P_{Gi}=\sum_{k\in ND}P_{Dk}+P_L \tag{5.2}$$

$$|P_{ij}|\leqslant P_{ij\max}\quad ij\in NT \tag{5.3}$$

$$P_{Gi\min}\leqslant P_{Gi}\leqslant P_{Gi\max}\quad i\in NG \tag{5.4}$$

式中：P_D 为有功负荷；P_{ij} 为输电线路 ij 间的有功潮流；$P_{ij\max}$ 为输电线路 ij 间的功率限制；P_{Gi} 为发电机母线 i 的有功输出；$P_{Gi\min}$ 为发电机 i 的有功输出下限；$P_{Gi\max}$ 为发电机 i 的有功输出上限；P_L 为网络损耗；f_i 为发电机 i 的成本函数；NT 为输电线路数目；NG 为发电机数目。

由于发电机输入—输出特性以及系统有功损耗是非线性函数，有功安全经济调度模型是非线性规划模型。

5.2 线性规划求解安全约束经济调度

用线性规划解决安全约束经济调度问题，需要将式（5.1）～式（5.4）中的目标函数和约束条件进行线性化处理。

5.2.1 线性化的 SCED 模型

5.2.1.1 线性化目标函数

假设发电机 i 初始运行点为 P_{Gi}^0，非线性目标函数可以表示为泰勒级数展开式，且只考虑前面两项，即

$$f_i(P_{Gi})\approx f_i(P_{Gi}^0)+\left.\frac{\mathrm{d}f_i(P_{Gi})}{\mathrm{d}P_{Gi}}\right|_{P_{Gi}^0}\Delta P_{Gi}=b\Delta P_{Gi}+c$$

或

$$f_i(\Delta P_{Gi})=b\Delta P_{Gi} \tag{5.5}$$

其中
$$b=\left.\frac{\mathrm{d}f_i(P_{Gi})}{\mathrm{d}P_{Gi}}\right|_{P_{Gi}^0} \tag{5.6}$$

$$c=f_i(P_{Gi}^0) \tag{5.7}$$

b 和 c 都是常数，并且

$$\Delta P_{Gi}=P_{Gi}-P_{Gi}^0 \tag{5.8}$$

5.2.1.2 线性化功率平衡方程

通常负荷在给定时间内是常数，于是通过线性化功率平衡方程，得到如下表达式

$$\sum_{i\in NG}\left.\left(1-\frac{\partial P_L}{\partial P_{Gi}}\right)\right|_{P_{Gi}^0}\Delta P_{Gi}=0 \tag{5.9}$$

5.2.1.3 线性化支路潮流约束

支路有功潮流方程可以描述如下

$$P_{ij}=V_i^2 g_{ij}-V_iV_j(g_{ij}\cos\theta_{ij}+b_{ij}\sin\theta_{ij}) \tag{5.10}$$

式中：P_{ij} 为输送端在支路 ij 上的有功功率；V_i 为节点 j 的电压幅值；θ_{ij} 为支路 ij 输送端与接收端之间的电压相角差；b_{ij} 为支路 ij 的电纳；g_{ij} 为支路 ij 的电导。

线性化得到增量形式的支路潮流表达式如下

$$\Delta P_{ij}=-V_i^0V_j^0(-g_{ij}\sin\theta_{ij}^0\Delta\theta_{ij}+b_{ij}\cos\theta_{ij}^0\Delta\theta_{ij}) \tag{5.11}$$

在高压输电网中，线路上相角差 θ_{ij} 特别小，以下关系近似成立

$$\sin\theta_{ij}\cong 0 \tag{5.12}$$

$$\cos\theta_{ij}\cong 1 \tag{5.13}$$

除此之外，假设所有母线电压幅值都相等，且等于 1.0p.u.，进一步假设输电线路电抗值远大于电阻值，于是可以忽略支路电阻，因此

$$g_{ij}=\frac{R_{ij}}{R_{ij}^2+X_{ij}^2}\approx 0 \tag{5.14}$$

$$b_{ij}=-\frac{X_{ij}}{R_{ij}^2+X_{ij}^2}\approx-\frac{X_{ij}}{X_{ij}^2}\approx-\frac{1}{X_{ij}} \tag{5.15}$$

将式（5.12）~式（5.15）代入式（5.11），得到

$$\Delta P_{ij}=-b_{ij}\Delta\theta_{ij}=-b_{ij}(\Delta\theta_i-\Delta\theta_j)=\frac{\Delta\theta_i-\Delta\theta_j}{X_{ij}} \tag{5.16}$$

以上方程也可以表述为矩阵形式，即

$$\Delta\boldsymbol{P}_b=\boldsymbol{B}'\Delta\theta \tag{5.17}$$

其中，导纳矩阵 $\boldsymbol{B}'$ 的元素为

$$B'_{ij}=b_{ij}=-\frac{1}{X_{ij}} \tag{5.18}$$

$$B'_{ii}=-\sum_{\substack{j=1\\ j\neq i}}^{n}b_{ij} \tag{5.19}$$

根据节点潮流注入方程可以表示为

$$P_{Gi}-P_{Di}=V_i\sum_{j=1}^{n}V_j(g_{ij}\cos\theta_{ij}+b_{ij}\sin\theta_{ij}) \tag{5.20}$$

由于负荷需求是常数，因此的线性化表达式如下

$$\Delta P_{Gi}=V_i^0\sum_{j=1}^{n}V_j^0(-g_{ij}\sin\theta_{ij}^0\Delta\theta_{ij}+b_{ij}\cos\theta_{ij}^0\Delta\theta_{ij})$$

$$=V_i^0\sum_{j=1}^{n}V_j^0(-g_{ij}\sin\theta_{ij}^0+b_{ij}\cos\theta_{ij}^0)\Delta\theta_{ij} \tag{5.21}$$

上述方程描述为以下矩阵形式

$$\boldsymbol{\Delta P}_{\mathrm{G}}=\boldsymbol{H\Delta\theta} \tag{5.22}$$

式（5.22）描述了增量形式的发电机输出功率（除了松弛发电机）和母线电压相角之间的关系，矩阵 $\boldsymbol{H}$ 同样可以用式（5.12）～式（5.15）进行简化。

根据式（5.17）和式（5.22），可以得到增量形式支路潮流和发电机有功输出之间直接的关系，即

$$\boldsymbol{\Delta P}_b=\boldsymbol{B}'\boldsymbol{\Delta\theta}=\boldsymbol{B}'\boldsymbol{H}^{-1}\boldsymbol{\Delta P}_{\mathrm{G}}=\boldsymbol{D\Delta P}_{\mathrm{G}} \tag{5.23}$$

其中

$$\boldsymbol{D}=\boldsymbol{B}'\boldsymbol{H}^{-1} \tag{5.24}$$

也被称为支路潮流对于发电机有功输出的线性灵敏度。

因此，支路潮流限制的线性表达式可以表示为

$$|\boldsymbol{D\Delta P}_{\mathrm{G}}|\leqslant\boldsymbol{\Delta P}_{b\max} \tag{5.25}$$

矩阵 $\boldsymbol{\Delta P}_{b\max}$ 的元素是支路 ij 上的增量潮流限制 $\Delta P_{ij\max}$，即

$$\Delta P_{ij\max}=P_{ij\max}-P_{ij}^0 \tag{5.26}$$

如果在有功安全经济调度中考虑支路故障，则用线路故障转移分布因子（Outage Transfer Distribution Factor，OTDF）可导出考虑故障的支路安全约束。当线路 l 开断时，支路 ij 上潮流与发电机 i 的输出功率之间的灵敏因子 OTDF 为

$$OTDF_{ij,i}=\frac{\Delta P_{ij}}{\Delta P_{\mathrm{G}i}}=(S_{ij,i}+LODF_{ij,i}S_{l,i}) \tag{5.27}$$

式中：$S_{ij,i}$ 和 $S_{l,i}$ 分别为支路 ij 和开断线路 l 对节点 i 的灵敏度。

LODF（Line Outage Distribution Factor）是线路故障分布因子。

因此，由式（5.27）可得到考虑线路故障情况下的支路潮流表达式

$$\Delta P_{ij}=(S_{ij,i}+LODF_{ij,i}S_{l,i})\Delta P_{\mathrm{G}i} \tag{5.28}$$

上述方程矩阵形式表示为

$$\boldsymbol{\Delta P}_b=\boldsymbol{D}'\boldsymbol{\Delta P}_{\mathrm{G}} \tag{5.29}$$

相应的支路潮流限制表达式写为

$$|\boldsymbol{D}'\boldsymbol{\Delta P}_{\mathrm{G}}|\leqslant\boldsymbol{\Delta P}'_{b\max} \tag{5.30}$$

对比式（5.25）中的 $\boldsymbol{D}$、$\boldsymbol{\Delta P}_{b\max}$，式（5.30）中的 $\boldsymbol{D}'$、$\boldsymbol{\Delta P}'_{b\max}$ 考虑了支路故障的影响。此时，可称有功经济调度为 $N-1$ 安全经济调度。

5.2.1.4 发电机输出功率限制

增量形式的发电机输出功率限制为

$$P_{\mathrm{G}i\min}-P_{\mathrm{G}i}^0\leqslant\Delta P_{\mathrm{G}i}\leqslant P_{\mathrm{G}i\max}-P_{\mathrm{G}i}^0\quad i\in NG \tag{5.31}$$

5.2.2 线性规划模型

线性化的经济调度模型可以描述为线性规划的标准形式

$$\min\quad Z=c_1x_1+c_2x_2+\cdots+c_Nx_N$$

约束条件

$$\begin{gathered}a_{11}x_1+a_{12}x_2+\cdots+a_{1N}x_N\geqslant b_1\\ a_{21}x_1+a_{22}x_2+\cdots+a_{2N}x_N\geqslant b_2\\ \vdots\\ a_{N1}x_1+a_{N2}x_2+\cdots+a_{NN}x_N\geqslant b_N\\ x_{i\min}\leqslant x_i\leqslant x_{i\max}\end{gathered}$$

线性规划算法可以参考第1章。

5.2.3 算法实现

5.2.3.1 线性规划问题求解步骤

通过线性规划求解上述有功安全经济调度时，可使用迭代的方法获取最优解，所以称为连续线性规划法（SLP）。SLP求解经济调度问题总结如下：

（1）选取初始控制变量集。

（2）求解潮流问题，得到满足功率平衡约束的一个可行解。

（3）在可行潮流解处线性化目标函数和不等式约束，构造线性规划问题。

（4）求解线性规划，得到增量形式的控制变量 ΔP_{Gi}。

（5）更新控制变量 $P_{Gi}^{(k+1)}=P_{Gi}^{(k)}+\Delta P_{Gi}$。

（6）以新的控制变量作为新的潮流可行解。

（7）检查收敛条件，如果步骤（4）的 ΔP_{Gi} 小于用户定义的可接受误差，则结果收敛；否则，返回步骤（3）。

5.2.3.2 测试结果

用线性规划法对IEEE 5节点和30节点系统求解经济调度问题，IEEE 5节点系统的网络拓扑结构如图5.1所示，相应系统数据和配置参数见表5.1～表5.3，IEEE 30节点系统的网络拓扑结构如图5.2所示，相应的系统参数见表5.4～表5.6。

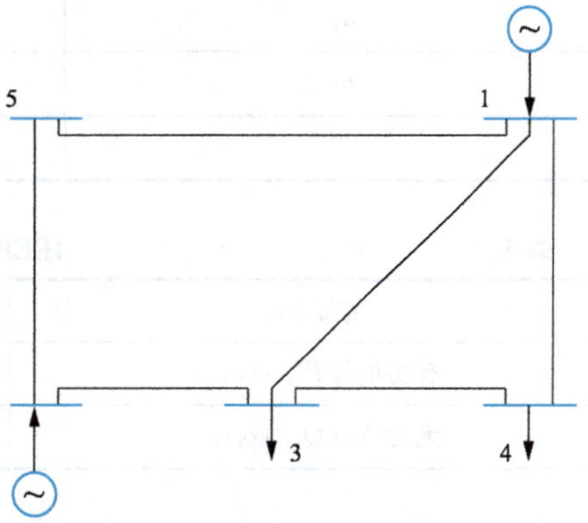

图5.1 IEEE 5节点系统的网络拓扑结构

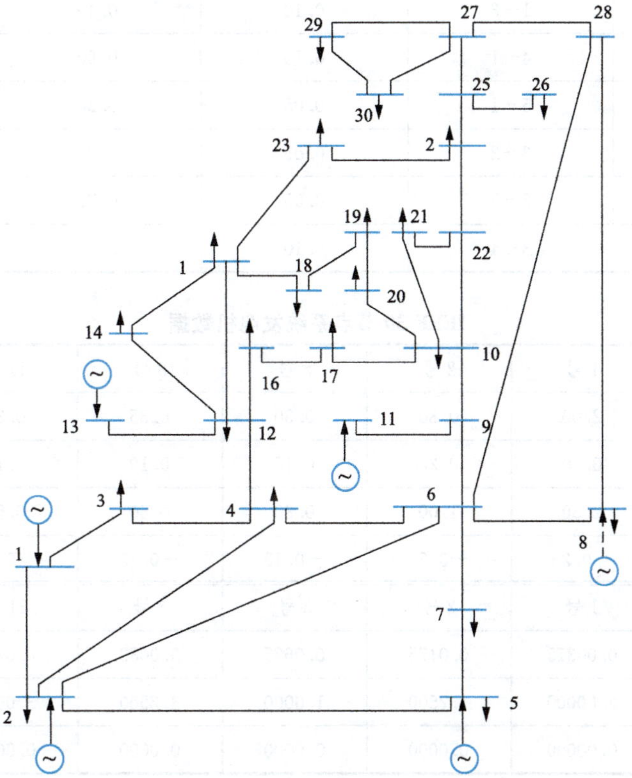

图5.2 IEEE 30节点系统的网络拓扑结构

表 5.1　　IEEE 5 节点系统发电机数据

发电机节点	1号	2号
$P_{Gi\max}$（p. u.）	1.00	1.00
$P_{Gi\min}$（p. u.）	0.20	0.20
$Q_{Gi\max}$（p. u.）	0.80	0.80
$Q_{Gi\min}$（p. u.）	−0.20	−0.20
二次费用函数系数	1号	2号
a_i	50.00	50.00
b_i	351.00	389.00
c_i	44.40	40.60

表 5.2　　IEEE 5 节点系统负荷数据

负荷节点	3号	4号	5号
有功负荷 P_D（p. u.）	0.60	0.40	0.60
无功负荷 Q_D（p. u.）	0.30	0.10	0.20

表 5.3　　IEEE 5 节点系统线路数据

支路号	支路两端节点	电阻（p. u.）	电抗（p. u.）	线路充电功率（p. u.）
1	1—3	0.10	0.40	0.00
2	4—1	0.15	0.60	0.00
3	5—1	0.05	0.20	0.00
4	3—2	0.05	0.20	0.00
5	2—5	0.05	0.20	0.00
6	3—4	0.10	0.40	0.00

表 5.4　　IEEE 30 节点系统发电机数据

发电机节点	1号	2号	5号	8号	11号	13号
$P_{Gi\max}$（p. u.）	2.00	0.80	0.50	0.35	0.30	0.40
$P_{Gi\min}$（p. u.）	0.50	0.20	0.15	0.10	0.10	0.12
$Q_{Gi\max}$（p. u.）	2.50	1.00	0.80	0.60	0.50	0.60
$Q_{Gi\min}$（p. u.）	−0.20	−0.20	−0.15	−0.15	−0.10	−0.15
二次费用函数	1号	2号	5号	8号	11号	13号
a_i	0.00375	0.0175	0.0625	0.0083	0.0250	0.0250
b_i	2.00000	1.7500	1.0000	3.2500	3.0000	3.0000
c_i	0.00000	0.0000	0.0000	0.0000	0.0000	0.0000

表 5.5 IEEE 30 节点负荷数据

节点号	P_D（p. u.）	Q_D（p. u.）	节点号	P_D（p. u.）	Q_D（p. u.）
1	0.000	0.000	16	0.035	0.016
2	0.217	0.127	17	0.090	0.058
3	0.024	0.012	18	0.032	0.009
4	0.076	0.016	19	0.095	0.034
5	0.942	0.190	20	0.022	0.007
6	0.000	0.000	21	0.175	0.112
7	0.228	0.109	22	0.000	0.000
8	0.300	0.300	23	0.032	0.016
9	0.000	0.000	24	0.087	0.067
10	0.058	0.020	25	0.000	0.000
11	0.000	0.000	26	0.035	0.023
12	0.112	0.075	27	0.000	0.000
13	0.000	0.000	28	0.000	0.000
14	0.062	0.016	29	0.024	0.009
15	0.082	0.025	30	0.106	0.019

表 5.6 IEEE 30 节点系统线路数据

支路号	支路两端节点	电阻（p. u.）	电抗（p. u.）	支路功率极限（p. u.）
1	1—2	0.0192	0.0575	1.30
2	1—3	0.0452	0.1852	1.30
3	2—4	0.0570	0.1737	0.65
4	3—4	0.0132	0.0379	1.30
5	2—5	0.0472	0.1983	1.30
6	2—6	0.0581	0.1763	0.65
7	4—6	0.0119	0.0414	0.90
8	5—7	0.0460	0.1160	0.70
9	6—7	0.0267	0.0820	1.30
10	6—8	0.0120	0.0420	0.32
11	6—9	0.0000	0.2080	0.65
12	6—10	0.0000	0.5560	0.32
13	9—10	0.0000	0.2080	0.65
14	9—11	0.0000	0.1100	0.65
15	4—12	0.0000	0.2560	0.65
16	12—13	0.0000	0.1400	0.65
17	12—14	0.1231	0.2559	0.32

续表

支路号	支路两端节点	电阻（p. u.）	电抗（p. u.）	支路功率极限（p. u.）
18	12—15	0.0662	0.1304	0.32
19	12—16	0.0945	0.1987	0.32
20	14—15	0.2210	0.1997	0.16
21	16—17	0.0824	0.1932	0.16
22	15—18	0.1070	0.2185	0.16
23	18—19	0.0639	0.1292	0.16
24	19—20	0.0340	0.0680	0.32
25	10—20	0.0936	0.2090	0.32
26	10—17	0.0324	0.0845	0.32
27	10—21	0.0348	0.0749	0.32
28	10—22	0.0727	0.1499	0.32
29	21—22	0.0116	0.0236	0.32
30	15—23	0.1000	0.2020	0.16
31	22—24	0.1150	0.1790	0.16
32	23—24	0.1320	0.2700	0.16
33	24—25	0.1885	0.3292	0.16
34	25—26	0.2544	0.3800	0.16
35	25—27	0.1093	0.2087	0.16
36	28—27	0.0000	0.3960	0.65
37	27—29	0.2198	0.4153	0.16
38	27—30	0.3202	0.6027	0.16
39	29—30	0.2399	0.4533	0.16
40	8—28	0.0636	0.2000	0.32
41	6—28	0.0169	0.0599	0.32
42	10—10	0.0000	−5.2600	
43	24—24	0.0000	−25.0000	

5 节点系统 N 安全约束的经济调度求解结果见表 5.7；30 节点 N 安全约束的经济调度求解结果见表 5.8，$N-1$ 安全约束经济调度求解结果见表 5.9。

表 5.7　　5 节点系统 N 安全约束的经济调度求解结果

发电机	最优结果	$P_{i\min}$	$P_{i\max}$
P_{G1}（p.u.）	0.9786	0.2	1.0
P_{G2}（p.u.）	0.6662	0.2	1.0
总发电费用（美元/h）	757.74	—	—
系统有功损耗（p.u.）	0.0449	—	—

表 5.8　30 节点 N 安全约束的经济调度求解结果

发电机	最优结果	P_{Gimin}	P_{Gimax}
P_{G1}	1.7626	0.50	2.00
P_{G2}	0.4884	0.20	0.80
P_{G5}	0.2151	0.15	0.50
P_{G8}	0.2215	0.10	0.35
P_{G11}	0.1214	0.10	0.30
P_{G13}	0.1200	0.12	0.40
总发电量（p.u.）	2.9290	—	—
系统有功损耗（p.u.）	0.0948	—	—
总发电费用（美元/h）	802.4000	—	—

表 5.9　30 节点 $N-1$ 安全约束的经济调度求解结果

发电机	功率分配	功率最小值 P_{Gimin}	功率最大值 P_{Gimax}
P_{G1}（p.u.）	1.3854	0.50	2.00
P_{G2}（p.u.）	0.5756	0.20	0.80
P_{G5}（p.u.）	0.2456	0.15	0.50
P_{G8}（p.u.）	0.3500	0.10	0.35
P_{G11}（p.u.）	0.1793	0.10	0.30
P_{G13}（p.u.）	0.1691	0.12	0.40
总发电量（p.u.）	2.9050	—	—
总发电费用（美元/h）	813.74	—	—
系统有功损耗（p.u.）	0.0711	—	—

5.2.4　分段线性化

假设目标函数是二次函数，目标函数也可以通过分段线性化的方法来进行线性化。如果目标函数被分为 N 段，则每一台发电机有功输出功率也可以被分为 N 个输出功率变量，图 5.3 是被分为三段的目标函数，相应斜率分别是 b_1、b_2 和 b_3。

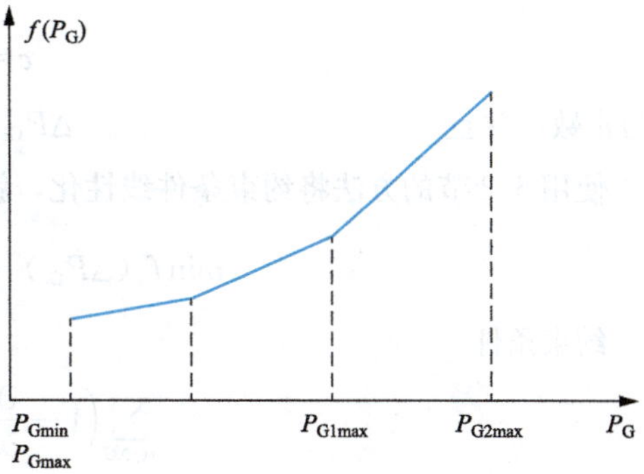

图 5.3　分段线性化目标函数

从图 5.3 可见，每一段发电机有功输出变量可以表示为

$$P_{Gimin} \leqslant P_{Gi1} \leqslant P_{G1max} \tag{5.32}$$

$$P_{G1max} \leqslant P_{Gi2} \leqslant P_{G2max} \tag{5.33}$$

$$P_{G2max} \leqslant P_{Gi3} \leqslant P_{Gimax} \tag{5.34}$$

如果 P_{Gimin} 被选取为初始有功输出，则每一段的发电机增量形式的有功输出为

$$\Delta P_{Gi1} = P_{Gi1} - P_{Gimin} \tag{5.35}$$

$$\Delta P_{Gi2} = P_{Gi2} - P_{Gi1max} \tag{5.36}$$

$$\Delta P_{Gi3} = P_{Gi3} - P_{Gi2max} \tag{5.37}$$

因此约束方程式（5.32）～式（5.34）可以表示为

$$0 \leqslant \Delta P_{Gi1} \leqslant P_{Gi1max} - P_{Gimin} \tag{5.38}$$

$$0 \leqslant \Delta P_{Gi2} \leqslant P_{Gi2\max} - P_{Gi1\max} \tag{5.39}$$

$$0 \leqslant \Delta P_{Gi3} \leqslant P_{Gi\max} - P_{Gi2\max} \tag{5.40}$$

分段线性化的目标函数变为

$$F = \sum_{i=1}^{NG} f_i(P_{Gi}) = \sum_{k=1}^{3}\sum_{i=1}^{NG} b_k \Delta P_{Gik} \tag{5.41}$$

把约束条件式（5.9）和式（5.30）中的 ΔP_{Gi} 取代为 $\sum_{k=1}^{3}\Delta P_{Gik}$，一样可以得到经济调度问题的线性规划模型。

5.3 二次规划求解安全约束经济调度

二次规划模型（Quadratic Programming，QP）包含了二次目标函数和线性约束条件。如前面所述，经济调度问题是一个非线性数学模型，第5.2节中讨论了求解经济调度问题的连续线性规划法，连续线性规划法也可以在二次规划求解经济调度问题中应用。

5.3.1 经济调度问题的 QP 模型

假设发电机 i 初始运行点 P_{Gi}^0，非线性目标函数可以用泰勒级数展开的前三项表示，即

$$f_i(P_{Gi}) \approx f_i(P_{Gi}^0) + \left.\frac{\mathrm{d}f_i(P_{Gi})}{\mathrm{d}P_{Gi}}\right|_{P_{Gi}^0}\Delta P_{Gi} + \frac{1}{2}\left.\frac{\mathrm{d}f_i^2(P_{Gi})}{\mathrm{d}P_{Gi}^2}\right|_{P_{Gi}^0}\Delta P_{Gi}^2$$

$$= a\Delta P_{Gi}^2 + b\Delta P_{Gi} + c \tag{5.42}$$

或

$$f_i(\Delta P_{Gi}) = a\Delta P_{Gi}^2 + b\Delta P_{Gi} \tag{5.43}$$

其中

$$a = \frac{1}{2}\left.\frac{\mathrm{d}f_i'(P_{Gi})}{\mathrm{d}P_{Gi}}\right|_{P_{Gi}^0} \tag{5.44}$$

$$b = f_i'(P_{Gi}) = \left.\frac{\mathrm{d}f_i(P_{Gi})}{\mathrm{d}P_{Gi}}\right|_{P_{Gi}^0} \tag{5.45}$$

$$c = f_i(P_{Gi}^0) \tag{5.46}$$

c 为常数，并且

$$\Delta P_{Gi} = P_{Gi} - P_{Gi}^0 \tag{5.47}$$

使用5.2节的方法将约束条件线性化，就可得到安全约束经济调度的二次规划模型，即

$$\min f_i(\Delta P_{Gi}) = \sum_{i=1}^{N}(a\Delta P_{Gi}^2 + b\Delta P_{Gi}) \tag{5.48}$$

约束条件

$$\sum_{i\in NG}\left.\left(1 - \frac{\partial P_L}{\partial P_{Gi}}\right)\right|_{P_{Gi}^0}\Delta P_{Gi} = 0 \tag{5.49}$$

$$P_{G i\min} - P_{Gi}^0 \leqslant \Delta P_{Gi} \leqslant P_{G i\max} - P_{Gi}^0 \quad i \in NG \tag{5.50}$$

$$|D'\Delta P_G| \leqslant \Delta P'_{b\max} \tag{5.51}$$

5.3.2 QP 算法

式（5.48）～式（5.51）的经济调度模型可以表示为标准的二次规划模型

$$\min \boldsymbol{f}(\boldsymbol{X}) = \boldsymbol{CX} + \boldsymbol{X}^{\mathrm{T}}\boldsymbol{QX} \tag{5.52}$$

约束条件

$$\boldsymbol{AX} \leqslant \boldsymbol{B} \tag{5.53}$$

$$\boldsymbol{X} \geqslant \boldsymbol{0} \tag{5.54}$$

式中：C 为 n 维行向量，表示目标函数线性项的参数；Q 为（$n \times n$）对称矩阵，表示目标函数二次项的参数。

与线性规划一样，决策变量用 n 维列向量 X 表示，线性约束条件由（$m \times n$）矩阵 A 和不等式右端的 m 维列向量 B 表示。对于经济调度问题而言，存在可行解并且约束区域有界。

当目标函数在可行点是严格凸函数时，只有唯一一个局部最优解，即全局最优解，保证严格凸性的一个充分条件是 Q 正定，对于大多数经济调度问题，这个结论是成立的。

式（5.53）可以表示为

$$g(X) = (AX - B) \leqslant 0 \tag{5.55}$$

由式（5.52）和式（5.55）构造拉格朗日函数，即

$$L(X, \mu) = CX + X^{T}QX + \mu g(X) \tag{5.56}$$

式中：μ 为 m 维行向量。

根据最优理论，局部最小值的库恩-塔克条件如下

$$\begin{cases} \dfrac{\partial L}{\partial X_j} \geqslant 0 \quad j = 1, \cdots, n \\ C + 2X^{T}Q + \mu A \geqslant 0 \end{cases} \tag{5.57}$$

$$\begin{cases} \dfrac{\partial L}{\partial \mu_i} \leqslant 0 \quad i = 1, \cdots, m \\ AX - B \leqslant 0 \end{cases} \tag{5.58}$$

$$\begin{cases} X_j \dfrac{\partial L}{\partial X_j} = 0 \quad j = 1, \cdots, n \\ X^{T}(C^{T} + 2QX + A^{T}\mu) = 0 \end{cases} \tag{5.59}$$

$$\begin{cases} \mu_i g_i(X) = 0 \quad i = 1, \cdots, m \\ \mu(AX - B) = 0 \end{cases} \tag{5.60}$$

$$\begin{cases} X \geqslant 0 \\ \mu \geqslant 0 \end{cases} \tag{5.61}$$

如果在式（5.57）中引入剩余变量 y，在式（5.58）中引入非负的松弛变量，得到以下等效形式

$$C^{T} + 2QX + A^{T}\mu^{T} - y = 0 \tag{5.62}$$

$$AX - B + v = 0 \tag{5.63}$$

则库恩-塔克条件可以表述为

$$2QX + A^{T}\mu^{T} - y = -C^{T} \tag{5.64}$$

$$AX + v = B \tag{5.65}$$

$$X \geqslant 0, \ \mu \geqslant 0, \ y \geqslant 0, \ v \geqslant 0 \tag{5.66}$$

$$y^{T}X = 0, \ \mu v = 0 \tag{5.67}$$

前两个表达式是线性等式，第三个约束表示所有变量非负，第四个是互补松弛条件。

显然，式（5.64）～式（5.67）的库恩-塔克条件是变量 X、μ、y、v 的线性形式，与修正单纯形法相似的方法可以用来求解式（5.64）～式（5.67），算法求解过程如下：

（1）约束条件化为库恩-塔克条件式（5.64）和式（5.65）形式。

（2）如果等式右边数值为负，则把相应等式乘以－1。

（3）给每一个式子加上人工变量。

（4）定义目标函数为人工变量的求和。

(5) 把以上问题套进单纯形法的形式。

目标是寻找满足互补松弛条件并且使得人工变量求和最小的线性规划最优解，如果求和为零，则结果满足式(5.64)~式(5.67)。为满足式(5.67)，需要按以下关系修正选取进基变量的规则：

$$X_j \text{ 和 } y_j \text{ 互补}，j=1,\cdots,n$$

$$\mu_i \text{ 和 } v_i \text{ 互补}，j=1,\cdots,n$$

进基变量是其互补变量不在基变量里或者在同一次迭代中离开基变量的且降低成本作用最小的变量。计算结束后，向量 $\boldsymbol{x}$ 对应最优解，向量 $\boldsymbol{\mu}$ 对应最优对偶变量。

该方法在目标函数正定且要求计算复杂度与带 $m+n$ 个约束条件的线性方法相当时，求解效果很好，其中，m 是约束数量，n 是 QP 变量数。由于经济调度问题的目标函数是正定的，所以此方法很适用于求解经济调度问题的 QP 模型。

5.3.3 算法实现

第一个例子是应用 5.3.2 节的算法求解以下 QP 问题。

$$\min f(x)=x_1^2+4x_2^2-8x_1-16x_2$$

约束条件

$$x_1+x_2\leqslant 5$$

$$x_1\leqslant 3$$

$$x_1\geqslant 0，x_2\geqslant 0$$

把上述问题转化为以下二次规划模型

$$\min \boldsymbol{f}(\boldsymbol{X})=\boldsymbol{CX}+\boldsymbol{X}^{\mathrm{T}}\boldsymbol{QX}$$

约束条件

$$\boldsymbol{AX}\leqslant \boldsymbol{B}$$

$$\boldsymbol{X}\geqslant 0$$

其中

$$\boldsymbol{C}^{\mathrm{T}}=\begin{bmatrix}-8\\-16\end{bmatrix}$$

$$\boldsymbol{Q}=\begin{bmatrix}1&0\\0&4\end{bmatrix}$$

$$\boldsymbol{A}=\begin{bmatrix}1&1\\1&0\end{bmatrix}$$

$$\boldsymbol{B}=\begin{bmatrix}5\\3\end{bmatrix}$$

$$\boldsymbol{X}=\begin{bmatrix}x_1\\x_2\end{bmatrix}$$

显然，$\boldsymbol{Q}$ 是正定矩阵，所以库恩-塔克条件是全局最优解的充分必要条件。

令

$$\boldsymbol{y}=\begin{bmatrix}y_1\\y_2\end{bmatrix}，\boldsymbol{v}=\begin{bmatrix}v_1\\v_2\end{bmatrix}，\boldsymbol{\mu}=\begin{bmatrix}\mu_1\\\mu_2\end{bmatrix}$$

根据式(5-64)、式(5-65)，可得

$$2x_1+\mu_1+\mu_2-y_1=8$$

$$8x_2+\mu_1-y_2=16$$

$$x_1+x_2+v_1=5$$

$$x_1+v_2=3$$

为构造一个恰当的线性规划模型，在每个约束条件里加入人工变量，并使其求和最小

$$\min \quad Z=w_1+w_2+w_3+w_4$$

约束条件
$$2x_1+\mu_1+\mu_2-y_1+w_1=8$$
$$8x_2+\mu_1-y_2+w_2=16$$
$$x_1+x_2+v_1+w_3=5$$
$$x_1+v_2+w_4=3$$
$$x_1\geqslant 0,\ x_2\geqslant 0,\ y_1\geqslant 0,\ y_2\geqslant 0,\ v_1\geqslant 0,\ v_2\geqslant 0,\ \mu_1\geqslant 0,\ \mu_2\geqslant 0$$

将上述算法应用到此例子，初始问题的最优解是 $(x_1^*, x_2^*)=(3, 2)$，表 5.10 列出了二次规划求解迭代的过程。

表 5.10　QP 迭代过程

迭代	基变量	计算结果	目标函数值	进基变量	离基变量
1	(w_1, w_2, w_3, w_4)	(8, 16, 5, 3)	32	x_2	w_2
2	(w_1, x_2, w_3, w_4)	(8, 2, 3, 3)	14	x_1	w_3
3	(w_1, x_2, x_1, w_4)	(2, 2, 3, 0)	2	μ_1	w_4
4	(w_1, x_2, x_3, μ_1)	(2, 2, 3, 0)	2	μ_1	w_1
5	(μ_1, x_2, x_3, μ_1)	(2, 2, 3, 0)	0	—	—

第二个例子是应用上述 QP 算法求解有功经济调度问题，测试系统是 IEEE 30 节点系统，基本数据与 5.2 节相同，并测试以下两种情况。

情景 1：原始数据的 IEEE 30 节点系统。

情景 2：原始数据的 IEEE 30 节点系统，但线路 1 潮流限制下降到 1.0p. u.。

安全经济调度求解结果见表 5.11。

情景 1 得到的结果与线性规划计算的结果比较见表 5.12。从表中可见，二次规划求解经济调度问题的效果比线性规划求解要稍微好一点。

表 5.11　IEEE 30 节点系统 QP 求解经济调度结果

发电机	情景 1	情景 2
P_{G1} (p. u.)	1.7586	1.5174
P_{G2} (p. u.)	0.4883	0.5670
P_{G5} (p. u.)	0.2151	0.2326
P_{G8} (p. u.)	0.2233	0.3045
P_{G11} (p. u.)	0.1231	0.1517
P_{G13} (p. u.)	0.1200	0.1400
总发电量 (p. u.)	2.9285	2.9132
系统有功损耗 (p. u.)	0.0945	0.0792
总发电费用（美元）	802.3900	807.2400

表 5.12　QP 与 LP 求解 IEEE 30 节点经济调度结果对比

发电机	QP 方法	LP 方法
P_{G1} (p. u.)	1.7586	1.7626
P_{G2} (p. u.)	0.4883	0.4884
P_{G5} (p. u.)	0.2151	0.2151
P_{G8} (p. u.)	0.2233	0.2215

续表

发电机	QP方法	LP方法
P_{G11} (p. u.)	0.1231	0.1214
P_{G13} (p. u.)	0.1200	0.1200
总发电量 (p. u.)	2.9285	2.9290
系统有功损耗 (p. u.)	0.0945	0.0948
总发电费用 (美元)	802.3900	802.4000

5.4 改进内点法求解含风电的经济调度问题

近年来，由于石油和天然气价格上涨，以及各种新技术的快速发展，可再生能源如风电在世界各地得到迅猛发展。由于可再生能源的引入，电网具有多类电源，有些地方存在大量电源过剩，出现严重的弃风问题。如何在电力系统经济运行中综合考虑各种能源可再生能源如风电，在保证复杂电网安全可靠运行条件下提高电网的经济运行水平的同时最大限度地减少弃风量，是十分必要和重要的。本节介绍一种研究计及风能和储能的综合经济调度方法，该方法在传统的经济调度模型中引入风能模型和储能模型，并用改进的内点法求解。本节经济调度中的风电模型没有考虑其不确定性。

5.4.1 风力发电模型与储能模型

(1) 风力发电模型。风力发电模型描述风力发电输出功率与风的参数之间的关系，计算风电输出功率的数学表达式如下

$$P_{W(s,k)}=\frac{1}{2}\rho_{(s,k)}A_s C_{(s,k)}\eta_{g(s,k)}\eta_{b(s,k)}v_{(s,k)}{}^3 \quad 1\leqslant s\leqslant n_W,\ 1\leqslant k\leqslant n_T \tag{5.68}$$

式中：P_W 为风力发电机产生的有功输出功率；$\rho_{(s,k)}$ 为第 k 时段第 s 风能发电机所处环境的空气密度；A_s 为第 s 风能发电机的风轮扫风面积；$C_{(s,k)}$ 为第 k 时段第 s 风能发电机发电时风的可利用系数；$\eta_{g(s,k)}$ 为第 k 时段第 s 风能发电机的发电效率；$\eta_{b(s,k)}$ 为第 k 时段第 s 风能发电机的变速效率；$v_{(s,k)}$ 为第 k 时段第 s 风能发电机所处环境的风速；n_W 为风力发电机数量；n_T 为计算的时间段数。

(2) 储能模型。本节采用储能模型如式（5.69）所示，它表示第 k 时段第 j 储能设备的功率与储能关系

$$P_{B(j,k)}=\frac{1}{e_{j,k}}\left(\frac{E_{(j,k)}}{\Delta t_k}+E_j^{stb}\right) \quad 1\leqslant j\leqslant n_B,\ k=1 \tag{5.69}$$

$$P_{B(j,k)}=\frac{1}{e_{(j,k)}}\left(\frac{E_{(j,k)}-E_{(j,k-1)}}{\Delta t_k}+E_j^{stb}\right) \quad 1\leqslant j\leqslant n_B,\ 2\leqslant k\leqslant n_T \tag{5.70}$$

式中：P_B 为第 k 时段第 j 储能设备的功率；$e_{(j,k)}$ 为第 k 时段第 j 储能设备充电时的充电效率或第 k 时段第 j 储能设备放电时的放电效率；$E_{(j,k)}$ 为第 k 时段第 j 储能设备储存的能量；$E_{(j,k-1)}$ 为第 $k-1$ 时段 j 储能设备储存的能量；Δt_k 为第 k 时段的间隔时长；E_j^{stb} 为第 j 储能设备不受时间变化的能量。

5.4.2 计及风电和储能的经济调度模型

5.4.2.1 初始经济调度模型

对于传统的电力系统（即未含可再生能源电源和储能装置的电力系统）来说，电力系统的经济调度只需通过建立简单的线性模型即可实现电力系统的经济调度。然而，可再生能源电源并网后，由于可再生能源电站的间歇性、波动性和不确定性，采用传统的经济调度的方法难以获得

综合费用最小的经济调度结果（整个电力系统的能耗或运行费用最少）。本节介绍一种通过初始经济调度和优化经济调度两个阶段来解决计及风电和储能的综合经济调度问题。在初始经济调度中，风力发电机的输出功率估计值为80%预测量，此时的风机类似于不可调节的火电机组，所有的负荷为定值以及储能设备处于充电状态。初始经济调度模型如下。

目标函数

$$\min F=\sum_{k=1}^{n_T}\sum_{i=1}^{n_G}F_{Gi}(P_{G(i,k)})+\sum_{k=1}^{n_T}\sum_{j=1}^{n_B}h_{Bj}(|P_{B(j,k)}-P_{B(j,k)\max}|)^2 \tag{5.71}$$

约束条件
$$\sum_{i=1}^{n_G}P_{G(i,k)}+\sum_{s=1}^{n_W}P_{W(s,k)}=\sum_{r=1}^{n_D}P_{D(r,k)}+\sum_{j=1}^{n_B}P_{B(j,k)}+P_{Mk}\quad 1\leqslant k\leqslant n_T \tag{5.72}$$

$$P_{Gi\min}\leqslant P_{G(i,k)}\leqslant P_{Gi\max}\quad 1\leqslant i\leqslant n_G,1\leqslant k\leqslant n_T \tag{5.73}$$

$$|P_{B(j,k)}|\leqslant P_{B(j,k)\max}\quad 1\leqslant j\leqslant n_B,1\leqslant k\leqslant n_T \tag{5.74}$$

$$|P_{L(u,k)}|\leqslant P_{Lu\max}\quad 1\leqslant u\leqslant n_L,1\leqslant k\leqslant n_T \tag{5.75}$$

式中：n_G 为传统能源发电机的个数；$P_{G(i,k)}$ 为第 k 时段第 i 传统能源发电机的发电输出功率；$P_{Gi\min}$ 为第 i 传统能源发电机的发电输出功率最小值；$P_{Gi\max}$ 为第 i 传统能源发电机的发电输出功率最大值；$F_{Gi}(P_{G(i,k)})$ 为第 k 时段第 i 传统能源发电机发电时的发电成本函数；n_B 为储能设备的个数；h_{Bj} 为第 j 储能设备的惩罚因子；$P_{B(j,k)}$ 为第 k 时段第 j 储能设备的储能模型；$P_{B(j,k)\max}$ 为第 k 时段第 j 储能设备的储能最大限制；$P_{W(s,k)}$ 为第 k 时段第 s 风力发电机的发电输出功率；n_D 为电力系统中负荷的个数；$P_{D(r,k)}$ 为第 k 时段第 r 负荷的负荷模型；n_L 为所述电力系统中输电支路的个数；$P_{L(u,k)}$ 为第 k 时段第 u 输电支路的输电功率；$P_{Lu\max}$ 为第 u 输电支路的输电功率最大值；P_{Mk} 为第 k 时段所述电力系统的有功损耗。

5.4.2.2 第二阶段优化调度模型

优化调度阶段可分为三个场景来实现：①风能发电可在许可范围内弃风，也不用储能；②风力发电可在许可范围内弃风，同时可用储能；③使用储能的同时以风力发电弃风量最小为目标。三个场景的优化模型如下。

（1）场景一优化调度模型。

目标函数 $$\min F=Q_1\left[\sum_{k=1}^{n_T}\sum_{i=1}^{n_G}F_{Gi}(P_{G(i,k)}+\sum_{k=1}^{n_T}\sum_{s=1}^{n_W}F_{Ws}(P_{W(s,k)})\right]+Q_2\sum_{k=1}^{n_T}P_{Mk} \tag{5.76}$$

约束条件
$$\sum_{i=1}^{n_G}P_{G(i,k)}+\sum_{s=1}^{n_W}P_{W(s,k)}=\sum_{r=1}^{n_D}P_{D(r,k)}+P_{Mk}\quad 1\leqslant k\leqslant n_T \tag{5.77}$$

$$\max\{-\Delta P_{GRCi\max}+P_{G(i,k-1)},P_{Gi\min}\}\leqslant P_{G(i,k)}\leqslant\min\{\Delta P_{GRCi\max}+P_{G(i,k-1)},P_{Gi\max}\}$$
$$1\leqslant i\leqslant n_G\quad 2\leqslant k\leqslant n_T \tag{5.78}$$

$$P_{Gi\min}\leqslant P_{G(i,k)}\leqslant P_{Gi\max}\quad 1\leqslant i\leqslant n_G,k=1 \tag{5.79}$$

$$|P_{L(u,k)}|\leqslant P_{Lu\max}\quad 1\leqslant u\leqslant n_L,1\leqslant k\leqslant n_T \tag{5.80}$$

$$P_{Ws\min}\leqslant P_{W(s,k)}\leqslant P_{Ws\max}\quad 1\leqslant s\leqslant n_W,1\leqslant k\leqslant n_T \tag{5.81}$$

式中：$F_{Ws}(P_{W(s,k)})$ 为第 k 时段第 s 风力发电机发电时的发电成本函数；Q_1 为优化调度模型中发电成本权重因子；Q_2 为优化调度模型中损耗权重因子；$\Delta P_{GRCi\max}$ 为第 i 传统能源发电机的爬坡速度限制；$P_{G(i,k-1)}$ 为第 $k-1$ 时段第 i 传统能源发电机的发电输出功率；$P_{Ws\min}$ 为第 s 风力发电机的发电输出功率最小值；$P_{Ws\max}$ 为第 s 风力发电机的发电输出功率最大值。

（2）场景二优化调度模型。

目标函数 $$\min F=Q_1\sum_{k=1}^{n_T}\sum_{i=1}^{n_G}F_{Gi}(P_{G(i,k)})+Q_1\sum_{k=1}^{n_T}\sum_{s=1}^{n_W}F_{Ws}(P_{W(s,k)})+Q_1\sum_{k=1}^{n_T}\sum_{j=1}^{n_B}(|P_{B(j,k)}-P_{B(j,k)\min}|)^2+Q_2\sum_{k=1}^{n_T}P_{Mk} \tag{5.82}$$

约束条件 $$\sum_{i=1}^{n_G}P_{G(i,k)}+\sum_{s=1}^{n_W}P_{W(s,k)}+\sum_{j=1}^{n_B}P_{B(j,k)}=\sum_{r=1}^{n_D}P_{D(r,k)}+P_{Mk}\quad 1\leqslant k\leqslant n_T \tag{5.83}$$

$$\max\{-\Delta P_{GRCi\max}+P_{G(i,k-1)},P_{Gi\min}\}\leqslant P_{G(i,k)}\leqslant\min\{\Delta P_{GRCi\max}+P_{G(i,k-1)},P_{Gi\max}\}\quad 1\leqslant i\leqslant n_G,2\leqslant k\leqslant n_T \tag{5.84}$$

$$P_{Gi\min}\leqslant P_{G(i,k)}\leqslant P_{Gi\max},\quad 1\leqslant i\leqslant n_G,k=1 \tag{5.85}$$

$$P_{Bi\min}\leqslant P_{B(j,k)}\leqslant P_{Bj\max},\quad 1\leqslant j\leqslant n_B,1\leqslant k\leqslant n_T \tag{5.86}$$

$$|P_{L(u,k)}|\leqslant P_{Lu\max},\quad 1\leqslant u\leqslant n_L,1\leqslant k\leqslant n_T \tag{5.87}$$

$$P_{Ws\min}\leqslant P_{W(s,k)}\leqslant P_{Ws\max},\quad 1\leqslant s\leqslant n_W,1\leqslant k\leqslant n_T \tag{5.88}$$

式中：$F_{Ws}(P_{W(i,k)})$ 为第 k 时段第 s 风力发电机发电时的发电成本函数；$P_{B(j,k)\min}$ 为第 k 时段第 j 储能设备的储能最小限制。

(3) 场景三优化调度模型。

目标函数 $$\min F=Q_1\sum_{k=1}^{n_T}\sum_{i=1}^{n_G}F_{Gi}(P_{G(i,k)})+Q_1\sum_{k=1}^{n_T}\sum_{s=1}^{n_W}F_{Ws}(P_{W(s,k)})+Q_1\sum_{k=1}^{n_T}\sum_{s=1}^{n_W}(|P_{W(s,k)}-P^0_{W(s,k)}|)^2+Q_1\sum_{k=1}^{n_T}\sum_{j=1}^{n_B}(|P_{B(j,k)}-P_{B(j,k)\min}|)+Q_2\sum_{k=1}^{n_T}P_{Mk} \tag{5.89}$$

约束条件 $$\sum_{i=1}^{n_G}P_{G(i,k)}+\sum_{s=1}^{n_W}P_{W(s,k)}+\sum_{j=1}^{n_B}P_{B(j,k)}=\sum_{r=1}^{n_D}P_{D(r,k)}+P_{Mk}\quad 1\leqslant k\leqslant n_T \tag{5.90}$$

$$\max\{-\Delta P_{GRCi\max}+P_{G(i,k-1)},P_{Gi\min}\}\leqslant P_{G(i,k)}\leqslant\min\{\Delta P_{GRCi\max}+P_{G(i,k-1)},P_{Gi\max}\}\quad 1\leqslant i\leqslant n_G,2\leqslant k\leqslant n_T \tag{5.91}$$

$$P_{Gi\min}\leqslant P_{G(i,k)}\leqslant P_{Gi\max},\quad 1\leqslant i\leqslant n_G,k=1 \tag{5.92}$$

$$P_{Bi\min}\leqslant P_{B(j,k)}\leqslant P_{Bj\max},\quad 1\leqslant j\leqslant n_B,1\leqslant k\leqslant n_T \tag{5.93}$$

$$|P_{L(u,k)}|\leqslant P_{Lu\max},\quad 1\leqslant u\leqslant n_L,1\leqslant k\leqslant n_T \tag{5.94}$$

$$P_{Ws\min}\leqslant P^0_{W(s,k)}\leqslant P_{W(s,k)}\leqslant P_{Ws\max}\quad 1\leqslant s\leqslant n_W,1\leqslant k\leqslant n_T \tag{5.95}$$

式中：$F_{Ws}(P_{W(s,k)})$ 为第 k 时段第 s 风力发电机发电时的发电成本函数；$P^0_{W(s,k)}$ 为电力系统中可再生能源放弃量为零时第 k 时段第 s 风力发电机的发电输出功率；$P_{B(j,k)\min}$ 为第 k 时段第 j 储能设备的储能最小限制。

5.4.3 算法步骤

上节提出的优化模型可转换为下面的二次规划模型

$$\min \boldsymbol{F}=\frac{1}{2}\boldsymbol{X}^{\mathrm{T}}\boldsymbol{Q}\boldsymbol{X}+\boldsymbol{G}^{\mathrm{T}}\boldsymbol{X}+\boldsymbol{C} \tag{5.96}$$

$$\text{s.t.}\ \boldsymbol{AX}=\boldsymbol{B},\quad \boldsymbol{X}\geqslant 0 \tag{5.97}$$

式中：$\boldsymbol{X}$ 为变量；$\boldsymbol{Q}$、$\boldsymbol{G}$、$\boldsymbol{C}$ 为二次目标函数系数；$\boldsymbol{A}$ 和 $\boldsymbol{B}$ 是约束方程的系数。

式 (5.96) 对应5.4.1节、5.4.2节经济调度模型中的目标函数（全部化成二次函数），式 (5.97) 是将5.4.1节、5.4.2节经济调度模型中的约束经过线性化处理而得。

传统的内点法依赖一个良好的初始点。本节介绍改进的二次内点法（Improved Quadratic Interior Point，IQIP）具有更快的收敛速度和可选择一般的初始点的特点。改进的内点法用来求解二次规划模型的计算步骤如下。

（1）给出起始运行点 $\boldsymbol{X}_1$。

（2）计算 $\boldsymbol{X}_1:=\boldsymbol{A}\boldsymbol{X}_1$。

（3）计算每个约束的不平衡量（约束违反差值）$\Delta:=\boldsymbol{B}-\boldsymbol{A}\boldsymbol{X}_1$。

（4）选出所有约束中最大的约束违反差值 $\Delta\max:=\max|\Delta i|$。

（5）如果 $\Delta\max<\varepsilon_0$（给定误差许可值），进入步骤（10）；否则进入下一步。

（6）计算 $\boldsymbol{U}:=[\boldsymbol{A}_1(\boldsymbol{A}_1\boldsymbol{A}_1^{\mathrm{T}})^{-1}]\Delta$。

（7）选出最小的 $R:=\min\{Ui\}$。

（8）如果 $R+1\geqslant 0$，$\boldsymbol{X}_1:=\boldsymbol{X}_1(1+U)$，返回步骤（3），否则进入下一步。

（9）计算 $\boldsymbol{QB}:=-1/\boldsymbol{R}$，$\boldsymbol{X}_1:=\boldsymbol{X}_1{}^*(1+\boldsymbol{QB}^*\boldsymbol{U})$，返回步骤（3）。

（10）获取变量矩阵对角元素 $\boldsymbol{D}_k:=\mathrm{diag}[\boldsymbol{x}_1,\boldsymbol{x}_2,\cdots,\boldsymbol{x}_n]$。

（11）计算新的约束方程 $\boldsymbol{B}_k:=\boldsymbol{A}\boldsymbol{D}_k$。

（12）$\boldsymbol{dp}^k:=[\boldsymbol{B}_k^{\mathrm{T}}(\boldsymbol{B}_k\boldsymbol{B}_k^{\mathrm{T}})^{-1}\boldsymbol{B}_k-1]\boldsymbol{D}_k[\boldsymbol{QX}^k+\boldsymbol{G}]$。

（13）计算变步长一

$$\beta_1:=-\frac{1}{\gamma},\ \gamma<0;\ \beta_1:=10^6,\ \gamma\geqslant 0,\ \gamma=\min[dp_j^k]$$

（14）计算变步长二

$$\boldsymbol{\beta}_2:=\frac{(\boldsymbol{dp}^k)^{\mathrm{T}}(\boldsymbol{dp}^k)}{\boldsymbol{W}},\ \text{if}\ \boldsymbol{W}>0;\ \boldsymbol{\beta}_2:\ =10^6,\ \text{if}\ \boldsymbol{W}\leqslant 0,$$

$$\boldsymbol{W}=(\boldsymbol{D}_k\boldsymbol{dp}^k)^{\mathrm{T}}\boldsymbol{Q}(\boldsymbol{D}_k\boldsymbol{dp}^k)$$

（15）通过选最小的变步长得到新的解

$$\boldsymbol{X}^{k+1}:=\boldsymbol{X}^k+\boldsymbol{\alpha}(\boldsymbol{\beta}\boldsymbol{D}_k\boldsymbol{dp}^k)$$

$$\boldsymbol{\beta}=\min[\beta_1,\beta_2];\ \boldsymbol{\alpha}(<0)$$

如果 $\boldsymbol{dp}^k<\mathbf{m}$ 计算收敛结束，否则进入下一次迭代 $\boldsymbol{k}:=\boldsymbol{k}+1$（$\boldsymbol{k}$ 为迭代次数），即返回到步骤（11）重新迭代。

5.4.4 算例分析

对于本节的电力系统经济调度方法，用改进的 IEEE 30 节点系统进行验证，即在标准的 IEEE 30 节点系统的基础上并入风力发电机 WP 和储能设备 S（参见图 5.4），并以 IEEE 30 节点系统运行 1 小时的时间为例进行说明。改进的 IEEE 30 节点系统包括 30 个节点、5 个传统能源发电机、一个风力发电机和一个储能设备，5 个传统能源发电机分别为位于节点 1、2、5、11、13，风力发电机位于节点 9，风力发电机的输出功率最大限制为 12.5MW，储能设备 7 位于节点 4，储能设备的容量为 20MW。发电成本参数（即发电费用二次函数系数）见表 5.13。

表 5.13 发电成本参数

发电机	a	b	c
1	0.00984	0.33500	0.00000
2	0.00834	0.22500	0.00000
5	0.00850	0.18500	0.00000
11	0.00884	0.13500	0.00000

续表

发电机	a	b	c
13	0.00834	0.22500	0.00000
WP	0.00000	0.40000	0.00000

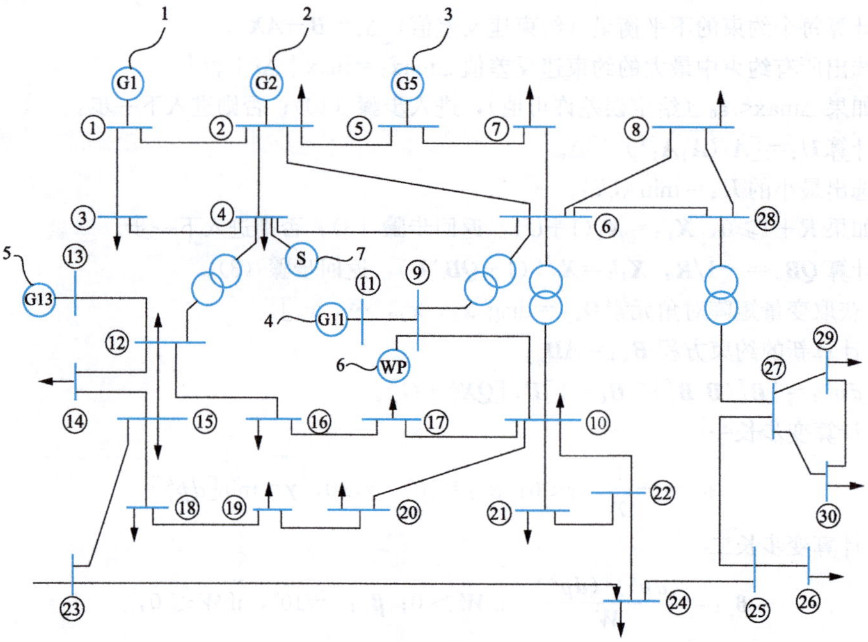

图 5.4　改进的 IEEE 30 节点系统

改进的 IEEE 30 节点系统经济调度结果见表 5.14、表 5.15，各种情况的优化调度结果及比较如图 5.5 和图 5.6 所示。其中，S1 表示初始经济调度结果，S2a、S2b、S2c 分别表示第二阶段优化调度的三个场景。风力发电机的输出功率许可范围为 9～12.5MW。

表 5.14　　IEEE 30 节点系统经济调度结果　　(p. u.)

发电机	S1	S2a	S2b	S2c
1	0.60306	0.76099	0.71224	0.70968
2	0.59634	0.37911	0.35482	0.35355
5	0.60384	0.66204	0.61963	0.61740
11	0.57580	0.56390	0.52778	0.52588
13	0.59523	0.59998	0.56154	0.55952
Storage（储能）	−0.2	0.0	0.2	0.19
WP（风电）	0.10000	0.10816	0.09	0.1100

表 5.15　　IEEE 30 节点系统各种情况优化结果　　(p. u.)

优化结果	S1	S2a	S2b
网损	0.04038	0.04018	0.03201
发电费用	0.734259	0.729131	0.681061

从表 5.15 和图 5.6 可看出，第二阶段三种场景（S2a、S2b 和 S2c）优化调度后的系统网损和发电费用都比第一阶段（S1）初始调度时低。在第二阶段优化调度中，如果储能装置参与调度，则系统网损和发电费用可进一步降低（如 S2b 和 S2c）。如果在优化调度中追求系统网损和发电费用最小的同时兼顾弃风量小，则第二阶段的第三种优化模型（S2c）使用储能的同时以风能发电弃风量最小为目标能达到此目的，其弃风量为 0.015p.u.，其他两种优化调度的弃风量分别为 0.01684p.u. 和 0.035p.u.。

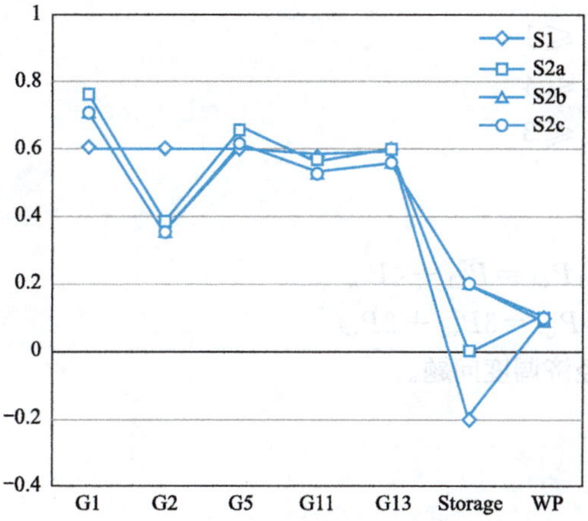

图 5.5 IEEE 30 节点系统发电输出功率比较

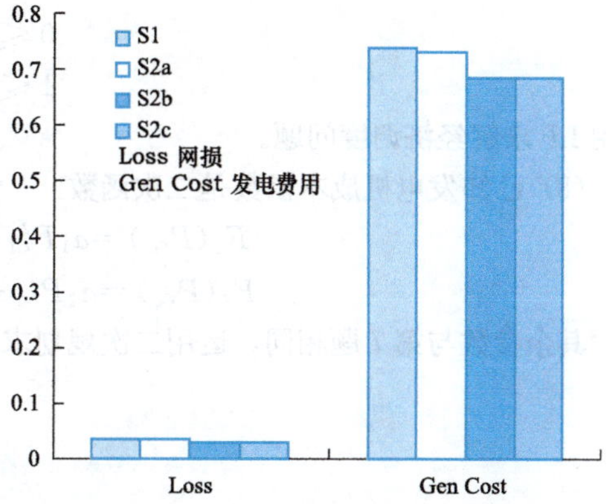

图 5.6 IEEE 30 节点系统网损和发电费用比较

问题与练习

(1) 什么是 SCED?

(2) $N-1$ 安全限制经济调度表示的是什么？

(3) 对比求解 SCED 的 LP、QP 算法。

(4) 什么是 $N-1$ 约束域？

(5) 判断题。

1) SCED 不仅考虑发电机输出功率限制，还考虑了输电线路和变压器容量限制。（ ）

2) SCED 必须是线性模型。（ ）

3) SCED 不包括无功调度。（ ）

4) SCED 必须满足节点电压限制。（ ）

5) QP 具有二次目标函数和二次条件限制。（ ）

6) SCED 忽略网络损耗。（ ）

(6) 求解以下 QP 问题

$$\min f(x)=\frac{1}{2}(x_1-1)^2+\frac{1}{2}(x_2-5)^2$$

约束条件

$$-2x_1+x_2\leqslant 2$$

$$-x_1+x_2\leqslant 3$$

$$x_1\leqslant 3$$

$$x_1\geqslant 0,\ x_2\geqslant 0$$

(7) 已知电力网络包含两台发电机（P_{G1} 和 P_{G2}）、三条输电线路以及一个负荷 P_D，系统参数如下

$$F_1(P_{G1})=C_1P_{G1}=3P_{G1}$$
$$F_2(P_{G2})=C_2P_{G2}=5P_{G2}$$
$$0\leqslant P_{Gi}\leqslant 4$$
$$0\leqslant P_{G2}\leqslant 3$$
$$P_D=4$$
$$0\leqslant P_{l1}\leqslant 1$$
$$0\leqslant P_{l2}\leqslant 4$$
$$1\leqslant P_{l3}\leqslant 3$$

运用 LP 求解经济调度问题。

(8) 已知发电机成本函数是二次函数

$$F_1(P_{G1})=a_1P_{G1}^2+b_1P_{G1}=P_{G1}^2+4P_{G1}$$
$$F_2(P_{G2})=a_2P_{G2}^2+b_2P_{G2}=3P_{G2}^2+2P_{G2}$$

其余参数与第 7 题相同，运用二次规划求解经济调度问题。

参 考 文 献

[1] 朱继忠，徐国禹．网流技术的不良状态校正法用于安全有功经济调度．重庆大学学报：自然科学版，1988 (2)：10-16.

[2] 朱继忠，徐国禹．电力系统有功安全经济再调度．重庆大学学报．自然科学版，1989，12 (6)：40-47.

[3] 朱继忠，徐国禹．多发电计划有功安全经济调度的网流算法．控制与决策，1989 (5)：14-18.

[4] 朱继忠，徐国禹．有功安全经济调度的凸网流规划模型及其求解．控制与决策，1991 (1)：48-52.

[5] 朱继忠，徐国禹．*N* 及 *N*-1 安全性经济调度的综合研究．中国电机工程学报，1991 (S1)：141-146.

[6] 朱继忠，徐国禹．用网流法求解水火电力系统有功负荷分配．系统工程理论与实践，1995，15 (1)：69-73.

[7] 朱继忠，徐国禹．电力系统 *N*-1 安全有功经济调度．重庆大学学报：自然科学版，1992，15 (2)：105-109.

[8] 江长明，朱继忠．有功调度中经济性与安全性的协调问题．电力系统自动化，1995，19 (11)：43-48.

[9] 王鲁，徐国禹．应用二次规划解算安全性有功经济调度．重庆大学学报，1987 (3)：6-15.

[10] 李文沅，徐国禹，秦翼鸿．实时安全经济调度的惩罚线性规划模型．中国电机工程学报，1989 (6)：1-6.

[11] 韩学山，柳焯．动态经济调度的新算法——辅助变量法．电力系统自动化，1993 (9)：35-39.

[12] 夏清，张伯明，康重庆，等．电力系统短期安全经济调度新算法．电网技术，1997 (11)：61-65.

[13] 李文沅．电力系统安全经济运行模型及方法．重庆：重庆大学出版社，1989.

[14] O. Alsac，B. Stott. Optimal load flow with steady-state security. IEEE Trans.，PAS，1974：745-751.

[15] J. Z. Zhu，G. Y. Xu. A new economic power dispatch method with security. Electric Power Systems Research，1992，25：9-15.

[16] M. R. Irving，M. J. H. Sterling，economic dispatch of active power with constraint relaxation. IEE Proceedings. C，1983，130：172-177.

[17] T. H. Lee，D. H. Thorne，E. F. Hill. A transportation method for economic dispatching-Application and

comparison. IEEE Trans., PAS, 1980, 99: 2372-2385.

[18] E. Hobson, D. L. Fletcher, W. O. Stadlin. Network flow linear programming techniques and their application to fuel scheduling and contingency analysis. IEEE Trans., PAS, 1984, 103: 1684-1691.

[19] A. J. Elacqua, S. L. Corey. Security constrained dispatch at the New York power pool. IEEE Trans., PAS, 1982, Vol. 101: pp2876-2884.

[20] J. A. Momoh, G. F. Brown, R. Adapa. Evaluation of interior point methods and their application to power system economic dispatch. Proceedings of the 1993 North American Power Symposium, October 11-12, 1993.

[21] J. Z. Zhu, M. R. Irving. Combined active and reactive dispatch with multiple objectives using an analytic hierarchical process. IEE Proceedings C, 1996, 143 (4): 344-352.

[22] J. Z. Zhu, C. S. Chang. A new model and algorithm of secure and economic automatic generation control. Electric Power Systems Research, 1998, 45 (2): 119-127.

[23] J. Z. Zhu, M. R. Irving, G. Y. Xu. A new approach to secure economic power dispatch. International Journal of Electric Power & Energy System, 1998, 20 (8): 533-538.

[24] J. Z. Zhu, G. Y. Xu. Network flow model of multi-generation plan for on-line economic dispatch with security. Modeling, Simulation & Control, 1991, 32 (1): 49-55.

[25] J. Z. Zhu, G. Y. Xu. Secure economic power reschedule of power systems. Modeling, Measurement & Control, 1994, 10 (2): pp59-64.

[26] J. Nanda, R. B. Narayanan. Application of genetic algorithm to economic load dispatch with Line flow constraints. Electrical Power and Energy Systems, 2002, 24: 723-729.

[27] T. D. King, M. E. El-Hawary, F. El-Hawary. Optimal environmental dispatching of electric power system via an improved Hopfield neural network model. IEEE Trans on Power System, 1995, 10 (3): 1559-1565.

[28] K. P. Wong, C. C. Fung. Simulated-annealing-based economic dispatch algorithm. IEE Proc. Part C, 1993, 140 (6): 509-515.

[29] J. Z. Zhu, G. Y. Xu. Approach to automatic contingency selection by reactive type performance index, IEE Proceedings. C, 1991, 138: 65-68.

[30] J. Z. Zhu, G. Y. Xu. A unified model and automatic contingency selection algorithm for the P and Q subproblems. Electric Power Systems Research, 1995, 32: 101-105.

[31] D. K. Smith. Network optimization practice. UK: Ellis Horwood, Chichester, 1982.

[32] G. B. Dantzig. Linear Programming and Extensions. Princeton University Press, 1963.

[33] D. G. Luenberger. Introduction to linear and nonlinear programming. USA: Addison-wesley Publishing Company, Inc. 1973.

[34] J. K. Strayer. Linear programming and applications. Springer-Verlag, 1989.

[35] M. Bazaraa, J. Jarvis, H. Sherali. Linear programming and network flows. 2nd ed. New York: Wiley, 1977.

[36] J. Z. Zhu. Optimization of power system operatiomn, 2nd ed. New Jersey: Wiley-IEEE Press, 2015.

第 6 章

网络流规划用于安全经济调度

6.1 引　言

网络流规划（Network Flow Program，NFP）是一种特殊的线性规划方法，特点是操作简单，收敛速度快。20 世纪 80 年代中外专家开始用网络流规划求解安全经济调度问题。一个网络流图中，每一个源点对应一个电力系统中的电源（发电机），在网络流模型中对应于一条弧，被称为发电弧。每一个汇点对应一个电力系统中的负荷，在网络流模型中也对应于一条弧，被称为负荷弧。每一支路对应于电力系统中的输电线路或变压器支路，在网络流模型中对应于一条弧，被称为输电弧。这样电力系统就可化成一个网络流图，并用网络流规划方法求解电网经济调度问题。

第 1 章介绍了网络流模型及网络流规划方法，本章将利用这些网络流规划方法求解 N 与 $N-1$ 安全经济调度问题。

6.2 安全约束经济调度网络流规划模型

正常运行状态下，考虑 N 安全约束的有功经济调度网络流规划模型 $M-1$ 的数学形式如下

$$\min F^0=\sum_{i\in NG}(a_iP_{Gi}^{0^2}+b_iP_{Gi}^0+c_i)+h\sum_{j\in NT}R_jP_{Tj}^{0^2} \tag{6.1}$$

约束条件

$$\sum_{i(w)}P_{Gi}^0+\sum_{j(w)}P_{Tj}^0+\sum_{k(w)}\hat{P}_{Dk}^0=0 \quad w\in n \tag{6.2}$$

$$\underline{P_{Gi}}\leqslant P_{Gi}^0\leqslant\overline{P_{Gi}} \tag{6.3}$$

$$\underline{P_{Tj}}\leqslant P_{Tj}^0\leqslant\overline{P_{Tj}} \tag{6.4}$$

$$i\in NG,\quad j\in NT,\quad k\in ND$$

式中：a_i、b_i、c_i 为第 i 台发电机的成本系数；P_{Gi}^0 为正常运行状态下发电机支路 i 的有功潮流；P_{Tj}^0 为正常运行状态下输电支路 j 的有功潮流；P_{Dk}^0 为正常运行状态下负荷支路的有功潮流；NG 为发电机支路数目；NT 为输电支路数目；ND 为负荷支路数目；N 为节点数目；R_j 为输电支路（线路）电阻；$\underline{P}$ 为流经支路的有功潮流下限；$\overline{P}$ 为流经支路的有功潮流上限。

潮流正方向指定为流入节点，负方向为流出节点，$i(w)$ 表示支路 i 比邻节点 w；$j(w)$ 和 $k(w)$ 同理。

需要注意以下几点。

(1) 目标函数第二项

$$h\sum_{j\in NT}R_jP_{Tj}^{0^2} \tag{6.5}$$

是与系统边际成本 h（美元/MWh）有关的输电损耗惩罚项，线路总损耗以线路阻抗和传输功率平方的乘积表示，此种方式是近似的表示，但十分有效。它由以下输电线路有功损耗计算简化后得出

$$P_{\mathrm{L}j}=\frac{P_{\mathrm{T}j}^{2}+Q_{\mathrm{T}j}^{2}}{V_{\mathrm{T}j}^{2}}\times R_{j} \tag{6.6}$$

即在式（6.6）中假设通过系统采用 1.0p.u. 电压和就地无功补偿。

（2）线路损耗假定均匀分布于线路两端之间，因此，式（6.2）中的有功负荷 $P_{\mathrm{D}k}^{0}$ 包括了所有连接到节点 k 的输电线路损耗的一半，这部分损耗预先从正常运行状态下的潮流计算中求取，并保持恒定，有需要时也可以进行修正，即

$$\hat{P}_{\mathrm{D}k}^{0}=P_{\mathrm{D}k}^{0}+\frac{1}{2}\sum_{j\to k}R_{j}{P_{\mathrm{T}j}^{0}}^{2} \tag{6.7}$$

另外一半与负荷无关的输电线路损耗加到网络模型返回支路的潮流中。

（3）输电有功功率作为独立变量，并且直接将线路安全约束引入模型之中，线路安全限制值是基于线路自然功率（Surge Impedance Loading，SIL）和线路长度，而不是发热限制。

（4）通常情况下，由于没有计算惩罚因子，电力系统网络拓扑不变，所以，模型可以很容易通过 NFP 求解。

尽管本模型与传统经济调度模型不同，但已经证实它们是等价的。

式（6.1）的经济调度目标函数是二次函数，可以用平均成本线性化。本章引言中指出，电力网络可以化为网络流图，共有三种类型的支路：发电机支路、输电支路、负荷支路，即每一个发电机支路对应于一台发电机，每一个输电支路对应于一条输电线或一台变压器，每一个负荷支路对应于一个有功负荷需求。除此之外，还有一条特殊支路——返回支路，电力网络支路总数是 $m+1$，其中 $m=NG+NT+ND$。

对比式（6.1）～式（6.4）的经济调度模型与网络流模型，平均成本和每种支路的潮流限制如下。

（a）发电机支路

$$\overline{C_{ij}}=a_{i}P_{\mathrm{G}i}+b_{i} \tag{6.8}$$

$$L_{ij}=\underline{P_{\mathrm{G}i}} \tag{6.9}$$

$$U_{ij}=\overline{P_{\mathrm{G}i}} \tag{6.10}$$

（b）输电支路

$$\overline{C_{ij}}=hR_{j}P_{\mathrm{T}j} \tag{6.11}$$

$$L_{ij}=\underline{P_{\mathrm{T}j}} \tag{6.12}$$

$$U_{ij}=\overline{P_{\mathrm{T}j}} \tag{6.13}$$

（c）负荷支路

$$\overline{C_{ij}}=0 \tag{6.14}$$

$$L_{ij}=\hat{P}_{\mathrm{D}k}^{0} \tag{6.15}$$

$$U_{ij}=\hat{P}_{\mathrm{D}k}^{0} \tag{6.16}$$

（d）返回支路

$$\overline{C_{ij}}=0 \tag{6.17}$$

$$L_{ij}=\sum_{k\in ND}\hat{P}_{\mathrm{D}k}^{0}+\frac{1}{2}\sum_{j\in NT}R_{j}P_{\mathrm{T}j}^{0^{2}} \tag{6.18}$$

$$U_{ij}=\sum_{k\in ND}\hat{P}_{Dk}^{0}+\frac{1}{2}\sum_{j\in NT}R_jP_{Tj}^{0^2} \tag{6.19}$$

如果在网络流经济调度模型中忽略网络损耗，输电支路损耗成本是零，负荷 $\hat{P}_{Dk}$ 由 P_{Dk} 代替，同时，返回支路的功率损耗也是零。

注意到返回支路上的潮流 P_{ts} 限制了总负荷和网络损耗，即

$$P_{ts}=\sum_{k\in ND}\hat{P}_{Dk}^{0}+\frac{1}{2}\sum_{j\in NT}R_jP_{Tj}^{0^2} \tag{6.20}$$

将式（6.7）代入式（6.20），可得

$$\begin{aligned}P_{ts}&=\sum_{k\in ND}\left(P_{Dk}^{0}+\frac{1}{2}\sum_{j\to k}R_jP_{Tj}^{0^2}\right)+\frac{1}{2}\sum_{j\in NT}R_jP_{Tj}^{0^2}\\&=\sum_{k\in ND}(P_{Dk}^{0})+\frac{1}{2}\sum_{j\in NT}R_jP_{Tj}^{0^2}+\frac{1}{2}\sum_{j\in NT}R_jP_{Tj}^{0^2}\\&=\sum_{k\in ND}(P_{Dk}^{0})+\sum_{j\in NT}R_jP_{Tj}^{0^2}\\&=P_D+P_L\end{aligned} \tag{6.21}$$

显然连接在返回支路的超源点（或总源点）处的 KCL 定律为

$$\sum_{i=1}^{NG}P_{Gi}=P_D+P_L \tag{6.22}$$

这正是传统经济调度的有功平衡方程，因此网络流经济调度模型可以很容易计算出网络损耗，其方法是通过调整含返回支路的增量流环的流。

6.3 N－1 安全约束经济调度网络流规划模型

6.3.1 N－1 安全约束计算

从理论上讲，$N-1$ 安全约束数量很多，对于带有 n 条输电支路和变压器支路的系统，等于 $n(n-1)$。从实际应用上讲，输电网络规划和设计通常都考虑了 $N-1$ 准则，一般不会发生大量的 $N-1$ 安全约束违反情况，即使是发生单一的支路故障，也仅仅只有小部分的输电线路可能会过载。因此，把所有 $N-1$ 安全约束直接合并入计算模型不仅没必要，也不合理。为检测所有可能的越限情况，对单一支路故障进行快速故障分析是必要的。

在通过 $M-1$ 模型得到的正常发电计划基础上，$N-1$ 安全分析的 NFP 模型 $M-2$ 表述如下

$$\min F_l=\sum_{j\in NT}R_jP_{Tj}{}^{2}(l) \tag{6.23}$$

约束条件

$$\sum_{i(\omega)}P_{Gi}^{0}+\sum_{j(\omega)}P_{Tj}(l)+\sum_{k(\omega)}P_{Dk}^{0}=0\quad \omega\in n \tag{6.24}$$

$$|P_{Tj}(l)|\leqslant\gamma\overline{P_{Tj}}\quad l\in NL \tag{6.25}$$

$$P_{Tl}=0 \tag{6.26}$$

式中：$P_{Tl}(l)$ 为当线路 l 故障时，线路 j 传输的有功功率；NL 为故障线路集；γ 为大于 1 的常数（比如 $1<\gamma<1.3$）。

$M-1$ 与 $M-2$ 模型之间的不同如下：

（1）由于所有的发电功率和负荷功率保持不变，所以目标函数［式(6.1)］中的发电成本部分和不等式约束［式(6.3)］不再需要。

（2）只有传输的有功功率作为变量调整潮流分布，不等式约束［式(6.25)］取代［式(6.4)］。引入常数 γ 目的是在线路 l 故障时能有效找到过载线路。

一旦越限情况被检测到，通过以下方程，可以确定线路 j 的最大越限值

$$\Delta\overline{P_{\mathrm{T}j}}=\max_{l\in NL}\{P_{\mathrm{T}j}(l)-\overline{P_{\mathrm{T}j}}\}\quad j\in NT_1 \tag{6.27}$$

$$\Delta\underline{P_{\mathrm{T}j}}=\min_{l\in NL}\{P_{\mathrm{T}j}(l)-\underline{P_{\mathrm{T}j}}\}\quad j\in NT_2 \tag{6.28}$$

式中：NT_1 和 NT_2 分别为当线路 l 故障时，越上限和下限的线路集合。

6.3.2 N－1 安全经济调度

正常运行下的 N 安全经济调度不能保证当单一偶发事故（或多偶发事故）发生时不出现功率越限，如果偶发状况真的发生，就必须重分配发电输出功率以使输电线路满足约束条件。因此，寻求一种将 $N-1$ 安全约束合并入经济调度问题的方法显得十分必要，在考虑 N 安全约束和快速故障分析的正常状况基础上，$N-1$ 安全经济调度的 $M-3$ 网络流模型表述为

$$\min\Delta F=\sum_{i\in NG}\left(\frac{\partial f_i}{\partial P_{\mathrm{G}i}}\bigg|_{P_{\mathrm{G}i}^0}\Delta P_{\mathrm{G}i}\right)+h\sum_{j\in NT}\left(\frac{\partial P_{\mathrm{L}j}}{\partial P_{\mathrm{T}j}}\bigg|_{P_{\mathrm{T}j}^0}\Delta P_{\mathrm{T}j}\right) \tag{6.29}$$

约束条件
$$\sum_{i(w)}\Delta P_{\mathrm{G}i}+\sum_{j(w)}\Delta P_{\mathrm{T}j}=0\quad \omega\in(NG+NT) \tag{6.30}$$

$$\underline{P_{\mathrm{G}i}}-P_{\mathrm{G}i}^0\leqslant\Delta P_{\mathrm{G}i}\leqslant\overline{P_{\mathrm{G}i}}-P_{\mathrm{G}i}^0\quad i\in NG \tag{6.31}$$

$$|\Delta P_{\mathrm{G}i}|\leqslant\Delta\overline{P_{\mathrm{G}rci}}\quad i\in NG \tag{6.32}$$

$$\Delta P_{\mathrm{T}j}=-\Delta\overline{P_{\mathrm{T}j}}\quad j\in NT_1 \tag{6.33}$$

$$\Delta P_{\mathrm{T}j}=-\Delta\underline{P_{\mathrm{T}j}}\quad j\in NT_2 \tag{6.34}$$

$$\underline{P_{\mathrm{T}j}}-P_{\mathrm{T}j}^0\leqslant\Delta P_{\mathrm{T}j}\leqslant\overline{P_{\mathrm{T}j}}-P_{\mathrm{T}j}^0\quad j\in(NT-NT_1-NT_2) \tag{6.35}$$

式中：ΔF 为总生产成本目标函数；$\Delta P_{\mathrm{G}i}$ 和 $\Delta P_{\mathrm{T}j}$ 分别为增量形式的发电和输电功率。

增量形式的发电和输电成本为

$$\frac{\partial f_i}{\partial P_{\mathrm{G}i}}\bigg|_{P_{\mathrm{G}i}^0}=2a_iP_{\mathrm{G}i}^0+b_i \tag{6.36}$$

$$\frac{\partial P_{\mathrm{L}j}}{\partial P_{\mathrm{T}j}}\bigg|_{P_{\mathrm{T}j}^0}=2R_jP_{\mathrm{T}j}^0 \tag{6.37}$$

显然，$M-3$ 是增量优化模型，注意下述几点：

(1) 目标函数式和等式约束都是在负荷保持不变的假设下得到，即 $\Delta P_{\mathrm{D}k}=0$。特别情况下如果 $M-3$ 问题没有可行解，一些负荷需要被部分或者全部削减，才能使得问题有解。此种情况下，增量式负荷被当成零成本变量引入 $M-3$。

(2) 为了有效实现从 N 到 $N-1$ 安全计划过渡，必须考虑发电有功功率调节（调节速率）约束，它是由相关调节速率与特定调节时间的乘积决定。因此，发电机功率调节受到式（6.31）和式（6.32）限制，可以合并为一个表达式

$$\max\{-\Delta\overline{P_{\mathrm{G}rci}},\ \underline{P_{\mathrm{G}i}}-P_{\mathrm{G}i}^0\}\leqslant\Delta P_{\mathrm{G}i}\leqslant\min\{\Delta\overline{P_{\mathrm{G}rci}},\ \overline{P_{\mathrm{G}i}}-P_{\mathrm{G}i}^0\}\quad i\in NG \tag{6.38}$$

(3) 式（6.33）和式（6.35）反映了线路安全约束的数量变化，通过计算这些方程可以确定出"$N-1$ 约束域"（由所有单一故障安全域的交集确定）。这样处理后，意味着 $N-1$ 安全经济调度问题与 N 安全经济调度问题有相同数量约束，同样可以被引入网络流模型。

把式（6.27）和式（6.28）以及式（6.36）～式（6.38）代入 $M-3$ 模型，得到 $N-1$ 安全经济调度的增量式网络流模型，即 $M-4$ 模型。

$$\min\Delta F=\sum_{i\in NG}(2a_iP_{\mathrm{G}i}^0+b_i)\Delta P_{\mathrm{G}i}+h\sum_{j\in NT}(2R_jP_{\mathrm{T}j}^0)\Delta P_{\mathrm{T}j} \tag{6.39}$$

约束条件
$$\sum_{i(w)}\Delta P_{\mathrm{G}i}+\sum_{j(w)}\Delta P_{\mathrm{T}j}=0\quad \omega\in(NG+NT) \tag{6.40}$$

$$\max\{-\Delta\overline{P_{Grci}},\ \underline{P_{Gi}}-P_{Gi}^0\} \leqslant \Delta P_{Gi} \leqslant \min\{\Delta\overline{P_{Grci}},\ \overline{P_{Gi}}-P_{Gi}^0\} \quad i \in NG \tag{6.41}$$

$$\Delta\overline{P_{Tj}}=-\max_{l\in NL}\{P_{Tj}(l)-\overline{P_{Tj}}\} \quad j \in NT_1 \tag{6.42}$$

$$\Delta\underline{P_{Tj}}=-\min_{l\in NL}\{P_{Tj}(l)-\underline{P_{Tj}}\} \quad j \in NT_2 \tag{6.43}$$

$$\underline{P_{Tj}}-P_{Tj}^0 \leqslant \Delta P_{Tj} \leqslant \overline{P_{Tj}}-P_{Tj}^0 \quad j \in (NT-NT_1-NT_2) \tag{6.44}$$

线性模型 $M-4$ 对应于网络流模型，容易通过网络流规划算法求解。

注意本节方法可以提供双发电计划，$M-1$ 模型求解的正常发电计划在正常运行状态下使用，$M-4$ 模型求解的故障后发电计划仅在故障后的情况下使用；此外，还可以被用作正常和故障后的单一发电计划，即单一发电计划不仅保证正常情况下的安全运行，而且可以防止发生可能的单一故障后的过载现象。此种方法很容易实现，因为不需要任何机组输出功率的重新安排。然而，因为所有 $N-1$ 线路安全约束都得满足，约束域十分狭窄，因此运行费用也随之上升。

6.4 不良状态校正法求解安全经济调度

6.4.1 不良状态校正法（Out-of-Kilter Algorithm，OKA）模型

安全经济调度模型可以化为如下不良状态校正法 OKA 网络流规划数学模型

$$\min C=\sum_{ij} C_{ij} f_{ij} \quad ij \in (m+ss+tt+1) \tag{6.45}$$

约束条件

$$\sum_{j\in n}(f_{ij}-f_{ji})=0 \quad i \in n \tag{6.46}$$

$$L_{ij} \leqslant f_{ij} \leqslant U_{ij} \quad ij \in (m+ss+tt+1) \tag{6.47}$$

式中：C_{ij} 为支路 ij 的传输费用成本，在电网中包括发电支路，输电支路和负荷支路。f_{ij} 为支路 ij 通过的流或有功潮流；L_{ij} 为支路 ij 的有功潮流下界；U_{ij} 为支路 ij 的有功潮流上界；n 为网络节点数；m 为电网中输电支路数；ss 为电网中电源（发电机数），对应于发电支路数；tt 为电网中负荷数，对应于负荷支路数。

根据对偶理论，可推导出不良状态校正法最优解的互补松弛条件

$$f_{ij}=L_{ij} \quad \text{for} \quad \overline{C}_{ij}>0 \tag{6.48}$$

$$L_{ij} \leqslant f_{ij} \leqslant U_{ij} \quad \text{for} \quad \overline{C}_{ij}=0 \tag{6.49}$$

$$f_{ij}=U_{ij} \quad \text{for} \quad \overline{C}_{ij}<0 \tag{6.50}$$

式中：$\overline{C_{ij}}$ 为相对费用，可由原问题的支路费用 C_{ij} 和对偶变量 π 计算出，即

$$\overline{C}_{ij}=C_{ij}+\pi_i-\pi_j \tag{6.51}$$

不良状态校正法根据 OKA 的优化互补松弛条件并利用标号方法，处理网络模型计算中的违反约束支路（不良状态支路），如果所有支路达到良好状态，则得出最优解；否则，需要通过标号方法改变相关支路流和节点电参数 π，使不良状态的支路变为良好状态。

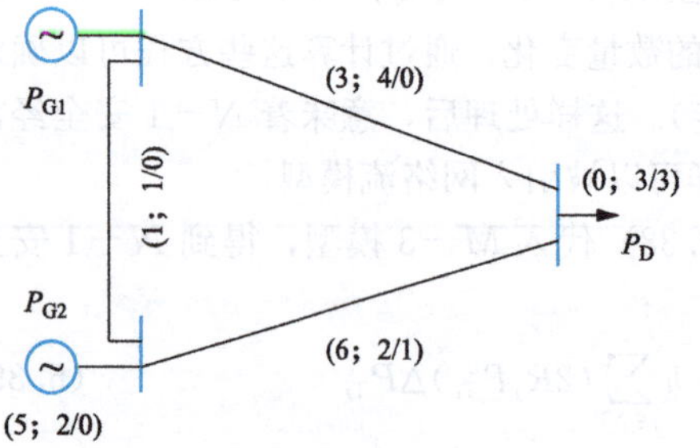

图 6.1 简单电力系统（C_{ij}；U_{ij}/L_{ij}）

6.4.2 不良状态校正法主要流程

这里先用一个简单例子来描述 OKA（不良状态校正法）的求解过程。图 6.1 是一个简单电力系统，有两台发电机（P_{G1} 和 P_{G2}）和三条输电线路，为负荷 P_D 供电。系统参数如下

$$F_1(P_{G1})=C_1P_{G1}=2P_{G1}$$

$$F_2(P_{G2})=C_2P_{G2}=5P_{G2}$$
$$0\leqslant P_{G1}\leqslant 2$$
$$0\leqslant P_{G2}\leqslant 2$$
$$P_D=3$$
$$0\leqslant P_{l1}\leqslant 1$$
$$0\leqslant P_{l2}\leqslant 4$$
$$1\leqslant P_{l3}\leqslant 2$$

其中：l_1 为发电机 P_{G1} 与 P_{G2} 之间的输电线路；l_2 为发电机 P_{G1} 与负荷 P_D 之间的输电线路；l_3 是 P_{G2} 与负荷 P_D 之间的输电线路。

为简化起见，忽略网络损耗，则该系统的经济调度模型可表述如下

$$\min F=2P_{G1}+5P_{G2}$$

约束条件

$$P_{G1}+P_{G2}=3$$
$$0\leqslant P_{G1}\leqslant 2$$
$$0\leqslant P_{G2}\leqslant 2$$
$$0\leqslant P_{l1}\leqslant 1$$
$$0\leqslant P_{l2}\leqslant 4$$
$$1\leqslant P_{l3}\leqslant 2$$

该系统的经济调度问题可以表述为 OKA 网络流模型，如图 6.2 所示。

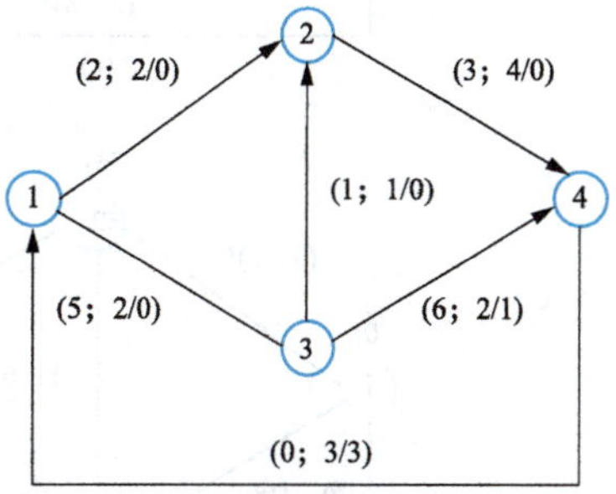

图 6.2 简单电力系统的 OKA 网络流模型

根据图 6.2 的 OKA 模型和不良状态校正算法，用 OKA 求解经济调度的过程如下。

(1) 数值初始化：$f_{13}=f_{32}=f_{24}=f_{41}=2$、$f_{12}=f_{34}=0$、$\pi_1=\pi_2=\pi_3=\pi_4=0$，这些数值和相关参数在图 6.3(a) 给出，然后计算相对成本 $\overline{C_{ij}}$。

(2) 检验支路状态，从图 6.3 (a) 可知，除了标星号的支路 1-2 外，所有的支路都处于不良状态。

(3) 选取不良状态支路，比如支路 4-1，通过标号技术（又称标记方法，或着色方法），由于只有节点 1 可以被标记，因此不存在流的增广回路。然后改变节点 2-4 的 π 值，如图 6.3 (b) 所示。这种情况下，支路 4-1 仍然为不良状态，但所有节点都可以被标记，找到流的增广回路 1-2-3-4，并将增量数值取为 1，调整回路中的流后，结果如图 6.3(c) 所示。现在，支路 4-1 处于良好状态，同时支路 3-4 也变为良好状态。

(4) 再次检验支路状态，发现支路 1-3、3-2、2-4 处于不良状态。

(5) 修正支路 1-3 状态。由于 1、2 和 3 可以被标记，所以有增广回路 1-2-3-1，修改回路中的流后，结果如图 6.3 (d) 所示。这种情况下，支路 1-3 仍然为不良状态，并且除了节点 1 之外，没有节点可以被标记。通过改变 π 和 $\overline{C_{ij}}$，支路 1-3 进入良好状态，如图 6.3 (e) 所示。

(6) 再次检验支路状态，仅有支路 2-4 处于不良状态。

(7) 修正支路 2-4 状态。因为只有节点 2 可以被标记，所以不存在增广回路。在 1、3、4 节点的 π 和 $\overline{C_{ij}}$ 被修改后，支路 2-4 进入良好，如图 6.3 (f) 所示。

(8) 检验支路状态，这时，所有支路都处于良好状态，并且所有最优化条件都已经满足，这表示已经得到系统的最优潮流解（最小成本），停止迭代。

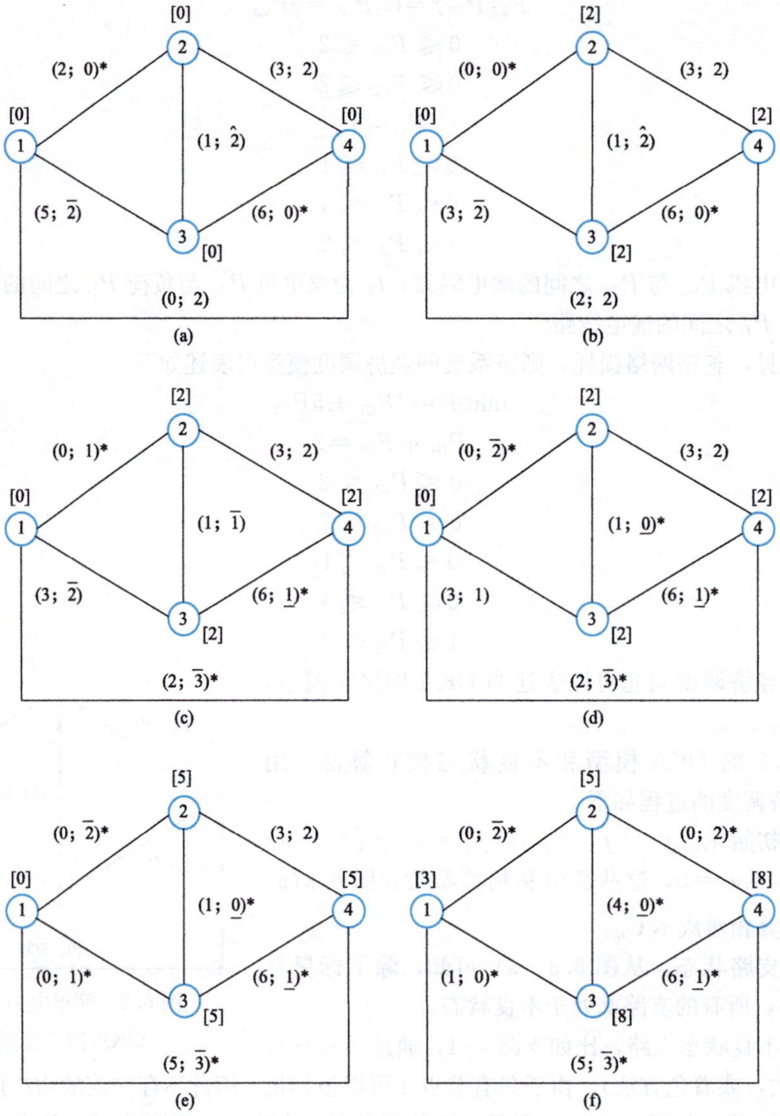

图 6.3　OKA 求解过程

最优结果如下：

(1) 相对成本

$$\overline{C_{12}}=0,\ \overline{C_{13}}=0,\ \overline{C_{23}}=4,\ \overline{C_{24}}=0,\ \overline{C_{34}}=6,\ \overline{C_{41}}=5$$

(2) 顶点（节点）值

$$\pi_1=3,\ \pi_2=5,\ \pi_3=8,\ \pi_4=8$$

(3) 支路流

$$f_{12}=2,\ f_{13}=1,\ f_{23}=0,\ f_{24}=2,\ f_{34}=1,\ f_{41}=3$$

6.4.3　*N* 安全约束经济调度例子

为进一步检验不良状态校正法 OKA 在 *N* 安全经济调度中的应用情况，这里列出了 IEEE 5 节点和 30 节点系统的测试结果。表 6.1 列出了在 5 节点系统上用 OKA 算法求解的经济调度结果，其中总发电成本是 757.50 美元/h，总系统损耗是 0.043p.u. 与前面章节通过线性规划求解的结果几乎一样。

对于30节点系统，用OKA算法采取以下不同情景进行经济调度计算。

情景1：包括线路功率限制的原始数据。

情景2：线路2和6功率限制分别下降到0.45p.u. 和0.35p.u.，其他数据不变。

情景3：线路1功率限制下降到0.65p.u. 其他数据不变。

情景4：线路1功率限制下降到1p.u. 其他数据不变。

四种情景所对应的经济调度求解结果见表6.2。

为分析权值 h 对计算结果的影响，以情景3为例选取不同的权值 h 进行分析，结果见表6.3。结果表明，最优结果出现在权值 h 在20～25。

表6.1 OKA经济调度结果（5节点）

发电机或输电支路	有功功率（p.u.）	功率下限（p.u.）	功率上限（p.u.）
P_{G1}	0.9270	0.3000	1.2000
P_{G2}	0.7160	0.3000	1.2000
P_{13}	0.2160	0.0000	1.0000
P_{41}	−0.4110	0.0000	0.5000
P_{51}	−0.3000	0.0000	0.3000
P_{32}	−0.4000	0.0000	0.4000
P_{25}	0.3160	0.0000	1.0000
P_{34}	0.0000	0.0000	0.5000

表6.2 OKA经济调度结果（30节点）

发电机	情景1	情景2	情景3	情景4
P_{G1}(p.u.)	1.7588	1.75000	1.34665	1.69665
P_{G2}(p.u.)	0.4881	0.26236	0.64571	0.33295
P_{G5}(p.u.)	0.2151	0.15000	0.15000	0.15000
P_{G8}(p.u.)	0.2236	0.31270	0.31270	0.31270
P_{G11}(p.u.)	0.1230	0.30000	0.30000	0.30000
P_{G13}(p.u.)	0.12000	0.12000	0.12000	0.12000
总费用（美元/h）	802.51	813.75	814.24	809.68
系统损耗（p.u.）	0.0950	0.0782	0.0793	0.0783

表6.3 不同 h 值的OKA经济调度结果（30节点）

h	>1600	200～1600	29～200	20～25
P_{G1}(p.u.)	0.56236	0.84236	1.34665	1.34665
P_{G2}(p.u.)	0.80000	0.80000	0.29571	0.64571
P_{G5}(p.u.)	0.50000	0.50000	0.15000	0.15000
P_{G8}(p.u.)	0.31270	0.31270	0.31270	0.31270
P_{G11}(p.u.)	0.30000	0.30000	0.30000	0.30000
P_{G13}(p.u.)	0.40000	0.12000	0.12000	0.12000

续表

h	>1600	200～1600	29～200	20～25
总费用（美元/h）	964.86	915.21	872.52	814.24
系统损耗（p.u.）	0.0594	0.0620	0.0691	0.0793
迭代次数	1	1	2	3

6.4.4 $N-1$ 安全约束经济调度例子

同样，为进一步检验不良状态校正法 OKA 在 $N-1$ 安全经济调度中的应用情况，使用与 IEEE 30 节点相同的数据计算 $N-1$ 安全约束的经济调度，结果见表 6.4、表 6.5。表中括号内数字为线路上的功率，负号表示与正常情况下该线路功率流动的方向相反。

表 6.4　$N-1$ 安全分析与计算结果（IEEE 30 节点系统）

线路故障支路编号	线路故障引起的其他线路过载情况
1	L_1(1.75662)，L_4(1.73162)，L_7(−1.08480)
2	L_1(1.75662)，L_{10}(0.56510)，L_{12}(−0.39087)
4	L_1(1.73162)，L_{10}(0.56510)，L_{12}(0.39087)
5	L_1(1.73162)，L_6(1.30000)，L_8(−0.72573)，L_{10}(0.56508)

从表 6.4 可知，通过 $N-1$ 安全分析与计算，$N-1$ 安全性在 4 条线路单一故障（线路 1、2、4、5）出现时无法得到满足，因此需要在 $N-1$ 模型中引入这些越限约束，从而重新调整发电机输出功率直到没有越限现象发生。最终结果见表 6.5。

通过与求解经济调度问题的线性规划方法比较，可以发现 OKA 网络流规划方法可以得到几乎与 LP 同样的结果，尽管有些时候 OKA 求解精度比 LP 方法略低，但从工程的角度可以忽略不计。

需要注意的是，通过 OKA 快速 $N-1$ 安全分析建立“$N-1$ 安全约束域”，并将其应用于 $N-1$ 安全经济调度 OKA 模型，可大大降低 $N-1$ 安全经济调度的计算量。

表 6.5　$N-1$ 安全经济调度求解结果与比较

发电机	OKA	LP
P_{G1}(p.u.)	1.40625	1.38540
P_{G2}(p.u.)	0.60638	0.57560
P_{G5}(p.u.)	0.25513	0.24560
P_{G8}(p.u.)	0.30771	0.35000
P_{G11}(p.u.)	0.17340	0.17930
P_{G13}(p.u.)	0.16154	0.16910
总发电量（p.u.）	2.91041	2.90500
总费用（美元/h）	813.44	813.74
系统功率损耗（p.u.）	0.07641	0.0711

6.5 非线性凸网络流规划求解安全经济调度

6.5.1 引言

前面介绍的求解ED的网络流规划和模型都是线性的，是线性规划的一种特殊形式。本节呈现一种新的ED非线性凸网络流规划（NLCNFP）方法，它是通过结合二次规划（QP）和网络流规划（NFP）进行求解。首先，在潮流方程的基础上，推导一种新的安全经济调度NLCNFP模型，接着建立一种新的增量式安全经济调度NLCNFP模型。新的ED模型可以转换为二次规划模型，在二次规划模型中寻找流变量空间的搜索方向。引入网络流图中的最大基的概念，将带约束的二次规划模型转变为不带约束的QP模型，可以通过梯度下降法进行求解。

6.5.2 非线性凸网络流规划ED模型

6.5.2.1 数学模型推导

输电线路的有功潮流方程可以表述为

$$P_{ij}=V_i^2 g_{ij}-V_iV_jg_{ij}\cos\theta_{ij}-V_iV_jb_{ij}\sin\theta_{ij} \tag{6.52}$$

$$P_{ji}=V_j^2 g_{ij}+V_iV_j(-g_{ij}\cos\theta_{ij}+b_{ij}\sin\theta_{ij}) \tag{6.53}$$

式中：P_{ij} 为线路 ij 送端有功功率；P_{ji} 为线路 ij 受端有功功率；V_i 为节点 i 的电压幅值；θ_{ij} 为线路 ij 送端与受端的电压相角差；b_{ij} 为线路 ij 的电纳；g_{ij} 为线路 ij 的电导。

在高压电力网络中，θ_{ij} 的数值很小，容易得到以下近似方程

$$V\cong 1.0\text{p.u.} \tag{6.54}$$

$$\sin\theta_{ij}\cong\theta_{ij} \tag{6.55}$$

$$\cos\theta_{ij}\cong 1-\theta_{ij}^2/2 \tag{6.56}$$

把式（6.54）～式（6.56）代入式（6.52）和式（6.53），线路有功潮流方程可以简化并推导如下

$$P_{ij}=P_{ijC}+\frac{1}{2}\left(-\frac{P_{ijC}}{b_{ij}}\right)^2 g_{ij} \tag{6.57}$$

$$P_{ji}=-P_{ijC}+\frac{1}{2}\left(-\frac{P_{ijC}}{b_{ij}}\right)^2 g_{ij} \tag{6.58}$$

其中，线路 ij 的等效潮流

$$P_{ijC}=-b_{ij}\theta_{ij} \tag{6.59}$$

由式（6.57）和式（6.58）可以得到线路 ij 的有功损耗

$$\begin{aligned}P_{Lij}&=P_{ij}+P_{ji}=\left(-\frac{P_{ijC}}{b_{ij}}\right)^2 g_{ij}\\&=P_{ijC}^2\frac{R_{ij}^2+X_{ij}^2}{X_{ij}^2}R_{ij}\end{aligned} \tag{6.60}$$

式中：R_{ij} 为线路 ij 的电阻；X_{ij} 为线路 ij 的电抗。

令

$$Z_{ijC}=\frac{R_{ij}^2+X_{ij}^2}{X_{ij}^2}R_{ij} \tag{6.61}$$

线路 ij 的有功损耗可以表述如下

$$P_{Lij}=P_{ijC}^2 Z_{ijC} \tag{6.62}$$

传统经济调度问题NFP模型可以表述如下，即模型 $M-5$

$$\min F=\sum_{i\in NG}(a_iP_{Gi}^2+b_iP_{Gi}+c_i)+h\sum_{ij\in NT}P_{Lij} \tag{6.63}$$

约束条件
$$P_{Gi}=P_{Di}+\sum_{j\to i}P_{ij} \tag{6.64}$$
$$P_{Gim}\leqslant P_{Gi}\leqslant P_{GiM} \quad i\in NG \tag{6.65}$$
$$-P_{ijM}\leqslant P_{ij}\leqslant P_{ijM} \quad j\in NT \tag{6.66}$$
式中：P_{Gi} 为发电机 i 的有功功率；P_{Di} 为负荷母线 i 的有功需求；P_{ij} 为连接节点 i 的线路潮流，如果潮流流向节点 i，则流为负值；a_i、b_i、c_i 为第 i 台发电机的成本系数；NG 为电力网络内的发电机数目；NT 为电力网络内的输电线路数目；P_{ijM} 为线路 ij 的有功潮流限制；P_{Lij} 为输电线路 ij 的有功损耗；h 为输电损耗的权值系数；$j\to i$ 为节点 j 通过线路 ij 连接到节点 i；下标 m 与 M 表示约束的下限与上限。

目标函数式（6.63）第二项是基于系统边际成本 h（美元/MWh）的输电损耗惩罚项，式（6.66）是线路功率安全限制，式（6.65）为发电机输出功率限制约束，式（6.64）是基尔霍夫第一定律（KCL 节点电流定律）。

把式（6.60）或式（6.62）代入式（6.63），把式（6.57）代入式（6.64），新的 NLCNFP 模型 $M-6$ 可以描述为
$$\min F=\sum_{i\in NG}(a_iP_{Gi}^2+b_iP_{Gi}+c_i)+h\sum_{ij\in NT}P_{ijC}^2Z_{ijC} \tag{6.67}$$
约束条件
$$P_{Gi}=P_{Di}+\sum_{j\to i}\left[P_{ijC}+\frac{P_{ijC}^2}{2b_{ij}^2}g_{ij}\right] \tag{6.68}$$
$$P_{Gim}\leqslant P_{Gi}\leqslant P_{GiM} \quad i\in NG \tag{6.69}$$
$$-P_{ijCM}\leqslant P_{ijC}\leqslant P_{ijCM} \quad j\in NT \tag{6.70}$$
式中：Z_{ijC} 为输电线路 ij 的等效阻抗，如式（6.61）所示。

显然，式（6.68）等效于传统电力系统 ED 模型中的有功平衡方程，即
$$\sum_{i\in NG}P_{Gi}=\sum_{k\in ND}P_{Dk}+P_L \tag{6.71}$$
式中：ND 为负荷节点的数目；P_L 为总系统有功损耗。

通过计算下列方程得到而不是通常意义的潮流计算
$$P_L=\sum_{ij\in NT}P_{Lij}=\sum_{ij\in NT}P_{ijC}^2Z_{ijC} \tag{6.72}$$
式（6.70）中的等效线路有功潮流 P_{ijCM} 的限制值通过求解如下方程得到，即
$$P_{ijM}=P_{ijCM}+\frac{1}{2}\left(-\frac{P_{ijCM}}{b_{ij}}\right)^2g_{ij} \tag{6.73}$$
根据上述方程，得到等效线路潮流 P_{ijCM} 的正值限制（忽略 P_{ijCM} 的负根），即
$$P_{ijCM}=\frac{\left[\sqrt{1+(2g_{ij}P_{ijM}/b_{ij}^2)}-1\right]}{g_{ij}} \tag{6.74}$$

6.5.2.2　考虑 KVL

通常的 NFP 法求解安全经济调度问题时并没有考虑到基尔霍夫第二定律（回路电压定律 KVL），本节将考虑 KVL，其方法如下。

输电线路 ij 的电压降落可以近似表示如下
$$V_{ij}=P_{ijC}Z_{ijC} \tag{6.75}$$
如此，第 l 个电压回路的电压方程可以表示为
$$\sum_{ij}(P_{ijC}Z_{ijC})\mu_{ij,\,l}=0 \quad l=1,\ 2,\ \cdots,\ NM \tag{6.76}$$
式中：NM 为网络环数目；$\mu_{ij,l}$ 为相关环矩阵的元素，取 0 或者 1。

把 KVL 方程引入模型 $M-6$，得到以下模型 $M-7$，其中，扩增目标函数是由式（6.76）、

模型 $M-6$ 的目标函数组合而得

$$\min F_L = \sum_{i\in NG}(a_i P_{Gi}^2 + b_i P_{Gi} + c_i) + h\sum_{ij\in NT} P_{ijC}^2 Z_{ijC}$$
$$-\lambda_l \sum_{ij}(P_{ijC} Z_{ijC})\mu_{ij,l} \quad l=1,2,\cdots,NM \tag{6.77}$$

约束条件见式（6.68）～式（6.70）。

式（6.77）中 λ_l 为拉格朗日乘子，可通过目标函数对于变量 P_{ijC} 求最小化得到

$$2hP_{ijC}Z_{ijC} - \lambda_l \sum_{ij} Z_{ijC}\mu_{ij,l} = 0 \quad l=1,2,\cdots,NM \tag{6.78}$$

$$\lambda_l = 2hP_{ijC}/\sum_{ij}\mu_{ij,l} \quad l=1,2,\cdots,NM \tag{6.79}$$

通过求解 NLCNFP 优化模型 $M-7$，可以得到发电机输出功率 P_{Gi}、等效输电线路潮流 P_{ijC}。所以线路潮流 P_{ij}、送受端节点电压相角之差 θ_{ij} 和系统有功损耗 P_L 可分别通过式（6.57）、式（6.59）和式（6.72）求解得到，而不是通常的潮流计算。

同样，6.3 节提出的 $N-1$ 安全约束的方法也在这里采用，因此，增量式的 $N-1$ 安全经济调度 NLCNFP 模型，$M-8$ 变为

$$\min \Delta F = \sum_{i\in NG}(2a_i P_{Gi}^0 + b_i)\Delta P_{Gi} + h\sum_{ij\in NT}(2Z_{ijC}P_{ijC}^0)\Delta P_{ijC} + \lambda_l \sum_{ij} Z_{ijC}\mu_{ij,l} \tag{6.80}$$

约束条件
$$\Delta P_{Gi} = \sum_{j\to i}\left(1+\frac{P_{ijC}}{b_{ij}^2}g_{ij}\right)\Delta P_{ijC} \tag{6.81}$$

$$\max\{-\Delta P_{GRCiM}, P_{Gim}-P_{Gi}^0\} \leqslant \Delta P_{Gi} \leqslant \min\{\Delta P_{GRCiM}, P_{GiM}-P_{Gi}^0\} \quad i\in NG \tag{6.82}$$

$$\Delta P_{ijC} = -\max_{l\in NL}\{P_{ijC}(l) - P_{ijCM}\} \quad j\in NT_1 \tag{6.83}$$

$$\Delta P_{ijC} = -\min_{l\in NL}\{P_{ijC}(l) + P_{ijCM}\} \quad j\in NT_2 \tag{6.84}$$

$$-P_{ijCM} - P_{ijC}^0 \leqslant \Delta P_{ijC} \leqslant P_{ijCM} - P_{ijC}^0 \quad j\in(NT-NT_1-NT_2) \tag{6.85}$$

值得注意的是，由于将所有的单一故障产生的约束条件都引入到 $N-1$ 安全经济调度模型中，所以形成的 $N-1$ 安全域可能会十分狭窄。也就是说，发电机有功输出功率的可行范围变得很小，造成 $N-1$ 安全条件满足，但系统经济要求没法满足的现象。因此，引入多发电计划的方法，该方法在每一次的经济调度求解中只考虑一个严重而起作用的单一故障，这意味着每一个有效单一故障都对应于一种发电计划。一般而言，系统不会出现过多的有效单一故障，所以实际的发电计划也不会很多，多发电计划的增量式模型可以描述如下

$$\min \Delta F = \sum_{i\in NG}(2a_i P_{Gi}^0 + b_i)\Delta P_{Gi}(l) + h\sum_{ij\in NT}(2Z_{ijC}P_{ijC}^0)\Delta P_{ijC}(l) + \lambda_l \sum_{ij} Z_{ijC}\mu_{ij,l} \tag{6.86}$$

约束条件
$$\Delta P_{Gi}(l) = \sum_{j\to i}\left(1+\frac{P_{ijC}^0}{b_{ij}^2}g_{ij}\right)\Delta P_{ijC}(l) \tag{6.87}$$

$$\max\{-\Delta P_{GRCiM}, P_{Gim}-P_{Gi}^0\} \leqslant \Delta P_{Gi}(l) \leqslant \min\{\Delta P_{GRCiM}, P_{GiM}-P_{Gi}^0\} \quad i\in NG \tag{6.88}$$

$$\Delta P_{ijC}(l) = -[P_{ijC}(l) - P_{ijCM}] \quad j\in NT_1, l\in NL \tag{6.89}$$

$$\Delta P_{ijC}(l) = -[P_{ijC}(l) + P_{ijCM}] \quad j\in NT_2, l\in NL \tag{6.90}$$

$$-P_{ijCM} - P_{ijC}^0 \leqslant \Delta P_{ijC} \leqslant P_{ijCM} - P_{ijC}^0 \quad j\in(NT-NT_1-NT_2) \tag{6.91}$$

6.5.3 求解方法

$M-7$ 与 $M-8$ 的特殊形式使用以下算法进行求解。

模型 $M-7$ 或 $M-8$ 很容易转变为非线性凸网络流规划的标准模型，即模型 $M-9$

$$\min C = \sum_{ij} c(f_{ij}) \tag{6.92}$$

约束条件
$$\sum_{j\in n}(f_{ij} - f_{ji}) = r_i \quad i\in n \tag{6.93}$$

$$L_{ij} \leqslant f_{ij} \leqslant U_{ij} \quad ij \in m \tag{6.94}$$

式（6.93）可以表述如下

$$\boldsymbol{Af}=\boldsymbol{r} \tag{6.95}$$

式中：$\boldsymbol{A}$ 为 $n\times(n+m)$ 矩阵，每一列对应于网络中的一个支路，每一行对应于网络中的一个节点。

矩阵 $\boldsymbol{A}$ 可以分解为基矩阵与非基矩阵，类似于单纯形法，即

$$\boldsymbol{A}=[\boldsymbol{B},\ \boldsymbol{S},\ \boldsymbol{N}] \tag{6.96}$$

式中：$\boldsymbol{B}$ 的每一列构成一个基；$\boldsymbol{S}$、$\boldsymbol{N}$ 则对应于非基支路，$\boldsymbol{S}$ 对应于支路流在其限制范围内的非基支路，$\boldsymbol{N}$ 对应于流触及边界的非基支路。

其他变量也可按同样方法划分，即

$$\boldsymbol{f}=[\boldsymbol{f}_{\mathrm{B}},\ \boldsymbol{f}_{\mathrm{S}},\ \boldsymbol{f}_{\mathrm{N}}] \tag{6.97}$$

$$\boldsymbol{g}(\boldsymbol{f})=[\boldsymbol{g}_{\mathrm{B}},\ \boldsymbol{g}_{\mathrm{S}},\ \boldsymbol{g}_{\mathrm{N}}] \tag{6.98}$$

$$\boldsymbol{G}(\boldsymbol{f})=diag[\boldsymbol{G}_{\mathrm{B}},\ \boldsymbol{G}_{\mathrm{S}},\ \boldsymbol{G}_{\mathrm{N}}] \tag{6.99}$$

$$\boldsymbol{D}=[\boldsymbol{D}_{\mathrm{B}},\ \boldsymbol{D}_{\mathrm{S}},\ \boldsymbol{D}_{\mathrm{N}}] \tag{6.100}$$

式中：$\boldsymbol{g}(\boldsymbol{f})$ 为目标函数一阶梯度；$\boldsymbol{G}(\boldsymbol{f})$ 为目标函数海森矩阵；$\boldsymbol{D}$ 为流变量空间的搜索方向。

为求解模型 $M-9$，首先用牛顿法计算流变量的搜索方向，将目标函数近似为二次函数，然后对近似二次函数直接求其最小。

假设 f 是一个流的可行解，沿着变量空间的搜索方向步长为 $\beta=1$，则新可行解可表示为

$$\boldsymbol{f}'=\boldsymbol{f}+\boldsymbol{D} \tag{6.101}$$

把式（6.101）代入模型 $M-9$ 的方程中，非线性凸网络流规划模型 $M-9$ 变为以下的二次规划模型 $M-10$，在 $M-10$ 中求解流变量空间的搜索方向

$$\min \boldsymbol{C}(\boldsymbol{D})=\frac{1}{2}\boldsymbol{D}^{\mathrm{T}}\boldsymbol{G}(\boldsymbol{f})\boldsymbol{D}+\boldsymbol{g}(\boldsymbol{f})^{\mathrm{T}}\boldsymbol{D} \tag{6.102}$$

约束条件

$$\boldsymbol{AD}=0 \tag{6.103}$$

$$D_{ij} \geqslant 0,\quad 当\ f_{ij}=L_{ij} \tag{6.104}$$

$$D_{ij} \leqslant 0,\quad 当\ f_{ij}=U_{ij} \tag{6.105}$$

式（6.102）～式（6.105）是一个特殊的二次规划模型，有着网络流规划的形式，为加快计算速率，采用一种新的求解方法来取代通用二次规划算法，其主要计算步骤参见本书第 5 章。

6.5.4 计算实例

为测试 NLCNFP 模型和算法，在 IEEE 5 节点和 IEEE 30 节点系统上进行数值仿真，安全经济调度问题的求解结果和算法比较见表 6.6～表 6.8。为进一步提高精确度和检查系统运行状态，快速解耦潮流计算也在模型中使用，但只在初始阶段以及优化的最后才采用。

表 6.6 列出了 5 节点系统通过非线性凸网络流规划求解的经济调度结果，不良状态校正算法的结果也在表 6.6（第三列）给出。

将 30 节点系统上通过 NLCNFP 求解的经济调度结果，与 6.4 节中的 OKA 求解 ED 结果进行比较，比较分以下两种情况。

情景 1：原始数据。

情景 2：将原始数据中线路 1 的功率限制值从 1.3p.u. 降低到 1p.u.，其余数据不变。

表 6.7 列出了两种情景下使用以上两种不同求解技术（NLCNFP 和 OKA）得到的求解结果。显然，通过 NLCNFP 方法求解 ED 问题的精确度比用 OKA 方法求解得高。

表 6.8 列出了 NLCNFP 法、传统线性规划法、二次规划法求解 ED 问题的结果，结果显示

通过潮流计算的传统 ED 方法与 NLCNFP 法具有一致性。

表 6.6　　经济调度求解结果比较（5 节点）

发电机	OKA 方法	NLCNFP 方法
P_{G1}(p. u.)	0.92700	0.97800
P_{G2}(p. u.)	0.71600	0.66670
发电总费用（美元）	757.500	757.673
系统功率损耗（p. u. ）	0.04300	0.04470

表 6.7　　IEEE 30 节点 NLCNFP 与 OKA 算法 ED 求解结果与比较

情景	情景 1	情景 1	情景 2	情景 2
方法	NLCNFP 方法	OKA 方法	NLCNFP 方法	OKA 方法
P_{G1}(p. u.)	1.7595	1.7588	1.5018	1.69665
P_{G2}(p. u.)	0.4884	0.4881	0.5645	0.33295
P_{G5}(p. u.)	0.2152	0.2151	0.2321	0.15000
P_{G8}(p. u.)	0.2229	0.2236	0.3207	0.31270
P_{G11}(p. u.)	0.1227	0.1230	0.1518	0.30000
P_{G13}(p. u.)	0.1200	0.12000	0.1413	0.12000
总发电量（p. u. ）	2.9286	2.9290	2.9121	2.9151
系统功率损耗（p. u. ）	0.0946	0.0950	0.0781	0.0783
发电总费用（美元）	802.3986	802.51	807.80	809.68

表 6.8　　IEEE 30 节点上 NLCNFP、QP、LP 算法求解结果与比较

发电机	NLCNFP 方法	QP 方法	LP 方法
P_{G1}(p. u.)	1.7595	1.7586	1.7626
P_{G2}(p. u.)	0.4884	0.4883	0.4884
P_{G5}(p. u.)	0.2152	0.2151	0.2151
P_{G8}(p. u.)	0.2229	0.2233	0.2215
P_{G11}(p. u.)	0.1227	0.1231	0.1214
P_{G13}(p. u.)	0.1200	0.1200	0.1200
总发电量（p. u. ）	2.9286	2.9285	2.9290
系统功率损耗（p. u. ）	0.0946	0.0945	0.0948
发电总费用（美元）	802.3986	802.3900	802.4000

根据 6.3 节的 $N-1$ 安全分析，存在四个单一故障会引起 30 节点系统的线路潮流越限，分别是线路 1、2、4 和 5。在 30 节点系统应用多发电计划的概念，将会有 5 种发电计划：一种是正常运行状态，四种是有效的单一故障状态。具体的多发电计划见表 6.9。

表 6.9　　IEEE 30 节点多发电计划

发电机	正常状态发电计划	线路 1 故障时发电计划	线路 2 故障时发电计划	线路 4 故障时发电计划	线路 5 故障时发电计划
P_{G1}(p.u.)	1.7595	1.42884	1.40919	1.41584	1.57840
P_{G2}(p.u.)	0.4884	0.55222	0.57188	0.56521	0.38880
P_{G5}(p.u.)	0.2152	0.24135	0.24135	0.24135	0.25512
P_{G8}(p.u.)	0.2229	0.35000	0.35000	0.35000	0.35000
P_{G11}(p.u.)	0.1227	0.17340	0.17340	0.17340	0.17340
P_{G13}(p.u.)	0.1200	0.16154	0.16154	0.16154	0.16154
总发电量(p.u.)	2.9286	2.90735	2.90736	2.90734	2.90726
系统功率损耗(p.u.)	0.0946	0.07335	0.07336	0.07334	0.07326
发电总费用（美元）	802.3986	811.36192	812.64862	812.18859	808.30441
N 安全性	满足	—	—	—	—
$N-1$ 安全性	当线路 1、2、4、5 单一故障时不满足	满足	满足	满足	满足

6.6　网络流规划用于安全经济自动发电控制

6.6.1　引言

电力系统现代自动发电控制（AGC）有两项基本功能：经济调度控制（EDC）和负荷频率控制（LFC）。EDC 的目标是在满足所有负荷需求与网络安全约束条件下实现电力系统总生产成本或运行费用最小。LFC 的目标包括：

（1）实现零静态频率偏差。

（2）在整个控制区域内分配发电输出功率使得联络线潮流符合规定的计划值。

（3）平衡总发电量与总负荷。

LFC 的时间尺度在 2～10s。EDC 通过优化每 5 或 15min 更改 LFC 的设定点。在实时有功安全经济调度中，关键是要保证计算的速度和精度。通常，EDC 和 LFC 是分开控制的，但实际上，这两种控制之间存在一组共同的控制变量，即每个机组发出的有功功率。因此，有必要对 LFC 与 EDC 进行协调控制，这就意味着要实现安全和经济的 AGC 需要一个快速安全的经济调度计算模型。本节介绍非线性凸网络潮流规划（NLCNFP）在安全经济自动发电控制中的应用。

6.6.2　AGC 的增量 NLCNFP 模型

在 6.5 节推导的经济调度 NFP 模型 $M-7$ 中，负荷 P_{Dk} 和系统频率在正常运行状态下保持不变。P_{Gi}^0、P_{ij}^{0*} 是正常值。基于 P_{Gi}^0 和 P_{ij}^{0*}，模型 $M-7$ 中的式（6.68）～式（6.70）可以用忽略高阶的泰勒级数表示。为了保持模型的准确性，模型 $M-7$ 中的目标函数也由泰勒级数表示，但非近似。于是得到如下增量模型 $M-11$。

$$\min \Delta F_L = \sum_{i \in NG}[a_i \Delta P_{Gi}^2 + (2a_i P_i^0 + b_i)\Delta P_{Gi}] + h\sum_{ij \in NT} \Delta P_{ij}^{2*} Z_{ij}^* + h\sum_{ij}(2Z_{ij}^* P_{ij}^0)\Delta P_{ij}^* - \lambda_l \sum_{ij}(\Delta P_{ij}^* Z_{ij}^*)\mu_{ij,l}$$

$$l = 1, 2, \cdots, NM \tag{6.106}$$

约束条件

$$\sum_i \left(\frac{1-\partial P_L}{\partial P_{Gi}}\right)\Delta P_{Gi} = 0 \tag{6.107}$$

$$P_{Gim}-P_{Gi}^{0}\leqslant \Delta P_{Gi}\leqslant P_{GiM}-P_{Gi}^{0}\quad i\in NG \tag{6.108}$$

$$\sum_{i}\left(\frac{\partial P_{ij}^{*}}{\partial P_{Gi}}\right)\Delta P_{Gi}\leqslant P_{ijM}^{*}-P_{ij}^{0*} \tag{6.109}$$

当负荷和频率改变 ΔP_{Dk} 和 Δf 时，$M-11$ 中的式（6.107）和式（6.109）变为

$$\sum_{i}\left(1-\frac{\partial P_{L}}{\partial I_{i}}\right)\Delta P_{Gi}=\sum_{i}\left(1-\frac{\partial P_{L}}{\partial I_{i}}\right)\Delta P_{Di}+K_{1}\Delta f \tag{6.110}$$

$$\sum_{i}\left(\frac{\partial P_{ij}^{*}}{\partial I_{i}}\right)\Delta P_{Gi}\leqslant P_{ijM}^{*}-P_{ij}^{0*}+\sum_{i}\left(\frac{\partial P_{ij}^{*}}{\partial I_{i}}\right)\Delta P_{Di}+K_{l}\Delta f \tag{6.111}$$

式中：ΔP_{Gi} 为发电功率的变化；ΔP_{Dk} 为负荷需求的变化；Δf 为系统频率变化；K_{l} 为频率偏差常数；I_{i} 为注入节点 i 的有功功率。

即

$$I_{i}=P_{Gi}-P_{Di} \tag{6.112}$$

在式（6.110）和式（6.111）的右侧，含有 ΔP_{Dk} 和 Δf 的项表示负荷和/或频率的变化所导致的有功功率平衡和线路潮流的扰动。

P_{ij}^{*} 为负荷和频率变化时线路 ij 上的等效有功功率。用它代替式（6.111）中的功率极限 $P_{ijM}{}^{*}$。于是，不等式约束式（6.111）变为等式约束，即

$$\sum_{i}\left(\frac{\partial P_{ij}^{*}}{\partial I_{i}}\right)\Delta P_{Gi}=P_{ij}^{*}-P_{ij}^{0*}+\sum_{i}\left(\frac{\partial P_{ij}^{*}}{\partial I_{i}}\right)\Delta P_{Di}+K_{l}\Delta f \tag{6.113}$$

使

$$\delta P_{ij}^{*}=P_{ij}^{*}-P_{ijM}^{*} \tag{6.114}$$

从式（6.113），可以得到

$$\delta P_{ij}^{*}=\sum_{i}\left(\frac{\partial P_{ij}^{*}}{\partial I_{i}}\right)\Delta P_{Gi}+P_{ij}^{0*}-P_{ijM}^{*}-\sum_{i}\left(\frac{\partial P_{ij}^{*}}{\partial I_{i}}\right)\Delta P_{Di}-K_{l}\Delta f \tag{6.115}$$

定义

$$r_{0}=\sum_{i}\left(1-\frac{\partial P_{L}}{\partial I_{i}}\right)\Delta P_{Di} \tag{6.116}$$

$$r_{ij}=\sum_{i}\left(1-\frac{\partial P_{ij}^{*}}{\partial I_{i}}\right)\Delta P_{Di} \tag{6.117}$$

根据式（6.115）～式（6.117），式（6.110）和式（6.111）可以用下式表示

$$\sum_{i}\left(1-\frac{\partial P_{L}}{\partial I_{i}}\right)\Delta P_{Gi}=r_{0}+K_{1}\Delta f \tag{6.118}$$

$$\sum_{i}\left(\frac{\partial P_{ij}^{*}}{\partial I_{i}}\right)\Delta P_{Gi}=\delta P_{ij}^{*}+(P_{ijM}^{*}-P_{ij}^{0*}-r_{ij})+K_{l}\Delta f \tag{6.119}$$

为了满足系统频率和联络线交换功率的控制要求，可以在式（6.118）和式（6.119）中采用积分控制方案，即

$$\sum_{i}\left(1-\frac{\partial P_{L}}{\partial I_{i}}\right)\Delta P_{Gi}=-\alpha\int_{0}^{t}\Delta f\,\mathrm{d}t \tag{6.120}$$

$$\sum_{i}\left(\frac{\partial P_{ij}^{*}}{\partial I_{i}}\right)\Delta P_{Gi}=-\alpha\int_{0}^{t}\frac{\delta P_{ij}^{*}}{\lambda_{ij}}\mathrm{d}t \tag{6.121}$$

于是，获得安全经济 AGC 的增量 NLCNFP 模型 $M-12$

$$\begin{aligned}\min\Delta F_{L}=&\sum_{i\in NG}[a_{i}\Delta P_{Gi}^{2}+(2a_{i}P_{i}^{0}+b_{i})\Delta P_{Gi}]+h\sum_{ij\in NT}\Delta P_{ij}^{*2}Z_{ij}^{*}+\\&h\sum_{ij}(2Z_{ij}^{*}P_{ij}^{0})\Delta P_{ij}^{*}-\lambda_{l}\sum_{ij}(\Delta P_{ij}^{*}Z_{ij}^{*})\mu_{ij,l}\\&l=1,2,\cdots,NM\end{aligned} \tag{6.122}$$

约束条件 $$\sum_i \left(1-\frac{\partial P_L}{\partial I_i}\right)\Delta P_{Gi} = -\alpha\int_0^t \Delta f \mathrm{d}t \tag{6.123}$$

$$\sum_i \left(\frac{\partial P_{ij}^*}{\partial I_i}\right)\Delta P_{Gi} = -\alpha\int_0^t \frac{\delta P_{ij}^*}{\lambda_{ij}}\mathrm{d}t \quad ij \in S_k \tag{6.124}$$

$$\max[-\Delta P_{GRCM}, P_{Gim}-P_{Gi}^*] \leqslant \Delta P_{Gi} \leqslant \min[\Delta P_{GRCM}, P_{GiM}-P_{Gi}^*] \tag{6.125}$$

$$\sum_i \left(\frac{\partial P_{ij}^*}{\partial I_i}\right)\Delta P_{Gi} \leqslant P_{ijM}-P_{ij}^* \quad ij \in NT-S_k \tag{6.126}$$

式中：S_k 为关键或临界线路集合；ΔP_{GRCM} 为发电速率约束的极限（又称爬坡速度约束）。

不难发现式（6.120）是系统频率控制约束，式（6.121）是临界线的功率控制约束。式（6.123）表示非临界线的安全约束，式（6.122）代表发电功率及发电速率约束。

通过用推导的非线性凸网络流规划（NLCNFP）方法求解 AGC 增量模型 $M-12$，可以得到安全经济的快速 AGC 发电计划。

对于互联电力系统，应作少量修改，即将模型 $M-12$ 中的频率偏差 Δf 用区域控制偏差（ACE）替代。

6.6.3 算例分析

将所提出的 AGC 模型和算法在 IEEE 30 节点系统上进行测试。该系统由 6 台发电机组、21 个负荷和 41 条输电线路组成，基础数据和参数参见 5.2.3 节。分两种情况进行分析计算。

情况 1：为进行安全经济 AGC 的计算，一些计算数据如下。第 2 和第 6 条线路约束的上限分别降到标幺值的 0.45 和 0.35。第 5 和第 7 条线路被选为控制线路，其控制功率分别为标幺值的 0.5722 和 0.3833。系统负荷变化时相关量的偏差见表 6.10（这些偏差是控制前的数据，应通过实际系统测量收集）。安全经济 AGC 发电计划的结果见表 6.11 及图 6.4。情况 1 表明若负荷变化后无 AGC 控制将会出现线路过载和控制线路功率偏差。从表 6.11 可以看出，进行 AGC 控制后，虽然总燃料成本高于正常运行情况下的值，但控制线路的功率与给定值保持一致且没有过载线路。

情况 2：IEEE 30 节点系统的安全经济 AGC 计算。16s 内的数据（步长为 4s）和负荷变化列于表 6.12 中，如图 6.5 所示。其他系统参数与情况 1 相同。安全经济 AGC 的结果见表 6.13～表 6.16。可以看出，尽管负荷在给定时段内是变化的，临界线的功率在 AGC 控制下仍保持不变。

表 6.10　用于模拟 AGC 控制的一些相关偏差（p. u.）

总系统不平衡功率	0.02834	
控制线路	5 号	7 号
功率变化	−0.0055	−0.0100
过载线路	2 号	
过载功率	0.012	

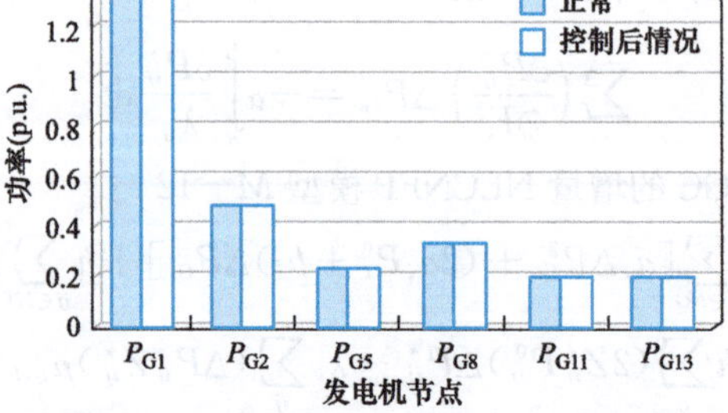

图 6.4　情况 1 的安全经济 AGC 结果

表 6.11 情况 1 的 30 节点系统的安全经济 AGC 结果

数据（功率单位 p. u.）	运行点	控制后
P_{G1}	1.3762	1.3799
P_{G2}	0.5052	0.5083
P_{G5}	0.2464	0.2546
P_{G8}	0.3500	0.3500
P_{G11}	0.2128	0.2198
P_{G13}	0.2116	0.2181
总发电量	2.90218	2.93065
总实际功率损耗	0.06818	0.06831
总发电费用（美元）	815.715	826.8123
线路 2 的潮流	0.4500	0.4500
线路 5 的潮流	0.5722	0.5722
线路 7 的潮流	0.3833	0.3833

表 6.12 16s 内的负荷变化（步长为 4s）

步长	系统负荷（p. u.）
正常负荷	2.83400
步长 1	2.89068
步长 2	2.90485
步长 3	2.87651
步长 4	2.93319

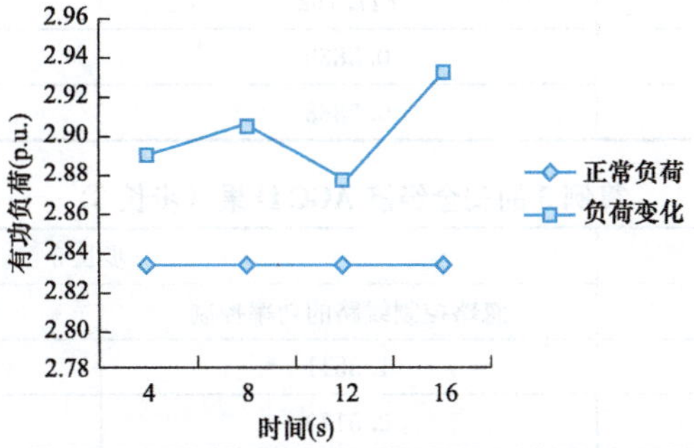

图 6.5 16s 内的负荷变化

表 6.13 算例 3 的安全经济 AGC 结果（步长 1） （p. u.）

步长	步长 1	
控制模式	忽略控制线路的功率控制	考虑控制线路段功率控制
P_{G1}	1.3513	1.3521
P_{G2}	0.5201	0.5082
P_{G5}	0.2439	0.2605
P_{G8}	0.3500	0.3500
P_{G11}	0.2459	0.2472

续表

步长	步长 1	
P_{G13}	0.2479	0.2403
总发电量	2.95914	2.95826
总负荷	2.89068	2.89068
功率损耗	0.06846	0.06759
发电费用	841.263	841.478
控制线 5 的功率 $P_{5号}$	0.5813	0.5722
控制线 7 的功率 $P_{7号}$	0.3846	0.3833

表 6.14　算例 3 的安全经济 AGC 结果（步长 2）　(p. u.)

步长	步长 2	
控制模式	忽略控制线路的功率控制	考虑控制线路段功率控制
P_{G1}	1.3516	1.3525
P_{G2}	0.5232	0.5088
P_{G5}	0.2454	0.2656
P_{G8}	0.3500	0.3500
P_{G11}	0.2507	0.2528
P_{G13}	0.2528	0.2429
总发电量	2.97366	2.97257
总负荷	2.90485	2.90485
功率损耗	0.06881	0.06773
发电费用	847.162	847.487
控制线 5 的功率 $P_{5号}$	0.5839	0.5722
控制线 7 的功率 $P_{7号}$	0.3888	0.3833

表 6.15　算例 3 的安全经济 AGC 结果（步长 3）　(p. u.)

步长	步长 3	
控制模式	忽略控制线路的功率控制	考虑控制线路段功率控制
P_{G1}	1.3511	1.3518
P_{G2}	0.5170	0.5076
P_{G5}	0.2424	0.2553
P_{G8}	0.3500	0.3500
P_{G11}	0.2412	0.2416
P_{G13}	0.2430	0.2376
总发电量	2.94463	2.94396
总负荷	2.87651	2.87651
功率损耗	0.06812	0.06745
发电费用	835.396	835.524
控制线 5 的功率 $P_{5号}$	0.5796	0.5722
控制线 7 的功率 $P_{7号}$	0.3864	0.3833

表 6.16 算例 3 的安全经济 AGC 结果（步长 4） (p. u.)

步长	步长 4	
控制模式	忽略控制线路的功率控制	考虑控制线路段功率控制
P_{G1}	1.3521	1.3532
P_{G2}	0.5293	0.5099
P_{G5}	0.2483	0.2759
P_{G8}	0.3500	0.3500
P_{G11}	0.2602	0.2641
P_{G13}	0.2628	0.2482
总发电量	3.00271	3.00121
总负荷	2.93319	2.93319
功率损耗	0.06952	0.06801
发电费用	859.058	859.671
控制线 5 的功率 $P_{5号}$	0.5881	0.5722
控制线 7 的功率 $P_{7号}$	0.3911	0.3833

问题与练习

（1）什么是 NFP？

（2）什么是 NLCNFP？

（3）LP 和 NFP 算法求解安全经济调度时的区别在哪里？

（4）陈述 OKA 应用到 SCED 中的算法特点？

（5）NFP 与 NLCNFP 的异同？

（6）NLCNFP 用于 ED 时如何考虑 KVL 定律？

（7）判断题。

1）NFP 中的 KCL 等效于有功平衡方程式。 （ ）

2）NFP 是特殊的 LP 算法。 （ ）

3）所有的网络流规划方法只能用于线性模型。 （ ）

4）NFP 求解 SCED 比 LP 精度高。 （ ）

5）NFP 经济调度不能考虑网络损耗。 （ ）

6）NLCNFP 可以求解非线性 SCED 问题。 （ ）

（8）已知图 6.1 的电力网络包含两台发电机（P_{G1} 和 P_{G2}）、三条输电线路以及一个负荷 P_D，系统参数如下

$$F_1(P_{G1})=C_1P_{G1}=3P_{G1}$$

$$F_2(P_{G2})=C_2P_{G2}=5P_{G2}$$

$$0\leqslant P_{Gi}\leqslant 4$$

$$0\leqslant P_{G2}\leqslant 3$$

$$P_D=4$$

$$0\leqslant P_{l1}\leqslant 1$$

$$0 \leqslant P_{l2} \leqslant 4$$
$$1 \leqslant P_{l3} \leqslant 3$$

1）运用 OKA 求解经济调度问题。

2）运用 LP 求解经济调度问题。

参考文献

[1] 朱继忠，徐国禹．网流技术的不良状态校正法用于安全有功经济调度．重庆大学学报：自然科学版，1988（2）：10-16.

[2] 朱继忠，徐国禹．用网络规划法进行事故自动选择．重庆大学学报：自然科学版，1988（3）：65-71.

[3] 徐国禹，朱继忠．按有功和无功指标自动故障选择和排序的统一模型和统一算法．重庆大学学报：自然科学版，1990（2）：47-53.

[4] 朱继忠，徐国禹．用无功负荷削减量进行自动故障选择和排序．重庆大学学报：自然科学版，1989（5）：43-40.

[5] 朱继忠，徐国禹．用层次分析法研究自动故障选择和排序．重庆大学学报：自然科学版，1992，15（3）：31-36.

[6] 朱继忠，徐国禹．电力系统有功安全经济再调度．重庆大学学报：自然科学版，1989，12（6）：40-47.

[7] 朱继忠，徐国禹．多发电计划有功安全经济调度的网流算法．控制与决策，1989（5）：14-18.

[8] 朱继忠，徐国禹．有功安全经济调度的凸网流规划模型及其求解．控制与决策，1991（1）：48-52.

[9] 朱继忠，徐国禹．N 及 $N-1$ 安全性经济调度的综合研究．中国电机工程学报，1991（S1）：141-146.

[10] 朱继忠，徐国禹．安全经济自动发电控制的网流算法．控制与决策，1990（a01）：35-40.

[11] 朱继忠，徐国禹．用网流法求解电力系统动态经济调度．系统工程学报，1991（1）：33-40.

[12] 朱继忠，徐国禹．网络理论用于电力系统最优负荷削减．系统工程理论与实践，1991，11（1）：42-48.

[13] 朱继忠，徐国禹．用网流法求解水火电力系统有功负荷分配．系统工程理论与实践，1995，15（1）：69-73.

[14] 朱继忠，徐国禹．电力系统 $N-1$ 安全有功经济调度．重庆大学学报：自然科学版，1992，15（2）：105-109.

[15] 江长明，朱继忠．有功调度中经济性与安全性的协调问题．电力系统自动化，1995，19（11）：43-48.

[16] 朱继忠．实时安全经济调度及其与负荷频率控制相结合的问题，重庆大学博士论文，1989 年 11 月．

[17] 于尔铿，白晓民，刘广一．广义网络流规划在电力系统燃料调度计划中的应用．中国电机工程学报，1990（S1）：49-53.

[18] 白晓民，于尔铿，傅书逖，等．一种安全约束经济调度广义网络流规划算法．中国电机工程学报，1992（3）：66-72.

[19] 夏清，相年德，王世缨，等．非线性最小费用网络流新算法及其应用．清华大学学报：自然科学版，1987（4）：1-10.

[20] J. Z. Zhu，G. Y. Xu. A new economic power dispatch method with security. Electric Power Systems Research，1992，25：9-15.

[21] T. H. Lee，D. H. Thorne，E. F. Hill. A transportation method for economic dispatching - application and comparison. IEEE Trans.，PAS，1980，99：2372-2385.

[22] E. Hobson，D. L. Fletcher，W. O. Stadlin. Network flow linear programming techniques and their application to fuel scheduling and contingency analysis. IEEE Trans.，PAS，1984，103：1684-1691.

[23] J. Z. Zhu，C. S. Chang. A new model and algorithm of secure and economic automatic generation con-

trol. Electric Power Systems Research, 1998, 45 (2): 119-127.
[24] J. Z. Zhu, G. Y. Xu. Network flow model of multi-generation plan for on-line economic dispatch with security. Modeling, Simulation & Control, A, 1991, 32 (1): 49-55.
[25] J. Z. Zhu, G. Y. Xu. Secure economic power reschedule of power systems. Modeling, Measurement & Control, D, 1994, 10 (2): 59-64.
[26] J. Z. Zhu, G. Y. Xu. Approach to automatic contingency selection by reactive type performance index. IEE Proceedings, C, 1991, 138: 65-68.
[27] J. Z. Zhu, G. Y. Xu. A unified model and automatic contingency selection algorithm for the P and Q subproblems. Electric Power Systems Research, 1995, 32: 101-105.
[28] D. K. Smith. Network Optimization Practice. UK: Ellis Horwood, Chichester, 1982.
[29] G. B. Dantzig. Linear Programming and Extensions. Princeton University Press, 1963.
[30] D. G. Luenberger. Introduction to linear and nonlinear programming. USA: Addison-wesley Publishing Company, Inc. 1973.
[31] G. Hadley. Linear programming. Addison-Wesley, Reading, MA, 1962.
[32] J. K. Strayer. Linear Programming and applications, Springer-Verlag, 1989.
[33] M. Bazaraa, J. Jarvis, H. Sherali, Linear programming and network flows. 2nd ed. New York: Wiley, 1977.
[34] J. Z. Zhu, M. R. Irving. A new approach to secure economic power dispatch. International Journal of Electric Power & Energy System, 1998, 20 (8): 533-538.
[35] J. Z. Zhu. Optimization of power system operation. 2nd ed. Wiley-IEEE Press, 2015.

第 7 章

智能算法用于经济调度

7.1 遗传算法经典经济调度

7.1.1 简介

GA 算法介绍见第 1 章，GA 实际上是无约束优化，所有信息都表示在适应度函数里。如第 4 章讲的经典经济调度忽略了网络损耗和网络限制，因此，经典经济调度问题的适应度函数可以很容易建立。

7.1.2 基于 GA 的经济调度问题求解

根据第 4 章，经典经济调度问题可以描述如下

$$\min F=\sum_{i=1}^{N}F_i(P_{Gi}) \tag{7.1}$$

约束条件

$$\sum_{i=1}^{N}P_{Gi}=P_D \tag{7.2}$$

把 GA 应用到经典经济调度中，$N-1$ 台可调机组在其输出功率限制范围内可以随机地选取功率输出，而参考机组（平衡或松弛机组）的有功输出受限于系统功率平衡，假设第 N 台机组是参考机组。GA 不直接计算机组的实际有功输出功率，而是面向它们的位串编码。自由发电机组以串的形式被编码，例如，一个 8 位的位串编码（无符号型 8 位二进制整数），它提供了在一段区间（P_{Gmin}，P_{Gmax}）有 2^8 个离散功率值的分辨率。这 $N-1$ 个串被连接到一起形成一个统一的 8＊（$N-1$）位串编码，称为基因型。求解 ED 问题首先必须随机产生含有 m 个基因型的解集种群，每一个基因型都可以被解码为一个功率输出向量，参考机组的功率输出是

$$P_{GN}=P_D-\sum_{i=1}^{N}P_{Gi} \tag{7.3}$$

$$P_{GN\min}\leqslant P_{GN}\leqslant P_{GN\max} \tag{7.4}$$

对松弛机组的越限功率加入惩罚因子 h_1、h_2，于是式（7.1）和式（7.4）可以被统一表示为

$$F_A=\sum_{i=1}^{N}F_i(P_{Gi})+h_1(P_{GN}-P_{GN\max})^2+h_2(P_{GN\min}-P_{GN})^2 \tag{7.5}$$

式中：$P_{GN\min}$、$P_{GN\max}$ 为松弛机组相应的功率输出上限和下限。

惩罚因子在数值上必须足够大，保证在最终结果没有功率越限的情况发生。

GA 用于求解最大化问题，因此适应度函数被定义为式（7.1）目标函数的倒数

$$F_{fitness}=\frac{1}{F_A} \tag{7.6}$$

在经典经济调度问题中，问题的变量对应于所有发电机组的功率输出，每一个串代表一个可能的解，并由代表每一个发电机组的子串构成。子串的长度由相应机组的功率输出最大、最小

限制，以及求解精度要求决定，串长度取决于每一个子串的长度，是在求解精度和求解时间上取得的折中长度，较长的串可以求解得到较为精确的结果，但计算时间较长，因此机组步长可计算如下

$$\varepsilon_i \leqslant \frac{P_{Gi\max} - P_{Gi\min}}{2^n - 1} \tag{7.7}$$

式中：n 为相应机组二进制子串代码的长度。

例如，系统中有 6 台机组，第 6 台机组被选取为松弛机组，其他机组功率输出限制为

$$20\text{MW} \leqslant P_{G1} \leqslant 100\text{MW}$$
$$10\text{MW} \leqslant P_{G2} \leqslant 100\text{MW}$$
$$50\text{MW} \leqslant P_{G3} \leqslant 200\text{MW}$$
$$20\text{MW} \leqslant P_{G4} \leqslant 120\text{MW}$$
$$50\text{MW} \leqslant P_{G5} \leqslant 250\text{MW}$$

如果子串二进制代码长度被选取为 4，每台机组的步长是

$$\varepsilon_1 = \frac{P_{G1\max} - P_{G1\min}}{2^4 - 1} = \frac{100 - 20}{15} = 5.33(\text{MW})$$
$$\varepsilon_2 = \frac{P_{G2\max} - P_{G2\min}}{2^4 - 1} = \frac{100 - 10}{15} = 6.00(\text{MW})$$
$$\varepsilon_3 = \frac{P_{G3\max} - P_{G3\min}}{2^4 - 1} = \frac{200 - 50}{15} = 10.00(\text{MW})$$
$$\varepsilon_4 = \frac{P_{G4\max} - P_{G4\min}}{2^4 - 1} = \frac{120 - 20}{15} = 6.67(\text{MW})$$
$$\varepsilon_5 = \frac{P_{G5\max} - P_{G5\min}}{2^4 - 1} = \frac{250 - 50}{15} = 13.33(\text{MW})$$

如果子串二进制代码长度选取为 5，每台机组的步长为

$$\varepsilon_1 = \frac{P_{G1\max} - P_{G1\min}}{2^5 - 1} = \frac{100 - 20}{31} = 2.58(\text{MW})$$
$$\varepsilon_2 = \frac{P_{G2\max} - P_{G2\min}}{2^5 - 1} = \frac{100 - 10}{31} = 2.90(\text{MW})$$
$$\varepsilon_3 = \frac{P_{G3\max} - P_{G3\min}}{2^5 - 1} = \frac{200 - 50}{31} = 4.84(\text{MW})$$
$$\varepsilon_4 = \frac{P_{G4\max} - P_{G4\min}}{2^5 - 1} = \frac{120 - 20}{31} = 3.23(\text{MW})$$
$$\varepsilon_5 = \frac{P_{G5\max} - P_{G5\min}}{2^5 - 1} = \frac{250 - 50}{31} = 6.45(\text{MW})$$

可以看出长子串有较小的步长，验证了子串二进制代码的长度会影响求解的精度和求解的速度。

在标准遗传算法中，解集里所有的串在衍生过程被重构。父代交叉建立在它们与种群平均适应度的性能比较上，并且变异也被允许出现在后代中。竞争压力来自适应度的评估。这样微小的差异就可以产生较好的结果。竞争压力和初始种群规模与问题的求解空间相匹配，交叉种类和变异概率需要根据问题类型来选取。大规模电力系统中有许多发电机，标准遗传算法应用到经济调度中时，需要提高算法性能，以及在 GA 运算上做一点改进，即不以子代来完全取代种

群，而是以一定概率选取两个父代来重建两个子代个体，重组和变异发生后，其中一个子代个体被随机丢弃，剩下的后代个体根据与其他串的适应性关系放入种群中，最小值的串被丢弃。这种操作使得高值串被保留在种群中，同时把再生机会建立在种群等级基础上，减少竞争选择压力波动带来的影响，也降低了选取一个恰当的适应性评估函数的重要性。

运用遗传算法程序解决经典经济调度问题，需要输入下列参数：

(1) 染色体数目（包括一个子代）。

(2) 每台发电机的位分辨率。

(3) 交叉点数目。

(4) 产生子代代数。

(5) 初始化交叉概率（%）。

(6) 初始化变异概率（%）。

(7) 每台发电机组最大功率输出。

(8) 每台发电机组最小功率输出。

(9) 发电机组状态。

(10) 单位损耗函数参数。

(11) 总负荷需求。

例 7.1 对第 4 章例 4.5 使用遗传算法把 500MW 的负荷分配到三个机组，GA 参数选择如下：

(1) 染色体数目=100。

(2) 每台发电机的位分辨率=8。

(3) 交叉点数目=2。

(4) 产生子代代数=9000。

(5) 初始化交叉概率（%）=92%。

(6) 初始化变异概率（%）=0.1%。

总负荷是 500MW，输出结果如下

$$P_{G1}=172.897(\mathrm{MW})$$
$$P_{G2}=107.477(\mathrm{MW})$$
$$P_{G3}=219.626(\mathrm{MW})$$

7.2 基于霍普菲尔德神经网络的经典经济调度方法

自霍普菲尔德在 19 世纪 80 年代提出神经网络后，霍普菲尔德神经网络算法（HNN）已经在许多方面得到应用，本节阐述 HNN 在经典调度问题的应用。

7.2.1 霍普菲尔德神经网络模型

假设 u_i 为神经元的 i 个输入，V_i 为其输出，N 个神经元连接在一起，霍普菲尔德神经网络非线性微分方程可以描述如下

$$\begin{cases}C_i\dfrac{\mathrm{d}u_i}{\mathrm{d}t}=\sum\limits_{j=1}^{N}T_{ij}V_j+\dfrac{u_i}{R_i}+I_i\\ V_i=g(u_i)\quad i=1,2,\cdots,N\end{cases}\tag{7.8}$$

其中，神经元的非线性特性为

$$\frac{1}{R_i}=\theta_i+\sum_{j=1}^{N}T_{ij} \tag{7.9}$$
$$V_j=g(u_i)$$

对于一个高增益神经元参数 λ，输出方程可定义为

$$V_i=g(\lambda u_i)=g\left(\frac{u_i}{u_0}\right)=\frac{1}{1+\exp\left(-\frac{u_i+\theta_i}{u_0}\right)} \tag{7.10}$$

式中：θ_i 为阈值偏差。

系统的能量函数表示为

$$E=-\frac{1}{2}\sum_{i=1}^{N}\sum_{j=1}^{N}T_{ij}V_iV_j-\sum_{i=1}^{N}V_iI_i+\sum_{i=1}^{N}\frac{1}{R_i}\int_0^{V_i}g^{-1}(V)\mathrm{d}V \tag{7.11}$$

从式 (7.11) 可得

$$\frac{\mathrm{d}E}{\mathrm{d}t}=\sum_i\frac{\partial E}{\partial V_i}\frac{\mathrm{d}V_i}{\mathrm{d}t} \tag{7.12}$$

其中

$$\begin{aligned}\frac{\partial E}{\partial V_i}&=-\frac{1}{2}\sum_j T_{ij}V_j-\frac{1}{2}\sum_j T_{ji}V_j+\frac{u_i}{R_i}-I_i\\&=-\frac{1}{2}\sum_j(T_{ji}-T_{ij})V_j-\left(\sum_j T_{ij}V_j-\frac{u_i}{R_i}+I_i\right)\\&=-\frac{1}{2}\sum_j(T_{ji}-T_{ij})V_j-C_i\frac{\mathrm{d}u_i}{\mathrm{d}t}\\&=-\frac{1}{2}\sum_j(T_{ji}-T_{ij})V_j-C_i[g^{-1}(V_i)]'\frac{\mathrm{d}V_i}{\mathrm{d}t}\end{aligned} \tag{7.13}$$

将式 (7.13) 代入式 (7.12)，得到

$$\frac{\mathrm{d}E}{\mathrm{d}t}=-\frac{1}{2}\sum_j(T_{ji}-T_{ij})V_j\frac{\mathrm{d}V_i}{\mathrm{d}t}-C_i[g^{-1}(V_i)]'\left(\frac{\mathrm{d}V_i}{\mathrm{d}t}\right)^2 \tag{7.14}$$

由于式 (7.8) 中的权值矩阵 $\boldsymbol{T}$ 是对称的，有

$$T_{ji}=T_{ij} \tag{7.15}$$

将式 (7.15) 代入式 (7.14)，得到

$$\frac{\mathrm{d}E}{\mathrm{d}t}=-C_i[g^{-1}(V_i)]'\left(\frac{\mathrm{d}V_i}{\mathrm{d}t}\right)^2 \tag{7.16}$$

由于 g^{-1} 是一个单调递增函数，且 $C_i>0$，所以

$$\frac{\mathrm{d}E}{\mathrm{d}t}=-C_i[g^{-1}(V_i)]'\left(\frac{\mathrm{d}V_i}{\mathrm{d}t}\right)^2\leqslant 0 \tag{7.17}$$

上式表示系统的时间演化是一个在状态空间寻找最小 E，并且在最优点停止的过程。

7.2.2 经济调度映射到神经网络

如第 4 章介绍的，不考虑线路安全的经济调度问题可以描述如下

$$\min F=F_1(P_{G1})+F_2(P_{G2})+\cdots+F_n(P_{Gn})=\sum_{i=1}^{N}F_i(P_{Gi}) \tag{7.18}$$

约束条件

$$\sum_{i=1}^{N}P_{Gi}=P_D+P_L \tag{7.19}$$

$$P_{Gi\min}\leqslant P_{Gi}\leqslant P_{Gi\max} \tag{7.20}$$

假设发电机成本函数是二次函数，即

$$F_i(P_{Gi})=a_iP_{Gi}^2+b_iP_{Gi}+c_i \tag{7.21}$$

网络损耗可以由B参数法确定

$$P_L=\sum_{i=1}^{N}\sum_{j=1}^{N}P_{Gi}B_{ij}P_{Gj} \tag{7.22}$$

为应用HNN来求解经济调度问题，将约束条件引入目标函数来定义能量函数

$$E=\frac{1}{2}A\left(P_D+P_L-\sum_i P_{Gi}\right)^2+\frac{1}{2}B\sum_i(a_iP_{Gi}^2+b_iP_{Gi}+c_i) \tag{7.23}$$

通过比较式（7.23）和阈值被设定为0的式（7.11），可以得出网络中权值参数和神经元外部输入I

$$T_{ii}=-A-Bc_i \tag{7.24}$$

$$T_{ij}=-A \tag{7.25}$$

$$I_i=A(P_D+P_L)-\frac{Bb_i}{2} \tag{7.26}$$

其中对角线上的权值为非零。

通过修正S型函数式（7.10）（Sigmoid函数）来满足功率约束，表示如下

$$V_i(k+1)=P_{i\max}-P_{i\min}\frac{1}{1+\exp\left(-\frac{u_i(k)+\theta_i}{u_0}\right)}+P_{i\min} \tag{7.27}$$

为加速HNN求解ED问题的收敛速度，可应用以下两种调节方法。

7.2.2.1　斜率调整法

能量最小化过程中的收敛情况取决于增益参数u_0，所以可以用梯度下降法来调整增益参数

$$u_0(k+1)=u_0(k)-\eta_s\frac{\partial E}{\partial u_0} \tag{7.28}$$

式中：η_s为学习率。

能量函数关于增益参数的梯度，可以通过式（7.23）和式（7.27）得到

$$\frac{\partial E}{\partial u_0}=\sum_i\frac{\partial E}{\partial P_i}\frac{\partial P_i}{\partial u_0} \tag{7.29}$$

式（7.28）的修正公式中，需合理选取学习率η_s，对于较小的η_s值，收敛性可得到保证，但收敛速度太慢；另外，如果η_s太大，算法会变得不稳定，推荐的取值是

$$0<\eta_s<\frac{2}{g_{s,\max}^2} \tag{7.30}$$

其中

$$g_{s,\max}=\max\|g_s(k)\|$$

$$g_s(k)=\frac{\partial E(k)}{\partial u_0} \tag{7.31}$$

此外，收敛性最优对应于

$$\eta_s^*\ \frac{1}{g_{s,\max}^2} \tag{7.32}$$

7.2.2.2　偏差调整法

S型函数在饱和点附近的斜率很小，使得斜率调整法受到一定的限制，如果每一个输入量都可以使用最大可能的斜率，收敛速度将会有很大提高，通过改变偏差量，使输入点靠近S型函数中心可以实现这个目标，即

$$\theta_i(k+1)=\theta_i(k)-\eta_b\frac{\partial E}{\partial \theta_i} \tag{7.33}$$

式中：η_b 为学习率。

上述偏差可以应用到式（7.10）中的每一个神经元，因此，从式（7.23）和式（7.27）可得到能量函数对于偏差量的导数

$$\frac{\partial E}{\partial \theta_i}=\frac{\partial E}{\partial P_i}\frac{\partial P_i}{\partial \theta_i} \tag{7.34}$$

推荐的学习率数值是

$$0<\eta_b<-\frac{2}{g_b(k)} \tag{7.35}$$

其中

$$g_b(k)=\sum_i\sum_j T_{ij}\frac{\partial V_i}{\partial \theta}\frac{\partial V_j}{\partial \theta} \tag{7.36}$$

此外，最优收敛性对应于

$$\eta_b=-\frac{1}{g_b(k)} \tag{7.37}$$

7.2.3 仿真结果

下面是一个应用 HNN 求解 ED 问题的例子。系统数据显示在表 7.1，每一台发电机有三种燃料类型，负荷需求有 4 种不同水平：2400、2500、2600MW 及 2700MW。

表 7.1　发电费用系数分段二次成本函数

机组	分成三段对应四点三个函数 min P_1 P_2 max F_1 F_2 F_3	F	c	b	a
1	100 196 250 250	1	$0.2697\mathrm{e}^{2}$	$-0.3975\mathrm{e}^{0}$	$0.2176\mathrm{e}^{-2}$
	1 2 2	2	$0.2113\mathrm{e}^{2}$	$-0.3059\mathrm{e}^{0}$	$0.1861\mathrm{e}^{-2}$
		2	$0.2113\mathrm{e}^{2}$	$-0.3059\mathrm{e}^{0}$	$0.1861\mathrm{e}^{-2}$
2	50 114 157 230	1	$0.1184\mathrm{e}^{3}$	$-0.1269\mathrm{e}^{1}$	$0.4194\mathrm{e}^{-2}$
	2 3 1	2	$0.1865\mathrm{e}^{1}$	$-0.3988\mathrm{e}^{-1}$	$0.1138\mathrm{e}^{-2}$
		3	$0.1365\mathrm{e}^{2}$	$-0.1980\mathrm{e}^{-1}$	$0.1620\mathrm{e}^{-2}$
3	200 332 388 500	1	$0.3979\mathrm{e}^{2}$	$-0.3116\mathrm{e}^{0}$	$0.1457\mathrm{e}^{-2}$
	1 2 3	2	$-0.5914\mathrm{e}^{2}$	$0.4864\mathrm{e}^{0}$	$0.1176\mathrm{e}^{-4}$
		3	$-0.2876\mathrm{e}^{1}$	$0.3389\mathrm{e}^{-1}$	$0.8035\mathrm{e}^{-3}$
4	9 138 200 265	1	$0.1983\mathrm{e}^{1}$	$-0.3114\mathrm{e}^{-1}$	$0.1049\mathrm{e}^{-2}$
	1 2 3	2	$0.5285\mathrm{e}^{2}$	$-0.6348\mathrm{e}^{0}$	$0.2758\mathrm{e}^{-2}$
		3	$0.2668\mathrm{e}^{3}$	$-0.2338\mathrm{e}^{1}$	$0.5935\mathrm{e}^{-2}$
5	190 338 407 490	1	$0.1392\mathrm{e}^{2}$	$-0.8733\mathrm{e}^{-1}$	$0.1066\mathrm{e}^{-2}$
	1 2 3	2	$0.9976\mathrm{e}^{2}$	$-0.5206\mathrm{e}^{0}$	$0.1597\mathrm{e}^{-2}$
		3	$0.5399\mathrm{e}^{2}$	$0.4462\mathrm{e}^{0}$	$0.1498\mathrm{e}^{-3}$
6	85 138 200 265	1	$0.5285\mathrm{e}^{2}$	$-0.6348\mathrm{e}^{0}$	$0.2758\mathrm{e}^{-2}$
	2 1 3	2	$0.1983\mathrm{e}^{1}$	$-0.3114\mathrm{e}^{-1}$	$0.1049\mathrm{e}^{-2}$
		3	$0.2668\mathrm{e}^{3}$	$-0.2338\mathrm{e}^{1}$	$0.5935\mathrm{e}^{-2}$
7	200 331 391 500	1	$0.1893\mathrm{e}^{2}$	$-0.1325\mathrm{e}^{0}$	$0.1107\mathrm{e}^{-2}$
	1 2 3	2	$0.4377\mathrm{e}^{2}$	$-0.2267\mathrm{e}^{0}$	$0.1165\mathrm{e}^{-2}$
		3	$-0.4335\mathrm{e}^{2}$	$0.3559\mathrm{e}^{0}$	$0.2454\mathrm{e}^{-3}$

续表

机组	分成三段对应四点三个函数 min P_1 P_2 max F_1 F_2 F_3	F	c	b	a
8	99 138 200 265 1 2 3	1 2 3	$0.1983e^{1}$ $0.5285e^{2}$ $0.2668e^{3}$	$-0.3114e^{-1}$ $-0.6348e^{0}$ $-0.2338e^{1}$	$0.1049e^{-2}$ $0.2758e^{-2}$ $0.5935e^{-2}$
9	130 213 370 440 3 1 2	1 2 3	$0.8853e^{2}$ $0.1530e^{2}$ $0.1423e^{2}$	$-0.5675e^{0}$ $-0.4514e^{-1}$ $-0.1817e^{-1}$	$0.1554e^{-2}$ $0.7033e^{-2}$ $0.6121e^{-3}$
10	200 362 407 490 1 3 2	1 2 3	$0.1397e^{2}$ $-0.6113e^{2}$ $0.4671e^{2}$	$-0.9938e^{-1}$ $0.5084e^{0}$ $-0.2024e^{0}$	$0.1102e^{-2}$ $0.4164e^{-4}$ $0.1137e^{-2}$

斜率法求解 ED 问题的结果显示见表 7.2，对比传统的霍普菲尔德神经网络，迭代次数降低了一半，并且振荡程度极大降低，从 40000 次迭代到 100 以下。除此之外，系统自由度 u_0 由 1 变为 2。由表 7.2 可见，自适应学习率的最终结果与固定学习率的求解结果相近。

表 7.2　基于固定学习率（A）与自适应学习率（B）的斜率调整法求解结果

机组	2400MW		2500MW		2600MW		2700MW	
	A	B	A	B	A	B	A	B
1	196.8	189.9	205.6	205.1	215.7	214.5	223.2	224.6
2	202.7	202.9	206.7	206.5	211.1	211.4	216.1	215.7
3	251.2	252.1	265.3	266.4	278.9	278.8	292.5	291.9
4	232.5	232.9	236.0	235.8	239.2	239.3	242.6	242.6
5	240.4	241.7	257.9	256.8	276.1	276.1	294.1	293.6
6	232.5	232.9	236.0	235.9	239.2	239.1	242.4	242.5
7	252.5	253.4	269.5	269.3	286.0	286.7	303.5	303.0
8	232.5	232.9	236.0	235.8	239.2	239.3	242.7	242.6
9	320.2	321.0	331.8	334.0	343.4	343.6	355.8	355.7
10	238.9	240.4	255.5	254.4	271.2	271.2	287.3	287.8
总功率（MW）	2400.0	2400.0	2500.0	2500.0	2600.0	2600.0	2700.0	2700.0
费用（美元）	481.83	481.71	526.23	526.23	574.36	574.37	626.27	626.24
迭代次数	99992	84791	80156	86081	72993	79495	99948	99811
u_0	95.0	110.0	120.0	100.0	130.0	120.0	160.0	120.0
n	1.5	1.0×10^{-4}	1.0	1.0×10^{-4}	1.0	1.0×10^{-4}	1.0	1.0×10^{-4}

基于偏差调整的 ED 求解结果见表 7.3，其结果与斜率调整法相近，自适应学习率迭代次数降低，并且最终的求解结果优于固定学习率的求解结果。

表 7.3 基于固定学习率（A）与自适应学习率（B）的偏差调整法求解结果

机组	2400MW		2500MW		2600MW		2700MW	
	A	B	A	B	A	B	A	B
1	197.6	189.4	208.3	206.7	212.4	217.9	221.4	228.8
2	201.6	201.8	206.2	205.8	209.6	210.5	213.8	214.1
3	252.3	253.5	265.2	265.6	280.0	278.8	293.3	292.0
4	232.7	232.9	235.9	235.8	238.8	239.0	242.1	242.2
5	239.9	242.1	257.1	258.2	277.9	275.8	295.4	293.6
6	232.7	232.9	235.9	235.8	238.6	239.0	242.0	242.1
7	251.5	253.8	268.3	269.4	288.1	285.5	305.3	302.6
8	232.7	232.9	235.8	235.8	238.8	239.0	242.1	242.1
9	318.8	319.3	330.9	330.1	341.9	342.1	345.2	352.3
10	240.3	241.6	256.4	256.9	274.0	272.3	290.4	290.1
总功率（MW）	2400.0	2400.0	2500.0	2500.0	2600.0	2600.0	2700.0	2700.0
费用（美元）	481.83	481.72	526.24	526.23	574.43	574.37	626.32	626.27
迭代次数	99960	99904	99987	88776	99981	99337	99972	73250
u_0	100.0	100.0	100.0	100.0	100.0	100.0	100.0	100.0
θ_i	0.0	50.0	0.0	50.0	0.0	50.0	0.0	100.0
n	1.0	1.0	1.0	5.0	1.0	5.0	1.0	5.0

7.3 模糊数学用于经济调度

7.3.1 经济调度模型中的不确定性参数

第 4～6 章讨论了经济调度问题，然而并没有考虑不确定因素，所采用的算法都是确定性方法。对于计及不确定因素的经济调度问题，需要采用概率随机和模糊等方法求解。本节重点介绍模糊数学用于经济调度，其他不确定性的经济调度方法将于第 8 章介绍。

经济调度中主要有两种不确定因素：不确定性负荷和不准确的燃料消耗函数。负荷预测是重要的输入信息，负荷统计特性有着不确定和不精确的特点。以区间的形式给出负荷曲线 $P_D(t)$

$$P_{Dmin}(t) \leqslant P_D(t) \leqslant P_{Dmax}(t) \quad 0 \leqslant t \leqslant T \tag{7.38}$$

式中：T 为时段。

不准确的燃料消耗函数表现在：

（1）输入数据测量或预测不精确。

（2）机组在测量与运行的时段之间运行方式改变。

稳定运行下的成本函数不精确是受到火电机组动态运行的参数精度限制、冷却水温度变化、产热值变化，以及对锅炉和涡轮机的摩擦损耗、腐蚀、污染等，这些偏差导致热量输入量和燃料价格的不精确。

与不确定性负荷类似，发电机组燃料消耗函数或成本函数也可以表示为区间形式

$$F_{min}(P_{Gi}) \leqslant F(P_{Gi}) \leqslant F_{max}(P_{Gi}) \quad i \in NG \tag{7.39}$$

其中

$$P_{Gimin} \leqslant P_{Gi} \leqslant P_{Gimax} \quad i \in NG \tag{7.40}$$

考虑不确定性因素后，经济调度的风险函数可表述为

$$R(\overline{P}_{Gi}(t), \widetilde{U}(t)) = F_{\sum} - F_{\sum\min} \tag{7.41}$$

$$F_{\sum} = \sum_{i=1}^{NG} F_i(\overline{P}_{Gi}(t), \widetilde{U}(t)) \tag{7.42}$$

$$F_{\sum\min} = \min \sum_{i=1}^{NG} F_i(P_{Gi}(t), \widetilde{U}(t)) \tag{7.43}$$

式中：F_{Σ} 为发电机组实际总燃料费用；$F_{\Sigma\min}$ 为发电机组燃料最小值，如果可以得到不确定性因素的确定信息；$\widetilde{U}(t)$ 为不确定因素；$\overline{P}_{Gi}(t)$ 为发电机组在时段 T 的计划或预期功率曲线。

由不确定因素导致的最大风险的最小化可表示为

$$\min_{\overline{P}_{Gi}(t)} \max_{\widetilde{U}(t)} \int_0^T R(\overline{P}_{Gi}(t), \widetilde{U}(t))\,\mathrm{d}t \tag{7.44}$$

最小—最大化最优条件来源于博弈论，可以表述为

如果 $\overline{P}^0_{Gi}(t)$ 是满足经济调度的风险函数最优计划，则

$$R(\overline{P}^0_{Gi}(t), U^-(t)) = R(\overline{P}^0_{Gi}(t), U^+(t)) \tag{7.45}$$

令 E 是风险 R 的期望值，Ω 是不确定因素的混合策略集，最小—最大化问题描述为

$$\min_{\overline{P}_{Gi}(t)} \max_{\Omega} \int_0^T E(R(\overline{P}_{Gi}(t), \widetilde{U}(t)))\mathrm{d}t \tag{7.46}$$

在上述给出条件的基础上，可以构造最小—最大化问题的确定性等效转换，这就要求找到最小—最大化负荷需求曲线和发电机组燃料消耗函数。如果用最小—最大曲线代替确定性曲线，则可以使用初始确定性模型求解最小—最大化问题的优化结果。

另外，还可采用随机模型的方法处理发电机组燃料消耗不确定性问题，通过以下步骤将确定性模型转化为随机模型：

(1) 引入随机变量作为输入变量或参数。

(2) 引入等式误差作为扰动量。

由于此类模型是一种近似模型，因此，采取有效措施使得随机过程能准确反映实际状况是非常重要的。

从第 4 章可知，经济调度模型描述如下

$$\min F = \sum_{i=1}^{N} F_i(P_{Gi}) \tag{7.47}$$

约束条件

$$\sum_{i=1}^{N} P_{Gi} = P_D + P_L \tag{7.48}$$

$$P_{Gi\min} \leqslant P_{Gi} \leqslant P_{Gi\max} \tag{7.49}$$

假设燃料消耗是二次函数，即

$$F_i = a_i P_{Gi}^2 + b_i P_{Gi} + c_i \tag{7.50}$$

通过将确定性燃料消耗参数 a、b、c 和发电机有功输出功率 P_{Gi} 当作随机变量处理，可以建立随机模型，运行消耗参数的任何偏离预期值的偏差都可以通过发电机有功输出功率的随机性进行控制，由于发电机输出功率 P_{Gi} 的随机性，潮流方程不再是刚性约束。

将随机模型转化为确定性模型的一种简单方法是取期望值，运行消耗期望值是

$$\overline{F} = E\left[\sum_{i=1}^{N}(a_i P_{Gi}^2 + b_i P_{Gi} + c_i)\right]$$

$$= \sum_{i=1}^{N}[E(a_i)E(P_{Gi}^2) + E(b_i)E(P_{Gi}) + E(c_i)]$$

$$=\sum_{i=1}^{N}[\bar{a}_i(\nu P_{Gi}+\bar{P}_{Gi}^2)+\bar{b}_i\bar{P}_{Gi}+\bar{c}_i]$$

$$=\sum_{i=1}^{N}[\bar{a}_i\nu\bar{P}_{Gi}^2+a\bar{P}_{Gi}^2+\bar{b}_i\bar{P}_{Gi}+\bar{c}_i]$$

$$=\sum_{i=1}^{N}[\bar{a}_i\bar{P}_{Gi}^2(\nu+1)+\bar{b}_i\bar{P}_{Gi}+\bar{c}_i] \tag{7.51}$$

式中：ν 为随机变量 P_{Gi} 的变系数，它是标准差与均值的比值，用于衡量随机变量的离散和不确定程度。如果 $\nu=0$，说明变量没有随机性，是确定性变量。

使用 B 参数计算系统网络损耗，得到

$$P_L=\sum_i\sum_j P_{Gi}B_{ij}P_{Gj} \tag{7.52}$$

网络损耗期望值为

$$\bar{P}_L=E\left[\sum_i\sum_j P_{Gi}B_{ij}P_{Gj}\right]=\sum_i\sum_j\bar{P}_{Gi}B_{ij}\bar{P}_{Gj}+\sum_i B_{ii}\nu P_{Gi}$$

$$\approx\sum_i\sum_j\bar{P}_{Gi}B_{ij}\bar{P}_{Gj} \tag{7.53}$$

其中，由于网络损耗的方差通常较小，可以忽略不计。

除此之外，负荷期望值可以表示为

$$\bar{P}_D=E[P_D]=\bar{P}_D \tag{7.54}$$

经济调度随机模型可以描述为

$$\min\bar{F}=\sum_{i=1}^{N}[\bar{a}_i\bar{P}_{Gi}^2(\nu+1)+\bar{b}_i\bar{P}_{Gi}+\bar{c}_i] \tag{7.55}$$

约束条件

$$\sum_{i=1}^{N}\bar{P}_{Gi}=\bar{P}_D+\bar{P}_L \tag{7.56}$$

$$\bar{P}_{Gimin}\leqslant\bar{P}_{Gi}\leqslant\bar{P}_{Gimax} \tag{7.57}$$

由于随机模型有随机误差，与发电亏损和盈余有关的期望值可以看成正比于有功不平衡量平方的期望值

$$\delta=E\left[\left(\bar{P}_D+\bar{P}_L-\sum_{i=1}^{N}P_{Gi}\right)^2\right]=\sum_{i=1}^{N}E[\bar{P}_{Gi}-P_{Gi}]^2=\sum_{i=1}^{N}\nu P_{Gi} \tag{7.58}$$

使用拉格朗日乘子法求解上述模型，得到

$$L=\sum_{i=1}^{N}[\bar{a}_i\bar{P}_{Gi}^2(\nu+1)+\bar{b}_i\bar{P}_{Gi}+\bar{c}_i]+\lambda\left(\bar{P}_D+\bar{P}_L-\sum_{i=1}^{N}P_{Gi}\right)+\mu\sum_{i=1}^{N}\nu P_{Gi} \tag{7.59}$$

根据最优化条件$\frac{\partial L}{\partial P_{Gi}}=0$，得

$$2\bar{a}_i\bar{P}_{Gi}+\bar{b}_i+\lambda\left(\sum_j 2B_{ij}\bar{P}_{Gj}\right)+2(\bar{a}_i+\mu)\nu\bar{P}_{Gi}=0 \tag{7.60}$$

求解上述方程，可以求得随机经济调度模型最优化结果。

7.3.2 模糊经济调度模型

本节采用模糊数来表示不确定参数，并用模糊数学的方法求解经济调度问题。

假设模糊负荷是梯形概率分布，如图 7.1 所示，有四个转折点 $P_D^{(1)}$、$P_D^{(2)}$、$P_D^{(3)}$ 和 $P_D^{(4)}$，每一个负荷的概率分布都对应于［0，1］区间上的一个模糊变量的映射，并且都在 $P_D^{(1)}$ 和 $P_D^{(4)}$ 之间，但更加可能是在 $P_D^{(2)}$ 和 $P_D^{(3)}$ 之间。

同理，发电机有功输出功率也可以进行模糊建模，也可以用梯形概率分布表示，如图 7.2 所示。因此，含有模糊负荷经济调度模型描述如下

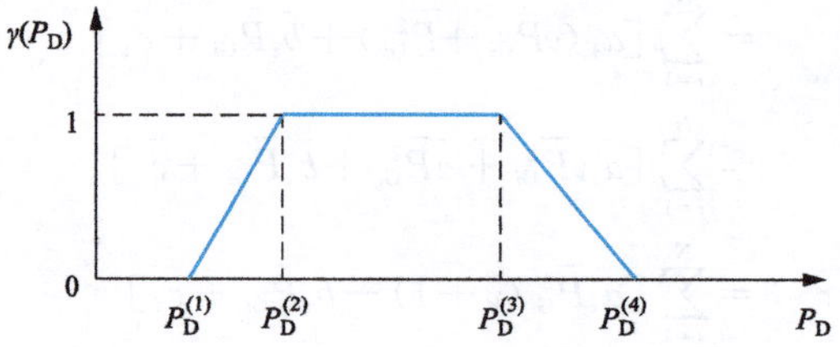

图 7.1　梯形概率分布的不确定性负荷

$$\min F=\sum_{i=1}^{NG} F_i(\widetilde{P}_{Gi}) \tag{7.61}$$

约束条件

$$\sum_{i=1}^{NG}\widetilde{P}_{Gi}=\sum_{j=1}^{ND}\widetilde{P}_{Dj}+\widetilde{P}_L \tag{7.62}$$

$$P_{Gi\min}\leqslant\widetilde{P}_{Gi}\leqslant P_{Gi\max} \tag{7.63}$$

式中：$\widetilde{P}_{Gi}$ 为发电机模糊有功输出功率；$\widetilde{P}_{Dj}$ 为模糊有功负荷需求；$\widetilde{P}_L$ 为模糊网损。

为简化模糊经济调度模型，忽略网络损耗，假设燃料成本函数是线性函数，即

$$F_i=c_i\widetilde{P}_{Gi} \tag{7.64}$$

于是，最小化成本函数等价于最小化模糊变量$\widetilde{P}_{Gi}$，其又可以转化为最小化 $\gamma(P_G)$ 轴的扰动量。

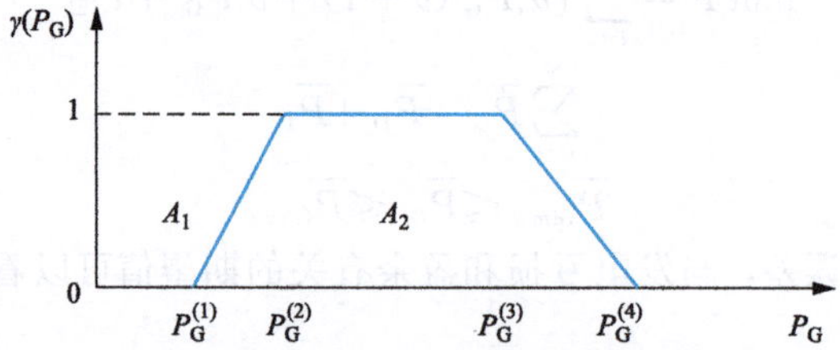

图 7.2　梯形概率分布的不确定性发电功率

根据图 7.2，模糊变量$\widetilde{P}_{Gi}$ 的扰动量为

$$d=\frac{A_1+(A_1+A_2)}{2} \tag{7.65}$$

其中，如图 7.2 所示的 A_1、A_2 区域，计算如下

$$A_1=\frac{P_{Gi}^{(1)}+P_{Gi}^{(2)}}{2} \tag{7.66}$$

$$A_2=\frac{(P_{Gi}^{(3)}-P_{Gi}^{(2)})+(P_{Gi}^{(4)}-P_{Gi}^{(1)})}{2} \tag{7.67}$$

将式 (7.66) 和式 (7.67) 代入式 (7.65)，得到

$$d=\frac{P_{Gi}^{(1)}+P_{Gi}^{(2)}+P_{Gi}^{(3)}+P_{Gi}^{(4)}}{4}=\sum_{k=1}^{4}\frac{P_{Gi}^{(k)}}{4} \tag{7.68}$$

于是，上述模糊经济调度模型描述为

$$\min F=\sum_{i=1}^{NG}\sum_{k=1}^{4}c_i\frac{P_{Gi}^{(k)}}{4} \tag{7.69}$$

约束条件
$$\sum_{i=1}^{NG} P_{Gi}^{(k)} = \sum_{j=1}^{ND} P_{Di}^{(k)} \quad k=1, \cdots, 4 \tag{7.70}$$

$$P_{Gimin} \leqslant P_{Gi}^{(1)} \leqslant P_{Gi}^{(2)} \leqslant P_{Gi}^{(3)} \leqslant P_{Gi}^{(4)} \leqslant P_{Gimax} \quad i=1, \cdots, NG \tag{7.71}$$

7.3.3 模糊线路约束

上述有功负荷的模糊表达式将会使得线路潮流也是梯形概率分布，由于经济调度分析中采用DC潮流，模糊线路潮流可以描述为

$$\widetilde{P}_l = \sum_{m=1}^{NB} S_{lm} \widetilde{P}_m \quad l=1, \cdots, NL \tag{7.72}$$

式中：$\widetilde{P}_m$ 为模糊节点注入有功；$\widetilde{P}_l$ 为模糊线路潮流；S 为DC模型灵敏度矩阵。

事故分析用于检测最严重故障，通过在基础模型中加入事故限制，确保预防控制有效，故障或事故约束描述类似于式（7.72），只是灵敏系数根据考虑的事故进行调整，即

$$\widetilde{P}'_l = \sum_{m=1}^{NB} S'_{lm} \widetilde{P}_m \quad l=1, \cdots, NL \tag{7.73}$$

式中：$\widetilde{P}'_l$为事故状态下的有功线路潮流；S'为事故状态下的DC模型灵敏度矩阵。

如果考虑调相机，则以等效注入功率代表调相机，假设调相机安装于连接节点 i 与 j 的线路 t，节点 i 和 j 的等效注入功率以及调相机相角可以简化为

$$P_{\phi i} = b_t \phi_t = -\frac{\phi_t}{x_t} \tag{7.74}$$

$$P_{\phi j} = -b_t \phi_t = \frac{\phi_t}{x_t} \tag{7.75}$$

式中：$P_{\phi i}$ 调相机导致的节点注入有功功率；ϕ_t 为调相机线路 t 上的调相机相角；x_t 为调相机线路 t 的电抗；b_t 为调相机线路 t 的电纳。

因此，模糊建模中，与调相机相角相关的约束条件可以表示为

$$\phi_{imin} \leqslant x_t \widetilde{P}_{\phi i} \leqslant \phi_{imax} \tag{7.76}$$

调相机模糊线路潮流可以描述为

$$\widetilde{P}_l = \sum_{m=1}^{NB} S_{lm} (\widetilde{P}_m + \widetilde{P}_{\phi m}) \quad l=1, \cdots, NL \tag{7.77}$$

$$\widetilde{P}_l' = \sum_{m=1}^{NB} S'_{lm} (\widetilde{P}_m + \widetilde{P}_{\phi m}) \quad l=1, \cdots, NL \tag{7.78}$$

于是，考虑线路约束的模糊经济调度模型可以表示为

$$\min F = \sum_{i=1}^{NG} \sum_{k=1}^{4} c_i \frac{P_{Gi}^{(k)}}{4} \tag{7.79}$$

约束条件
$$\sum_{i=1}^{NG} P_{Gi}^{(k)} = \sum_{j=1}^{ND} P_{Di}^{(k)} \quad k=1, \cdots, 4 \tag{7.80}$$

$$P_{lmin} \leqslant \sum_{m=1}^{NB} S_{lm} (\widetilde{P}_m + \widetilde{P}_{\phi m}) \leqslant P_{lmax} \quad l=1, \cdots, NL \tag{7.81}$$

$$P_{lmin} \leqslant \sum_{m=1}^{NB} S'_{lm} (\widetilde{P}_m + \widetilde{P}_{\varphi m}) \leqslant P_{lmax} \quad l=1, \cdots, NL \tag{7.82}$$

$$P_{Gimin} \leqslant P_{Gi}^{(1)} \leqslant P_{Gi}^{(2)} \leqslant P_{Gi}^{(3)} \leqslant P_{Gi}^{(4)} \leqslant P_{Gimax} \quad i=1, \cdots, NG \tag{7.83}$$

$$\frac{\phi_{imin}}{x_t} \leqslant P_{\phi i}^{(1)} \leqslant P_{\phi i}^{(2)} \leqslant P_{\phi i}^{(3)} \leqslant P_{\phi i}^{(4)} \leqslant \frac{\phi_{imax}}{x_t} \quad t=1, \cdots, NP \tag{7.84}$$

式中：NP 为调相机数目；NB 为节点数目；NL 为线路数目。

由于使用四个变量集分别描述概率分布的转折点，丹齐拉—沃尔夫（Dantzig-Wolf，DWD）分解法可以将问题分解为四个子问题，子问题间通过约束［式(7.82)］和［式(7.83)］耦合在一起。主问题的维数等于耦合约束数量加上子问题数量，每一个子问题的维数等于与相应转折点相关的约束数量。主问题的求解方案产生了新的单纯形乘子（对偶解），可以调节子问题的成本函数。带有可调节目标函数的子问题的求解为主问题提供了进入主基矩阵的新列。

7.3.4 算例分析

算例以 IEEE 30 节点系统为基础进行一些修改，测试模糊经济调度模型。系统有 6 台发电机，41 条支路以及 3 台调相机，调相机线匝比都为 1，以梯形概率分布表示系统模糊有功负荷的概率分布，负荷概率分布转折点见表 7.4，发电机参数见表 7.5，其中发电机成本函数用分段线性近似表示。

表 7.4　负荷概率分布（p. u.）

负荷节点	$P_D^{(1)}$	$P_D^{(2)}$	$P_D^{(3)}$	$P_D^{(4)}$
3	0.000	0.020	0.030	0.050
4	0.020	0.040	0.070	0.100
7	0.100	0.150	0.220	0.270
10	0.020	0.030	0.060	0.080
12	0.050	0.080	0.110	0.150
14	0.030	0.050	0.080	0.100
15	0.040	0.070	0.100	0.130
16	0.010	0.030	0.050	0.060
17	0.030	0.070	0.100	0.140
18	0.000	0.020	0.040	0.070
19	0.040	0.060	0.090	0.130
20	0.000	0.010	0.020	0.040
21	0.100	0.150	0.200	0.230
23	0.000	0.020	0.030	0.050
24	0.050	0.070	0.100	0.120
26	0.010	0.030	0.050	0.060
29	0.000	0.010	0.020	0.030
30	0.060	0.090	0.110	0.140

表 7.5　发电机参数（p. u.）

发电机节点	线性分段数	P_{Gmin}	P_{Gmax}	分段函数费用系数（美元/MWh）
G_1	1	0.30	0.90	25.0
	2	0.00	0.35	37.5
	3	0.00	0.75	42.0
G_2	1	0.20	0.50	28.0
	2	0.00	0.30	37.0
G_5	1	0.15	0.25	30.0
	2	0.00	0.25	36.5

续表

发电机节点	线性分段数	P_{Gmin}	P_{Gmax}	分段函数费用系数（美元/MWh）
G_8	1	0.10	0.15	27.0
	2	0.00	0.20	38.0
G_{11}	1	0.10	0.20	27.5
	2	0.00	0.10	37.0
G_{13}	1	0.12	0.20	36.0
	2	0.00	0.20	39.0

本例中，不考虑支路潮流限制，求解与模糊负荷相关的最优发电输出功率。发电机输出功率概率转折点结果见表7.6。为便于比较，在表7.6中第6列，引入对应于固定负荷范围$P_D^{(1)}$和$P_D^{(4)}$的发电输出功率，极值范围的负荷产生了比模糊模型更大的支路潮流，这意味着固定潮流区间计算在不确定环境下对系统运行的评估过于保守。

表7.6　模糊经济调度求解结果（p. u.）

发电机节点	$P_G^{(1)}$	$P_G^{(2)}$	$P_G^{(3)}$	$P_G^{(4)}$	对应最小最大负荷的发电机输出功率范围	
G_1	0.900	0.900	0.968	1.217	0.900	1.250
G_2	0.478	0.500	0.800	0.800	0.466	0.800
G_5	0.150	0.488	0.500	0.500	0.150	0.500
G_8	0.150	0.150	0.150	0.150	0.150	0.272
G_{11}	0.200	0.200	0.300	0.300	0.200	0.300
G_{13}	0.120	0.200	0.200	0.200	0.120	0.200

使用表7.6的发电有功输出功率计算相应线路潮流概率分布，线路2—6模糊潮流的转折点分别是0.2252 p. u.、0.2808 p. u.、0.4333 p. u.和0.5238 p. u.，固定潮流区间则是0.2248 p. u.和0.5430 p. u.，再次说明固定区间下评估的保守性。由于线路2—6潮流限制是0.5，固定潮流区间计算出的潮流越限，为此，需要再次进行最优有功输出功率计算以消除越限。本例中安装于线路4—6之间的调相机在不改变表7.5的发电输出功率下改善了越限潮流，线路4—6上的调相机的角度转折点分别是0.0°、0.0°、0.0°、0.56°；然而对于固定负荷区间，调相范围是0.00°和1.02°，因此，利用负荷概率分布可以减小调相机角度。

问题与练习

(1) 阐述遗传算法经济调度的优缺点。
(2) 经济调度计算中遗传算法和神经网络法的异同。
(3) 经济调度中模糊数学求解结果是什么形式？
(4) 与传统优化算法相比，基于智能算法的经济调度有何特点？
(5) 基于智能算法的经济调度如何处理电网安全约束？

参考文献

[1] J. Z. Zhu. Optimization of power system operation. 2nd ed. New Jersey：Wiley-IEEE Press，2015.

[2] D. E. Goldberg. Genetic algorithms in search, optimization and machine learning, Addision - Wesley, Reading, MA, 1989.

[3] J. Nanda, R. B. Narayanan. Application of genetic algorithm to economic load dispatch with Line - flow constraints. Electrical Power and Energy Systems, 2002, 24: 723-729.

[4] D. C. Walters, G. B. Sheble. Genetic algorithm solution of economic dispatch with valve point loading. IEEE Trans on Power System, 1993, 8 (3): 1325-1332.

[5] G. B. Sheble, K. Brittig. Refined genetic algorithm - economic dispatch example. IEEE Trans on Power System, 1995, 10 (1): 117-124.

[6] J. I. Hopfield. Neural networks and physical systems with emergent collective computational abilities. Proceedings of National Academy of Science, USA, 1982, 79: 2554-2558.

[7] J. H. Park, Y. S. Kim, I. K. Eom, K. Y. Lee. Economic load dispatch for piecewise quadratic cost function using Hopfield neural networks. IEEE Trans on Power System, 1993, 8 (3): 1030-1038.

[8] T. D. King, M. E. El - Hawary, F. El - Hawary. Optimal environmental dispatching of electric power system via an improved Hopfield neural network model. IEEE Trans on Power System, 1995, 10 (3): 1559-1565.

[9] K. Y. Lee, A. S. Yome, J. H. Park. Adaptive neural networks for economic load dispatch. IEEE Trans on Power System, 1998, 13 (2): 519-526.

[10] Fletcher, R. Practical Methods of Optimization. New York: John Wiley and Sons, 1987.

[11] J. Z. Zhu, C. S. Chang, G. Y. Xu, X. F. Xiong. Optimal load frequency control using genetic algorithm. Proceedings of 1996 International Conference on Electrical Engineering, ICEE'96, Beijing, China, August 12-15, 1996, 1103-1107.

[12] J. Z. Zhu, W. Yan, C. S. Chang, G. Y. Xu. Reactive power optimization using an analytic hierarchical process and a nonlinear optimization neural network approach. IEE Proceedings: Generation, Transmission and Distribution. 1998, 145 (1): 89-96.

[13] J. Z. Zhu. Optimal reconfiguration of electrical distribution network using the refined genetic algorithm. Electric Power Systems Research, 2002, 62 (1): 37-42.

[14] J. Z. Zhu. Optimal power systems steady - state security regions with fuzzy constraints. Proceedings of IEEE Winter Meeting, New York, Jan. 27-30, 2002, Paper No. 02WM033.

[15] J. Z. Zhu, K. Cheung. Selection of wind farm location based on fuzzy set theory. 2010 IEEE PES General Meeting, Minneapolis, MN, July, 2010.

[16] J. A. Momoh and J. Z. Zhu. Optimal generation scheduling based on AHP/ANP. IEEE Trans. on Systems, Man & Cybernetics, Part B, 2003, 33 (3), 531-535.

[17] 朱继忠，徐国禹．网络模糊理论应在有功静态安全域中应用．电力系统及其自动化，1994，5 (3)：19-25.

[18] 石立宝，徐国禹．遗传算法在有功安全经济调度中的应用．电力系统自动化，1997 (6)：42-44.

[19] 张炯，刘天琪，苏鹏，等．基于遗传粒子群混合算法的机组组合优化．电力系统保护与控制，2009，37 (9)：25-29.

第 8 章

含可再生能源不确定性的电力系统经济调度

8.1 引　　言

电力调度是整个电网的核心环节，随着大规模可再生能源的并网和绿色调度概念的提出，调度的方法也必将更新换代。传统的电网经济调度通常是基于准确的功率预测进行的，由于可再生能源输出功率的预测精度低，输出功率具有较大波动性，这给电网经济调度带来了新的挑战。

为应对各种运行场景，实现可再生能源的充分消纳，本章提出三种经济调度方法：①基于异质能源多时间尺度互补的经济调度策略；②基于变置信水平的多源互补系统多时间尺度鲁棒经济调度方法；③基于最优不确定集的鲁棒经济调度方法。

8.2 调度方法概述

本章的关键技术难题是如何安排可控机组的输出功率计划，使得系统具有较强的鲁棒性，从而避免由于可再生能源的不确定性带来的弃风、切负荷或者线路潮流越限。本章从时间尺度、多能互补、不确定性建模三个方面入手，深入研究含可再生能源不确定性的电力系统经济调度问题。

8.2.1 多时间尺度的调度方式

针对大规模风电并网的经济调度问题，利用多个时间尺度逐级降低风电的预测偏差对电网调度的影响。多时间尺度的经济调度方法包含了日前24h计划、日内4h滚动计划和实时15min计划在内的三种时间尺度的调度计划。

日前24h计划在每日24：00制定一次，根据日前24h共96个时段的风、光及负荷的短期预测值，利用多种异质能源的互补特性，通过负荷跟踪指标N_r安排水电机组输出功率，在此基础上进一步安排火电机组的启停机计划和大致输出功率计划。

日内4h滚动计划每15min滚动制定一次，在日前24h计划基础上，依据最新上报的未来4h风、光及负荷超短期预测值，对$[t+1，t+17]$时段的发电计划进行调整，同时为避免反复调整日内滚动计划，仅对$[t+16，t+17]$时段的水电、火电输出功率和机组组合状态进行实际在线修正控制。

实时15min计划也是每15min滚动制定一次，在日内4h滚动计划确定的机组输出功率值基础上，依据最新的未来15min实时预测值，对下一个调度时段（未来15min）的机组输出功率值进行在线修正。

三种时间尺度的调度计划如图8.1所示。

8.2.2 异质能源的互补协调

异质能源是指能源种类和输出功率特性不同的能源。风光水火等异质能源在输出功率时空特性、调节能力上具有一定的互补性，且其互补特性强弱与时间尺度有关。充分利用异质能源之

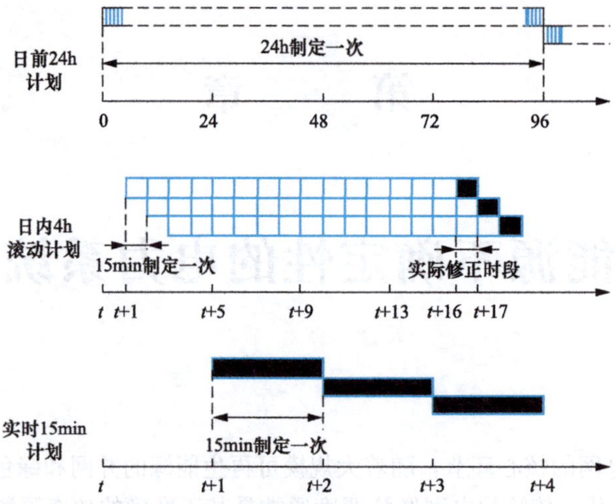

图 8.1　各时间尺度调度计划

间的互补特性，形成混合系统联合运行可有效缓解单一风力或光伏发电带来的波动性和反调峰特性。在混合系统短期调度方面，有文献引入环境污染惩罚成本和备用容量惩罚成本，建立了含有风光互补电力的动态经济调度模型。有文献将新能源和常规电源打捆调度，提出了计及风光水火四种能源含三层调度模型的日前联合调度方案。还有文献通过提取不同频率下的风光输出功率分量，制定各类补偿电站输出功率计划，提出风光水气储能联合系统日前调度策略。本章借助这个思路，提出风光水火等多种异质能源多时间尺度互补的动态经济调度策略。

8.2.3　不确定性的建模

为应对可再生能源输出功率的不确定性，传统的做法是直接预留固定的旋转备用容量，然而系统安全的备用量不易精确获取。更好的方法是随机优化技术，其基本思想是采用一系列场景（多用蒙特卡洛法采样）来描述可再生能源的不确定性并优化这些场景下调度成本的期望值。但基于随机优化的经济调度通常要考虑海量场景才能保证计算的准确性，具有一定的局限性。鲁棒调度是处理可再生能源输出功率不确定性的一种有效方法，其物理意义（工程意义）更加明确，这也是国际上电力系统经济调度研究的一个新趋势。

三种经济调度方法的对比见表 8.1。

表 8.1　　　　三种经济调度方法的对比

方法名称	如何处理可再生能源	计算速度	实现难度	优点	缺点	应用场合
基于异质能源多时间尺度互补的经济调度策略	利用异质能源之间的互补特性将风光水打捆	快	易	计算速度快，容易实现	缺乏考虑可再生能源预期误差带来的影响	可再生能源占比较低，对计算时间要求高
基于变置信水平的多源互补系统多时间尺度鲁棒经济调度方法	采用不确定集描述可再生能源的不确定性，利用鲁棒预算调节调度的保守度	中	中	调节灵活，能获得较好的综合效益	保守度的选择具有一定的主观性	可再生能源占比高，要求调度的保守度可控
基于最优保守度的鲁棒经济调度方法	构建综合成本最小的不确定集优化模型	慢	难	能获得最优的综合效益	需要获得可再生能源的概率分布函数	可再生能源占比高，能获得风光概率分布函数

8.3 基于异质能源多时间尺度互补的经济调度策略

本节介绍风光水火等多种异质能源多时间尺度互补的动态经济调度策略。首先，利用异质能源之间的互补特性将风光水打捆成虚拟电厂（Virtual Power Plant，VPP），并定义负荷跟踪指标使 VPP 输出功率能很好地追踪负荷曲线。同时，建立含日前 24h 计划、日内 4h 滚动计划、实时 15min 计划在内的多时间尺度互补协同调度模型，设置递进修正的弃风弃光约束，使得前一尺度调度计划中风光消纳困难的时段在下一尺度调度计划中具有更大的弃风弃光上调裕度。利用不断更新的预测信息，考虑不同时间尺度下的互补特性，滚动修正水电、火电调度计划和弃风弃光约束，从而保持 VPP 对负荷的良好追踪，有效提升互补系统实际的互补和平抑效果，并逐级减轻火电调度压力，最终达到兼顾系统调节效益、环保效益以及经济效益的目的。

8.3.1 负荷跟踪指标

风电和光伏输出功率具有良好的时空互补性，且水电可控性强，调节速率快，可以快速调节风光输出功率波动，故从输出功率时空特性和调节能力两方面综合考虑，将风光水三种能源配置为 VPP，即风光水电站。为了评价 VPP 输出功率对负荷曲线的跟踪能力，定义负荷跟踪指标 N_r，N_r 越小，代表 VPP 输出功率曲线对负荷曲线的跟踪和平滑效果越好。通过优化，使 VPP 输出功率曲线与负荷曲线的波动基本一致，达到削峰填谷的目的。经虚拟电厂平抑后的负荷曲线称为优化负荷曲线 P_r，其值等于在负荷曲线上扣除 VPP 后的值。

$$N_r = m_1 D_t + m_2 D_s + m_3 D_c \tag{8.1}$$

$$D_t = \frac{1}{\overline{P_L}} \sqrt{\frac{1}{T} \sum_{t=1}^{T} (P_{v.t} - P_{L.t})^2} \tag{8.2}$$

$$P_{v.t} = P_{w.t} + P_{p.t} + P_{h.t} \tag{8.3}$$

$$D_s = \sqrt{\frac{1}{T-1} \sum_{t=1}^{T} (P_{r.t} - \overline{P_r})^2} \tag{8.4}$$

$$P_{r.t} = P_{L.t} - P_{v.t} \tag{8.5}$$

$$D_c = \frac{P_{r.max} - P_{r.min}}{T} \tag{8.6}$$

式中：D_t 为 VPP 输出功率相对于负荷的波动率，D_t 越小，VPP 输出功率曲线与负荷曲线越接近，即 VPP 对负荷的跟踪能力越好；D_s 为负荷波动标准差；D_c 为负荷功率变化率（这两个指标共同表征经 VPP 平抑后优化负荷曲线 P_r 的波动特性，值越小代表优化负荷曲线 P_r 越平滑、波动越小）；T 为调度周期；$\overline{P_L}$ 为 T 时段内负荷平均值；$P_{L.t}$ 为 t 时刻的负荷；$P_{v.t}$ 为 t 时刻 VPP 的总输出功率；$P_{w.t}$、$P_{p.t}$、$P_{h.t}$ 分别为 t 时刻风电、光伏及水电的输出功率；$P_{r.t}$ 为 t 时刻优化负荷曲线的值；$\overline{P_r}$ 为 T 时段内优化负荷曲线的平均值；$P_{r.max}$ 和 $P_{r.min}$ 分别为优化负荷曲线的最大值和最小值；m_1、m_2、m_3 分别为对应指标的权重系数，可根据各指标的重要性调整权重系数大小。

由于风电和光伏输出功率可控性差，除少数负荷低谷时段需适当弃风弃光以外，优化 VPP 输出功率几乎等同于优化水电输出功率。让 VPP 与常规火电站一起参与系统调度，VPP 始终保持开机状态，并且当负荷一定时，VPP 的输出功率保持不变。

8.3.2 各时间尺度调度模型

（1）日前24h计划。日前24h计划分为2层，即VPP优化调度层和火电优化调度层，每层需要遵循一个目标函数。第一层以负荷跟踪指标 N_r 最小为目标函数，得到VPP输出功率曲线和日前优化负荷曲线 $P_{r.24h}$。接着，在 $P_{r.24h}$ 上安排常规火电的工作位置，以火电机组总发电成本最低为第二层的目标函数。

目标函数为

$$\min N_r = m_1 D_t + m_2 D_s + m_3 D_c \tag{8.7}$$

$$\min F_{24h} = \sum_{t=1}^{N_t^{24h}} \sum_{i=1}^{N_g} [U_{i.t}(a_i P_{G.i.t}^2 + b_i P_{G.i.t} + c_i) + U_{i.t}(1 - U_{i.t-1}) S_i] \tag{8.8}$$

式中：N_t^{24h} 日前24h计划划分的时段数；N_g 为火电机组总数目；$U_{i.t}$ 为日前24h计划所确定的火电机组 i 在 t 时刻的启停状态；$P_{G.i.t}$ 为日前24h计划所确定的火电机组 i 在 t 时刻的输出功率状况；S_i 为火电机组 i 的启动成本；a_i、b_i、c_i 为火电机组 i 的经济特性参数。

约束条件如下。

1）功率平衡约束

$$\sum_{i=1}^{N_g} U_{i.t} P_{G.i.t} + P_{v.t} = P_{L.t} \tag{8.9}$$

2）机组有功输出功率约束

$$\begin{cases} 0 \leqslant P_{w.t} \leqslant P_{w.max} \\ 0 \leqslant P_{p.t} \leqslant P_{p.max} \\ P_{min.h} \leqslant P_{h.t} \leqslant P_{h.max} \\ P_{min.i} \leqslant P_{G.i.t} \leqslant P_{max.i} \quad (i=1, 2, \cdots, N_g) \end{cases} \tag{8.10}$$

式中：$P_{w.max}$ 为风电机组的输出功率上限；$P_{p.max}$ 为光伏电站的输出功率上限；$P_{h.min}$ 和 $P_{h.max}$ 分别为水电机组的输出功率下限和输出功率上限；$P_{min.i}$ 和 $P_{max.i}$ 分别为火电机组 i 的输出功率下限和输出功率上限。

3）机组爬坡能力约束为

$$\begin{cases} P_{G.i.t} - P_{G.i.t-1} \leqslant U_{i.t-1} R_{u.i} + (1 - U_{i.t-1}) P_{max.i} \\ P_{G.i.t-1} - P_{G.i.t} \leqslant U_{i.t} R_{d.i} + (1 - U_{i.t}) P_{max.i} \end{cases} \tag{8.11}$$

式中：$R_{u.i}$、$R_{d.i}$ 分别为火电机组 i 的爬坡速率和滑坡速率。

4）机组最小开停机时间约束

$$\begin{cases} (T_{i.t-1}^{on} - T_{i.min}^{on})(U_{i.t-1} - U_{i.t}) \geqslant 0 \\ (T_{i.t-1}^{off} - T_{i.min}^{off})(U_{i.t} - U_{i.t-1}) \geqslant 0 \end{cases} \tag{8.12}$$

式中：$T_{i.t-1}^{on}$、$T_{i.t-1}^{off}$ 分别为火电机组 i 到 $t-1$ 时刻已连续开机时间和已连续停机的时间；$T_{i.min}^{on}$、$T_{i.min}^{off}$ 分别为火电机组 i 的最小连续开机时间、停机时间。

5）弃风、弃光约束为

$$\begin{cases} \sum_{t=1}^{T} P_{w.t} \geqslant (1 - \delta_1) \sum_{t=1}^{T} \overline{P}_{w.t} \\ \sum_{t=1}^{T} P_{p.t} \geqslant (1 - \delta_2) \sum_{t=1}^{T} \overline{P}_{p.t} \end{cases} \tag{8.13}$$

式中：δ_1、δ_2 分别为允许的最大弃风率和最大弃光率；$\overline{P}_{w.t}$ 和 $\overline{P}_{p.t}$ 分别为 t 时刻最大风电和光伏可用输出功率。

6）系统旋转备用约束为

$$R_{st}=R_{t.st}+R_{h.st}\geqslant \alpha P_{w.t}+\beta P_{p.t}+\gamma P_{L.t} \tag{8.14}$$

式中：R_{st} 为 t 时刻系统所能增加的旋转备用总容量；$R_{t.st}$、$R_{h.st}$ 分别表示 t 时刻火电机组和水电机组所能增加的旋转备用量；α 为系统风电输出功率预测误差对旋转备用的需求；β 为光伏输出功率预测误差对旋转备用的需求；γ 为负荷预测误差对旋转备用的需求。

（2）日内4h滚动计划。对于当前时刻 t，依据最新未来4h风、光及负荷超短期预测值，在保证VPP追踪能力的前提下，重新规划［$t+1$，$t+17$］时段水电和火电机组输出功率及机组组合状态。同时，为避免日内滚动计划反复调节，仅对［$t+16$，$t+17$］时段进行实际调整。

日内4h滚动计划仍包含VPP优化调度层和火电优化调度层两层计划。但是，本时间尺度较小，周期较短，异质能源互补性的全局性明显次于日前24h调度计划，若继续以［$t+1$，$t+17$］时段内 N_r 最小值作为VPP优化调度层的目标函数，将会使求出的该时段的日内4h优化负荷曲线 $P_{r.4h.T}$ 与该时段的日前24h优化负荷曲线 $P_{r.24h.T}$ 出现较大偏差，从而导致火电调度计划的大幅变动。基于此，VPP优化调度层直接以本时段的 $P_{r.4h.T}$ 与 $P_{r.24h.T}$ 相同为目标函数来修正水电输出功率，超出水电调节范围的才更改 $P_{r.4h.T}$ 即调整火电输出功率计划。

火电优化调度层以本时段内火电输出功率调整成本和启停成本最低为目标函数。火电机组组合状态的微调主要是按照优先顺序法确定的机组开机优先权来安排中小火电机组的快速启停。

目标函数

$$P_{r.4h.T}=P_{r.24h.T} \tag{8.15}$$

$$\min F_{4h}=\sum_{t=1}^{N_t^{4h}}\sum_{i=1}^{Ng}[U_{i.t}\varepsilon_{i.t}\mid \Delta P_{G.i.t}\mid+U_{i.t}(1-U_{i.t-1})S_i] \tag{8.16}$$

式中：$P_{r.4h.T}$、$P_{r.24h.T}$ 分别为［$t+1$，$t+17$］时段内日内4h和日前24h优化负荷曲线的值；N_t^{4h} 为日内4h滚动周期的时段数；$\varepsilon_{i.t}$ 为火电机组单位输出功率调整成本，其值等于满负荷运行条件下机组的平均单位输出功率成本，优先调用单位输出功率调整成本低的机组；$\Delta P_{G.i.t}$ 为火电机组 i 在 t 时刻的输出功率调整量，调整量是当前调度计划相对于前一尺度调度计划而言。

约束条件如下。

1）弃风、弃光约束为

$$\begin{cases}\Delta W_{w.4h.T}\leqslant \lambda_1 W_{w.24h.T}+C_1\\ \Delta W_{p.4h.T}\leqslant \lambda_2 W_{p.24h.T}+C_2\end{cases} \tag{8.17}$$

式中：$W_{w.24h.T}$、$W_{p.24h.T}$ 分别为日前计划在［$t+1$，$t+17$］时段内所确定的弃风、弃光容量；$\Delta W_{w.4h.T}$、$\Delta W_{p.4h.T}$ 分别为日内滚动计划在该时段内所允许增加的弃风、弃光容量调整量，λ_1、λ_2 为调整系数，按需求设置；C_1、C_2 为常数。

日前计划中弃风、弃光量越多的时段，实际调度中越容易出现较强的反调峰特性，风光消纳越容易出现困难，通过这样的修正，可以使得日前计划中弃风弃光量更大的时段，在日内4h滚动计划中具有更大的弃风弃光上调裕度，有效避免可能出现的风光消纳困难的情况，从而优化互补系统的实际互补和平抑效果，减少火电输出功率的波动，提升系统运行的经济性和安全性。

2）机组最小开停机时间约束。

启停时间小于4h的机组才参与启停，即

$$\begin{cases}0<T_{start.i}\leqslant 4h\\ 0<T_{stop.i}\leqslant 4h\end{cases} \tag{8.18}$$

式中：$T_{start.i}$ 和 $T_{stop.i}$ 分别为机组 i 的启停时间。

其余约束与日前24h计划类似。

（3）实时15min计划。同样地，实时15min计划通过令下一调度时刻的实时15min优化负荷曲线的取值$P_{r.min.t}$与日内4h优化负荷曲线的取值$P_{r.4h.t}$相同来调整VPP输出功率，同时，由于上一时间尺度下的超短期预测精度已经较高，故本时间尺度下水电和火电输出功率调整量较小，且机组组合状态不发生调整。此时以火电机组实时调整成本最小为目标，且无机组启停费用项。

目标函数为

$$P_{r.min.t}=P_{r.4h.t} \tag{8.19}$$

$$\min F_{15min}=\sum_{i=1}^{N_g}(U_{i.t}\varepsilon_{i.t}\mid \Delta P_{G.i.t}\mid) \tag{8.20}$$

弃风、弃光约束为

$$\begin{cases}\Delta W_{w.min.t}\leqslant \lambda_3 W_{w.4h.t}+C_3\\ \Delta W_{p.min.t}\leqslant \lambda_4 W_{p.4h.t}+C_4\end{cases} \tag{8.21}$$

式中：$P_{r.min.t}$、$P_{r.4h.t}$分别为t时刻实时15min和日内4h优化负荷曲线的值；$W_{w.4h.t}$、$W_{p.4h.t}$分别为日内4h滚动计划在t时刻所确定的弃风、弃光容量；$\Delta W_{w.min.t}$、$\Delta W_{p.min.t}$分别为实时15min调度计划在t时刻所允许增加的弃风、弃光容量调整量；λ_3、λ_4为调整系数，按需求设置；C_3、C_4为常数。

由于$\Delta W_{w.min.t}$和$\Delta W_{p.min.t}$对应的是一个时点（15min）的调整量，而$\Delta W_{w.4h.t}$和$\Delta W_{p.4h.t}$对应的是时间跨度为16个时点（4h）的弃风、弃光调整量，因此实时15min计划的C_3、C_4应比日内4h计划的C_1、C_2的值小，按照时间跨度的比例，同时考虑到实时调度阶段弃风、弃光的需求可能更为急迫，故令$C_3/C_1=C_4/C_2=1/10$。其余约束与日前24h计划类似。

8.3.3 模型求解

动态经济调度模型的求解主要包括两部分：VPP优化调度层的求解和火电机组滚动优化调度层的求解。首先通过萤火虫算法（FA）完成日前24h计划的第一层优化，即VPP的优化调度，求取使负荷跟踪度N_r最小的水电机组的输出功率曲线，基本步骤如图8.2所示。

完成VPP优化调度层的求解后，再采用优先顺序法求取各机组的启停机顺序，然后通过粒子群算法（PSO）的滚动计算来求解得出多种时间尺度调度计划下火电机组的机组组合状态、工作位置、发电总费用等，具体流程如下。

采用PSO算法对日前调度模型进行求解：随机初始化火电机组所有时段启停状态的初代种群；评价每个粒子的适应度，并得到当前个体最优位置和适应度值；更新粒子速度、个体最优位置和全局最优位置；满足迭代次数，则停止搜索，输出日前调度计划的机组组合状态、工作位置和发电总费用，否则返回继续搜索。

将日前调度计划求得的机组组合状态和工作位置直接代入日内滚动模型中作为输入量，以式（8.16）作为适应度值函数，仍采用PSO算法求解得到快速启停机组的机组状态、各机组工作位置、调整费用。

将日内滚动计划求得的机组组合状态和工作位置直接代入实时调度模型中作为输入量，以式（8.20）作为适应度值函数，继续采用PSO算法优化求解得到所有机组的工作位置、调整费用。

8.3.4 算例分析

以某地区为例，该地区共有26台火电机组，总装机容量为3105MW；水电总装机容量为1500MW，水电机组输出功率下限为50MW，上限为1500MW；风电总装机容量为1400MW；光伏总装机容量为800MW。图8.3～图8.5分别为该地区电网某夏季典型日上报的各时间尺度下负荷、风电及光伏功率预测曲线。允许的最大弃风率$\delta_1=0.05$，最大弃光率$\delta_2=0.03$，调整系数$\lambda_1=\lambda_2=\lambda_3=\lambda_4=0.1$，$C_1=C_2=10$MW，$C_3=C_4=1$MW。

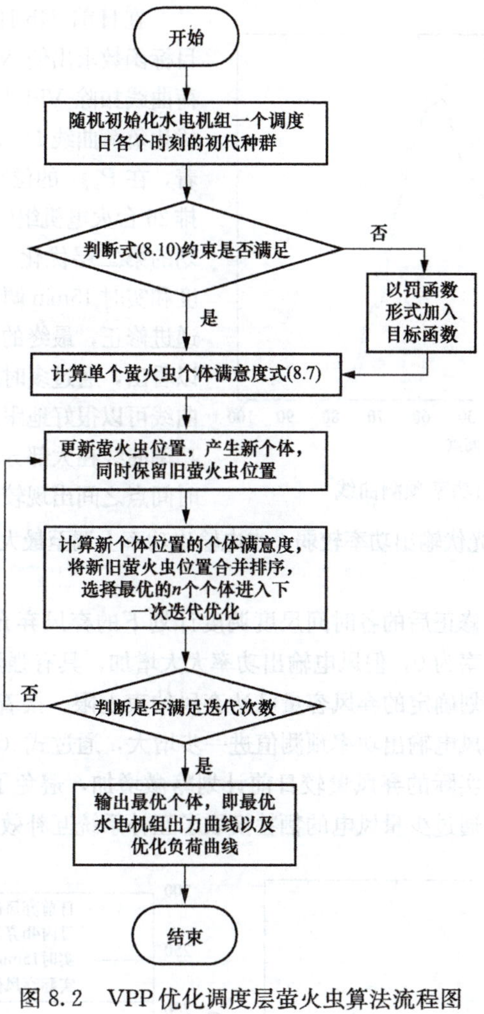

图 8.2 VPP优化调度层萤火虫算法流程图

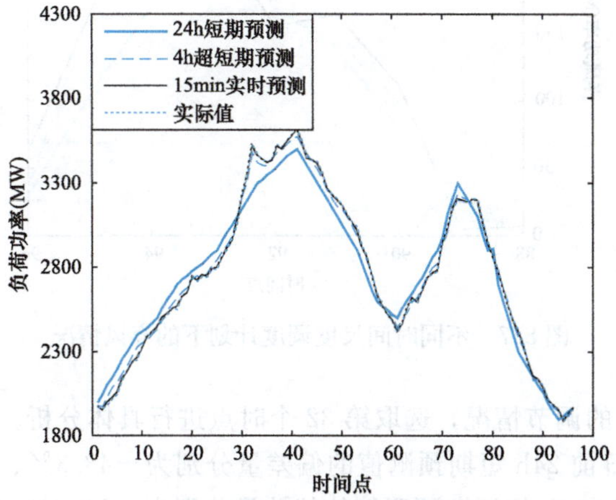

图 8.3 负荷预测曲线

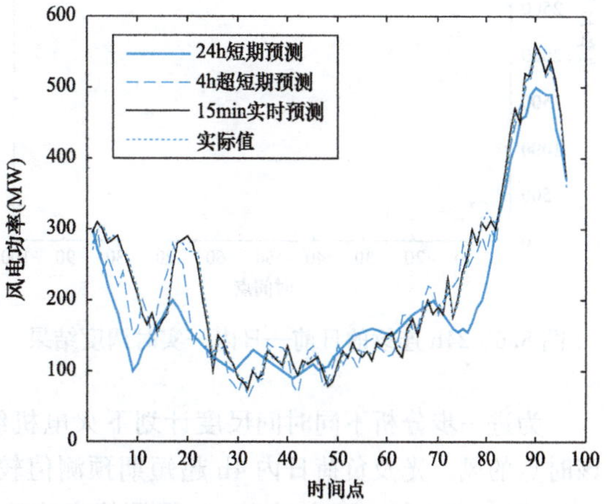

图 8.4 风电输出功率预测曲线

(1) 优化调度结果。首先，对一天24h连续的日前—日内—实时调度结果进行分析。

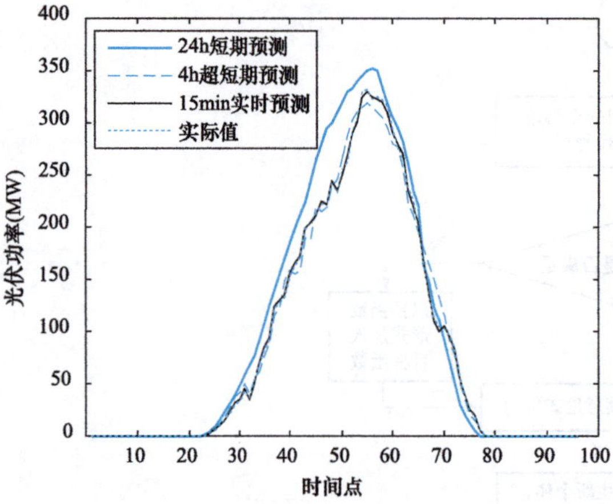

图 8.5 光伏输出功率预测曲线

在日前 24h 计划中，首先以式（8.7）为目标函数求出使 N_r 最小的 VPP 输出功率，负荷曲线扣除 VPP 输出功率后进一步得到日前优化负荷曲线 $P_{r.24h}$，即火电输出功率曲线。接着，在 $P_{r.24h}$ 的位置以式（8.8）为目标函数安排 26 台火电机组的工作位置，完成日前 24h 计划的第二层优化。接着，利用日内 4h 滚动调度和实时 15min 调度计划对日前调度结果进行递进修正，最终的调度结果如图 8.6 所示。可以看出，通过多时段滚动修正，VPP 输出功率曲线可以很好地跟踪负荷曲线，使得火电输出功率曲线在大部分时段非常平滑，只在 30～40 时间点之间出现较明显凸起，主要原因是此时段为负荷高峰期，而风电和光伏输出功率较弱，水电输出功率上调至最大值仍无法填补功率缺额，故只能上调火电输出功率。

图 8.7 显示了经过递进修正后的各时间尺度调度计划下的弃风弃光情况。88～96 时间段为深夜负荷低谷期，光伏输出功率为 0，但风电输出功率大大增加，具有强烈的反调峰特性，超过了水电的调节极限，日前 24h 计划确定的弃风容量已达弃风约束上限。接着，在日内 4h 滚动计划和实时 15min 计划中，此时段的风电输出功率预测值进一步增大，通过式（8.17）和式（8.21）对弃风弃光约束进行上调修正后，实际的弃风量较日前计划略微增加，避免了风光消纳困难的情况，减少了火电输出功率的波动，通过少量风电的牺牲换取了互补系统互补效果和平抑效果的提升。

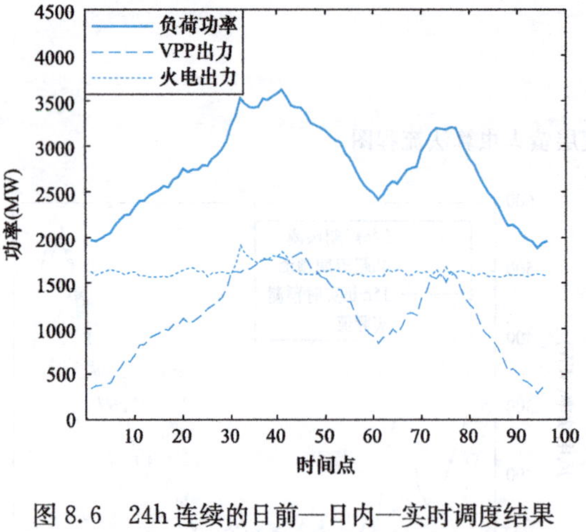

图 8.6 24h 连续的日前—日内—实时调度结果

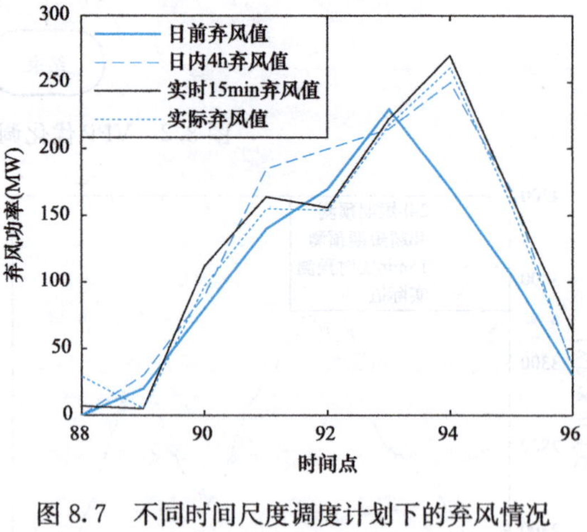

图 8.7 不同时间尺度调度计划下的弃风情况

为进一步分析不同时间尺度计划下火电机组的调节情况，选取第 32 个时点进行具体分析。该时点的风、光及负荷日内 4h 超短期预测值较日前 24h 短期预测值的偏差量分别为－48.3%、－41.2%、6.9%，而实时 15min 预测值相较于日内 4h 超短期预测值的偏差量分别为－14.3%、－12.5%、1.27%。

在日内 4h 滚动计划中，为了填补较大的功率缺额，首先应调用优先级更高的水电机组，上调水电机组输出功率至其上限后，剩余 303MW 的功率缺额需通过火电机组来填补，26 个火电机组的输出功率调整情况见表 8.2。由于将日前 24h 计划中所有开机机组输出功率上调至其最大调节速率也无法填补功率缺额，故应按已求出的机组启停顺序表，新开经济性较好的 13 号快速启停机组，同时，其余已开机机组均达到其调节极限。

在实时 15min 调度计划中，由于功率缺额进一步增大，故需要继续上调火电输出功率。由于此时预测偏差量较小，无需开启新机组，只需上调已开启机组输出功率即可。优先将经济性最好的 17、18 号机组增输出功率至满发，再增加 19 号机组输出功率至满足功率缺额。实时 15min 计划调整量比日内 4h 滚动计划的功率调整量小，符合实际情况。通过各时间尺度调度计划的递进协调，实现了预测偏差量的逐级消纳，减轻了调度人员及 AGC 机组的调节负担。

表 8.2　第 32 时点（26 个火电机组）的输出功率调整情况

机组编号	日前 24h 计划（MW）	日内 4h 滚动计划（调整量）（MW）	实时 15min 计划（调整量）（MW）	爬坡速率（MW/h）
1	0	0	0	12
2	0	0	0	12
3	0	0	0	12
4	0	0	0	12
5	0	0	0	12
6	0	0	0	20
7	0	0	0	20
8	0	0	0	20
9	0	0	0	20
10	0	0	0	55
11	15.2	29(+13.8)	29	55
12	15.2	29(+13.8)	29	55
13	0	16.8(+16.8)	16.8	55
14	25	47.05(+22.05)	47.05	88
15	25	47.05(+22.05)	47.05	88
16	25	47.05(+22.05)	47.05	88
17	101.7	133.5(+31.8)	155(+21.5)	127
18	101.7	133.5(+31.8)	155(+21.5)	127
19	97.2	129(+31.8)	144(+15)	127
20	93.1	124.9(+31.8)	124.9	127
21	0	0	0	197
22	0	0	0	197
23	0	0	0	197
24	269.9	338.15(+68.25)	338.15	273
25	400	400	400	400
26	400	400	400	400

（2）对比分析。为了分析本节所提互补调度模型的优越性，将其与另外三种互补调度模型进行对比研究。

1）调度模型 A：多时段风光全消纳模型。采用多时间尺度滚动调度模型，但风光全消纳。

2）调度模型 B：日前调度风光全消纳模型。仅采用日前 24h 调度模型对各种能源进行配置，且风光全消纳。

3）调度模型 C：日前调度弃风弃光模型。仅采用日前 24h 调度模型对各种能源进行配置，但适当弃风弃光。

各种调度模式下 VPP 对负荷曲线的追踪情况以及火电输出功率曲线分别如图 8.8、图 8.9 所示。可以看出，本节所提调度模型中 VPP 对负荷的追踪最好，相应地火电输出功率曲线也最平滑。同样采用多时间尺度滚动调度模型的模型 A 与本节所提调度模型的曲线走势基本一致，但由于未适当弃风弃光，其火电输出功率曲线在 90 时间点之后出现明显缺口。同时，由于未进行滚动修正，模型 B 和 C 中 VPP 的追踪情况很差，火电输出功率曲线波动剧烈，其中，未适当弃风弃光的模型 B 最差。

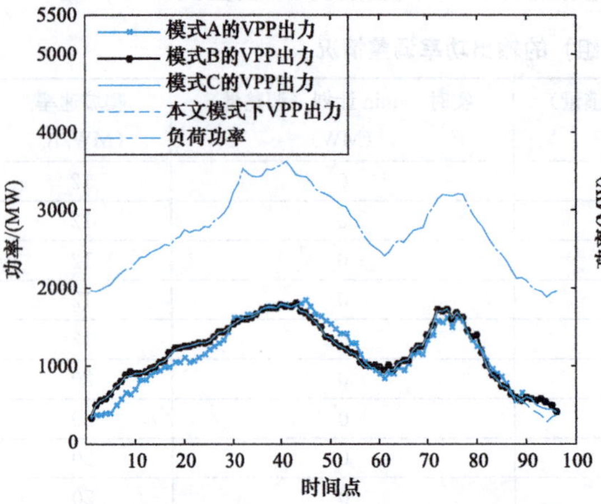

图 8.8　各调度模型下 VPP 输出功率情况

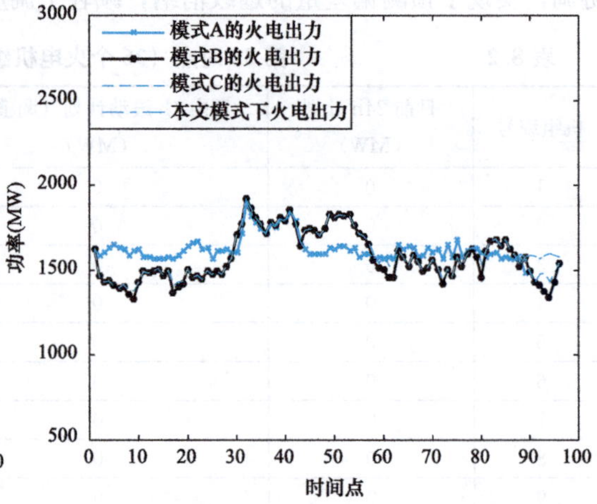

图 8.9　各调度模型下火电输出功率曲线

图 8.10～图 8.12 给出了四种调度模式下水电和火电的功率调整量，调整量是当前尺度调度计划相对于前一尺度调度计划而言。可以看出，本节所提调度模型的火电调整量最小，两种时间尺度的调度计划中，水电机组均承担了大部分的调节任务，且实时 15min 计划中水电、火电输出功率调整量要明显小于日内 4h 滚动计划中的调整量，实现了递进调节。模型 A 与本节所提调度模型的调整量接近，但由于未适当弃风弃光，深夜负荷低谷时段的火电调整量明显增大。模型 B 和 C 中无多尺度递进调节，没有对日前计划确定的水电输出功率进行修正，仅依靠 AGC 机组参与快速调节，故只有火电调整量，且调整量均很大。

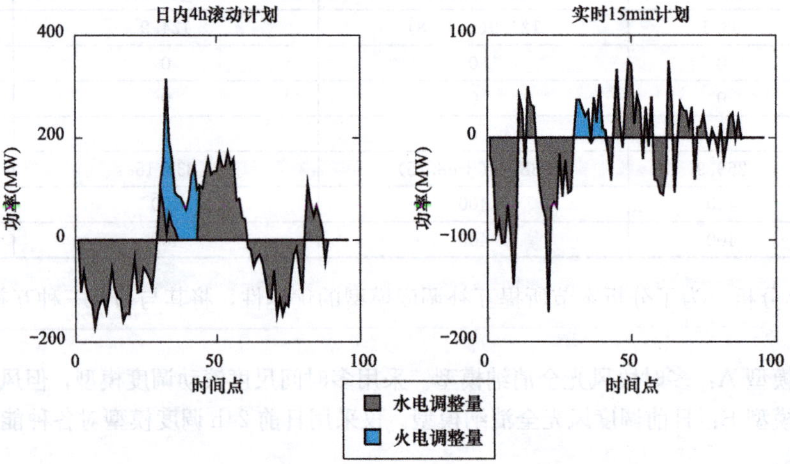

图 8.10　调度模型水电、火电功率调整情况

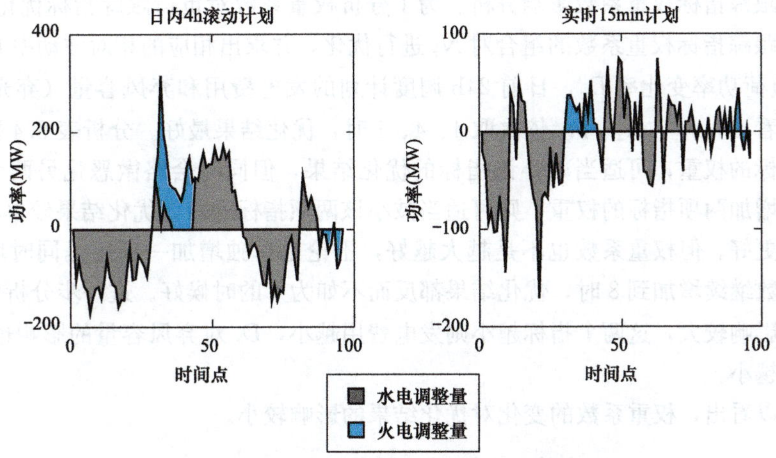

图 8.11 调度模型 A 水电、火电功率调整情况

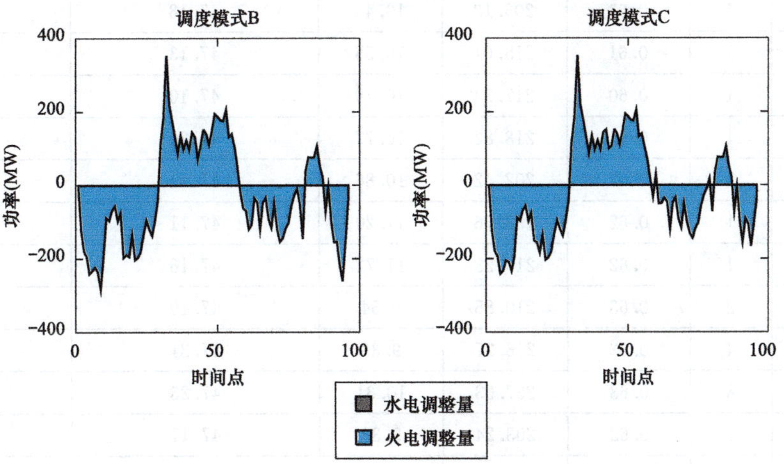

图 8.12 调度模型 B、C 水电、火电功率调整情况

表 8.3 比较了本节所提调度模型与调度模型 A、B、C 的弃风、弃光量和发电费用。可以看出，本节所提调度模型的发电费用最少，模型 B 的发电费用最多。尽管弃风容量非常接近，包含多时段滚动计划的本节调度模型的发电费用明显低于仅含日前调度的调度模型 C。同时，对比本节调度模型和模型 A 可知，少量的弃风可以带来发电费用的明显降低，更有利于系统运行的经济性。

表 8.3　　　　各调度模型的弃风弃光指标和发电总费用比较

模型	弃风		弃光（MWh/日）	发电费用（万美元/日）
	电量（MWh/日）	比例（%）		
本节调度模型	278.25	5.5	0	47.325
调度模型 A	0	0	0	47.932
调度模型 B	0	0	0	49.265
调度模型 C	264.89	5.00	0	48.714

(3) 负荷跟踪指标权重系数影响分析。为了分析权重系数对负荷跟踪指标优化结果的影响，选取不同负荷跟踪指标权重系数的组合对 N_r 进行优化，并求出相应的相对波动率 D_t，负荷波动标准差 D_s，负荷功率变化率 D_c，日前 24h 调度计划的发电费用和弃风容量（弃光容量均为 0）等指标。可以看出，m_1、m_2、m_3 依次取 4、4、1 时，优化结果最好。分析表 8.4 数据可知，单独增加某一指标的权重，可适当减小该指标的优化结果，但同时会略微恶化另两个指标的优化结果。若同时增加两项指标的权重，则可适当减小该两项指标的值，优化结果较单独增加一项指标权重的结果更好。但权重系数也不是越大越好，不论是单独增加一项还是同时增加两项的权重，当权重系数继续增加到 8 时，优化结果都反而不如为 4 的时候好。进一步分析可知 D_t 和 D_s 对发电费用的影响较大，这两个指标越小则发电费用越小，D_t 对弃风容量的影响也较大，D_t 越小，弃风容量越小。

同时也可以看出，权重系数的变化对优化结果的影响较小。

表 8.4　　不同负荷跟踪指标权重系数组合下的优化结果

m_1	m_2	m_3	D_t	D_s	D_c	发电费用（万美元/日）	弃风（MWh/日）
1	1	1	0.63	205.12	10.43	47.18	268.67
2	1	1	0.61	215.61	10.56	47.13	267.33
4	1	1	0.60	217.34	10.49	47.10	266.34
8	1	1	0.63	218.82	10.77	47.20	269.16
1	2	1	0.62	202.42	10.86	47.11	268.17
1	4	1	0.62	198.76	11.20	47.11	267.93
1	8	1	0.62	210.23	11.72	47.16	268.14
1	1	2	0.63	210.85	9.54	47.19	268.75
1	1	4	0.63	216.27	9.33	47.21	268.99
1	1	8	0.63	237.53	10.31	47.23	269.27
1	2	2	0.62	203.24	9.38	47.11	268.55
2	1	2	0.61	210.56	9.34	47.11	267.34
2	2	1	0.61	200.52	10.52	47.10	267.13
1	4	4	0.63	187.94	9.04	47.10	269.48
4	1	4	0.60	205.23	8.58	47.09	266.16
4	4	1	0.59	192.24	10.82	47.07	265.15
1	8	8	0.64	201.72	9.79	47.19	269.83
8	1	8	0.63	199.58	9.82	47.12	268.78
8	8	1	0.63	193.58	10.24	47.11	268.64

从算例分析中可知：

1）利用负荷跟踪指标，VPP 可以很好地跟踪负荷曲线的波动，从而有效平抑火电输出功率曲线。

2）通过设置递进修正的弃风弃光约束，使前一尺度调度计划中弃风、弃光容量更多的时段在下一尺度调度计划中具有更大的弃风弃光上调裕度，有效避免可能出现的风光消纳困难的情况，以少量的弃风弃光换取 VPP 互补效果和追踪能力的最大化。

3）通过日内多时间尺度的互补调度计划，滚动修正水电和火电输出功率，能够保持VPP对负荷的良好追踪，从而保证互补系统实际的互补和平抑效果。同时，也实现了火电机组的递进调节，有效减轻了调度人员及AGC机组的调节负担。

8.4 基于变置信水平的多源互补系统多时间尺度鲁棒经济调度方法

当前应用于不确定性建模的方法主要有两类：随机规划法、鲁棒优化法。随机规划法是基于概率论的不确定性分析方法，主要包含场景分析法和机会约束规划等方法。有文献将风电描述为一系列带权重的随机场景，使用两阶段随机规划模型计算系统备用容量。应用机会约束规划建立了考虑失负荷和弃风风险的含风电场电力系统经济调度模型。采用机会约束的形式，保证正、负旋转备用在概率上能补偿风电实际输出功率的偏差。然而，随机规划法依赖于新能源概率模型，而且计算量大，计算精度和安全性也无法保证，从而导致其应用受到限制。

而鲁棒优化采用集合来描述不确定性，不依赖于不确定参数的概率分布，易于刻画，且只需考虑不确定性的最坏情况，适用于大规模计算。近年来鲁棒优化已被广泛应用于电力系统优化运行研究中：有的文献描述了常规机组的鲁棒运行轨迹以适应所有的风电场景，提出鲁棒备用调度模式和鲁棒经济调度模式。有文献提及可调度电动汽车数量和风电的不确定性，构建了含电动汽车的虚拟电厂鲁棒随机优化调度模型。针对鲁棒模型的保守度控制问题，在不确定性集合描述中引入鲁棒预算的概念，提出自适应鲁棒优化方法，引入鲁棒测度来调节含有多个不确定因素的鲁棒模型的保守度。然而当前文献多是针对日前调度计划鲁棒模型保守度的调节，而未考虑多时间尺度调度计划中鲁棒模型保守度的控制与协调问题。

基于上述分析，本节介绍基于变置信水平的互补系统多时间尺度鲁棒经济调度策略。首先，将风光水打捆成VPP，并定义负荷跟踪指标使VPP输出功率能很好地追踪负荷曲线。接着，对各时间尺度的风、光及负荷预测值进行鲁棒建模，将各时间尺度下的确定性约束转化成计及不确定性的鲁棒约束，从而建立多时间尺度鲁棒经济调度模型。同时，设置随时间尺度减小而具有递增置信水平的鲁棒测度，逐级增加调度计划的保守度，以反映随调度时刻临近系统对不确定性因素最坏情况容忍度的降低，并提出各时间尺度鲁棒测度选取原则。通过算例证明该策略可有效降低风、光及负荷预测不确定性的影响，有效减少机组的频繁启停、缓解调度压力、减少弃风水平和切负荷水平，实现安全、经济与环保性的平衡。

8.4.1 基于变置信水平的鲁棒约束条件

(1) 基于变置信水平的鲁棒测度。采用多面体集合来表述系统中可再生能源输出功率和负荷需求的不确定性。设定 $\tilde{u}_{ij}$ 是第 i 个不确定因素在约束 j 上的参量，$i\in I_j$，$j\in J$，J 为不确定性约束条件的集合，I_j 为第 j 个不确定性约束上不确定因素的集合，个数为 M。u_{ij} 为参量的标称值，$\hat{u}_{ij}$ 为扰动量（通常为正值）。不确定性集合需遵循如下约束

$$\tilde{u}_{ij}=u_{ij}+\eta_{ij}\hat{u}_{ij} \tag{8.22}$$

$$\tilde{u}_{ij}\in[u_{ij}-\hat{u}_{ij},\ u_{ij}+\hat{u}_{ij}] \tag{8.23}$$

$$\Omega_j=\{\eta\mid\|\eta_{ij}\|_1\leqslant\Gamma_j\}=\left\{\eta\left|\sum_{i\in I_j}|\eta_{ij}|\leqslant\Gamma_j\right.\right\} \tag{8.24}$$

式中：$\Omega_j=\Pi_{i\in I_j}\Omega_i$ 为 η_{ij} 的多面体集合；η_{ij} 为不确定系数，$\eta_{ij}\in[-1,\ 1]$ 对称分布；$\Gamma\in[0,\ M]$ 为鲁棒测度，用以调节所有不确定因素可达到的最坏情况，即每个不确定性约束的保守度水平，Γ 越大则解越保守，调度计划安全性越高而经济性越差。当 $\Gamma=0$ 时，表明未计及不确定性的影响，模型退化为传统的确定性经济调度模型，而 $\Gamma=M$ 则表明在调度过程中考虑了所有可

能的最恶劣情况，此时的调度结果最保守。

于是，系统鲁棒模型可以表示为

$$\begin{cases}\min\limits_{x} f(x) \\ \text{s.t. } \boldsymbol{a}_j^{\mathrm{T}} x \geqslant \sum\limits_{i\in I_j} \tilde{u}_{ij} \\ P_{\min} \leqslant x \leqslant P_{\max}\end{cases} \tag{8.25}$$

式中：$f(x)$ 为调度模型目标函数；x 为决策变量，系统内所有可调度能源的输出功率；$P_{\min}$ 和 $P_{\max}$ 分别为各能源输出功率下、上限；a_j^{T} 为第 j 个约束上 x 的系数矩阵。

采用对偶锥的性质转换内层规划模型，则式（8.25）可化为

$$\begin{cases}\min\limits_{x,\ \xi} f(x) \\ \text{s.t. } \boldsymbol{a}_j^{\mathrm{T}} x - \begin{Bmatrix}\min\limits_{z} z_j \Gamma_j \\ \text{s.t. } z_j \geqslant \max \tilde{u}_{ij}\end{Bmatrix} \geqslant \sum\limits_{i\in I_j} u_{ij} \\ P_{\min} \leqslant x \leqslant P_{\max}\end{cases} \tag{8.26}$$

于是，鲁棒优化问题转换为确定性优化问题，可通过对鲁棒测度 Γ 值的调节来获取经济性与安全性最优平衡的鲁棒解（x，z）。

进一步分析不确定性约束的越限概率，第 j 个不确定性约束越限的概率应满足

$$Pr\Big(\sum_i \tilde{a}_{ij} x_j^* > b_j\Big) \leqslant Pr\Big(\sum_{i\in I_j} \gamma_{ij}\eta_{ij} > \Gamma_j\Big) \tag{8.27}$$

根据马尔科夫不等式，当 $\theta>0$ 时，有

$$\begin{aligned} Pr\Big(\sum_{i\in I_j} \gamma_{ij}\eta_{ij} \geqslant \Gamma_j\Big) &\leqslant \frac{E\left[\exp\left(\theta \sum_{i\in I_j} \gamma_{ij}\eta_{ij}\right)\right]}{\exp(\theta\Gamma_j)} \\ &= \frac{\prod_{i\in I_j} E[\exp(\theta\gamma_{ij}\eta_{ij})]}{\exp(\theta\Gamma_j)} \\ &= \frac{\prod_{i\in I} 2\int_0^1 \sum_{k=0}^{\infty} [(\theta\gamma_{ij}\eta)^{2k}/(2k)!] \mathrm{d}F_{\eta_{ij}}(\eta)}{\exp(\theta\Gamma_j)} \\ &\leqslant \frac{\prod_{i\in I_j} \sum_{k=0}^{\infty} [(\theta\gamma_{ij})^{2k}]/(2k)!}{\exp(\theta\Gamma_j)} \leqslant \frac{\prod_{i\in I_j} (\theta^2\gamma_{ij}^2/2)}{\exp(\theta\Gamma_j)} \\ &\leqslant \exp\left(M\frac{\theta^2}{2} - \theta\Gamma_j\right) \end{aligned} \tag{8.28}$$

令 $\theta=\Gamma_j/M$，则得到

$$Pr\Big(\sum_{i\in I_j} \gamma_{ij}\eta_{ij} \geqslant \Gamma_j\Big) \leqslant \exp\left(-\frac{\Gamma_j^2}{2M}\right) \tag{8.29}$$

假设要求不确定约束至少以 $1-\varepsilon$（即以 ε 的概率越限，ε 是一个门槛值）的概率得到满足，则鲁棒测度 Γ 的取值应满足如下关系

$$\Gamma \geqslant \sqrt{-2M\ln\varepsilon} \tag{8.30}$$

（2）基于鲁棒测度的日前 24h 计划约束。约束条件主要包括两部分：①受风、光及负荷不确定因素影响的鲁棒约束；②其他传统物理约束。

1）鲁棒约束。

功率平衡约束

$$\sum_{i=1}^{N_g} U_{i.t} P_{G.i.t}^{24h} + P_{h.t}^{24h} \geqslant \widetilde{P}_{L.t}^{24h} - \widetilde{P}_{w.t}^{24h} - \widetilde{P}_{p.t}^{24h} \tag{8.31}$$

系统旋转备用约束

$$R + \sum_{i=1}^{N_g} U_{i.t} P_{\max.i} + P_{h.\max} \geqslant \widetilde{P}_{L.t}^{24h} - \widetilde{P}_{w.t}^{24h} - \widetilde{P}_{p.t}^{24h} \tag{8.32}$$

式中：风、光及负荷预测值的不确定参数已经包含了对预测值不确定性的处理，因此备用容量 R 只需考虑机组故障停运即可。

结合鲁棒不确定性集合描述式（8.22）和式（8.23），系统内风、光及负荷预测值的不确定性可表示为

$$\widetilde{P}_{w.t}^{24h} \in [P_{w.t}^{24h} - \hat{P}_{w.t}^{24h},\ P_{w.t}^{24h} + \hat{P}_{w.t}^{24h}] \tag{8.33}$$

$$\widetilde{P}_{p.t}^{24h} \in [P_{p.t}^{24h} - \hat{P}_{p.t}^{24h},\ P_{p.t}^{24h} + \hat{P}_{p.t}^{24h}] \tag{8.34}$$

$$\widetilde{P}_{L.t}^{24h} \in [P_{L.t}^{24h} - \hat{P}_{L.t}^{24h},\ P_{L.t}^{24h} + \hat{P}_{L.t}^{24h}] \tag{8.35}$$

不确定约束式（8.36）和式（8.37）中不确定性集合的鲁棒测度分别为

$$\Gamma_1 = \xi_w + \xi_p + \xi_L \quad \Gamma_1 \in [0,\ 3] \tag{8.36}$$

$$\Gamma_2 = \Gamma_1 \qquad \Gamma_2 \in [0,\ 3] \tag{8.37}$$

故 $M=3$，令不确定约束至少以 $1-\varepsilon_1$ 的概率得到满足，则

$$\Gamma_1^{24h} = \Gamma_2^{24h} \geqslant \sqrt{-6\ln\varepsilon_1} \tag{8.38}$$

根据前述转换方式，约束式（8.31）和式（8.32）可转换为

$$\sum_{i=1}^{N_g} U_{i.t} P_{G.i.t}^{24h} + P_{h.t}^{24h} - z_1 \Gamma_1^{24h} \geqslant P_{L.t}^{24h} - P_{w.t}^{24h} - P_{p.t}^{24h} \tag{8.39}$$

$$\sum_{i=1}^{N_g} U_{i.t} P_{\max.i} + P_{h.\max} - z_1 \Gamma_2^{24h} \geqslant P_{L.t}^{24h} - P_{w.t}^{24h} - P_{p.t}^{24h} + R \tag{8.40}$$

$$z_1 \geqslant \hat{P}_{w.t}^{24h},\ z_1 \geqslant \hat{P}_{p.t}^{24h},\ z_1 \geqslant \hat{P}_{L.t}^{24h} \tag{8.41}$$

2）其他约束。

机组有功输出功率约束

$$\begin{cases} 0 \leqslant P_{w.t} \leqslant P_{w.\max} \\ 0 \leqslant P_{p.t} \leqslant P_{p.\max} \\ P_{\min.h} \leqslant P_{h.t} \leqslant P_{h.\max} \\ P_{\min.i} \leqslant P_{G.i.t} \leqslant P_{\max.i} (i=1,\ 2,\ \cdots,\ N_g) \end{cases} \tag{8.42}$$

式中：$P_{w.\max}$ 为风电机组的输出功率上限；$P_{p.\max}$ 为光伏电站的输出功率上限；$P_{\min.h}$ 和 $P_{h.\max}$ 分别为水电机组的输出功率下限和输出功率上限；$P_{\min.i}$ 和 $P_{\max.i}$ 分别为火电机组 i 的输出功率下限和输出功率上限。

机组爬坡能力约束

$$\begin{cases} P_{G.i.t} - P_{G.i.t-1} \leqslant P_{u\,i} \\ P_{G.i.t-1} - P_{G.i.t} \leqslant P_{d\,i} \end{cases} \tag{8.43}$$

式中：$R_{u\,i}$、$R_{d\,i}$ 分别为火电机组 i 的爬坡速率和滑坡速率。

机组最小开停机时间约束

$$\begin{cases} (T_{i,t-1}^{on} - T_{i,\min}^{on})(U_{i.t-1} - U_{i.t}) \geqslant 0 \\ (T_{i,t-1}^{off} - T_{i,\min}^{off})(U_{i.t} - U_{i.t-1}) \geqslant 0 \end{cases} \tag{8.44}$$

式中：$T^{\text{on}}_{i,t-1}$、$T^{\text{off}}_{i,t-1}$ 分别为火电机组 i 到 $t-1$ 时刻已连续开机时间和已连续停机的时间；$T^{\text{on}}_{i,\min}$、$T^{\text{off}}_{i,\min}$ 分别为火电机组 i 的最小连续开机时间、停机时间。

弃风、弃光约束

$$\begin{cases}\sum_{t=1}^{T} P_{\mathrm{w}.t} \geqslant (1-\delta_1)\sum_{t=1}^{T}\overline{P}_{\mathrm{w}.t}\\ \sum_{t=1}^{T} P_{\mathrm{p}.t} \geqslant (1-\delta_2)\sum_{t=1}^{T}\overline{P}_{\mathrm{p}.t}\end{cases} \tag{8.45}$$

式中：δ_1、δ_2 分别为允许的最大弃风率和最大弃光率；$\overline{P}_{\mathrm{w}.t}$ 和$\overline{P}_{\mathrm{p}.t}$ 分别为 t 时刻最大风电和光伏可用输出功率。

（3）基于鲁棒测度的 4h 计划约束。同日前 24h 计划一样，该时间尺度调度计划约束条件分为鲁棒约束和传统物理约束两部分，鲁棒约束如下。

令鲁棒至少以 $1-\varepsilon_2$ 的概率得到满足，则

$$\Gamma_1^{4\mathrm{h}} = \Gamma_2^{4\mathrm{h}} \geqslant \sqrt{-6\ln\varepsilon_2} \tag{8.46}$$

系统功率平衡约束

$$\sum_{i=1}^{N_{\mathrm{g}}} U_{i.t} P^{4\mathrm{h}}_{\mathrm{G}.i.t} + P^{4\mathrm{h}}_{\mathrm{h}.t} - z_2\Gamma_1^{4\mathrm{h}} \geqslant P^{4\mathrm{h}}_{\mathrm{L}.t} - P^{4\mathrm{h}}_{\mathrm{w}.t} - P^{4\mathrm{h}}_{\mathrm{p}.t} \tag{8.47}$$

旋转备用约束

$$\sum_{i=1}^{N_{\mathrm{g}}} U_{i.t} P_{\max.i} + P_{\mathrm{h}.\max} - z_2\Gamma_2^{4\mathrm{h}} \geqslant \widetilde{P}^{4\mathrm{h}}_{\mathrm{L}.t} - \widetilde{P}^{4\mathrm{h}}_{\mathrm{w}.t} - \widetilde{P}^{4\mathrm{h}}_{\mathrm{p}.t} + R \tag{8.48}$$

$$z_2 \geqslant \hat{P}^{4\mathrm{h}}_{\mathrm{w}.t},\ z_2 \geqslant \hat{P}^{4\mathrm{h}}_{\mathrm{p}.t},\ z_2 \geqslant \hat{P}^{4\mathrm{h}}_{\mathrm{L}.t} \tag{8.49}$$

除机组最小开停机时间约束以外，其余约束与日前 24h 计划类似。只有启停时间小于 4h 的机组才参与启停，即

$$\begin{cases}0 < T_{\mathrm{start},i} < 4\mathrm{h}\\ 0 < T_{\mathrm{stop},i} < 4\mathrm{h}\end{cases} \tag{8.50}$$

式中：$T_{\mathrm{start}.i}$ 和 $T_{\mathrm{stop}.i}$ 分别为机组 i 的启停时间。

（4）基于鲁棒测度的实时 15min 计划约束。实时 15min 计划的约束条件仍分为两部分，其传统物理约束与日前 24h 计划一样，不再赘述，鲁棒约束如下。

令鲁棒约束至少以 $1-\varepsilon_3$ 的概率得到满足，则

$$\Gamma_1^{15\mathrm{m}} = \Gamma_2^{15\mathrm{m}} \geqslant \sqrt{-6\ln\varepsilon_3} \tag{8.51}$$

系统功率平衡约束

$$\sum_{i=1}^{N_{\mathrm{g}}} U_{i,t} P^{15\mathrm{m}}_{\mathrm{G}.i.t} + P^{15\mathrm{m}}_{\mathrm{h}.t} - z_3\Gamma_1^{15\mathrm{m}} \geqslant P^{15\mathrm{m}}_{\mathrm{L}.t} - P^{15\mathrm{m}}_{\mathrm{w}.t} - P^{15\mathrm{m}}_{\mathrm{p}.t} \tag{8.52}$$

旋转备用约束

$$\sum_{i=1}^{N_{\mathrm{g}}} U_{i,t} P_{\max.i} + P_{\mathrm{h}.\max} - z_3\Gamma_2^{15\mathrm{m}} \geqslant P^{15\mathrm{m}}_{\mathrm{L}.t} - P^{15\mathrm{m}}_{\mathrm{w}.t} - P^{15\mathrm{m}}_{\mathrm{p}.t} + R \tag{8.53}$$

$$z_3 \geqslant \hat{P}^{15\mathrm{m}}_{\mathrm{w}.t},\ z_3 \geqslant \hat{P}^{15\mathrm{m}}_{\mathrm{p}.t},\ z_3 \geqslant \hat{P}^{15\mathrm{m}}_{\mathrm{L}.t} \tag{8.54}$$

8.4.2 鲁棒测度选取原则

鲁棒测度值应随时间尺度的减小而逐级增大，且日前 24h 计划的鲁棒测度值 Γ_1 不需要设置得过高。随着实际调度时刻的临近，留给系统调整的时间越少，系统对不确定因素最坏情况的容忍度越小，因此越应以满足安全性为首要目标而适当牺牲经济性。同时，由式（8.40）可知，不

确定性约束主要通过 $z_j\Gamma_j$ 项来体现其鲁棒性，而 z_j 项代表各不确定因素扰动量的最大值，即各不确定因素预测偏差量的最大值。由于各不确定因素的预测偏差量均随时间尺度的减小而减小，故时间尺度越小的调度计划要提高其保守度需要付出的经济代价越小，也就越值得增加其保守度。因此，日前24h计划的 Γ_1 值可以适当设置小一些，而在后续时间尺度调度计划中逐级提高鲁棒测度值，从而以相对较小的经济代价换取系统调度安全性的逐级提高，实现安全性与经济性的平衡。

各不确定因素的扰动量 $\hat{u}_{ij}$ 数值越接近，即预测偏差量绝对值越接近，则日前24h计划的鲁棒测度值 Γ_1 可适当增大。根据式（8.40），假设 Γ_j 均取极限值 M，$\hat{u}_{\max}=\max\hat{u}_{ij}$，则 $z_j\Gamma_j\geqslant\hat{u}_{\max}M$，若各扰动量差别较大，则 $\hat{u}_{\max}M$ 值比实际最坏情况还要大得多，模型保守度过高。若各扰动量 $\hat{u}_{ij}$ 接近，则 $\hat{u}_{\max}M$ 的值与实际最坏情况较接近。因此若各不确定因素的扰动量 $\hat{u}_{ij}$ 差别很大，则鲁棒测度的值可以适当减小，以接近实际最坏情况。

若新能源接入比例增大，则各时间尺度调度计划的鲁棒测度值均应适当增大。新能源接入比例越高，则新能源输出功率预测偏差量数值越大，出现较坏情况时系统越难以应对，系统安全性越难得到保障，故应设置较大的鲁棒测度以提高调度计划保守度，尽量保障系统安全性。

8.4.3 算例分析

为验证所提出的多时段鲁棒调度模型的有效性，选取IEEE 9节点系统进行验证。火电厂、水电站、风电场及光伏电站依次接入1、2、3、5号节点。火电厂含10台火电机组，机组参数见表8.5。水电站、风电场及光伏电站的装机容量分别为500MW、1000MW和550MW。图8.13为某地区电网某夏季典型日上报的各时间尺度下负荷、风电及光伏功率预测曲线。令各时间尺度计划下约束的越限概率 ε 随时间尺度的减小而等幅增加，取越限概率向量为 $\boldsymbol{\varepsilon}=(0.7, 0.6, 0.5)$，则其对应的鲁棒测度向量为 $\boldsymbol{\Gamma}=(1.46, 1.75, 2.04)$。风、光及负荷各时间尺度的预测偏差量可根据不同预测方式的预测精度情况进行选取和调整。风电的短期、超短期及实时预测值偏差量 $\hat{P}^{24h}_{w,t}$、$\hat{P}^{4h}_{w,t}$、$\hat{P}^{15m}_{w,t}$ 分别取为 $0.3\hat{P}^{24h}_{w,t}$、$0.15\hat{P}^{4h}_{w,t}$、$0.05\hat{P}^{15m}_{w,t}$，即风电输出功率的预测误差水平系数向量为 $\boldsymbol{\lambda}_w=(0.3, 0.15, 0.05)$。光伏输出功率的预测误差水平系数向量 $\boldsymbol{\lambda}_p=(0.18, 0.12, 0.03)$，负荷预测的误差水平系数向量 $\boldsymbol{\lambda}_L=(0.05, 0.02, 0.005)$，使用CPLEX V12.6.2求解。

表8.5　火电机组参数

参数	Unit 1	Unit 2	Unit 3	Unit 4	Unit 5
$P_{\max}$(MW)	455	455	130	130	162
$P_{\min}$(MW)	150	150	20	20	25
c（美元/h）	1000	970	700	680	450
b（美元/MWh）	16.19	17.26	16.60	16.50	19.70
a(美元/MW^{2}h)	0.00048	0.00031	0.002	0.00211	0.00398
最小开机时间（h）	8	8	5	5	6
最小停机时间（h）	8	8	5	5	6
热启动成本（美元）	4500	5000	550	560	900
冷启动成本（美元）	9000	10000	1100	1120	1800
冷启动时间（h）	5	5	4	4	4
初始状态（h）	8	8	−5	−5	−6
单位调整成本（美元/MWh）	18.57	19.533	22.245	22.005	23.122

续表

参数	Unit 6	Unit 7	Unit 8	Unit 9	Unit 10
P_{max}(MW)	80	85	55	55	55
P_{min}(MW)	20	25	10	10	10
c(美元/h)	370	480	660	665	670
b(美元/MWh)	22.26	27.74	25.92	27.27	27.79
a(美元/MW^{2}h)	0.00712	0.00079	0.00413	0.00222	0.00173
最小开机时间（h）	3	3	1	1	1
最小停机时间（h）	3	3	1	1	1
热启动成本（美元）	170	260	30	30	30
冷启动成本（美元）	340	520	60	60	60
冷启动时间（h）	2	2	0	0	0
初始状态（h）	−3	−3	−1	−1	−1
单位调整成本（美元/MWh）	27.455	34.059	38.147	40.582	40.067

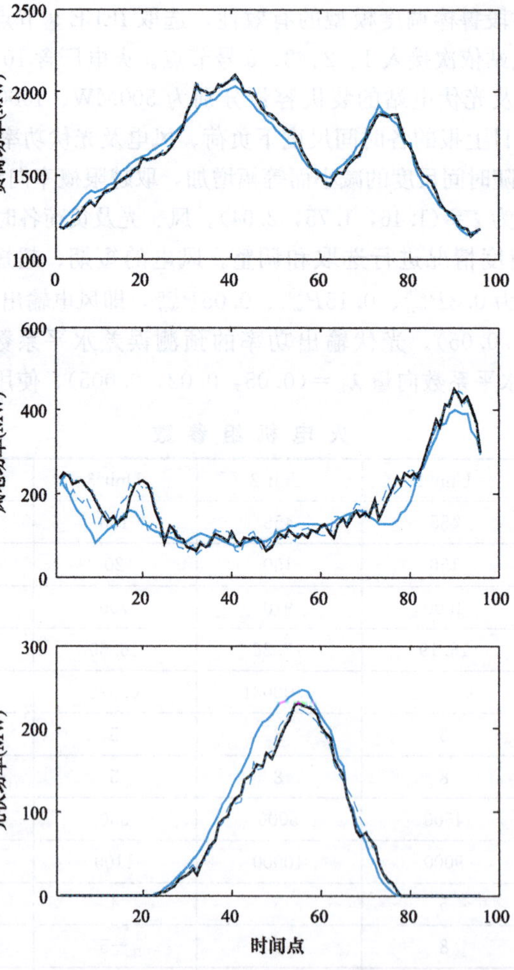

图 8.13　各时间尺度下负荷、风电及光伏功率预测曲线

(1) 机组组合状态比较。首先，将 34～39 时段内本节所提出的鲁棒多时段调度模型与传统多时段调度模型在各时间尺度调度计划中的机组组合状态进行比较，如图 8.14 所示。为了便于说明，此处只展示了在该时段内两种调度计划中有差异的机组。可以看出，虽然鲁棒多时段调度模型在日前 24h 调度计划中较传统模型会调用更多的机组，但在日内 4h 调度计划中，鲁棒多时间尺度调度模型并无机组组合状态的调整，而传统多时间尺度调度模型中 8～10 号机组均发生了组合状态的调整，调整量较大。而在实时 15min 计划中，两种调度方式均无机组组合状态的变化。

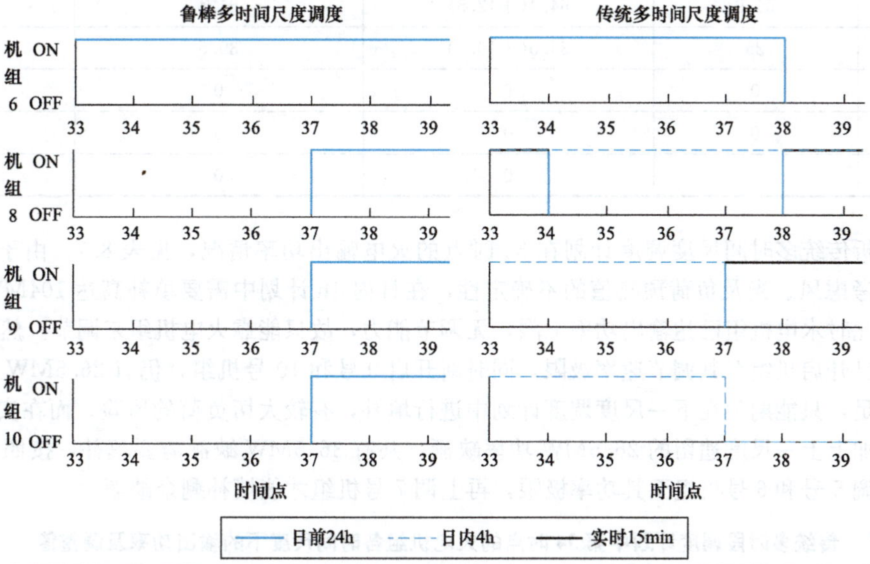

图 8.14 鲁棒多时段调度与传统多时段调度机组组合状态比较（34～39 时间点之间）

为进一步分析不同时间尺度计划下火电机组的调节情况，选取第 34 个时点进行具体分析。该时点的风、光及负荷日内 4h 超短期预测值较日前 24h 短期预测值的偏差量分别为－33.60%、－32.60%、2.56%，而实时 15min 预测值相较于日内 4h 超短期预测值的偏差量分别为 8.43%、12.90%、1.06%。

首先分析本节所提出的多时段鲁棒调度模型下各机组输出功率调节情况，见表 8.6。尽管风电、光伏日内超短期预测值相对于日前短期预测值大幅减小，同时负荷预测值相对增大，造成较大功率缺额，但日前 24h 计划中已较充分地考虑了多个不确定量的波动，预留了足够的备用，因此要满足鲁棒测度 Γ_2 水平下的功率平衡，只需填补 23MW 的功率缺额即可。由于此时水电输出功率已达其上限，故需按已确定的机组开机优先权上调已开启机组中最经济的 6 号机组至其调节速率极限填补 12.5MW，剩余 10.5MW 功率缺额则由 7 号机组上调输出功率满足。而在实时 15min 计划中，水火合输出功率要减小 29MW 才能满足鲁棒测度 Γ_3 水平下的功率平衡，仅通过下调水电出力即可达到要求，故此时间尺度计划下火电机组输出功率不发生变动。

表 8.6 鲁棒调度计划中第 34 时点的火电机组各时间尺度下的输出功率及调整值

机组编号	日前 24h 计划 (MW)	日内 4h 滚动计划（调整量）(MW)	实时 15min 计划（调整量）(MW)	爬坡速率 (MW/h)
1	455	455	455	130
2	455	455	455	130

续表

机组编号	日前 24h 计划（MW）	日内 4h 滚动计划（调整量）（MW）	实时 15min 计划（调整量）（MW）	爬坡速率（MW/h）
3	130	130	130	60
4	130	130	130	60
5	162	162	162	90
6	51.9	64.4(+12.5)	64.4	50
7	25	35.5(+10.5)	35.5	50
8	0	0	0	40
9	0	0	0	40
10	0	0	0	40

再分析传统多时间尺度调度计划在 34 时点的火电输出功率情况，见表 8.7。由于日前 24h 计划中未考虑风、光及负荷预测值的不确定性，在日内 4h 计划中需要填补高达 104MW 的功率缺额，而此时水电机组已达输出功率上限，无调节能力，故只能靠火电机组来调节。然而，即使上调所有已开启机组至其调节速率极限，同时新开启 9 号和 10 号机组，仍有 26.5MW 的功率缺额无法满足，只能期望在下一尺度调度计划中进行填补，有较大切负荷的风险。而在实时 15min 计划中，加上上一尺度遗留的 26.5MW 功率缺额，共有 36.5MW 缺额需要填补，按照优先权顺序首先上调 5 号和 6 号机组至其功率极限，再上调 7 号机组才能填补剩余缺额。

表 8.7　传统多时段调度计划中第 34 时点的火电机组各时间尺度下的输出功率及调整值

机组编号	日前 24h 计划（MW）	日内 4h 滚动计划（调整量）（MW）	实时 15min 计划（调整量）（MW）	爬坡速率（MW/h）
1	455	455	455	130
2	455	455	455	130
3	130	130	130	60
4	130	130	130	60
5	42.84	65.34(+22.5)	87.84(+22.5)	90
6	20	32.5(+12.5)	45(+12.5)	50
7	25	37.5(+12.5)	39(+1.5)	50
8	10	20(+10)	20	40
9	0	10(+10)	10	40
10	0	10(+10)	10	40

对比分析两种调度方式下的各火电机组输出功率调整情况可知，两种调度方式都实现了递进调节，日内计划的调整量较大，实时计划的调整量较小。然而，由于在不同时间尺度调度计划中计及了风、光及负荷预测值的不确定性，鲁棒多时段调度方式下火电机组的输出功率调整动作要少得多，且切负荷的风险较小。而传统多时段调度方式下火电机组调节频繁，且在预测误差较大时，存在较大的切负荷风险。

（2）指标比较。为了进一步分析本节所提出的多时段鲁棒调度模型的优越性，将其与另外三种调度模型进行各项调度结果指标的对比研究。多时段鲁棒调度模型：即本节所提出的调度模型，鲁棒测度向量为Γ=(1.46，1.75，2.04)。

模型1：传统多时段调度模型，除约束均为确定性约束以外，整个调度模型的实施流程与本节所提出的多时段鲁棒调度模型完全一致。

模型2：日前单时段鲁棒调度模型（Γ=1.46），仅采用本节所提出的日前24h的鲁棒调度模型，且鲁棒测度Γ与多时段鲁棒调度模型日前计划阶段的Γ_1值相同，为1.46。

模型3：日前单时段鲁棒调度模型（Γ=2.04），仅采用本节所提出的日前24h的鲁棒调度模型，但鲁棒测度Γ为2.04，大于多时段鲁棒调度模型日前计划阶段的Γ_1值。

各调度模式下的调度结果见表8.8，其中调整费用指后续调整所需的启停机费用和燃料费用。可以看出，由于模型1日前24h计划的发电费用较少，故其总运行费用较少，但其另外三个指标明显比多时段鲁棒调度模型更差，尤其是切负荷容量和调整费用，说明传统多时段调度模型较本节所提出的多时段鲁棒调度模型安全性更差，调度压力也更大。

表8.8　各调度模型调度结果比较

模型	切负荷容量（MWh/日）	弃风容量（MWh/日）	日前计划发电费用（万美元/日）	调整费用（万美元/日）	总运行费用（万美元/日）
多时段鲁棒调度模型	0	6.25	62.19	1.17	63.36
模型1	34.47	9.82	59.32	2.04	61.36
模型2	19.38	313.52	62.19	1.12	63.31
模型3	0	593.03	65.27	1.26	66.53

对于模型2，由于其鲁棒测度值Γ与本节所提出的多时段鲁棒调度模型日前24h计划的鲁棒测度值Γ_1相同，即日前计划阶段保守度相同，故模型2的日前计划发电费用与多时段鲁棒调度模型的相同，总运行费用也接近，但由于缺乏后续跟踪调整，模型2出现了切负荷的情况，说明对于日前单时段鲁棒调度模型来说，该鲁棒测度值过低，不能够满足系统安全性的要求。同时，模型2的弃风容量也远大于多时段鲁棒调度模型。模型3也是日前单时段鲁棒调度模型，但其鲁棒测度值比模型2的更大，保守度更高，尽管满足了系统安全性的要求，无切负荷情况，但其发电费用与弃风容量过大，经济性和环保性太差。通过与模型2和3的对比可以看出，相比于日前单时段鲁棒调度模型，本节所提出的多时段鲁棒调度模型能以更小的日前计划阶段的保守度，即以更小的经济代价满足系统安全性的要求，且能更好地消纳新能源。

综合来看，本节所提出的多时段鲁棒调度模型较好地实现了安全性、经济性及环保性的平衡，较其他调度模型更优。

(3) 鲁棒测度向量的影响。选取不同的越限概率递减向量，得到不同的鲁棒测度递增向量，对应的一天内96个时段的日前计划发电费用、调整费用、总运行费用、切负荷容量及弃风容量指标比较见表8.9，由于负荷低谷时段通常出现在深夜，故弃光容量均为0，表中不予展示。

不同时间尺度调度计划鲁棒测度的大小反映了当前时间尺度调度计划的保守程度，随着调度时刻的临近，留给系统调整的时间越来越少，即系统对不确定性因素最坏情况的容忍度会逐步降低。因此，设置递增的鲁棒测度向量，可以逐步提高调度计划的保守度，同时由于时间尺度越小的调度计划提高其保守度所需付出的经济代价越小，故此举可以以较小的经济代价实现安全性的提升。

分析可知，Γ_1主要奠定机组基本输出功率运行点的参考值，对调度计划总体保守度的影响最大，故Γ_1的增加主要引起切负荷容量的明显减小和日前计划发电费用的增加。Γ_2的增加反映了日内计划保守度的提升，分析2～4号组合可知，Γ_2的增加会引起切负荷容量的降低，同时也会适当影响调整费用。分析1～3号或6～8号组合可知，Γ_3也会略微影响切负荷容量和调整费用，但影响不大。

表8.9　同鲁棒测度向量条件下调度结果比较

编号	Γ_1 (ε_1)	Γ_2 (ε_2)	Γ_3 (ε_3)	日前发电费用（万美元/日）	调整费用（万美元/日）	总运行费用（万美元/日）	切负荷容量（MWh/日）	弃风容量（MWh/日）
1	1.16(0.8)	1.46(0.7)	1.75(0.6)	60.74	1.02	61.76	21.45	0
2	1.16(0.8)	1.46(0.7)	2.34(0.4)	60.74	1.03	61.77	21.25	0
3	1.16(0.8)	1.46(0.7)	2.69(0.4)	60.74	1.05	61.79	21.07	0
4	1.16(0.8)	1.75(0.6)	2.34(0.4)	60.74	1.13	61.87	19.43	6.25
5	1.16(0.8)	2.04(0.5)	2.34(0.4)	60.74	1.20	61.94	17.75	6.25
6	1.46(0.7)	1.75(0.6)	2.04(0.5)	62.19	1.17	63.36	0	6.25
7	1.46(0.7)	1.75(0.6)	2.69(0.3)	62.19	1.19	63.38	0	6.25
8	1.46(0.7)	1.75(0.6)	3.00(0.2)	62.19	1.22	63.41	0	6.25
9	1.46(0.7)	2.04(0.5)	2.69(0.3)	62.19	1.33	63.52	0	6.25
10	1.46(0.7)	2.34(0.4)	2.69(0.3)	62.30	1.47	63.77	0	6.25
11	1.75(0.6)	2.04(0.5)	2.34(0.4)	63.85	1.73	65.58	0	40.50

（4）风、光及负荷预测偏差水平的影响分析。进一步分析风、光及负荷预测偏差水平对多时间尺度鲁棒调度模型调度结果的影响，见表8.10。在算例所给风、光及负荷预测偏差水平的基础上，分别固定其中两项，而改变另一项的预测误差水平向量，表8.10中第一列显示了发生改变的不确定因素的预测误差水平向量。各时间尺度鲁棒测度与算例所给条件相同，即鲁棒测度向量均为$\boldsymbol{L}=(1.46, 1.75, 2.04)$。

表8.10　不同风、光及负荷预测偏差向量条件下调度结果比较

预测偏差量水平	切负荷容量（MWh/日）	弃风容量（MWh/日）	日前计划发电费用（万美元/日）	调整费用（万美元/日）	总运行费用（万美元/日）
风：(0.35，0.18，0.06)	0	32.5	62.50	1.35	63.85
风：(0.2，0.1，0.034)	0	6.25	61.89	0.87	62.76
光：(0.25，0.17，0.04)	0	6.25	62.19	1.17	63.36
光：(0.12，0.08，0.02)	0	6.25	62.19	1.17	63.36
负荷：(0.06，0.025，0.006)	0	6.25	63.47	1.01	64.48
负荷：(0.03，0.013，0.003)	15.35	6.25	59.86	1.19	61.05

分析表8.10可知，不确定因素预测偏差水平的变化会对调度结果产生一定的影响，其中，负荷预测水平的变化影响最大，而光伏输出功率预测偏差水平的变化几乎没有影响，主要是因为负荷预测偏差量的绝对值远大于光伏预测偏差量的绝对值，根据式（8-26）中$z_j \geqslant \max \hat{u}_{ij}$，故$Z_j$的值主要由负荷预测偏差量的大小来决定。然而，不管各不确定因素预测偏差水平怎样变化，可以看出其调度结果较前述模型1（传统多时间尺度调度模型）和模型2（日前鲁棒调度模型）仍有明显优势，说明了本节所提出的多时间尺度鲁棒调度模型的有效性。

本节建立的基于变置信水平的多源互补系统多时间尺度鲁棒经济调度策略具有如下特点：

1）对不同时间尺度调度计划下的风、光及负荷预测值进行不确定性鲁棒建模，引入鲁棒测度可较准确地描述不确定量的不确定性，并可有效控制模型的保守度。

2）随时间尺度的减小，设置置信水平逐级提高的鲁棒测度，反映了随调度时刻临近，系统对不确定最坏情况的容忍度的降低以及对安全性重视程度的提升。

3）由于时间尺度越小的调度计划要提高其保守度需付出的经济代价越小，因此随时间尺度减小而逐级增加的鲁棒测度值可以使调度计划以较小的经济代价换取较大的安全保障，实现安全性与经济性的平衡。

8.5 基于最优不确定集的鲁棒经济调度方法

目前，对鲁棒调度的不确定集优化问题的研究较少。在分析不确定集的大小对鲁棒调度的影响的基础上，上节提出了满足一定置信水平的不确定集选取方法，使得调度人员可以根据风险偏好来控制鲁棒调度策略的保守度，但它强调的是调度的灵活性，并没有得出一个使得经济性和鲁棒性两方面综合最优的不确定集（或者说最优保守度）。可见，目前仍没有很好地解决鲁棒调度的经济性和鲁棒性的冲突问题。针对该问题，本节计算弃风和切负荷的风险成本将调度方案的鲁棒性转化为经济指标，从而构建了以综合成本（发电成本与风险成本之和）最小为目标的不确定集优化模型，并提出一种双层优化算法进行求解。

8.5.1 基于线性区间的鲁棒调度模型

8.5.1.1 建立模型

考虑 G 台火电机组数和 W 个风电场，周期为 T。某一置信概率下，各风电场输出功率 $p_{w,t}$ 和风电总输出功率 P_t^{Σ} 满足

$$p_{w,t} \in [\underline{p_{w,t}}, \overline{p_{w,t}}] \tag{8.55}$$

$$P_t^{\Sigma} \in [\underline{P_t^{\Sigma}}, \overline{P_t^{\Sigma}}] \tag{8.56}$$

式中：$\underline{p_{w,t}}$ 和 $\overline{p_{w,t}}$ 分别为风电场 w 在时段 t 的不确定集的下限和上限；$\underline{P_t^{\Sigma}}$ 和 $\overline{P_t^{\Sigma}}$ 分别为风电总输出功率在时段 t 的不确定集的下限和上限。

（1）目标函数。考虑火电机组的可变运行成本作为目标函数，如式（8.57）所示。发电成本 $F(g, t)$ 采用式（8.58）所示的二次曲线，系数 a_g、b_g、c_g 通过实际运行或实验获得，$p(g, t)$ 为火电机组 g 在时段 t 的输出功率

$$\min: f_1 = \sum_{g=1}^{G}\sum_{t=1}^{T} F_g(t) \tag{8.57}$$

$$F_g(t) = a_g p_g^2(t) + b_g p_g(t) + c_g \tag{8.58}$$

（2）约束方程。调度模型可以表示为一个含区间数的大规模非线性优化问题。式（8.59）为有功平衡约束，$D(t)$ 为时段 t 的负荷；式（8.60）为上下限约束，$p_g^{\min}$ 和 $p_g^{\max}$ 分别为火电机组 g 的输出功率下限和输出功率上限；式（8.61）为爬坡速度约束，r_g^{d} 和 r_g^{u} 分别为火电机组 g 的向下和向上爬坡速度，t_0 为调度时间间隔；式（8.62）为线路传输约束，γ_{g-l}、γ_{d-l}、γ_{w-l} 分别为火电机组 g、负荷 d、风电场 w 在线路 l 上的功率分布因子，$P_{\mathrm{limit}}(l)$ 为线路 l 的最大传输功率

$$\sum_{g=1}^{G} p_g(t) + [\underline{P_t^{\Sigma}}, \overline{P_t^{\Sigma}}] = D(t) \quad t = 1, 2, \cdots, T \tag{8.59}$$

$$p_g^{\min} \leqslant p_g(t) \leqslant p_g^{\max} \quad (g = 1, 2, \cdots, G;\ t = 1, 2, \cdots, T) \tag{8.60}$$

$$-r_g^{\mathrm{d}} \times t_0 \leqslant p_g(t) - p_g(t-1) \leqslant r_g^{\mathrm{u}} \times t_0 \quad (g = 1, 2, \cdots, G;\ t = 2, 3, \cdots, T) \tag{8.61}$$

$$\left| \sum_{g=1}^{G} \gamma_{g-l} p_g(t) - \sum_{d=1}^{D} \gamma_{d-l} D_d(t) + \sum_{w=1}^{W} \gamma_{w-l} [\underline{p_{w,t}}, \overline{p_{w,t}}] \right| \leqslant P_{\mathrm{limit}}(l)$$
$$(l = 1, 2, \cdots, L;\ t = 1, 2, \cdots, T) \tag{8.62}$$

8.5.1.2 消去区间变量

(1) 含区间变量的约束方程包括功率平衡约束和线路潮流约束。在功率平衡约束方面，有功平衡只与风电总输出功率有关（无需考虑各自风电场的输出功率），因此该约束只需考虑风电总输出功率的不确定集即可。风电总输出功率的不确定集上限为最大场景 s_1，风电总输出功率的不确定集下限为最小场景 s_2，则有功平衡约束简化为无区间数的形式如下

$$\sum_{g=1}^{G} p_g(t)+P_{t0}^{\Sigma}=D(t) \quad t=1,2,\cdots,T \tag{8.63}$$

$$\sum_{g=1}^{G} p_g^{(s_1)}(t)+\underline{P_t^{\Sigma}}=D(t) \quad t=1,2,\cdots,T \tag{8.64}$$

$$\sum_{g=1}^{G} p_g^{(s_2)}(t)+\overline{P_t^{\Sigma}}=D(t) \quad t=1,2,\cdots,T \tag{8.65}$$

(2) 与功率平衡约束的处理方法不同，首先在线路潮流约束中直接给定区间变量的上下限，即认为风电的波动范围为零到最大技术输出功率 $p_w^{\max}$，此时置信概率为 1，这样能保证线路潮流的绝对安全性（即使发生小概率的极端波动情况线路潮流也满足要求），则线路潮流约束改写为式（8.66）所示，其中 $P_D=\sum_{d=1}^{D}\gamma_{d-l}D_d(t)$。

$$-\sum_{w=1}^{W}\gamma_{w-l}[0,\ p_w^{\max}]+P_D-P_{\text{limit}}(l)\leqslant\sum_{g=1}^{G}\gamma_{g-l}p_g(t)\leqslant P_{\text{limit}}(l)+P_D-\sum_{w=1}^{W}\gamma_{w-l}[0,\ p_w^{\max}] \tag{8.66}$$

其次，风电输出功率在 $[0,\ p_w^{\max}]$ 内波动，则风电对线路潮流的贡献 $\sum_{w=1}^{W}\gamma_{w-l}[0,\ p_w^{\max}]$ 必然也在某个区间 $[\underline{A},\ \overline{A}]$ 内波动，当电网网架结构不变时，$\underline{A}$ 和 $\overline{A}$ 是可以获得的定值；最后，通过对潮流约束进行放缩消去了区间 $[\underline{A},\overline{A}]$，原潮流约束变成了与 $\underline{A}$、$\overline{A}$ 相关的无区间变量的不等式约束，如式（8.67）所示。

$$-\underline{A}+P_D-P_{\text{limit}}(l)\leqslant\sum_{g=1}^{G}\gamma_{g-l}p_g(t)\leqslant P_{\text{limit}}(l)+P_D-\overline{A} \tag{8.67}$$

(3) 添加场景束约束。简化后的有功平衡约束涉及 s_0，s_1，s_2 三个场景，场景之间的过渡受到了机组调节速率的限制。式（8.68）为预测场景与最小场景的过渡约束，式（8.69）为预测场景与最大场景的过渡约束。其中 t_0 为调整时间，即要求可控机组在 t_0 内完成输出功率调整。

$$-r_g^{\text{d}}\times t_0\leqslant p_g(t)-p_g^{(s1)}(t)\leqslant r_g^{\text{u}}\times t_0 \quad g=1,2,\cdots,G;\ t=1,2,\cdots,T \tag{8.68}$$

$$-r_g^{\text{d}}\times t_0\leqslant p_g(t)-p_g^{(s2)}(t)\leqslant r_g^{\text{u}}\times t_0 \quad g=1,2,\cdots,G;\ t=1,2,\cdots,T \tag{8.69}$$

8.5.2 不确定集优化模型

8.5.2.1 问题描述

为寻找经济性和鲁棒性的平衡点，根据风电预测的概率密度分布函数计算弃风和切负荷的风险成本，从而将鲁棒性转化为经济指标，进一步优化出使得综合成本（发电成本与风险成本之和）最小的不确定集，即为最优不确定集。

为保证线路运行的绝对安全性，线路潮流约束中的不确定集固定为 $[0,\ p_w^{\max}]$，无需进行优化。关键在于优化功率平衡约束中的不确定集变量。将 Y_t 定义如下

$$Y_t=P_0^{\Sigma}(t)[1-u(t)],\ P_0^{\Sigma}(t)[1+v(t)] \tag{8.70}$$

式中：$P_0^{\Sigma}(t)$ 为时段 t 时风电总输出功率的预测值；$u(t)$ 和 $v(t)$ 分别为风电的向下波动比例和向上波动比例。

图 8.15 中的实线为风电总输出功率的预测曲线，虚线包含的区域为不确定集 Y_t。鲁棒调度能适应 Y_t 内的风电波动，当风电输出功率超出 Y_t 时，将可能产生弃风或者切负荷。然而，适当的弃风或者切负荷能使综合成本达到最优。不确定集的优化本质上是寻找最优的“鲁棒边界”。

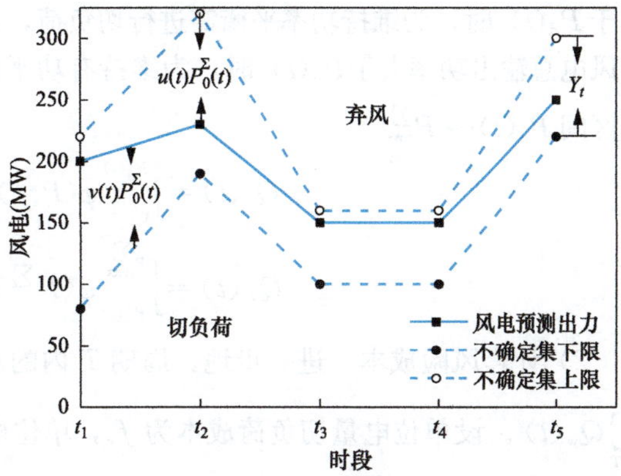

图 8.15　风电总输出功率的预测曲线及其不确定集

8.5.2.2　不确定集优化模型

根据风电总输出功率的预测值和概率密度分布函数建立不确定集优化模型，如下所示。

（1）控制变量。由式（8.70）对 Y_t 的定义，考虑如下的控制变量 X

$$\boldsymbol{X}=\{u(1),\ v(1),\ \cdots,\ u(t),\ v(t),\ \cdots,\ u(T),\ v(T)\} \tag{8.71}$$

（2）目标函数。目标函数为综合成本最小为

$$\min f=f_1+f_2 \tag{8.72}$$

式中：f_1 为预测场景下的发电成本，如式（8.72）所示，当风功率满足以预测值为中心的对称分布（比如正态分布）时，f_1 可近似等于各场景下成本的期望值；f_2 为应对风电输出功率波动时产生的风险成本期望值，当风电向上波动较大时，火电机组的下调容量不足，此时风险成本为弃风成本，反之为切负荷成本；因此，f_1 和 f_2 相加为调度方案总的期望成本，即综合成本。

介绍一种计算风险成本 f_2 的方法，以时段 t 为例进行介绍。

1）计算功率缺额。当风电输出功率波动时，电网出现有功不平衡，火电机组需要在 t_0 内完成输出功率调整，使电网恢复功率平衡。火电机组的输出功率调整受到上下限和爬坡率的双重限制，火电的下调容量 $P_{\mathrm{d}}(t)$ 和上调容量 $P_{\mathrm{u}}(t)$ 分别根据式（8.73）和式（8.74）计算，其大小与机组的当前输出功率 $p_g(t)$ 相关。

$$P_{\mathrm{d}}(t)=\sum_{g=1}^{G}\min[r_g^{\mathrm{d}}\times t_0,\ p_g(t)-p_g^{\min}] \tag{8.73}$$

$$P_{\mathrm{u}}(t)=\sum_{g=1}^{G}\min[r_g^{\mathrm{u}}\times t_0,\ p_g^{\max}-p_g(t)] \tag{8.74}$$

根据风电总输出功率的概率密度分布函数计算功率缺额的期望值。时段 t 时，风电总输出功率的概率密度分布函数如图 8.16 所示，P_t^{Σ} 为风电的输出功率序列（取值范围为 0 到 $P_{\max}^{\Sigma}$，$P_{\max}^{\Sigma}$ 为各风电场最大技术输出功率总和），阴影部分为电网所能消纳的风电波动范围。当风电总输出功率

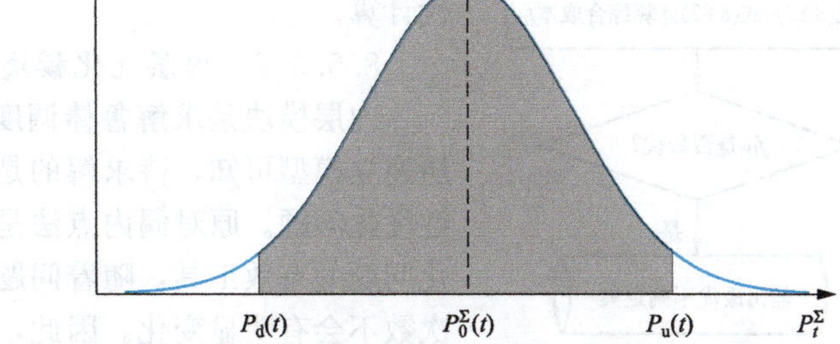

图 8.16　风电总功输出功率的概率密度分布曲线

小于 $P_d(t)$ 时，为维持功率平衡需进行切负荷，切负荷量如式（8.75）所示，积分区间 $0\sim P_d(t)$；当风电总输出功率大于 $P_u(t)$ 时，为维持有功平衡需进行弃风，弃风电量如式（8.76）所示，积分区间 $P_u(t)\sim P_{max}^{\Sigma}$。

$$Q_c(t)=\int_0^{P_d(t)}\varphi(P_t^{\Sigma})[P_d(t)-P_t^{\Sigma}]dP_t^{\Sigma} \tag{8.75}$$

$$Q_w(t)=\int_{P_u(t)}^{P_{max}^{\Sigma}}\varphi(P_t^{\Sigma})[P_t^{\Sigma}-P_u(t)]dP_t^{\Sigma} \tag{8.76}$$

2）计算风险成本。进一步地，周期 T 内的总弃风量 $Q_{c,sum}=\sum_{t\in T}Q_c(t)$，总切负荷量 $Q_{w,sum}=\sum_{t\in T}Q_w(t)$。设单位电量切负荷成本为 f_c，单位电量弃风成本为 f_w，则有

$$\begin{cases}f_c=\eta_c\times Q_{c,sum}\\ f_w=\eta_w\times Q_{w,sum}\\ f_2=f_c\times f_w\end{cases} \tag{8.77}$$

式中：η_c 为单位切负荷量的损失成本，大小与负荷类型有关；η_w 为单位弃风电量的损失成本，由于弃风量将由火电机组承担，可将 η_w 的大小估算为火电机组的平均发电成本。

3）约束方程。在优化过程中，风电总输出功率应满足上下限约束，如式（8.78）所示。

$$\begin{cases}0\leqslant P_0^{\Sigma}(t)[1-u(t)]\leqslant P_{max}^{\Sigma}\\ 0\leqslant P_0^{\Sigma}(t)[1+v(t)]\leqslant P_{max}^{\Sigma}\end{cases} \tag{8.78}$$

8.5.3 双层优化算法

8.5.3.1 优化过程

图 8.17 为求解不确定集优化模型的双层优化算法流程图。以第 k 次迭代为例，优化过程如下：

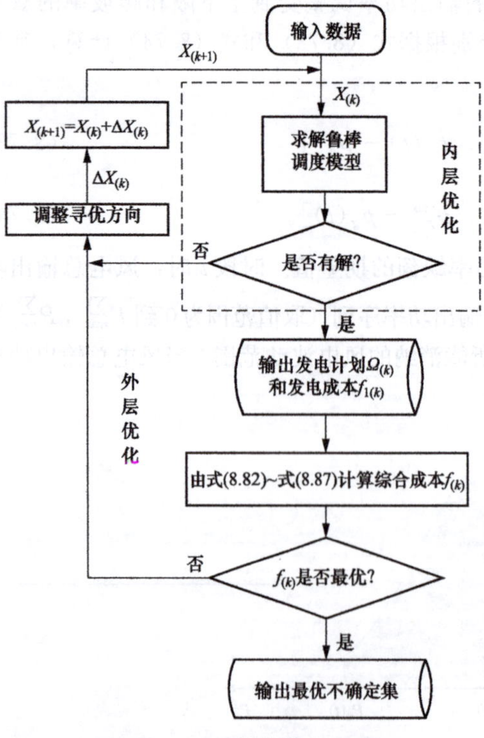

图 8.17 双层优化算法流程图

（1）输入不确定集变量 $X_{(k)}$ 到内层优化求解鲁棒调度模型，并判断内层优化是否有解，若有解则进行下一步，否则调整不确定集的大小重新计算。

（2）输出第 k 次迭代的发电计划 $\Omega_{(k)}$ 与发电成本 $f_{1(k)}$ 到外层优化过程，根据式（8.82）～式（8.87）计算出综合成本 $f_{(k)}$。

（3）判断 $f_{(k)}$ 是否达到最优。若达到最优则输出最优不确定集 $X_{(k)}$ 并终止计算，否则继续下一步。

（4）调整寻优方向 $\Delta X_{(k)}$，得出第 $k+1$ 次迭代的 $X_{(k+1)}$，并将其作为输入，进行第 $k+1$ 次迭代计算。

8.5.3.2 内层优化模块的实现

内层模块是求解鲁棒调度模型的过程。根据所建立模型可知，待求解的是一个大规模的非线性优化问题。原对偶内点法是求解大规模线性优化问题的有效工具，随着问题规模的增大，迭代次数不会有明显变化。因此，可以采用原始对偶内点算法求解内层优化问题。

8.5.3.3 外层优化模块的实现

外层模块是通过随机寻优策略求取使综合成本 f 最小的不确定集 X。目前，常用的随机寻优方法包括遗传算法和粒子群算法。传统的遗传算法中变异算子是对群体中的部分个体实施随机变异，与历史状态和当前状态无关。而粒子群算法中粒子则能保持历史状态和当前状态。标准粒子群算法通过追随个体极值和群体极值完成极值寻优，虽然操作简单，且能够快速收敛，但是随着迭代次数的不断增加，在种群收敛集中的同时，各粒子也越来越相似，可能在局部最优解周边无法跳出。本章在粒子群算法中引入遗传算法的交叉和变异操作，采用粒子群算法与遗传算法相结合的混合优化算法（GA-PSO）。该算法通过粒子同个体极值和群体极值的交叉以及自身变异的方式来搜索最优解，GA-PSO 算法流程如图 8.18 所示。

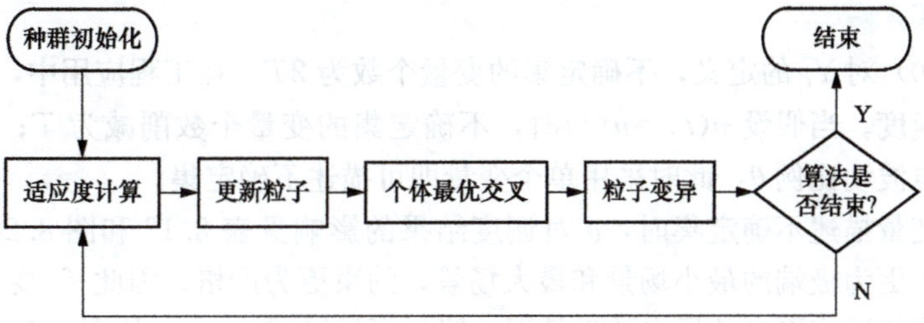

图 8.18 GA-PSO 算法流程图

8.6 算 例 分 析

8.6.1 算例描述

测试算例为 10 机 39 节点系统，全天划分为 24 个时段。火电机组参数见表 8.11，并假设全部机组在调度周期内均为开机状态。算例考虑三个风电场，分别在节点 1、3、7 并网，负荷和三个风电场的预测输出功率如图 8.19 所示。假设风电的总输出功率满足正态分布 $X \sim \varphi(\mu, \sigma^2)$，其中 μ 为风电预测输出功率 $P_0^{\Sigma}(t)$，标准差 $\sigma = 0.2\mu$。单位切负荷成本 $\eta_c = 20$ 元/kWh，单位弃风成本 $\eta_w = 0.5$ 元/kWh。

在双层优化算法中，内层模块采用原对偶内点算法求解鲁棒调度模型，外层模块采用 GA-PSO 算法寻找最优不确定集。测试环境为内存 4GB、主频 2.6GHz 的个人计算机上。

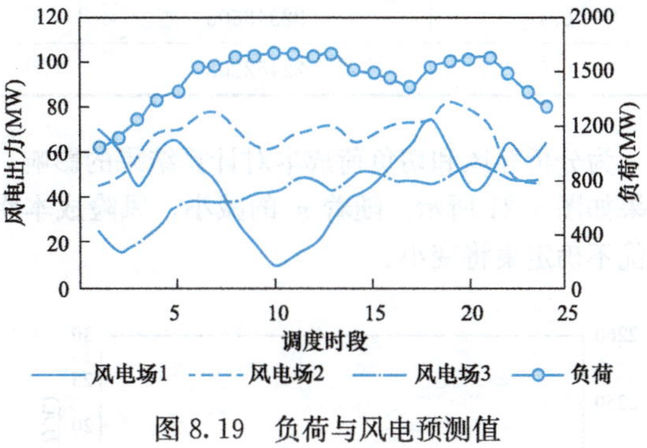

图 8.19 负荷与风电预测值

表 8.11 火 电 机 组 参 数

g	$p_{max}(g)$ (MW)	$p_{min}(g)$ (MW)	a_g (元/MWh)	b_g (元/MWh)	c_g (元/h)	$r_u = r_d$ (MW/h)
1	320	150	0.009	464.7	20613	50
2	360	135	0.014	452.9	28258	50
3	300	73	0.009	447.7	13014	50
4	200	60	0.015	58.1	10145	35

续表

g	$p_{\max}(g)$ (MW)	$p_{\min}(g)$ (MW)	a_g (元/MWh)	b_g (元/MWh)	c_g (元/h)	$r_u=r_d$ (MW/h)
5	175	73	0.017	465.1	10332	35
6	150	57	0.012	384.5	12945	35
7	80	20	0.046	355.2	10814	25
8	100	47	0.103	499.8	13755	25
9	80	20	2.347	421.2	9801	25
10	56	54	0.205	484.9	14895	25

8.6.2 结果分析

根据式（8.70）对 Y_t 的定义，不确定集的变量个数为 $2T$。在工程应用中，可通过降低变量个数来提高计算速度。当假设 $v(t)=u(t)$时，不确定集的变量个数削减为 T；进一步地，各时段考虑相同的风电波动比例 θ，此时采用单个变量即可描述不确定集。

当采用单个变量描述不确定集时，θ 对调度结果的影响见表 8.12 和图 8.20。一方面，θ 的增大意味着考虑了更为极端的最小场景和最大场景，约束更为严格，因此 f_1 变大；另一方面，θ 的增大使鲁棒调度能适应更多的风电波动情况，降低了风险成本 f_2。从图 8.20 可知，存在使综合成本最小的最优波动比例 θ^*。此时无须采用随机寻优算法求解，在区间［0.2，0.4］按一定步长逐步搜索即可求出 $\theta^*=0.32$。

表 8.12　不确定集对鲁棒调度的影响

θ	f_1（元）	f_2（元）	f（元）
0.1	22226054	243160	22469214
0.2	22230133	237220	22467353
0.3	22254269	168477	22422746
0.4	22348605	95748	22444352
0.5	22462203	83639	22545842

为分析弃风和切负荷成本对计算结果的影响，通过给定不同的单位切负荷成本 η_c 进行计算，结果如图 8.21 所示。随着 η_c 的减小，风险成本将下降，使得系统有空间追求更小的发电成本，最优不确定集将变小。

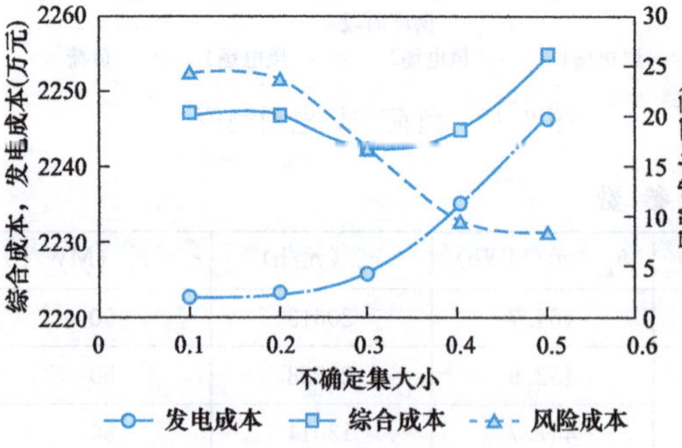

图 8.20　三种调度成本的变化曲线

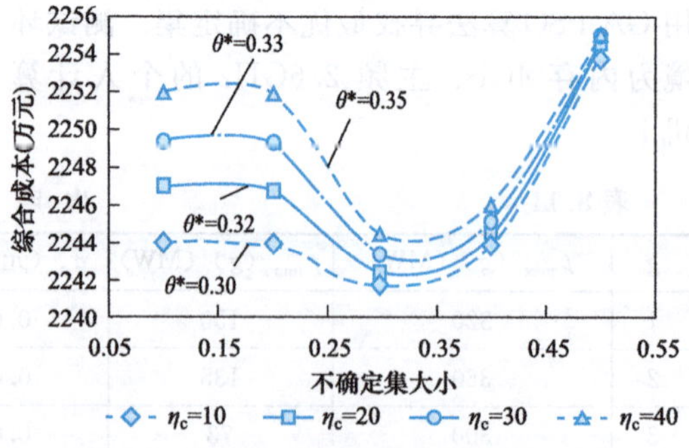

图 8.21　切负荷成本对计算结果的影响

当变量个数分别取 $T/4$、$T/2$、T、$2T$ 描述风电输出功率不确定集时，采用双层优化算法进行不确定集的优化，种群规模分别取 10、20、30、40，迭代次数为 50。表 8.13 为采用 $2T$ 个变量的优化结果，表 8.14 为五种情况的结果对比。可知，采用单个变量时，计算速度快，但忽略了各时段之间的差异性，综合成本尚有较大的优化空间。采用 $2T$ 个变量时，能最大限度地优化综合成本，但计算时间较长。

表 8.13　　采用 2*T* 个变量的优化结果

t	向下波动比例	向上波动比例	t	向下波动比例	向上波动比例	t	向下波动比例	向上波动比例
1	0.180	0.227	9	0.427	0.515	17	0.159	0.180
2	0.172	0.332	10	0.271	0.260	18	0.340	0.340
3	0.025	0.424	11	0.445	0.353	19	0.338	0.185
4	0.392	0.425	12	0.518	0.382	20	0.347	0.041
5	0.235	0.237	13	0.290	0.291	21	0.307	0.219
6	0.366	0.196	14	0.247	0.182	22	0.393	0.199
7	0.440	0.328	15	0.209	0.196	23	0.119	0.327
8	0.336	0.570	16	0.212	0.122	24	0.348	0.292

根据表 8.14 还可看出当变量个数越多，经济性提高得越不明显。因此，在实际应用中可以根据具体的计算时间要求选择合适的变量个数。此外，采用矩阵稀疏技术能提高算法的效率，这有助于本章方法的工程应用。

表 8.14　　五种情况的结果对比

采用的变量个数	计算时间（s）	综合成本（元）
1	15	22421078
$T/4$	280	22051908
$T/2$	597	21932434
T	938	21895248
$2T$	1647	21889703

8.6.3　GA-PSO 算法的收敛性能

采用 $2T$ 个变量描述不确定集，评价三种算法（GA/PSO/GA-PSO）的收敛性能。根据文献的定义：对一次优化计算来说，用逐代所得最优个体目标函数值的变化情况表示其收敛特性，而平均收敛特性则为多次计算后取平均值。图 8.22 为三种优化算法 30 次计算的平均收敛特性。由图可知：在 10 代之前，GA 和 PSO 两种算法的收敛曲线下降较为明显（解的改进较大），之后曲线趋向平缓（解的改进缓慢），最优解分别收敛于 21890980（GA）和 21890423（PSO），两种算法均存在过早收敛的问题；GA-PSO 算法的收敛曲线在 10 代之后仍有下降趋势，直到 25 代左右最优解收敛于 21889703，全局收敛能力强于 GA 和 PSO 算法。

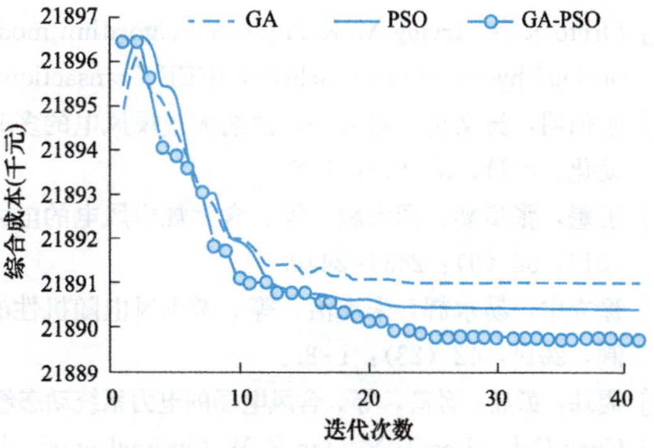

图 8.22　三种算法的平均收敛特性

根据上述算例分析，可得如下结论：

（1）选取的不确定集越大，发电成本越大，风险成本越小，反之亦然。

（2）经过不确定集优化后，鲁棒调度的综合成本得到了改善。

（3）采用不同变量个数描述风电输出功率不确定集时，将有不同的优化效果，变量个数越多，经济性越好，但计算时间越长。

（4）GA-PSO算法在求解不确定集优化问题时能克服过早收敛的问题，全局收敛能力强于GA和PSO算法。

本节总结：为应对各种运行场景，实现可再生能源的充分消纳，本章介绍如下三种调度方法：①基于异质能源多时间尺度互补的经济调度策略；②基于变置信水平的多源互补系统多时间尺度鲁棒经济调度方法；③基于最优不确定集的鲁棒经济调度方法。通过算例分析可得如下结论：

（1）方法①利用负荷跟踪指标，VPP可以很好地跟踪负荷曲线的波动，从而有效平抑火电输出功率曲线。另外，通过日内多时间尺度的互补调度计划，滚动修正水电和火电输出功率，能够保持VPP对负荷的良好追踪，从而保证互补系统实际的互补和平抑效果。

（2）方法②分别对不同时间尺度调度计划下的风、光及负荷预测值进行不确定性鲁棒建模，引入鲁棒测度可较准确地描述不确定量的不确定性，并可有效控制模型的保守度。

（3）方法③经过不确定集优化后，鲁棒调度的综合成本得到了改善；此外，GA-PSO算法在求解不确定集优化问题时能克服过早收敛的问题，全局收敛能力强于GA和PSO算法。

问题与练习

（1）大规模风电并网对电力系统经济调度带来哪方面的影响？

（2）在目前的经济调度中，处理风电不确定性有哪些建模方法？工程上通常采用哪种方法？

（3）什么是鲁棒经济调度？鲁棒经济调度和随机规划各有什么优劣？

（4）为什么要在模型中引入负荷跟踪指标？

（5）鲁棒测度的选取原则是什么？

（6）什么是最优不确定集？如何才能达到最优？

参考文献

[1] Orcro S. O，Irving M. R. A genetic algorithm modeling framework and solution technique for short term optimal hydro-thermal schedul. IEEE Transactions on Power Systems，1998，13（2）：501-518.

[2] 张伯明，吴文传，郑太一．消纳大规模风电的多时间尺度协调的有功调度系统设计［J］．电力系统自动化，2011，35（1）：1-6.

[3] 王魁，张步涵，闫大威，等．含大规模风电的电力系统多时间尺度滚动协调调度方法研究．电网技术，2014，38（9）：2434-2440.

[4] 徐立中，易永辉，朱承治，等．考虑风电随机性的微网多时间尺度能量优化调度．电力系统保护与控制，2014，42（23）：1-8.

[5] 周玮，彭昱，孙辉，等．含风电场的电力系统动态经济调度．中国电机工程学报，2009，29（25）：13-18.

[6] Chen C. L，Lee T. Y，Jan R. W. Optimal wind-thermal coordination dispatch in isolated power systems with large integration of wind capacity. Energy conversion and Management，2006，47：3456-3472.

[7] 龙军，莫群芳，曾建．基于随机规划的含风电场的电力系统节能优化调度策略．电网技术，2011，35（9）：133-138.

[8] Aidan Tuohy，Peter Meibom，Eleanor Denny. Unit commitment for systems with significant wind penetration [J]．IEEE Transactions on Power Systems，2009，24：592-601.

[9] Lei Wu，Shahidehpour M，Tao Li. Stochastic Security-constrained unit commitment. IEEE Transactions on Power Systems，2009，22：800-811.

[10] Qianfan Wang，Yongpei Guan，Jianhui Wang. A chance-constrained two-stage stochastic program for unit commitment with uncertain wind power output. IEEE Transactions on Power Systems，2012，27（1）：206-215.

[11] 杨明，韩学山，王士柏，等．不确定运行条件下电力系统鲁棒调度的基础研究．中国电机工程学报．2011（31）：100-107.

[12] Z. Li，W. Wu，B. Zhang，et al. Robust look-ahead power dispatch with adjustable conservativeness accommodating significant wind power integration. IEEE Transactions on Sustainable Energy，2015，6（3）：781-790.

[13] 魏韡，刘锋，梅生伟．电力系统鲁棒经济调度（一）理论基础．电力系统自动化，2013，37（17）：37-43.

[14] 魏韡，刘锋，梅生伟．电力系统鲁棒经济调度（二）应用实例．电力系统自动化，2013，37（18）：60-67.

[15] 叶荣，陈皓勇，王钢，等．多风电场并网时安全约束机组组合的混合整数规划解法．电力系统自动化，2010，34（5）：1-5.

[16] 白杨，汪洋，夏清，等．水—火—风协调优化的全景安全约束经济调度．中国电机工程学报，2013，33（13）：2-9.

[17] Wang，Yang，Qing Xia，Chongqing Kang. Unit commitment with volatile node injections by using interval optimization. IEEE Transactions on Power Systems，2011，26（3）：1705-1713.

[18] 季峰，蔡兴国，岳彩国．含风电场电力系统的模糊鲁棒优化调度．中国电机工程学报．2014，34（28）：4791-4798.

[19] 李志刚，吴文传，张伯明．消纳大规模风电的鲁棒区间经济调度（二）不确定集合构建与保守度调节．电力系统自动化，2014，38（21）：32-38.

[20] D. Bertsimas，E. Litvinov，X. A. Sun，et al. Adaptive robust optimization for the security constrained unit commitment problem，IEEE Transactions on Power System，2013，28（1）：52-63.

[21] Jizhong Zhu，Peizheng Xuan，Pingping Xie，et al，Study on uncertainty set optimization in robust dispatch of power system. International Journal of Power and Energy Systems，2017，37（2）.

[22] Jizhong Zhu，Xiaofu Xiong，Peizheng Xuan. Dynamic economic dispatching strategy based on multi-time-scale complementarity of various heterogeneous energy，APPEEC，Guilin，April 23-26，2018.

[23] JizhongZhu，Qiaobo Liu，Xiaofu Xiong，et al. Multi-time scale robust economic dispatching method for power system with clean energy. The 14th IET International Conference on AC and DC Power Transmission，Chengdu，China，June 28-30，2018.

[24] 禤培正，朱继忠，谢平平．电力系统鲁棒调度保守度的多目标优化方法. 南方电网技术，2017，11（2）.8-15.

[25] W Wu，J Zhu，Y Chen，et al. Modified shapley value-based profit allocation method for wind power accommodation and deep peak regulation of thermal power. IEEE Transactions on Industry Applications，2022，59（1），276-288.

第 9 章

电力系统随机优化调度

9.1 引　　言

为了实现“双碳”目标，大力发展风电、光伏等可再生能源，完善负荷需求响应机制及高效利用储能系统，是实现电力系统转型及构建新型电力系统的重要途径。而可再生能源输出功率及负荷需求的不确定性给电力系统转型带来了巨大挑战。如何应对新型电力系统中源荷不确定性，并发挥源网荷储不同资源在电力系统中的作用，是构建新型电力系统并保障其安全稳定运行亟需解决的关键问题。针对电力系统源荷不确定性，本章主要介绍在电力系统规划中常用的随机性建模方法，以及优化调度模型与求解方法。

9.2 电力系统随机性建模

9.2.1 基于连接（Copula）函数的不确定性建模

由于风力和光照两种自然资源具有一定的相关性，风力发电和光伏发电也存在一定的相关性，且为非线性相关。本节通过 Copula 函数来分析风光联合输出功率，Copula 函数可以描述多元随机变量间的相关性，把联合分布问题转变为相关程度和边际分布两个问题。通过 Copula 函数将风电输出功率 P_{WT} 和光伏输出功率 P_{PV} 的分布函数联系起来，得到的联合输出功率分布函数为

$$H(P_{WT},\ P_{PV})=C(F_{WT}(P_{WT}),\ F_{PV}(P_{PV})) \tag{9.1}$$

通过 Copula 函数 $C(\cdot,\cdot)$ 的密度函数 $c(\cdot,\cdot)$ 和风光联合输出功率分布函数，风光输出功率的概率密度函数可用表示为

$$h(P_{WT},\ P_{PV})=c(F_{WT},\ F_{PV})f_{WT}f_{PV} \tag{9.2}$$

$$c(u,\ \upsilon)=\frac{\partial C(\mu,\ \upsilon)}{\partial\mu\partial\upsilon} \tag{9.3}$$

$$\mu=F_{WT}(P_{WT}) \tag{9.4}$$

$$\upsilon=F_{PV}(P_{PV}) \tag{9.5}$$

其中，对核密度函数进行积分可得到风力和光伏发电输出功率的累积分布数

$$F_{WT}(P_{WT})=\int_{-\infty}^{P_{WT}}f_{WT}(P_{WT})\mathrm{d}P_{WT} \tag{9.6}$$

$$F_{PV}(P_{PV})=\int_{-\infty}^{P_{PV}}f_{PV}(P_{PV})\mathrm{d}P_{PV} \tag{9.7}$$

其中，$f_{WT}(P_{WT})$ 和 $f_{PV}(P_{PV})$ 分别为风力和光伏发电输出功率的概率密度分布。

Copula 集合分布包含多种分布族，比如二元阿基米德分布族和椭圆分布族。二元阿基米德分布族主要包含弗兰克—连接函数（Frank-copula）、克莱顿—连接函数（Clayton-copula）和冈贝尔—连接函数（Gumbel-copula），椭圆分布族主要包含 T—连接函数（T-copula）和正态/高

斯连接函数（Normal-copula）。Frank-copula 函数对应的风光联合密度分布函数分布值为

$$C_F(\mu, \upsilon, \alpha) = -\frac{1}{\alpha}\ln\left[1+\frac{(e^{-\alpha\mu}-1)(e^{-\alpha\upsilon}-1)}{e^{-\alpha}-1}\right] \tag{9.8}$$

式中：α 为相关系数，$\alpha \neq 0$。若 $\alpha < 0$，表示负相关；反之，为正相关；当 α 趋近 0，两个随机变量不相关。

Clayton-copula 函数对应的风光联合密度分布函数分布值为

$$C_G(\mu, \upsilon, \alpha) = \exp\{-[(-\log(\mu))^{\alpha}+(-\log(\upsilon))^{\alpha}]^{\frac{1}{\alpha}}\} \tag{9.9}$$

其中，$\alpha \geqslant 1$。若 $\alpha = 1$ 时，表示两个随机变量相互独立。

T-copula 函数对应的风光联合密度分布函数分布值为

$$C_T(\mu, \upsilon, \alpha, \kappa) = \int_{-\infty}^{t_{\kappa}^{-1}(\mu)}\int_{-\infty}^{t_{\kappa}^{-1}(\upsilon)} \frac{1}{2\pi\sqrt{1-\rho^2}}\left[1+\frac{s^2-2\rho st+t^2}{\kappa(1-\rho^2)}\right]^{\frac{-(\kappa+2)}{2}} ds\,dt \tag{9.10}$$

式中：κ 为自由度；ρ 为相关系数；$t_{\kappa}^{-1}(\cdot)$ 为以 κ 为自由度的标准 t 分布的反函数。

Normal-copula 函数对应的风光联合密度分布函数分布值为

$$C_T(\mu, \upsilon, \alpha) = \int_{-\infty}^{\phi^{-1}(\mu)}\int_{-\infty}^{\phi^{-1}(\upsilon)} \frac{1}{2\pi\sqrt{1-\rho^2}} + \exp\frac{s^2-2\rho st+t^2}{2(1-\rho^2)} ds\,dt \tag{9.11}$$

式中：$-1 \leqslant \rho \leqslant 1$；$\phi^{-1}(\cdot)$ 为标准正态反函数。

9.2.2 基于点估计法的不确定性建模

应用于随机性问题采样时，点估计法是一种计算过程明确、精确度较高且求解点数少的采样方法，针对随机性变量的分布函数，点估计法可以基于随机性函数的分布计算得到适量的点，对随机性变量的分布情况准确描述。点估计法采样点少的特性在电力系统的复杂潮流计算问题中体现了明显的优越性。

设 $\boldsymbol{F}$ 为是输入随机变量 $\boldsymbol{X}=[\boldsymbol{x}_1, \boldsymbol{x}_2, \cdots, \boldsymbol{x}_n]^T$ 与输出随机变量 H 间的函数关系为

$$H = \boldsymbol{F}(\boldsymbol{X}) = \boldsymbol{F}(\boldsymbol{x}_1, \boldsymbol{x}_2, \cdots, \boldsymbol{x}_n) \tag{9.12}$$

函数关系 $\boldsymbol{F}=[\boldsymbol{f}_1, \boldsymbol{f}_2, \cdots, \boldsymbol{f}_q]^T$ 对应于潮流方程，随机输入变量 $\boldsymbol{X}=[\boldsymbol{x}_1, \boldsymbol{x}_2, \cdots \boldsymbol{x}_q]^T$ 为交流与直流系统中接入的分布式电源输出功率以及负荷，输出变量 H 为交流网络及直流网络各节点潮流分布参数。

点估计法是在每个输入变量中寻找 m 个点，来表示此随机变量的输入值，即

$$x_{k,i} = \mu_{xk} + \zeta_{xk,i}\sigma_{xk} \quad (k=1, 2, \cdots, n;\ i=1, 2, \cdots, m) \tag{9.13}$$

式中：μ_{xk} 为随机变量 x_k 的期望；σ_{xk} 为随机变量 x_k 的标准差；$\zeta_{xk,i}$ 为采样点 $x_{k,i}$ 的位置系数。

设 $p_{xk,i}$ 为采样点 $x_{k,i}$ 的权重系数，有

$$\begin{cases} \sum_{i=1}^{m} p_{xk,i} = \dfrac{1}{n} \\ \sum_{k=1}^{n}\sum_{i=1}^{m} p_{xk,i} = 1 \end{cases} \tag{9.14}$$

若要计算 $x_{k,i}$ 的权重系数 $p_{xk,i}$，首先要得出变量 $x_{k,i}$ 的中心矩，有

$$\begin{cases} M_j(x_k) = \int_{-\infty}^{+\infty}(x-\mu_{xk})^j g(x_k)\,dx \\ \lambda_{xk,j} = \dfrac{M_j(x_k)}{\sigma_{xk}^j} = E\left(\dfrac{X_i-\mu_i}{\sigma_i}\right)^j \quad (k=1, 2, \cdots, n;\ j=1, 2, \cdots, m) \end{cases} \tag{9.15}$$

式中：$g(x_k)$ 为 $\boldsymbol{X}$ 的概率密度函数；$E(\cdot)$ 为数字期望；j 为中心矩的阶数；$\lambda_{xk,j}$ 为标准化中心矩。由式（9.15）可知，正太分布的1－4 阶标准化中心矩为 0、1、0、3。其中 3 阶标准化中

心矩称为偏度，4 阶标准化中心矩称为峰值。对 H 在采样点 x_k 处进行泰勒级数展开，结合 $\lambda_{xk,j}$ 可以得到

$$\sum_{i=1}^{m} p_{xk,i}(\zeta_{xk,i})^j = \lambda_{xk,j} \quad (k=1,\ 2,\ \cdots,\ n;\ j=1,\ 2,\ \cdots,\ 2m-1) \tag{9.16}$$

联立式（9.13）～式（9.16）可以得到权重系数 $p_{xk,i}$ 与 $\zeta_{xk,i}$、$\lambda_{xk,j}$ 之间的关系。

通常点估计的点越多，得出来的估计值就越精确，但是由式（9.15）可以看出，阶数越高值越难求得，4 阶标准中心矩以上物理意义也难以描述。因此通常计算得出 4 阶以内即 $m=3$ 以内即可。

9.2.3 不确定集建模

不确定性集合包含随机变量的取值情况与参考值的偏离程度越高，不确定性集合考虑的随机变量取值的极端程度越大，其相应的鲁棒优化模型的保守性就越强。不确定集根据类型和特点，可以分为盒式不确定集、椭球不确定集和广义凸包不确定集等。

9.2.3.1 盒式不确定集

$$\Omega = \{\boldsymbol{\zeta} \mid \zeta_{\min} \leqslant \boldsymbol{\zeta} \leqslant \zeta_{\max}\} \tag{9.17}$$

式中：$\zeta_{\min}$ 和 $\zeta_{\max}$ 分别为随机变量 ζ 可能取值的最小值和最大值。

式（9.17）仅仅给出随机变量取值的区间，但根据大数定律，随机变量同时取到边界值的概率往往很小，为了降低鲁棒优化的保守度，式（9.18）通过预算不确定度 Γ 对随机变量可能取到的极端场景加以限制

$$\Omega = \left\{\boldsymbol{\zeta} \mid \zeta_i^0 - \delta_i \Delta\zeta_i \leqslant \zeta_i \leqslant \zeta_i^0 + \delta_i \Delta\zeta_i,\ \sum_i \delta_i \leqslant \Gamma,\ \delta_i \in \{0,\ 1\};\ i=1,\ 2,\ \cdots,\ K\right\} \tag{9.18}$$

式中：ζ_i^0 为随机变量 ζ_i 的参考值；$\Delta\zeta_i$ 为随机变量的实际值与参考值之间的偏差；δ_i 为二进制变量 0—1；Γ 为预算不确定度，当时 $\Gamma=0$，此时不确定集只包含确定性场景，原问题退化为确定性优化问题，当 $\Gamma=K$ 时，此时不确定集内包括的所有随机变量都有可能同时取到边界值，此时不确定集的保守性是最强的。决策者可以根据实际对 Γ 进行适当调整。

9.2.3.2 椭球不确定集

由于大气运动具有连续性，相邻地理位置的风电场之间的输出功率存在不同程度的时空关联性，盒式不确定集忽略了风电场输出功率的时空关联性，使得结果趋于保守。

为了降低不确定性集合的保守性，可采用椭球不确定性集合进行建模，其数学形式如下

$$\Omega = \{\boldsymbol{\zeta} \mid (\boldsymbol{\zeta} - \boldsymbol{\mu}_0)^{\mathrm{T}} \boldsymbol{\Sigma}_0^{-1} (\boldsymbol{\zeta} - \boldsymbol{\mu}_0) \leqslant \Gamma\} \tag{9.19}$$

式中：$\boldsymbol{\mu}_0$ 为随机变量 $\boldsymbol{\zeta}$ 的期望值矩阵；$\boldsymbol{\Sigma}_0$ 为随机变量 $\boldsymbol{\zeta}$ 的协方差矩阵。

9.2.3.3 广义凸包不确定集

椭球不确定集为二次约束形式，一般情况下转化为二阶锥规划问题，增加了问题求解的难度。为了进一步简化其数学形式，采用高维凸包对椭球不确定集进行近似包络，提出广义凸包不确定集为

$$\Omega = \left\{\boldsymbol{\zeta} \mid \boldsymbol{\zeta} = \sum_{i=1}^{N_e} p_i \zeta_{e,i} \sum_{i=1}^{N_e} p_i = 1,\ p_i \geqslant 0\right\} \tag{9.20}$$

式中：$\zeta_{e,i}$ 表示从历史场景中提取得到的代表性场景；N_e 为代表性场景的数目。

式（9.20）将随机变量的取值转化为代表性场景的凸组合。

9.2.3.4 N-K 故障不确定集

$$\Omega = \left\{\sum_{g=1}^{N_g} Z_g + \sum_{l=1}^{N_l} Z_l \geqslant N-K \quad Z_g,\ Z_l \in \{0,\ 1\}\right\} \tag{9.21}$$

式中：Z_g 和 Z_l 分别表示发电机组和输电线路是否发生故障的二元变量，N_g 和 N_l 分别为发电机组和输电线路的数目。

式（9.21）保证了系统最多只有 K 个元件发生故障。

9.3 随机优化调度模型与求解方法

9.3.1 场景法

9.3.1.1 基于场景法的配电网随机优化调度模型

（1）目标函数。场景法能够给出一定环境条件下光伏输出功率的所有可能情况。因此，在考虑光伏单元所有可能输出功率及其概率的情况下，选取最能使总发电成本的期望值达到最小的调度方案。本节主要研究光伏输出功率发生突变对配电网优化调度的影响，该突变主要为有功功率突变。因此为简化起见，本优划只考虑有功平衡，不考虑无功平衡与电压偏差问题。该随机优化调度模型的目标函数如下

$$\min C = E\left(\sum_{t=1}^{N_t}\left(\sum_{i=1}^{N_g} f_1(P_{i,t}^{g}) + kP_{\text{up},t}\right)\right) \tag{9.22}$$

式中：$E(\cdot)$ 表示数学期望；N_g 为参与优化调度的燃气轮机；P_i^g 为燃气轮机 i 的发电有功功率；P_{up} 为向上级电网购电的总功率；$f_1(\cdot)$ 为发电成本与发电功率间的函数关系；k 为向上级电网购电的电价；N_t 为调度时段数。

其中，燃气轮机发电成本与发电功率的经验公式为

$$f_1(P_{i,t}^{g}) = a_i + b_i P_{i,t}^{g} + c_i (P_{i,t}^{g})^2 \tag{9.23}$$

式中：a_i、b_i 与 c_i 分别为发电成本经验公式的三个系数。

（2）约束条件。电网功率平衡约束。电网需要满足节点的有功平衡约束，以满足该点的用户需求

$$\sum_{i=1}^{N_g} P_{i,t}^{g} + \sum_{j=1}^{N_s} P_{j,t}^{s} + P_{\text{up},t} = \sum_{k=1}^{N_1} P_{k,t}^{1} \tag{9.24}$$

式中：$P_{i,t}^{g}$ 为配电网在 t 时刻第 i 个燃气轮机的发电功率；$P_{j,t}^{s}$ 为配电网在 t 时刻第 j 个光伏机组的发电功率；$P_{k,t}^{1}$ 为配电网在 t 时刻第 k 个负荷的功率值；N_g、N_s 与 N_1 分别为配电网内燃气轮机、光伏机组、负荷的数量。

机组爬坡能力约束。配电网中通常会接入一定的燃气轮机等可调机组，用于调控实时的功率平衡。该类设备一般会受到爬坡能力的约束，即输出功率的改变速率不应超过机组的最大爬坡速率

$$\begin{cases} P_{i,j}^{g} - P_{i,t-1}^{g} \leqslant \overline{\Delta} P_{i,\max}^{g} \\ P_{l,t-1}^{g} - P_{i,t}^{g} \leqslant \underline{\Delta} P_{i,\max}^{g} \end{cases} \tag{9.25}$$

式中：$\overline{\Delta} P_{i,\max}^{g}$ 为燃气轮机 i 向上爬坡的最高速率；$\underline{\Delta} P_{i,\max}^{g}$ 为燃气轮 i 机向下爬坡的最高速率。

机组输出功率上下限约束。对发电设备而言，其输出功率一般具有上下限

$$P_{i,\min}^{g} \leqslant P_{i,t}^{g} \leqslant P_{i,\max}^{g} \tag{9.26}$$

式中：$P_{i,\max}^{g}$ 为该燃气轮机最大输出功率值；$P_{i,\min}^{g}$ 为该燃气轮机的最小输出功率值。

线路安全约束。配电网内必须要求线路满足线路负载约束以保证安全性，即线路上的负载不应高于其最大承受能力

$$-P_{l,\max} \leqslant P_{l,t} \leqslant P_{l,\max} \tag{9.27}$$

式中：$P_{l,t}$ 为线路 l 传输的功率值；$P_{l,\max}$ 为线路 l 上允许传输的最大功率。

9.3.1.2 基于场景法的配电网优化调度方法

(1) 基于场景法的模型转化。在 9.3.1.1 节提出的优化调度模型中，约束条件式（9.24）内的光伏机组的输出值并不是一个确定值，而是一个概率分布。采用前文提出的场景生成法对该约束条件进行转化，利用贝叶斯神经网络生成对抗网络生成场景后，利用 K—均值（K-means）聚类算法找出其聚类中心，并在每个聚类内采样 K 条数据加入削减后的场景集。设经削减处理后的场景集 S 为

$$S=\{s_1, s_2, \cdots s_n\} \tag{9.28}$$

每个场景均代表配电网内的一组光伏输出功率时间序列，即

$$s_n=\begin{cases} P_{1,0}^{s,n}, P_{1,1}^{s,n}, \cdots, P_{1,t}^{s,n} \\ P_{2,0}^{s,n}, P_{2,1}^{s,n}, \cdots, P_{2,t}^{s,n} \\ \cdots\cdots \\ P_{j,0}^{s,n}, P_{j,1}^{s,n}, \cdots, P_{j,t}^{s,n} \end{cases} \tag{9.29}$$

式中：$P_{j,t}^{s,n}$ 为在第 n 个场景下，第 j 个光伏设备在 t 时刻的输出功率值。

每个场景出现的概率为

$$p(s_n)=\frac{M(s_t)}{NK} \quad s_t\in s_n, \ t\in N \tag{9.30}$$

式中：$M(s_t)$ 为场景 s_t 的个数；$s_t\in s_n$ 代表 s_t 被分为了削减后的 s_n 所在类下的场景；N 为未削减前的场景总个数。

根据式（9.29）内光伏输出功率与场景的关系，可将式（9.24）中原本为随机量的光伏输出功率值转化为每个场景下的具体值

$$\sum_{i=1}^{N_g} P_{i,t}^{g}+\sum_{j=1}^{N_s} P_{j,t}^{s,n}+P_{\mathrm{up},t}=\sum_{k=1}^{N_l} P_{k,t}^{l} \tag{9.31}$$

式中：n 为具体的第 n 个场景。

因此，式（9.24）被拆分为了多个场景下的多条约束条件，每一条约束条件均与一个削减后的场景对应。

在每一组约束条件下，均可求出本条件下的最优调度方案。确定场景 n 后，该场景下最低调度成本的目标函数为

$$\min C_n=\sum_{t=1}^{N_t}\sum_{i=1}^{N_g} f_1(P_{i,t}^{g})+kP_{\mathrm{up},t} \tag{9.32}$$

利用式（9.25）～式（9.27）、式（9.31）、式（9.32），可构成单个场景下的配电网优化调度问题，这些优化问题可构成优化问题集合 Q

$$Q=\{q_1, q_2, \cdots q_n\} \tag{9.33}$$

式中：q_n 为由场景 n 对应的确定性优化问题。

每个优化问题可对应解出一个最优调度方案，构成调度方案集 X

$$X=\{x_1, x_2, \cdots x_n\} \tag{9.34}$$

式中：x_n 为由场景 n 对应的确定性优化问题最优解。

实际光伏输出功率曲线仅会出现一种情况，因此并非每个场景下的最优解均为实际情况下的最优解。对于每个调度方案 x_n，均可计算采用该调度方案时的电网实际成本期望为

$$C_n=E\Big(\sum_{t=1}^{N_t}\Big(\sum_{i=1}^{N_g} f_1(P_{i,t,n}^{g})+kP_{\mathrm{up},t,n}\Big)\Big) \tag{9.35}$$

式中：$P_{i,t,n}^{g}$ 为调度方案 x_n 下第 i 个燃气轮机在 t 时刻的输出功率值；$P_{\mathrm{up},t,n}$ 为调度方案 x_n 下 t

时刻配电网向上级电网购电的总功率。

基于贝叶斯神经网络—对抗生成网络的场景生成方法给出了各场景可能出现的概率。将各场景的概率值代入式（9.35）以分解数学期望，当总场景数为 N 时，可得

$$C_n=\sum_{m=1}^{N}p(s_n)C_{n,m} \tag{9.36}$$

式中：$C_{n,m}$ 为调度策略采用 x_n，而实际场景 m 为时的网络成本值。

由于 $x_n=x_m$ 并不一定成立，因此 $C_{n,m}=C_n$ 也不一定成立，需重新进行计算网络成本。

当该网络成本值取得最小时，配电网调度期望成本最小，即目标函数为

$$\min C_n, \ n\in N \tag{9.37}$$

可以看出，由式（9.22）～式（9.27）定义的配电网随机优化调度问题经过场景法转化后，转变为一个两阶段的优化问题。第一阶段由各场景下的优化问题组成，目标函数为式（9.32），用于求解所有场景下的最优调度方案；第二阶段是对各调度方案的比较，目标函数为式（9.37），最终求出配电网期望调度成本最小的方案作为配电网随机优化调度问题的解。该两阶段优化问题可直接先对第一阶段的各优化问题求得最优解，并将最优解带入第二阶段优化问题，从而获得配电网期望成本最小的调度方案。

（2）基于粒子群算法的模型求解。配电网的随机优化问题经基于场景生成的模型转化后，将根据具体的场景数目而产生多个确定性的配电网优化问题，导致计算时间显著提高。因此，考虑采用粒子群算法对优化模型进行求解。

粒子群算法是一种模拟鸟群觅食过程的群体进化算法。在鸟群的觅食活动中，每一只鸟都可以感受到自己与食物的距离，并且每一只鸟都会将自己与食物间的距离分享给群体中的所有个体。整个种群中距离食物最近的鸟的位置被选为种群极值，而个体在觅食过程中也会记录下自身与食物距离最近的位置作为个体极值。种群的每一只鸟都会追寻着个体极值和群体极值不断调整自身的位置，使得种群不断在极值附近搜索，通过迭代实现种群的收敛，从而得出最优解。该算法被广泛运用至连续问题的优化求解中。

粒子群算法应用于优化问题的主要步骤如下：

1）生成初代粒子。在实际问题中，粒子对应着问题的可行解，粒子的维度与优化问题变量维度相同。除此以外，每个粒子在每个维度方向上均具有一个移动速度，用于移动从而搜索最优解。

2）计算粒子的个体极值和群体极值。类比鸟群觅食的过程，个体极值指当前鸟在觅食过程中距离食物最近的位置，而集体极值指鸟在觅食过程中群体距离食物最近的位置。对应于实际优化问题，可将鸟与食物之间的距离使用粒子的适应值来表示，粒子的适应值即粒子作为可行解在目标函数上获得的收益，粒子的个体极值对应粒子本身在目标函数最优时的位置，群体极值则对应整个群体在目标函数最优时的粒子位置。

3）更新粒子的移动速度。类比鸟觅食的过程，鸟在整个觅食过程中，将根据个体极值与群体极值来调整自己在每个维度上的速度。对应于实际优化问题，粒子也将改变自己在各个维度上的移动速度，使得自己的运动方向向目前的最优解方向靠拢。

4）更新粒子的位置，即在每轮迭代中根据粒子在每一维度上的移动速度与当前粒子的位置更新下一代粒子。移动后的粒子不应超过解空间的范围。

后续每一轮迭代重复2）～4）步骤即可，当粒子的位置变化均小于给定的阈值时，即可认为粒子群算法成功搜索出了最优解。

粒子群算法依靠粒子的移动完成搜索，并且在迭代过程中仅有最优的粒子把信息传递给其

他粒子，因此粒子群算法对最优解的搜索速度较快。

9.3.2 机会约束优化

9.3.2.1 机会约束优化的数学模型

机会约束优化作为随机优化的一个重要组成部分，可以有效地处理含随机变量的优化问题。在机会约束优化中，不确定输入变量用已知概率分布信息的随机变量来表示，而其他不等式约束以机会约束的形式来表达。在机会约束优化模型中，考虑了最优解不能完全满足约束条件的较为极端的情况，但必须保证该约束满足的概率不低于预先设定的置信水平。机会约束优化的一般数学形式可以描述为

$$\min f(\boldsymbol{X},\ \boldsymbol{\zeta}) \tag{9.38}$$

$$\boldsymbol{H}(\boldsymbol{X},\ \boldsymbol{\zeta})=0 \tag{9.39}$$

$$\boldsymbol{X}_{\min} \leqslant \boldsymbol{X} \leqslant \boldsymbol{X}_{\max} \tag{9.40}$$

$$\Pr(\boldsymbol{\zeta} \leqslant \boldsymbol{\zeta}_{\max}) \geqslant \gamma \tag{9.41}$$

在上述模型中，式（9.38）为目标函数，在电力系统最优潮流模型中最常用的有系统最小发电成本、系统最小总网损等；$\boldsymbol{X}$ 为优化问题中的决策变量矩阵，也可称为控制变量矩阵；$\boldsymbol{\zeta}$ 为状态变量矩阵。式（9.39）为优化问题中的等式约束，式（9.40）为决策变量矩阵的不等式约束，其中 $\boldsymbol{X}_{\min}$ 和 $\boldsymbol{X}_{\max}$ 分别为控制变量矩阵 $\boldsymbol{X}$ 的下限和上限矩阵。式（9.41）为状态标亮矩阵的机会约束，$\Pr(\cdot)$ 代表某件事发生的概率，γ 为括号中的不等式约束成立的概率水平的最小值，可称其为该机会约束的置信水平。

从式（9.38）~式（9.41）可以看出，机会约束优化模型中，目标函数是在状态变量矩阵的不等式约束成立的概率大于某给定置信水平 γ 的条件下进行优化的。一般来说，对于电力系统基于机会约束优化的最优潮流模型，置信水平 γ 越高，不等式约束满足的概率就越大，系统运行将会更加安全可靠。然而，置信水平 γ 的升高对目标函数的优化反而会产生“不利”，即有可能会使优化的可行域缩小，同时使目标函数的最优值变大。在电力系统最优潮流模型中，目标函数通常为最小化发电成本，代表着系统运行的经济性。因此，决策者可以通过机会约束中置信水平的选取在系统运行的安全可靠性与经济性之间进行权衡。

9.3.2.2 机会约束优化的求解方法

含机会约束的随机优化模型无法像常规的确定性模型一样对其进行求解，目前，对其进行求解的方法主要有两种：①是传统的，也是最理性的转化法；②是为逼近法。

转化法，即将机会约束优化模型转化为等价的一般确定形式的模型，再使用常规优化模型的理论和算法对其进行求解。这种方法往往是基于概率与统计学理论，将模型中的机会约束通过数学反函数变换转化为等价的确定性约束。转化法虽然直观、理想，但也存在一定的缺陷，在转化过程中不仅需要获取随机变量的累积分布函数，还要求其反函数，这在电力系统运行优化模型中随机输入变量概率分布复杂的情况下较难实现。

逼近法，是指采用随机模拟技术，通过大规模抽样仿真得到机会约束优化问题近似的目标函数最优值、最优解。随机模拟技术即蒙特卡罗（Monte-Carlo）模拟，它以概率与统计学理论为基础，是一种通过从随机变量的概率分布中抽取大量符合其概率分布特征的样本，并对样本进行特定数字模拟试验的方法。使用蒙特卡罗模拟法求解机会约束优化的具体步骤一般为：

（1）根据输入随机变量的概率分布，随机生成 M 个独立的随机变量样本。

（2）将每一个独立的随机变量样本代入模型中，进行 M 次模拟试验。

（3）假设 M 次模拟试验中，有 N 次试验使得模型中的机会约束成立，根据大数定律（试验重复进行多次，随机事件发生的频率将近似等于概率），则只要使 N/M 的值大于机会约束的置

信水平即可使得机会约束成立。

逼近法虽然可以不需要获取随机变量概率分布反函数的相关信息，但计算量往往十分庞大，耗时也相对较长，而且每一次试验得到的结果不尽相同。对于基于机会约束优化理论的电力系统优化模型求解，可以根据掌握的模型中随机变量的分布信息具体分析，选取相应的求解方法。

9.3.3 鲁棒优化

由穆尔维（Mulvey）等人在 1995 年开发的鲁棒随机优化方法实际上扩展了随机优化，将传统的期望成本最小化目标替换为明确解决成本可变性的目标。鲁棒优化不需要随机变量的历史信息，只需要获取随机变量的取值区间。不确定性集合包含随机变量可能出现的所有情况，鲁棒优化考虑不确定性集合内的最糟糕情况进行优化，得到的决策方案能够抵御不确定性集合内的最糟糕情况。根据是否存在反馈调整机制，鲁棒优化分为静态鲁棒优化和动态鲁棒优。

9.3.3.1 静态鲁棒优化

对于静态鲁棒优化（又称为单阶段鲁棒优化），所有的决策变量都在不确定量未知之前已经确定，静态鲁棒优化的数学形式为

$$\min_{x\in X}\max_{\zeta\in\Omega} h(\boldsymbol{x},\ \boldsymbol{\zeta}) \tag{9.42}$$

式中：$\boldsymbol{x}$ 和 X 分别为决策变量和决策变量的集合；Ω 为随机变量的不确定性集合。

$$\text{s.t.}\begin{cases}\boldsymbol{H}(\boldsymbol{x})\leqslant 0\\ \boldsymbol{G}(\boldsymbol{x},\ \boldsymbol{\zeta})\leqslant 0\end{cases} \tag{9.43}$$

式（9.43）中的第一个不等式为仅关于决策变量的约束条件，随机变量的任意取值不影响该约束条件；第二个不等式为决策变量和随机变量的耦合约束。所有决策都在不确定量未知之前已经确定，因而静态鲁棒优化不存在反馈调整机制，做出的决策变量过于保守。

9.3.3.2 动态鲁棒优化

动态鲁棒优化将决策过程分为多个阶段，现有文献多将决策过程分为两个阶段：第一阶段在不确定量未知情况下做出决策，称第一阶段的变量为“here-and-now”变量（也称为“此时此地”变量），第二阶段的决策变量在已经做出第一阶段决策和不确定量已知的情况下进行优化，对第一阶段的决策进行调整，称第二阶段的变量为“wait-and-see”变量（也称“观望”变量）。因此，两阶段鲁棒优化的数学形式为

$$\boldsymbol{Q}(\boldsymbol{x},\ \boldsymbol{y},\ \boldsymbol{\zeta})=\min_{x\in X}\boldsymbol{c}_1^{\mathrm{T}}\boldsymbol{x}+\max_{\zeta\in\Omega}\min_{y\in Y(x,\ \zeta)}\boldsymbol{c}_2^{\mathrm{T}}\boldsymbol{y} \tag{9.44}$$

式中：$\boldsymbol{x}$ 为第一阶段的决策变量；$\boldsymbol{y}$ 为第二阶段的决策变量。

式（9.44）是一个三层最小—最大—最小（min-max-min）优化结构模型，外层函数追求目标函数最优，中间层函数在随机变量的不确定性集合内找到最糟糕的场景使得 $\boldsymbol{c}_2^{\mathrm{T}}\boldsymbol{y}$ 达到最大，最内层函数在已知第一阶段变量取值 $\boldsymbol{x}^*$ 和中间层最糟糕场景取值 $\boldsymbol{\zeta}^*$ 的情况下，通过调整第二阶段变量取值使得运行费用函数达到最小。两阶段鲁棒优化相比单阶段鲁棒优化保守性有所降低，但需要进行复杂的对偶转换和求解高度非凸的双线性项，计算负担更加沉重。

9.3.3.3 静态鲁棒的常用求解方法

（1）Benders 分解算法。Benders 分解算法由雅克·本德斯（J. F. Benders）于 1962 年提出，旨在求解变量较少且约束条件较多的大规模线性规划问题。Benders 分解算法在每次迭代过程中将原问题分解为主问题和子问题交替求解，不断缩小上下界之间的间隙，直至小于给定阈值。其具体求解过程如下。

通常三层鲁棒优化结构的矩阵形式为

$$\min_{x\in X} \boldsymbol{c}_1^{\mathrm{T}}\boldsymbol{x}+\max_{\zeta\in\Omega}\ \min_{y\in Y(x,\ \zeta)}\ \boldsymbol{c}_2^{\mathrm{T}}\boldsymbol{y} \tag{9.45}$$

$$\text{s. t.}\begin{cases}\boldsymbol{Ax}\geqslant\boldsymbol{b}\\ \boldsymbol{Gy}\geqslant\boldsymbol{g}\cdots(\boldsymbol{\lambda})\\ \boldsymbol{Mx}+\boldsymbol{Ny}\geqslant\boldsymbol{m}\cdots(\boldsymbol{\mu})\\ \boldsymbol{Uy}+\boldsymbol{V\zeta}=\boldsymbol{w}\cdots(\boldsymbol{\upsilon})\end{cases} \tag{9.46}$$

式中：$\boldsymbol{\lambda}$、$\boldsymbol{\mu}$ 和 $\boldsymbol{\upsilon}$ 分别为相应不等式约束的对偶变量。

首先，对主问题求解后得到第一阶段决策变量 $\boldsymbol{x}^*$，将得到的第一阶段决策变量 $\boldsymbol{x}^*$ 传递给子问题，并进行子问题的求解：将式（9.45）中的内层问题进行对偶，并与中间层的 max 函数合并，得到子问题的数学形式为

$$\min_{g,\ \lambda,\ \mu,\ \upsilon}\ \boldsymbol{g}^{\mathrm{T}}\boldsymbol{\lambda}+(\boldsymbol{m}-\boldsymbol{Mx}^*)^{\mathrm{T}}\boldsymbol{\mu}+(\boldsymbol{w}-\boldsymbol{V\zeta})^{\mathrm{T}}\boldsymbol{\upsilon} \tag{9.47}$$

$$\text{s. t.}\begin{cases}\boldsymbol{G}^{\mathrm{T}}\boldsymbol{\lambda}+\boldsymbol{N}^{\mathrm{T}}\boldsymbol{\mu}+\boldsymbol{U}^{\mathrm{T}}\boldsymbol{\upsilon}\leqslant\boldsymbol{c}_2\\ \boldsymbol{\lambda}\geqslant 0,\ \boldsymbol{\mu}\geqslant 0\end{cases} \tag{9.48}$$

对子问题进行求解，得到中间层最糟糕场景的取值 ζ^*。如果子问题有解，则向主问题添加最优割

$$\eta\geqslant\boldsymbol{g}^{\mathrm{T}}\boldsymbol{\lambda}^*+(\boldsymbol{m}-\boldsymbol{Mx})^{\mathrm{T}}\boldsymbol{\mu}^*+(\boldsymbol{w}-\boldsymbol{V\zeta}^*)^{\mathrm{T}}\boldsymbol{\upsilon}^* \tag{9.49}$$

否则，若子问题没有解，则通过以下优化问题产生可行割

$$\max_{\lambda,\ \mu,\ \upsilon} 0 \tag{9.50}$$

$$\text{s. t.}\begin{cases}\boldsymbol{g}^{\mathrm{T}}\boldsymbol{\lambda}(\boldsymbol{m}-\boldsymbol{Mx})^{\mathrm{T}}\boldsymbol{\mu}+(\boldsymbol{w}-\upsilon\zeta)^{\mathrm{T}}\boldsymbol{\upsilon}=1\\ \boldsymbol{G}^{\mathrm{T}}\boldsymbol{\lambda}+\boldsymbol{N}^{\mathrm{T}}\boldsymbol{\mu}+\boldsymbol{U}^{\mathrm{T}}\boldsymbol{\upsilon}\leqslant\boldsymbol{c}_2\\ \boldsymbol{\lambda}\geqslant 0,\ \boldsymbol{\mu}\geqslant 0\end{cases} \tag{9.51}$$

因此，主问题的数学形式为

$$\min_{x\in X,\ \eta}\ \boldsymbol{c}_1^{\mathrm{T}}\boldsymbol{x}+\eta \tag{9.52}$$

$$\text{s. t.}\begin{cases}\eta\geqslant\boldsymbol{g}^{\mathrm{T}}\boldsymbol{\lambda}^*+(\boldsymbol{m}-\boldsymbol{Mx})^{\mathrm{T}}\boldsymbol{\mu}^*+(\boldsymbol{w}-\boldsymbol{V\zeta}^*)^{\mathrm{T}}\boldsymbol{\upsilon}^*\\ \boldsymbol{Ax}\geqslant\boldsymbol{b}\\ \boldsymbol{\lambda}\geqslant 0,\ \boldsymbol{\mu}\geqslant 0\end{cases} \tag{9.53}$$

（2）列和约束生成算法（C&CG）算法。C&CG（column and constraint generation）算法于2013年提出，目的在于提高求解 min-max-min 三层鲁棒优化问题的效率，其求解步骤如下。

对于同样的三层鲁棒优化问题的矩阵形式，其子问题的数学形式为

$$\max_{g,\ \mu,\ \upsilon,\ \zeta}\ \boldsymbol{g}^{\mathrm{T}}\boldsymbol{\lambda}+(\boldsymbol{m}-\boldsymbol{Mx}^*)^{\mathrm{T}}\boldsymbol{\mu}+(\boldsymbol{w}-\boldsymbol{V\zeta})^{\mathrm{T}}\boldsymbol{\upsilon} \tag{9.54}$$

$$\text{s. t.}\begin{cases}\boldsymbol{G}^{\mathrm{T}}\boldsymbol{\lambda}+\boldsymbol{N}^{\mathrm{T}}\boldsymbol{\mu}+\boldsymbol{U}^{\mathrm{T}}\boldsymbol{\upsilon}\leqslant\boldsymbol{c}_2\\ \boldsymbol{\lambda}\geqslant 0,\ \boldsymbol{\mu}\geqslant 0\end{cases} \tag{9.55}$$

主问题的数学形式为

$$\min_{x\in X,\ \eta}\ \boldsymbol{c}_1^{\mathrm{T}}\boldsymbol{x}+\eta \tag{9.56}$$

$$\text{s. t.}\begin{cases}\eta\geqslant\boldsymbol{c}_2^{\mathrm{T}}\boldsymbol{y}_k & k=1,\ 2,\ \cdots,\ m\\ \boldsymbol{Ax}\geqslant\boldsymbol{b}\\ \boldsymbol{Gy}_k\geqslant\boldsymbol{g} & k=1,\ 2,\ \cdots,\ m\\ \boldsymbol{Mx}+\boldsymbol{Ny}_k\geqslant\boldsymbol{m} & k=1,\ 2,\ \cdots,\ m\\ \boldsymbol{Uy}+\boldsymbol{V\zeta}_k=\boldsymbol{w} & k=1,\ 2,\ \cdots,\ m\end{cases} \tag{9.57}$$

在第 m 次迭代过程中，首先求解主问题，得到第一阶段的决策变量 x^*，将其传递给子问题

并进行求解。若子问题无解，则增加一组变量（y_1^{m+1}，y_2^{m+1}，y_k^{m+1}），并向主问题添加可行割

$$\text{s. t.}\begin{cases}\boldsymbol{G}\boldsymbol{y}_{m+1}\geqslant\boldsymbol{g}\\ \boldsymbol{M}\boldsymbol{x}+\boldsymbol{N}\boldsymbol{y}_{m+1}\geqslant\boldsymbol{m}\\ \boldsymbol{U}\boldsymbol{y}_{m+1}+\boldsymbol{V}\boldsymbol{\zeta}_{m+1}=\boldsymbol{w}\end{cases}\tag{9.58}$$

若子问题有解，则增加一组变量（y_1^{m+1}，y_2^{m+1}，y_k^{m+1}）并向主问题添加最优割

$$\text{s. t.}\begin{cases}\eta\geqslant\boldsymbol{c}_2^{\mathrm{T}}\boldsymbol{y}_{m+1}\\ \boldsymbol{G}\boldsymbol{y}_{m+1}\geqslant\boldsymbol{g}\\ \boldsymbol{M}\boldsymbol{x}+\boldsymbol{N}\boldsymbol{y}_{m+1}\geqslant\boldsymbol{m}\\ \boldsymbol{U}\boldsymbol{y}_{m+1}+\boldsymbol{V}\boldsymbol{\zeta}_{m+1}=\boldsymbol{w}\end{cases}\tag{9.59}$$

综上所述，求解三层鲁棒优化常用的 Benders 分解算法和 C&CG 算法都需要将内层进行对偶转换与中间层进行合并，通过“分解协调”的思想交替求解主问题和子问题，都需要进行复杂的对偶转换和高度非凸的双线性项的求解，这些都大大增加了问题求解的难度。C&CG 的求解算法跟 Benders 分解算法的思想类似，主要区别在于 Benders 分解算法在迭代过程中向主问题添加对偶乘子变量的割平面约束，而 C&CG 算法则是向主问题添加原有变量的割平面约束。

9.3.4 区间优化

9.3.4.1 区间数

区间数（Interval Number）是区间优化理论的基础，定义为一组具有上限和下限的随机变量的实数集合，一个区间数 $\tilde{A}$（本节中用波浪号上标来表明其为区间数）的一般表示形式为

$$\tilde{A}=[\underline{A},\overline{A}]=\{x\mid\underline{A}\leqslant x\leqslant\overline{A},\ x\in R\}\tag{9.60}$$

式中：$\tilde{A}$ 为闭区间；$\underline{A}$ 和 $\overline{A}$ 分别为区间的上限和下限。

因此有 $\underline{A}\leqslant\overline{A}$。当 $\underline{A}=\overline{A}$ 时，区间数 $\tilde{A}$ 为一个普通实数。

同样地，区间数也可以用其中点和半径表示为

$$\tilde{A}=\langle\tilde{A}^M,\ \tilde{A}^R\rangle=\{x\mid\tilde{A}^M-\tilde{A}^R\leqslant x\leqslant\tilde{A}^M+\tilde{A}^R,\ x\in R\}\tag{9.61}$$

式中：$\tilde{A}^M$ 和 $\tilde{A}^R$ 分别为区间数 $\tilde{A}$ 的中点和半径。

它们与区间数的上下限之间的转换关系式如下

$$\tilde{A}^M=(\underline{A}+\overline{A})/2\tag{9.62}$$

$$\tilde{A}^R=(\underline{A}-\overline{A})/2\tag{9.63}$$

区间数的上限和下限可以体现不确定量的 3 分布范围，而区间数的中点 $\tilde{A}^M$ 和半径 $\tilde{A}^R$ 分别可以体现区间的平均分布趋势和区间的不确定性水平。区间数是一个仅知道其分布上限和下限的不确定数，它的基本运算法则与实数也有所不同，其加法、减法、乘法等常用的运算法则如下所示

$$\tilde{A}+\tilde{B}=[\underline{A}+\underline{B},\ \overline{A}+\overline{B}]\tag{9.64}$$

$$\tilde{A}-\tilde{B}=[\underline{A}-\overline{B},\ \overline{A}-\underline{B}]\tag{9.65}$$

$$k\tilde{A}=\begin{cases}[k\underline{A},\ k\overline{A}] & k>0\\ [k\overline{A},\ k\underline{A}] & k\leqslant 0\end{cases}\tag{9.66}$$

$$\tilde{A}\cdot\tilde{B}=[\min\{\underline{A}\cdot\underline{B},\ \underline{A}\cdot\overline{B},\ \overline{A}\cdot\underline{B},\ \overline{A}\cdot\overline{B}\},\ \max\{\underline{A}\cdot\underline{B},\ \underline{A}\cdot\overline{B},\ \overline{A}\cdot\underline{B},\ \overline{A}\cdot\overline{B}\}]\tag{9.67}$$

9.3.4.2 区间线性优化模型

将区间数相关的理论与方法运用到一般的优化模型中，就得到了区间优化模型。在区间优化模型中，不确定输入变量由区间数来建模表示，决策变量仍为实数，而相应的状态变量便有可能也为区间数，区间优化的目标是在满足约束条件的情况下寻求使目标函数达到最优的控制变量。区间线性优化模型的一般数学形式可以描述为

$$\text{s.t.}\begin{cases}\min f(x_1,\ \cdots,\ x_i,\ \cdots x_n)\\ \sum_{i=1}^{n}\widetilde{A}_{ji}x_i\leqslant\widetilde{B}_j & j=1,\ 2,\ \cdots,\ m\\ x_i\geqslant 0 & i=1,\ 2,\ \cdots,\ n\end{cases}\tag{9.68}$$

式中：f 为目标函数；$\widetilde{A}_{ji}$ 和 $\widetilde{B}_j$ 区间数，$\widetilde{A}_{ji}=[\underline{A}_{ji},\ \overline{A}_{ji}]$，$\widetilde{B}_j=[\underline{B}_j,\ \overline{B}_j]$；$x_i$ 为待优化的决策变量。

区间优化最大的特点即为其对不确定变量的建模方式简单，无需获取不确定变量概率分布相关的任何信息或是不确定集的类型，而只需要知道它的边界分布信息。如式（9.68）所示，如果决策者不能获知某些输入变量的确切值，也无法获取其概率分布信息，而仅知随机输入变量的上下限区间，就可以用区间数来处理这些变量，因此区间优化可以用来处理考虑新能源发电不确定性的电力系统优化问题。

9.3.4.3 基于区间序关系比较的转换方法

在区间优化模型中，含有带区间数的不等式约束，这关乎两个区间数之间的大小、优劣比较，或者说是排序，通常称为区间数的序关系比较。在对区间优化的现有研究中，有非常多种关于区间序关系比较的定义，本节将使用区间模糊序关系来判断含区间数的不等式约束是否成立，在此基础之上再将其转换为一般的确定性的不等式约束。

对区间数 $\widetilde{A}=[\underline{A},\ \overline{A}]$，$\widetilde{B}=[\underline{B},\ \overline{B}]$，定义 $\widetilde{A}^L=\overline{A}-\underline{A}$，$\widetilde{B}^L=\overline{B}-\underline{B}$ 分别为区间数 $\widetilde{A}^L$ 和 $\widetilde{B}^L$ 的长度，则称

$$P(\widetilde{A}\leqslant\widetilde{B})=\frac{\max[0,\ \widetilde{A}^L+\widetilde{B}^L-\max(0,\ \overline{A}-\underline{B})]}{\widetilde{A}^L+\widetilde{B}^L}\tag{9.69}$$

为区间不等式约束（$\widetilde{A}\leqslant\widetilde{B}$）成立的可能度。根据该定义，可以得到区间数之间比较的序关系。在该定义下，区间序关系比较具有如下性质：

（1）给定区间数 $\widetilde{A}$ 小于或等于区间数 $\widetilde{B}$ 的可能度为 p_1，区间数 $\widetilde{B}$ 小于或等于区间数 $\widetilde{A}$ 的可能度为 p_2，如果 $p_1=p_2$，则区间数 $\widetilde{A}$ 等于区间数 $\widetilde{B}$，且 p_1 和 p_2 等于 1/2。

（2）若区间数 $\widetilde{A}$ 的上限 $\overline{A}$ 小于或等于区间数 $\widetilde{B}$ 的下限 $\underline{B}$，则区间数 $\widetilde{A}$ 小于或等于区间数 $\widetilde{B}$ 的可能度等于 1；若区间数 $\widetilde{A}$ 的下限 $\underline{A}$ 大于或等于区间数 $\widetilde{B}$ 的上限 $\overline{B}$，则区间数 $\widetilde{A}$ 小于或等于区间数 $\widetilde{B}$ 的可能度等于 0。

（3）给定三个区间数 $\widetilde{A}$、$\widetilde{B}$、$\widetilde{C}$，区间数 $\widetilde{A}$ 小于或等于区间数 $\widetilde{C}$ 的可能度为 p_3，区间数 $\widetilde{B}$ 小于或等于区间数 $\widetilde{C}$ 的可能度为 p_4，若区间数 $\widetilde{A}$ 小于或等于区间数 $\widetilde{B}$，则 $p_3\geqslant p_4$。

（4）若区间数 $\widetilde{A}$ 小于或等于区间数 $\widetilde{B}$ 的可能度为 p，则区间数 $\widetilde{A}$ 大于或等于区间数 $\widetilde{B}$ 的可能度为 $1-p$。

由上述性质中可见，区间数之间的排序与比较其实与实数间的大小比较类似。在上述关于区间序关系比较定义的基础上，可以得到将含区间数的不等式约束转换为确定性约束的一种方法。

首先将 $\lambda=P\left(\sum_{i=1}^{n}\widetilde{A}_{ji}x_i\leqslant\widetilde{B}_j\right)$ 定义为该区间不等式约束的约束满足水平，其值 $\lambda\in[0,1]$。

在约束满足水平 λ 下，区间不等式约束 $\sum_{i=1}^{n}\widetilde{A}_{ji}x_i\leqslant\widetilde{B}_j$ 可以转换为如下确定性约束

$$(1-\lambda)\sum_{i=1}^{n}\underline{A}_{ji}x_i+\lambda\sum_{i=1}^{n}\overline{A}_{ji}x_i\leqslant\lambda\underline{B}_j+(1-\lambda)\overline{B}_j \tag{9.70}$$

通过式（9.70）所示的方法，可以将原本不确定形式的区间线性不等式约束转换为确定性的线性不等式约束，便于采用确定性优化模型的理论和算法对其进行求解。在所提转换方法中，根据所提区间序关系比较的定义，区间约束满足水平 λ 代表区间不等式约束 $\sum_{i=1}^{n}\widetilde{A}_{ji}x_i\leqslant\widetilde{B}_j$ 满足的可能度。对于反映系统安全的区间约束，λ 反映了系统的安全水平。因此决策者在用该转换方法求解区间优化模型时，可以根据实际情况具体分析，选取合适的约束满足水平 λ 来获得满意解。

9.4 实 例 分 析

9.4.1 基于信息物理社会系统的优化策略

由于风光发电的波动性、间歇性和随机性，它们大规模接入电网具有很多的不确定性因素并影响电力系统的安全稳定运行。风光储混合发电系统将风光发电站与储能电站集成，充分利用储能电站来减少风光发电输出功率的不确定性。为了提升新能源消纳的水平，采用两种策略对混合发电系统进行优化，它们分别基于信息物理系统（cyber - physical system，CPS）和信息物理社会系统（cyber - physical - social system，CPSS），两种优化调度策略如图 9.1 所示。

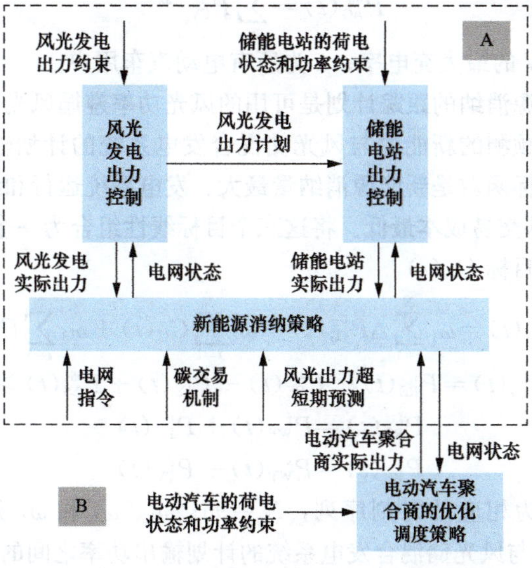

图 9.1 基于信息物理系统和信息物理社会系统的优化调度策略

基于 CPS 的策略为模型 A，该模型考虑与信息系统和物理系统相关的因素。将物理系统的感应和需求（实时负载和需求功率）上传到信息系统的控制中心。信息系统主要包括对风光电功率和电网负荷数据的采集和预测，以及调度和控制指令的发布。物理系统涉及对储能电站电池荷电状态（state of charge，SOC）、风光火电调度或发电功率以及电网安全的约束。

基于 CPSS 的策略为模型 B，模型 B 相比模型 A 还考虑社会系统中的因素，能体现人的利益和行为。模型 B 是基于模型 A 构建的，除了社会因素外，信息系统和物理系统是一致的。通过控制变量法，可体现考虑社会因素后对新能源消纳的影响。模型 B 基于 CPSS，将控制信息（价

格和政策信号）从信息系统的控制中心传输到物理系统的聚合商，再传输到社会系统的联盟。电动汽车（electric vehicle，EV）聚合商是集中控制大量 EV 的基础设施，它可以响应调度信号，将能量反馈给处于负荷高峰期的电网。此外，在满足 EV 出行需求的前提下，EV 聚合商根据电力市场价格信号，可以通过合理的充放电方案获取利润。在模型 B 中，网络系统包含风光火电调度或发电功率，可控负荷和不可控负荷数据的采集和预测，以及调度和控制指令的决策。物理系统包含对储能电站和 EV 电池 SOC，风光火电调度或发电功率，以及电网安全的约束。社会系统体现电价对各类 EV 在不同时间段充放电行为的影响，从而激励可控负荷积极参与智慧能源系统的优化调度。在本实例中，社会系统的界定范畴以 EV 的充电方式来划分。在 CPS 模型中，EV 通过最大充电功率至满电状态，这是一个无序充电的过程，它不考虑社会因素。在 CPSS 模型中，通过实时电价激励 EV 进行有序充电，EV 的目标为充放电成本最低，它考虑了社会因素。

模型 A 和模型 B 的电网调度、风光火电、储能电站和负载需求响应的计划输出功率均以风电、光电和负载的超短期预测数据为基准进行计算。基于高精度超短期预测，新型电力系统可以通过智能需求控制策略实时调整电力调度，从而提高能源效率和经济效益。

9.4.2 考虑风光消纳的优化调度模型

9.4.2.1 CPS 模型

在模型 A 中，EV 聚合商的充放电行为不考虑社会因素的影响，即 EV 聚合商作为不可控负荷。在第 t 时间间隔，EV 聚合商的功率值 $P_{\mathrm{AG}}^{\mathrm{un}}(t)$ 等于此刻所有 EV 的充电功率之和，且 EV 用其最大充电功率 $P_{\mathrm{EV}}^{\mathrm{ch,max}}$ 充电至最大 SOC（满电状态）。

$$P_{\mathrm{AG}}^{\mathrm{un}}(t)=\sum_{x}^{\mu}P_{\mathrm{EV}_x}^{\mathrm{ch,\ max}} \tag{9.71}$$

式中：$P_{\mathrm{EV}_x}^{\mathrm{ch,max}}$ 为第 x 辆 EV 的最大充电率；μ 为所有电动汽车用户。

（1）目标函数。新能源消纳的跟踪计划是可用的风光功率遵循风光储混合发电系统的调度计划。在一定的时间内，当预测的新能源与风光储混合发电系统的计划输出功率之间的误差最小时，新能源消纳最大。目标函数是新能源消纳量最大、发电系统运行和维护（Operation and Maintenance，OM）成本、碳交易成本最低。将这三个目标线性组合为一个综合目标，则模型 A 的目标函数为最小化的综合目标 $O_{\mathrm{A}}(t)$

$$\min O_{\mathrm{A}}(t)=\omega_1\sum_{t=1}^{N}\Delta P_{\mathrm{CG}}^{\mathrm{f}}(t)+\omega_2\sum_{t=1}^{N}C_{\mathrm{G}}(t)+\omega_3\sum_{t=1}^{N}C_{\mathrm{CT}}(t) \tag{9.72}$$

$$\Delta P_{\mathrm{CG}}^{\mathrm{f}}(t)=P_{\mathrm{RE}}^{\mathrm{f}}(t)-P_{\mathrm{RE}}^{\mathrm{s}}(t)-P_{\mathrm{ES}}^{\mathrm{ch}}(t)+P_{\mathrm{ES}}^{\mathrm{dis}}(t)\geqslant 0 \tag{9.73}$$

$$P_{\mathrm{RE}}^{\mathrm{f}}(t)=P_{\mathrm{WT}}^{\mathrm{f}}(t)+P_{\mathrm{PV}}^{\mathrm{f}}(t) \tag{9.74}$$

$$P_{\mathrm{RE}}^{\mathrm{s}}(t)=P_{\mathrm{WT}}^{\mathrm{s}}(t)+P_{\mathrm{PV}}^{\mathrm{s}}(t) \tag{9.75}$$

式中：$t=1,\ 2,\ \cdots,\ N$ 为相应的时刻序列，$N=96$；ω_1、ω_2 和 ω_3 分别为三个目标的权重；$\Delta P_{\mathrm{CG}}^{\mathrm{f}}(t)$ 为预测的新能源与风光储混合发电系统的计划输出功率之间的误差；$P_{\mathrm{RE}}^{\mathrm{f}}(t)$ 和 $P_{\mathrm{RE}}^{\mathrm{s}}(t)$ 分别为第 t 时间间隔新能源输出功率的预测值和调度值；$P_{\mathrm{WT}}^{\mathrm{f}}(t)$ 和 $P_{\mathrm{PV}}^{\mathrm{f}}(t)$ 分别为第 t 时间间隔内风力发电和光伏发电的预测值；$P_{\mathrm{WT}}^{\mathrm{s}}(t)$ 和 $P_{\mathrm{PV}}^{\mathrm{s}}(t)$ 分别为风力发电和光伏发电的调度值；$P_{\mathrm{ES}}^{\mathrm{ch}}(t)$ 和 $P_{\mathrm{ES}}^{\mathrm{dis}}(t)$ 分别为储能电站充电和放电的功率值。

发电系统 OM 成本来自风力发电站、光伏发电站、火力发电站和储能电站，如式（9.76）所示

$$C_{\mathrm{G}}(t)=C_{\mathrm{WT}}^{\mathrm{OM}}(t)+C_{\mathrm{PV}}^{\mathrm{OM}}(t)+C_{\mathrm{TM}}^{\mathrm{OM}}(t)+C_{\mathrm{ES}}^{\mathrm{OM}}(t) \tag{9.76}$$

$$C_{\mathrm{WT}}^{\mathrm{OM}}(t)=m_{\mathrm{WT}}^{\mathrm{OM}}P_{\mathrm{WT}}^{\mathrm{s}}(t)\Delta t \tag{9.77}$$

$$C_{PV}^{\mathrm{OM}}(t)=m_{\mathrm{PV}}^{\mathrm{OM}}P_{\mathrm{PV}}^{\mathrm{s}}(t)\Delta t \tag{9.78}$$

$$C_{\mathrm{TM}}^{\mathrm{OM}}(t)=m_{\mathrm{TM}}^{\mathrm{OM}}P_{\mathrm{TM}}(t)\Delta t \tag{9.79}$$

$$C_{\mathrm{ES}}^{\mathrm{OM}}(t)=m_{\mathrm{ES}}^{\mathrm{OM}}[P_{\mathrm{ES}}^{\mathrm{ch}}(t)+P_{\mathrm{ES}}^{\mathrm{dis}}(t)]\Delta t \tag{9.80}$$

式中：$m_{\mathrm{WT}}^{\mathrm{OM}}$、$m_{\mathrm{PV}}^{\mathrm{OM}}$、$m_{\mathrm{TM}}^{\mathrm{OM}}$ 和 $m_{\mathrm{ES}}^{\mathrm{OM}}$ 分别为风力发电站、光伏发电站、火力发电站和储能电站的 OM 成本系数；$C_{\mathrm{WT}}^{\mathrm{OM}}(t)$、$C_{\mathrm{PV}}^{\mathrm{OM}}(t)$、$C_{\mathrm{TM}}^{\mathrm{OM}}(t)$ 和 $C_{\mathrm{ES}}^{\mathrm{OM}}(t)$ 分别为风力发电站、光伏发电站、火力发电站和储能电站的 OM 成本值；P_{TM} 为火力发电机的有功输出。

发电系统的碳交易成本来自高碳机组，即常规火电机组。碳交易中，将碳排放权作为一种商品。各发电机组按照碳交易机制获得一定的初始配额，在运行中超出配额的部分需要进行惩罚（购买额外碳排放权），而排放不足配额的剩余部分可以进行售卖并获得收益。本节碳排放配额的分配模型采用基准线法，火电机组碳排放配额计算公式为

$$D_{\mathrm{CT}}(t)=\lambda P_{\mathrm{TM}}(t)\cdot\Delta t \tag{9.81}$$

式中：$D_{\mathrm{CT}}(t)$ 为第 t 时间间隔火电机组所分配得的免费碳排放配额，单位为 t；λ 表示发电机组单位有功输出功率的碳排放配额分配率，单位为 t/MWh。

火力发电机组的碳排放强度与发电机组的有功输出功率有关，可表示为

$$E_{\mathrm{CT}}(t)=\gamma P_{\mathrm{TM}}(t)\Delta t \tag{9.82}$$

式中：$E_{\mathrm{CT}}(t)$ 为第 t 时间间隔发电机组的碳排放量；γ 为发电机组有功输出功率的碳排放强度系数，单位为 t/MWh。

因此，火电机组的碳交易成本 $C_{\mathrm{CT}}(t)$ 为

$$C_{\mathrm{CT}}(t)=m_{\mathrm{CO_2}}[E_{\mathrm{CT}}(t)-D_{\mathrm{CT}}(t)]\Delta t \tag{9.83}$$

式中：$m_{\mathrm{CO_2}}$ 为碳交易价格。

$C_{\mathrm{CT}}(t)>0$ 时，发电机组需要购买额外的碳排放权，会产生碳排放成本；$C_{\mathrm{C}}(t)<0$ 时，发电机组有多余的碳排放配额，可通过出售获取收益。

（2）约束条件。

1）潮流和网络约束。假设在有 M 条母线的电网中，支路为 $ij(i,\ j\in M)$，功率从节点 i 流向节点 j，用分布式潮流模型描述网络潮流约束，则在第 t 时间间隔模拟的潮流方程如式（9.84）～式（9.86）所示。

$$P_j(t)=P_{ij}(t)-r_{ij}\frac{P_{ij}^2(t)+Q_{ij}^2(t)}{V_i^2(t)} \tag{9.84}$$

$$Q_j(t)=Q_{ij}(t)-x_{ij}\frac{P_{ij}^2(t)+Q_{ij}^2(t)}{V_i^2(t)} \tag{9.85}$$

$$V_j^2(t)=V_i^2(t)-2[r_{ij}P_{ij}(t)+x_{ij}Q_{ij}(t)]+(r_{ij}^2+x_{ij}^2)\frac{P_{ij}^2(t)+Q_{ij}^2(t)}{V_i^2(t)} \tag{9.86}$$

式中：$P_{ij}(t)$ 和 $Q_{ij}(t)$ 分别为第 t 时间间隔支路 ij 传输的有功和无功功率；$P_j(t)$ 和 $Q_j(t)$ 分别为第 t 时间间隔节点 i 注入的有功和无功功率；$V_i(t)$ 和 $V_j(t)$ 分别为第 t 时间间隔节点 i 和节点 j 的电压幅值；r_{ij} 和 x_{ij} 分别表示第 t 时间间隔支路 ij 的电阻和电抗。

风光发电通常设计为在单位功率因数下运行，因此它仅提供有功功率，故不考虑无功功率。支路 ij 的传输功率限值和节点 i 的电压幅值约束为

$$-P_{ij}^{\max}\leqslant P_{ij}(t)\leqslant P_{ij}^{\max} \tag{9.87}$$

$$V_i^{\min}\leqslant V_i(t)\leqslant V_i^{\max} \tag{9.88}$$

式中：$P_{ij}^{\max}$ 表示支路 ij 传输功率的上限；$V_i^{\min}$ 和 $V_i^{\max}$ 分别为节点 i 的电压幅值的最小值和最大值。

支路 ij 第 t 时间间隔的线路损耗 P_{ij}^{loss} 可以表示为

$$P_{ij}^{\mathrm{loss}}(t)=r_{ij}\frac{P_{ij}^2(t)}{V_i^2(t)} \tag{9.89}$$

本节电力网络包含风光储混合发电系统的有功输出 P_{CG}、火力发电机组的有功输出 P_{TM}、EV 聚合商的负载 P_{AG} 和电力系统中的固定负载 P_D。

2）储能电站约束。由于储能电站蓄电池充放电功率和储能容量的限制，储能电站充放电的具体约束如下

$$0 \leqslant P_{ES}^{ch}(t) \leqslant U_{ES}(t) P_{ES}^{ch,max} \tag{9.90}$$

$$0 \leqslant P_{ES}^{dis}(t) \leqslant [1-U_{ES}(t)] P_{ES}^{dis,max} \tag{9.91}$$

$$SOC_{ES}^{min} \leqslant SOC_{ES}(t) \leqslant SOC_{ES}^{max} \tag{9.92}$$

式中：$P_{ES}^{ch,max}$ 和 $P_{ES}^{dis,max}$ 分别为储能电站最大的充电功率和放电功率；$U_{ES}(t)$ 为储能电站第 t 时间间隔的状态（1 为充电状态，0 为其他状态），二进制变量；SOC_{ES}^{min} 和 SOC_{ES}^{max} 分别为储能电站 SOC 的最小值和最大值。

储能电站第 t 时刻的荷电状态 $SOC_{ES}(t)$ 被定义为储能电站第 t 时刻的电池剩余电量 $E_{ES}(t)$ 与额定容量 E_{ES}^{u} 的比值

$$SOC_{ES}(t) = \frac{E_{ES}(t)}{E_{ES}^{u}} \tag{9.93}$$

$$SOC_{ES}(t) = SOC_{ES}(t-1) + \Delta SOC_{ES}(t) \tag{9.94}$$

$$\Delta SOC_{ES}(t) = \frac{P_{ES}^{ch}(t)\eta_{ES}^{ch} - \dfrac{P_{ES}^{dis}(t)}{\eta_{ES}^{dis}}}{E_{ES}^{u}} \Delta t \tag{9.95}$$

式中：$\Delta SOC_{ES}(t)$ 为第 t 时间间隔电池电量的变化，当其为正数时，表示第 t 时间间隔储能电站处于充电状态；当它为负数时，表示第 t 时间间隔储能电站处于放电状态；η_{ES}^{ch} 和 η_{ES}^{dis} 分别为储能电站电池充电和放电效率；Δt 为时间间隔。

3）发电站约束。风力发电机组的约束函数为

$$0 \leqslant P_{WT}^{s}(t) \leqslant P_{WT}^{f}(t) \tag{9.96}$$

光伏发电机组的约束函数为

$$0 \leqslant P_{PV}^{s}(t) \leqslant P_{PV}^{f}(t) \tag{9.97}$$

火力发电机组的约束函数为

$$P_{TM}^{min}(t) \leqslant P_{TM}(t) \leqslant P_{TM}^{max}(t) \tag{9.98}$$

式中：P_{TM}^{min} 和 P_{TM}^{max} 分别为火力发电机组输出功率的最小值和最大值。

4）功率平衡约束

$$P_{RE}^{s}(t) + P_{ES}^{dis}(t) + P_{TM}(t) = P_{d}(t) + P_{AG}(t) + P_{tot}^{loss}(t) \tag{9.99}$$

式中：$P_{tot}^{loss}(t)$ 为电力系统总的功率损耗。

5）变压器容量约束为

$$-P_{t}^{max} \leqslant P_{t}(t) \leqslant P_{t}^{max} \tag{9.100}$$

式中：P_{t}^{max} 为电力系统中公共连接点处变压器容量的最大值。

9.4.2.2 CPSS 模型

在模型 B 中，EV 聚合商可作为价格需求响应，其负荷是可控的。在一个利益联盟中，EV 可以通过参与电力系统的优化调度来获得收益。EV 聚合商作为可控负荷时，其功率表达式为

$$P_{AG}^{co}(t) = \sum_{x}^{\mu} P_{EV_x}^{ch}(t) - \sum_{x}^{\mu} P_{EV_x}^{dis}(t) \tag{9.101}$$

式中：$\sum_{x}^{\mu} P_{EV_x}^{ch}(t)$ 和 $\sum_{x}^{\mu} P_{EV_x}^{dis}(t)$ 分别为第 t 时间间隔联盟中的 EV 充电功率之和、放电功率之和。

EV 聚合上的额定容量可以表示为

$$E_{AG}^{u}(t)=\sum_{x}^{\mu}E_{EV_x}^{u}(t) \tag{9.102}$$

EV 聚合商的额定容量随着不同时间停留的 EV 的数量和种类而变化。EV 聚合商第 t 时刻的剩余容量为

$$E_{AG}(t)=\sum_{x}^{\mu}[E_{EV_x}^{u}(t)\cdot SOC_{EV_x}(t)] \tag{9.103}$$

式中：$E_{EV_x}^{u}(t)$ 和 $SOC_{EV_x}(t)$ 分别表示在第 t 时刻，第 x 辆 EV 的额定容量和 SOC。

(1) 目标函数。基于 CPSS 融合的优化调度模型的目标函数为新能源消纳最大、发电系统的 OM 成本、碳交易成本和可控负荷的运行成本最低。这四个目标被线性组合成一个综合目标，则模型 B 的目标函数是最小化综合目标 $O_B(t)$

$$\min O_B(t)=\omega_1\sum_{t=1}^{N}\Delta P_{CG}^{f}(t)+\omega_2\sum_{t=1}^{N}C_G(t)+\omega_3\sum_{t=1}^{N}C_{CT}(t)+\omega_4\sum_{t=1}^{N}C_L(t) \tag{9.104}$$

式中：ω_4 为第四个目标的权重。

一般来说，权重不是固定值，它取决于实际需求的占比。可控负荷运行成本 $C_D(t)$ 是 EV 聚合商充电支出 $C_{AG}^{ch}(t)$ 和放电收入 $C_{AG}^{dis}(t)$ 之和，有

$$C_D(t)=C_{AG}^{ch}(t)-C_{AG}^{dis}(t) \tag{9.105}$$

$$C_{AG}^{ch}(t)=\sum_{x}^{\mu}P_{EV_x}^{ch}(t)m_{AG}^{ch}(t)\Delta t \tag{9.106}$$

$$C_{AG}^{dis}(t)=\sum_{x}^{\mu}P_{EV_x}^{dis}(t)m_{AG}^{dis}(t)\Delta t \tag{9.107}$$

式中：$\sum_{x}^{\mu}P_{EV_x}^{ch}(t)$ 和 $\sum_{x}^{\mu}P_{EV_x}^{dis}(t)$ 分别为第 t 时间间隔联盟中 EV 充电功率之和与放电功率之和；$m_{AG}^{ch}(t)$ 和 $m_{AG}^{dis}(t)$ 分别表示第 t 时间间隔聚合商充电和放电的实时电价。

(2) 约束条件。

1) EV 充放电功率约束。第 x 辆 EV 的充电和放电功率限制为

$$0\leqslant P_{EV_x}^{ch}(t)\leqslant U_{EV_x}(t)P_{EV_x}^{ch,max} \tag{9.108}$$

$$0\leqslant P_{EV_x}^{dis}(t)\leqslant[1-U_{EV_x}(t)]P_{EV_x}^{dis,max} \tag{9.109}$$

式中：$P_{EV_x}^{ch,max}$ 和 $P_{EV_x}^{dis,max}$ 分别为第 x 辆 EV 的最大充电功率和放电功率；$U_{EV_x}(t)$ 为第 t 时间间隔第 x 辆 EV 的充放电状态（1 为充电状态，0 为其他状态），二进制变量。

2) EV 充放电容量约束。在第 t 时刻，第 x 辆 EV 的 SOC 为其剩余容量 $E_{EV_x}(t)$ 与额定容量 $E_{EV_x}^{u}$ 的比值

$$SOC_{EV_x}(t)=\frac{E_{EV_x}(t)}{E_{EV_x}^{u}} \tag{9.110}$$

$$SOC_{EV_x}^{min}\leqslant SOC_{EV_x}(t)\leqslant SOC_{EV_x}^{max}=SOC_{EV_x}^{lea} \tag{9.111}$$

式中：$SOC_{EV_x}^{min}$ 和 $SOC_{EV_x}^{max}$ 分别为第 x 辆 EV 电池 SOC 的上限和下限；$SOC_{EV_x}^{lea}$ 为第 x 辆 EV 离开聚合商时必须达到其 SOC 的上限（满电状态）。

$$SOC_{EV_x}(t)=SOC_{EV_x}(t-1)+\Delta SOC_{EV_x}(t) \tag{9.112}$$

$$\Delta SOC_{EV_x}(t)=\frac{P_{EV_x}^{ch}(t)\eta_{EV_x}^{ch}-\dfrac{P_{EV_x}^{dis}(t)}{\eta_{EV_x}^{dis}}}{E_{EV_x}^{u}}\Delta t \tag{9.113}$$

式中：$\Delta SOC_{EV_x}(t)$ 为第 t 时刻第 x 辆 EV 的电量变化，正数和负数分别表示为充电和放电；$\eta_{EV_x}^{ch}$ 和 $\eta_{EV_x}^{dis}$ 分别为第 x 辆 EV 充电和放电效率。

9.4.2.3 算例

模型 A 和模型 B 是混合整数规划问题。两个模型均搭建在 GAMS 平台并在 IEEE 33 节点系统上进行测试，采用 CPLEX 20.1 进行求解。火力发电机组、风光储混合发电系统、EV 聚合商和不可控负载分别位于母线 {0，1，18，22} 上。所有算例均在配备 i7-9700 CPU、3.00GHz、16 GB RAM 和 64 位 Windows 的台式计算机上实现和运算。

(1) 算例参数。风光发电和固定负载的预测数据来自伊莉娅（Elia）集团，其中风光发电的预测值如图 9.2 所示。EV 聚合商实时充放电价格如图 9.3 所示，放电价格从某售电公司获得，并假设每个时间间隔的充电价格为相应时间间隔放电价格的 1.1 倍。在用电高峰时段，如第 40 和 60 个时间间隔左右，其电价较高，在用电低峰时段，如第 20 时间间隔左右，其电价较低。

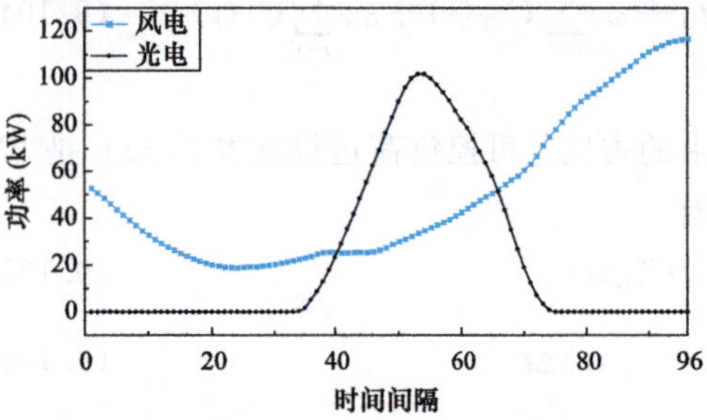

图 9.2 风光发电预测值

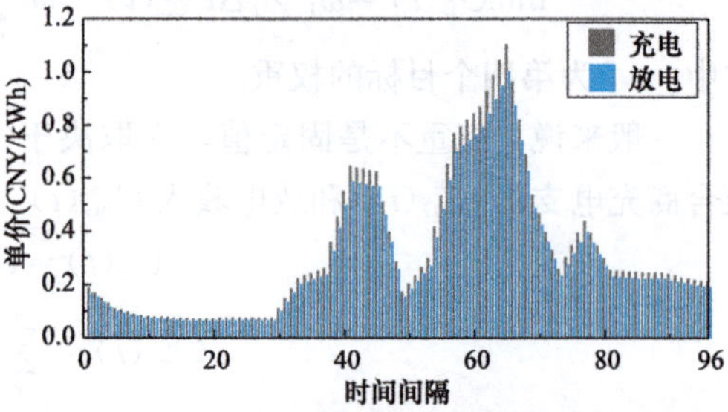

图 9.3 EV 聚合商实时充放电价格

聚合商中三种 EV 的类型、数量和停靠时间见表 9.1。另外，在一定时间内，当所有 EV 选择合理的充放电行为时，它们的集体行为可以有效地优化系统性能，即单个行为并不能起到有效作用。因此，在同一时间间隔内，聚合商内所有 EV 的充放电状态设置为统一的。信息物理系统的详细参数见表 9.2。

表 9.1　电动汽车的种类、数量和停靠时间

标签	种类	数量	停靠时段
EVA	的士	$EV_1 \sim EV_{10}$	00：00—08：00
EVB	货车	$EV_{11} \sim EV_{20}$	08：00—20：00
EVC	私家车	$EV_{21} \sim EV_{30}$	20：00—08：00（第二天）

表 9.2　信息物理系统的参数

参数	数值	参数	数值
$P_{ES}^{ch,max}$(kW)	145	$P_{ES}^{dis,max}$(kW)	165
$\eta_{ES}^{ch/dis}$	0.95	E_{ES}^{u}(kWh)	825
SOC_{ES}^{min}	0.15	SOC_{ES}^{max}	0.9
P_{TM}^{min}(kW)	40	P_{TM}^{max}(kW)	94
SOC_{ES} (1)	0.5	Δt(min)	15
E_{EVA}^{u}(kWh)	26	SOC_{EVA} (1)	0.5
$P_{EVA}^{ch,max}$(kW)	6.8	$P_{EVA}^{dis,max}$(kW)	7.8

续表

参数	数值	参数	数值
$\eta_{EVA}^{ch/dis}$	0.95	E_{EVB}^{u}(kWh)	38
SOC_{EVB} (1)	0.4	$P_{EVB}^{ch,max}$(kW)	9.5
$P_{EVB}^{dis,max}$(kW)	11.2	$\eta_{EVB}^{ch/dis}$	0.9
E_{EVC}^{u} (kWh)	32	SOC_{EVC} (1)	0.5
$P_{EVC}^{ch,max}$(kW)	8.6	$P_{EVC}^{dis,max}$(kW)	10.4
$\eta_{EVC}^{ch/dis}$	0.95	SOC_{EV}^{min}	0.3
SOC_{EV}^{max}	0.9	m_{ES}^{OM}(元/kWh)	0.05
m_{WT}^{OM}(元/kWh)	0.01	m_{PV}^{OM}(元/kWh)	0.01
m_{TM}^{OM}(元/kWh)	0.1	m_{CO_2} (元/kg)	0.12
λ(kg/kWh)	0.7	γ(kg/kWh)	1.05
P_{ij}^{max}(kW)	350	V_i^{min}(kV)	11.39
V_j^{min}(kV)	13.93	P_l^{max}(kW)	30

(2) 基于 CPS 模型的优化结果分析。模型 A 是基于 CPS 的优化调度运行，其目标函数的权重 ω_1、ω_2 和 ω_3 分别被设为 0.6、0.2 和 0.2，因为消纳新能源是主要的目标。计算该模型结果的收敛时间为 23s。

如图 9.4 所示，风电和光电的调度值分别在第 87 和第 55 时间间隔达到最大，因为风能和光能分别在夜晚和中午最强，这样的调度计划可以消纳较多的新能源。在第 41 时间间隔前，火电的输出功率较多，因为新能源不够充裕。从第 42 时间间隔开始，新能源逐渐充足，火电的输出功率逐渐减少并在大多时间间隔处于最小值。因为火电的 OM 成本较高，并且存在碳交易费用，这样也有利于新能源的消纳。

图 9.5 展示了 CPS 中的负载变化情况。系统中的固定负载值在第 16 时间间隔后逐渐增加并保持较高水平，然后在第 71 时间间隔后逐渐降低。灵活负载来自 EV 聚合商。联盟中的三种 EV 分别在不同时刻进入聚合商，它们通过最大充电功率充电，在达到各自的最大 SOC 值时停止充电。

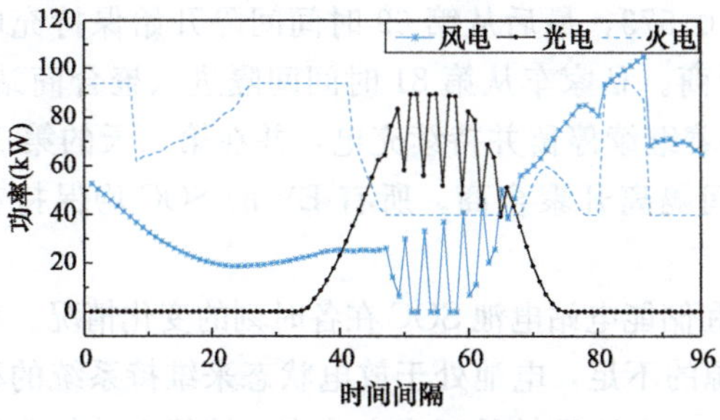

图 9.4 CPS 中风光火电厂的输出功率值

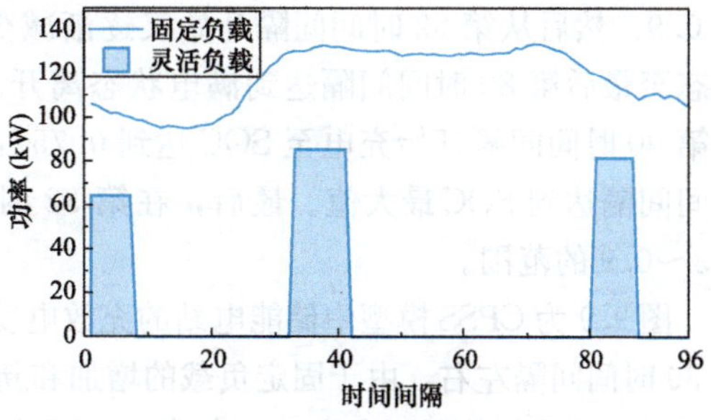

图 9.5 CPS 中固定负载和灵活负载

图 9.6 为 CPS 模型中储能电站各时刻的充放电功率和 SOC 的值。储能电站在第 41 时间间隔前只进行放电，因为新能源不足，除了依靠上层电网购入的火电，储能电站也需输出功率来维持系统的稳定运行。从第 47 时间间隔开始充电来存储多余的新能源，提升其消纳水平。储能电站电池的 SOC 始终处于 0.15～0.9 之间。

(3) 基于 CPSS 模型的优化结果分析。模型 B 是基于 CPSS 的优化调度运行。EV 聚合商需考虑社会因素，作为可控负载，其受实时电价的影响。为了比较 EV 的充放电行为在考虑社会因素前后对消纳新能源的差别，其目标函数的权重 ω_1、ω_2、ω_3 和 ω_4 分别被设为 0.4、0.2、0.2 和 0.2。相比较 CPS 模型，保持 OM 成本和碳交易的比例不变，将跟踪误差的部分占比转移到可控负载的成本上。通过电价对 EV 聚合商的激励，促使 EV 用户积极参与系统的优化调度运行。计算该模型结果的收敛时间为 29s。

如图 9.7 所示，由于在夜晚的风能和正午的光能较强，风电和光电的调度值在第 96 时间间隔和第 54 时间间隔达到最大值。另外，由于火电比起新能源的 OM 成本较高，并存在碳交易费用，随着新能源逐渐充足，火电在第 55 时间间隔后相比于其之前输出功率较少。在第 62～66 时间间隔，作为灵活负载的 EV 聚合商对电网进行持续放电，而电网需求有限，因此，风电、光电和火电在第 62～66 时间间隔的输出功率都较低。

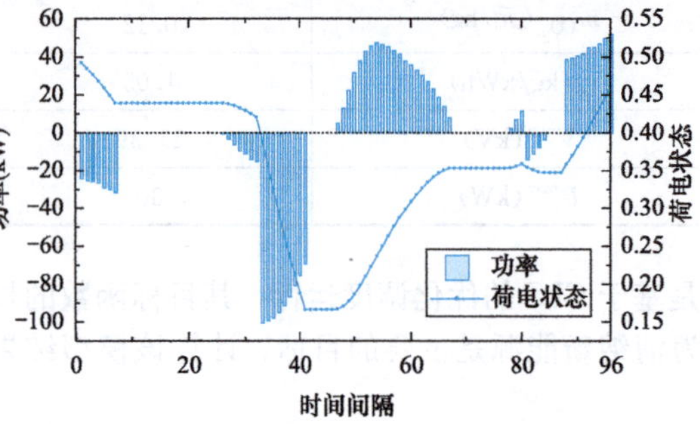

图 9.6　CPS 中储能电站的充放电功率和 SOC

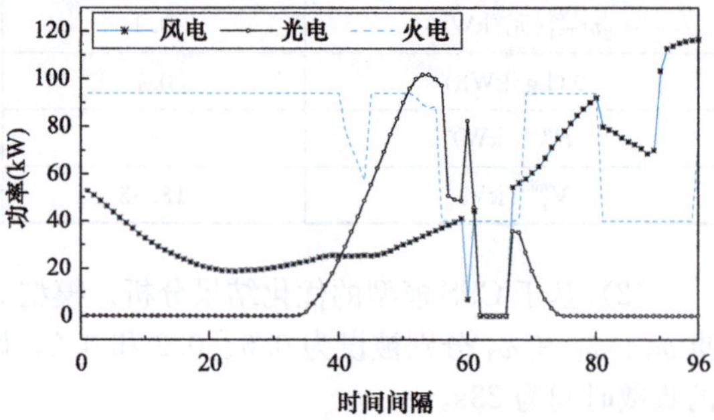

图 9.7　CPSS 中风光火电厂的输出功率值

图 9.8 描述了利益联盟中的 EV 在聚合商中的充放电功率和 EV 聚合商 SOC 的变化情况。在受到实时电价的影响后，EV 进行有序的充放电。在第 1～32 时间间隔，出租车停留在聚合商站，其 SOC 从 0.5 逐渐增加到 0.823，在第 25 时间间隔达到 EV 电池的最大值并在第 32 时间间隔以满电状态离开聚合商。货车在第 33 时～80 时间间隔停留在聚合商站，起初进行小幅度的放电，然后开始持续进行充电，接着又切换到放电状态一段时间，最后保持充电状态直至离开聚合商。货车的 SOC 从 0.4 逐渐减少到 0.358，然后逐渐增加，在第 56 时间间隔到最大值 0.9。然后从第 62 时间间隔开始又逐渐减少至 0.573，最后从第 69 时间间隔开始保持充电状态至最后第 80 时间间隔达到满电状态离开聚合商。私家车从第 81 时间间隔进入聚合商站，在第 90 时间间隔开始充电至 SOC 达到 0.757，接着继续停留并持续充电，并在第二天的第 18 时间间隔达到 SOC 最大值。最后，在第 32 时间间隔离开聚合商。所有 EV 的 SOC 均保持在 0.3～0.9 的范围。

图 9.9 为 CPSS 模型中储能电站的充放电功率和储能电站电池 SOC 在各时刻的变化情况。在第 30 时间间隔左右，由于固定负载的增加和新能源的不足，电池处于放电状态来维持系统的稳定运行。随着新能源逐渐充足，在第 56 时间间隔后，电池开始处于充电状态，储能电站的充放电价格不受实时电价的影响，这样可以既考虑了优化调度的经济性，又有利于新能源的消纳。储能电站的 SOC 始终处于 0.15～0.9。

(4) CPS 和 CPSS 模型的性能比较。风光储混合发电系统在第 t 时间间隔的实际调度误差为风光发电的实际值与风光储混合发电系统调度值之间的差，其中风光发电的实际值也来自 Elia 集团。另外，在主动配电网与电力系统之间的变压器容量内，电力系统可以提供配电网及时的输出功率补偿和存储适量的新能源。因此新能源的丢弃值为

$$P_{cur}(t)=\min|\Delta P_{CG}^{a}(t)=P_{RE}^{a}(t)-P_{RE}^{s}(t)-P_{ES}^{ch}(t)+P_{ES}^{dis}(t)-P_{t}(t)| \quad (9.114)$$

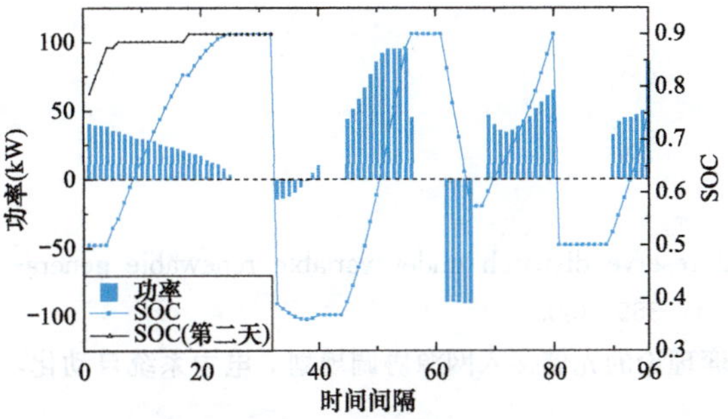

图 9.8 CPSS 中 EV 聚合商的充放电功率和 SOC

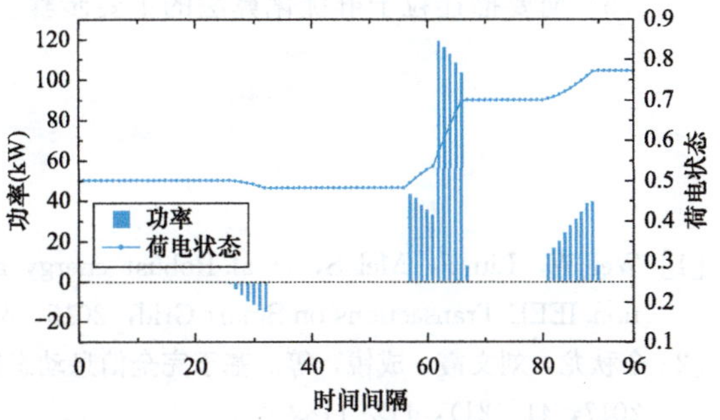

图 9.9 CPSS 中储能电站的充放电功率和 SOC

如图 9.10 所示，基于 CPS 和 CPSS 两种优化调度模型得到的新能源丢弃量有明显差异。基于 CPS 模型优化调度的新能源消纳量在各个时间间隔都不高于基于 CPSS 模型的消纳量。尤其在第 33～41 时间间隔中，前者丢弃了大量的新能源，而后者通过价格需求响应实现 EV 聚合商与电力系统之间的有序充放电操作，使得新能源的消纳水平有显著优势。

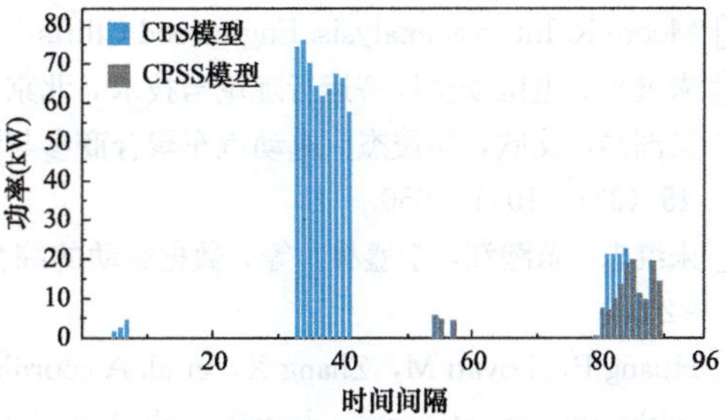

图 9.10 两种模型的可再生能源丢弃值

表 9.3 展现了基于 CPS 和 CPSS 优化调度模型的各个子目标的绩效对比。在考虑了社会因素的情况后，不仅新能源的消纳量和 EV 聚合商的充电成本得到了大幅的优化，发电系统的 OM 成本和碳交易成本也得到了改善。这对于电力系统、分布式发电站、EV 用户和自然环境来说是互利共赢的。

表 9.3 基于 CPS 和 CPSS 优化调度模型的各子目标的绩效对比

场景	新能源丢弃量（kW）	发电 OM 成本（元）	碳交易成本（元）	电动汽车成本（元）
CPS	797.818	197.875	65.678	120.170
CPSS	149.640	120.523	44.321	43.381

本章首先介绍了电力系统随机性建模的三种方式：基于 Copula 函数、点估计法和不确定集的建模。然后，介绍了四种随机优化调度模型与其对应的求解方法，包括场景法、机会约束优化、鲁棒法和区间优化。其中，在基于场景法的配电网优化调度中，详细介绍了基于粒子群算法的模型求解方法，在鲁棒优化调度中，介绍了 Benders 分解法和 C&CG 算法。最后，通过基于信息物理系统和信息物理社会系统的优化调度策略对随机优化调度进行实例分析。

问题与练习

(1) 用区间数上下限形式表示的区间数 $\tilde{A}=[80,100]$，也可以用区间数中点和半径的形式表示为什么？

(2) 在区间数的乘法运算中，若 $\tilde{A}=[1,3]$，$\tilde{B}=[2,4]$，求 $\tilde{A}\cdot\tilde{B}$。

(3) 不确定集的类型一般包含哪些？

（4）描述机会约束优化的一般数学形式。

（5）简要描述粒子群优化算法的主要步骤。

参 考 文 献

［1］Wei W，Liu F，Mei S，et al. Robust energy and reserve dispatch under variable renewable generation. IEEE Transactions on Smart Grid，2015，6（1）：369-380.

［2］金秋龙，刘文霞，成锐，等．基于完全信息动态博弈理论的光储接入网源协调规划．电力系统自动化，2017，41（21）：112-118.

［3］Benders J. F. Partitioning procedures for solving mixed - variables programming problems. Numerische Mathematik，1962，4（1）：238-252.

［4］Moore R. Interval analysis. Englewood Clliffs：Prentice-Hall，1966.

［5］朱继忠．电网安全经济运行理论与技术．北京：中国电力出版社，2018.

［6］吴洲洋，艾欣，胡俊杰．电动汽车聚合商参与调频备用的调度方法与收益分成机制．电网技术，2021，45（03）：1041-1050.

［7］朱继忠，董瀚江，李盛林，等．数据驱动的综合能源系统负荷预测综述．中国电机工程学报，2021：1-20.

［8］Huang P，Lovati M，Zhang X，et al. A coordinated control to improve performance for a building cluster with energy storage，electric vehicles，and energy sharing considered. Applied Energy，2020，268：114983.

［9］Paterakis N G，Erdinc O，Pappi I. N，et al. Coordinated operation of a neighborhood of smart households comprising electric vehicles，energy storage and distributed generation. IEEE Transactions on Smart Grid，2016，7（6）：2736-2747.

［10］陈梓瑜，朱继忠，刘云，等．基于信息物理社会融合的新能源消纳策略．电力系统自动化，2022，46（09）：127-136.

第 10 章

风电系统中抽水蓄能调峰优化运行

10.1 引言

风电输出功率的随机性、波动性及反调峰性等给电力系统的有功平衡造成影响，加大了电力系统有功调节的负担，且其输出功率特性在不同时间尺度上的表现差异较大，对系统有功平衡的影响也各不相同。按照不同时间尺度，大规模风电并网对电力系统有功功率平衡的影响主要可以分为秒级至分钟级尺度的短时持续风电波动对系统调频的影响，以及日内风电输出功率反调峰性对系统日前输出功率调度计划的影响。而在风电系统日前输出功率调度的层面上，风电输出功率的反调峰性增加了系统中其他电源所承担的系统负荷峰谷差，造成系统调峰需求增加。当系统调峰容量不足时，电力系统则在无法消纳全部风电时进行切除部分风电，造成风电弃风。目前，风电弃风已成为限制电力系统消纳风电的主要因素，其造成的资源浪费也大大降低了系统运行的经济性。

风电输出功率的反调峰固有特性是造成风电弃风的根本原因，尤其在我国实行的风电大基地的发展模式下，风电场建设集中，系统中风电的输出功率互补性被削弱，导致风电输出功率整体的波动性及反调峰趋势更为明显，系统在局部区域内的调峰需求更大，风电弃风形势也更为严峻。目前，已有不少学者对风电并网系统中的风电弃风现象进行了研究，研究主要集中在对影响弃风的因素分析，包括风电输出功率反调峰特性、电力系统运行约束、输电线路容量限制等因素，并提出了加强电网间互联、大规模建设新型储能设备等措施，但这些措施目前还存在较大的经济性问题，且建设周期也较长，因此，最大限度地利用电力系统现有调节设施和手段，充分发挥系统已有的调峰能力，对解决目前存在的弃风问题具有重要的实际意义。

抽水蓄能电站作为目前电力系统中最灵活、最经济的大规模储能工具，在系统调峰中一直承担着重要作用。随着大规模风电的不断并网，系统对灵活调峰容量的需求增加，抽水蓄能电站灵活的调峰性能也将在减少电网风电弃风，促进风电消纳方面发挥更大的作用。在传统电力系统中，抽水蓄能电站运行模式相对固定，其输出功率调度也相对简单，而在风电大规模并网情况下，风电输出功率特性将给抽水蓄能电站调峰运行方式带来变化，其运行调度模型中需要考虑的因素也更多。目前，针对抽水蓄能电站对风电调峰消纳的研究主要集中在孤岛电网或风电场与抽水蓄能电站捆绑联合运行系统等方面，从系统角度对抽水蓄能电站在风电系统中的调峰运行的研究还较少。而当从系统角度对风电系统中的抽水蓄能调峰运行进行研究时，除充分考虑风电输出功率特性，系统中其他机组的运行特性、系统运行约束、电网潮流特性等均可能对电网风电消纳产生影响，应当同时进行考虑。此外，抽水蓄能电站的运行方式较多，且存在一些固有运行限制，应当在调峰调度模型中充分考虑抽水蓄能的运行特性。由于上述因素对系统风电消纳均构成影响，在风电系统的抽水蓄能调峰运行调度研究中应当对这些因素进行充分考虑，更为精确地模拟抽水蓄能电站的运行输出功率计划，更好地发挥抽水蓄能电站对风电的调峰作用，提高系统中的风电消纳。

本章将首先对风电输出功率的特性进行分析，建立风电输出功率的时间序列模型，并在具体分析风电弃风的机理基础上，充分考虑抽水蓄能电站的运行特性，建立风电并网系统中的抽水蓄能电站协调运行的混合整数规划模型：以系统风电弃风量最小为优化目标，对抽水蓄能电站输出功率计划进行求解，并对抽水蓄能的容量需求进行分析。为计及系统电量传输和运行约束对风电弃风的影响，优化模型的同时考虑线路传输容量限制以及火电机组的运行特性。利用此优化模型可对风电系统中抽水蓄能电站减少风电弃风、提高风电利用率的作用进行评估。

10.2 风电输出功率特性统计分析

风力发电与传统电源的输出功率特性区别主要表现在两个方面：分散性及不可控性。风电输出功率的分散性指风电资源在地理上分布较为分散，能量密度相比于传统电源较低，因此，接入电力系统的方式也更为复杂。风电输出功率的不可控性主要表现在风电受其固有自然特性的影响，输出功率调节可控性较低，相比于传统电源，电力系统对其输出功率调节管理能力严重不足。上述特性导致风电接入对电力系统正常运行造成多层面、多尺度的不利影响，同时也增加了电力系统运行控制的不确定性。电力系统对风电的调节管理能力不足，导致影响电力系统发电侧和负荷侧有功功率平衡的不可控因素加强，在系统调度层面出现调峰问题，而在系统实时控制层面则出现频率调节问题。

本节采用两套数据分析风电在不同尺度上的输出功率特性。对于秒级至分钟级的风电输出功率快速波动特性，采用美国可再生能源国家实验室（NREL）采集的明尼苏达州某风电场2008年的实测功率数据，该风电场装机容量为10.5MW，由14台单机额定容量为0.75MW的风机组成，数据分辨率为秒。而对于小时级的风电输出功率日内波动特性，采用中国甘肃省酒泉风电基地昌马风电场2012年实测功率数据，该风电场装机容量为201MW，由134台额定输出功率为1.5MW的风机组成，数据分辨率为1h。下面将对风电场输出功率在这两个尺度上的输出功率特性进行具体分析。

10.2.1 风电秒级输出功率特性

在秒级时间尺度上，风电输出功率特性主要表现在其快速波动上，而风电的快速波动主要影响电力系统的暂态过程，尤其是电力系统的频率和电压的暂态响应。

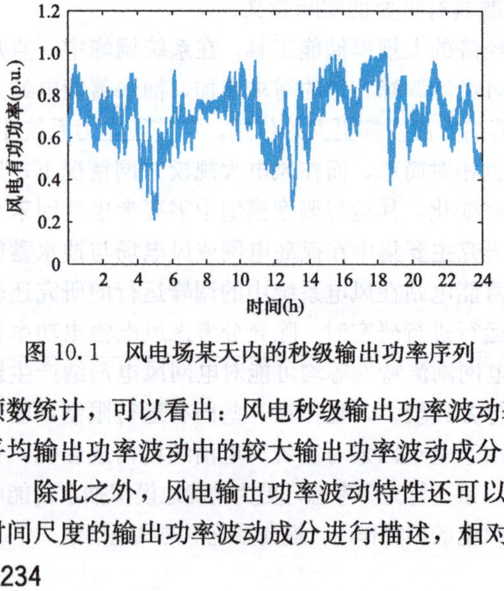

图10.1 风电场某天内的秒级输出功率序列

图10.1所示为收集的美国明尼苏达州某风电场在2008年内某天的实测风电秒级输出功率序列，从全天尺度来看，风电输出功率波动十分明显，且在某些时段存在较为剧烈的输出功率变化，现对其波动参数进行统计分析。

关于风电输出功率波动大小的表征方法，通常可采用风电输出功率变化率的分布特性来统计反映风电场输出功率波动的分布特性，如图10.2所示，图中分别对上述实测风电秒级输出功率数据的1、5、10s和20s平均输出功率变化率进行频数统计，可以看出：风电秒级输出功率波动基本符合正态分布，且随着时间尺度的增加，风电平均输出功率波动中的较大输出功率波动成分占比有所增加。

除此之外，风电输出功率波动特性还可以从频域角度进行表达，且频域方法可同时对各个时间尺度的输出功率波动成分进行描述，相对时域方法具有独特的优势。功率谱密度（Power

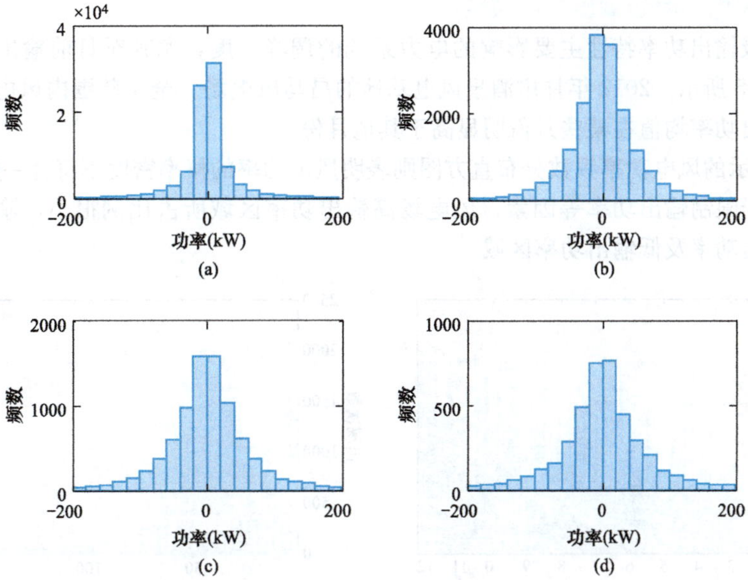

图 10.2 不同时间段内的风电平均输出功率变化率频数分布直方图

(a) 1s；(b) 5s；(c) 10s；(d) 20s

Spectral Density，PSD）表征了时间序列中各频率分量的能量值大小，可用来表示风电输出功率序列的不同频率波动分量。为整体表现风电输出功率的波动特性，现将上述风电秒级输出功率序列进行标幺化，并计算其功率谱密度分布，如图 10.3 所示。由图中可以看出，风电输出功率波动在 1～10s（0.1～1Hz）的范围内呈现较为密集、紊乱的变化，且其功率谱密度较小，可认为在这个时间范围内的风电输出功率波动主要原因是紊流作用造成的能量波动。而在 10～100s（0.01～0.1Hz）范围内的风电波动变化规律则更为有序，且此时间尺度内的风电波动特性对风电接入后电力系统的一次调频、风电场输出功率控制策略的设定等影响最大。

为更直观地表现风电输出功率波动在 10～100s 范围内的变化规律，将图 10.3 所示功率谱密度曲线中的 0.01～0.1Hz 段取出，对其幅值进行标幺化处理并将纵坐标方向的对数坐标改写为算数坐标，得到图 10.4 所示的风电输出功率波动随频率变化曲线。从图中可以明显看出，风电秒级输出功率波动存在明显的主要成分，这些波动成分也被认为是风电接入后影响电力系统频率的主要因素，因此，上述对风电秒级输出功率数据的具体分析为后续的风电电力系统调频控制研究提供了重要参考。

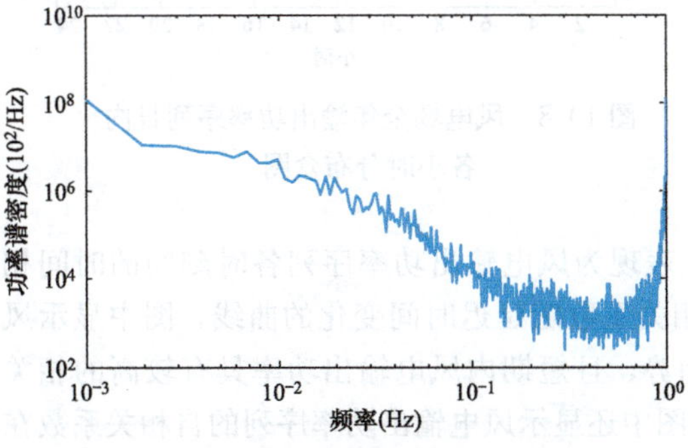

图 10.3 风电场秒级输出功率序列的功率谱密度曲线

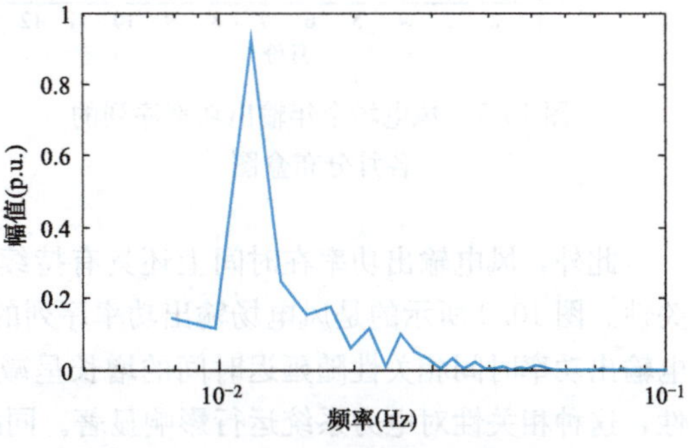

图 10.4 风电场秒级输出功率序列在 10～100s 周期内的波动特性

10.2.2 风电小时级输出功率特性

风电小时级输出功率特性主要影响的电力系统的调峰调度，尤其对日前输出功率调度影响较大。如图10.5所示，2012年甘肃酒泉风电基地的昌马风电场。全年范围内风电输出功率分布不均，风电输出功率均值在某些月份明显高于其他月份。

图10.6所示的风电功率频数分布直方图则表明风电功率的概率密度不符合一般的概率分布。这是由于风电场限制输出功率等因素，风电场高输出功率区域所占比例很小，输出功率分布主要集中在零输出功率及低输出功率区域。

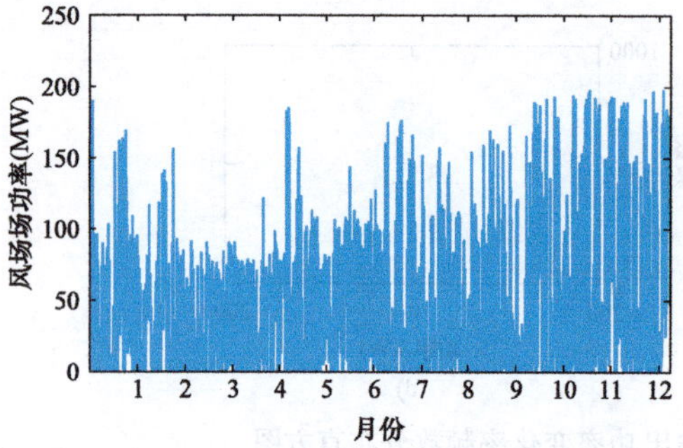

图10.5 昌马风电场2012年全年风电功率序列

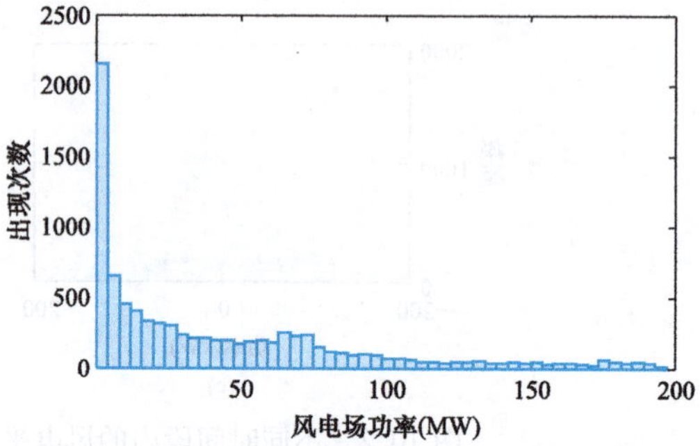

图10.6 风电场全年输出功率频数分布直方图

从图10.5所示的全年风电功率曲线可以明显看出风电输出功率在时间维度上分布不均，为更清楚地阐述风电输出功率的时间分布特性，对各月以及日内各小时的风电输出功率进行统计分析，作出风电输出功率的月间分布盒图（见图10.7）和日内分布盒图（见图10.8）。由图可知风电输出功率序列各月均值以及各小时均值均随时间变化，因此该序列为一非平稳过程，同时输出功率序列的各月分布和各小时分布各不相同且均为非正态分布。风电输出功率序列的上述特性表明其为非平稳、非正态的序列。

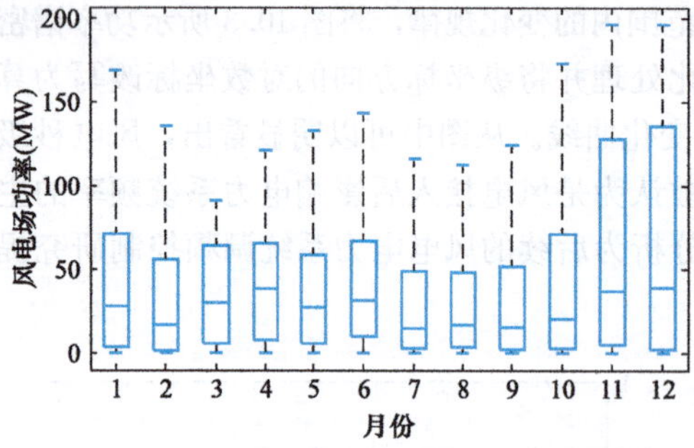

图10.7 风电场全年输出功率序列的各月分布盒图

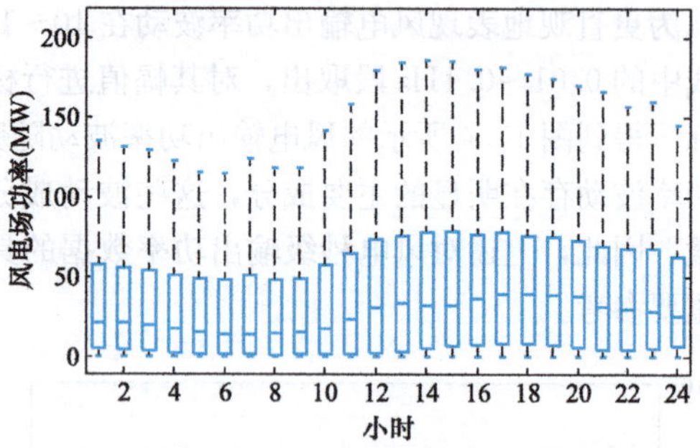

图10.8 风电场全年输出功率序列日内各小时分布盒图

此外，风电输出功率在时间上还具有持续性，表现为风电输出功率序列各时刻间的时间相关性。图10.9所示的是风电场输出功率序列的自相关系数随延迟时间变化的曲线，图中显示风电输出功率时间相关性随延迟时间的增长呈减小趋势，且短期内风电输出功率具有较高的相关性，这种相关性对电力系统运行影响显著。同时，图中还显示风电输出功率序列的自相关系数在间隔24h处的下降趋势有所放缓，间隔48h相关系数呈现峰值，这与大气现象的时间周期一致。

同样采用功率谱密度函数（PSD）对风电场小时级输出功率序列的波动特征进行分析，如

图 10.10 所示。在时间周期小于 6h 的区域内，功率谱密度值较小，变化较为密集，而在时间周期较大的范围内（超过 24h），功率谱密度值较大，变化趋势较为平缓，可解释为大气循环现象的周期性所致。同时，在 24h 的时间周期处（图中圈记部分），功率谱密度呈现峰值，这与风电输出功率的周期特性一致。

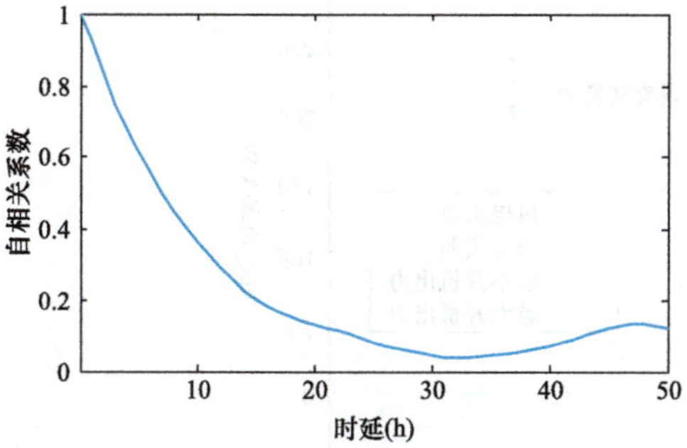

图 10.9 风电场全年输出功率序列的样本自相关曲线

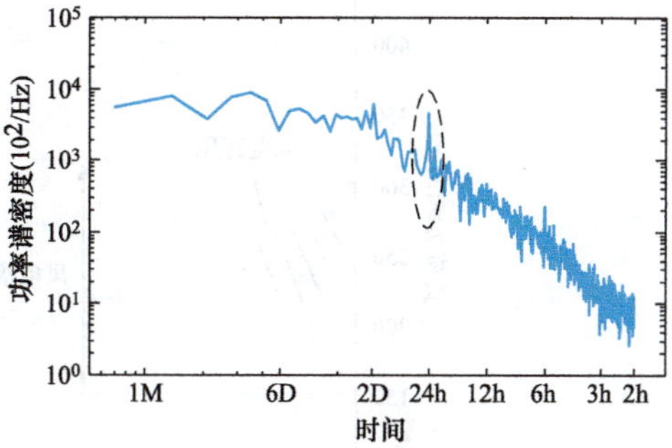

图 10.10 风电场全年输出功率序列的功率谱密度曲线

上述对风电小时级输出功率序列的分析表明：风电输出功率在日内尺度上为非平稳、非正态的随机序列，这些特征为风电电力系统调峰调度研究提供了参考，后续的风电电力系统抽蓄调峰优化的研究中也对上述风电小时级输出功率特性进行考虑。

10.3 风电系统的弃风机理

由于风电输出功率及负荷的峰谷特性以日内特性为主，且风电的日内输出功率调峰效应是造成系统风电弃风的根本原因，因此，本节将从风电输出功率的日内波动特性及调峰效应出发，对风电系统弃风机理进行分析。根据风电输出功率对系统等效负荷峰谷差改变模式的不同，风电日内调峰效应可分为反调峰、正调峰和过调峰三种。反调峰，即风电日内输出功率的增减变化趋势与系统负荷曲线相反，风电接入后系统等效负荷曲线的峰谷差将增大；正调峰指风电日内输出功率的增减趋势与系统负荷一致，且风电输出功率的峰谷差小于系统负荷峰谷差，风电接入后系统等效负荷曲线的峰谷差减小；过调峰则指风电日内输出功率的增减趋势与系统负荷一致，但风电输出功率的峰谷差大于系统负荷峰谷差，风电接入后将改变系统等效负荷曲线的增减趋势。

目前，我国风电输出功率主要受日照的影响，日变化周期中夜间风大白天风小，呈现较强的反调峰特性。风电输出功率的反调峰特性增加了传统电源的所承担负荷的峰谷差，加大了系统其他机组的调峰负担，严重时将造成系统风电弃风。从调峰的角度看，产生风电弃风的原因在于系统调峰能力不足以平衡风电反调峰性造成的影响，常规机组在负荷低谷时段、风电高峰时段无法继续降低输出功率以接纳风电，弃风机理可由图 10.11 进行表示：图中两条虚线分别为系统某日所有常规开机机组的最大输出功率和最小输出功率，由此常规机组的输出功率调节范围则在二者之间；显然，在任意时刻点系统所能接纳的风电最大输出功率等于该时刻的系统负荷减去系统常规机组最小开机输出功率，即系统的调峰裕度，也可称为系统的风电接纳空间，如图中所标记；而系统负荷与常规机组最大开机输出功率之间的空间为机组可承担的上调旋转备用容量；将风电输出功率曲线上移至风电接纳空间范围内，即以系统常规机组最小开机输出功率为风电输出功率曲线的基值坐标，此时，风电输出功率曲线在系统负荷曲线上方的部分即表示风电输出功率已超过该时刻的系统风电接纳空间，超出的部分需要被切除以保证系统电力供需的实时平衡，从而造成了风电的弃风，如图中阴影部分所示。

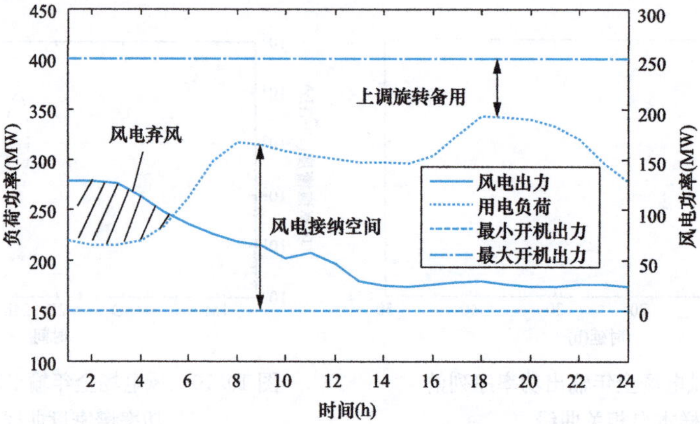

图 10.11　风电反调峰造成弃风机理示意图

而当进一步考虑电网传输容量限制时，系统的弃风形势则可能更加严峻。这是由于在输电线路容量不足的情况下，当局部区域内风电输出功率过高，风电将无法送出从而在更大范围内消纳，此时只能依靠本地的调峰容量进行调节。一旦本地调峰容量出现不足，风电将被迫弃风。电网传输容量限制了电力系统不同区域间风电输出功率及调峰容量的共享，进一步增大了各局部电网中风电输出功率与负荷在日内分布的不平衡，加剧了电力系统中由风电反调峰性造成的风电弃风。而在我国，风电发展不仅以大基地集中并网为主要特征，还存在风电区域与负荷中心地理位置极度不平衡的问题。在风电发展较为集中的“三北”地区，区域负荷相对较小，调峰容量有限，风电弃风问题十分突出，已成为限制风电发展的重要因素。

综合上述对风电弃风机理的分析，解决电力系统风电弃风问题的根本途径是增大系统可用调峰容量，可以从加大电网区域互联以及储能建设两个方面进行考虑。本章采用抽水蓄能电站解决风电反调峰带来的系统弃风问题，通过建立大规模风电并网下的抽水蓄能电站运行优化模型，侧重研究抽水蓄能对减少电网风电弃风的作用，并对输电线路容量、抽水蓄能储能容量等对风电弃风量的影响进行分析。

10.4　抽水蓄能电站的调峰优化运行

抽水蓄能电站作为电网的重要调节工具，具有调峰填谷、调频调相、旋转备用等功能，可以较好地弥补风电输出功率的波动性和反调峰性，对促进大规模风电并网消纳具有重要作用。目前，风电与抽水蓄能协调运行模式大多以风电场和抽水蓄能电站捆绑运行方式为主，对电网结构和运行约束考虑较少，而当从系统调峰角度对风电弃风进行优化时，则需要对电网潮流、线路传输容量、机组运行限制等影响风电弃风的因素进行考虑，以建立完善、准确的优化模型。为更好地解决风电反调峰带来的电网弃风问题，本节将对含抽水蓄能电站的风电系统进行详细建模，充分考虑各类运行约束，并引入抽水蓄能电站的运行状态变量，建立大规模风电并网下抽水蓄能电站优化运行的混合整数规划模型。

10.4.1 抽水蓄能电站运行约束

目前主流的抽水蓄能电站大多采用可逆式抽水蓄能机组，其运行方式灵活多变。同时，抽水蓄能机组受自身固有特性和电站运行条件等限制，具备特定的运行约束。这些约束条件反映了抽水蓄能机组运行的固有特性，且可能对风电的调节过程造成影响，在风电并网下的抽水蓄能电站优化模型中应当对这些约束进行详细考虑。

为方便表征抽水蓄能机组的运行状态，引入布尔变量 $x_{k,j,t}$ 和 $y_{k,j,t}$，用以指示机组当前的运行状态：下标 k、j、t 分别为系统中抽水蓄能电站编号、电站中各台机组编号、优化时段编号；变量 x 为机组是否处于发电状态，值为1时表示机组处在发电状态，值为0时表示不在发电状态；变量 y 为机组是否处于抽水状态，当值为1时表示处于抽水状态，值为0时表示不在抽水状态。抽水蓄能机组发电、抽水状态下的功率限制以及机组运行状态间的互斥关系可由式（10.1）～式（10.3）表示

$$P_{k,j}^{\text{HGmin}} x_{k,j,t} \leqslant P_{k,j,t}^{\text{g}} \leqslant P_{k,j}^{\text{HGmax}} x_{k,j,t} \tag{10.1}$$

$$P_{k,j}^{\text{HPmin}} y_{k,j,t} \leqslant P_{k,j,t}^{\text{p}} \leqslant P_{k,j}^{\text{HPmax}} y_{k,j,t} \tag{10.2}$$

$$x_{k,j,t} + y_{k,j,t} \leqslant 1 \tag{10.3}$$

式中：$P_{k,j,t}^{\text{g}}$、$P_{k,j,t}^{\text{p}}$、$P_{k,j}^{\text{HGmin}}$、$P_{k,j}^{\text{HGmax}}$、$P_{k,j}^{\text{HPmin}}$、$P_{k,j}^{\text{HPmax}}$ 分别为系统中各抽水蓄能机组在发电和抽水工况下功率和上下限值。在常规抽水蓄能电站中，由于机组抽水工况下的吸收功率不可调节，因此可将 $P_{k,j}^{\text{HPmin}}$ 与 $P_{k,j}^{\text{HPmax}}$ 设置为同一数值。

为保证抽水蓄能电站整体运行的经济性，在实际运行中不允许同一电站出现不同机组同时发电和抽水的情形，该运行约束可由式（10.4）～式（10.6）体现

$$\sum_{j\in N_k} x_{k,j,t} \leqslant N_k \delta_{k,t}^{\text{g}} \tag{10.4}$$

$$\sum_{j\in N_k} y_{k,j,t} \leqslant N_k \delta_{k,t}^{\text{p}} \tag{10.5}$$

$$\delta_{k,t}^{\text{g}} + \delta_{k,t}^{\text{p}} \leqslant 1 \tag{10.6}$$

式中：$\delta_{k,t}^{\text{g}}$、$\delta_{k,t}^{\text{p}}$ 二者同为布尔变量，分别用以表征抽水蓄能电站是否处于发电和抽水状态；N_k 表示编号 k 的抽水蓄能电站机组总台数。

抽水蓄能电站按调节周期可分为日调节、周调节、季调节等，在各个调节周期始末水库蓄水，也即水库储存的能量，应当保持平衡。抽水蓄能电站水库蓄能约束及各时刻蓄能的变化关系可由式（10.7）～式（10.9）表示

$$E_k^{\min} \leqslant E_{k,t} \leqslant E_k^{\max} \tag{10.7}$$

$$E_{k,0} - E_{k,T} = 0 \tag{10.8}$$

$$E_{k,t+1} = E_{k,t} + \Delta T \eta_{\text{p}} \sum_{k\in K}\sum_{j\in N_k} P_{k,j,t}^{\text{g}} - \Delta T(1/\eta_{\text{g}}) \sum_{k\in K}\sum_{j\in N_k} P_{k,j,t}^{\text{p}} \tag{10.9}$$

式中：$E_k^{\min}$、$E_k^{\max}$ 为水库的最小及最大蓄能值，对应水库最低及最高水位；η_{g}、η_{p} 分别为可逆式水泵水轮机的发电和抽水效率；ΔT、T 则分别为输出功率优化的时段间隔及抽水蓄能优化运行周期内的时段总数。

由于抽水蓄能机组调节响应速度较快，机组启停及工况转换等动作能在很短时间内完成，因此，当优化模型的时段间隔为半小时以上时，机组输出功率的爬坡约束可不作考虑。上述不等式构成抽水蓄能电站的运行特性约束，这些约束将连同风电系统中的其他约束共同组成风电与抽水蓄能协调运行优化模型。此外，当风电并网系统中包含其他形式的储能装置时，也应对其运行特性约束作具体考虑。

应当指出，常规可逆式抽水蓄能机组在抽水工况下的功率通常不可调节，这一特性一定程

度上限制了抽水蓄能机组对风电波动的调节，是抽水蓄能与风电协调运行的重要局限。而其他非常规形式的抽水蓄能机组，如三机式抽水蓄能机组，变速抽水蓄能机组等，具有抽水功率可调节功能，因此其与风电的协调运行，尤其是风电波动的动态调节中具有更大的优势。

10.4.2 电力系统运行约束

影响系统风电弃风的主要因素包含系统可用调峰容量、系统运行限制、线路传输容量限制等，本节将逐步对这些运行约束予以考虑。

对于火电机组，除输出功率限制外，同时对其输出功率爬坡限制、最小运行时间以及最小停运时间进行考虑。式（10.10）～式（10.12）表达了火电机组的输出功率及爬坡约束

$$P_i^{\mathrm{Gmin}} u_{i,t} \leqslant P_{i,t} \leqslant P_i^{\mathrm{Gmax}} u_{i,t} \tag{10.10}$$

$$P_{i,t} - P_{i,t-1} \leqslant P_i^{\mathrm{Gmin}} (u_{i,t} - u_{i,t-1}) + R_i^{\max} u_{i,t-1} \tag{10.11}$$

$$P_{i,t} - P_{i,t-1} \geqslant -P_i^{\mathrm{Gmin}} (u_{i,t-1} - u_{i,t}) + R_i^{\min} u_{i,t} \tag{10.12}$$

式中：$u_{i,t}$ 为火电机组运行状态；P_i^{Gmin}、P_i^{Gmax} 分别为火电机组的功率上下限；$R_i^{\max}$、$R_i^{\min}$ 为机组爬坡功率的上下限。

为表达火电机组最小运行时间和最小停运时间限制，引入火电机组开启和关闭动作的布尔变量 $\upsilon_{i,t}$、$\omega_{i,t}$，火电机组运行及停运时间限制由式（10.13）～式（10.16）表示

$$\sum_{t' \in [t,\, t+UT_i-1]} u_{i,\,t'} \geqslant UT_i \cdot \upsilon_{i,\,t} \tag{10.13}$$

$$\sum_{t' \in [t,\, t+DT_i-1]} (1 - u_{i,\,t'}) \geqslant DT_i \cdot \omega_{i,\,t} \tag{10.14}$$

$$u_{i,\,t} - u_{i,\,t-1} = \upsilon_{i,\,t} - \omega_{i,\,t} \tag{10.15}$$

$$\upsilon_{i,\,t} + \omega_{i,\,t} \leqslant 1 \tag{10.16}$$

式中：UT_i、DT_i 分别为第 i 台机组的最小运行时间和最小停运时间。

为考虑电网线路传输容量限制对风电系统弃风的影响，优化模型中需要对系统的潮流进行求解。为简化模型，采用直流潮流模型对系统潮流进行求解，即假定电网各母线电压均保持恒定，模型仅计及系统的有功功率平衡。图 10.12 所示为输电线路传输有功功率示意图。

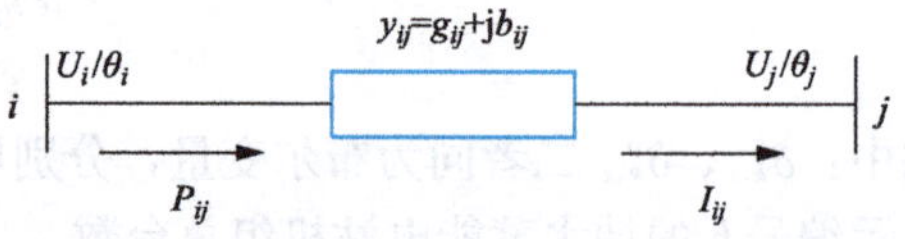

图 10.12 输电线路传输有功功率示意图

线路传输的有功功率 P_{ij} 可由式（10.17）表示

$$P_{ij} = \mathrm{Re}[\boldsymbol{U}_i \cdot \overset{*}{\boldsymbol{I}}_{ij}] = [\boldsymbol{U}_i \cdot \overset{*}{\boldsymbol{y}}_{ij} \cdot (\overset{*}{\boldsymbol{U}}_i - \overset{*}{\boldsymbol{U}}_j)] = U_i^2 \cdot g_{ij} - U_i \cdot U_j (g_{ij} \cos\theta_{ij} + b_{ij} \sin\theta_{ij}) \tag{10.17}$$

对电力系统作如下简化假设：①$g_{ij} \approx 0$，$b_{ij} \approx -1/x_{ij}$；②$\sin\theta_{ij} \approx \theta_{ij} = \theta_i - \theta_j$，$\cos\theta_{ij} \approx 1$；③$U_i \approx U_j \approx 1$；④忽略变压器和接地支路对有功分布的影响。则上述有功功率的表达式可以简化为式（10.18）

$$P_{ij} = -b_{ij}(\theta_i - \theta_j) = (\theta_i - \theta_j)/x_{ij} = B_{ij}(\theta_i - \theta_j) \tag{10.18}$$

根据系统节点的功率平衡关系，对于节点 i，其注入功率等于所有从节点流出的功率之和，因此，节点的注入功率表达式可以写为式（10.19），进而写为标准形式（10.20）

$$\begin{cases} P_i = \sum\limits_{j \in i} P_{ij} = \sum\limits_{j \in i} B_{ij}(\theta_i - \theta_j) = -\left(-\sum\limits_{j \in i} B_{ij}\theta_i + \sum\limits_{j \in i} B_{ij}\theta_j\right) \\ -\sum\limits_{j \in i} B_{ij} = B_{ii} \end{cases} \tag{10.19}$$

$$P_i = -(B_{ii}\theta_i + \sum_{j \in i} B_{ij}\theta_j) = \sum_{j=1}^{n}(-B_{ij}\theta_j) \tag{10.20}$$

上述推导即为直流潮流模型，基于直流潮流模型的电网传输容量约束可由式（10.21）～式（10.23）表示

$$-PL_l^{\max} \leqslant PL_{l,t} \leqslant PL_l^{\max} \tag{10.21}$$

$$PL_{l,t} = (\theta_{m,t} - \theta_{n,t})/X_{mn} \tag{10.22}$$

$$\sum_{i \in B_b} P_{i,t} + \sum_{k \in B_b}\sum_{j \in N_k} P_{k,j,t}^{g} + \sum_{k \in B_b}\sum_{j \in N_k} P_{k,j,t}^{p} + \sum_{w \in B_b} WP_{w,t} - \sum_{w \in B_b} WC_{w,t} = \sum_{d \in B_b} D_{d,t} \tag{10.23}$$

其中，式（10.21）表示输电线路 l 的传输功率取值范围，$PL_l^{\max}$ 为输电线路 l 的最大传输功率；式（10.22）为线路 l 的传输功率计算表达式，$\theta_{m,t}$ 为节点 m 在 t 时刻的相角，X_{mn} 为节点 m、n 之间的线路阻抗；式（10.23）为整个系统总发电功率与总负荷间的实时平衡关系表达式，$WP_{w,t}$ 为风电场 w 在 t 时刻的理论可发功率，可由实测或预测风速经风电场功率曲线计算而得，$WC_{w,t}$ 表示风电场 w 在 t 时刻的弃风功率；$D_{d,t}$ 为系统负荷 d 在 t 时刻的功率；B_b 为与节点 b 相连的机组及负荷集合。

最后，对风电场弃风功率进行限制，如式（10.24）所示

$$0 \leqslant WC_{w,t} \leqslant WP_{w,t} \tag{10.24}$$

以上即为本章所采用的风电并网系统抽水蓄能电站优化模型所包含的所有约束，这些约束涵盖了造成及影响电力系统风电弃风的主要因素。

在本研究范畴中，抽水蓄能电站的调峰运行以减少系统风电弃风为首要目标，因此，假定系统优先考虑风电的消纳，对系统中各类发电机组的运行成本不予考虑，模型的优化目标可由式（10.25）表示

$$\min \sum_{t \in T}\sum_{w \in W} WC_{w,t} \tag{10.25}$$

由于上述提出的模型约束条件中包含多个表示系统状态的布尔变量，因此由这些约束条件所建立的大规模风电并网系统抽水蓄能电站运行优化模型为混合整数规划模型，可采用 IBM IL-OG Cplex 等优化软件对其进行求解，求解结果可同时得到风电并网系统弃风量最小时抽水蓄能机组的最优运行输出功率。值得说明的是，由于该模型主要用于研究抽水蓄能电站对解决风电弃风问题的作用，因此优化模型中着重考虑了抽水蓄能电站运行特性及可能造成风电弃风的系统运行约束。

10.5 实例分析

本节采用修改后的 IEEE 30 节点测试系统对大规模风电并网下的抽水蓄能电站调峰优化运行模型进行仿真测试。算例系统结构如图 10.13 所示，其中，算例系统内接有两台火电机组，三个风电场、一个抽水蓄能电站。风电场 A（节点 5)、B（节点 11)、C（节点 13）装机容量均为 50MW，抽水蓄能电站（节点 8）包含两台额定容量为 15MW 的可逆式抽水蓄能机组，其抽水功率均为固定值 15MW。

图 10.13 所示修改后的 IEEE 30 节点测试系统结构示意图。算例系统中两台火电机组的运行参数见表 10.1。此外，在实际情况中系统网络阻塞导致电网弃风主要原因在于连接各区域电网的主干线路传输容量不足，因此，为简化算例分析，仿真测试过程中仅对连接算例系统中各区域间的线路输电容量进行约束，其他输电线路容量则不作约束。算例系统指定受限输电线路的传输容量及对应线路扩容后的传输容量见表 10.2。

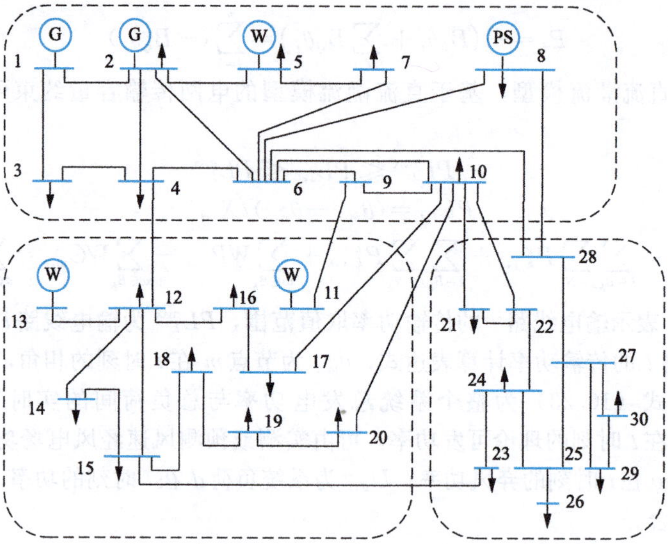

图 10.13　修改后的 IEEE 30 节点测试系统结构

表 10.1　　　　　　　　火电机组运行参数

节点编号	最大输出功率（MW）	最小输出功率（MW）	爬坡速率（MW/h）	最小运行时间（h）	最小停运时间（h）
1	360	160	60	8	7
2	140	60	25	7	6

表 10.2　　　　　　　　线路传输容量限制

起始节点	终止节点	传输容量（MW）	扩容后传输容量（MW/h）
4	12	60	75.0
10	20	20	25.0
10	17	20	25.0
10	21	30	37.5
10	22	20	25.0
6	28	40	50.0
15	23	20	25.0

风电输出功率反调峰特性造成电网风电弃风的本质原因是风电输出功率与负荷二者之间的负相关性，因此，为准确反映风电网电弃风特征，算例系统中采用的风电输出功率数据与系统负荷数据需在时间及空间上保持一致，即保持二者之间的相关性。采用实际系统风电场输出功率及负荷数据对系统弃风场景进行构造：算例系统中各风电场输出功率及负荷时间序列数据由美国BPA电力系统2013年的历史运行数据根据算例系统风电场额定容量、各节点负荷大小成比例缩放而得，可认为构造的风电输出功率和负荷数据既保持了各自的特性，也保持了二者间的相关特性。

构造所得的算例系统全年总负荷和各风电场总输出功率曲线如图10.14所示，选取全年风电反调峰较为明显的两周数据进行放大分析，其中，负荷输出功率具有明显的日变化周期，且较为固定，反映了负荷预测的相对确定性。而风电输出功率变化规律则相对较为模糊，但总体上呈现与负荷相反的峰谷特性。二者输出功率对比可以看出风电输出功率对负荷的反调峰性增大了系统的调峰压力，大规模风电并网将可能产生弃风。除此之外，风电输出功率及负荷在年内也具有一定的变化规律：受冬季供热等影响，负荷在 11 月份到 1 月份的时段内具有较为明显的增大趋势，而风电输出功率在春季 2 月份到 5 月份的平均输出功率较其他月份有所增大。本章后续算例系统弃风计算将采用上述构造的功率数据，虽然算例系统弃风计算结果基于构造的算例场景，但由于采用的数据是实际系统某年内的实测负荷及风电输出功率数据，因此所得的弃风计算结果具有较高的参考意义。

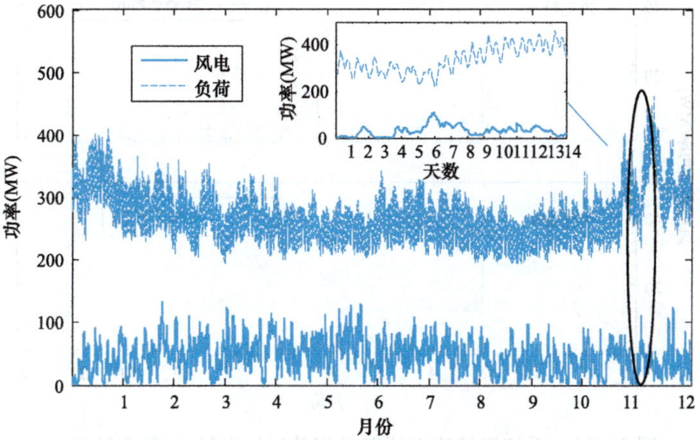

图 10.14　算例系统全年总负荷和各风电场总输出功率及曲线

对算例系统规模分析如下：系统中包含 30 个节点、2 台常规火力发电机组、3 个风电场、1 个抽水蓄能电站，其中抽水蓄能电站包含 2 台可逆式抽水蓄能机组。优化模型中将同时考虑火电机组及抽水蓄能机组的运行特性，并采用直流潮流模型模拟电网结构特性。

抽水蓄能电站调峰优化模型中包含的变量分为火电机组输出功率变量、火电机组运行状态布尔变量、节点相角变量、线路传输功率变量、抽水蓄能机组发电及抽水功率变量、抽水蓄能机组运行状态变量、抽水蓄能电站蓄能变量以及风电场弃风变量。其中，模型优化目标为风电场弃风之和，风电场的弃风变量为优化变量，同时，模型中包含表征机组运行状态的布尔变量，因此，优化模型为混合整数规划模型。

抽水蓄能电站调峰优化模型中的约束主要分为抽水蓄能电站运行约束，包含机组输出功率、机组运行状态约束及水库蓄能约束；常规火电机组运行约束，包含机组输出功率、爬坡约束以及最小运行、停运时间约束；系统潮流约束，包含输电线路传输容量约束以及节点功率平衡约束；以及风电弃风约束。

10.5.1　输电线路传输容量对弃风的影响

运用前文所描述的风电并网系统抽水蓄能电站调峰优化模型对电网弃风问题进行研究，在考虑抽水蓄能电站调峰作用之前，本节将首先就电网输电线路的传输容量对弃风的影响进行分析，见表 10.2，本算例中拟通过对算例系统电网区域间连接线路的传输容量进行扩容以验证其对电网弃风的影响。在未接入抽水蓄能的情况下，将各区域间连接线路的传输容量扩大 25%，扩大后传输容量同样见表 10.2。

采用前文构造的全年风电输出功率及负荷数据，应用优化计算模型对算例系统弃风进行仿真。以风电场 A 为例，其在扩容前后全年弃风计算结果如图 10.15 所示，图中数据统计表明在系统区域联接线传输容量增加后，风电场 A 全年弃风电量显著减少，由扩容前的 580MWh 减少到扩容后的236MWh。另外，图中3月份及11月份处依然存在较大弃风，结合图10.14所示的风电输出功率和负荷曲线，两处弃风均存在低负荷、高风电的输出功率模式，此时系统调峰约束限制是造成风电弃风的主要原因。而对于另外两个风电场B及风电场C，如图10.13所示，二者处同在另一个电网区域中，其弃风计算结果在线路扩容前后相差并不大，因此说明造成风电场B及风电场C弃风的主要原因不在于输电线路的传输容量限制。

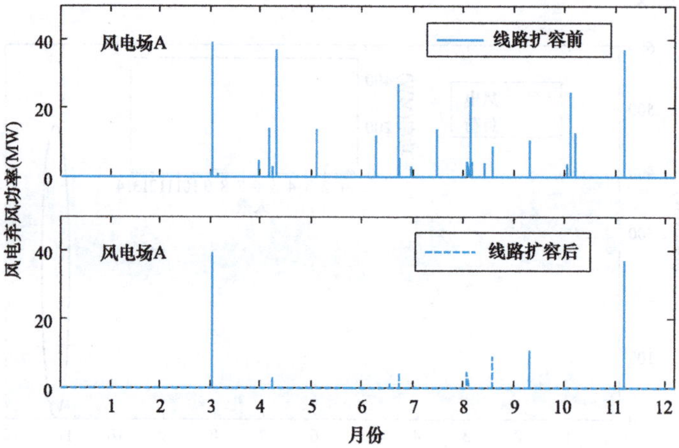

图10.15　系统区域连接线路扩容前后风电场A弃风量对比

上述计算结果表明，电网输电线路传输容量的限制是造成电网风电弃风的重要原因之一，因此通过增大系统区域间输电线路的传输容量，可增加风电功率在不同区域间的传输交换，使得风电功率在更大的范围内消纳，以此减少风电弃风。同时，由于风电的反调峰特性以及系统调峰约束等固有限制，仅仅增大输电线路的传输容量无法完全消除风电弃风，需要同时采取其他手段从根本上解决由系统调峰约束造成的风电弃风问题，以促进风电的并网消纳。

10.5.2　抽水蓄能电站调峰运行优化

抽水蓄能电站作为目前电力系统中最成熟的大规模储能装置，具有灵活的调峰性能，可利用其与风电协调运行的方式来解决系统调峰容量不足造成的弃风问题。基于本节中提出的风电系统抽水蓄能电站的调峰优化模型，采用图10.14中构造的风电输出功率及负荷曲线，对图10.13所示的算例系统在抽水蓄能电站调节下的风电弃风进行仿真计算。为方便分析，选全年中11月份的两周数据进行计算，如图10.14中子图所示。在这两周时间内，系统负荷由低谷持续增长至最高点，而风电场输出功率则由系统负荷低谷时段处对应的较高值逐步下降到系统负荷峰值时段处对应的较低值，在这种风电—负荷模式下，风电输出功率对负荷的反调峰特性表现突出，电网弃风量将大幅增加。

将抽水蓄能电站的调节周期选为24h，在算例系统中接入抽水蓄能电站前后两种情形下，对上述指定的两周时间段内的系统弃风量进行仿真计算。计算结果表明，在这两周的时间内，系统只在第六天产生弃风，当天内三个风电场的弃风时刻及弃风功率如图10.16所示。图中显示，在算例系统接入抽水蓄能电站之后，风电场A、C弃风量大幅减少，其中，风电场C弃风量减少至0。

对抽水蓄能电站的调节输出功率进行分析：上述指定时段内抽水蓄能电站发电、抽水功率如图10.17所示，由于优化模型中抽水蓄能机组的抽水功率设置为不可调节，各个时段内的抽水功率为0、15、30MW的离散值。同时，对比图10.16及图10.17中风电场弃风时刻及抽水蓄能电站运行输出功率可知，抽水蓄能机组的抽水状态大多出现在风电场弃风时段，表明抽水蓄能

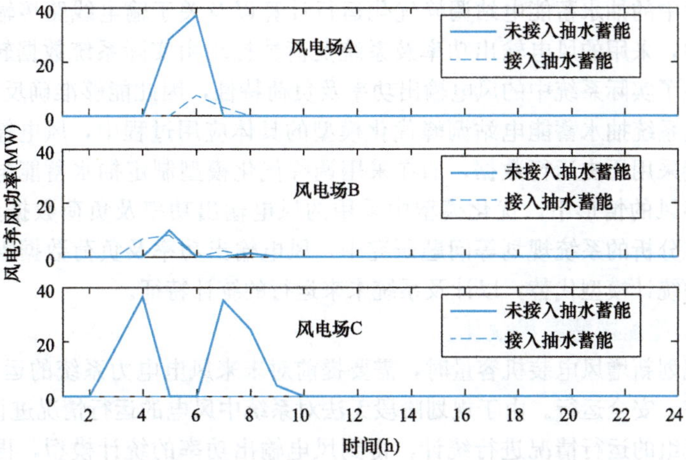

图 10.16 指定时间段内各风电场在接入抽水蓄能电站前后的弃风量

机组通过抽水存储多余的风电输出功率，以达到减少风电弃风的目的，而其他时段则将存储的电能释放并维持调节周期内水库库容的平衡。

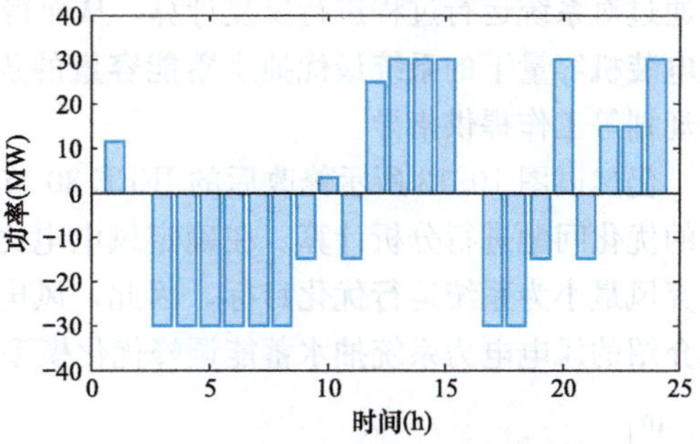

图 10.17 指定时间段内抽水蓄能电站发电及抽水功率

为进一步验证抽水蓄能电站调峰运行对电网弃风的影响，对算例系统全年范围内弃风进行计算，结果如图 10.18 所示。对计算结果进行统计分析：算例系统接入抽水蓄能电站后，风电弃风量在全年范围内大幅减少，由接入前的 8197MWh 下降至接入后的 1053MWh。另外，算例系统在某些弃风量较大的时刻，如图 10.18 中的 3、4 月份处，算例系统中抽水蓄能电站的调节能力并不能完全消除系统的风电弃风，此时需采取其他措施以进一步消除电网风电弃风，如增大输电线路容量等，这也说明造成系统风电弃风的因素是多方面的，实际中也可采取多种措施共同解决弃风问题。

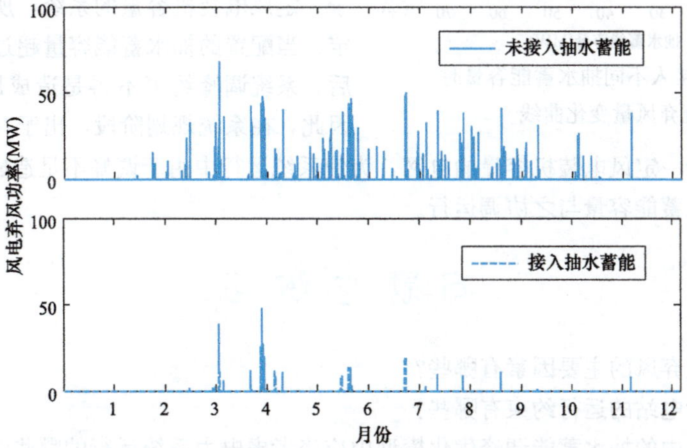

图 10.18 系统接入抽水蓄能电站前后全年风电弃风量

此外，在本章中的抽水蓄能电站调峰优化运行计算以及关于输电线路传输容量限制对电网弃风影响的验证中，采用的风电输出功率及系统负荷数据均由实际系统数据转换而得，这些数据一方面准确反映了实际系统中的风电输出功率及负荷特性，因此能够准确反应系统弃风特性。另一方面，在风电系统抽水蓄能电站调峰优化模型的具体应用过程中，风电输出功率及负荷数据有时并不能直接采用历史运行数据，如在采用调峰优化模型制定抽水蓄能电站日前输出功率计划以减少电网弃风的情形下，优化模型中采用的风电输出功率及负荷数据为日前预测数据。而在基于电网弃风分析的系统规划等问题研究中，风电输出功率及负荷数据需要采用能够反映其输出功率特性的统计模型代替，以计及系统未来运行的统计特征。

10.5.3 抽水蓄能电站容量优化

当电力系统规划新增风电装机容量时，需要提前对未来风电电力系统的运行情况进行模拟，以保证系统的经济、安全运行。由于规划阶段无法对系统中风电的运行情况进行精确预测，只能根据系统中现有机组的运行情况进行统计，得到风电输出功率的统计模型，再运用统计模型对系统运行进行模拟分析，从而对规划方案进行评估。近年来在风电并网研究中应用十分广泛的蒙特卡罗模拟方法即是基于这一思路：采用风电输出功率统计模型模拟产生大量输出功率场景，并通过对系统运行过程进行反复计算，从而得到系统运行的统计特征量。利用这一思路，对一定风电装机容量下的系统最优抽水蓄能容量的规划问题进行分析计算，以为实际系统中的风电并网规划等工作提供指导。

仍然以图 10.13 所示修改后的 IEEE 30 节点测试系统为算例系统，对风电系统中抽水蓄能容量的优化问题进行分析计算。在确定风电电力系统所需抽水蓄能容量的过程中，同样以电力系统弃风最小为系统运行优化目标，因此，风电系统抽水蓄能容量优化计算中也可以直接采用本章介绍的风电电力系统抽水蓄能调峰优化模型。

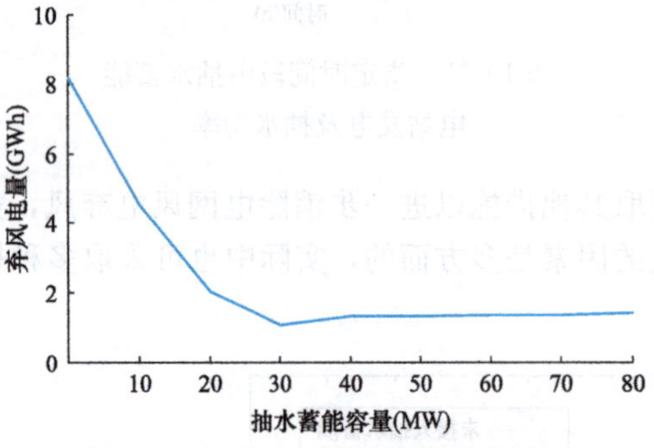

图 10.19　接入不同抽水蓄能容量时系统弃风量变化曲线

改变算例系统中抽水蓄能的装机容量，对算例系统整年运行情况进行模拟，并统计全年弃风电量，得到系统弃风电量随抽水蓄能容量的变化曲线如图 10.19 所示。弃风量变化曲线清楚地显示，对一定的风电装机容量，用于减少风电弃风的抽水蓄能容量存在上限值，即当抽水蓄能容量继续增加时，系统弃风量不再下降。这是由于对于一定风电装机容量的系统，所需的调峰容量固定，当配置的抽水蓄能容量超过所需的调峰容量后，系统调峰约束不再是造成风电弃风的因素。因此，在系统规划阶段，出于对系统运行经济性等因素考虑，对于一定风电装机容量的电网，为使系统运行中由于调峰不足造成的弃风最小，存在对应的最优抽水蓄能容量与之协调运行。

问题与练习

（1）造成风电弃风的主要因素有哪些？

（2）抽水蓄能电站的运行约束有哪些？

（3）风电系统中的抽水蓄能调峰优化模型中应当考虑电力系统运行的哪些约束和限制条件？

（4）抽水蓄能与风电的协调运行具有哪些优势？

参 考 文 献

[1] 徐伟，杨玉林，李政光，等．甘肃酒泉大规模风电参与电力市场模式及其消纳方案．电网技术，2010，34（6）：71-77.

[2] IBM. IBM ILOG CPLEX optimization studio user's guide［EB/OL］. 2013［2014-12-03］.

[3] Power system test case archive［EB/OL］.

[4] BPA. Wind generation & total load in the BPA balancing authority［EB/OL］. 2013［2014-10-12］.

[5] W Wu，J Zhu，Y Chen，T Luo，et al. Modified shapley value-based profit allocation method for wind power accommodation and deep peak regulation of thermal power. IEEE Transactions on Industry Applications，2022，59（1），276-288.

第 11 章

配电网优化运行

11.1 引 言

配电网是从输电网或地区发电厂接受电能，通过配电设施就地或逐级分配给用户的电力网，在电力网中起重要分配电能作用。配电设施包括配电线路、配电所、配电变压器、隔离开关、无功补偿器及一些附属设施等。配电网按照电压等级可分为高压配电网、中压配电网和低压配电网；按照配电线路类型可分为架空配电网和电缆配电网。由于配电网的电压较低，其网损也较大。配电网络重构的目标是在正常运行条件下找到最小化配电网损的辐射状运行结构。一般来说，配电网是闭环设计，开环运行的。这意味着配电网被辐射状馈线分割成几个子系统。这些馈线通常包括一些动断开关和动合开关。根据图论，配电网可以由一个含有 N 个节点、B 条支路的图$G(N，B)$ 表示。每个节点代表一个电源节点或者负荷节点，每条支路代表一条分段馈线。由于网络是辐射状的，所有的分段馈线组成了一个树集，其中每个负荷节点只能唯一由一个电源节点供应。因此，配电网重构（Distribution Network Reconfiguration，DNRC）问题为找到一个辐射状的运行结构来最小化系统网损同时满足运行约束。实际上，配电网重构可看成在给定图中确定最优树的问题。很多算法被用来求解配电网重构问题，包括启发式方法、基于规则的综合方法、混合整数线性规划法、遗传算法、多目标进化规划、基于拟阵论的遗传算法等。其中启发式方法又包括简单支路交换法（基本思路为通过操作一对开关，即闭合一个的同时断开另一个来计算功率损耗的变化量，目标为减小功率损耗）最优流模式和增强最优流模式。其余几种方法属于优化方法，本书不作详细阐述，有兴趣的读者可查阅本章末尾的参考文献。

由于大量的分布式电源（主要是风光水电等可再生能源）一般都接入配电网，而且近几年智能电网的发展，配电网运行变得更灵活也更加多样化和复杂化。本章先简单介绍传统配电网运行模型，即配电网重构优化模型，然后介绍智能电网的基本概念以及智能电网调度的一些方法。

11.2 配电网重构优化模型

配电网重构的数学模型可以由支路电流或支路功率两种方式表示。下面分别进行简单介绍。

11.2.1 采用电流为变量的模型

$$\min f=\sum_{l=1}^{NL}k_l R_l I_l^2 \qquad l\in NL \tag{11.1}$$

约束条件

$$k_l\,|I_l|\leqslant I_{l\max} \qquad l\in NL \tag{11.2}$$

$$V_{i\min}\leqslant V_i\leqslant V_{i\max} \quad i\in N \tag{11.3}$$

$$g_i(I，k)=0 \tag{11.4}$$

$$g_i(V, k)=0 \tag{11.5}$$

$$\varphi(k)=0 \tag{11.6}$$

式中：I_l 为支路 l 电流；R_l 为支路 l 阻抗；V_i 为节点 i 的节点电压；k_l 为支路的拓扑状态。支路闭合时 $k_l=1$，支路断开时 $k_l=0$；N 为节点集；NL 为支路集。

在上述模型中，式（11.2）为支路电流约束，式（11.3）为节点电压约束，式（11.4）为基尔霍夫第一定律（KCL），式（11.5）为基尔霍夫第二定律（KVL），式（11.6）为网络拓扑约束。拓扑约束能够保证候选拓扑的辐射状结构，由以下两部分组成：

（1）可行性。网络中的所有节点必须与一些支路连接，即无孤立节点。

（2）辐射状。网络中的支路数必须小于每个单元的节点数（$k_l NL=N-1$）。

因此，最终的网络运行结构必须是辐射状的，并且所有的负荷必须保持连接。

11.2.2 采用功率为变量的模型

$$\min f=\sum_{l=1}^{NL} k_l R_l\left(\frac{P_l^2+Q_l^2}{V_l^2}\right) \qquad l \in NL \tag{11.7}$$

约束条件

$$k_l\,|P_l| \leqslant P_{l\max} \qquad l \in NL \tag{11.8}$$

$$k_l\,|Q_l| \leqslant Q_{l\max} \qquad l \in NL \tag{11.9}$$

$$V_{i\min} \leqslant V_i \leqslant V_{i\max} \qquad i \in N \tag{11.10}$$

$$g_i(\boldsymbol{P}, k)=0 \tag{11.11}$$

$$g_i(\boldsymbol{Q}, k)=0 \tag{11.12}$$

$$g_i(\boldsymbol{V}, k)=0 \tag{11.13}$$

$$\varphi(k)=0 \tag{11.14}$$

式中：P_l 为支路 l 有功；Q_l 为支路 l 无功。

式（11.7）的目标函数为功率损耗。假设电压幅值为1.0p.u.，忽略无功损耗，则目标函数式可简化为

$$\min f=\sum_{l=1}^{NL} k_l R_l P_l^2 \quad l \in NL \tag{11.15}$$

在上述模型中，式（11.8）和式（11.9）分别为支路有功和无功约束。式（11.11）为基尔霍夫第一定律（KCL），式（11.12）为基尔霍夫第二定律（KVL）。

很明显，无论采用支路电流表达还是功率表达，DNRC模型具有相同的作用和功能。

11.3 智能电网与智能配电网

11.3.1 智能电网

目前为止，智能电网有不同的定义。有人称智能化配电自动化网为智能电网。有人认为智能电网是指分布式发电和电能存储，其中包括太阳能、风力发电、微型涡轮机、压缩空气、能源储存等。从终端用户端看，智能电网还有另一个方面含义，被称为需求响应和负荷控制。需求响应涉及终端用户对不同价格信号、不同可用性信号等的反应。此外，高级量测体系（Advanced Measurement Infrastructure，AMI）也很重要，它是家庭或终端用户与智能电网之间的纽带。AMI技术使用远程双向无线通信，通过射频（RF）固定网络，从客户的智能电能表和/或天然气仪表周期性地检索客户能源使用信息。仪表数据管理系统接收并存放数据，供其他系统分析和使用，如客户信息和计费、停电管理、负荷研究和交付系统规划。所有这些都与智能电网有

关。那么智能电网的通用定义是什么？目前普遍认为，智能电网是建立在集成的、高速双向通信网络的基础上，通过先进的传感和测量技术、先进的设备技术、先进的控制方法、先进的决策支持系统技术的应用，实现电网的可靠、安全、经济、高效、环境友好和使用安全的目标。其主要特征包括自愈，激励和抵御攻击，提供满足用户需求的电能质量，容许各种不同发电形式的接入，启动电力市场，资产的优化高效运行等。

归纳起来，智能电网具有七大特点。

(1) 消费者参与：激励消费者的积极参与。

(2) 适应各类发电：适应各种不同类型的发电和储能接入。

(3) 启用电力市场：实现新产品、服务和市场。

(4) 高质量的电：为数字化、计算机和通信提供经济且高质量的电力。

(5) 优化资源：有效运作、优化利用现有和新的资产。

(6) 自愈：以自我修复的方式预测和应对系统干扰。

(7) 防御攻击：防御攻击和自然灾害。

建立智能电网工作将需要一系列可靠的技术，包括集成通信系统、传感器、高级仪表和存储设备。其中许多技术已经存在，有些技术需要进一步提升。世界各国智能电网所涉及的关键技术领域虽然有所差异，但大体上可以归为以下几个方面：①坚强而灵活的网络拓扑；②开放、标准、集成的通信系统；③高级计量体系和需求侧管理；④智能调度技术和广域防护系统；⑤高级电力电子设备；⑥可再生能源和分布式能源接入。

11.3.2 智能配电网

11.3.2.1 智能配电网的定义

配电网是整个电力系统与分散的用户直接相连的部分，它将电力从高压电网传送到商业、工业和住宅用户。一般来讲，配电线路由35kV到110V的中低压电线组成。由于近90%的停电和干扰源来自配电网络，所以智能设备和技术必须应用于配电系统以提高配电网运行的可靠性。目前，智能电网均采用分布式智能化方式，提高了可靠性，安全性和效率。传统的配电系统主要是被动的和径向的，而“智能”配电系统将是主动配电网，这里讲的智能电网主要涉及配电系统，所以通常被称为“智能配电网”。智能配电网是利用现代电子技术、通信技术、计算机及网络技术，将配电网在线数据和离线数据、配电网数据和用户数据、电网结构和地理图形进行信息集成，实现配电系统正常运行及事故情况下的监测、保护、控制、用电和配电管理的智能化。

智能配电网的目标是在现有的自动化技术水平上提高效率和可靠性。先进的通信、计算和控制方案、分布式能源包括微电网和电力电子设备正在以前所未有的速度引入智能配电网。新兴的智能配电网将为配电系统提供更高的效率和可靠性。新一代配电管理系统（Distribution Management System，DMS）将基于从地理信息系统（Geographical Information System，GIS）导入的连接模式对配电网进行分析和控制。DMS包括一系列应用，旨在有效和可靠地监控和控制整个配电网络。它作为决策支持系统，协助控制室和现场操作人员对配电系统的监控。DMS的关键结果是提高可靠性和服务质量，以减少停机时间，减少停电时间，维持可接受的频率和电压水平。DMS这些技术也是智能配电网的主要技术手段，DMS属于配电系统二次技术的范畴，它的技术内容完全包含在智能配电网范围内。智能配电网是各种电力新技术在配电系统中应用的总和，几乎涉及配电系统一次和二次的所有技术领域。

11.3.2.2 智能配电网的要求

智能配电网支持决策和控制措施的信息收集，要求新的双向通信系统和相关的数据管理框架。其中通信系统是实现数据传输的关键和核心，通信系统将主站的控制命令准确地传送到众多的远方终端，且将远方设备运行状况的数据信息收集到控制中心。智能配电网通信系统可由多种通信方式组成，主要采用光纤和电力载波通信方式。

为了使配电网真正“智能化”，需要采用：

（1）智能基础设施，低成本传感器和智能电能表。

（2）智能规划和设计，智能运行和智能客户设备。

（3）分布式能源资源，分布式信息与智能。

（4）高效率变压器，新型存储设备，改进的故障限制和保护装置。

（5）新材料如高温超导材料。

由于配电系统自动化没有一个综合全面的方法，因此，基于计算机和通信系统运行和管理配电系统的配电管理系统对不同的电力公司具有不同的意义。它可以是配网自动化（Distribution Automation，DA），故障管理系统或使用 GIS 的工单管理系统。在某些情况下，它是具有增强 DA 功能的 SCADA。在许多情况下，在同一公司会用不同的系统来解决不同的配电网管理问题，这些系统采用不同应用程序，并且这些应用程序经常在单独的不兼容的数据库上运行。

变电站使用 SCADA 远程终端单元（Remote Terminal Unit，RTU），SCADA 系统能快速辨识导致暂时和永久断路器跳闸的故障。利用高级 RTU 和传感器的能力，DMS 可以支持故障检测技术以及评估电能质量。

智能配电系统所需的高级自动化要求更快速地决策，从而实现对配电系统的实时分析。例如鲁棒性好的配电网状态估计器是高级自动化所需的分析工具，用于分析的输入数据包括系统拓扑，系统中不同元件的参数，开关的状态以及系统各个点的测量数据，由于可以测量得到更多的数据，分析变得更加复杂。实时分析可以对配电系统进行更快的控制，实时监控和分析不仅提供了设备运行的状态，而且可以预判确定下一步的操作，如下一个开关的关闭位置和时间，以恢复用户供电。通过明智的选择，可以在最短的时间内完成供电恢复，从而提高用户对电力供应的可靠性。

为满足智能配电网的要求，新一代集成的 DMS 需要包括如下功能：

（1）电压、无功优化。

（2）在线潮流和短路分析。

（3）高级和自适应性保护。

（4）$(N-2)$ 故障分析。

（5）先进的故障检测和定位。

（6）高级故障隔离和服务恢复。

（7）电动汽车自动管理系统。

（8）动态降低负荷中谐波对电力设备的影响。

（9）配电网运行仿真系统。

（10）具有高比例可再生能源的系统运行。

（11）配电网作为微电网运行。

（12）实时定价和需求响应应用。

11.4 单个发电机的智能电网经济调度

11.4.1 SGED 数学模型

经济调度（ED）问题是电力系统运行的主要问题之一。ED 的目标是在满足系统安全约束条件下，降低总发电成本。前几章讨论了各种数值方法和优化法来求解 ED 问题。由于智能电网中增加了不确定的风力发电机组和可充放电储能设备，智能电网中的经济调度问题更复杂。本节介绍一种不考虑网络安全约束的简单智能电网经济调度（Smart Grid Economic Dispatch，SGED）方法。

最简单的 SGED 问题是系统只有一台发电机，一个负荷与一个电池储能设备。如前所述，发电机成本函数是二次函数，可以简单表示为

$$f(P_g)=\frac{1}{2}\alpha P_g^2+\beta P_g+\gamma \tag{11.16}$$

电池的成本函数可以表示为

$$h(P_b)=\eta(P_{bmax}-P_b) \tag{11.17}$$

为简化分析，假设每个时段的负荷是不变的，即

$$P_d(t)=D \quad t=1,2,\cdots,T \tag{11.18}$$

因此，最简单的 SGED 可表示为

$$\min J=\sum_{t=1}^{T}[f(P_g(t))+h(P_b(t))] \tag{11.19}$$

约束条件

$$P_b(t)=P_b(t-1)+P_g(t)-D \tag{11.20}$$

$$0\leqslant P_b(t)\leqslant P_{bmax} \tag{11.21}$$

$$0\leqslant P_g(t)\leqslant P_{gmax} \tag{11.22}$$

式中：P_g 为发电机输出功率；P_{gmax} 为发电机的最大输出功率；P_b 为电池功率（充电或放电）；P_{bmax} 为电池最大容量；D 为恒定负荷值；T 为智能电网运行时段；α、β、γ 为发电成本函数系数；η 为电池成本函数系数。

11.4.2 无约束的 SGED

如果电池约束和发电机约束是不起作用的，即不等式约束可以忽略。从目标函数和功率平衡方程中，可得到以下最优条件

$$\alpha P'_g(t)+\beta=\eta[T-(t-1)] \tag{11.23}$$

或

$$\alpha P'_g(t)+\beta=\eta(T+1-t) \tag{11.24}$$

由以上等式，可得最优发电功率表达式

$$P'_g(t)=\frac{\eta}{\alpha}(T+1-t-\beta) \tag{11.25}$$

如果发电机成本函数简化为

$$f(P_g)=\frac{1}{2}\alpha P_g^2 \tag{11.26}$$

那么最优发电功率表达式变为

$$P'_g(t)=\frac{\eta}{\alpha}(T+1-t) \tag{11.27}$$

将式（11.27）代入式（11.20）可得电池的功率变化为

$$P'_b(t)=P_b(t-1)+\frac{\eta}{\alpha}(T+1-t)-D \tag{11.28}$$

从式（11.27）可以看出，最优发电函数与时间的关系是线性下降。从式（11.28）可知，电池开始充电，然后放电，电池从充电变为放电的条件是

$$\frac{\eta}{\alpha}(T+1-t)-D=0 \tag{11.29}$$

即

$$P_b'(t)=P_b(t-1) \tag{11.30}$$

当

$$t_D=T+1-\frac{\alpha}{\eta}D \tag{11.31}$$

式中：t_D 为电池开始放电的时间。

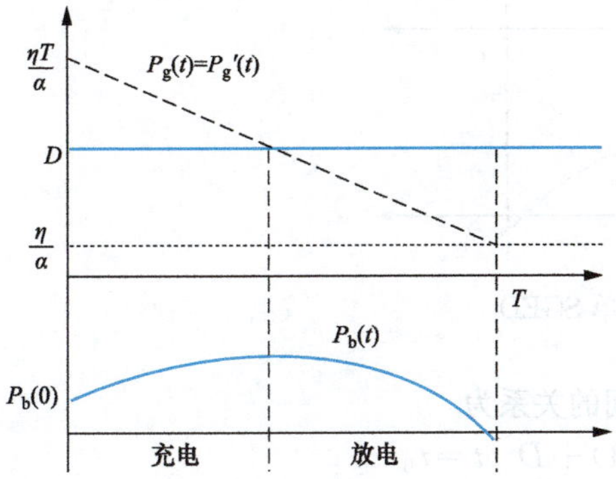

图 11.1 无约束的简单 SGED

无约束的简单 SGED 如图 11.1 所示。

11.4.3 考虑约束的 SGED

从式（11.27）可以看出，初始时发电量最大，运行周期 T 结束时发电量最小，即

$$\frac{\eta}{\alpha}\leqslant P_g^*(t)=\frac{\eta}{\alpha}T \tag{11.32}$$

这意味着为了满足发电约束不等式，需满足以下条件

$$\frac{\eta T}{\alpha}\leqslant P_{gmax} \tag{11.33}$$

显然，如果满足上述方程，则不存在发电约束问题。发电机的容量必须大于负荷以给负荷和电池供电，所以简单的 SGED 将成为发电机容量的限制问题为

$$D\leqslant P_{gmax}\leqslant\frac{\eta T}{\alpha} \tag{11.34}$$

如果最优发电在初始时间 t_g 超过发电机的容量，那么此时的发电机容量将被设置为发电机的极限值，即

$$P_g'(t)=\frac{\eta}{\alpha}(T+1-t)=P_{gmax} \tag{11.35}$$

$$t_g=T+1-\frac{\alpha}{\eta}P_{gmax} \tag{11.36}$$

最优发电与时间的关系为

$$P_g^*(t)=\begin{cases}P_{gmax} & \text{if } t\leqslant t_g\\ \frac{\eta}{\alpha}(T+1-t) & \text{if } t>t_g\end{cases} \tag{11.37}$$

类似地，最优电池功率值与时间的关系为

$$P_b^*(t)=\begin{cases}P_b(t-1)+P_{gmax}-D & \text{if } t\leqslant t_g\\ P_b(t-1)+\frac{\eta}{\alpha}(T+1-t)-D & \text{if } t>t_g\end{cases} \tag{11.38}$$

图 11.2 说明了有约束的简单 SGED 情况。

如果考虑电池功率约束条件，并且由计算得到的最佳充电值在时间 t_B 超过电池容量，则实际充电功率必须设置为最大极限，即

$$P_b(t_B)=P_{bmax}\quad \text{if } P_b(t_B)>P_{bmax} \tag{11.39}$$

由于电池充电的减少，最优发电机输出功率将减少，并且可计算如下

$$P_b(t_B)=P_{bmax}=P_b(t_B-1)+P_g(t_B)-D \tag{11.40}$$

$$P_g(t_B)=P_{bmax}-P_b(t_B-1)+D \tag{11.41}$$

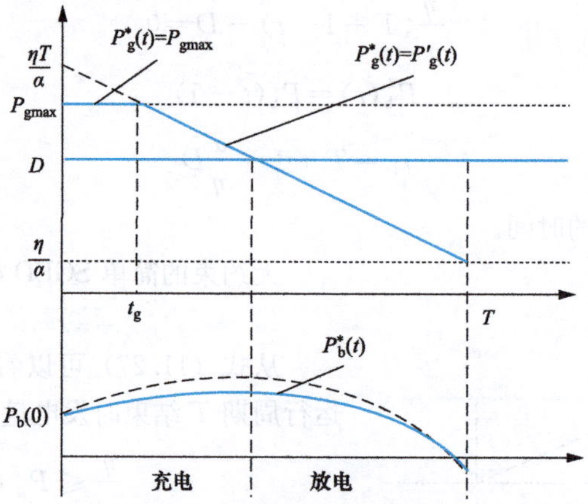

图 11.2 有约束的简单 SGED

因此，有电池容量限制的最佳发电功率函数与时间的关系为

$$P_g^*(t)=\begin{cases}P_{bmax}-P_b(t_B-1)+D & t=t_B\\ \dfrac{\eta}{\alpha}(T+1-t) & t\neq t_B\end{cases} \tag{11.42}$$

类似地，最佳的电池功率值为

$$P_b^*(t)=\begin{cases}P_{bmax} & t=t_B\\ P_b(t-1)+\dfrac{\eta}{\alpha}(T+1-t)-D & t\neq t_B\end{cases} \tag{11.43}$$

另外，如果考虑电池功率约束条件，并且在放电时间 t_b 时电池的计算功率值为负，则实际功率必须设置为零，即

$$P_b(t_b)=0 \quad P_b(t)<0 \tag{11.44}$$

电池无法释放足够的电能，因此最佳发电机输出将增加以满足智能电网的功率平衡，可计算为

$$P_b(t_b)=0=P_b(t_b-1)+P_g(t_b)-D \tag{11.45}$$

$$P_g(t_b)=D-P_b(t_b-1) \tag{11.46}$$

在这种情况下，最佳发电功率函数与时间的关系为

$$P_g^*(t)=\begin{cases}P_g(t_b)=D-P_b(t_b-1) & t=t_b\\ \dfrac{\eta}{\alpha}(T+1-t) & t\neq t_b\end{cases} \tag{11.47}$$

类似地，最佳的电池功率值为

$$P_b^*(t)=\begin{cases}0 & t=t_b\\ P_b(t-1)+\dfrac{\eta}{\alpha}(T+1-t)-D & t\neq t_b\end{cases} \tag{11.48}$$

总之，有电池容量约束的最佳 SGED 可表示为

$$P_b^*(t)=\begin{cases}P_{bmax} & P_b(t)>P_{bmax}\\ 0 & P_b(t)<0\\ P_b(t-1)+\dfrac{\eta}{\alpha}(T+1-t)-D & 0\leqslant P_b(t)\leqslant P_{bmax}\end{cases} \tag{11.49}$$

$$P_g^*(t)=\begin{cases}P_{bmax}+D-P_b(t-1) & P_b(t)>P_{bmax}\\ D-P_b(t-1) & P_b(t)<0\\ \dfrac{\eta}{\alpha}(T+1-t) & 0\leqslant P_b(t)\leqslant P_{bmax}\end{cases} \tag{11.50}$$

例 11.1 一个简单的智能电网有一台发电机和一个蓄电池，负荷假定恒定为 8.0MW，与时间无关。发电机成本函数为二次方，即

$$f(P_g)=\frac{1}{2}\alpha P_g^2=\frac{1}{2}(0.04P_g^2)$$

电池的初始功率为 2MW，蓄电池的单位系数 $\eta=0.08$。发电机容量为 25MW。计算 7h 内的最佳发电量和电池电量。

解 根据给定参数，得到 $\alpha=0.04$，$\eta=0.08$，$T=7\text{h}$，$D=8\text{MW}$。先计算电池从充电到放电的时间，即

$$t_D=T+1-\frac{\alpha}{\eta}D=7+1-\frac{0.04}{0.08}\times 8=4(\text{h})$$

这意味着电池在前 4h 充电，之后则是放电。最优发电通过式（11.22）计算，即

$$P_g{}'(t)=\frac{\eta}{\alpha}(T+1-t)=\frac{0.08}{0.04}(7+1-t)=16-2t$$

电池的功率变化从式（11.38）获得，即

$$P_b{}'(t)=P_b(t-1)+\frac{\eta}{\alpha}(T+1-t)-D=P_b(t-1)+8-2t$$

计算结果见表 11.1。从表 11.1 可以看出，发电量线性减少，电池功率是二次变化的。

表 11.1 简单 SGED 结果

时间 t（h）	1	2	3	4	5	6	7
电源功率（MW）	14	12	10	8	6	4	2
电池功率（MW）	8	12	14	14	12	8	2

例 11.2 对例 11.1，如果电池的初始功率变为 0.4MW，且发电机的容量为 11.0MW。SGED 成为一个有约束条件的问题，求解 7h 内的最佳发电量和电池电量。

解 发电机输出随时间的变化计算如下

$$t_g=T+1-\frac{\alpha}{\eta}P_{gmax}=7+1-\frac{0.04}{0.08}\times 11=2.5(\text{h})$$

这意味着发电机的功率在 2.5h 之前为 11.0MW。通过式（11.31）计算出最优发电随时间的关系为

$$P_g^*(t)=\begin{cases}11 & t\leqslant 2.5\\ 16-2t & t>2.5\end{cases}$$

最优电池功率值由式（11.47）计算得到

$$P_b^*(t)=\begin{cases}P_b(t-1)+3 & t\leqslant 2.5\\ P_b(t-1)+8-2t & t>2.5\end{cases}$$

计算结果见表 11.2。从表 11.2 可以看出，电池功率仍然是二次变化的，且在初始时段的发电量恒定，然后线性减小。

表 11.2 具有发电约束的简单 SGED 的结果

时间 t (h)	1	2	3	4	5	6	7
电源功率 (MW)	11	11	10	8	6	4	2
电池功率 (MW)	7	10	12	12	10	6	0

表 11.2 中的蓝色数字表明，与例 11.1 中的无约束结果相比，由于引入了发电约束，发电机输出功率和电池功率改变了。

例 11.3 对例 11.1，电池的容量为 12.0MWh，计算最佳发电量和电池电量。可用式(11.28) 来计算电池电量为

解

$$P_b^*(t)=\begin{cases}12 & P_b(t)>12\\ P_b(t-1)+8-2t & P_b(t)\leqslant 12\end{cases}$$

因此，有电池容量限制的最佳发电功率与时间的关系为

$$P_g^*(t)=\begin{cases}20-P_b(t_B-1) & P_b(t)>12\\ 16-2t & P_b(t)\leqslant 12\end{cases}$$

计算结果见表 11.3。

表 11.3 有电池约束的简单 SGED 结果

时间 t (h)	1	2	3	4	5	6	7
电源功率 (MW)	14	12	8	8	6	4	2
电池功率 (MW)	8	12	12	12	10	6	0

表 11.3 中的蓝色数字表明，与例 11.1 中的无约束结果相比，引入电池约束后产生的功率变化。

例 11.4 对于例 11.3，电池的容量变为 11.0MWh，计算最佳发电量和电池电量。这种情况下，在时间结束时的放电值为负值，应设置为零。

解 最优发电机输出功率和电池的功率计算为

$$P_b^*(t)=\begin{cases}11 & P_b(t)>11\\ 0 & P_b(t)<0\\ P_b(t-1)+8-t & 0\leqslant P_b(t)\leqslant 11\end{cases}$$

$$P_g^*(t)=\begin{cases}19-P_b(t-1) & P_b(t)>11\\ 8-P_b(t-1) & P_b(t)<0\\ 16-2t & 0\leqslant P_b(t)\leqslant 11\end{cases}$$

计算结果见表 11.4。

表 11.4 有电池容量约束的简单 SGED 结果

时间 t (h)	1	2	3	4	5	6	7
电源功率 (MW)	14	11	8	8	6	4	6
电池功率 (MW)	8	11	11	11	6	2	0

表 11.4 中的蓝色数字表明，与例 11.1 中的无约束结果相比，引入电池约束后产生的功率变化。

11.5 具有多台发电机的简单智能电网经济调度

11.5.1 智能电网多台发电机 SGED 数学模型

如果智能电网有多台发电机，则 SGED 的问题可以表示为

$$\min J=\sum_{t=1}^{T}\left[\sum_{i=1}^{NG}f_i(P_{gi}(t))+h(P_b(t))\right] \tag{11.51}$$

约束条件

$$P_b(t)=P_b(t-1)+\sum_{i=1}^{NG}P_{gi}(t)-D \tag{11.52}$$

$$0\leqslant P_b(t)\leqslant P_{bmax} \tag{11.53}$$

$$0\leqslant P_{gi}(t)\leqslant P_{gimax} \tag{11.54}$$

式中：P_{gi} 为发电机的输出功率；P_{gimax} 为发电机 i 的最大输出功率；NG 为网络中的发电机数量。

与单个发电机的 SGED 类似，首先忽略不等约束，拉格朗日函数由目标函数和功率平衡方程组成。

拉格朗日函数取极值的必要条件是拉格朗日函数对每个独立变量的一阶导数为零。发电机的成本函数为

$$f_i(P_{gi})=\frac{1}{2}\alpha_i P_{gi}^2\quad i=1,\ 2,\ \cdots,\ NG \tag{11.55}$$

多台发电机 SGED 的最优条件为

$$\alpha_i P'_{gi}(t)=\eta(T+1-t)\quad i=1,\ 2,\ \cdots,\ NG \tag{11.56}$$

$$P'_b(t)=P_b(t-1)+\sum_{i=1}^{NG}P'_{gi}(t)-D \tag{11.57}$$

从以上等式，可得

$$P'_{gi}(t)=\frac{\eta}{\alpha_i}(T+1-t)\quad i=1,\ 2,\ \cdots,\ NG \tag{11.58}$$

$$P'_b(t)=P_b(t-1)+\sum_{i=1}^{NG}\left[\frac{\eta}{\alpha_i}(T+1-t)\right]-D \tag{11.59}$$

从式（11.58）可知，每个机组的最优发电将随时间线性地减小。从式（11.59）可知，电池先充电，然后放电，电池从充电变为放电的条件为

$$\sum_{i=1}^{NG}\frac{\eta}{\alpha_i}(T+1-t)-D=0 \tag{11.60}$$

即

$$P'_b(t)=P_b(t-1) \tag{11.61}$$

当

$$t_D=T+1-\frac{D}{\sum_{i=1}^{NG}\frac{\eta}{\alpha_i}} \tag{11.62}$$

从式（11.56）可得

$$\alpha_1 P_{g1}(t)=\frac{\partial f_1}{\partial P_{g1}}=\alpha_2 P_{g2}(t)=\frac{\partial f_2}{\partial P_{g2}}=\cdots=\alpha_{NG}P_{gNG}(t)=\frac{\partial f_{NG}}{\partial P_{gNG}} \tag{11.63}$$

这对应于第 4 章提到的多台发电机经济调度等量微增率原则。

如果考虑电池容量约束，多台发电机的最佳 SGED 表示为

$$P_{\mathrm{b}}^{*}(t)=\begin{cases}P_{\mathrm{bmax}} & P_{\mathrm{b}}(t)>P_{\mathrm{bmax}}\\ 0 & P_{\mathrm{b}}(t)<0\\ P_{\mathrm{b}}(t-1)+\sum\limits_{i=1}^{NG}\dfrac{\eta}{\alpha_i}(T+1-t)-D & 0\leqslant P_{\mathrm{b}}(t)\leqslant P_{\mathrm{bmax}}\end{cases}\tag{11.64}$$

$$P_{\mathrm{g}k}^{*}(t)=\begin{cases}P_{\mathrm{bmax}}+D-P_{\mathrm{b}}(t-1)-\sum\limits_{i=1,\ i\neq k}^{NG}P_{\mathrm{g}i}(t) & P_{\mathrm{b}}(t)>P_{\mathrm{bmax}}\\ D-P_{\mathrm{b}}(t-1)-\sum\limits_{i=1,\ i\neq k}^{NG}P_{\mathrm{g}i}(t) & P_{\mathrm{b}}(t)<0\\ \dfrac{\eta}{\alpha_k}(T+1-t) & 0\leqslant P_{\mathrm{b}}(t)\leqslant P_{\mathrm{bmax}}\end{cases}\tag{11.65}$$

值得注意的是，在上述分析中，负荷认为是恒定的。如果负荷随着时间而变化，即 $D(t)$，仍然可采用上述方法。此时有多台发电机的最佳 SGED 可表示为

$$P_{\mathrm{b}}^{*}(t)=\begin{cases}P_{\mathrm{bmax}} & P_{\mathrm{b}}(t)>P_{\mathrm{bmax}}\\ 0 & P_{\mathrm{b}}(t)<0\\ P_{\mathrm{b}}(t-1)+\sum\limits_{i=1}^{NG}\dfrac{\eta}{\alpha_i}(T+1-t)-D(t) & 0\leqslant P_{\mathrm{b}}(t)\leqslant P_{\mathrm{bmax}}\end{cases}\tag{11.66}$$

$$P_{\mathrm{g}k}^{*}(t)=\begin{cases}P_{\mathrm{bmax}}+D(t)-P_{\mathrm{b}}(t-1)-\sum\limits_{i=1,\ i\neq k}^{NG}P_{\mathrm{g}i}(t) & P_{\mathrm{b}}(t)>P_{\mathrm{bmax}}\\ D(t)-P_{\mathrm{b}}(t-1)-\sum\limits_{i=1,\ i\neq k}^{NG}P_{\mathrm{g}i}(t) & P_{\mathrm{b}}(t)<0\\ \dfrac{\eta}{\alpha_k}(T+1-t) & 0\leqslant P_{\mathrm{b}}(t)\leqslant P_{\mathrm{bmax}}\end{cases}\tag{11.67}$$

11.5.2 算例分析

例 11.5 一个简单的智能电网有两台发电机和一个蓄电池。负荷假定恒定为 8.0MW，与时间无关。两台发电机的成本函数为

$$f_1(P_{\mathrm{g1}})=\frac{1}{2}\alpha_1 P_{\mathrm{g1}}^2=\frac{1}{2}(0.04P_{\mathrm{g1}}^2)$$

$$f_2(P_{\mathrm{g2}})=\frac{1}{2}\alpha_2 P_{\mathrm{g2}}^2=\frac{1}{2}(0.02P_{\mathrm{g2}}^2)$$

电池无初始电能，电池储能单位系数为 $\eta=0.08$。两台发电机的容量分别为 25MW 和 35MW。计算 7h 内最佳的发电量和电池电量。

解 根据给定参数，得到 $\alpha_1=0.04$，$\alpha_2=0.02$，$\eta=0.08$，$T=7\text{h}$，$D=30$。先计算电池从充电到放电的时间，即

$$t_{\mathrm{D}}=T+1-\frac{D}{\sum\limits_{i=}^{NG}\dfrac{\eta}{\alpha_i}}=7+1-\frac{30}{\dfrac{0.08}{0.04}+\dfrac{0.08}{0.02}}=3(\mathrm{h})$$

这意味着电池在前 3h 充电，之后放电。最佳发电为

$$P_{\mathrm{g1}}{}'(t)=\frac{\eta}{\alpha_1}(T+1-t)=\frac{0.08}{0.04}(7+1-t)=16-2t$$

$$P_{\mathrm{g2}}{}'(t)=\frac{\eta}{\alpha_2}(T+1-t)=\frac{0.08}{0.02}(7+1-t)=32-4t$$

电池的功率变化计算为

$$P_b'(t)=P_b(t-1)+\sum_{i=1}^{2}\frac{\eta}{\alpha_i}(T+1-t)-D$$
$$=P_b(t-1)+16-2t+32-4t-30=P_b(t-1)+18-6t$$

计算结果见表 11.5。从表 11.5 可知，由于电池在 5h 后完全放电，因此两台机组的发电量在这个时段线性减少，然后在第 6、7h 线性增加，机组必须弥补功率失配以满足电网功率平衡。

表 11.5　　有多台发电机的简单 SGED 结果

时间 t（h）	1	2	3	4	5	6	7
电源 1 功率（MW）	14	12	10	8	6	10	10
电源 2 功率（MW）	28	24	20	16	12	20	20
电池功率（MW）	12	18	18	12	0	0	0

问题与练习

（1）什么是配电网？

（2）简述配电网优化模型。

（3）什么是微电网？

（4）微电网的典型特性。

（5）什么是智能配电网？

（6）什么是 DMS？

（7）什么是 DER？

（8）微电网减少故障吗？

（9）什么是 AMI。

（10）判断题。

1）智能电网不包括发电系统。（　　）

2）微电网是配电网一部分。（　　）

3）微电网不允许孤岛运行。（　　）

4）电池可向电网供电。（　　）

5）微电网没有减载能力。（　　）

6）智能电网中，PMU 将完全取代传统 SCADA 系统。（　　）

7）智能电网可减少输电损耗。（　　）

8）智能可减少系统故障。（　　）

（11）多选题。

1）下列哪个是智能设备？（　　）

a. PMU　　b. Smart meter　　c. 输电线路　　d. 数字保护继电器

2）下列哪个是虚拟电厂元件？（　　）

a. 储能设备　　b. 水电厂　　c. 风电厂　　d. PV 厂

3）下列哪些能提供储能？（　　）

a. Electric vehicles（EVs）　　b. 可再生能源

c. 风电厂　　d. Vehicle-to-Grid（V2G）

4）下列哪些是分布式电源？（　　）

a. 光伏　　b. 小型风机　　c. 电气储能　　d. 热电联产

(12) 简单智能电网有一个发电机，一个储能电池，负荷假设恒定为 12MW，发电机损耗函数为

$$f(P_g)=\frac{1}{2}\alpha P_g^2=\frac{1}{2}(0.02P_g^2)$$

储能电池参数 $\eta=0.08$，发电机额定功率 30MW，时间是 5h：

1) 如果电池初始功率 2MW，计算优化发电计划和电池功率。

2) 如果电池没有初始功率，计算优化发电计划和电池功率。

3) 上述两个问题中，是否电池开始放电。

(13) 简单智能电网有一个发电机，一个储能电池，考虑发电机限制，所有数据与题 12 相同，只是发电机功率 18MW，计算：

1) 如果电池初始功率 2MW，优化发电计划和电池功率。

2) 如果电池没有初始功率，优化发电计划和电池功率。

(14) 简单智能电网有一个发电机，一个储能电池，负荷假设恒定为 8MW，发电机损耗函数为

$$f(P_g)=\frac{1}{2}\alpha P_g^2=\frac{1}{2}(0.03P_g^2)$$

储能电池参数 $\eta=0.06$，发电机额定功率 30MW，时间是 7h：

1) 电池什么时候开始放电。

2) 如果电池初始功率 3MW，计算优化发电计划和电池功率。

3) 如果电池没有初始功率，计算优化发电计划和电池功率。

(15) 简单智能电网有一个发电机，一个储能电池，考虑发电机限制和电池限制，所有数据与题 14 相同，除了发电机和电容容量，发电机限制 12MW，计算：

1) 仅考虑发电限制，如果电池初始功率 2MW，优化发电计划和电池功率（$T=7$h）。

2) 仅考虑发电限制，如果电池没有初始功率，优化发电计划和电池功率（$T=7$h）。

3) 仅考虑电池限制，如果电池初始功率 2MW，电池限制 12MW，优化发电计划和电池功率（$T=7$h）。

4) 仅考虑电池限制和发电机限制，如果电池初始功率 4MW，发电机限制 11MW，电池容量 10MWh，优化发电计划和电池功率（$T=7$h）。

(16) 简单智能电网有两个发电机，一个储能电池，负荷假设恒定 28MW，发电机损耗函数为

$$f(P_{g1})=\frac{1}{2}\alpha_1 P_{g1}^2=\frac{1}{2}(0.06P_{g1}^2)$$

$$f(P_{g2})=\frac{1}{2}\alpha_2 P_{g2}^2=\frac{1}{2}(0.03P_{g2}^2)$$

储能电池参数 $\eta=0.12$，时间是 7h：

1) 电池什么时候开始放电。

2) 如果电池初始功率 4MW，计算优化发电计划和电池功率。

3) 如果电池没有初始功率，计算优化发电计划和电池功率。

4) 如果电池没有初始功率，发电机限制 25MW，计算优化发电计划和电池功率。

5) 如果电池没有初始功率，电池限制 20MW，计算优化发电计划和电池功率。

6) 如果电池没有初始功率，电池限制 20MW，发电机限制 25MW，计算优化发电计划和电池功率。

参 考 文 献

[1] J. Z. Zhu. Optimal reconfiguration of electrical distribution network using the refined genetic algorithm. Electric Power Systems Research, 2002, 62 (1): 37-42.

[2] J. Z. Zhu. A rule based comprehensive approach for reconfiguration of electrical distribution network. Electric Power Systems Research, 2009, 78 (2): 311-315.

[3] J. Z. Zhu. Optimization of power system operation. 2nd. New Jersey: Wiley-IEEE Press, 2015.

[4] A. Merlin, H. Back. Search for minimum-Loss operating spanning tree configuration in an urban power distribution system. Proc. 5th Power System Computation Conference, Cambridge, 1975 Paper 1. 2/6.

[5] C. H. Castro, J. B. Bunchand, T. M. Topka. Generalized algorithms for distribution feeder deployment and sectionalizing. IEEE Transaction on Power Apparatus and Systems. 1980, 99 (2): 549-557.

[6] M. E. Baran, F. Wu. Network Reconfiguration in distribution systems for loss reduction and load balancing. IEEE Transactions on Power Delivery, 1989, 4 (2): 1401-1407.

[7] C. H. Castro, A. L. M. Franca. Automatic power distribution reconfiguration algorithm including operating constraints. IFAC Symposium on Planning and Operation of Electric Energy Systems, Rio de Janeiro 1985: 181-186.

[8] S. Civanlar, et al. Distribution feeder reconfiguration for loss reduction. IEEE Trans. on Power Delivery, 1988, 13 (3): 1217-1223.

[9] D. Shirmohammadi, H. W. Hong. Reconfiguration of electric distribution networks for resistive line losses reduction. IEEE Trans. PWRD, 1989, 4 (2): 1492-1498.

[10] S. K. Goswami. A new algorithm for the reconfiguration of distribution feeders for loss minimization. IEEE Trans. on Power Delivery, 1992, 17 (3): 1484-1491.

[11] J. Nahman, G. Strbac. A new algorithm for service restoration in large-scale urban distribution systems. Electric Power Systems Research, 1994, 29: 181-192.

[12] V. Glamocanin. Optimal loss reduction of distribution networks. IEEE Trans. Power Systems, 1990, 5 (3): 774-782.

[13] C. C. Liu, S. J. Lee, S. S. Venkata. An expert system operational aid for restoration and loss reduction of distribution systems. IEEE Transaction on Power Systems, 1988, 3 (2): 619-626.

[14] T. J. Kendrew, J. A. Marks. Automated distribution comes of age. IEEE Computer Applications in Power, 1989, 2 (1): 7-10.

[15] E. R. Ramos, A. G. Expósito, J. R. Santos, et al. Path-based distribution network modeling: application to reconfiguration for loss reduction. IEEE Trans on Power Systems, 2005, 20 (2): 556-564.

[16] K. Nara, A. Shiose, M. Kitagawa, T. Ishihara. Implementation of genetic algorithm for distribution system loss minimum reconfiguration. IEEE Trans. Power Systems, 1992, 7 (3): 1044-1051.

[17] B. A. Souza, H. N. Alves, H. A. Ferreira. Microgenetic algorithms and fuzzy logic applied to the optimal placement of capacitor banks in distribution networks. IEEE Trans. Power Systems, 2004, 19 (2): 942-947.

[18] Y. T. Hsiao. Multiobjective evolution programming method for feeder reconfiguration. IEEE Trans. on Power Systems, 2004, 19 (1): 594-599.

[19] J. Z. Zhu, X. F. Xiong, D. Hwang, et al. A comprehensive method for reconfiguration of electrical distribution network. IEEE/PES 2007 General Meeting, Tampa, USA, June 24-28, 2007.

[20] J. G. Lin. Multiple-objective problems: pareto-optimal solutions by method of proper equality con-

straints. IEEE Trans. Automat. Contr.，1976，AC-21：641-650.
[21] B. Enacheanu，B. Raison，R. Caire，et al. Radial network reconfiguration using genetic algorithm based on the matroid theory. IEEE Trans. on Power Systems，2007，22.
[22] Y. T，Hsiao，C. Y. Chien. Implementation of genetic algorithm for distribution systems loss minimum re-configuration. IEEE Trans. Power Syst. 2000，15（4）：1394-1400.
[23] J. Z. Zhu，C. S. Chang. Refined genetic algorithm for minimum-loss reconfiguration of electrical distribution network. 1998 Intern. Conf. On EMPD，Singapore，1998.
[24] X. Fang，S. Misra，G. L. Xue，et al. Smart grid-the new and improved power grid：a survey. IEEE Communications Surveys & Tutorials，2012，14（4）：944-980.
[25] A. Molderink，V. Bakker，M. G. C. Bosman，et al. Management and control of domestic smart grid technology. IEEE Transactions on Smart Grid，2010，1（2）：109-119.
[26] Saifur Rahman. Smart grid from concept to reality. IEEE Educational Activities，2012.
[27] S. Mukhopadhyay，S. K. Soonee，R. Joshi. Plant operation and control within smart grid concept：Indian approach. 2011 IEEE PES General Meeting，San Diego，CA，24-29 July，2011.
[28] S. Low. Smart grid intro economic dispatch with battery. www. lccc. lth. se，March 2010.
[29] J. Z. Zhu. An optimal approach for smart grid economic dispatch. 2014 IEEE PES General Meeting，MD，USA，July 27-31，2014.
[30] D. Pudjianto，C. Ramsay，G. Strbac. Virtual power plant and system integration of distributed energy resources. Renewable Power Generation，2007，1（1）10-16.
[31] J. Lassila，J. Haakana，V. Tikka，J. Partanen. Methodology to analyze the economic effects of electric cars as energy storages. IEEE Trans. on Smart Grid，2012，3（1）：506-516.
[32] E. Sortomme，M. A. El-Sharkawi. Optimal scheduling of vehicle-to-grid energy and ancillary services. IEEE Trans. on Smart Grid，2012，3（1）351-359.
[33] H. Sekyung，H. Soohee，K. Sezaki. Estimation of achievable power capacity from plug-in electric vehicles for v2g frequency regulation：Case studies for market participation. IEEE Trans. on Smart Grid，2011，2（4）：632-641.
[34] S. D. Ramchurn，P. Vytelingum，A. Rogers，et al. Putting the 'smarts' into the smart grid：A grand challenge for artificial intelligence. Communications of the ACM，2012，55（4）：86-97.
[35] L. Lin，W. Guo，J. Wang，and J. Z. Zhu. Real-time voltage control model with power and voltage characteristics in the distribution substation. International Journal of Power and Energy Systems，2013，33（1）：8-14.
[36] E. Dall'Anese，H. Zhu，G. B. Giannakis. Distributed optimal power flow for smart microgrids. IEEE Trans. Smart Grid，2013，4（3）：1464-1475.
[37] S. Paudyal，C. A. Cānizares，K. Bhattacharya. Optimal operation of distribution feeders in smart grids. IEEE Trans. Ind. Electronics，2011，58（10）：4495-4503.
[38] S. Bae，A. Kwasinski. Dynamic modeling and operation strategy for a microgrid with wind and photovoltaic resources. IEEE Trans. Smart Grid，2013，3（4）：1867-1876.
[39] 熊小伏，张俊，朱继忠，等．基于规则综合方法的配电网重构方法，电网技术，2007，31（18）：58-62.
[40] 王威，韩学山，王勇，等．一种减少生成树数量的配电网最优重构算法，中国电机工程学报，2008，28（16）：34-38.
[41] 熊小伏，匡仲琴，朱继忠，等．基于两级变压模式的配电电压选择方法．电力系统保护与控制，2018，46（3）：1-8.

第 12 章　微电网优化运行

12.1 引　言

为了充分利用分布式发电，改善分布式发电的运行可靠性，国内外众多学者提出微电网的概念。微电网被定义为一个小规模的局域自治电力系统，通常由本地分布式电源、储能装置、能量转换装置、负荷、监控和保护装置等组成。分布式发电单元可能包括光伏、风力涡轮机和柴油发电机等。微电网系统能够通过公共连接点（Point of Common Coupling，PCC）与大电网并网运行，也可以脱离大电网离网运行。因此，微电网绝不是电力系统发展初期的分散供电的简单回归，而是与大电网协同运行的有机整体。

美国、日本和欧盟等国家和地区对微电网的研究起步较早，处于国际领先的地位。这些国家对微电网基础理论进行了大量的研究，取得了一些重要成果，同时建立了大量的微电网实验室，建设了一系列的微电网示范工程项目。我国微电网的研究最早可以追溯到2004年前后，一些高校和研究院所对微电网技术进行的开创性探索研究。2006—2015年，国家在“863计划”和“973计划”等国家高科技项目中将与微电网技术相关的基础理论研究纳入资助范围。在国家政策激励方面，鉴于微电网发展带来的诸多优势，我国近年来相继出台了不少关于微电网的政策，以助力微电网的持续发展。鉴于我国鼓励多种电网并存的发展格局，微电网将与分布式能源、储能和局域直流电网进入快速发展的新阶段。通过分析与归纳，我国微电网技术发展历程可以简单概括为三个重要阶段，如图12.1所示。目前，我国微电网技术的发展进入绿色赋能阶段。

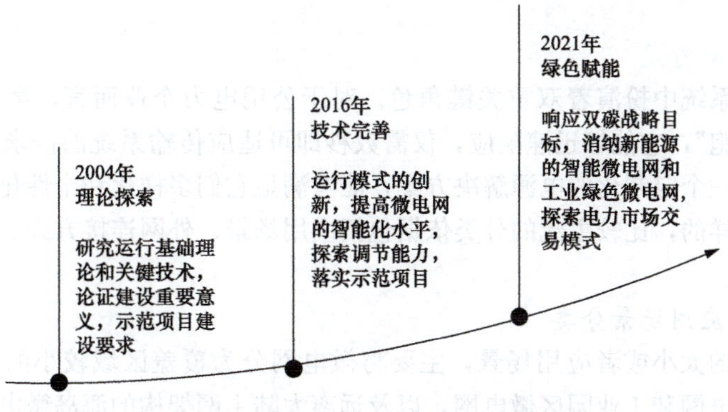

图12.1　中国微电网技术的发展历程概述

可以看到，在过去近20年，中国微电网技术的发展历程可以简单概括为三个重要阶段。

1）理论探索阶段（2004—2015年）：这一时期致力于研究分布式能源接入微电网、微电网与配电网协调运行的基础理论与关键技术，论证微电网建设的重要意义，并明确微电网示范项目的建设要求。

2）技术完善阶段（2016—2020年）：在上一时期的发展基础上进一步开展微电网运行模式的创新，通过融合储能技术和信息技术提高微电网的智能化水平，探索并网型微电网在电力系统的调节能力，并落实微电网示范项目。

3）绿色赋能阶段（2021年至今）："双碳"目标的提出，能源生产逐步向集中式与分散式并重转变，国家重点推进微电网向以就近消纳新能源为主的智能微电网和工业绿色微电网转型，并赋予微电网可以作为新兴市场主体参与电力交易的市场主体地位。微电网绿色赋能阶段存在的核心挑战是要应对部署大规模具有随机性、波动性和间歇性的可再生能源带来的输出功率可控性大大下降问题。在能控性有限的供需关系下，传统的消纳模式不利于分布式能源的综合消纳。另外，随着越来越多含分布式可再生能源的中小型微电网接入主电网，微电网的运行将直接影响配电网的稳定运行和电能质量。

12.2 微电网分类与关键技术

微电网的设计理念主要是为了应对小规模边缘系统供电难，消纳分布式能源，减少能量损耗，提升用户供电质量，与大电网互动。2017年，《推进并网型微电网建设试行办法》中明确指出，并网型微电网应具备微型、自治、清洁、友好四个基本特征：

（1）微型。主要体现在电压等级低，一般在35kV及以下；系统规模小，系统容量（最大用电负荷）原则上不大于20MW。

（2）自治。微电网内部具有保障负荷用电与电气设备独立运行的控制系统，具备电力供需自我平衡运行和黑启动能力，独立运行时能保障重要负荷连续供电（不低于2h）。微电网与外部电网的年交换电量一般不超过年用电量的50%。

（3）清洁。电源以当地可再生能源发电为主，或以天然气多联供等能源综合利用为目标的发电形式，鼓励采用燃料电池等新型清洁技术。其中，可再生能源装机容量占比在50%以上，或天然气多联供系统综合能源利用效率在70%以上。

（4）友好。微电网与外部电网的交换功率和交换时段具有可控性，可与并入电网实现备用、调峰、需求侧响应等双向服务，满足用户用电质量要求，实现与并入电网的友好互动，用户的友好用能。

12.2.1 微电网分类

微电网在电力系统中扮演着双重关键角色。对于公用电力企业而言，微电网可以被视作一个高度可控的"细胞"，它能够迅速响应，仅需数秒即可适应传输系统的需求。对于终端用户来说，微电网提供了一个定制化的电源解决方案，能够满足它们多样化和个性化的用电需求。微电网的分类方式是多样的，比较主流的分类依据包括应用场景、外网连接方式、系统母线类型、电压等级和能流类型。

12.2.1.1 按应用场景分类

根据覆盖区域的大小或者应用场景，主要将微电网分为覆盖区域较小的家用微电网，覆盖区域较大的社区微电网和工业园区微电网，以及远离大陆主网架构的海岛微电网。

（1）家用微电网通常用于单个家庭或者小型住宅区，考虑别墅、新农村以及小型商业用电场景，可以由用户自身建设，配置屋顶光伏、燃料电池、蓄电池储能，共同为负荷供电。随着智能家居的发展，家用微电网可以更好地与家庭中的智能设备相结合，实现能源的高效管理和使用。

（2）社区微电网和工业园区微电网主要由电力公司或者第三方机构建设并运用。社区微电网服务于一个较大的社区或多个家庭，它可以集成更多的分布式能源资源。社区微电网不仅可以提高能源利用效率，还可以增强社区的能源安全和稳定性。工业园区微电网通常规模较大，服务于工业园区内的多个企业和工厂。这种微电网可以集成大规模的可再生能源发电、储能设备、智慧能源管理系统，实现能源的优化配置和高效利用。

(3) 海岛微电网是一种专门应用于海岛环境的微电网，通常集成了多种分布式发电资源，如太阳能、风能等可再生能源，以及柴油发电机等传统能源，以确保电力供应的多样性和可靠性。鉴于可再生能源的间歇性和不稳定性，海岛微电网通过引入储能系统，如高性能蓄电池，实现了能源的有效存储与智能调度。海岛微电网的建设和应用，不仅能有效解决海岛地区的用电问题，还能推动清洁能源的高效利用，促进海岛经济的可持续发展。随着相关政策的推动和技术的进步，海岛微电网的发展前景广阔。

12.2.1.2　按外网连接方式分类

根据是否与外部主网连接可以将微电网分为并网型微电网和独立型微电网。它们是两种不同的微电网运行模式，各自具有独特的特点和应用场景。

(1) 并网型微电网通常具备并离网切换与独立运行能力，微电网通过公共连接点与外部电网联网运行。并网型微电网与外部电网互相支撑，根据需要实现能量的双向交互，具有微型、清洁、自治和友好四个特征。并网型微电网允许它在外部电网出现故障时能够与外网断开，控制网内的电源和储能系统，确保重要用电负荷的供电可以正常。

(2) 独立型微电网不依赖于外部电网，和外部电网没有关系，可以通过分布式电源、储能系统独立、稳定、长期地给负荷供电。独立型微电网在大电网没有覆盖的地方，例如岛屿、偏远地区、城市周边、旅游景点等，具有明显优势。在现阶段，独立型微电网的推广面临的困难包括成本高、生命周期短与运营维护难等问题。

两种微电网模式各有优势，选择哪一种取决于具体的应用场景和需求。例如，在大电网覆盖的经济发达地区，微电网的供电成本可能高于大电网，但在大电网没有覆盖的地区，独立型微电网则具有明显的优势。随着技术的进步和政策的支持，两种微电网模式都有望在未来的能源系统中发挥重要作用。

12.2.1.3　按系统母线类型分类

根据电力系统的系统母线类型可以将微电网分为交流微电网、直流微电网和交直流混合微电网，每种类型都有其特定的应用场景和技术特点。

(1) 交流微电网是最常见的微电网形式，其主要特点是所有的分布式电源、储能装置和负荷通过不同的电力电子装置连接到交流母线上，不同电压等级的交流母线通过变压器连接。这种微电网通常与现有的交流电网兼容，易于实现并网运行和孤岛模式的转换。交流微电网适用于连接多种类型的负载和电源，包括传统的交流负载和通过逆变器接入的直流电源。

(2) 直流微电网的特点是所有的电源、储能装置和负荷都通过电力电子装置连接到直流母线上。这种微电网形式尤其适合于连接直流电源和负载，如太阳能光伏系统、电池储能系统和直流驱动的设备通过DC/DC变流器接入电网。直流微电网可以减少电力转换过程中的能量损失，提高系统效率，并且简化电源和负载的集成。直流微电网没有谐波干扰问题，无需考虑不同分布式电源的同步问题，直流母线电压是系统稳定性的唯一指标，具有更高的电能质量。

(3) 交直流混合微电网结合了交流和直流微电网的优点，拥有交流母线和直流母线，可以同时向交流和直流负载供电。这种微电网形式提供了更高的灵活性，能够适应多种电源和负载类型，优化整个系统的运行效率。交直流混合微电网需要复杂的控制策略来管理两种不同类型母线的功率流动和协调。随着电力电子技术的发展，特别是对于交直流混合微电网，控制策略和电力电子转换器的成本和效率的改进，使得这种微电网形式越来越受到重视。

12.2.1.4　按电压等级分类

根据微电网运行的电压等级，微电网可以分类为低压微电网（400V～1kV）、中压微电网（1～35kV）和高压微电网（35kV 以上），它们各自适应不同的应用场景和需求。大部分微电网的容量规模相对较小，其电压等级通常为低压或者中压等级。

（1）低压微电网的运行电压通常在 400V～1kV。这种微电网容量一般小于 5MW，适用于小型社区、住宅区、偏远地区或岛屿等小规模供电场景。低压微电网易于与用户侧的低压设备直接连接，减少了变电和配电的复杂性，便于分布式能源资源的接入和利用。

（2）中压微电网的运行电压一般在 1～35kV。中压微电网容量一般为 5～10MW，适合中等规模的供电区域，如城市社区、商业区、较小的工业园区等。它们可以作为高压电网与低压用户之间的中间环节，便于实现区域性的能源管理和优化。

（3）高压微电网通常指的是运行电压在 35kV 以上的微电网系统。这种微电网容量为 10MW 以上，适用于大规模的工业负荷或较大面积的供电区域，可以覆盖工业园区、大型商业综合体或城市区域。高压微电网能够减少长距离输电的损耗，提高输电效率，并且便于与主电网的连接和电力的大规模调度。

不同电压等级的微电网在设计、设备、控制策略和保护系统等方面有所不同。例如，高压微电网可能需要更复杂的保护和控制机制来确保系统的稳定和安全运行，低压微电网更侧重于灵活性和与用户侧的互动。在选择微电网的电压等级时，需要考虑供电区域的大小、负荷特性、与现有电网的连接方式、技术经济性以及未来的扩展需求等因素。

12.2.1.5　按能流类型分类

根据微电网能流类型，微电网可以分类为常规微电网和多能微电网。

（1）常规微电网是以电力为唯一或主要能源的微电网形式，通常由分布式能源（如太阳能、风能等可再生能源）和储能系统（如电池储能）组成。这种微电网的主要特点是电力供应的清洁性和可再生性，适用于对环境影响较小的区域，如偏远地区或岛屿，这些地方可能难以接入传统的电网系统。

（2）多能微电网是一种集成了多种能源形式（如电力、热力、天然气等）的小型能源系统，它能够在局部区域内实现能源的高效生产、转换、分配和消费。一方面，通过优化多种能源的转换和使用，多能微电网提高了能源利用效率，并为风能、太阳能等间歇性能源提供储能解决方案，提高其利用率。另一方面，多能微电网可以通过需求响应和能源管理系统，帮助平衡电网负荷，提高电网的稳定性和可靠性。

12.2.2　微电网关键技术

微电网的设计理念和基本特征使其成为现代电力系统的重要组成部分，特别是在推动可持续能源发展和提高新型电力系统智能化水平方面发挥着关键作用。由此凝练出微电网的关键技术，主要包括以下几个方面：

（1）微电网规划设计技术。微电网的规划设计旨在通过深入分析和预测负荷需求与可再生能源资源，结合既定目标和系统限制，构建微电网的系统架构和设备配置，以实现经济性、环境友好性和能源效率等关键量化指标的最大化优化。微电网的发电技术主要有太阳能、风能、天然气、氢能等多种可再生能源，这些技术为微电网提供了清洁的电源输入。储能技术在微电网中发挥着至关重要的作用，它不仅能够削峰填谷，提高间歇式能源的利用效率，还能在供电过剩时储存能量，并在需要时释放能量，以维持电网的稳定运行。

（2）微电网经济运行与优化调度技术。首先，典型的微电网优化调度运行研究致力于实现含多能源、多能流的横向多能互补优化，促进基于源一网一荷一储的纵向各环节协调运作，充分发挥不同能源间的替代与互补作用，最大化微电网的能源利用效率；其次，随着光伏、风电等分布式可再生能源的接入，微电网经济运行的研究热点侧重于处理分布式电源输出功率的波动性和随机性，研究如何通过先进的预测技术、储能系统和不确定优化等控制策略来平滑光伏和风电的输出功率波动，减少对微电网稳定性的影响；再次，微电网与外部大电网系统的友好交互是微电网优化运行的又一重要研究热点，其允许微电网在保持独立运行能力的同时，与大电网进行能量和信息的无缝交换。在需求高峰或能源供应波动时，微电网能够智能响应，提供必要的能量交互支持，从而减轻大电网的压力；最后，面向微电网集群的端对端电—碳交易研究致力于融合电力与碳市场，推动低碳经济的能源交易优化。该方向聚焦于开发多主体电—碳交易机制与电—碳共享策略，利用博弈论和分布式优化方法等手段，促进可再生能源整合，实现电力系统需求侧的绿色、高效、可持续发展。

(3) 微电网电力电子与保护控制技术。电力电子技术是微电网中电能转换的核心，涉及电压和电流的变换，其高效率对于微电网的经济性和环境友好性至关重要。电力电子器件如功率晶体管和二极管，负责在微电网中控制和转换电能，以适应不同的电源和负载需求。微电网需要灵活的控制策略来管理其多样化的能源资源。微电网中的控制中心负责监控和调节各个电源和负荷。控制技术需要能够应对电源的波动和负载的变化，实现电压和频率的调节，以及对并网和孤岛模式的无缝切换，确保微电网的稳定运行。此外，微电网的控制技术还包括对储能系统的管理，以确保系统的稳定运行。微电网的保护控制系统必须能够检测和响应各种故障情况，从小型故障到大型系统故障。这包括快速准确地切除故障部分，同时保持系统其余部分的运行。

(4) 微电网仿真实验技术。数字仿真作为微电网研究的关键工具，为理解微电网的运作原理，校验规划设计方案、执行优化调度，实施保护控制等合理性提供重要参考。微电网内部设备与控制体系的时间常数差异较大，这需要数字仿真技术必须能够全面覆盖微电网各个级别的动态变化响应，以及系统的稳定运行状态，确保对微电网全过程的精确仿真。

这些关键技术共同构成了微电网的核心技术体系，它们的发展和应用将直接影响微电网的性能和未来的发展前景。随着技术的不断进步和成本的降低，微电网有望在智能电网建设中发挥更加重要的作用，并为实现能源的可持续发展做出贡献。本书侧重于新型电力系统的优化运行研究，微电网与大电网的关系是互补和融合的，接下来的子章节将从微电网的经济运行与优化调度技术展开论述。

12.3 微电网优化元件模型

以一个冷热电联产（CCHP）型多能微电网为例，系统框架由分布式机组（Distributed Generation，DG），负荷和电、热、气配电网络组成，如图 12.2 所示。其中，光伏板（Photovoltaic panels，PV）、备用柴油发电机（Backup Diesel Generator，BDG）和冷热电联产电厂中的发电机组（Power Generation Unit，PGU）以及电力负荷构成了多能微电网中的电能流。采用热回收系统（Heat Recovery Systems，HRS）、辅助燃气锅炉（Auxiliary Bas boiler，AB）和蓄热系统（Thermal Energy Storage Systems，TESS）进行热能的产生、补充、回收再利用来满足热负荷。热回收系统从 PGU 回收热能，并将其分配到热分配网络和热储能系统（如果能量富余的话）。反之，在热回收能量不足的情况下，将利用热储能系统中的热能和辅助燃气锅炉的补充以满足热负荷需求。当该 CCHP 型微电网以并网形式运行时，通过一个传输分支与主电网相连。

该系统中热负荷、CCHP 机组热回收（heat recovery，HR）装置、储热装置、辅助燃气锅炉

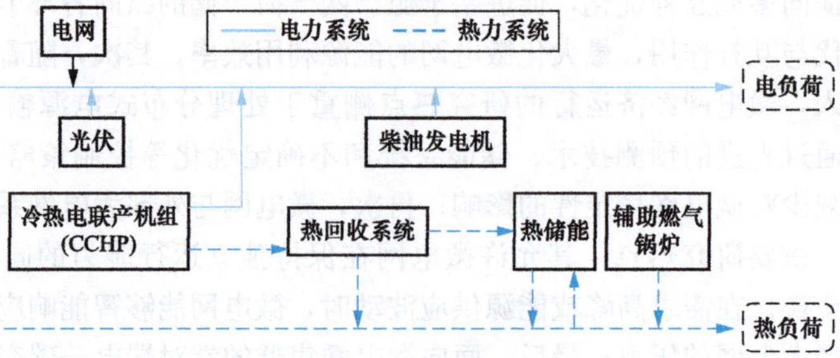

图 12.2 CCHP 型微电网能源系统框架

(auxiliary boiler，AB) 均位于对应的 k 个节点，热功率实现就地平衡，不考虑热功率潮流情况，即

$$q_{k,t}^{\mathrm{HR}}+q_{k,t}^{\mathrm{AB}}+q_{k,t}^{\mathrm{TSD}}=q_{k,t}^{\mathrm{TSC}}+q_{k,t}^{\mathrm{AC}}+q_{k,t}^{\mathrm{HC}} \tag{12.1}$$

式中：$q_{k,t}^{\mathrm{HR}}$ 为第 k 台 HR 装置在 t 时段的产热功率；$q_{k,t}^{\mathrm{AB}}$ 为第 k 台辅助燃气锅炉在 t 时段的产热功率；$q_{k,t}^{\mathrm{TSC}}$、$q_{k,t}^{\mathrm{TSD}}$ 为第 k 个储热装置在 t 时段的储热、放热功率；$q_{k,t}^{\mathrm{AC}}$、$q_{k,t}^{\mathrm{HC}}$ 为冷、热负荷功率。

12.3.1 微电网潮流

对于考虑节点潮流的微电网系统，采用径向潮流约束进行建模。

$$P_{i+1,t}^{\mathrm{bus}}=P_{i,t}^{\mathrm{bus}}+P_{i,t}^{\mathrm{vir}}+P_{i,t}^{\mathrm{EL}} \tag{12.2}$$

$$Q_{i+1,t}^{\mathrm{bus}}=Q_{i,t}^{\mathrm{bus}}+Q_{i,t}^{\mathrm{vir}}+Q_{i,t}^{\mathrm{EL}} \tag{12.3}$$

$$V_{i+1,t}^{\mathrm{bus}}=V_{i,t}^{\mathrm{bus}}-\frac{r_iP_i^{\mathrm{bus}}+x_iQ_i^{\mathrm{bus}}}{V_{\mathrm{base}}} \tag{12.4}$$

式中：i 为节点数；$P_{i,t}^{\mathrm{bus}}$、$Q_{i,t}^{\mathrm{bus}}$ 为节点 i 在第 t 时段的有功、无功功率；$P_{i,t}^{\mathrm{EL}}$、$Q_{i,t}^{\mathrm{EL}}$ 为节点 i 在第 t 时段的有功、无功负荷；为统一形式，引入虚拟变量 $P_{i,t}^{\mathrm{vir}}$、$Q_{i,t}^{\mathrm{vir}}$ 表示节点 i 第 t 时段所有机组的有功、无功输出功率；$V_{i,t}^{\mathrm{bus}}$ 为节点 i 在第 t 时段的电压值；r_i、x_i 为电阻、电抗参数；V_{base} 为基准电压值。

$$P_{i,t}^{\mathrm{vir}}=\lambda_i^{\mathrm{BDG}}P_{j,t}^{\mathrm{BDG}}+\lambda_i^{\mathrm{CCHP}}P_{k,t}^{\mathrm{CCHP}}+\lambda_i^{\mathrm{PV}}P_{l,t}^{\mathrm{PV}} \tag{12.5}$$

$$Q_{i,t}^{\mathrm{vir}}=\lambda_i^{\mathrm{BDG}}Q_{j,t}^{\mathrm{BDG}}+\lambda_i^{\mathrm{PV}}Q_{l,t}^{\mathrm{PV}} \tag{12.6}$$

式中：$P_{i,t}^{\mathrm{vir}}$ 为节点 i 上的机组有功输出功率；$Q_{i,t}^{\mathrm{vir}}$ 为节点 i 上的机组无功输出功率；λ_i^{BDG}、$\lambda_i^{\mathrm{CCHP}}$、$\lambda_i^{\mathrm{PV}}$ 为 0/1 变量，表示节点 i 上是否存在相应机组。

电网安全约束

$$(P_{i,t}^{\mathrm{bus}})^2+(Q_{i,t}^{\mathrm{bus}})^2\leqslant(S_i^{\mathrm{bus}})^2 \tag{12.7}$$

$$1-\Delta V_{\max}\leqslant V_{i,t}^{\mathrm{bus}}\leqslant 1+\Delta V_{\max} \tag{12.8}$$

式中：S_i^{bus} 为支路传输容量上限；$\Delta V_{\max}$ 为节点电压偏移上限，取值 0.05。

12.3.2 分布式电源

微电网各机组电功率约束

$$P_{j,t}^{\mathrm{BDG}}\geqslant B_{j,t}^{\mathrm{BDG}}P_j^{\mathrm{BDG,min}} \tag{12.9}$$

$$(P_{j,t}^{\mathrm{BDG}})^2+(Q_{j,t}^{\mathrm{BDG}})^2\leqslant B_{j,t}^{\mathrm{BDG}}(S_j^{\mathrm{BDG}})^2 \tag{12.10}$$

$$P_k^{\mathrm{CCHP,min}}\leqslant P_{k,t}^{\mathrm{CCHP}}\leqslant P_k^{\mathrm{CCHP,max}} \tag{12.11}$$

$$(P_{l,t}^{\mathrm{PV}})^2+(Q_{l,t}^{\mathrm{PV}})^2\leqslant(S_l^{\mathrm{PV}})^2 \tag{12.12}$$

式中：$P_j^{\mathrm{BDG,min}}$ 为第 j 台 BDG 机组的输出功率下限；S_j^{BDG} 为第 j 台 BDG 机组的装机容量；$P_k^{\mathrm{CCHP,max}}$、$P_k^{\mathrm{CCHP,min}}$ 为第 k 台 CCHP 机组的输出功率上、下限；S_l^{PV} 为光伏机组容量，通过光伏机

组上的逆变器实现对无功输出功率的控制。

各机组爬坡约束

$$|P_{k,t}^{\mathrm{BDG}}-P_{k,t-1}^{\mathrm{BDG}}|\leqslant R_k^{\mathrm{BDG}}P_{k,t}^{\mathrm{BDG,max}} \tag{12.13}$$

$$|P_{k,t}^{\mathrm{CCHP}}-P_{k,t-1}^{\mathrm{CCHP}}|\leqslant R_k^{\mathrm{CCHP}}P_{k,t}^{\mathrm{CCHP,max}} \tag{12.14}$$

式中：R_j^{BDG} 为第 j 台 BDG 机组的爬坡、滑坡限制系数；R_k^{CCHP} 为第 k 台 CCHP 机组的爬坡、滑坡限制系数。

并网节点购售电约束

$$P_{1,t}^{\mathrm{bus}}=P_t^{\mathrm{buy}}-P_t^{\mathrm{sell}} \tag{12.15}$$

$$P_t^{\mathrm{buy}}\geqslant 0,P_t^{\mathrm{sell}}\geqslant 0 \tag{12.16}$$

式中：P_t^{buy}、P_t^{sell} 分别为第 t 时段微电网与主网的购电、售电功率。

各设备热功率约束

$$0\leqslant q_{k,t}^{\mathrm{HR}}\leqslant q_k^{\mathrm{HR,max}} \tag{12.17}$$

$$0\leqslant q_{k,t}^{\mathrm{AB}}\leqslant q_k^{\mathrm{AB,max}} \tag{12.18}$$

式中：$q_k^{\mathrm{HR,max}}$ 为第 k 台 HR 装置热功率的上限；$q_k^{\mathrm{AB,max}}$ 为第 k 台辅助锅炉热功率的上限。

12.3.3 分布式储能

储热装置约束

$$H_{k,t}^{\mathrm{C}}+H_{k,t}^{\mathrm{D}}\leqslant 1 \tag{12.19}$$

$$0\leqslant q_{k,t}^{\mathrm{TSC/D}}\leqslant H_{k,t}^{\mathrm{C/D}}q_{k,t}^{\mathrm{TSC/D,max}} \tag{12.20}$$

$$q_{k,t}^{\mathrm{TS}}=\eta^{\mathrm{TS}}q_{k,t-1}^{\mathrm{TS}}+\eta^{\mathrm{TSC}}q_{k,t}^{\mathrm{TSC}}+\eta^{\mathrm{TSD}}q_{k,t}^{\mathrm{TSD}} \tag{12.21}$$

$$q_k^{\mathrm{TS,min}}\leqslant q_{k,t}^{\mathrm{TS}}\leqslant q_k^{\mathrm{TS,max}} \tag{12.22}$$

$$q_{k,0}^{\mathrm{TS}}=q_{k,t}^{\mathrm{TS}} \tag{12.23}$$

式中：$H_{k,t}^{\mathrm{C}}$、$H_{k,t}^{\mathrm{D}}$ 分别为第 k 台储热装置在 t 时段的储热、放热状态，储热装置不能同时进行储放热；$q_{k,t}^{\mathrm{TSC}}$、$q_{k,t}^{\mathrm{TSD}}$、$q_{k,t}^{\mathrm{TS}}$ 分别为储热装置在 t 时段的储热功率、放热功率和储热量；η^{TS}、η^{TSC}、η^{TSD} 分别为散热、储热和放热系数，热能在储热装置中仍会有自然散热损耗；$q_k^{\mathrm{TS,max}}$、$q_k^{\mathrm{TS,min}}$ 分别为第 k 个储热装置的容量上下限。

12.3.4 分布式 CCHP 机组

电热耦合约束。模型中的热电联产机组和热回收装置具有强耦合关系，产热量与发电量呈正相关关系，通过煤耗量反映电力与热力的耦合。

$$P_{k,t}^{\mathrm{CCHP}}\tau=\eta^{\mathrm{PGU}}F^{\mathrm{PGU}} \tag{12.24}$$

$$q_{k,t}^{\mathrm{HR}}=\eta^{\mathrm{HR}}(F^{\mathrm{PGU}}-P_{k,t}^{\mathrm{CCHP}}\tau) \tag{12.25}$$

式中：η^{PGU} 为 CCHP 机组发电煤耗折算系数；F^{PGU} 为 CCHP 机组煤耗量；η^{HR} 为热传输折算系数。

辅助燃气锅炉约束

$$q_{k,t}^{\mathrm{AB}}=\eta^{\mathrm{AB}}F^{\mathrm{AB}} \tag{12.26}$$

式中：η^{AB} 为辅助燃气锅炉发热煤耗折算系数。

煤耗量约束

$$\sum_{k=1}^{K}(F_{k,t}^{\mathrm{PGU}}+F_{k,t}^{\mathrm{AB}})=\rho v_t^{\mathrm{gas}} \tag{12.27}$$

式中：ρ 为煤耗量折算系数；v_t^{gas} 为第 t 时段所有冷热电联产机组和辅助燃气锅炉总的燃料消耗量。

12.4 多能微电网分布鲁棒优化调度

12.4.1 目标函数

本节建立一个考虑多能不确定性的微电网两阶段分布鲁棒优化调度模型。通过沃瑟斯坦(Wasserstein)模糊集刻画光伏输出功率、电负荷预测误差的分布情况，以日前预调度成本和日内期望调度成本总和最小为目标，获得兼具经济性和鲁棒性的日前最优调度决策，目标函数为

$$\min_{\boldsymbol{x}}\{C(\boldsymbol{x})+\sup_{\mathbb{P}\in\mathcal{F}}\mathbb{E}_{\mathbb{P}}\{[Q(\boldsymbol{x},\ \boldsymbol{v})]\}\tag{12.28}$$

式中：$\boldsymbol{x}$ 为日前阶段决策变量；$C(\boldsymbol{x})$ 为日前阶段预调度成本函数；$\boldsymbol{v}$ 为不确定量预测误差；sup(·) 为上确界函数；$\mathbb{P}\in\mathcal{F}$为不确定量预测误差在模糊集$\mathcal{F}$上的最恶劣分布；$Q(\boldsymbol{x},\ \boldsymbol{v})$ 为在日前调度决策 $\boldsymbol{x}$ 和日内预测误差 $\boldsymbol{v}$ 确定情况下的总成本函数。

12.4.1.1 日前预调度成本

该模型为并网情况下的多能微电网，电能侧的备用柴油发电机组 BDG 作为备用辅助，需在日前阶段确定启停计划；热能侧采用热储能系统 TESS，由于热能传输时间较长，同样需要在日前确定其调度计划，故日前预调度成本包括启停成本 C_{S} 和热储能成本 C_{H}

$$C(\boldsymbol{x})=\min\sum_{t\in T}(C_{\mathrm{S}}+C_{\mathrm{H}})\tag{12.29}$$

$$C_{\mathrm{S}}=\sum_{j\in J}C_j^{\mathrm{BDG}}\left|B_{j,t}^{\mathrm{BDG}}-B_{j,t-1}^{\mathrm{BDG}}\right|\tag{12.30}$$

$$C_{\mathrm{H}}=\sum_{k\in K}C_k^{\mathrm{TESS}}(q_{k,t}^{\mathrm{TSC}}\tau+q_{k,t}^{\mathrm{TSD}}\tau)\tag{12.31}$$

式中：T 为时段总数；J 为 BDG 机组数量；K 为 CCHP 机组数量；C_j^{BDG} 为第 j 台 BDG 机组的开机、停机费用；$B_{j,t}^{\mathrm{BDG}}$ 为 BDG 机组的开停机状态变量；C_k^{TESS} 为第 k 台储热装置的储热费用；$q_{k,t}^{\mathrm{TSC/D}}$ 为第 k 台储热装置 t 时段的储热、放热功率；τ 为各时段间隔，设为 1h。

12.4.1.2 日内再调度成本

日内阶段通过可控机组再调度、并网购售电等手段应对源、荷功率预测误差产生的扰动。再调度成本包括煤耗成本 C_{F}、运维成本 C_{OM}、购售电成本 C_{EX}。

$$Q(\boldsymbol{x},\boldsymbol{v})=\min\sum_{t\in T}(C_{\mathrm{F}}+C_{\mathrm{OM}}+C_{\mathrm{EX}})\tag{12.32}$$

$$C_{\mathrm{F}}=C^{\mathrm{gas}}v_t^{\mathrm{gas}}+\sum_{j\in J}C^{\mathrm{fuel}}P_{j,t}^{\mathrm{BDG}}\tau\tag{12.33}$$

$$C_{\mathrm{OM}}=\sum_{j\in J}OM^{\mathrm{BDG}}P_{j,t}^{\mathrm{BDG}}+\sum_{k\in K}OM^{\mathrm{CCHP}}P_{k,t}^{\mathrm{CCHP}}+\sum_{l\in L}OM^{\mathrm{PV}}P_{l,t}^{\mathrm{PV}}\tag{12.34}$$

$$C_{\mathrm{EX}}=C_t^{\mathrm{buy}}P_t^{\mathrm{buy}}\tau-C_t^{\mathrm{sell}}P_t^{\mathrm{sell}}\tau\tag{12.35}$$

式中：C^{gas}、C^{fuel} 分别为 CCHP 机组和 BDG 机组的燃煤成本系数；v_t^{gas} 为第 t 时段的 CCHP 机组煤耗量；$P_{j,t}^{\mathrm{BDG}}$ 为第 j 台 BDG 机组 t 时段的有功输出功率；L 为光伏发电机组数量；OM^{BDG}、OM^{CCHP}、OM^{PV} 分别为不同机组的运维成本系数；$P_{k,t}^{\mathrm{CCHP}}$ 为第 k 台 CCHP 机组 t 时段的有功输出功率；$P_{l,t}^{\mathrm{PV}}$ 为第 l 台 PV 发电机组 t 时段的有功输出功率；C_t^{buy}、C_t^{sell} 分别为第 t 时段的购、售电价；P_t^{buy}、P_t^{sell} 分别为第 t 时段的购、售电功率。

12.4.2 Wasserstein 模糊集

该多能微电网两阶段分布鲁棒调度模型考虑源荷双侧的不确定变量波动，即光伏输出功率、电负荷预测误差

$$P_{l,t}^{\mathrm{PV}}=\overline{P}_{l,t}^{\mathrm{PV}}+v_{l,t}^{\mathrm{PV}}\tag{12.36}$$

$$P_{i,t}^{\mathrm{EL}}=\overline{P}_{i,t}^{\mathrm{EL}}+v_{i,t}^{\mathrm{EL}} \tag{12.37}$$

式中：$\overline{P}_{l,t}^{\mathrm{PV}}$、$\overline{P}_{i,t}^{\mathrm{EL}}$ 分别为光伏输出功率、电负荷的预测值；$v_{l,t}^{\mathrm{PV}}$、$v_{i,t}^{\mathrm{EL}}$ 为各个不确定量的波动值。

在多能微电网的能源架构下，光伏发电的不确定性严重影响了光伏发电机组的运行性能。提出了一种基于 Wasserstein 距离的模糊集来捕捉不确定性。基于 Wassetstein 度量的模糊集通常是一个以经验分布$\hat{\mathbb{P}}$ 为中心的球体，经验分布$\hat{\mathbb{P}}$ 与真实分布$\mathbb{P}$之间的距离用 Wasserstein 距离来描述。p 型 - Wasserstein 度量的定义为

$$W(\mathbb{P},\ \hat{\mathbb{P}})=\inf\int_{\Xi^m}\|v-\hat{v}\|_p(\mathrm{d}v,\ \mathrm{d}\hat{v}) \tag{12.38}$$

式中，$\|\cdot\|_p$ 为 $\mathfrak{R}^m$ 空间上的 p-范数形式。

由于1-范数形式易于线性化的特点，采用1-范数形式的 Wasserstein 距离来度量经验分布和真实分布之间的距离。将该 Wasserstein 度量引入考虑光伏发电等预测误差的模糊集中，可表示为

$$\mathcal{F}=\left\{\mathbb{P}\in\hat{\mathbb{P}}(\mathfrak{R}^{m+1}\times[S])\left|\begin{array}{c}(\tilde{v},\ \tilde{u})\in\mathbb{P}\\ \mathbb{E}_{\mathbb{P}}[\tilde{u}\,|\,\tilde{s}\in[S]\leqslant\theta\\ \mathbb{P}[v,\ u]\in Z_s\,|\,\tilde{s}=s]=1\\ \mathbb{P}[\tilde{s}=s]=1/S\end{array}\right.\right\} \tag{12.39}$$

式中：u 为辅助变量；s 为场景变量；θ 为由历史样本数据构成的 Wasserstein 球半径。

模糊集的第一行约束各个场景下的辅助变量期望值上界；第二行表示在支撑集 Z_s 下，不确定量的最大最小值可位于每一个场景中，所有场景的概率和为 1；第三行约束了每个场景的概率，由于此处所有场景均来自历史样本数据，各自权重相同，故每个场景的概率均为 $1/S$，S 表示总的样本数量。

对于每个场景的支撑集 Z_s，定义如下

$$Z_s=\{(v,\ u):\ \|v-\hat{v}_s\|_1\leqslant u,\ \underline{v}\leqslant v\leqslant\bar{v}\} \tag{12.40}$$

式中：$\bar{v}$ 和 $\underline{v}$ 为随机变量的最大最小波动范围。

12.4.3 分布鲁棒优化求解

12.4.3.1 模型线性化

因为式（12.7）、式（12.10）和式（12.30）为非线性形式，在求解问题前需先进行线性转化。式（12.30）中的绝对值，因为变量 $B_{j,t}^{\mathrm{BDG}}$ 表示机组启停状态，本身就是二元变量，故可以对大 M 法（Big M method）进行简化，省去大 M 对辅助变量的限制约束。引入辅助变量 $\beta_{j,t}^{\mathrm{BDG}}$ 取代绝对值符号，可将式（12.30）转化为

$$\begin{cases}C_s=\sum\limits_{j\in J}C_j^{\mathrm{BDG}}\beta_{j,t}^{\mathrm{BDG}}\\ \beta_{j,t}^{\mathrm{BDG}}\geqslant B_{j,t}^{\mathrm{BDG}}-B_{j,t-1}^{\mathrm{BDG}},\beta_{j,t}^{\mathrm{BDG}}\geqslant B_{j,t}^{\mathrm{BDG}}-B_{j,t-1}^{\mathrm{BDG}}\end{cases} \tag{12.41}$$

上式通过辅助变量 $\beta_{j,t}^{\mathrm{BDG}}$ 和两条不等式约束，保证了不同先后状态下，PGU 机组的启停成本正向性。

对式（12.7）和式（12.10），其非线性来源于不等式左右两侧的二次项。多边形内近似法（Polygonal Inscribed Approximation）是一种用于优化和计算几何问题的数学方法。式（12.7）和式（12.10）的二次项形式近似于常规圆方程 $x^2+y^2=r^2$ 的形式，采用多边形内近似法进行线性化，可通过正十二边形进行近似，如图 12.3 所示。

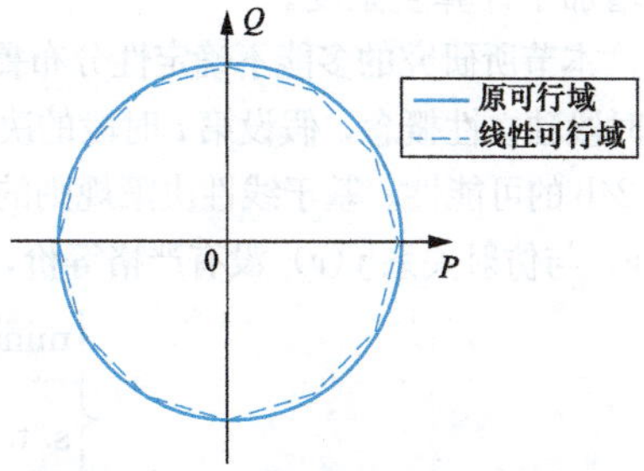

图 12.3 多变形内近似法示意图

通过引入辅助变量 x_i^a，y_i^a，x_i^b，y_i^b；x_j^a，y_j^a，x_j^b，y_j^b，式（12.7）和式（12.10）等价于以下线性形式

$$\begin{aligned}&(y_i^b-y_i^a)P_{i,t}^{\text{bus}}-(x_i^b-x_i^a)Q_{i,t}^{\text{bus}}\geqslant x_i^a y_i^b-x_i^b y_i^a\\&a=1,2,\cdots,12;\ b=2,\cdots,12,1\end{aligned}\tag{12.42}$$

$$\begin{aligned}&(y_j^b-y_j^a)P_{j,t}^{\text{BDG}}-(x_j^b-x_j^a)Q_{j,t}^{\text{BDG}}\geqslant B_j^{\text{BDG}}(x_j^a y_j^b-x_j^b y_j^a)\\&a=1,2,\cdots,12;\ b=2,\cdots,12,1\end{aligned}\tag{12.43}$$

式中：$(x_i^a,\ y_i^a)$ 和 $(x_i^b,\ y_i^b)$ 为以 S_i^{bus} 为半径的圆经正十二边形内切割后得到的坐标，非线性约束式（12.7）可近似转化为 12 条线性约束式（12.42）；式（12.10）的线性化方法同理。线性化后的可行域内切于原可行域，满足可行性要求。

12.4.3.2 线性决策规则以及对偶求解

线性决策规则（Linear Decision Rules，LDR）是一种在分布鲁棒优化和随机优化问题中常用的方法。对于提出的多能微电网模型，其基于 Wasserstein 模糊集的分布鲁棒优化调度模型可以转化为以下紧凑形式

$$\begin{cases}\min\limits_{x}[\boldsymbol{c}^{\mathrm T}\boldsymbol{x}+\sup\limits_{\mathbb{P}\in\mathcal{F}}\mathbb{E}_{\mathbb{P}}(\min\boldsymbol{d}^{\mathrm T}\boldsymbol{y})]\\ \text{s.t. } \boldsymbol{A}\boldsymbol{x}\leqslant\boldsymbol{b}\\ \qquad \boldsymbol{C}\boldsymbol{x}+\boldsymbol{D}\boldsymbol{y}\leqslant\boldsymbol{g}(\boldsymbol{v})\end{cases}\tag{12.44}$$

式中：$\boldsymbol{x}=[\boldsymbol{B}^{\text{BDG}},\ \boldsymbol{H}^{\text{C/D}},\ \boldsymbol{q}^{\text{TS/C/D}}]^{\mathrm T}$ 为日前阶段的决策变量；$\boldsymbol{y}=[\boldsymbol{P}^{\text{BDG/CCHP}},\ \boldsymbol{P}^{\text{buy/sell}},\ \boldsymbol{Q}^{\text{BDG/PV}},\ \boldsymbol{q}^{\text{AB}}]^{\mathrm T}$ 为日内阶段的决策变量；$\boldsymbol{A}$、$\boldsymbol{b}$ 为与日前调度相关的约束的系数矩阵和常系数向量，对应式（12.19）～式（12.23）、式（12.42）；$\boldsymbol{C}$、$\boldsymbol{D}$ 为与日内调度相关的约束的系数矩阵，对应式（12.2）～式（12.6）、式（12.8）、式（12.9）、式（12.11）～式（12.18）、式（12.24）～式（12.27）、式（12.36）、式（12.37）、式（12.42）、式（12.43）。

$\boldsymbol{g}$ 与不确定量 $\boldsymbol{v}$ 的关系可表示为如下线性形式

$$\boldsymbol{g}(\boldsymbol{v})=\boldsymbol{g}^0+\sum_{s\in[S]}\boldsymbol{g}_s^{\mathrm v}\boldsymbol{v}_s\tag{12.45}$$

式中：$\boldsymbol{g}^0$ 为常系数列向量；$\boldsymbol{g}_s^{\mathrm v}$ 为与不确定量 $\boldsymbol{v}_s$ 相关的列向量。

式（12.44）的优化问题中，包含预测误差的部分约束为无限约束，使得求解决策变量是 NP 难（NP-hard）问题。采用线性决策规则 LDR 来处理该问题，通过建立决策变量与不确定量的线性仿射依赖关系逼近决策变量

$$\hat{\boldsymbol{y}}(\boldsymbol{v})=y_0+\sum_{s\in[S]}y_s^{\mathrm v}\boldsymbol{v}_s\tag{12.46}$$

式中：y_0、$y_s^{\mathrm v}$ 为决定函数 $\boldsymbol{y}$ 与变量 $\boldsymbol{v}$ 仿射关系的系数变量，是 $\boldsymbol{y}$ 等维度的列向量。

线性决策规则方法的采用虽然使得包含不确定变量的约束可以通过线性形式近似，但也导致了模型的变量更为庞杂，伴随着日前调度问题需要考虑到 24 时段而出现维数灾的问题，极大地增加了计算复杂度。

本节所研究的多能不确定性分布鲁棒优化问题，符合时段独立性假设。故为了提高求解效率，根据时段独立性概念，假设第 t 时段的决策变量 $\hat{y}_t$ 仅与第 t 时段的不确定量 $\boldsymbol{v}_t$ 相关，而不遍历整个日内 24h 的可能性。基于线性决策规则的仿射关系并不会破坏目标函数的最优性，现有研究证明了即便 $\boldsymbol{y}(\boldsymbol{v})$ 与仿射关系 $\hat{\boldsymbol{y}}(\boldsymbol{v})$ 没有严格等价，仍不失最优性。故此，式（12.44）可进一步等价为

$$\begin{cases}\min\limits_{x}[\boldsymbol{c}^{\mathrm T}\boldsymbol{x}+\sup\limits_{\mathbb{P}\in\mathcal{F}}\mathbb{E}_{\mathbb{P}}(\min\boldsymbol{d}^{\mathrm T}\hat{\boldsymbol{y}}(\boldsymbol{v}))]\\ \text{s.t. } \boldsymbol{A}\boldsymbol{x}\leqslant\boldsymbol{b}\\ \qquad \boldsymbol{C}\boldsymbol{x}+\boldsymbol{D}\hat{\boldsymbol{y}}(\boldsymbol{v})\leqslant\boldsymbol{g}(\boldsymbol{v})\end{cases}\tag{12.47}$$

式中：$\boldsymbol{c}$、$\boldsymbol{d}$ 为目标函数关于决策变量 $\boldsymbol{x}$ 和 $\boldsymbol{y}$ 的系数列向量。

可以将上式的内层和外层函数组合成一个典型的双层分布鲁棒优化模型，根据强对偶理论重新表述为

$$\begin{cases} \min\limits_{x, y_0, y_s^{\mathrm{v}}, \sigma \geqslant 0} \quad \boldsymbol{c}^{\mathrm{T}}\boldsymbol{x} + \dfrac{1}{S}\sum\limits_{s \in S}\beta_s + \varepsilon\theta \\ \boldsymbol{d}^{\mathrm{T}}\boldsymbol{y}(\boldsymbol{v}) \leqslant \beta_s \\ \boldsymbol{d}^{\mathrm{T}}\boldsymbol{y}(\overline{\boldsymbol{v}}) - \sigma\|\overline{\boldsymbol{v}} - \hat{\boldsymbol{v}}\| \leqslant \beta_s \\ \boldsymbol{d}^{\mathrm{T}}\boldsymbol{y}(\underline{\boldsymbol{v}}) - \sigma\|\underline{\boldsymbol{v}} - \hat{\boldsymbol{v}}\| \leqslant \beta_s \\ \boldsymbol{A}\boldsymbol{x} < \boldsymbol{b} \\ \boldsymbol{C}\boldsymbol{x} + \boldsymbol{D}\hat{\boldsymbol{y}}(\overline{\boldsymbol{v}}) \leqslant \boldsymbol{g}(\overline{\boldsymbol{v}}) \\ \boldsymbol{C}\boldsymbol{x} + \boldsymbol{D}\hat{\boldsymbol{y}}(\underline{\boldsymbol{v}}) \leqslant \boldsymbol{g}(\underline{\boldsymbol{v}}) \end{cases} \tag{12.48}$$

式中：ε 为对偶变量；β_s 为不同场景 s 下的辅助变量。

以上形式可以通过商业求解器进行高效求解。

12.4.4 数值仿真

12.4.4.1 参数设置

在由 IEEE 33 节点电力系统改进的多能微电网（MEMG）上，验证所提出的基于 Wasserstein 模糊集的分布鲁棒优化方法。11 台光伏机组分别安装在母线 7、母线 10、母线 12、母线 16、母线 18、母线 24、母线 25、母线 29、母线 30、母线 31、母线 32 上，具体的光伏机组参数见表 12.1。母线 6 上安装 6 台备用柴油发电机 BDG，容量为 600kVA。6 台冷热电联产机组位于母线 8、母线 14、母线 24、母线 25、母线 30、母线 32 上，最大减载率为 20%。热负荷处于相同位置，热网各设备参数见表 12.2。各成本系数和设备系数见表 12.3。

表 12.1　　光伏机组参数

节点位置	7	10	12	16	18	24
基准功率（kW）	100	100	50	50	100	300
节点位置	25	29	30	31	32	总功率
基准功率（kW）	250	100	200	150	50	1450

表 12.2　　热网各设备参数

节点位置	8	14	24	25	30	32
冷热电联产机组输出功率上下限（kW）	40/400	40/400	60/600	60/600	30/300	50/500
热回收系统产热上限（kWh）	285	285	570	570	285	570
热储能容量（kWh）	400	400	600	200	600	400
热储能充放热上限（kWh）	75	100	150	50	100	125
热锅炉上限（kWh）	40	40	80	80	40	80
热负荷（kWh）	200	300	600	500	300	400

表 12.3　　各成本和设备系数

名称	缩写	数值
启停成本系数（美元）	C^{BDG}	5
热储能成本系数（美元/kWh）	C^{ES}	0.05

续表

名称	缩写	数值
燃煤成本系数（美元/kWh）	C^{gas}	0.35
	C^{fuel}	0.145
运维成本系数（美元/kWh）	OM^{BDG}	0.008
	OM^{CCHP}	0.012
	OM^{PV}	0.013
设备爬坡系数	R^{BDG}	0.5
	R^{CCHP}	0.5
煤气转换系数（kWh/m³）	ρ	9.78
能量转换系数	η^{TS}	0.95
	$\eta^{TSC/D}$	0.97
	η^{PGU}	0.33
	η^{HR}	0.7
	η^{AB}	0.6

多能微电网拓扑结构如图 12.4 所示。日内阶段的操作周期设置为 1h。日前 24h 电力交易价格如图 12.5 所示。

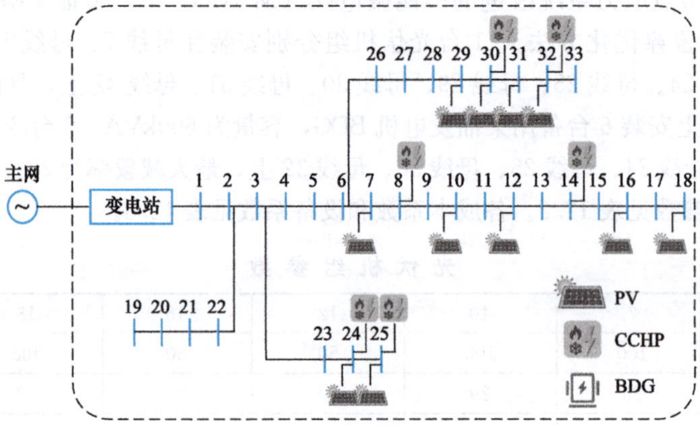

图 12.4　多能微电网拓扑结构图

光伏输出功率、电力负荷历史数据样本即预测数据采用参考文献参数。文中所用为冬季数据，故不考虑模型中冷负荷的影响。为与微电网参数匹配，将历史数据的百分比功率特性曲线与微电网各设备额定功率相乘，进行合理放缩。光伏输出功率的预测误差上下界设置为预测期望值的［0.7，1.3］，电负荷的预测误差上下界设置为预测期望值的［0.9，1.1］；当光伏输出功率大于额定容量时，其输出功率上限变为额定功率。

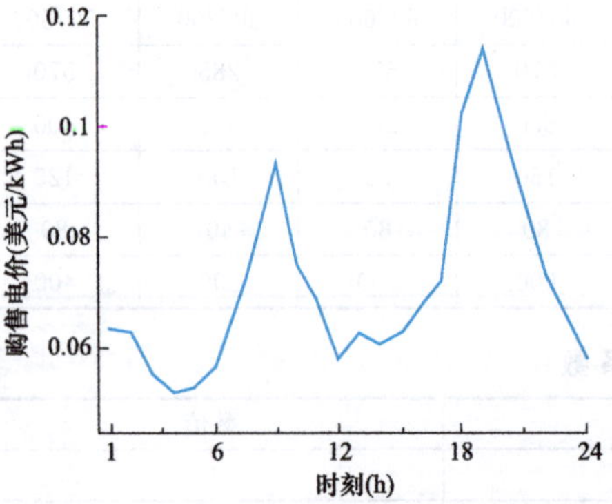

图 12.5　日前 24h 电力交易价格

12.4.4.2　经济调度结果

为了评估所提分布鲁棒优化方法的有效性，分布鲁棒优化模型最优解与确定性优化、随机优化和鲁棒优化方法所得解的对比见表 12.4。

表 12.4 不同方法的经济调度成本

方法	确定性优化	随机优化	鲁棒优化	分布鲁棒优化
总成本（美元）	5051.61	5106.46	5203.60	5128.64
启停成本（美元）	8.00	8.00	10.00	10.00
煤耗成本（美元）	3759.14	3759.14	3759.14	3759.14
运维成本（美元）	529.17	515.72	491.84	510.50
购售电成本（美元）	755.30	823.60	942.62	849.00

可以看到，根据对历史样本数据利用程度的不同，总的经济调度成本中，随机优化、分布鲁棒优化、鲁棒优化的成本依次增加。其中确定性优化方法的总成本最低，因为其完全忽略了不确定量的波动，在实际应用中可能存在因为光伏输出功率波动过大，导致日前调度决策无法满足日内调度需求的情况。而随机优化方法因为对于历史样本数据的完全利用，使得最终的经济调度成本低于其他两种鲁棒优化方法，然而这一结果的实现建立在历史样本分布为不确定量真实概率分布的理想化假设上。四种方法的煤耗成本相同，这是由于将热负荷需求设为定量参数，为了满足该热负荷需求。

为了进一步分析 MEMG 系统的工作特性，分布鲁棒优化方法在 33 节点 24h 电—热负荷供需平衡情况如图 12.6 所示。

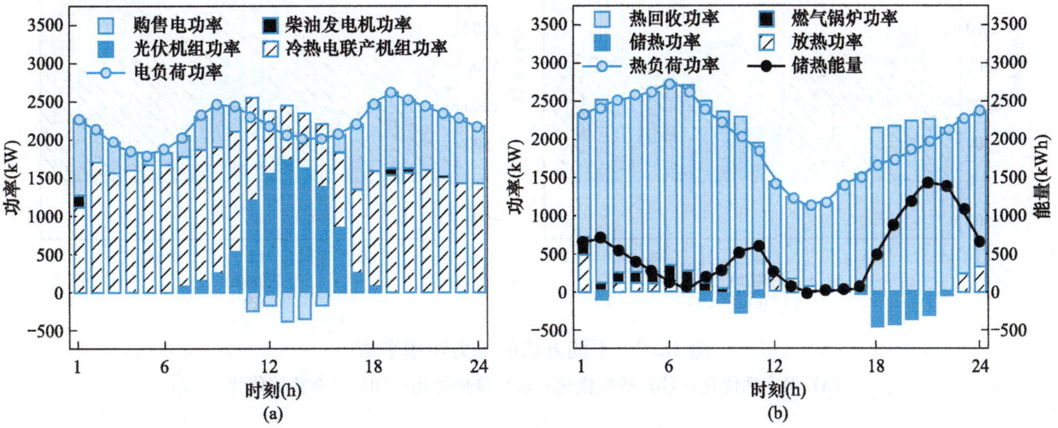

图 12.6 分布鲁棒优化方法在 33 节点 24h 电—热负荷供需平衡情况

(a) 电平衡；(b) 热平衡

由于 CCHP 与热回收系统 HR 之间存在的耦合关系，冷热电联产电厂的产电功率（CCHP power）与热回收能量（HR energy）存在相似的变化趋势。结合热负荷需求曲线可以看到，这些时间段内的热负荷需求并不高，因此从 CCHP 电厂中发电同时产生的额外热能被热储能系统 TESS 暂时进行回收存储，可见热储能系统能量存储曲线（TESS stored energy）。

图 12.7 给出了不同方法的电力功率平衡。鲁棒优化最为保守，柴油发电机功率部分表示启用最多，且最恶劣场景下日内售电量为 0，均为购电量。

上述结果分析均是基于样本内数据（In-Sample Performance）的模型优化结果进行的，为了进一步研究所提基于 Wasserstein 模糊集的分布鲁棒优化模型在样本外数据的性能表现，采用了蒙特卡罗仿真（Monte Carlo simulation，MCS）方法进行样本外测试。假设不确定变量预测误差服从正态分布，均值为 0，以不同标准差各生成 1000 组数据进行 MCS 测试。首先运用蒙特卡罗仿真数据对分布鲁棒优化模型进行模拟测试，重复 5 次实验，结果表明其期望总成本的差异系数低于 0.05%，说明样本外数据的模拟足够准确，可以反映日前优化调度决策的性能，即通过分布鲁棒优化方法得到的优化结果具有一致性。

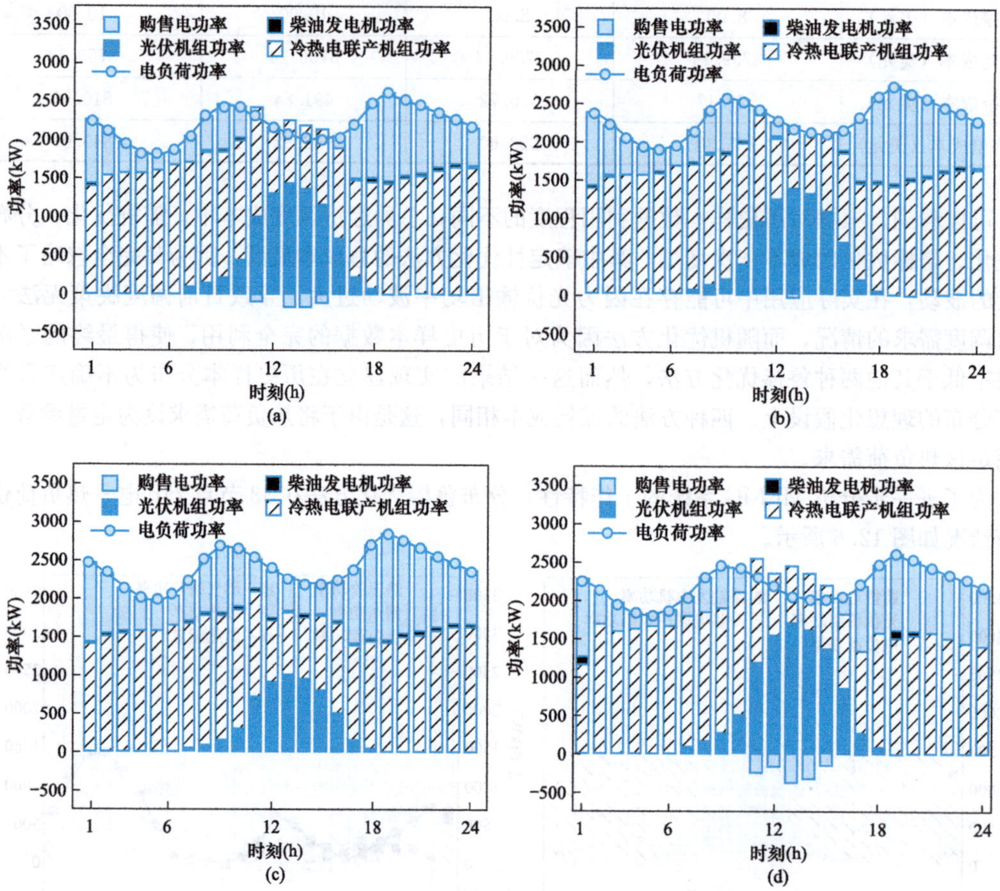

图 12.7　不同方法的电力功率平衡

(a) 确定性优化；(b) 随机优化；(c) 鲁棒优化；(d) 分布鲁棒优化

在上述基础上，为了模拟日前调度决策解在不同的不确定量波动程度下的鲁棒性，分别对蒙特卡罗仿真数据进行日内优化调度求解，其样本外平均运行成本和日内调度违反约束概率见表 12.5。

表 12.5　不同预测误差波动下样本外平均成本和约束违反概率

方法	DM	DRO	不确定量标准
平均成本（美元）	5064.56	5089.61	Group1
约束违反概率（%）	6.9%	0.0%	$\sigma=5\%\hat{P}^{PV}$
平均成本（美元）	5066.91	5092.34	Group2
约束违反概率（%）	11.3%	0.0%	$\sigma=10\%\hat{P}^{PV}$
平均成本（美元）	5070.87	5095.92	Group3
约束违反概率（%）	16.2%	1.3%	$\sigma=20\%\hat{P}^{PV}$

纵向观察表格，随着 Group1 到 Group3 中不确定量标准差的增大，即其波动范围的增加，确定性优化得到的日前调度决策在日内调度中违反约束的概率显著增加，与之相比，分布鲁棒优化方法得到的日前决策结果明显表现出了更好的应对不确定波动的抵抗能力。这也符合决策者愿意付出一定经济成本提高模型整体鲁棒性的意愿。

分布鲁棒优化是一种结合随机优化和鲁棒优化的不确定优化方法，其保守度由模糊集的 Wasserstein 球半径决定。为了对 Wasserstein 球半径这一重要参数进行灵敏度分析，研究其变化趋势对整体分布鲁棒优化解的影响将 Wasserstein 球半径设置为光伏输出功率预测值的百分比，与鲁棒优化方法中盒式不确定集的方法类似。Wasserstein 球半径对分布鲁棒优化结果的影响如图 12.8 和图 12.9 所示。随球范围的增大，分布鲁棒优化同样趋于保守。图 12.9（a）中 11h BDG 发电与售电同时存在，因为 BDG 启停计划在日前阶段决定，BDG 启动状态更能保障系统的安全稳定运行。

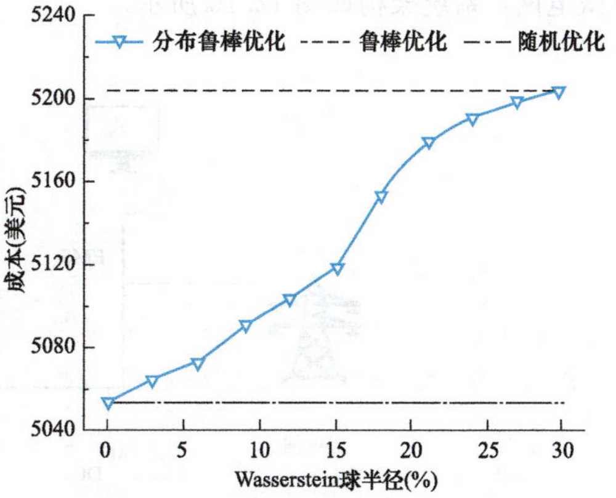

图 12.8　不同 Wasserstein 球半径对总成本的影响

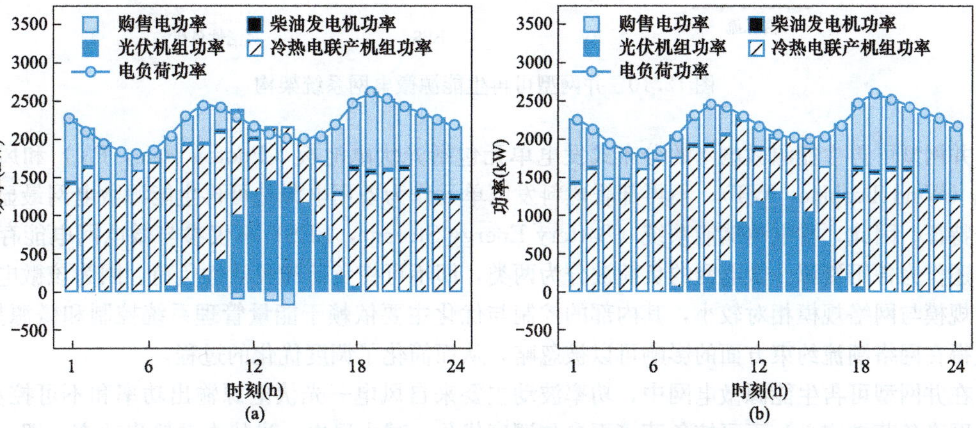

图 12.9　两个 Wasserstein 球半径对应的调度结果

(a) 10%；(b) 20%

通过观察了解到，在分布鲁棒优化（DRO）中，总调度成本随着 Wasserstein 球半径的增加而变化。随着 Wasserstein 球形约束的半径扩展，分布鲁棒优化的总调度成本会逐步偏离风险中立的随机优化方法，转而趋向于更为保守的鲁棒性优化策略。这种成本变化表明，决策者在面对不确定性时，可以通过调整 Wasserstein 球半径来平衡经济性和鲁棒性。选择较小的 Wasserstein 距离半径可反映出决策者对于不确定变量的概率分布有较高的确信度，或者拥有充分的历史数据，这种情况下，决策往往更偏向于追求经济效益；相对地，较大的半径选择可能表达了决策者对潜在重大风险的预期，因此决策的重点更多地放在了确保可靠性上，表现出对鲁棒性的高度关注。因此，DRO 方法允许决策者根据个人的风险偏好和对历史数据的理解来调整 Wasserstein 球半径，以实现在经济性和鲁棒性之间的合理权衡。随着 Wasserstein 球半径的增加，DRO 方法的总成本趋近于鲁棒优化（RO）的结果，这反映出决策变得更加保守，但同时也提高了决策的可靠性。

12.5 并网型微电网友好交互

本节考虑部署分布式可再生能源发电单元、蓄电池储能单元和柔性负荷的并网型可再生能源微电网，系统架构如图12.10所示。

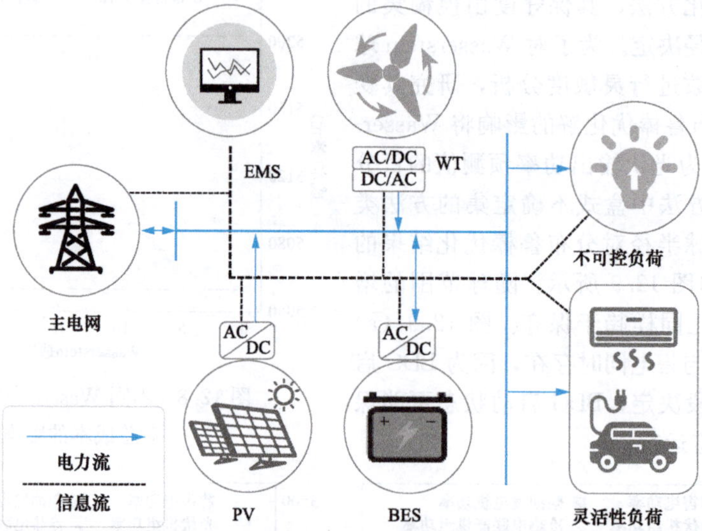

图12.10 并网型可再生能源微电网系统架构

并网型可再生能源微电网的分布式发电单元包括光伏电池板（Photovoltaic，PV）和风力涡轮机（Wind Turbine，WT）。不再部署燃料发电单元作为备用电源是可再生能源微电网最显著的一个特征。因此，蓄电池储能系统（Battery Energy Storage，BES）不仅参与微电网电能存储调度，还作为备用资源。微电网的负荷被分为两类，即不可控负荷和灵活性负荷。因为该微电网的容量规模与网络规模相对较小，其内部的控制与优化主要依赖于能量管理系统控制和微源控制，这使得在网络潮流约束方面的影响可以被忽略，从而简化了调度优化的过程。

在并网型可再生能源微电网中，功率波动主要来自风电—光伏电源输出功率和不可控负荷。微电网净负荷被定义为不可控负荷（不参与调度优化）减去风电—光伏电源输出功率，即

$$P_{\mathrm{NL}}^{t}=P_{\mathrm{NCL}}^{t}-(P_{\mathrm{PVG}}^{t}+P_{\mathrm{WTG}}^{t}) \tag{12.49}$$

$$\overline{P}_{\mathrm{NL}}^{t}=\mathrm{Pre}\{P_{\mathrm{NL}}^{t}\} \tag{12.50}$$

式中：P_{NL}^{t} 和$\overline{P}_{\mathrm{NL}}^{t}$ 分别为真实的净负荷和预测的净负荷；P_{NCL}^{t}、P_{PVG}^{t} 和 P_{WTG}^{t} 分别为不可控负荷、光伏输出功率和风电输出功率。

12.5.1 储能容量动态分配策略

12.5.1.1 蓄电池运行建模

在每个时间段$t\in\{t_1, t_1+1, \cdots, T\}$，蓄电池储能的充电和放电应受到蓄电池容量的限制。同时，蓄电池的运行受制于其荷电状态（State-of-Charge，SOC）的上限和下限，可表示为

$$S_{\mathrm{B}}^{t}=S_{\mathrm{B}}^{t-1}(1-\Delta t\eta_{\mathrm{B,self}})+\Delta t\frac{P_{\mathrm{B,ch}}^{t}\eta_{\mathrm{B,ch}}-P_{\mathrm{B,dch}}^{t}/\eta_{\mathrm{B,dch}}}{C_{\mathrm{B}}} \tag{12.51}$$

$$0\leqslant P_{\mathrm{B,ch}}^{t}\leqslant P_{\mathrm{B,ch,max}}u_{\mathrm{B}}^{t} \tag{12.52}$$

$$0\leqslant P_{\mathrm{B,dch}}^{t}\leqslant P_{\mathrm{B,dch,max}}(1-u_{\mathrm{B}}^{t}) \tag{12.53}$$

$$S_{B,min} \leqslant S_B^t \leqslant S_{B,max} \tag{12.54}$$

$$S_B^T \geqslant S_{B,min}^T \tag{12.55}$$

式中：S_B^t 为蓄电池在时间段结束时的荷电状态；Δt 为时间分辨率；C_B 为蓄电池的总能量吞吐量；$P_{B,ch}^t$ 和 $P_{B,dch}^t$ 分别为蓄电池的充电功率和放电功率；$\eta_{B,self}$、$\eta_{B,ch}$ 和 $\eta_{B,dch}$ 分别为蓄电池的自放电率、充电效率和放电效率；u_B^t 为二进制状态变量，用于确保蓄电池不能同时处于充电和放电状态；$P_{B,ch,max}$ 和 $P_{B,dch,max}$ 分别为蓄电池的最大充电功率和最大放电功率；$S_{B,max}$ 和 $S_{B,min}$ 分别为蓄电池的最大 SOC 和最小 SOC。

约束式（12.55）用于限制蓄电池每日结束的 SOC 要大于日终荷电状态 $S_{B,min}^T$，以确保蓄电池能够循环运行。

为了延长蓄电池的使用寿命，引入能量吞吐量用来定义蓄电池的折旧成本，认为蓄电池在其工作寿命结束时可以达到其总能量吞吐量。尽管在不同的 SOC 下进行相同功率的充放电操作，蓄电池的折旧也存在不同的折旧权重，折旧权重与 SOC 的拟合关系可以定义为

$$W_S^t = \begin{cases} b_1 & 0 < S_B^t \leqslant 0.5 \\ b_2 S_B^t + b_3 & 0.5 < S_B^t \leqslant 1 \end{cases} \tag{12.56}$$

式中：W_S^t 为蓄电池的寿命权重；b_1、b_2 和 b_3 分别为寿命权重函数的三个拟合参数。

蓄电池的能量吞吐量损失 $L_{B,ET}$ 为

$$L_{B,ET} = \Delta t \sum_{t=t_1}^{T} W_S^t (P_{B,ch}^t + P_{B,dch}^t) \tag{12.57}$$

蓄电池的每日折旧费用 $C_{B,dep}$ 为

$$C_{B,dep} = L_{B,ET} \frac{C_{B,inv}}{L_{B,ET,total}} \tag{12.58}$$

式中：$C_{B,inv}$ 为蓄电池的总投资成本；$L_{B,ET,total}$ 为蓄电池全生命周期的能量吞吐量。

12.5.1.2 储能动态运行备用

本章研究制定了一个基于实时概率区间预测的动态运行备用方案，以减少微电网对主电网的依赖，如图 12.11 所示。

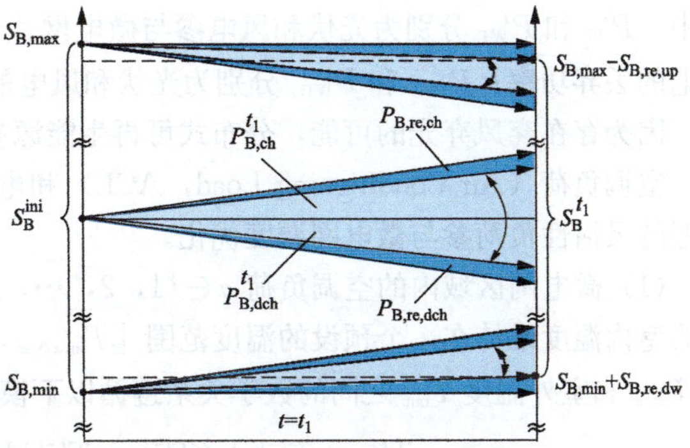

图 12.11 蓄电池动态运行备用方案

蓄电池动态运行备用方案包括能量容量备用 $\{S_{B,re,dw}, S_{B,re,up}\}$ 和功率容量备用 $\{P_{B,re,ch}, P_{B,re,dch}\}$。根据净负荷的概率区间预测，动态地计算蓄电池的能量容量备用和功率容量备用，具体步骤如下。

首先，蓄电池的动态备用容量与净负荷的概率区间预测 $[L^t, U^t]$ 和点预测 $\overline{P}_{NL}^t$ 的结果有关。能量管理系统计算出下一时间段的上区间 ΔU 和下区间 ΔL，见式（12.59）。预先定义的最大上区间值 ΔU_{max} 和最大下区间值 ΔL_{max} 是为了避免由预测引起的过多运行备用。需要注意的是，当蓄电池 SOC 达到最大或者最小时，蓄电池只能执行放电或者充电行为。为了保证这种情况下蓄电池运行备用的有效性，两个最大区间值应该满足约束条件［式(12.60)］。

$$\begin{cases}\Delta L=\overline{P}_{\mathrm{NL}}^{t_1}-L^{t_1}\\ \Delta U=U^{t_1}-\overline{P}_{\mathrm{NL}}^{t_1}\end{cases} \tag{12.59}$$

$$\Delta L_{\max}+\Delta U_{\max}\leqslant\min\{P_{\mathrm{B,dch,max}},P_{\mathrm{B,ch,max}}\} \tag{12.60}$$

接下来，计算蓄电池的运行备用容量。当预测的净负荷大于实际值时，能量管理系统应当提前预留充电功率容量 $P_{\mathrm{B,re,ch}}$ 和向上的能量备用容量 $S_{\mathrm{B,re,up}}$。在预测的净负荷小于实际值时，能量管理系统应当提前预留放电功率备用容量 $P_{\mathrm{B,re,dch}}$ 和向下能量备用容量 $S_{\mathrm{B,re,dw}}$，蓄电池动态运行备用可按下式计算

$$\begin{cases}P_{\mathrm{B,re,ch}}=\min\{\Delta L,\Delta L_{\max}\}\\ P_{\mathrm{B,re,dch}}=\min\{\Delta U,\Delta U_{\max}\}\end{cases} \tag{12.61}$$

$$\begin{cases}S_{\mathrm{B,re,ch}}=\dfrac{\Delta t P_{\mathrm{B,re,ch}}}{C_{\mathrm{B}}}\\ S_{\mathrm{B,re,dw}}=\dfrac{\Delta t P_{\mathrm{B,re,dch}}}{C_{\mathrm{B}}}\end{cases} \tag{12.62}$$

最后，蓄电池动态运行备用约束需要加入蓄电池参与优化调度的第一个时间段中

$$0\leqslant P_{\mathrm{B,ch}}^{t_1}\leqslant(P_{\mathrm{B,ch,max}}-P_{\mathrm{B,re,ch}})u_{\mathrm{B}}^{t_1} \tag{12.63}$$

$$0\leqslant P_{\mathrm{B,dch}}^{t_1}\leqslant(P_{\mathrm{B,dch,max}}-P_{\mathrm{B,re,dch}})(1-u_{\mathrm{B}}^{t_1}) \tag{12.64}$$

$$S_{\mathrm{B,min}}+S_{\mathrm{B,re,dw}}\leqslant S_{\mathrm{B}}^{t_1}\leqslant S_{\mathrm{B,max}}-S_{\mathrm{B,re,up}} \tag{12.65}$$

12.5.2 多时间尺度能量管理

12.5.2.1 微电网电源与柔性负荷建模

光伏发电取决于环境温度和太阳辐射强度，风力发电的功率输出可以从风速中估算出来。考虑弃风弃光下的调度功率如下

$$0\leqslant P_{\mathrm{PV}}^{t}=P_{\mathrm{PVG}}^{t}-P_{\mathrm{PV,\ C}}^{t} \tag{12.66}$$

$$0\leqslant P_{\mathrm{WT}}^{t}=P_{\mathrm{WTG}}^{t}-P_{\mathrm{WT,\ C}}^{t} \tag{12.67}$$

式中：P_{PV}^{t} 和 P_{WT}^{t} 分别为光伏和风电参与微电网优化的调度功率；$P_{\mathrm{PV,C}}^{t}$ 和 $P_{\mathrm{WT,C}}^{t}$ 分别为光伏和风电的丢弃功率；P_{PVG}^{t} 和 P_{WTG}^{t} 分别为光伏和风电的实际输出功率。

因为存在弃风弃光的可能，分布式可再生能源参与优化调度的功率不会超过实际输出功率。

空调负荷（Air Conditioning Load，ACL）和电动汽车（Electric Vehicle，EV）负荷是两种典型的灵活性负荷参与微电网调度优化。

(1) 微电网区域内的空调负荷 $a\in\{1,2,\cdots,A\}$（A 为空调负荷的总数量）用于控制建筑物的室内温度维持在一个预设的温度范围 $[T_{\mathrm{in},a,\min},T_{\mathrm{in},a,\max}]$。空调负荷运行功率 $P_{\mathrm{AC},a}^{t}$、室内温度 $T_{\mathrm{in},a}^{t}$ 和室外温度 T_{out}^{t} 之间的数学关系遵循以下模型

$$T_{\mathrm{in},a}^{t}=T_{\mathrm{out}}^{t-1}+(T_{\mathrm{in},a}^{t-1}-T_{\mathrm{out}}^{t-1})E_a\pm P_{\mathrm{AC},a}^{t}R_{\mathrm{T},a}(1-E_a) \tag{12.68}$$

$$E_a=\mathrm{e}^{-\frac{\Delta t}{R_{\mathrm{T},a}C_{\mathrm{air},a}}} \tag{12.69}$$

$$0\leqslant P_{\mathrm{AC},a}^{t}\leqslant P_{\mathrm{AC},a,\max} \tag{12.70}$$

$$T_{\mathrm{in},a,\min}\leqslant T_{\mathrm{in},a}^{t}\leqslant T_{\mathrm{in},a,\max} \tag{12.71}$$

式中：符号±分别为空调负荷的制热模式（加）和制冷模式（减）；$R_{\mathrm{T},a}$ 为建筑物的热阻，单位为℃/kW；$C_{\mathrm{air},a}$ 为室内空气的热容量，单位为kWh/°C；$P_{\mathrm{AC},a}^{t}$ 和 $P_{\mathrm{AC},a,\max}$ 分别为空调负荷的运行

功率和最大运行功率。

由温度预测误差引起的空调负荷功率偏差可以包括在不可控负荷中。

(2) 电动汽车的灵活性主要体现在可调节的充电功率和充电时间上。电动汽车 $e\in\{1, 2, \cdots, E\}$ 应当在给定的充电时间范围 $[t_{e,\mathrm{start}}, t_{e,\mathrm{end}}]$ 内完成充电任务。因此，电动汽车的充电过程可以表示为

$$S_{\mathrm{EV},e}^{t}=S_{\mathrm{EV},e}^{t-1}+\Delta t\frac{P_{\mathrm{EV},e}^{t}\eta_{\mathrm{EV},e}}{C_{\mathrm{EV},e}} \tag{12.72}$$

$$0\leqslant P_{\mathrm{EV},e}^{t}\leqslant P_{\mathrm{EV},e,\max} \tag{12.73}$$

$$S_{\mathrm{EV},e,\min}\leqslant S_{\mathrm{EV},e}^{t}\leqslant S_{\mathrm{EV},e,\max} \tag{12.74}$$

$$S_{\mathrm{EV},e}^{t_{e,\mathrm{end}}}=S_{\mathrm{EV},e,\max} \tag{12.75}$$

式中：$S_{\mathrm{EV},e}^{t}$ 为电动汽车在时间段 t 结束时的荷电状态；$C_{\mathrm{EV},e}$ 和 $P_{\mathrm{EV},e,\max}$ 分别为电动汽车动力电池的容量和最大充电功率；$P_{\mathrm{EV},e}^{t}$ 和 $\eta_{\mathrm{EV},e}$ 分别为电动汽车的充电功率和充电效率；$[S_{\mathrm{EV},e,\min}, S_{\mathrm{EV},e,\max}]$ 为电动汽车动力电池的荷电状态范围。

12.5.2.2 联络线功率分布响应模型

当前，两种常见的联络线功率（Tie-Line Power，TLP）分布量化方法可以由式（12.76）计算出：峰谷差量化方法（M1）和波动平方和量化方法（M2）。峰谷差量化方法是最常见的电能分布评估方法，它致力于避免联络线功率出现过大的峰谷差。这种方法的主要局限是只考虑局部的两个最大值和最小值。另外，波动平方和量化方法用于评估两个相邻点的功率波动，特别是剧烈的功率波动。然而，波动平方和量化方法不能解决由累积效应引起的峰谷差问题

$$C_{\mathrm{G,P}}=\begin{cases}\rho_{\mathrm{f1}}[\max\limits_{t\in[1,T]}(P_{\mathrm{G}}^{t})\ \min\limits_{t\in[1,T]}](P_{\mathrm{G}}^{t})] & \mathrm{M1}\\ \rho_{\mathrm{f2}}\dfrac{1}{T}\sum\limits_{t=1}^{T}(P_{\mathrm{G}}^{t}-P_{\mathrm{G}}^{t-1})^{2} & \mathrm{M2}\end{cases} \tag{12.76}$$

式中：ρ_{f1} 和 ρ_{f2} 分别为采用峰谷差量化方法和波动平方和量化方法的两个波动惩罚系数，也意味着联络线功率波动的惩罚价格。

鉴于两种联络线功率的电能分布评估存在的局限性，提出两种新的量化方法，即均值方差量化方法（M3）和期望度电功率曲线（Expected Kilowatt-Hour Power Curve，EKPC）方差量化方法（M4），如式（12.77）所示。不同的是，均值方差量化方法中的方差是参照平均值计算的，而 EKPC 方差量化方法中的方差是参照主电网给出的期望度电功率曲线计算的。

$$C_{\mathrm{G,P}}=\begin{cases}\rho_{\mathrm{f3}}\dfrac{1}{T}\sum\limits_{t=1}^{T}[P_{\mathrm{G}}^{t}-\operatorname*{mean}\limits_{t\in[1,T]}(P_{\mathrm{G}}^{t})]^{2} & \mathrm{M3}\\ \rho_{\mathrm{f4}}\dfrac{1}{T}\sum\limits_{t=1}^{T}\left[P_{\mathrm{G}}^{t}-P_{\mathrm{G,EKPC}}^{t}\Delta t\sum\limits_{t=1}^{T}(P_{\mathrm{G}}^{t})\right] & \mathrm{M4}\end{cases} \tag{12.77}$$

式中：ρ_{f3} 和 ρ_{f4} 分别为采用均值方差量化方法和 EKPC 方差量化方法的两个波动惩罚系数，由配电网运营商提供的期望度电功率 $P_{\mathrm{G,EKPC}}^{t}$ 需要满足 $\Delta t\sum_{t=1}^{\mathrm{T}}P_{\mathrm{G,EKPC}}^{t}=1$。

12.5.2.3 多时间尺度能量管理

微电网中可再生能源输出功率的不确定性和复杂的负荷需求增加了净负荷预测误差，进而加剧了联络线功率的波动和能量偏差。为此，提出多时间尺度能量管理系统，其框架示意如图 12.12 所示。

构建的多时间尺度能量管理系统由日前调度计划（Day-Ahead Scheduling Plan，DASP）和

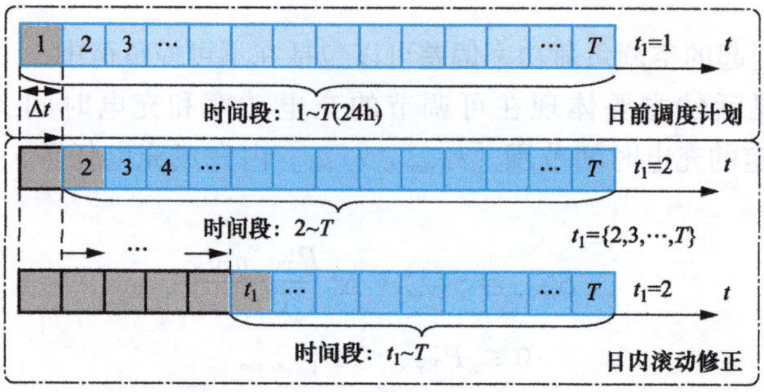

图 12.12　含日前调度计划和日内滚动修正的多时间尺度能量管理系统框架示意

日内滚动修正（Intraday Rolling Correction，IDRC）两部分组成。

图 12.13 给出了微电网的多时间尺度能量管理系统一天的工作流程。由图可知，提出的多时间尺度能量管理系统的工作流程主要包括四个步骤。

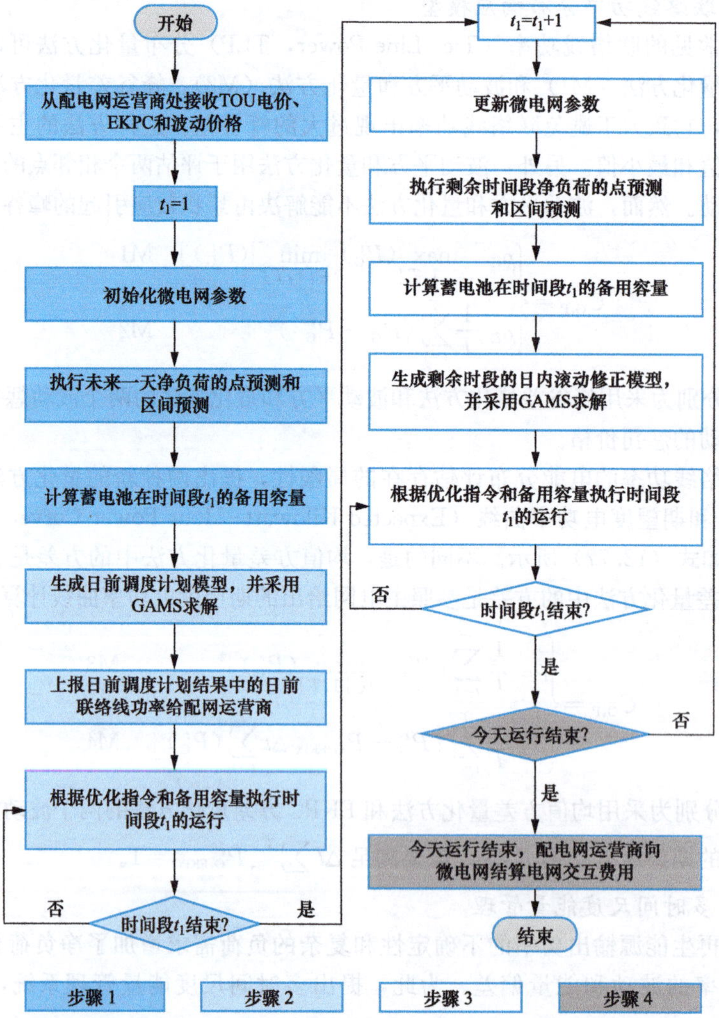

图 12.13　微电网的多时间尺度能量管理系统一天的工作流程

步骤1：从配电网运营商处接收分时电价（Time-of-Use Pricing，TOU）、EKPC和联络线功率波动价格，以及获取微电网的系统参数和预测日前数据。

步骤2：建立日前调度计划模型并求解模型，执行当前时段的调度指令。

步骤3：更新其余时间段的数据和参数，建立日内滚动修正模型并求解模型，执行当前时间段的调度指令。

步骤4：如果当天的时间段运行结束，则对微电网结算当天的运行成本；否则，转到步骤3循环执行。

(1) 日前调度计划模型。日前调度计划模型的优化目标是最小化每日的运行成本。其中，微电网的每日运行成本 C_{DA} 包括与主电网电能交互的电网成本 C_G、运行维护成本 $C_{O\&M}$ 和碳排放成本 C_C，构建的优化目标函数为

$$\min C_{DA}=C_G+C_{O\&M}+C_C \tag{12.78}$$

如果微电网用户不考虑电量分布调控，很容易造成短期的电力不平衡，使配电网产生新高峰和低谷的问题。因此，微电网用户在调度过程中应考虑联络线的波动成本，以公平承担配电网运营商的备用成本。本节提出一个功率波动成本模型来衡量能量交换的联络线功率的波动性。微电网在日前调度计划模型中的电网交互成本由电网能量成本 $C_{G,E}$ 和联络线功率波动成本 $C_{G,P}$ 组成，有

$$C_G=C_{G,E}+C_{G,P} \tag{12.79}$$

电网能量成本由TOU分时电价和联络线功率计算获得

$$C_{G,E}=\Delta t\sum_{t=t_1}^{T}(P_{G,B}^tV_{G,B}^t-P_{G,S}^tV_{G,S}^t) \tag{12.80}$$

式中：$P_{G,B}^t$ 和 $P_{G,S}^t$ 分别为微电网非负的购电功率和售电功率；$V_{G,B}^t$ 和 $V_{G,S}^t$ 分别为微电网的购电价格和售电价格。

联络线功率 $P_G^t=P_{G,B}^t-P_{G,S}^t$，在日前调度计划中有 $t_1=1$。因为微电网的可再生能源发电系统和蓄电池储能系统都不需要消耗燃料，微电网的运行成本只包括折旧费和维护费。因此，微电网的运行维护（Operating and Maintenance，O&M）成本 $C_{O\&M}$ 主要来自可再生能源发电和蓄电池储能

$$C_{O\&M}=C_{O\&M,RES}+C_{O\&M,B} \tag{12.81}$$

$$C_{O\&M,RES}=(T-t_1+1)\frac{C_{RES,inv}+M_{RES}}{365TL_{RES}} \tag{12.82}$$

$$C_{O\&M,B}=C_{B,dep}+m_B\Delta t\sum_{t=t_1}^{T}(P_{B,ch}^t+P_{B,dch}^t) \tag{12.83}$$

式中：$C_{RES,inv}$、M_{RES} 和 L_{RES} 分别为风—光可再生能源的投资成本、全生命周期的运行维护成本和运行年限；m_B 为蓄电池的度电运行维护价格。

对碳排放成本的考虑可以提高分布式可再生能源的竞争力，这里提出的碳排放成本是指从煤电厂到微电网的碳转移

$$C_C=\pi_C c_G\Delta t\sum_{t=t_1}^{T}P_{G,B}^t \tag{12.84}$$

式中：π_C 和 c_G 分别为碳税和碳排放系数，将它们设置为0.02美元/kg和0.872kg/kWh。

日前调度计划模型除了上述的约束条件以外，还应满足以下约束条件：功率平衡约束［见式(12.85)～式(12.87)］和联络线功率限制［见式(12.88)和式(12.89)］

$$P_G^t=\overline{P}_{NL}^t+P_{Cur}^t+P_B^t+P_{AC}^t+P_{EV}^t \tag{12.85}$$

$$\begin{cases} P_{G}^{t}=P_{G,B}^{t}-P_{G,S}^{t} \\ P_{B}^{t}=P_{B,ch}^{t}-P_{B,dch}^{t} \end{cases} \tag{12.86}$$

$$\begin{cases} P_{AC}^{t}=\sum_{a=1}^{A} P_{AC,a}^{t} \\ P_{EV}^{t}=\sum_{e=1}^{E} P_{EV,e}^{t} \end{cases} \tag{12.87}$$

$$0 \leqslant P_{G,B}^{t} \leqslant P_{G,B,max}^{t} u_{G}^{t} \tag{12.88}$$

$$0 \leqslant P_{G,S}^{t} \leqslant P_{G,S,max}^{t}(1-u_{G}^{t}) \tag{12.89}$$

式中：P_{Cur}^{t} 为微电网在时间段 t 的丢弃功率（非负功率变量）；u_{G}^{t} 用来限制微电网同时向主电网购电和售电操作（二进制变量）；$P_{G,B,max}^{t}$ 和 $P_{G,S,max}^{t}$ 分别为最大的购电和售电功率。

(2) 日内滚动修正模型。微电网因不确定性因素存在，日前调度计划的优化结果是存在一定偏差的。实时调度指令是通过实时滚动预测和优化得到的。日内滚动修正模型的优化目标函数旨在最小化微电网日内剩余时段的运行成本 C_{ID}

$$\begin{cases} \min C_{ID}=(C_{G,E}+C_{G,P}+C_{G,D})+C_{O\&M}+C_{C} \\ \text{s.t.}\quad C_{G,D}=\rho_{D}\Delta t\sum_{t=t_1}^{T}(P_{G}^{t}-P_{G,DA}^{t})^{2} \\ \text{式(12.51)} \sim \text{式(12.77)、式(12.79)和式(12.80)} \end{cases} \tag{12.90}$$

式中：t_1 为时间段索引，$t_1 \in [2, 3, \cdots, T]$，取值随着时间变化而变化；$C_{G,D}$ 为联络线功率偏差成本；ρ_D 为日前调度计划与日内滚动修正中联络线功率偏差成本对应的成本系数。

12.5.3 数值仿真

12.5.3.1 仿真设置

以一个园区级的并网型可再生能源微电网作为仿真对象。每个时间段的持续时间设定为0.5h，日前调度计划模型的仿真范围设定为24h。光伏、风电输出和不可控负荷的电力数据来源是基于法国输电系统运营商（RTE）的历史电力数据。并网型可再生能源微电网中的光伏、风电机组或主电网均可以为微电网提供电能。假设光伏机组的安装容量为40kW，而风电机组的安装容量为35kW。光伏机组和风电机组的投资价格分别为2500美元/kW和2300美元/kW。光伏机组和风电机组的全生命周期运行和维护价格都是100美元/kW。风—光可再生能源发电系统的运行寿命均设定为20年（提取法国大东区2018年和2019年的电负荷源数据，并将其缩减适合微电网规模的模拟数据）。

在微电网中，假设灵活性负荷由10个相同规格的电动汽车和10个相同规格的空调负荷组成。空调所在的建筑物参数均设置热阻为18℃/kW，热容量为0.525kWh/℃。由于室外温度的预测误差可以反映在净负荷中，假设室外温度是已知的。关于蓄电池储能系统、空调负荷和电动汽车的参数见表12.6。

微电网和主电网之间的电能交易有两个容量限制，交易费率采用TOU分时电价。图12.14中显示了主电网运营商提供的TOU分时电价与EKPC。由图可知，TOU分时电价包括峰费率0.25美元/kWh（11：00～22：00），平费率0.1美元/kWh（8：00～11：00和22：00～24：00）和谷费率0.05美元/kWh（0：00～8：00）。微电网的售电价格被设定为购电价格的1/2。主电网对微电网的交互功率容量限制为购电120kW和售电50kW。此外，假设偏差系数为0.03，微电网与主电网的联络线功率初始值为80kW。

表 12.6 蓄电池储能系统、空调负荷和电动汽车的参数

仿真设置	参数	值
蓄电池储能系统	储能容量（kWh）	200
	最大充放电功率（kW）	40
	充放电效率	0.95
	自放电率/h	0.1%
	SOC 范围	0.2~0.9
	初始 SOC、日终 SOC 最小值	0.3
	寿命权重系数	1.3，−1.5，2.05
	投资成本（美元/kWh）	150
	运维成本（美元/kWh）	0.001
	总的能量吞吐量（kWh）	3400×200
空调负荷	最大工作功率（kW）	3.5
	室内温度范围（℃）	23~26
	最佳的室内温度（℃）	25
	初始室内、室外温度（℃）	23，−2
电动汽车	动力电池容量（kWh）	20
	最大充电功率（kW）	3
	充电效率	0.95
	充电时间范围	8：00~16：00
	SOC 范围	0.4~1
	初始 SOC	0.4

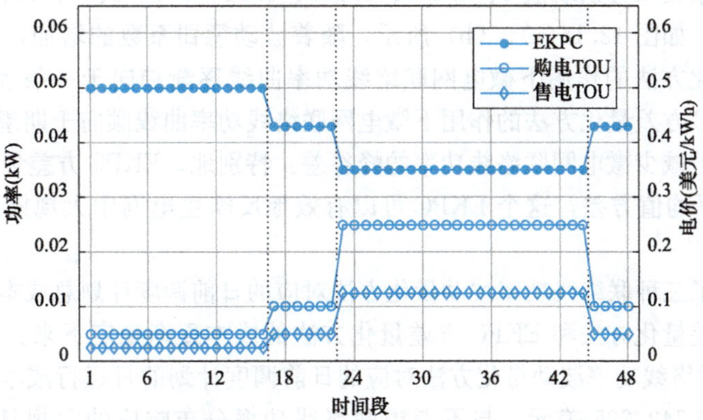

图 12.14 TOU 分时电价与 EKPC

12.5.3.2 日前调度计划性能对比

在设计日前调度计划模型和日内滚动修正模型之前，应充分考虑净负荷的点预测结果和概率区间预测结果。选择 2019 年 2 月 13 日和分位数集｛0.2，0.5，0.8｝来研究微电网多时间尺度的能量管理系统。

由于提出的日前调度计划模型是一个 MINLP 问题，不能保证全局最优，所以求解效率是一个关键因素。采用 EKPC 方差量化方法的日前调度计划模型的优化计算时间为 2.110s，其优化计算时间大大低于 0.5h 的时间分辨率，有效地保证了所提能量管理方法的实际应用。

(1) 常规的日前调度计划。常规的日前调度计划不考虑联络线功率波动成本，其优化结果显示在图 12.15。微电网能量管理系统整合了 TOU 分时电价对灵活性负荷和蓄电池进行优化调度。通过计算，日前调度计划的总成本为 333.752 美元。

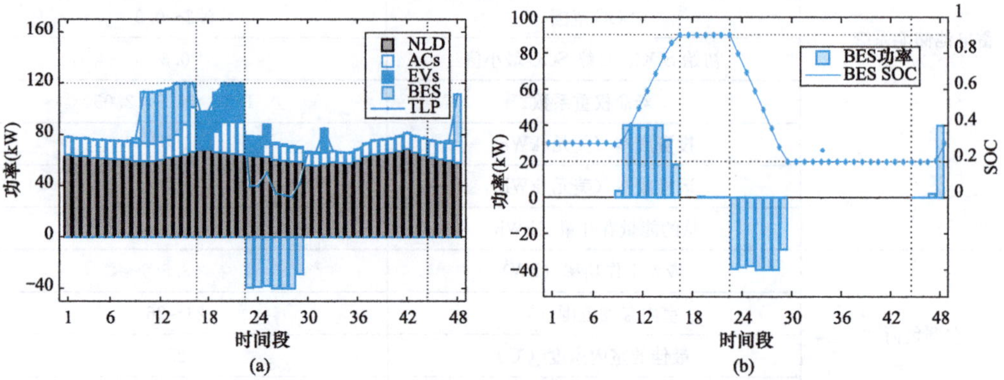

图 12.15　不考虑联络线功率分布响应的微电网日前调度计划的优化结果

(a) 微电网日前调度计划的优化结果；(b) 微电网日前调度计划的蓄电池优化结果

常规日前调度计划的联络线功率峰谷差高达 88.588kW，占峰值的 73.823%（峰值为 120kW，谷值为 31.412kW）。此外，在联络线功率中出现了一些不必要的功率波动（如时间段 10、17、23、30、32 和 48）。这些联络线功率波动直接并网会对主电网的可靠运行带来不利影响。因此，对微电网联络线功率进行分布调控是有必要的。

(2) 考虑联络线功率分布响应的日前调度计划。图 12.16 给出了三种联络线功率波动量化方法在不同波动惩罚系数（分别取值 0、0.001、0.005、0.02、0.1、1、5、10、100）下微电网联络线功率变化趋势。如图 12.16(a)、(b) 所示，随着波动惩罚系数的增加，在波动平方和量化方法和均值方差量化方法的作用下微电网联络线功率曲线逐渐趋向于一条水平直线。图 12.16(c) 给出了在 EKPC 方差量化方法的作用下微电网联络线功率曲线倾向于期望功率曲线。三种量化方法均可以有效地减少微电网联络线功率的峰谷差。特别地，EKPC 方差量化方法采用定制的 EKPC 方差代替了平均值方差，这个 EKPC 可以有效地反映主电网中大规模可再生能源的供电情况。

图 12.17 给出了三种联络线功率波动量化方法对应的日前调度计划总成本比较。随着波动系数的增加，均值方差量化方法和 EKPC 方差量化方法的成本逐渐稳定下来。设定波动惩罚系数设定为 0.1，三种联络线功率波动量化方法对应的日前调度计划的日运行成本分别为 335.536 美元、353.211 美元和 342.295 美元。与不考虑联络线功率分布响应的常规日前调度计划相比，EKPC 方差量化方法的峰谷差下降了 62.262%（从 88.588kW 下降到 33.431kW）。这表明 EKPC 方差量化方法可以实现联络线功率峰谷差的有效调控，在日前调度计划的总运行成本方面仅增加了 2.560%（从 333.752 美元到 342.295 美元）。由此可知，合理的波动惩罚系数设置是必要的，因为系数值太大，不仅会显著增加用户的用能成本，还会导致不必要的能量丢弃。在下一小节中，微电网的多时间尺度能量管理系统选择了 EKPC 方差量化方法，波动惩罚系数被设定为 0.1。

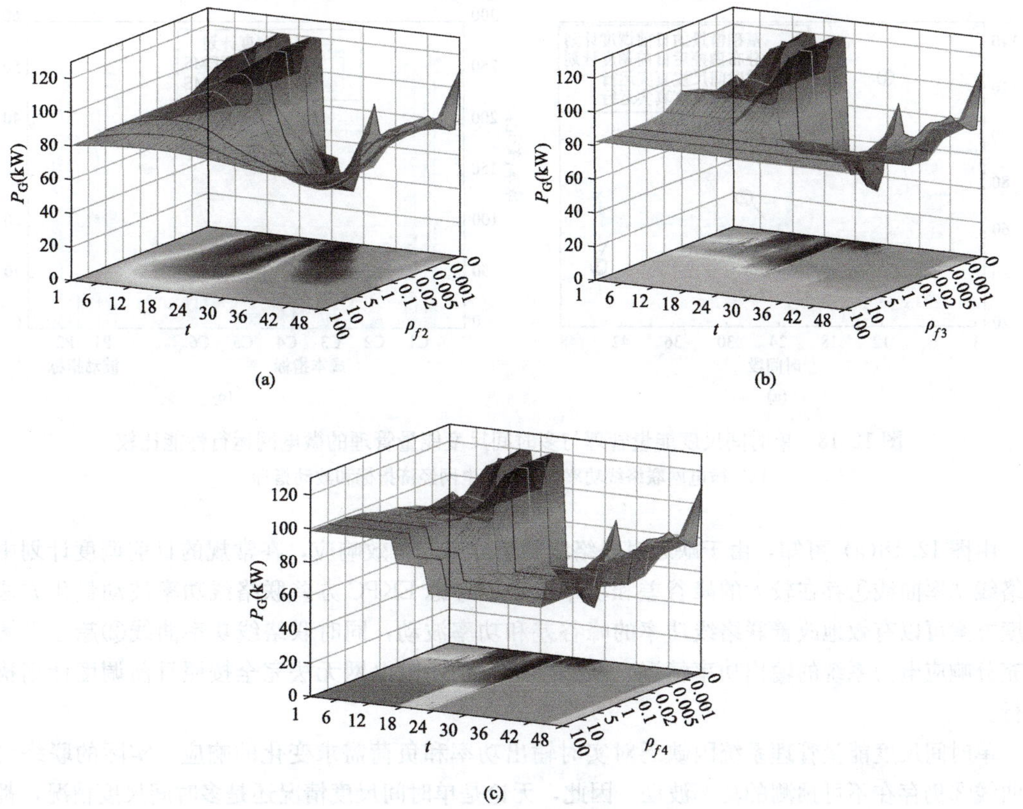

图 12.16 含不同联络线功率波动量化方法的敏感性分析

(a) 波动平方和量化方法 (M2); (b) 均值方差量化方法 (M3); (c) EKPC 方差量化方法 (M4)

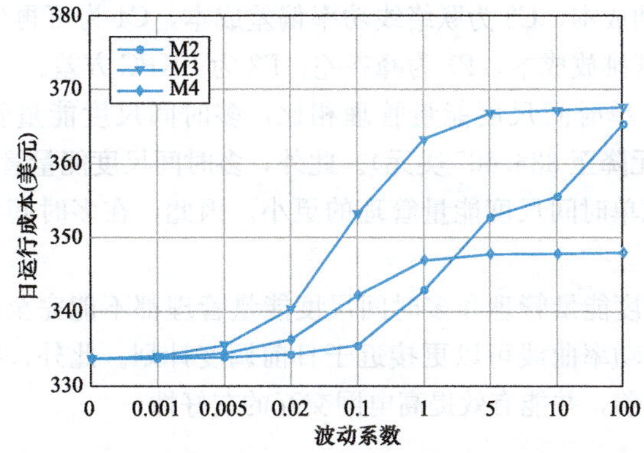

图 12.17 三种联络线功率波动量化方法对应的日前调度计划总成本比较

12.5.3.3 实际运行结果性能对比

由于分布式可再生能源和日益复杂的负荷需求存在随机性，微电网在实际运行中无法完全按照日前调度计划执行。为了综合评价单时间尺度能量管理和多时间尺度能量管理的性能，对不同方案的性能指标做了对比。图 12.18 给出了关于经济指标和波动指标的性能比较。

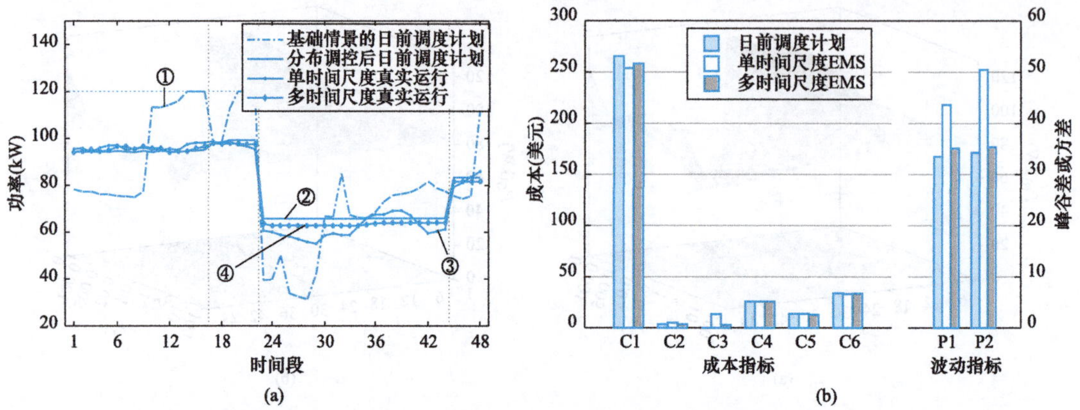

图 12.18　单时间尺度能量管理与多时间尺度能量管理的微电网运行性能比较

(a) 微电网联络线功率；(b) 微电网经济指标和波动指标

由图 12.18(a) 可知，由于缺乏对联络线功率分布的有效响应，在常规的日前调度计划中的联络线功率曲线①存在较大的峰谷差和功率波动。考虑 EKPC 方差联络线功率波动量化方法的调度方案可以有效地改善联络线功率的峰谷差和功率波动，同时联络线功率曲线②趋于平缓并且充分响应电力系统的输出功率情况。在实际运行中，微电网无法完全按照日前调度计划执行运行。

单时间尺度能量管理系统因缺乏对实时输出功率和负荷需求变化的响应，实际的联络线功率曲线③仍存在不可预测的功率波动。因此，无论是单时间尺度情况还是多时间尺度情况，都无法全面实现日前调度计划。然而，相比于单时间尺度能量管理，多时间尺度能量管理的联络线功率曲线④更接近于日前调度计划。

图 12.18(b) 给出了微电网的经济指标和波动指标。图中指标解释如下：C1 为电网能量成本，C2 为联络线功率波动成本，C3 为联络线功率偏差成本，C4 为可再生能源运维成本，C5 为蓄电池运维成本，C6 为碳排放成本，P1 为峰谷差，P2 为 EKPC 方差。

在经济指标方面，与单时间尺度能量管理相比，多时间尺度能量管理的用能成本降低了 2.474%（从 345.023 美元降至 336.487 美元）。此外，多时间尺度能量管理的波动指标（包括峰谷差和 EKPC 方差）相比单时间尺度能量管理的更小。因此，在多时间尺度能量管理下的微电网运行对电网更加友好。

综上所述，单时间尺度能量管理和多时间尺度能量管理都不能完全执行日前计划，但多时间尺度能量管理的联络线功率曲线可以更接近于日前调度计划。此外，提出的多时间尺度能量管理系统的经济性略有改善，并能有效提高电网交互的友好性。

问题与练习

(1) 中国微电网技术的发展历程包含哪些阶段？

(2) 微电网的分类方法有哪些？

(3) 阐述并网型微电网的四个基本特征。

(4) 阐述微电网的关键技术。

(5) 微电网的典型分布式能源有哪些？

（6）微电网的不确定量一般有哪些？

（7）阐述随机优化、鲁棒优化和分布鲁棒优化的关联。

（8）采用正十二边形内切割近似法线性化 $x^2+y^2=1$。

（9）考虑联络线功率分布响应和不考虑联络线功率分布响应情景下并网型微电网的优化结果有什么区别？

（10）采用 MATLAB 编写蓄电池的一天 24 个时间段的充放电过程。

参　考　文　献

[1] 顾伟，楼冠男，柳伟．微电网分布式控制理论与方法．北京：科学出版社，2019.

[2] 李越嘉，杨莹，常国祥．微电网技术在中国的研究应用现状和前景展望．中国电力，2016，49（S1）：154-158+165.

[3] 李鸿，朱继忠，董瀚江．考虑协变量因素的多能微电网两阶段分布鲁棒优化调度．中国电机工程学报，1-12 [2024-08-16].

[4] Zhu J.，Li S.，Borghetti A.，et al. Review of demand-side energy sharing and collective self-consumption schemes in future power systems. iEnergy，2023，2（2）：119-132.

[5] Li S.，Zhu J.，Chen Z.，et al. Double-layer energy management system based on energy sharing cloud for virtual residential microgrid. Applied Energy，2021，282：116089.

[6] Li S.，Zhu J.，Dong H. A novel energy sharing mechanism for smart microgrid. IEEE Transactions on Smart Grid，2021，12（6）：5475-5478.

[7] Li S.，Zhu J.，Dong H.，et al. A novel rolling optimization strategy considering grid-connected power fluctuations smoothing for renewable energy microgrids. Applied Energy，2022，309：118441.

[8] Li S.，Zhu J.，Dong H.，Zhu H.，Luo F.，Borghetti A. Multi-time-scale energy management of renewable microgrids considering grid-friendly interaction. Applied Energy，2024，367：123428.

[9] Zhang C.，Xu Y.，Dong Y. Z. Robustly coordinated operation of a multi-energy micro-grid in grid-connected and islanded modes under uncertainties. IEEE Transactions on Sustainable Energy，2020，11（2）：640-651.

[10] Xiong P.，Jirutitijaroen P.，Singh C. A distributionally robust optimization model for unit commitment considering uncertain wind power generation. IEEE Transactions on Power Systems，2017，32（1）：39-49.

[11] Liu M.，Li W.，Wang C.，et al. Reliability evaluation of large scale battery energy storage systems. IEEE Transactions on Smart Grid，2017，8（6）：2733-2743.

[12] Zhao B.，Zhang X.，Chen J.，et al. Operation optimization of standalone microgrids considering lifetime characteristics of battery energy storage system. IEEE Transactions on Sustainable Energy，2013，4（4）：934-943.

[13] Huang Y.，Wang L.，Guo W.，et al. Chance constrained optimization in a home energy management system. IEEE Transactions on Smart Grid，2017，9（1）：252-260.

[14] Xiang Y.，Cai H.，Liu J.，et al. Techno-economic design of energy systems for airport electrification：A hydrogen-solar-storage integrated microgrid solution. Applied Energy，2021，283：116374.

[15] 沈玉明，胡博，谢开贵，等．计及储能寿命损耗的孤立微电网最优经济运行．电网技术，2014，38（09）：2371-2378.

[16] 赵博石，胡泽春，宋永华．考虑 $N-1$ 安全约束的含可再生能源输电网结构鲁棒优化．电力系统自动

化，2019，43（04）：16-24.

[17] 曹金声，曾君，刘俊峰，等．考虑极限场景的并网型微电网分布鲁棒优化方法．电力系统自动化，2022，46（07）：50-59.

[18] 侯慧，甘铭，吴细秀，等．考虑移动氢能存储的港口多能微网两阶段分布鲁棒优化调度．中国电机工程学报，2024，44（08）：3078-3093.

[19] 周安平，杨明，翟鹤峰，等．计及风电功率矩不确定性的分布鲁棒实时调度方法．中国电机工程学报，2018，38（20）：5937-5946.

[20] 税月，刘俊勇，高红均，等．考虑风电不确定性的电气能源系统两阶段分布鲁棒协同调度．电力系统自动化，2018，42（13）：43-50+75.

[21] 高晓松，李更丰，肖遥等．基于分布鲁棒优化的电—气—热综合能源系统日前经济调度．电网技术，2020，44（06）：2245-2254.

第 13 章

无功优化方法

13.1 引 言

无功优化是在电力系统的结构参数和负荷条件给定下，满足所有约束条件的情况下，采取控制措施达到改善电压分布和使系统有功网损最小。从改善电压质量和减少网损考虑，应尽量使无功功率就地平衡，尽量减少无功功率的远距离和跨电压等级的输送，这也符合电力系统电压、无功功率控制安全、优质和经济性特点。充分利用无功补偿提供电压支持，也是提高电力系统稳定性的重要手段；同时，无功补偿装置的接入增加了系统向外输送功率的能力，因此可获得巨大的经济效益。

无功优化是一个动态、多目标、多约束的非线性混合规划问题。电力系统常采取如下措施来实现无功优化：调整发电机无功输出功率，改变变压器变比，并联电容器组或无功补偿装置（SVC）等。随着电力系统规模的扩大，系统的运行条件越来越复杂，许多领域都涉及无功优化，因此，对该问题的目标函数及控制要求也越来越高。目标函数、约束条件和求解算法的多样性，因此无功优化是电力系统潮流优化中一个极具挑战性的问题，它是电力系统潮流优化的一个分支。本章首先介绍无功功率调度的经典计算方法，然后介绍几种典型的无功优化方法。

13.2 无功功率调度的经典算法

13.2.1 无功功率平衡

电力系统运行的电压分布由系统中的无功功率平衡决定，即

$$\sum_{i=1}^{NG} Q_{Gi} + \sum_{j=1}^{NC} Q_{Cj} = \sum_{k=1}^{ND} Q_{dk} + Q_L \tag{13.1}$$

式中：Q_{Gi} 为发电机 i 的无功输出功率；Q_{Cj} 为电容和 SVC 等无功补偿装置 j 的无功输出功率；Q_{dk} 为负荷节点 k 的无功负荷；Q_L 为系统无功损耗，包括变压器和传输线上的无功损耗。

根据实际运行经验，用以下近似公式计算变压器的无功损耗

$$Q_{LT} = \frac{I_0\%}{100} S_N + \frac{V_S\% S^2}{100 S_N}\left(\frac{V_N}{V}\right)^2 \tag{13.2}$$

式中：Q_{LT} 为变压器的无功损耗；S_N 为变压器的额定视在功率；V_N 为变压器的额定电压；$V_S\%$ 为变压器的短路电压；$I_0\%$为变压器的空载电流；V 为变压器的工作电压。

传输线 ij 的无功损耗计算为

$$Q_{Ll} = \frac{P_i^2 + Q_i^2}{V_i^2} X - \frac{V_i^2 + V_j^2}{2} B \tag{13.3}$$

式中：Q_{Ll} 为传输线的无功损耗；P_i 为线路的 i 端的有功功率；Q_i 为线路的 i 端的无功功率；V_i 为传输线 ij 的 i 端电压；V_j 为传输线 ij 的 j 端电压；X 为线路电抗；B 为线路（对地）的等效电纳。

13.2.2 无功功率经济调度

无功功率经济调度的目的是满足系统负荷需求的约束条件下，确定每个无功电源的无功输出功率，使系统的有功损耗最小。系统有功损耗可以表示为

$$P_L = P_L(P_1、P_2、\cdots、P_n、Q_1、Q_2、\cdots、Q_n) \tag{13.4}$$

对于经典的无功功率调度问题，发电机的有功输出是已知的，约束是无功功率平衡方程为

$$\sum_{i=1}^{M} Q_{Gi} = Q_D + Q_L \tag{13.5}$$

为了简化，式（13.5）中的 Q_G 包括所有无功电源，如发电机、电容器、SVC 等。

构造式（13.4）、式（13.5）的拉格朗日函数

$$L = P_L - \lambda\left(\sum_{i=1}^{M} Q_{Gi} - Q_D - Q_L\right) \tag{13.6}$$

拉格朗日函数取极值的必要条件是拉格朗日函数 L 对每个独立变量（Q_G 和 λ）的一阶导数等于零，即

$$\begin{aligned} &\frac{\partial L}{\partial Q_{Gi}} = \frac{\partial P_L}{\partial Q_{Gi}} - \lambda\left(1 - \frac{\partial Q_L}{\partial Q_{Gi}}\right) = 0 \qquad i = 1，2，\cdots，M \\ &\frac{\partial L}{\partial \lambda} = -\left(\sum_{i=1}^{M} Q_{Gi} - Q_D - Q_L\right) = 0 \end{aligned} \tag{13.7}$$

从式（13.7）可得无功功率经济调度公式

$$\begin{aligned} &\frac{\partial P_L}{\partial Q_{Gi}} \times \frac{1}{\left(1 - \dfrac{\partial Q_L}{\partial Q_{Gi}}\right)} = \frac{\partial P_L}{\partial Q_{Gi}} \beta_i = \lambda \qquad i = 1，2，\cdots，N \\ &\beta_i = \frac{1}{\left(1 - \dfrac{\partial Q_L}{\partial Q_{Gi}}\right)} \end{aligned} \tag{13.8}$$

式中：$\dfrac{\partial P_L}{\partial Q_{Gi}}$ 为系统有功损耗对无功电源 i 的微增率；$\dfrac{\partial Q_L}{\partial Q_{Gi}}$ 为系统无功损耗对无功电源 i 的微增率。

损耗微增率可通过阻抗矩阵法计算，如下所示。系统损耗可表示为

$$P_L + jQ_L = \boldsymbol{V}^T \hat{\boldsymbol{I}} = (\boldsymbol{ZI})^T \hat{\boldsymbol{I}} = \boldsymbol{I}^T \boldsymbol{Z}^T \hat{\boldsymbol{I}} \tag{13.9}$$

$$\boldsymbol{I} = I_P + jI_Q \tag{13.10}$$

$$\boldsymbol{Z} = R + jX \tag{13.11}$$

式中：$\boldsymbol{I}$ 为电流矢量；$\hat{\boldsymbol{I}}$ 为共轭电流矢量；$\boldsymbol{V}$ 为电压矢量；$\boldsymbol{Z}$ 为阻抗矩阵。

将式（13.10）和式（13.11）代入式（13.9），可得

$$P_L = \sum_{i=1}^{n} \sum_{k=1}^{n} R_{jk}(I_{Pj} I_{Pk} + I_{Qj} I_{Qk}) \tag{13.12}$$

$$Q_L = \sum_{i=1}^{n} \sum_{k=1}^{n} X_{jk}(I_{Pj} I_{Pk} + I_{Qj} I_{Qk}) \tag{13.13}$$

注入功率与电流的关系

$$P_i + jQ_i = (V_i \cos\theta_i + jV_i \sin\theta_i)(I_{Pi} - jI_{Qi}) \tag{13.14}$$

然后得到

$$I_{Pi} = (P_i \cos\theta_i + jQ_i \sin\theta_i)/V_i \tag{13.15}$$

$$I_{Qi} = (P_i \sin\theta_i - jQ_i \cos\theta_i)/V_i \tag{13.16}$$

将式（13.15）和式（13.16）代入式（13.12）和式（13.13），可得

$$P_{\mathrm{L}}=\sum_{i=1}^{n}\sum_{k=1}^{n}[\alpha_{jk}(P_jP_k+Q_jQ_k)+\beta_{jk}(Q_jP_k-P_jQ_k)] \tag{13.17}$$

$$Q_{\mathrm{L}}=\sum_{i=1}^{n}\sum_{k=1}^{n}[\delta_{jk}(P_jP_k+Q_jQ_k)+\gamma_{jk}(Q_jP_k-P_jQ_k)] \tag{13.18}$$

其中

$$\alpha_{jk}=\frac{R_{jk}}{V_jV_k}\cos(\theta_j-\theta_k) \tag{13.19}$$

$$\beta_{jk}=\frac{R_{jk}}{V_jV_k}\sin(\theta_j-\theta_k) \tag{13.20}$$

$$\delta_{jk}=\frac{X_{jk}}{V_jV_k}\cos(\theta_j-\theta_k) \tag{13.21}$$

$$\delta_{jk}=\frac{X_{jk}}{V_jV_k}\sin(\theta_j-\theta_k) \tag{13.22}$$

从式（13.17）可得

$$\begin{aligned}\frac{\partial P_{\mathrm{L}}}{\partial P_i}&=\sum_{i=1}^{n}\sum_{k=1}^{n}\frac{\partial}{\partial P_i}[\alpha_{jk}(P_jP_k+Q_jQ_k)+\beta_{jk}(Q_jP_k-P_jQ_k)]\\&=2\sum_{k=1}^{n}(P_k\alpha_{ik}-Q_k\beta_{ik})+\sum_{i=1}^{n}\sum_{k=1}^{n}\left[(P_jP_k+Q_jQ_k)\frac{\partial\alpha_{jk}}{\partial P_i}+\beta_{jk}(Q_jP_k-P_jQ_k)\frac{\beta_{jk}}{\partial P_i}\right]\end{aligned} \tag{13.23}$$

式（13.23）的第二项很小，可以忽略不计，则有

$$\frac{\partial P_{\mathrm{L}}}{\partial P_i}\approx 2\sum_{k=1}^{n}(P_k\alpha_{ik}-Q_k\beta_{ik}) \tag{13.24}$$

在高压网络中，相位差 $\theta_j-\theta_k$ 很小，即 $\sin(\theta_j-\theta_k)\approx 0$。因此，$\beta_{jk}$ 可忽略不计，有

$$\frac{\partial P_{\mathrm{L}}}{\partial P_i}\approx 2\sum_{k=1}^{n}P_k\alpha_{ik} \tag{13.25}$$

类似地

$$\frac{\partial P_{\mathrm{L}}}{\partial Q_i}\approx 2\sum_{k=1}^{n}Q_k\alpha_{ik} \tag{13.26}$$

$$\frac{\partial Q_{\mathrm{L}}}{\partial P_i}\approx 2\sum_{k=1}^{n}P_k\delta_{ik} \tag{13.27}$$

$$\frac{\partial Q_{\mathrm{L}}}{\partial Q_i}\approx 2\sum_{k=1}^{n}Q_k\delta_{ik} \tag{13.28}$$

因为有功负荷和无功负荷是常数，所以

$$\mathrm{d}P_i=\mathrm{d}(P_{\mathrm{G}i}-P_{\mathrm{D}i})=\mathrm{d}P_{\mathrm{G}i} \tag{13.29}$$

$$\mathrm{d}Q_i=\mathrm{d}(Q_{\mathrm{G}i}-Q_{\mathrm{D}i})=\mathrm{d}Q_{\mathrm{G}i} \tag{13.30}$$

因此，式（13.25）～式（13.28）可写为

$$\frac{\partial P_{\mathrm{L}}}{\partial P_{\mathrm{G}i}}\approx 2\sum_{k=1}^{n}P_k\alpha_{ik} \tag{13.31}$$

$$\frac{\partial P_{\mathrm{L}}}{\partial Q_{\mathrm{G}i}}\approx 2\sum_{k=1}^{n}Q_k\alpha_{ik} \tag{13.32}$$

$$\frac{\partial Q_{\mathrm{L}}}{\partial P_{\mathrm{G}i}}\approx 2\sum_{k=1}^{n}P_k\delta_{ik} \tag{13.33}$$

$$\frac{\partial Q_{\mathrm{L}}}{\partial Q_{\mathrm{G}i}}\approx 2\sum_{k=1}^{n}Q_k\delta_{ik} \tag{13.34}$$

如果系统有足够的无功电源，无功经济调度可按如下步骤进行。

(1) 应用有功经济调度的结果进行潮流计算。因此，除参考节点外，发电机的有功输出是固定的。

(2) 用上述结果，以及式 (13.32) 和式 (13.34) 计算每个无功电源的 λ。如果 $\lambda<0$，意味着可以通过增加该无功电源来降低系统损耗。如果 $\lambda>0$，意味着若增加该无功电源将增加系统损耗。因此，为了降低系统损耗，需要增加 $\lambda<0$ 的无功电源的无功输出，并减少 $\lambda>0$ 的无功电源的无功输出。如果 $\lambda<0$，选择 λ 值最小的无功电源以增加其无功输出；选择 λ 值最大的无功电源以减少其无功输出，然后重新计算潮流。

(3) 通过潮流的计算可得到系统损耗。根据步骤 (1)，参考节点的功率变化反映了有功损耗的变化。当参考节点的功率不再变化时，结束计算。

值得注意的是，上述计算中没有考虑以下无功功率输出功率限制

$$Q_{Gi\min} \leqslant Q_{Gi} \leqslant Q_{Gi\max} \tag{13.35}$$

如要考虑无功功率输出功率限制，则需检查约束 [式(13.35)] 是否满足。若无功电源有越限，则将此无功电源的无功输出设为对应的限值，且在之后的无功调度中不考虑该无功电源。

这是无功经济调度的简单方法。

13.3 无功优化的线性规划法

如果考虑网络安全约束和节点电压约束，无功优化是一个复杂的非线性优化问题。传统方法常将无功优化模型进行线性化处理。

13.3.1 无功优化模型

无功优化补偿的控制模型 $M-1$ 可以表示为

$$\min P_L(Q_S, V_G, T) \tag{13.36}$$

约束条件

$$Q(Q_S, V_G, T, V_D)=0 \tag{13.37}$$

$$Q_{G\min} \leqslant Q_G(Q_S, V_G, T) \leqslant Q_{G\max} \tag{13.38}$$

$$V_{D\min} \leqslant V_D(Q_S, V_G, T) \leqslant V_{D\max} \tag{13.39}$$

$$Q_{S\min} \leqslant Q_S \leqslant Q_{S\max} \tag{13.40}$$

$$V_{G\min} \leqslant V_G \leqslant V_{G\max} \tag{13.41}$$

$$T_{\min} \leqslant T \leqslant T_{\max} \tag{13.42}$$

式中：P_L 为系统有功损耗；V_G 为发电机节点电压幅值；Q_S 为系统无功补偿；Q_G 为系统无功输出功率；T 为变压器变比；V_D 为负荷节点的电压幅值；下标 min 和 max 分别为约束的下限和上限。

与传统无功调度方法相同，假设有功经济调度是分开计算的且有功输出功率 (除了在松弛节点之外) 在无功优化控制模型中是恒定的。因此，在上述模型 $M-1$ 中考虑最优解耦约束，其中式 (13.37) 是无功潮流平衡方程，式 (13.38) 和式 (13.39) 是状态变量 Q_G 和 V_D 的约束。式 (13.40)~式 (13.42) 是控制变量的约束。

将非线性无功控制模型 $M-1$ 进行连续线性化处理，重写增量模型 $M-2$，用灵敏度矩阵表示

$$\min \Delta \boldsymbol{P}_L = \boldsymbol{S}_{LQ}^T \Delta Q_S + \boldsymbol{S}_{LV}^T \Delta V_G + \boldsymbol{S}_{LT}^T \Delta T \tag{13.43}$$

约束条件

$$Q(\Delta Q_S, \Delta V_G, \Delta T, \Delta V_D)=0 \tag{13.44}$$

$$\Delta Q_{G\min} \leqslant \boldsymbol{S}_{QQ}\Delta Q_S + \boldsymbol{S}_{QV}\Delta V_G + \boldsymbol{S}_{QT}\Delta T \leqslant \Delta Q_{G\max} \tag{13.45}$$

$$\Delta V_{D\min} \leqslant \boldsymbol{S}_{VQ}\Delta Q_S + \boldsymbol{S}_{VV}\Delta V_G + \boldsymbol{S}_{VT}\Delta T \leqslant \Delta V_{D\max} \tag{13.46}$$

$$\Delta Q_{S\min} \leqslant \Delta Q_S \leqslant \Delta Q_{S\max} \tag{13.47}$$

$$\Delta V_{Gmin} \leqslant \Delta V_G \leqslant \Delta V_{Gmax} \tag{13.48}$$

$$\Delta T_{min} \leqslant \Delta T \leqslant \Delta T_{max} \tag{13.49}$$

式中：$\boldsymbol{S}_{LQ}$、$\boldsymbol{S}_{LV}$、$\boldsymbol{S}_{LT}$ 分别为有功传输损耗对无功补偿、发电机节点电压幅值、变压器变比的灵敏度矩阵；$\boldsymbol{S}_{QQ}$、$\boldsymbol{S}_{QV}$、$\boldsymbol{S}_{QT}$ 分别为发电机节点的无功功率对无功补偿、发电机节点电压幅值、变压器变比的灵敏度矩阵；$\boldsymbol{S}_{VQ}$、$\boldsymbol{S}_{VV}$、$\boldsymbol{S}_{VT}$ 分别为负荷节点电压幅值对无功补偿、发电机节点电压幅值和变压器变比的灵敏度矩阵。

式（13.43）～式（13.49）中的增量变量通过下面的迭代计算获得

$$\Delta Q_S = Q_S^{k+1} - Q_S^k \tag{13.50}$$

$$\Delta V_G = V_G^{k+1} - V_G^k \tag{13.51}$$

$$\Delta T = T^{k+1} - T^k \tag{13.52}$$

$$\Delta Q_{Gmax} = Q_{Gmax} - Q_G^k \tag{13.53}$$

$$\Delta Q_{Gmin} = Q_{Gmin} - Q_G^k \tag{13.54}$$

$$\Delta Q_{Smax} = Q_{Smax} - Q_S^k \tag{13.55}$$

$$\Delta Q_{Smin} = Q_{Smin} - Q_S^k \tag{13.56}$$

$$\Delta V_{Gmax} = V_{Gmax} - V_G^k \tag{13.57}$$

$$\Delta V_{Gmin} = V_{Gmin} - V_G^k \tag{13.58}$$

$$\Delta V_{Dmax} = V_{Dmax} - V_D^k \tag{13.59}$$

$$\Delta V_{Dmin} = V_{Dmin} - V_D^k \tag{13.60}$$

$$\Delta T_{max} = T_{max} - T^k \tag{13.61}$$

$$\Delta T_{min} = T_{min} - T^k \tag{13.62}$$

13.3.2 基于灵敏度的线性规划方法

在求解无功优化模型 $M-2$ 之前计算 13.3.1 节中提到的灵敏度矩阵。发电机和负荷的无功可分别表示成节点电压和变压器变比的函数，即

$$Q_G = Q_G(V_D, V_G, T) = 0 \tag{13.63}$$

$$Q_D = Q_D(V_D, V_G, T) = 0 \tag{13.64}$$

从以上两个等式，可得如下灵敏度矩阵

$$\boldsymbol{S}_{VQ} = \left[\frac{\partial Q_D}{\partial V_D}\right]^{-1} \tag{13.65}$$

$$\boldsymbol{S}_{VV} = \left[\frac{\partial V_D}{\partial V_G}\right] = -\left[\frac{\partial Q_D}{\partial V_D}\right]^{-1}\left[\frac{\partial Q_D}{\partial V_G}\right] = -[S_{VQ}]\left[\frac{\partial Q_D}{\partial V_G}\right] \tag{13.66}$$

$$\boldsymbol{S}_{VT} = \left[\frac{\partial V_D}{\partial T}\right] = -\left[\frac{\partial Q_D}{\partial V_D}\right]^{-1}\left[\frac{\partial Q_D}{\partial T}\right] = -[S_{VQ}]\left[\frac{\partial Q_D}{\partial T}\right] \tag{13.67}$$

$$\boldsymbol{S}_{QQ} = \left[\frac{\partial Q_G}{\partial V_D}\right]\left[\frac{\partial Q_D}{\partial V_D}\right]^{-1} = \left[\frac{\partial Q_G}{\partial V_D}\right][S_{VT}] \tag{13.68}$$

$$\boldsymbol{S}_{QV} = \left[\frac{\partial Q_G}{\partial V_G}\right] + \left[\frac{\partial Q_G}{\partial V_D}\right]\left[\frac{\partial V_D}{\partial V_G}\right] = \left[\frac{\partial Q_G}{\partial V_G}\right] + \left[\frac{\partial Q_G}{\partial V_D}\right][S_{VV}] \tag{13.69}$$

$$\boldsymbol{S}_{QT} = \left[\frac{\partial Q_G}{\partial T}\right] + \left[\frac{\partial Q_G}{\partial V_D}\right]\left[\frac{\partial V_D}{\partial T}\right] = \left[\frac{\partial Q_G}{\partial T}\right] + \left[\frac{\partial Q_G}{\partial V_D}\right][S_{VT}] \tag{13.70}$$

线性无功优化模型 $M-2$ 可以通过线性规划法（LP）来求解，具体步骤如下：

（1）选择初始可行解。

（2）根据式（13.50）～式（13.62）计算增量变量和运行点的限值。

（3）根据式（13.65）～式（13.70）计算灵敏度矩阵。

（4）根据运行点和灵敏度矩阵构造连续线性规划模型。

（5）用LP算法求解线性规划问题，并得到增量控制变量 ΔQ_S、ΔV_G、ΔT。

（6）用式（13.50）～式（13.52）计算新的控制变量，并用 $P-Q$ 解耦潮流算法得到新的状态变量。

（7）检查收敛性

$$|P_L^{k+1}-P_L^k|<\xi \tag{13.71}$$

如果满足式（13.71），则停止迭代。否则，返回步骤（2）。

例13.1 用上述方法求解6节点系统的无功优化问题。发电机和负荷数据见表13.1，传输线数据见表13.2，无功优化结果见表13.3。

表13.1　6节点系统的发电机和负荷数据（表中的符号“—”代表负荷的功率）

节点	节点类型	P_i（p.u.）	Q_i（p.u.）
1	松弛节点	—	—
2	PV	0.5	—
3	PQ	−0.55	−0.13
4	PQ	—	—
5	PQ	−0.30	−0.18
6	PQ	−0.50	−0.05

表13.2　6节点系统的传输线路数据

线路	线路两端节点	R(p.u.)	X(p.u.)	变压器变比
1	1—6	0.123	0.518	—
2	1—4	0.080	0.370	—
3	4—6	0.097	0.407	—
4	6—5	0.000	0.300	1.025
5	5—2	0.282	0.640	—
6	2—3	0.723	1.050	—
7	4—3	0.000	0.133	1.100

表13.3　6节点系统的无功优化结果

无功设备	变量	初值	最优值	上限	下限
无功补偿	Q_{S4}	0.000	0.050	0.050	0.000
	Q_{S6}	0.000	0.055	0.055	0.000
发电机电压	V_{G1}	1.050	1.100	1.100	1.000
	V_{G2}	1.100	1.150	1.150	1.100
变压器变比	T_{56}	1.025	0.973	1.100	0.900
	T_{43}	1.100	0.986	1.100	0.900

13.4 无功优化的内点法

13.4.1 无功优化控制模型

如前所述，非线性无功控制问题可以进行线性化处理。如果在13.3节中的模型$M-2$中对无功支持引入惩罚系数，则增量无功优化模型$M-3$可以表示为

$$\min \Delta \boldsymbol{P}_{\mathrm{L}}=M\boldsymbol{S}_{\mathrm{LQ}}^{\mathrm{T}}(H_{\mathrm{S}}\Delta Q_{\mathrm{S}})+\boldsymbol{S}_{\mathrm{LV}}^{\mathrm{T}}\Delta V_{\mathrm{G}}+\boldsymbol{S}_{\mathrm{LT}}^{\mathrm{T}}\Delta T \tag{13.72}$$

式中：M为目标函数中的相应惩罚系数，其值比目标函数中的其他系数大10～100；H_{S}为无功补偿的权重系数。

约束条件见式（13.44）～式（13.49）。式（13.72）意味着无功支持站点的数量和总补偿量应尽可能小。

13.4.2 AHP法计算权重因子

在电网中电压低的弱母线、节点加装无功支持或补偿装置，可以提高电网的电压水平和降低系统的功率损耗。系统安装无功补偿产生的系统电压和功率损耗的改善效果，被称为电压增益因子（Voltage Benefit Factor，VBF）和损耗增益因子（Loss Benefit Factor，LBF），可分别计算如下

$$VBF_i=\frac{\sum_i[V_i(Q_{si})-V_{i0}]}{Q_{si}}\times 100\% \quad i\in ND \tag{13.73}$$

$$LBF_i=\frac{\sum_i[P_{\mathrm{L0}}-P_{\mathrm{L}}(Q_{si})]}{Q_{si}}\times 100\% \quad i\in ND \tag{13.74}$$

用层次分析法（AHP）得到无功支持或补偿点的统一排序。在此，层次模型由几个部分组成。第一个是无功支持点的统一排序。第二个是性能指标，其中PI_{S}反映负荷节点的相对重要性。PI_{L}和PI_{V}定义如下

$$PI_{\mathrm{L}}=LBF_i \tag{13.75}$$

$$PI_{\mathrm{V}}=VBF_i \tag{13.76}$$

显然PI_{L}和PI_{V}的特征向量可通过归一化得到。虽然很难准确地获得PI_{S}和其特征向量，但可以根据电网中负荷节点的位置构造和计算PI_{S}的判断矩阵得到。另外，作为示例，表13.4中示出的判断矩阵$\boldsymbol{A-PI}$也可以根据层次分析法的9尺度法得到，该方法常用于计算电力系统的实际运行情况。因此，统一排序权重系数W_i可按如下计算。

$$W_i=W(A-PI_{\mathrm{L}})W(PI_{\mathrm{L}}-S_i)+W(A-PI_{\mathrm{V}})W(PI_{\mathrm{V}}-S_i)+W(A-PI_{\mathrm{S}})W(PI_{\mathrm{S}}-S_i) \tag{13.77}$$

这样，式（13.72）中无功补偿的权重系数H_{S}，根据统一排序权重系数得到，即

$$H_{\mathrm{S}}=1/W_i \tag{13.78}$$

这意味着H_{S}值最小的节点首先被选为最佳无功支持点。

表13.4　　判断矩阵$\boldsymbol{A-PI}$

A	PI_{L}	PI_{V}	PI_{S}
PI_{L}	1	2	3
PI_{V}	1/2	1	3
PI_{S}	1/3	1/3	1

13.4.3 齐次自对偶内点法

上述最优无功控制模型具有线性规划的形式，用齐次自对偶内点法来求解。

线性规划问题的标准形式

$$\max \boldsymbol{c}^{\mathrm{T}} x$$

约束条件

$$\boldsymbol{A}x \leqslant b$$

$$x \geqslant 0$$

它的对偶形式是

$$\min \boldsymbol{b}^{\mathrm{T}} y$$

约束条件

$$\boldsymbol{A}^{\mathrm{T}} y \geqslant \boldsymbol{c}$$

$$y \geqslant 0$$

这两个问题可通过求解以下问题得以解决，其大体将原对偶问题变成一个问题来解决

$$\max 0$$

约束条件

$$-\boldsymbol{A}^{\mathrm{T}} y + \boldsymbol{c}\phi \leqslant 0$$

$$\boldsymbol{A}^{\mathrm{T}} x - \boldsymbol{b}\phi \leqslant 0$$

$$-\boldsymbol{c}^{\mathrm{T}} x + \boldsymbol{b}^{\mathrm{T}} y \leqslant 0$$

$$x,\ y,\ \varphi \geqslant 0$$

值得注意的是，除了将原对偶问题组合成一个问题之外，还多了一个新变量（ϕ）和一个约束。因此，原对偶问题中的变量总数为 $n+m+1$，约束的总数为 $n+m+1$。此外，目标函数消失。这种右侧都等于零的方程被称为齐次。此外，原对偶问题的约束矩阵是斜对称的，也就是说，它等于其转置的负数。具有斜对称约束矩阵的齐次线性规划问题被称为自对偶。

令 z，w 和 φ 表示原对偶问题中的松弛变量，有

$$\max 0$$

约束条件

$$-\boldsymbol{A}^{\mathrm{T}} y + \boldsymbol{c}\phi + z = 0$$

$$\boldsymbol{A}^{\mathrm{T}} x - \boldsymbol{b}\phi + w = 0$$

$$-\boldsymbol{c}^{\mathrm{T}} x + \boldsymbol{b}^{\mathrm{T}} y + \varphi = 0$$

$$x,\ y,\ \varphi,\ z,\ w,\ \varphi \geqslant 0$$

如果引入误差向量 $\boldsymbol{\varepsilon}$、$\boldsymbol{\rho}$、$\boldsymbol{\gamma}$，上述约束可写为如下的矩阵形式

$$\begin{bmatrix} \boldsymbol{\varepsilon} \\ \boldsymbol{\rho} \\ \boldsymbol{\gamma} \end{bmatrix} = \begin{bmatrix} & -\boldsymbol{A}^{\mathrm{T}} & \boldsymbol{c} \\ \boldsymbol{A} & & -\boldsymbol{b} \\ -\boldsymbol{c}^{\mathrm{T}} & \boldsymbol{b}^{\mathrm{T}} & \end{bmatrix} \begin{bmatrix} x \\ y \\ \phi \end{bmatrix} + \begin{bmatrix} z \\ w \\ \varphi \end{bmatrix} = \begin{bmatrix} -\boldsymbol{A}^{\mathrm{T}} y + \boldsymbol{c}\phi + z \\ \boldsymbol{A}x - \boldsymbol{b}\phi + w \\ -\boldsymbol{c}^{\mathrm{T}} x + \boldsymbol{b}^{\mathrm{T}} y + \phi \end{bmatrix} \tag{13.79}$$

原对偶问题的简化最优性的充分条件（KKT）系统可表示为

$$\begin{bmatrix} -\boldsymbol{X}^{\mathrm{T}} Z & -\boldsymbol{A}^{\mathrm{T}} & \boldsymbol{c} \\ \boldsymbol{A} & -\boldsymbol{Y}^{\mathrm{T}} W & -\boldsymbol{b} \\ -\boldsymbol{c}^{\mathrm{T}} & \boldsymbol{b}^{\mathrm{T}} & -\varphi/\phi \end{bmatrix} \begin{bmatrix} \Delta x \\ \Delta y \\ \Delta \phi \end{bmatrix} = \begin{bmatrix} \varepsilon' \\ \rho' \\ \gamma' \end{bmatrix} \tag{13.80}$$

其中

$$\begin{bmatrix} \varepsilon' \\ \rho' \\ \gamma' \end{bmatrix} = \begin{bmatrix} -(1-\delta)\varepsilon + z - \delta\mu \boldsymbol{X}^{-1} \\ -(1-\delta)\rho + w - \delta\mu \boldsymbol{Y}^{-1} \\ -(1-\delta)\gamma + \varphi - \delta\mu/\phi \end{bmatrix} \tag{13.81}$$

式中：μ 为一个正实参数。对每一个 $\mu>0$，将原对偶空间中的相关中心路径设为唯一点，且该点同时满足原可行性，对偶可行性和 μ 互补性。此外，$0 \leqslant \delta \leqslant 1$。

式（13.80）中的系统是不对称的，可用通用方程求解器来求解，但该求解器通常会忽略系统的特殊结构。为了探寻其结构，分两步求解该系统。首先根据前两个方程同时求解 Δx 和 Δy，并用 $\Delta\phi$ 表示

$$\begin{bmatrix}\Delta x\\ \Delta y\end{bmatrix}=\begin{bmatrix}-\boldsymbol{X}^{\mathrm{T}}\boldsymbol{Z} & -\boldsymbol{A}^{\mathrm{T}}\\ \boldsymbol{A} & -\boldsymbol{Y}^{\mathrm{T}}\boldsymbol{W}\end{bmatrix}^{-1}\left(\begin{bmatrix}\varepsilon'\\ \rho'\end{bmatrix}-\begin{bmatrix}\boldsymbol{c}\\ -\boldsymbol{b}\end{bmatrix}\Delta\phi\right) \tag{13.82}$$

或

$$\begin{bmatrix}\Delta x\\ \Delta y\end{bmatrix}=\begin{bmatrix}f_x\\ f_y\end{bmatrix}-\begin{bmatrix}g_x\\ g_y\end{bmatrix}\Delta\phi \tag{13.83}$$

其中，f 和 g 可通过求解以下两个等式得到

$$\begin{bmatrix}-\boldsymbol{X}^{\mathrm{T}}\boldsymbol{Z} & -\boldsymbol{A}^{\mathrm{T}}\\ \boldsymbol{A} & -\boldsymbol{Y}^{\mathrm{T}}\boldsymbol{W}\end{bmatrix}\begin{bmatrix}f_x\\ f_y\end{bmatrix}=\begin{bmatrix}\varepsilon'\\ \rho'\end{bmatrix} \tag{13.84}$$

$$\begin{bmatrix}-\boldsymbol{X}^{\mathrm{T}}\boldsymbol{Z} & -\boldsymbol{A}^{\mathrm{T}}\\ \boldsymbol{A} & -\boldsymbol{Y}^{\mathrm{T}}\boldsymbol{W}\end{bmatrix}\begin{bmatrix}g_x\\ g_y\end{bmatrix}=\begin{bmatrix}\boldsymbol{c}\\ -\boldsymbol{b}\end{bmatrix} \tag{13.85}$$

然后用式（13.82）消去式（13.80）最后一个方程的 Δx 和 Δy，有

$$[\boldsymbol{c}^{\mathrm{T}}\quad \boldsymbol{b}^{\mathrm{T}}]\left(\begin{bmatrix}f_x\\ f_y\end{bmatrix}-\begin{bmatrix}g_x\\ g_y\end{bmatrix}\Delta\phi\right)-\frac{\varphi}{\phi}\Delta\phi=\gamma' \tag{13.86}$$

从式（13.86）可得

$$\Delta\phi=\frac{\boldsymbol{c}^{\mathrm{T}}f_x-\boldsymbol{b}^{\mathrm{T}}f_y+\gamma'}{\boldsymbol{c}^{\mathrm{T}}g_x-\boldsymbol{b}^{\mathrm{T}}g_y-\varphi/\phi} \tag{13.87}$$

将式（13.87）代入式（13.82），可得 Δx 和 Δy。因此得到了原对偶问题的最优解。

例 13.2 用 IEEE 14 节点系统测试所提出方法的可行性。IEEE 14 节点系统有 5 台发电机，8 个负荷和 20 条支路，其中 4—14，4—18，5—6 和 7—14 是变压器支路。式（13.72）中的罚系数 M 的值在 10～100 的范围内任意取。表 13.5 给出 IEEE 14 节点系统的判断矩阵 $\boldsymbol{PI}_{\mathrm{S}}-\boldsymbol{S}$，其值反映了在电网中每对无功支持点之间的相对重要性。这些值是根据工程师的知识和经验，用 9 尺度法确定的。例如，如果用户认为站点 S8 的重要性略高于站点 S4 的重要性，则选择元素为“2”。如果两个无功站点同样重要（如节点 S8 和 S10），则相应的元素被设置为“1”。

表 13.5　IEEE 14 节点系统的判断矩阵 $\boldsymbol{PI}_{\mathrm{S}}-\boldsymbol{S}$

PI_{S}	S4	S5	S8	S9	S10	S11	S12	S13
S4	1	1	1/2	1/7	1/3	1/5	1/3	1/5
S5	1	1	1/2	1/7	1/3	1/4	1/3	1/5
S8	2	2	1	1/6	1	1/3	1/2	1/4
S9	7	7	6	1	6	3	5	3
S10	3	3	1	1/6	1	1/4	1/2	1/5
S11	5	4	3	1/3	4	1	2	1/2
S12	3	3	2	1/5	2	1/2	1	1/3
S13	5	5	4	1/3	5	2	3	1

定义单层次排序为一个层次结构中的所有元素仅用一个指标来获得其排序。表 13.6 示出了 IEEE 14 节点系统的无功支持站点的单层次排序。从表 13.6 可以看出，通过增益因子 LBF 和 VBF 选择的主要无功补偿站点是相同的，但它们的排序不同。

表 13.6　IEEE 14 节点系统的无功支持站点的单层次排序

节点	LBF_i	排序	VBF_i	排序
4	0.000376	7	0.000855	8
5	0.000337	8	0.000884	7
8	0.002309	6	0.001775	6
9	0.007674	2	0.001989	5
10	0.002618	5	0.002097	4
11	0.007407	3	0.002175	2
12	0.006757	4	0.002268	1
13	0.008840	1	0.002122	3

通过使用 AHP 来协调 PI_L、PI_V 和 PI_S 指标，可以得到统一无功补偿节点排序结果，见表 13.7。表中的加权系数 W_i 通过式（13.77）得来。显然，表 13.7 中的排序考虑了各无功支持站点在电网中的相对重要性。

表 13.7　IEEE 14 节点系统的统一无功补偿节点排序列结果

节点号	PI_L 0.528	PI_V 0.333	PI_S 0.140	权重系数 W_i	排序号
S4	0.01036	0.06033	0.03231	0.03008	8
S5	0.00928	0.06242	0.03322	0.03034	7
S8	0.06359	0.12529	0.05491	0.08321	6
S9	0.21135	0.14043	0.36790	0.20986	1
S10	0.07210	0.14803	0.06002	0.09577	5
S11	0.20400	0.15354	0.15165	0.18007	3
S12	0.18610	0.16012	0.08870	0.16400	4
S13	0.24347	0.14984	0.21128	0.20803	2

用 IEEE 14 节点系统中的前三个站点（表 13.7 中的节点 S9、S13 和 S11）安装无功补偿装置，用内点法（IP）求解无功优化控制模型并得到相应的无功补偿值。表 13.8 列出了最佳无功控制结果，并通过比较 IP 法与 LP 法来评价 IP 法的有效性。从损耗减少、负荷电压波动和收敛速度几个方面综合考虑，IP 法优于 LP 法。

表 13.8　IEEE 14 节点系统的最佳无功控制结果和比较（p. u.）

变量	X_{min}	X_{max}	IP 法结果	LP 法结果
T_{4-14}	0.900	1.100	0.975	0.975
T_{4-18}	0.900	1.100	1.100	1.100
T_{5-6}	0.900	1.100	1.100	1.100
T_{7-14}	0.900	1.100	0.950	0.950
Q_{S9}	0.000	0.200	0.200	0.200
Q_{S11}	0.000	0.200	0.050	0.059

续表

变量	X_{min}	X_{max}	IP法结果	LP法结果
Q_{S13}	0.000	0.200	0.161	0.170
V_{G1}	1.000	1.1000	1.100	1.100
V_{G2}	1.000	1.1000	1.091	1.092
V_{G3}	1.000	1.1000	1.086	1.084
V_{G6}	1.000	1.1000	1.071	1.068
V_{G7}	1.000	1.1000	1.100	1.100
初始损耗	—	—	0.11646	0.11646
最终损耗	—	—	0.11004	0.11108
损耗减少（%）	—	—	5.513%	4.619%
CPU（s）	—	—	18.2	61.5

13.5 非线性优化神经网络法（NLONN）

13.5.1 无功补偿点选择

13.5.1.1 灵敏度法

为了简化，用扰动法来计算节点电压的灵敏度。节点电压灵敏度的大小可表示为在给定负荷节点增加一个单位的无功注入所产生的节点电压总增量$\sum\Delta V_i$。节点电压总增量可只包括几个监测节点上的电压波动。$\sum\Delta V_i$值越大，系统电压对无功需求的变化越敏感。这也意味着$\sum\Delta V_i$值越大的负荷节点可作为无功补偿的候选节点。如果无功补偿站点的最大数目为m，则可以根据$\sum\Delta V_i$值获得m个无功补偿站点灵敏度指标，即

$$S_{VQ}^k = \frac{\sum\limits_{i\in NM}\Delta V_i}{\Delta Q_k} \qquad k=1,\ \cdots,\ ND \tag{13.88}$$

式中：NM为监测节点集；ND为负荷节点集。

13.5.1.2 电压稳定裕度法

该方法用一个简单的系统表示，如图13.1所示。

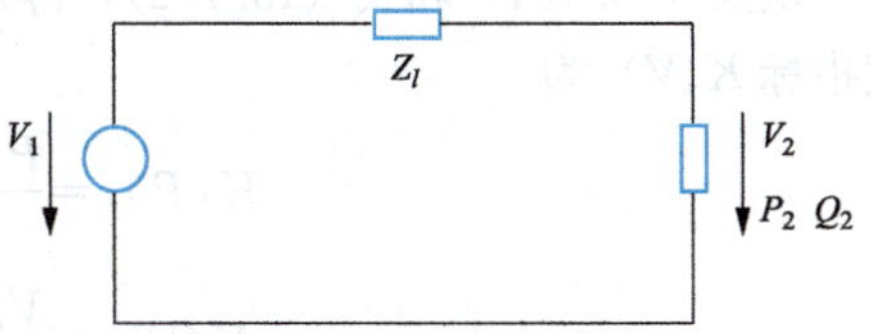

图13.1 简化系统图

图13.1中，$V_1=V_1\angle 0$是松弛节点的电压，也就是电压源的电压。P_2和Q_2负荷的有功和无功，负荷的功率因数是$\cos\phi$。节点电压$V_2=V_2\angle\alpha$，线路阻抗是$Z_l=Z_l\angle\theta$。

从图13.1可得到以下等式

$$P_2=\frac{V_1V_2}{Z_l}\cos(\theta+\alpha)-\frac{V_2^2}{Z_l}\cos\theta \tag{13.89}$$

$$Q_2=\frac{V_1V_2}{Z_l}\sin(\theta+\alpha)-\frac{V_2^2}{Z_l}\sin\theta \tag{13.90}$$

根据式（13.89）和式（13.90），可得

$$(P_2^2+Q_2^2)Z_l^2+2Z_l(P_2\cos\theta+Q_2\sin\theta)V_2^2-V_1^2V_2^2+V_2^4=0 \tag{13.91}$$

式（13.91）的根是

$$V_2(\pm)=\sqrt{\frac{1}{2}[V_1^2-2Z_l(P_2\cos\theta+Q_2\sin\theta)\pm\Delta]} \tag{13.92}$$

其中
$$\Delta=[V_1^2-2Z_l(P_2\cos\theta+Q_2\sin\theta)]^2-4(P_2^2+Q_2^2)Z_l^2 \tag{13.93}$$

当 $\Delta=0$，式（13.92）的两个根一样，即

$$V_{cr}=V_2^+=V_2^-=\sqrt{\frac{1}{2}[V_1^2-2Z_l(P_2\cos\theta+Q_2\sin\theta)]} \tag{13.94}$$

式中：V_{cr} 为节点临界电压。

若 $\Delta=0$，从式（13.93）可得

$$\frac{1}{2}[V_1^2-2Z_l(P_2\cos\theta+Q_2\sin\theta)]=Z_l\sqrt{P_2^2+Q_2^2} \tag{13.95}$$

根据式（13.94）和式（13.95）可得

$$V_{cr}=\sqrt{Z_l\sqrt{P_2^2+Q_2^2}} \tag{13.96}$$

由于
$$Q_2=P_2\tan\phi \tag{13.97}$$

将式（13.97）代入式（13.96）可得

$$V_{cr}=\sqrt{Z_lP_2\sec\phi} \tag{13.98}$$

将式（13.97）代入式（13.93）且 $\Delta=0$，有

$$[V_1^2-2Z_l(P_2\cos\theta+Q_2\sin\theta)]^2=4P_2^2\sec^2\phi Z_l^2 \tag{13.99}$$

$$P_2=\frac{V_1^2}{2Z_l(\cos\theta+\tan\phi\sin\theta+\sec\phi)} \tag{13.100}$$

将式（13.100）代入式（13.98），有

$$V_{cr}=\frac{V_1}{\sqrt{2[1+\cos(\theta-\phi)]}} \tag{13.101}$$

根据式（13.100）和式（13.101）得到负荷临界功率 P_{cr}，即

$$P_{cr}=P_2=\frac{V_1^2\cos\phi}{2Z_l[1+\cos(\theta-\phi)]}=\frac{V_{cr}^2\cos\phi}{Z_l} \tag{13.102}$$

从式（13.101）和式（13.102），得到静态电压稳定系数，即有功裕度指标 $K(P)$ 和电压裕度指标 $K(V)$ 为

$$K(P)_i=\frac{P_{cr}-P_{i0}}{P_{i0}}\times100\% \quad i\in ND \tag{13.103}$$

$$K(V)_i=\frac{V_{cr}-V_{i0}}{V_{i0}}\times100\% \quad i\in ND \tag{13.104}$$

式中：P_{i0} 为负荷节点 i 的有功初始值；V_{i0} 为负荷节点 i 的电压初始值；ND 为负荷节点数。

有功裕度指标充分反映了系统运行状态的稳定程度，用来表示系统电压的静态稳定度。显然，$K(P)$ 值小的负荷节点应作为无功补偿节点。同样，如果无功补偿站点最多为 m 个，则可根据 $K(P)$ 值获得 m 个无功补偿站点。

采用 13.4 节所述的层次模型得到统一无功补偿站点的排序，但在这里用两个不同的性能指标 PI_P 和 PI_V 为

$$PI_V=S_{VQ}^i \quad i\in ND \tag{13.105}$$

$$PI_P=1/K(P)_i \quad i\in ND \tag{13.106}$$

因此，无功支持站点的统一排序权重系数 W_i 可通过 AHP 法计算得到。

13.5.2 无功优化控制

在确定了无功支持站点后，为改善系统电压水平，无功优化模型可表示为 $M-4$

$$\min F=\sum_{i\in N}(V_{i\max}-V_i) \tag{13.107}$$

约束条件

$$Q_i-D_i=\varphi_i(V,\theta,T)\quad i\in N \tag{13.108}$$

$$Q_{i\min}\leqslant Q_i\leqslant Q_{i\max}\quad i\in NG\cup NC \tag{13.109}$$

$$V_{i\min}\leqslant V_i\leqslant V_{i\max}\quad i\in N \tag{13.110}$$

$$T_{l\min}\leqslant T_l\leqslant T_{l\max}\quad l\in NT \tag{13.111}$$

式中：V_i 为节点 i 的电压幅值；θ 为节点 i 的电压相位角；Q_i 为系统的无功补偿或无功输出功率；T 为变压器变比；N 为系统节点集；NG 为发电节点集；NC 为无功补偿节点集；NT 为变压器支路集。

在上述模型 $M-4$ 中，式（13.108）是无功潮流方程。

与大多数目标函数是最小化有功网损不同，模型 $M-4$ 旨在通过改善电压分布来实现无功优化。显然，好的电压分布可减小有功损耗。$M-4$ 模型还可以通过控制电压来确保系统的稳定性。

除了无功补偿优化配置外，在模型 $M-4$ 的基础上还增加了一项，因此，模型 $M-5$ 将进一步实现无功优化的总体目标

$$\min F=\sum_{i\in N}(V_{i\max}-V_i)+M\sum_{i\in NC}(\beta_i C_i) \tag{13.112}$$

有

$$Q_i+C_i-D_i-\varphi_i(V,\delta,T)=0\quad i\in N \tag{13.113}$$

$$-C_i+C_{i\max}\geqslant 0\quad i\in NC \tag{13.114}$$

$$C_i-C_{i\min}\geqslant 0\quad i\in NC \tag{13.115}$$

$$-Q_i+Q_{i\max}\geqslant 0\quad i\in NG\cup NC \tag{13.116}$$

$$Q_i-Q_{i\min}\geqslant 0\quad i\in NG\cup NC \tag{13.117}$$

$$-V_i+V_{i\max}\geqslant 0\quad i\in N \tag{13.118}$$

$$V_i-V_{i\min}\geqslant 0\quad i\in N \tag{13.119}$$

$$-T_l+T_{l\max}\geqslant 0\quad l\in NT \tag{13.120}$$

$$T_l-TC_{l\min}\geqslant 0\quad i\in NT \tag{13.121}$$

式中：C 为增加的无功补偿值；M 为目标函数中相应的罚系数，其值比目标函数中的其他系数大 10～100 倍；β_i 为无功补偿的权重系数，可根据第 13.5.1 节中的统一排序权重系数获得

$$\beta_i=1/W_i \tag{13.122}$$

W_i 值大则 β_i 值小，也就是 β_i 值最小的节点上的无功补偿优于其他节点。

13.5.3 解算方法

式（13.112）、式（13.121）中的无功优化模型重写为约束优化问题的一般形式

$$\min f(x) \tag{13.123}$$

约束条件

$$h_j(x)=0\quad j=1,\cdots,m \tag{13.124}$$

$$g_i(x)\geqslant 0\quad i=1,\cdots,k \tag{13.125}$$

为了将式（13.125）的不等式约束变为等式约束，在式（13.125）引入新变量 $y_1,\cdots,y_m$（即松弛变量），此时，式（13.123）～式（13.125）可写为

$$\min f(x) \tag{13.126}$$

约束条件

$$h_j(x)=0\quad j=1,\cdots,m \tag{13.127}$$

$$g_i(x)-y_i^2=0 \quad i=1, \cdots, k \tag{13.128}$$

用优化神经网络法求解式（13.126）~式（13.128）。

13.5.4 数值仿真

本节测试系统为 IEEE 30 节点标准系统。该系统有 6 台发电机，21 个负荷和 41 条支路，其中 6—9，6—10，9—10，4—12，12—13 和 27—28 是变压器支路。

表 13.9 中给出了 IEEE 30 系统的判断矩阵 $\boldsymbol{PI}_C-\boldsymbol{C}$，其值反映了系统中每对无功补偿节点的相对重要性。表 13.10 列出了 IEEE 30 节点系统的无功补偿节点的单层次排序列。

两种方法即灵敏度法（SM）和电压稳定裕度法（VSMM），都可用于确定无功补偿的最佳位置。表 13.11 列出了用 AHP 法来协调 SM 和 VSMM 方法后统一的无功补偿排序结果。

表 13.9　IEEE 30 节点系统的判断矩阵 PI_C-C

PI_C	C10	C18	C19	C20	C21	C23	C24	C26	C29	C30
C10	1	1/2	1/2	1	1/2	1/7	1/2	1/3	1/7	1/3
C18	2	1	2	3	1	1/7	1/2	1/3	1/7	1/3
C19	2	1/2	1	2	1/2	1/7	1/3	1/3	1/7	1/3
C20	1	1/3	1/2	1	1	1/5	1/2	1/4	1/6	1/4
C21	2	1	2	1	1	1/7	1	1/3	1/5	1/3
C23	7	7	7	5	7	1	5	4	1	4
C24	2	2	3	2	1	1/5	1	1/2	1/5	1/2
C26	3	3	3	4	3	1/4	2	1	1/4	2
C29	7	7	7	6	5	1	5	4	1	4
C30	3	3	3	4	3	1/4	2	1/2	1/4	1

选择在 IEEE 30 节点系统排序中的前四个站点（表 13.11 中的节点 C23，C26，C29，C30）分别安装无功补偿设备，用无功优化模型 $M-5$ 计算相应的无功补偿利用情况，表 13.12 给出了 IEEE 30 节点系统的无功优化结果。表 13.12 中变量的限值为：$T_{\max}=1.1$，$T_{\min}=0.9$；$C_{\max}=0.3$，$C_{\min}=0.0$；$V_{\mathrm{Gmax}}=1.1$，$V_{\mathrm{Gmin}}=1.0$；$V_{\mathrm{Dmax}}=1.0$，$V_{\mathrm{Dmin}}=0.9$（其中 T 是变压器变比，C 是无功补偿容量，V_G 是发电机节点处的电压幅值，V_D 是负荷节点处的电压幅值）。

线性规划是无功优化中最常用的方法，并用来验证 NLONN 方法的有效性。表 13.13 给出了 IEEE 30 节点系统的两种方法的结果。若两种方法采用相同的初始条件，则 NLONN 方法产生更小的无功补偿容量和更好的电压分布结果。

表 13.10　IEEE 30 节点系统的无功补偿节点的单层次排序

节点	K_P	PI_P	排序	PI_V	排序
10	3.101	0.322	7	—	—
18	2.000	0.500	5	1.610	8
19	—	—	—	1.660	5
20	—	—	—	1.640	7
21	2.46	0.407	6	—	—
23	1.910	0.524	4	1.642	6

续表

节点	K_P	PI_P	排序	PI_V	排序
24	3.430	0.292	8	1.855	4
26	0.882	1.134	1	1.882	3
29	1.090	0.917	2	2.011	1
30	1.531	0.653	3	1.984	2

表 13.11　IEEE 30 节点系统的统一无功补偿排序列结果

节点号	PI_P 0.528	PI_V 0.333	PI_C 0.140	总值	序号
C10	0.06780	0.00000	0.02857	0.03980	10
C18	0.10529	0.11271	0.04650	0.09964	5
C19	0.00000	0.11621	0.03492	0.04359	8
C20	0.00000	0.11481	0.03049	0.04250	9
C21	0.08570	0.0000	0.04505	0.05156	7
C23	0.11034	0.11495	0.27770	0.13542	3
C24	0.06147	0.12987	0.06050	0.08417	6
C26	0.23879	0.13176	0.10930	0.16113	2
C29	0.19309	0.14079	0.27196	0.17291	1
C30	0.13750	0.13890	0.09504	0.13216	4

表 13.12　IEEE 30 节点系统的无功优化结果

支路	6—9	6—10	10—9	4—12	12—13	28—27		
变比（p.u.）	1.00	1.05	0.90	1.075	1.10	1.05		
节点（p.u.）	C23	C26	C29	C30				
Q_C（p.u.）	0.043	0.031	0.059	0.019				
节点（p.u.）	NG1	NG2	NG5	NG8	NG11	NG13		
V_G（p.u.）	1.068	1.049	1.030	1.006	1.052	1.100		
节点（p.u.）	C3	C4	C6	C7	C9	C10	C12	C14
V_D（p.u.）	1.000	0.991	0.996	1.000	1.000	1.000	1.000	0.978
节点（p.u.）	C15	C16	C17	C18	C19	C20	C21	C22
V_D（p.u.）	0.967	0.992	0.992	0.942	0.951	0.963	0.984	0.983
节点（p.u.）	C23	C24	C25	C26	C27 C28	C29	C30	
V_D（p.u.）	0.947	0.958	0.972	0.930	1.000	0.987	0.967	0.962

表 13.13　IEEE 30 节点系统的结果比较

方法	无功补偿设备数量	无功补偿值（p.u.）	最小负荷电压（p.u.）	平均负荷电压（p.u.）
LP	4	0.1950	0.92178	0.97013
NNLONN	4	0.1520	0.93000	0.97758

13.6 无功优化的进化算法

13.6.1 数学模型

电压裕度指标为

$$K(V)_i=\frac{V_{cr}-V_{i0}}{V_{i0}}\times 100\% \tag{13.129}$$

这意味着通过使系统每个节点处的电压裕度指标值最小来取得系统电压稳定性。于是，系统范围内的电压裕度指标可表示为

$$K_{max}=\max\{K(V)_i\},\ i=1,\ \cdots,\ N \tag{13.130}$$

式中：N 为系统总节点数。

目标是实现 K_{max} 最小化，即

$$\min F_1=\min K_{max} \tag{13.131}$$

无功优化的另一个目标是系统损耗最小化，即

$$\min F_2=\min P_L \tag{13.132}$$

前面章节中已介绍了无功优化的约束条件。因此，数学上该问题可以表示为如下的多目标非线性约束优化问题

$$\min[F_1,\ F_2] \tag{13.133}$$

约束条件

$$g(\boldsymbol{x},\ \boldsymbol{u})=0 \tag{13.134}$$

$$h(\boldsymbol{x},\ \boldsymbol{u})\leqslant 0 \tag{13.135}$$

式中：g 为等式约束；h 为不等式约束；$\boldsymbol{x}$ 为由负荷节点电压 V_L 和发电机无功输出功率 Q_G 组成的变量向量；$\boldsymbol{u}$ 为由发电机电压 V_G、变压器变比 T 和无功补偿 Q_C 组成的控制变量矢量。

$$\boldsymbol{x}^T=[V_{L1}、\cdots、V_{LND}、Q_{G1}、\cdots、Q_{GNG}] \tag{13.136}$$

$$\boldsymbol{u}^T=[V_{G1}、\cdots、V_{GNG}、T_1、\cdots、T_{NT}、Q_{C1}、\cdots、Q_{CNC}] \tag{13.137}$$

13.6.2 多目标优化的进化算法

一般来说，损耗最小和电压稳定性指标这两个目标函数是相互冲突的。这种情况下的多目标优化函数产生一组最优解，而不是一个最优解。最优解多重性的原因是，对于所有目标函数，没有一个解比其他解更好。这些最优解称为帕累托最优解。

一般的多目标优化问题由同时得到优化的多个目标函数组成，并且有多个等式和不等式约束，可表示为

$$\min f_i(\boldsymbol{x})\quad i=1,\ \cdots,\ N_{obj} \tag{13.138}$$

式中：f_i 为第 i 个目标函数；$\boldsymbol{x}$ 为表示解的决策矢量；N_{obj} 为目标函数的个数。

约束条件

$$g_j(\boldsymbol{x},\ \boldsymbol{u})=0\quad j=1,\ \cdots,\ M \tag{13.139}$$

$$h_k(\boldsymbol{x},\ \boldsymbol{u})\leqslant 0\quad k=1,\ \cdots,\ K \tag{13.140}$$

对于多目标优化问题，任何两个解 x_1 和 x_2 可能有以下两种可能性：一个解包含或支配另一解，或者任何一个解都不支配其他解。在最小化问题中，如果满足以下两个条件，则解 x_1 支配解 x_2。

(1) $\forall i\in\{1,\ 2,\ \cdots,\ N_{obj}\}$：$f_i(x_1)\leqslant f_i(x_2)$。

(2) $\exists j\in\{1,\ 2,\ \cdots,\ N_{obj}\}$：$f_j(x_1)<f_j(x_2)$。

如果违反上述条件中的任何一个，则解 x_1 不支配解 x_2。在整个搜索空间内非支配的解被称为帕累托最优，并且构成帕累托最优集。

经典方法求解这类多目标优化问题存在一些困难：

(1) 一个算法必须多次应用才可找到多目标函数的帕累托最优解。

(2) 大多数算法需要相关领域的知识。

(3) 一些算法对帕累托最优的图形敏感。

(4) 帕累托最优解的效率取决于单目标优化器的效率。

AHP法可用来求解多目标优化问题，这里使用另一种方法即强度帕累托进化算法(Strength Pareto Evolutionary Algorithm，SPEA)，该算法有以下特征：

(1) 外部存储所有解中的非支配解的个体。

(2) 根据帕累托最优分配个体适应度。

(3) 它采用聚类分析法减少需要外部存储的个体。

通常，强度帕累托进化算法的步骤如下。

步骤1 (初始化)：生成初始种群并创建空的外部帕累托最优集。

步骤2 (外部集更新)：外部帕累托最优集更新步骤如下。

1) 搜索种群的非支配个体，并将其复制到外部帕累托集。

2) 为非支配个体搜索外部帕累托集，并从集合中删除所有支配解。

3) 如果帕累托集外部存储的个体的数量超过预先最大值，则通过聚类减少个体数量。

步骤3 (适应度值分配)：计算外部帕累托集和当前种群中的每个个体的适应度值。

1) 为帕累托最优集合中的每个个体分配强度值 $r\in[0,1)$。个体的强度值与其包含的个体数成正比。帕累托解的强度同时是其适应度。

2) 每个个体在种群中的适应度是所有外部帕累托解的强度之和。为了保证帕累托解有解，给结果值再加一个小正数。

步骤4 (环境选择)：合并种群和外部集。随机选择两个个体，并比较它们的适应值。选择较好的那个，并将其复制到交配池。

步骤5 (杂交和变异)：根据它们的概率执行杂交和变异操作，以生成新种群。

步骤6 (终止条件)：检查终止标准，如果满足要求，则停止，否则将新种群复制到之前种群，并返回步骤2；也可以定为如果迭代次数超过了最大值，则结束算法。

在一些问题中，帕累托最优集可能非常大。在这种情况下，从决策者的角度来看，减少非支配解而不破坏权衡的特性是可取的。采用平均连接的层次聚类算法将帕累托集合减小到可管理规模，它通过合并相邻的簇，直到获得所需的数量组。具体方法可描述为：给定集合 P，当其规模超过了最大允许个数 N 时，则形成一个具有 N 个个体的子集 P^*。该算法的步骤如下。

步骤1：初始化种群集 C，每个个体 $i\in P$ 构成不同的簇。

步骤2：如果簇数 $\leqslant N$，则执行步骤5，否则执行步骤3。

步骤3：计算所有可能的簇间的距离。

两个簇 c_1 和 c_2 的距离 d_c 定为两个簇群的个体对之间的平均距离

$$d_c=\frac{1}{n_1 n_2}\sum_{i_1\in c_1,\ i_2\in c_2} d(i_1,i_2) \tag{13.141}$$

式中：n_1 和 n_2 分别为簇 c_1 和 c_2 中的个体的数量；函数 d 反映了个体 i_1 和 i_2 间的目标空间中的距离。

步骤4：确定具有最小距离的两个簇，将它们与较大的簇组合在一起，然后转到步骤2。

步骤5：找到每个簇的质心。选择此簇中离质心最近的个体作为代表，并从簇中删除其他个体。

步骤 6：通过合并聚类来计算简化的非支配集合 P^*。

当得到非支配解的帕累托最优集时，可得到一个决策者认为的最佳折中解。由于决策者判断的不精确性，第 i 个目标函数 F_i 由隶属函数 μ_i 表示

$$\mu_i=\begin{cases}1 & F_i \leqslant F_i^{\min} \\ \dfrac{F_i^{\max}-F_i}{F_i^{\max}-F_i^{\min}} & F_i^{\min}<F_i<F_i^{\max} \\ 0 & F_i \geqslant F_i^{\max}\end{cases} \tag{13.142}$$

式中：$F_i^{\min}$ 和 $F_i^{\max}$ 分别为所有非支配解中第 i 个目标函数的最小值和最大值。

对于每个非支配解 k，隶属函数的标准化计算式为

$$\mu^k=\frac{\sum_{i=1}^{N_{obj}}\mu_i^k}{\sum_{k=1}^{M}\sum_{i=1}^{N_{obj}}\mu_i^k} \tag{13.143}$$

式中：M 为非支配解的个数；μ^k 的最大值是最优折中解。

问题与练习

(1) 经典的无功功率经济调度公式与经典有功经济调度是否具有相同的形式？它们之间的差别是什么？

(2) 为什么无功优化常以有功损耗最小为目标？

(3) 阐述有功经济调度、无功优化与最优潮流之间的关系。

(4) 产生或消纳无功的设备有哪些？

(5) 无功不平衡会对系统产生什么影响？

(6) 用户端的功率因数与无功有什么关系？如何提高用户端的功率因数？

参 考 文 献

[1] O. Alsac, B. Stott. Optimal power flow with steady-state security. IEEE Trans. on Power System, 1974, 93: 745-751.

[2] D. I. Sun, B. Ashley, A. Hughes, et al. Tinney. Optimal power flow by Newton approach. IEEE Trans. Power System, 1984, 103 (10): 2864-2880.

[3] J. Z. Zhu. Optimization of power system operation. New Jersey: Wiley-IEEE Press, 2009.

[4] D. Pudjianto, S. Ahmed, G. Strbac. Allocation of VAR support using LP and NLP based optimal power flows. IEE Proc. Generation, Transmission, and Distribution, 2002, 149 (4): 377-383.

[5] K. Aoki, M. Fan, A. Nishikori. OptimalVAR planning by approximation method for recursive mixed-integer linear programming. IEEE Trans. Power Syst, 1988, 3 (4): 1741-1747.

[6] N. Deeb, S. M. Shahidehpour. Linear reactive power optimization in a large power network using the decomposition approach. IEEE Transactions on Power Systems, 1990, 5: 428-438.

[7] K. Mamandur, R. Chenoweth. Optimal control of reactive power flow for improvements in voltage profiles and for real power loss minimization. IEEE Transactions PAS, 1981, 100: 3185-3194.

[8] M. O. Mansour, T. M. Abdel-Rahman. Non-linear VAR optimization using decomposition and coordina-

tion. IEEE Transactions PAS, 1984, 103: 246-255.
[9] J. R. S. Mantovani, A. V. Garcia. A heuristic method for reactive power planning. IEEE Trans. Power Syst, 1996, 11 (1): 68-74.
[10] M. Delfanti, G. Granelli, P. Marannino, et al. Optimal capacitor placement using deterministic and genetic algorithms. IEEE Trans. Power Syst, 2000, 15 (3): 1041-1046.
[11] K. Iba, H. Suzuki, K. I. Suzuki, et al. Practical reactive power allocation/operation planning using successive linear programming. IEEE Trans. Power Syst, 1988, 3 (2): 558-566.
[12] J. Z. Zhu, M. R. Irving. Combined active and reactive dispatch with multiple objectives using analytic hierarchical process. IEE Proceedings Part C, 1996, 143: 344-352.
[13] J. Z. Zhu, M. R. Irving. A new approach to secure economic power dispatch. International Journal of Electric Power & Energy System, 1998, 20 (8): 533-538.
[14] J. A. Momoh, J. Z. Zhu. Improved interior point method for OPF problems. IEEE Transactions on Power Systems, 1999, 14 (3): 1114-1120.
[15] J. A. Momoh, J. Z. Zhu. Optimal generation scheduling based on AHP/ANP. IEEE Trans. on Systems, Man & Cybernetics, Part B, 2003, 33 (3).
[16] J. A. Momoh, J. Z. Zhu. Power system security enhancement by OPF with phase shifter. IEEE Transactions on Power Systems, 2001, 16 (2): 287-293.
[17] J. A. Momoh, J. Z. Zhu, J. L. Dolce. Optimal allocation with network limitation for autonomous space power system. AIAA Journal-Journal of Propulsion and Power, 2000, 16 (6): 1112-1117.
[18] J. Z. Zhu, X. F. Xiong. Optimal reactive power control using modified interior point method. Electric Power Systems Research, 2003, 66: 187-192.
[19] L. L. Lai, J. T. Ma. Application of evolutionary programming to reactive power planning - comparison with nonlinear programming approach. IEEE Trans. Power Syst., 1997, 12 (1): 198-206.
[20] J. Z. Zhu, C. S. Chang, W. Yan, et al. Reactive power optimization using an analytic hierarchical process and a nonlinear optimization neural network approach. IEE Proc. Generation, Transmission, and Distribution, 1998, 145 (1): 89-97.
[21] V. C. Ramesh, X. Li. A fuzzy multiobjective approach to contingency constrained OPF. IEEE Trans. Power Syst., 1997, 12 (3): 1348-1354.
[22] K. H. Abdul-Rahman, S. M. Shahidehpour. Application of fuzzy sets to optimal reactive power planning with security constraints. IEEE Trans. Power System, 1994, 9 (2): 589-597.
[23] F. C. Schweppe, M. C. Caramanis, R. D. Tabors, et al. Spot pricing of electricity, kluwer academic publishers, New York, 1988.
[24] S. Naka, T. Genji, T. Yura, et al. A hybrid particle swarm optimization for distribution state estimation. IEEE Trans. Power Syst., 2003, 18 (1): 60-68.
[25] A. A. A. Esmin, G. Lambert-Torres, A. C. Z. de Souza. A hybrid particle swarm optimization applied to loss power minimization. IEEE Trans. Power Syst., 2005, 20 (2): 859-866.
[26] M. A. Abido, J. M. Bakhashwain. OptimalVAR dispatch using a multiobjective evolutionary algorithm. Int. J. Elect. Power Energy Syst., 2005, 27 (1): 13-20.
[27] G. Vlachogiannis, K. Y. Lee. A comparative study on particle swarm optimization for optimal steady-state performance of power systems. IEEE Trans. Power Syst., 2006, 21 (4): 1718-1728.
[28] 何仰赞．电力系统分析．武汉：华中科技大学出版社，2016.
[29] T. L. Saaty. The analytic hierarchy process. McGraw Hill, Inc., New York. 1980.
[30] D. W. Tank, J. J. Hopfield. Simple neural optimization networks: an A/D converter, signal decision network and a linear programming circuit. IEEE Transaction on Circuits and Systems, 1986, 33:

533-541.
[31] N. Morse. Reducing the Size of Nondominated Set：Pruning by Clustering. Computers and Operations Research，1980，7（1-2）：55-66.
[32] A. I. Selvakumar，K. Thanushkodi. A new particle swarm optimization solution to nonconvex economic dispatch problems. IEEE Trans. Power Syst.，2007，22（1）：42-51.
[33] J. B. Gil，T. G. San Román，J. J. Alba Ríos，et al. Reactive power pricing：a conceptual framework for remuneration and charging procedures. IEEE Trans. Power Syst.，2000，15（2）：483-489.
[34] M. L. Baughman，R. Siddiqi. Real time pricing of reactive power：theory and case study results. IEEE Transactions on Power Systems，1991，6（1）.
[35] J. Z. Zhu，J. A. Momoh. Optimal VAR pricing and VAR placement using analytic hierarchy process. Electric Power Systems Research，1998，48（1）：11-17.
[36] J. Z. Zhu，W. Yan，C. S. Chang，et al. Reactive power optimization using an analytic hierarchical process and a nonlinear optimization neural network approach. IEE Proceedings：Generation，Transmission and Distribution. 1998，145（1）：89-96.
[37] J. A. Momoh，J. Z. Zhu. Multiple indices for optimal VAR pricing and control. International Journal of Decision Support Systems，1999，24（1）：223-232.
[38] J. Z. Zhu. VAR pricing computation in multi-areas by nonlinear convex network flow programming. Electric Power Systems Research，2003，65（2）：129-134.
[39] 李文沅．电力系统安全经济运行模型与方法．重庆：重庆大学出版社，1989.
[40] 朱继忠，徐国禹，颜伟．多区域互联系统最优无功价格研究．中国电机工程学报，1999，19（9）：19-21.
[41] 颜伟，朱继忠，徐国禹．电压静态稳定裕度法确定无功补偿点．电力情报，1997，2：11-14.
[42] 颜伟，朱继忠，徐国禹．UPFC线性最优控制方式的研究及其对暂态稳定性的改善．中国电机工程学报，2000，20（1）：45-49.
[43] 朱继忠，徐国禹，无功优化网流模型中的电压问题．中国电力，1989，22（5）：34-38.

第14章

含电动汽车的电力系统动态经济调度

14.1 引 言

作为解决传统石油资源短缺和大气环境污染问题，实现低碳经济转型的一种有效途径，电动汽车（EV）正在全世界范围内受到广泛的关注。各国政府、汽车生产企业都在不断地加强电动汽车政策支持、研制和开发的力度，努力推进电动汽车产业的发展。

电动汽车对于电力系统，并不仅仅是一种新型的用电设备。虽然大量电动汽车的随机充电行为会给电力系统带来显著的不利影响，但电动汽车充电负荷是一种柔性的可控负荷，短时间的切断或改变充电功率，并不会对用户使用电动汽车造成明显的负面影响，具备灵活调度参与系统有功功率平衡的潜能。更重要的是，电动汽车也可以被看作一种移动储能装置，能够在适当的时候向系统反向馈送电能，被称为电动汽车与电网互动（Vehicle-to-Grid，V2G）。V2G概念的提出使得学术界关注的焦点从电动汽车充电对电力系统的不利影响，转移到如何利用电动汽车为电力系统服务上来。在众多的电网辅助服务中，电动汽车参与系统调频被认为是最具有应用前景。随着能源互联网概念的提出及“互联网+”技术在电力系统的应用，高速、双向、实时、集成的通信网络将会与电网紧密联系在一起，这大大提升了用户与电网之间的通信水平，使得电动汽车等用户设备与发电侧资源协同调度，参与电网的有功调度与控制成为可能。

电动汽车参与电网的有功调度与控制具有以下优势：①尽管单个电动汽车的出行具有随机性，但是大量电动汽车的总调节容量是非常可观的；②电动汽车可以取代部分高能耗的发电机在负荷高峰时向电网放电，从而降低系统的运行成本；③电动汽车通过电力电子设备与电网连接，无爬坡率限制，可以在毫秒级内改变充放电功率，与常规发电机组相比，在响应速度方面具有明显优势；④电动汽车调节方式灵活，既可以通过投入、切除或调整充电功率以可控负荷的方式参与调节，又可以向电网放电，以分布式电源的方式参与调节，还可以充当移动储能的角色；⑤电动汽车散布于各个负荷节点，有利于优化电网的潮流分布，从而提高电网的安全运行水平。总之，充分利用电动汽车参与电网的有功调度与控制（包括频率控制和经济调度），对保障电力系统的安全、稳定、经济运行将产生积极影响，对于探寻未来电力系统新环境下的源一荷协同调度与控制具有重要意义。

本章在分析车辆出行规律概率分布的基础上，介绍一种考虑电动汽车可调度容量变化的动态经济调度模型。该模型将电动汽车集控中心（Electric Vehicle Aggregator，EVA）作为电网调度对象，通过随机模拟电动汽车的出行规律，计算出EVA每个时段的最大充放电功率及总充电需求，并将其作为约束条件，通过优化EVA充放电功率及常规发电机输出功率，降低系统的运行成本。同时，在目标函数中引入负荷波动的惩罚成本，能够降低计及电动汽车充放电功率的净负荷波动，避免“峰上加峰”的现象产生。另外，提出了一种自适应混沌生物地理学优化算法（Self-adaptive Chaotic Biogeography-Based Optimization，SaCBBO）来求解含电动汽车的动态经济调度模型。该算法的初始种群由混沌映射产生，目的是增强初始种群的多样性，提高其遍历性。然后采用自适应策略改进BBO算法的迁徙模型、迁移算子和变异算子。在得到当前种群搜索到的最优解后，采用分段混沌映射进行混沌搜索，避免算法陷入局部最优。

14.2 电动汽车概述

14.2.1 电动汽车分类

电动汽车是指全部或部分以电能驱动电机作为动力系统的车辆，主要包括纯电动汽车（Battery Electric Vehicle，BEV）、插电式混合动力汽车（Plug - in Hybrid Electric Vehicle，PHEV）和燃料电池汽车（Fuel Cell Electric Vehicle，FCEV）。其中，燃料电池汽车所需电力来自车载燃料电池的氢氧化合反应，不需要与电网连接；而纯电动汽车和插电式混合动力汽车需要接入电网进行能量补充。本章所讨论的对象为可接入电网充电的纯电动汽车和插电式混合动力汽车，统称为可入网电动汽车。

14.2.2 电动汽车能量补给方式

目前，电动汽车的能量补给方式主要有常规充电、快速充电和更换电池三种。

(1) 常规充电。常规充电是指采用小电流、低功率对电动汽车电池进行充电，充电时间一般为5～8h。这种充电方式投资成本相对较低，适用于住宅、停车场等车辆长时间停放的场所。缺点在于难以满足电动汽车用户的紧急充电需求。

(2) 快速充电。快速充电又称应急充电，采用大功率的直流充电机对电动汽车进行短时充电。快速充电一般可在30min之内为电池充满50%～80%的电能。这种充电方式的优点在于能够在车辆续驶里程不足时快速补给电能，节省用户的时间成本。但是快速大电流的充电方式会缩短电池的使用寿命，对充电设备要求也高，投资成本大，适用于公共充电站、高速公路服务区等公共服务场所。

(3) 更换电池。更换电池又称换电模式，是指直接通过更换车载电池的方式实现电动汽车能量补给，一般在5～8min可以完成更换，是最省时便捷的模式，但需要在特定的换电站（Battery Swapping Station，BSS）内进行。换电模式可集中对电动汽车电池进行充放电优化控制，便于电池的专业保养和维护，可以实现电池的高效利用，对于辅助电网运行，减少对电网的冲击等具有重要的意义。但是该模式对电动汽车和车载电池的标准化提出了较高的要求。随着电动汽车技术的发展和充换电设施标准化工作的推进，换电模式具有良好的应用前景。

14.2.3 电动汽车对电力系统的影响

大量电动汽车的接入势必会对电力系统的规划、运行和调度等产生重要影响，国内外学者围绕这一问题开展了广泛而深入的研究，取得了丰富的成果，总的来说，可分为以下三个方面：

(1) 对系统负荷的影响。电动汽车的大量接入带来的是系统负荷的增长。根据预测，到2030年，美国和部分欧洲国家的电动汽车充电负荷占系统总负荷的比例估计将达到5%。有文献研究在自由充电方式下，10%的电动汽车渗透率将导致电网负荷峰值增加17.9%。

(2) 对电能质量的影响。电动汽车充电对电能质量的影响主要包括造成节点电压偏移过大，引起不同程度的谐波污染，导致供电线路的三相不平衡。

(3) 对电网安全经济运行的影响。电动汽车对电网安全经济运行的影响主要包括线路和变压器过载、网损增加、变压器老化等。

14.3 电动汽车调度模型

14.3.1 分层分区调度架构

随着电动汽车数量的增多，由电网调度中心直接调度每一辆电动汽车难度较大。因此，介绍一种分层分区的调度方案，其基本思想为：首先依据电力系统的电压等级将系统分为输电网络和配电网络两个层级，然后按照地域分布将配电网络进一步拆分为若干区域，由电动汽车集控中心（EVA）负责每一个区域内电动汽车的协同调度。分层分区的电动汽车调度模式基本架构如图 14.1 所示，每个 EVA 作为一个独立机构，参与电力系统的有功调度与控制。通过采用这种分层分区的调度架构，电动汽车的调度问题可看作一个两层调度问题，即上层的电网调度中心对各 EVA 的调度及下层的各区域 EVA 对电动汽车的调度。本章介绍的经济调度问题属于上层调度问题。

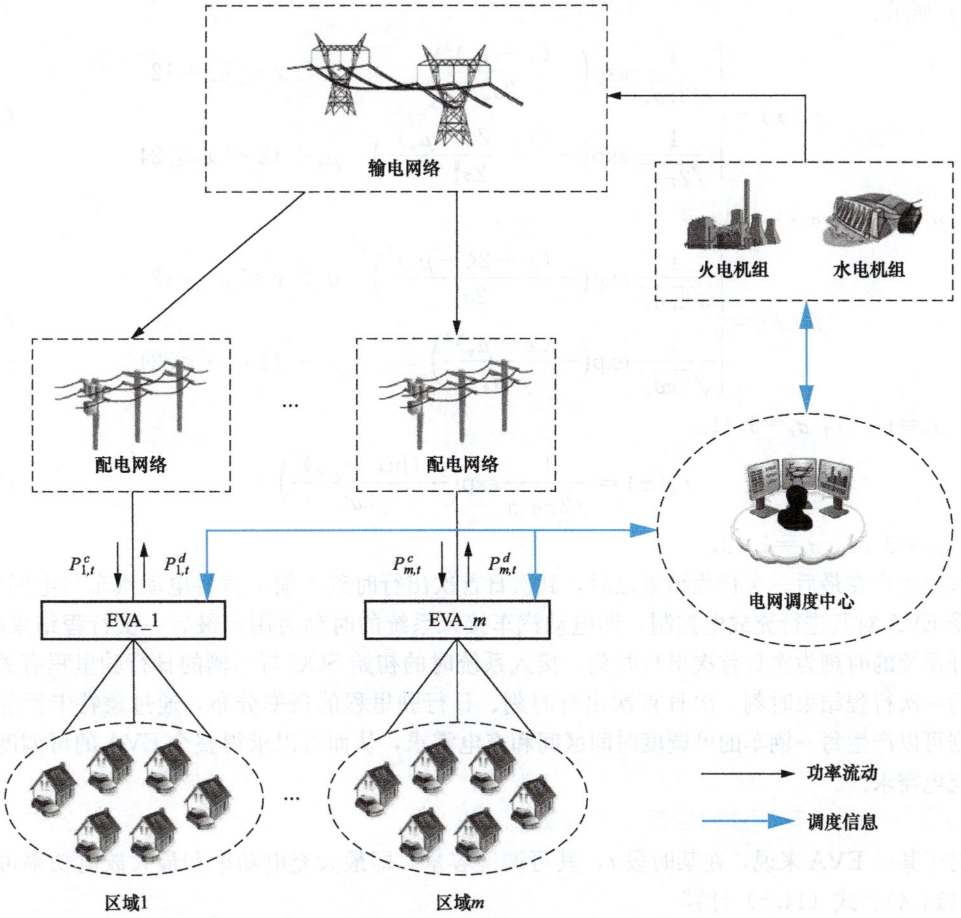

图 14.1　分层分区的电动汽车调度模式基本架构

为了实现电网调度中心对电动汽车的调度，各电动汽车车主应提前向所属 EVA 申报相关的信息。这些信息包括但不限于期望行驶里程、首次接入系统时刻、离开系统时刻、离开系统时的期望荷电状态（State-of-Charge，SOC）等。各 EVA 对车主的申报信息进行汇总，计算出各时段的可调度容量，并发送给电网调度中心。电网调度中心根据各 EVA 的可调度容量，以总发电成本最小为目标，制定各 EVA 每个时段的充放电计划。因此，对于电网调度中心而言，最关键的是获得各 EVA 每个时段的可调度容量，即最大充、放电功率。另外，各 EVA 还需要满足车主的充电需求。在整个调度周期内，虽然每个时段各 EVA 充放电功率不同，但其总充电电量应等于各车辆总的充电需求。电网调度中心在制定调度计划时，应将各 EVA 的总充电需求作为约束条件考虑在内。车辆的出行具有随机性，本章基于车辆出行规律的统计分析，采用蒙特卡罗方法随机模拟车辆的日行驶里程、接入系统时间、离开系统时间等信息，并依据这些信息计算 EVA 的可调度容量及总充电需求。

14.3.2 车辆出行规律统计分析

美国交通部对全美家用车辆（National Household Travel Survey，NHTS）的出行情况进行了调查，并发布了调查结果。以该调查数据为基础，对车辆的首次出行时刻、最后一次行程结束时刻及日行驶里程进行统计分析，结果表明，车辆首次出行时刻和最后一次行程结束时刻近似服从正态分布，而日行驶里程近似服从对数正态分布。其概率密度函数分别如式（14.1）～式（14.3）所示。

$$f_{\mathrm{s}}(x)=\begin{cases}\dfrac{1}{\sqrt{2\pi}\sigma_{\mathrm{s}}}\exp\left(-\dfrac{(x-\mu_{\mathrm{s}})^2}{2\sigma_{\mathrm{s}}^2}\right) & 0<x\leqslant\mu_{\mathrm{s}}+12\\ \dfrac{1}{\sqrt{2\pi}\sigma_{\mathrm{s}}}\exp\left(-\dfrac{(x-24-\mu_{\mathrm{s}})^2}{2\sigma_{\mathrm{s}}^2}\right) & \mu_{\mathrm{s}}+12<x\leqslant 24\end{cases}\tag{14.1}$$

式中：$\mu_{\mathrm{s}}=8.92$，$\sigma_{\mathrm{s}}=3.24$。

$$f_{\mathrm{e}}(x)=\begin{cases}\dfrac{1}{\sqrt{2\pi}\sigma_{\mathrm{e}}}\exp\left(-\dfrac{(x+24-\mu_{\mathrm{e}})^2}{2\sigma_{\mathrm{e}}^2}\right) & 0<x\leqslant\mu_{\mathrm{e}}-12\\ \dfrac{1}{\sqrt{2\pi}\sigma_{\mathrm{e}}}\exp\left(-\dfrac{(x-\mu_{\mathrm{e}})^2}{2\sigma_{\mathrm{e}}^2}\right) & \mu_{\mathrm{e}}-12<x\leqslant 24\end{cases}\tag{14.2}$$

式中：$\mu_{\mathrm{e}}=17.47$，$\sigma_{\mathrm{e}}=3.41$。

$$f_{\mathrm{d}}(x)=\frac{1}{\sqrt{2\pi}\sigma_{\mathrm{d}}x}\exp\left(-\frac{(\ln x-\mu_{\mathrm{d}})^2}{2\sigma_{\mathrm{d}}^2}\right)\tag{14.3}$$

式中：$\mu_{\mathrm{d}}=3.02$，$\sigma_{\mathrm{d}}=1.12$。

假定用户在最后一次行程结束之后，到次日首次出行时刻之前一直将电动汽车与电网连接，并接受 EVA 对其进行充放电控制，即电动汽车接入系统的时刻为用户最后一次行程结束时刻，而离开系统的时刻为次日首次出行时刻。接入系统时的初始 SOC 与车辆的日行驶里程有关。依据最后一次行程结束时刻、次日首次出行时刻、日行驶里程的概率分布，通过蒙特卡罗随机模拟，则可以产生每一辆车的可调度时间区间和充电需求，从而可以求得整个 EVA 的可调度容量及总充电需求。

14.3.3 EVA 可调度容量及总充电需求计算

对于某一 EVA 来说，在某时段 t，其可调度容量，即最大充电功率和最大放电功率可分别由式（14.4）、式（14.5）计算

$$P_{k,t}^{\mathrm{c,max}}=\sum_{i=1}^{N_k}p_{k,i}^{\mathrm{c,max}}I_{k,i,t}\tag{14.4}$$

$$P_{k,t}^{\mathrm{d,max}}=\sum_{i=1}^{N_k}p_{k,i}^{\mathrm{d,max}}I_{k,i,t}\tag{14.5}$$

式中：$P_{k,t}^{\mathrm{c,max}}$、$P_{k,t}^{\mathrm{d,max}}$ 为第 k 个 EVA 在 t 时段的最大充电功率和最大放电功率；N_k 为第 k 个 EVA 下属的电动汽车数；$I_{k,i,t}$ 为第 k 个 EVA 下属第 i 辆电动汽车在时段 t 是否接入系统的标志

变量，其中 $I_{k,i,t}=1$ 表示该时刻接入系统，$I_{k,i,t}=0$ 表示未接入系统；$p_{k,i}^{c,\max}$、$p_{k,i}^{d,\max}$ 为第 k 个 EVA 下属第 i 辆电动汽车的最大充电功率和最大放电功率。

其计算公式为

$$p_{k,i}^{c,\max}=q_c^{\max}E_{k,i}/\eta_c \tag{14.6}$$

$$p_{k,i}^{d,\max}=q_d^{\max}E_{k,i}\eta_d \tag{14.7}$$

式中：$q_c^{\max}$、$q_d^{\max}$ 为电动汽车的最大充电速率和最大放电速率；$E_{k,i}$ 为第 i 辆电动汽车的电池容量，与电动汽车的类型有关；η_c、η_d 分别为充、放电效率。

在整个调度周期（一天）内，EVA 应满足用户的充电需求，即电动汽车电池的 SOC 应到达用户事先设定的目标值，以满足用户下段行程的需要。其中，第 i 辆电动汽车的充电量为

$$w_{k,i}^{c}=(S_{k,i}^{e}-S_{k,i}^{0})E_{k,i} \tag{14.8}$$

式中：$S_{k,i}^{0}$、$S_{k,i}^{e}$ 分别为第 i 辆电动汽车接入系统时的初始 SOC 和离开系统时期望达到的 SOC。

$S_{k,i}^{0}$ 可由电动汽车的日行驶里程计算

$$S_{k,i}^{0}=(S_{k,i}^{ex}-d_{k,i}/D_{k,i}^{\max})\times 100\% \tag{14.9}$$

$$D_{k,i}^{\max}=E_{k,i}/Q_i \tag{14.10}$$

式中：$S_{k,i}^{ex}$ 为行驶前电池的荷电状态；$d_{k,i}$ 为第 i 辆电动汽车的行驶里程；$D_{k,i}^{\max}$ 为满电状态下电动汽车可行驶的最大里程；Q_i 为每公里的耗电量。

在整个调度周期内，第 k 个 EVA 总的充电量为

$$w_k^c=\sum_{i=1}^{N_k}w_{k,i}^{c} \tag{14.11}$$

14.4 含电动汽车的动态经济调度模型

14.4.1 目标函数

含电动汽车动态经济调度问题的目标函数包括两个部分，第 1 部分为考虑阀点效应的常规机组发电成本；第 2 部分为考虑各 EVA 充放电功率的系统净负荷方差函数，此方差函数表示负荷波动的惩罚成本。具体表示形式为

$$\min C=\sum_{t=1}^{T}\sum_{n=1}^{N_G}F_{n,t}(P_{n,t})+Mf_{\mathrm{VAR}}(P_t^{net}) \tag{14.12}$$

$$F_{n,t}(P_{n,t})=a_n+b_nP_{n,t}+c_nP_{n,t}^2+|e_n+\sin(f_n\times(P_n^{\min}-P_{n,t}))| \tag{14.13}$$

$$P_t^{net}=P_t^{load}+\sum_{j=1}^{m}(P_{j,t}^{c}-P_{j,t}^{d}) \tag{14.14}$$

式中：C 为系统总成本；T 为调度周期的时段数；N_G 为发电机台数；$P_{n,t}$ 为第 n 台发电机在第 t 个调度时段的输出功率；$F_{n,t}(P_{n,t})$ 为发电机的燃料费用函数；a_n、b_n、c_n 为相应的燃料费用系数；e_n、f_n 为阀点效应系数；$P_n^{\min}$ 为发电机输出功率下限；$f_{\mathrm{VAR}}(P_t^{net})$ 为方差函数；P_t^{net} 为考虑 EVA 充放电功率的系统净负荷；P_t^{load} 为 t 时段系统的基础负荷；m 为 EVA 的个数；$P_{j,t}^{c}$、$P_{j,t}^{d}$ 为第 j 个 EVA 在 t 时段的充、放电功率；M 为一个足够大的正数，表示负荷波动的惩罚系数。

14.4.2 约束条件

(1) 系统有功功率平衡

$$\sum_{n=1}^{N_G}P_{n,t}=P_t^{net}+P_{loss}(t)\qquad t=1,\ 2,\ \cdots,\ T \tag{14.15}$$

式中：$P_{loss}(t)$ 为系统第 t 个时段的网损。

它可采用 B 系数法求解

$$P_{\text{loss}}(t)=\sum_{i=1}^{N_G}\sum_{j=1}^{N_G}P_{i,t}B_{ij}P_{j,t} \qquad t=1,\ 2,\ \cdots,\ T \tag{14.16}$$

式中：B_{ij} 为网损系数。

(2) 发电机输出功率约束

$$P_n^{\min}\leqslant P_{n,t}\leqslant P_n^{\max} \qquad n=1,\ 2,\ \cdots,\ N_G;\ t=1,\ 2,\ \cdots,\ T \tag{14.17}$$

式中：$P_n^{\min}$、$P_n^{\max}$ 分别为发电机有功输出功率的下限和上限。

(3) 爬坡率约束

$$\begin{cases}P_{n,t}-P_{n,t-1}\leqslant R_n^{\mathrm{U}}\\ P_{n,t-1}-P_{n,t}\leqslant R_n^{\mathrm{D}}\end{cases} \qquad n=1,\ 2,\ \cdots,\ N_G;\ t=1,\ 2,\ \cdots,\ T \tag{14.18}$$

式中：R_n^{U} 和 R_n^{D} 分别为第 n 台发电机的上调限值和下调限值。

式（14.17）和式（14.18）可结合表示为

$$\max\{P_n^{\min},P_{n,t-1}-R_n^{\mathrm{D}}\}\leqslant P_{n,t}\leqslant\min\{P_n^{\max},P_{n,t-1}+R_n^{\mathrm{U}}\}$$
$$n=1,\ 2,\ \cdots,\ N_G;\ t=1,\ 2,\ \cdots,\ T \tag{14.19}$$

(4) 充、放电功率约束

$$0\leqslant P_{j,t}^{\mathrm{c}}\leqslant c_{j,t}P_{j,t}^{\mathrm{c,max}} \qquad j=1,\ 2,\ \cdots,\ m;\ t=1,\ 2,\ \cdots,\ T \tag{14.20}$$

$$0\leqslant P_{j,t}^{\mathrm{d}}\leqslant d_{j,t}P_{j,t}^{\mathrm{d,max}} \qquad j=1,\ 2,\ \cdots,\ m;\ t=1,\ 2,\ \cdots,\ T \tag{14.21}$$

式中：$c_{j,t}$ 为充电状态变量（0/1）；$d_{j,t}$ 为放电状态变量（0/1）。

(5) 充、放电状态约束

$$0\leqslant c_{j,t}+d_{j,t}\leqslant 1 \qquad j=1,\ 2,\ \cdots,\ m;\ t=1,\ 2,\ \cdots,\ T \tag{14.22}$$

(6) 电量平衡

$$\sum_{t=1}^{T}(\eta^{\mathrm{c}}P_{j,t}^{\mathrm{c}}-P_{j,t}^{\mathrm{d}}/\eta^{\mathrm{d}})\Delta t=w_j^{\mathrm{c}} \qquad j=1,\ 2,\ \cdots,\ m;\ t=1,\ 2,\ \cdots,\ T \tag{14.23}$$

式中：η^{c}、η^{d} 为电动汽车的充、放电效率；Δt 为时段长度；w_j^{c} 为整个调度周期内第 j 个 EVA 的总充电需求。

14.5 自适应混沌生物地理学优化方法（SaCBBO）

14.5.1 标准 BBO 算法

生物地理学是一门研究生物种群在地球表面不同地理区域分布规律的学科，包括物种在不同栖息地（Habitat）之间的迁移及栖息地物种的变异等。受生物地理学的启发，模拟物种迁移、变异等操作的生物地理学优化算法（BBO）于 2008 年被提出。该算法将待求解问题的每一个可行解视为一个个的栖息地（也即种群中的个体），每一个栖息地具有 D 维分量，分别代表每一个待求解的变量，每一维分量又称为该栖息地的适应度指数变量（Suitability Index Variables，SIV），每一个可行解对应的适应度值称为该栖息地的适应度指数（Habitat Suitability Index，HSI）。BBO 算法通过执行栖息地物种迁移、变异等操作实现种群的进化，从而找到待求解问题的最优解。

(1) 迁移操作。若某个栖息地具有较高的 HSI，表明该栖息地较适宜于生存，势必具有较多的物种。受生存环境的限制，该栖息地将会具有较小的迁入概率和较大的迁出概率。反之，若某个栖息地具有较低的 HSI，则该栖息地具有较大的迁入概率和较小的迁出概率。该规律称为物种的迁徙模型。标准 BBO 中，采用线性模型描述迁入概率 λ_i、迁出概率 μ_i 与该栖息地物种数量 S_i

之间的关系，如式（14.24）和式（14.25）所示。

$$\lambda_i = I\left(1 - \frac{S_i}{S_{max}}\right) \tag{14.24}$$

式中：I 为最大迁入概率；S_{max} 为最大物种数；S_i 为物种数量。

$$\mu_i = \frac{ES_i}{S_{max}} \tag{14.25}$$

式中：E 为最大迁出概率。

迁移操作的主要过程为：首先计算每个栖息地的 HSI 及物种数量 S_i，得到其迁入概率 λ_i 及迁出概率 μ_i；然后对于每一个栖息地 H_i，根据其迁入概率 λ_i 决定其某一维 SIV 是否需要修改，若需要修改，则依迁出概率选择某个需要迁出的个体 H_e，并将该个体的 SIV 替换 H_i 中相应的 SIV。可以看出，迁移操作能够实现不同个体之间的信息共享，从而使得较差的可行解在较好的可行解指导下得到改进。

（2）变异操作。当某个栖息地处于相对平衡状态时，物种数量概率 Q_i 较大，其受外界环境影响发生突变的可能性较小；而当某个栖息地的物种数量较少或者较大时，物种数量概率 Q_i 较小，其受外界环境影响发生突变的可能性较大。栖息地的变异概率 b_i 与相应的物种数量概率 Q_i 的变化关系可由式（14.26）表示

$$b_i = b_{max}\left(\frac{1 - Q_i}{Q_{max}}\right) \tag{14.26}$$

式中：b_{max} 为事先给定的最大变异概率；$Q_{max} = \max\{Q_i,\ i = 1,\ 2,\ \cdots,\ N\}$，$N$ 为种群规模。

变异操作的主要过程为：首先计算物种数量概率 Q_i 和变异概率 b_i，然后依据变异概率决定是否需要执行变异操作，若需要变异，则将一随机产生的 SIV 替代 H_i 中相应的 SIV。

14.5.2 SaCBBO 算法

为了提高算法的局部和全局搜索能力，将自适应策略及混沌搜索引入到标准 BBO 算法中，对其初始种群的产生、迁徙模型、迁移操作、变异操作等进行相应的改进，提出了一种改进 BBO 算法，称为自适应混沌生物地理学优化算法（SaCBBO）。

（1）混沌初始化。采用分段逻辑（Logistic）混沌映射进行混沌初始化，其表达式为

$$x_{i+1} = \begin{cases} 4\sigma x_i(0.5 - x_i) & 0 \leqslant x_i < 0.5 \\ 1 - 4\sigma x_i(x_i - 0.5)(1 - x_i) & 0.5 \leqslant x_i \leqslant 1 \end{cases} \tag{14.27}$$

式中：σ 为混沌吸引因子，一般取为 4。

混沌初始化的主要步骤为：首先随机产生一个初始点 $\boldsymbol{X}_1$，其每一维分量为（0，1）之间的随机数，维数为待求解变量的个数；然后根据式（14.27），得到 L 个混沌向量 $\boldsymbol{X}_1$、$\boldsymbol{X}_2$、…、$\boldsymbol{X}_L$，将这 L 个混沌向量变换到待求解变量的取值区间，得到 L 个解空间向量 $\boldsymbol{X}_1'$、$\boldsymbol{X}_2'$、…、$\boldsymbol{X}_L'$，分别计算其目标函数的适应度，最后选取适应度较好的前 N 个解空间向量作为算法的初始种群。

（2）正弦迁徙模型。标准 BBO 算法采用线性迁徙模型，而实际的生态系统往往具有非线性。因此，采用正弦迁徙模型来计算迁入概率和迁出概率，如式（14.28）和式（14.29）所示。

$$\lambda_i = 0.5I\left(\cos\left(\frac{\pi S_i}{S_{max}}\right) + 1\right) \tag{14.28}$$

$$\mu_i = 0.5E\left(-\cos\left(\frac{\pi S_i}{S_{max}}\right) + 1\right) \tag{14.29}$$

（3）自适应迁移算子。标准 BBO 算法在进行迁移操作时并不能保留自身特征，这里采用如下式所示的自适应混杂迁移算子

$$H_i(SIV) \leftarrow \alpha_{ie} H_i(SIV) + (1 - \alpha_{ie}) H_e(SIV) \tag{14.30}$$

式中：α_{ie} 采用自适应调整策略。

即

$$\alpha_{ie}=\frac{HSI_e}{HSI_i+HSI_e+\varepsilon} \tag{14.31}$$

式中：ε 为一极小值。

由上式可知，当前个体可以根据其自身 HSI 和随机选择个体的 HSI 自适应决定迁移后的个体特征，从而避免迁移过程中部分优良个体的信息被破坏。

(4) 自适应差分变异算子。标准 BBO 算法在变异阶段采用整个搜索空间的一个随机个体代替变异个体，可能会影响算法后期的收敛速度。采用自适应差分变异算子来进行变异操作，通过一个随机选择的个体和变异个体的差分向量来避免迭代后期变异的盲目性，即

$$H_i(SIV)\leftarrow H_i(SIV)+\beta[H_r(SIV)-H_i(SIV)] \tag{14.32}$$

式中：$H_r(SIV)$ 为一随机个体；β 为采用自适应策略调整的参数。

其计算公式为

$$\beta=\frac{\sum_{j=1}^{N}(HSI_j-HSI_{\text{best}})}{1+\sum_{j=1}^{N}(HSI_j-HSI_{\text{best}})} \tag{14.33}$$

式中：N 为种群规模；HSI_{best} 为当前种群的最好适应度。

在迭代初期，个体间的适应度差别较大，此时 $\sum_{j=1}^{N}(HSI_j-HSI_{\text{best}})\rightarrow\infty$，$\beta\rightarrow1$，当前个体变异程度较大；在迭代后期，种群聚集在最优个体周围，此时 $\sum_{j=1}^{N}(HSI_j-HSI_{\text{best}})\rightarrow0$，$\beta\rightarrow0$，当前个体变异程度较小。

(5) 自适应混沌搜索。标准 BBO 算法在进化后期个体之间逐渐趋同，表现出寻优“惰性”，使得算法容易陷入局部最优。为此，可采用自适应混沌搜索策略，在进化初期，以较小的概率对当前最优个体进行混沌搜索，以保证算法的收敛速度；在进化后期，以较大的概率对当前最优个体进行混沌搜索，以避免算法陷入局部最优。定义混沌搜索概率 ζ_g 按下式进行自适应变化

$$\zeta_g=1-\frac{1}{1+\ln g} \tag{14.34}$$

式中：g 为算法迭代次数。

由上式可知，$g=1$ 时，$\zeta_g=0$；$g\rightarrow\infty$ 时，$\zeta_g\rightarrow1$。

在每一次混沌搜索过程中，令 BBO 算法当前迭代搜索到的最优解为 HSI_{best}，其对应的最优个体为 $H_{\text{best}}(SIV)$，以 $H_{\text{best}}(SIV)$ 为中心进行搜索，如下式所示

$$H_c(SIV)=H_{\text{best}}(SIV)+\omega\theta\boldsymbol{X}'_c \tag{14.35}$$

式中：$H_c(SIV)$ 为第 c 次搜索产生的混沌个体；$\boldsymbol{X}'_c$ 为根据式 (14.27) 产生的混沌向量对应的解空间向量；θ 为一较小的常数；ω 为调整系数。

ω 定义为

$$\omega=\begin{cases}1 & R\geqslant0.5\\-1 & \text{其他}\end{cases} \tag{14.36}$$

式中：R 为 (0，1) 区间内均匀分布的一个随机数。

ω 的设置能够扩展搜索的范围，使得 $H_{\text{best}}(SIV)$ 的负方向也能被搜索。计算 $H_c(SIV)$ 对应的适应度 HSI_c 并与 HSI_{best} 比较，若 HSI_c 好于 HSI_{best}，则将当前搜索的最优解替换 HSI_{best}；

否则返回，进行下一次搜索，直到一定步数内HSI_{best}保持不变或达到给定的最大搜索次数c_{max}。

（6）SaCBBO算法实现步骤。综上所述，SaCBBO算法实现步骤见表14.1。

表14.1 SaCBBO算法实现步骤

步骤	SaCBBO算法
1	采用分段Logistic混沌映射产生初始种群
2	评价初始种群的个体适应度
3	按照适应度将种群从优到劣进行排序
4	初始化迭代次数$g=1$
5	当未满足终止条件时执行
6	根据正弦迁徙模型计算每个个体（栖息地） 对应的种群数量、迁入概率和迁出概率
7	对种群执行自适应迁移算子操作
8	对种群执行自适应差分变异算子操作
9	评价新一代种群的个体适应度
10	按照适应度将种群从优到劣进行排序
11	依据混沌搜索概率对当前最优个体进行混沌搜索
12	执行精英策略：将上一代种群$100t\%$个最好 个体覆盖新一代种群$100t\%$个最差个体
13	再次按照适应度将种群从优到劣进行排序
14	$g=g+1$
15	循环结束

14.5.3 求解流程

基于SaCBBO求解含电动汽车动态经济调度问题流程如图14.2所示。

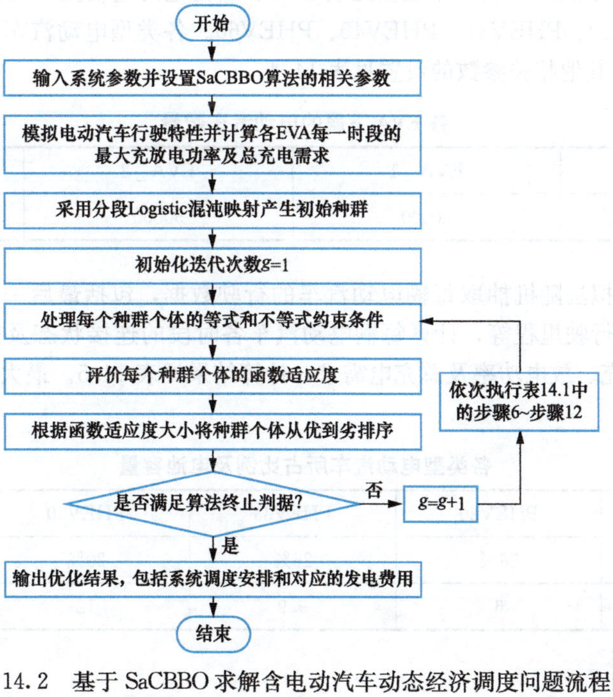

图14.2 基于SaCBBO求解含电动汽车动态经济调度问题流程图

其具体步骤描述如下。

步骤 1：输入系统参数，如发电机输出功率限值、燃料费用系数、发电效应系数、各时段负荷等，设置 SaCBBO 算法的初始参数，如种群规模、迭代次数、最大迁入迁出概率、最大混沌搜索次数等。

步骤 2：通过蒙特卡罗方法随机模拟电动汽车的行驶特性，计算各 EVA 的最大充放电功率时间分布及总的充电需求。

步骤 3：根据式（14.27），由混沌空间的一随机初始值开始，利用分段 Logistic 混沌映射产生初始种群。

步骤 4：初始化迭代次数$g=1$。

步骤 5：处理每个种群个体的等式和不等式约束条件。其中，对于等式约束条件，通过修改随机选择的某个个体的 SIV 来逐步消除残差，直到满足一定的精度要求；对于不等式约束条件，采用截断的方式对越限的 SIV 直接赋予限值。

步骤 6：按照式（14.12）～式（14.24）评价每个种群个体的目标函数适应度。

步骤 7：依据适应度大小对种群个体进行排序。

步骤 8：判断是否满足终止条件，若满足，转到步骤 10；否则，$g=g+1$，并进入下一步。

步骤 9：执行表 14.1 中的步骤 6～步骤 12 对应的进化计算，然后转到步骤 5。

步骤 10：输出优化结果，算法结束。

14.6 算 例 分 析

14.6.1 仿真参数

以 10 机系统为例进行仿真分析，其相关参数见附录。以 2009 年美国冬季负荷量和汽车保有量的比例做参照，假设测试系统的汽车保有量为 50 万辆，电动汽车渗透率为 30%。系统内 EVA 的数量为 3，各 EVA 下属的电动汽车数量见表 14.2。所讨论的电动汽车为插电式混合动力汽车，分为四类，即 PHEV20、PHEV33、PHEV40、PHEV60。各类型电动汽车所占比例及电池容量见表 14.3。电动汽车其他相关参数的设置见表 14.4。

表 14.2　　各 EVA 下属的电动汽车数量

EV 集控中心	EVA_1	EVA_2	EVA_3
数量（辆）	30000	50000	70000

通过蒙特卡罗模拟法随机抽取每辆电动汽车的行驶数据，包括最后一次行驶结束时刻、次日首次出行时刻、日行驶里程等，计算每辆电动汽车各时段的连接状态及初始 SOC，从而确定各 EVA 各时段最大充、放电功率及总充电需求，计算结果见表 14.5。最大充、放电功率的变化曲线如图 14.3 所示。

表 14.3　　各类型电动汽车所占比例及电池容量

电动汽车类型	PHEV20	PHEV33	PHEV40	PHEV60
比例	38%	26%	20%	16%
电池容量（kWh）	6	9.9	12	18

表 14.4 电动汽车其他相关参数的设置

参数名称	数值	参数名称	数值
最大充电速率	0.2	放电效率	0.9
最大放电速率	0.2	每公里耗电量	0.19（kWh/km）
充电效率	0.9	离开系统时的期望 SOC	0.95

表 14.5 各 EVA 各时段最大充、放电功率及总充电需求

时段	EVA_1		EVA_2		EVA_3	
	最大充电功率（MW）	最大放电功率（MW）	最大充电功率（MW）	最大放电功率（MW）	最大充电功率（MW）	最大放电功率（MW）
1	67.3108	54.5217	112.0916	90.7942	156.9261	127.1102
2	66.7213	54.0442	111.1213	90.0082	155.3712	125.8507
3	65.5791	53.1191	109.1281	88.3938	152.6337	123.6333
4	63.3992	51.3534	105.8330	85.7247	147.8347	119.7461
5	60.0343	48.6278	100.4451	81.3605	140.0087	113.4071
6	55.2751	44.7729	92.3969	74.8415	128.7813	104.3129
7	49.1657	39.8242	81.9009	66.3397	114.1977	92.5001
8	41.6849	33.7648	69.4534	56.2573	96.7344	78.3549
9	33.6631	27.2671	56.0834	45.4276	78.3795	63.4874
10	25.7981	20.8964	43.0979	34.9093	60.0305	48.6247
11	19.1128	15.4814	32.1360	26.0302	44.8710	36.3455
12	14.7943	11.9834	24.3472	19.7212	33.9208	27.4758
13	12.9053	10.4533	21.2041	17.1753	29.2858	23.7215
14	13.6697	11.0724	22.8674	18.5226	31.0930	25.1853
15	17.1461	13.8884	28.6952	23.2431	39.5565	32.0407
16	22.6308	18.3309	38.4967	31.1824	53.1511	43.0524
17	29.7779	24.1201	50.5050	40.9090	69.9475	56.6574
18	37.5281	30.3977	63.4648	51.4065	87.9849	71.2677
19	45.3617	36.7429	76.3605	61.8520	105.8883	85.7695
20	52.6891	42.6781	87.6549	71.0004	122.3293	99.0867
21	58.3367	47.2527	97.1085	78.6579	135.7795	109.9814
22	62.7025	50.7890	104.1140	84.3323	146.0078	118.2663
23	65.6013	53.1370	109.1316	88.3966	152.7811	123.7527
24	67.5600	54.7236	112.6000	91.2060	157.6400	127.6884
总充电需求（MWh）	156.0290		260.5567		363.6796	

图 14.3 中“maxPc”“maxPd”分别代表最大充电功率和最大放电功率。可以看出，各 EVA 的 maxPc 和 maxPd 均呈现先减小后增大的趋势，在 13h 左右达到最低，午夜时刻达到最高。这是由于大多数车辆从早上开始陆续出行，使得与系统连接的车辆逐渐减少，而接近下午的时候，陆续有车辆结束了一天的行程，使得与系统连接的车辆逐渐增多。

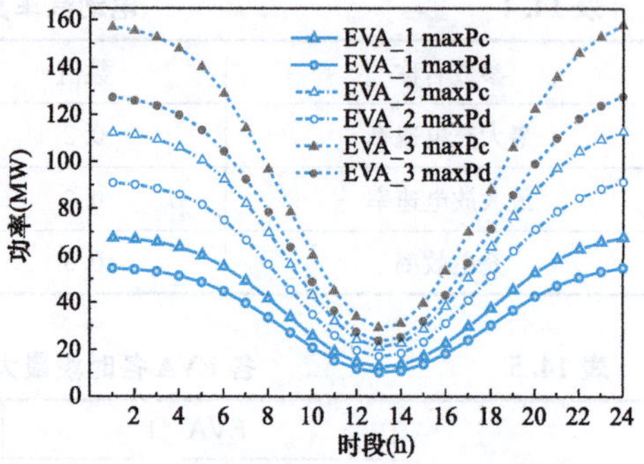

图 14.3 最大充、放电功率变化曲线

采用 SaCBBO 算法进行优化时，其相关参数设置见表 14.6。

表 14.6 算法相关参数设置

参数名称	数值	参数名称	数值
种群大小	100	最大变异概率	0.01
最大迭代次数	10000	精英策略参数	10%
最大迁入概率	1.0	初始混沌向量个数	120
最大迁出概率	1.0	混沌搜索最大次数	20

14.6.2 不考虑放电时的优化结果

在不考虑电动汽车放电的情景下，采用所提算法优化各时段的发电机输出功率及各 EVA 的充电功率，得到最优调度方案见表 14.7，系统总发电成本为 1105710.75 美元。可以看出，通过优化调度计划，各 EVA 主要利用晚上负荷低谷时段充电。

表 14.7 不考虑放电时的最优调度方案

时段	负荷（MW）	P_1（MW）	P_2（MW）	P_3（MW）	P_4（MW）	P_5（MW）	P_6（MW）	P_7（MW）
1	1036	275.89	406.78	75.08	65.63	105.82	104.69	130.00
2	1110	284.00	386.92	153.27	90.02	73.17	104.87	100.27
3	1258	294.09	346.18	198.37	109.98	118.24	84.94	106.12
4	1406	216.89	317.57	171.39	159.98	168.24	134.94	130.00
5	1480	296.89	380.43	155.60	112.76	142.22	130.75	100.00
6	1628	376.87	346.55	179.92	118.75	192.22	123.79	82.74
7	1702	353.70	336.35	235.61	152.15	182.03	138.81	112.74
8	1776	424.38	282.51	274.16	186.15	184.77	159.46	91.32
9	1924	440.97	359.58	296.48	199.51	182.03	131.86	106.82
10	2072	470.00	420.16	340.00	196.17	189.26	160.00	91.23
11	2146	470.00	460.00	303.90	245.65	225.87	160.00	89.26
12	2220	470.00	460.00	325.12	295.65	230.29	160.00	119.26
13	2072	467.35	455.60	256.76	300.00	242.23	140.66	99.97
14	1924	455.69	383.01	266.69	250.00	192.47	151.61	91.74
15	1776	388.99	303.02	186.69	225.08	241.13	157.64	76.45

续表

时段	负荷（MW）	P_1（MW）	P_2（MW）	P_3（MW）	P_4（MW）	P_5（MW）	P_6（MW）	P_7（MW）
16	1554	326.08	280.99	126.83	212.88	227.85	109.76	106.43
17	1480	351.51	271.08	206.78	197.56	182.82	62.89	90.37
18	1628	340.17	312.53	177.30	247.56	226.45	93.48	100.01
19	1776	350.78	384.32	257.30	253.60	176.45	106.24	101.47
20	2072	367.97	459.57	329.23	253.50	219.30	156.20	102.64
21	1924	397.69	379.57	334.97	203.65	169.30	138.79	100.00
22	1628	320.48	371.57	259.23	194.85	164.43	94.17	70.00
23	1332	314.49	311.95	179.23	181.26	123.71	57.00	79.64
24	1184	369.52	231.95	197.81	131.26	163.95	57.68	71.41

时段	负荷（MW）	P_8（MW）	P_9（MW）	P_{10}（MW）	EVA_1（MW）	EVA_2（MW）	EVA_3（MW）	网损（MW）
1	1036	47.00	80.00	55.00	65.44	98.53	111.23	34.69
2	1110	65.64	50.00	55.00	63.49	80.91	79.47	29.29
3	1258	77.00	20.00	55.00	36.75	0	88.62	26.55
4	1406	47.00	50.00	55.00	0	16.89	0	28.12
5	1480	77.00	62.01	55.00	0	0	0	32.66
6	1628	107.00	80.00	55.00	0	0	0	34.84
7	1702	105.26	65.04	55.00	0	0	0	34.69
8	1776	100.69	51.91	55.00	0	0	0	34.35
9	1924	119.89	73.63	55.00	0	0	0	41.77
10	2072	120.00	80.00	55.00	0	0	0	49.82
11	2146	119.28	73.44	55.00	0	0	0	56.40
12	2220	120.00	43.44	55.00	0	0	0	58.76
13	2072	90.81	20.00	55.00	0	0	0	56.38
14	1924	89.98	32.84	55.00	0	0	0	45.03
15	1776	119.50	60.14	55.00	0	0	0	37.64
16	1554	89.98	50.00	55.00	0	0	0	31.80
17	1480	68.33	20.00	55.00	0	0	0	26.34
18	1628	85.56	23.55	55.00	0	0	0	33.61
19	1776	78.97	50.78	55.00	0	0	0	38.91
20	2072	108.97	71.85	55.00	0	0	0	52.23
21	1924	110.46	76.07	55.00	0	0	0	41.50
22	1628	88.39	49.91	55.00	7.69	0	0	32.34
23	1332	59.68	30.23	55.00	0	35.27	0	24.92
24	1184	89.68	20.00	55.00	0	57.91	124.77	21.58

考虑电动汽车的充电负荷，优化得到的系统净负荷曲线如图 14.4 所示。比较图中曲线可以发现：在目标函数中考虑方差函数能够降低净负荷曲线的波动，从而能够降低常规机组的频繁调节。不考虑方差函数时，电动汽车可能会在系统负荷高峰时充电，造成“峰上加峰”，如图中的 $t=12\text{h}$，曲线 3 的峰值明显高于曲线 1 和曲线 2，这将会拉大系统的峰谷差，不利于系统的经济运行。

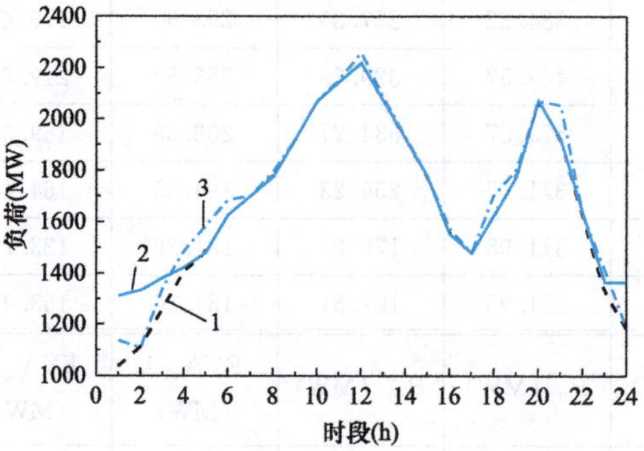

图 14.4　考虑 EVA 充电的系统净负荷曲线

1—系统基础负荷；2—考虑方差函数时的系统净负荷；3—不考虑方差函数时的系统净负荷

14.6.3　考虑放电时的优化结果

考虑各 EVA 放电时，系统总发电成本由 1105710.75 美元降低至 1092057.75 美元，发电成本约降低 1.23%，最优调度方案见表 14.8，各 EVA 的有功输出功率如图 14.5 所示，其中负值表示放电功率，正值表示充电功率。

表 14.8　　考虑放电时的最优调度方案

时段	负荷 (MW)	P_1 (MW)	P_2 (MW)	P_3 (MW)	P_4 (MW)	P_5 (MW)	P_6 (MW)	P_7 (MW)
1	1036	398.69	135.00	325.78	141.84	73.00	57.30	130.00
2	1110	401.74	135.00	259.69	150.19	123.00	107.00	130.00
3	1258	448.14	180.02	284.55	100.19	143.08	156.09	100.00
4	1406	384.38	222.22	304.09	117.26	104.55	158.25	100.00
5	1480	378.21	238.23	254.92	114.40	154.55	158.74	95.68
6	1628	341.03	318.23	334.92	101.10	104.55	128.96	125.68
7	1702	303.94	398.23	320.42	127.24	134.58	158.46	130.00
8	1776	366.66	415.89	246.13	177.24	173.00	160.00	130.00
9	1924	446.66	400.93	326.13	188.58	175.29	136.48	130.00
10	2072	459.83	393.98	337.95	205.02	180.49	148.20	110.91
11	2146	455.99	415.21	307.24	244.12	226.80	144.46	129.97
12	2220	470.00	431.51	340.00	240.83	243.00	159.94	130.00
13	2072	390.00	460.00	307.59	243.34	243.00	140.68	130.00
14	1924	368.34	418.50	247.39	273.88	208.95	127.67	130.00
15	1776	349.20	401.90	185.02	223.88	232.09	135.28	127.09

续表

时段	负荷（MW）	P_1（MW）	P_2（MW）	P_3（MW）	P_4（MW）	P_5（MW）	P_6（MW）	P_7（MW）
16	1554	299.44	321.90	180.58	217.17	194.63	110.00	97.24
17	1480	282.51	241.99	260.58	167.2	229.41	86.93	98.37
18	1628	360.44	306.59	263.38	212.72	179.41	100.89	68.37
19	1776	397.81	386.55	215.45	167.17	215.59	149.82	98.37
20	2072	437.05	398.99	289.82	178.14	211.02	160.00	93.23
21	1924	388.48	323.23	233.14	228.14	193.60	158.75	89.62
22	1628	450.87	307.45	174.23	178.14	171.65	159.68	59.62
23	1332	370.87	288.59	210.71	216.44	122.12	110.84	89.62
24	1184	375.45	296.52	130.99	218.56	172.12	120.86	85.42

时段	负荷（MW）	P_8（MW）	P_9（MW）	P_{10}（MW）	EVA_1（MW）	EVA_2（MW）	EVA_3（MW）	网损（MW）
1	1036	47.00	20.00	55.00	65.42	108.22	154.88	19.09
2	1110	47.98	49.99	55.00	64.89	107.50	154.93	22.27
3	1258	49.51	23.77	55.00	35.52	79.60	140.97	26.26
4	1406	47.00	50.01	55.00	0	79.46	31.07	26.23
5	1480	77.00	20.11	55.00	41.29	0	0	25.55
6	1628	98.76	50.11	55.00	0	0	0	30.34
7	1702	81.30	30.32	55.00	0	0	0	37.49
8	1776	72.57	22.00	55.00	0	0	0	42.49
9	1924	81.55	28.66	55.00	0	0	0	45.28
10	2072	111.09	50.00	55.00	−8.38	−25.63	−31.50	45.98
11	2146	119.68	20.00	55.00	−15.48	−26.03	−36.35	50.32
12	2220	120.00	25.04	55.00	−11.98	−19.72	−27.48	54.50
13	2072	90.43	22.66	55.00	−8.36	−14.62	−18.97	52.65
14	1924	120.00	20.06	55.00	0	0	0	45.79
15	1776	90.00	20.00	55.00	0	0	0	43.46
16	1554	87.21	21.15	55.00	0	0	0	30.32
17	1480	57.21	50.78	55.00	0	4.21	19.93	25.84
18	1628	87.21	23.25	55.00	0	0	0	29.26
19	1776	106.93	24.18	55.00	0	0	0	40.87
20	2072	87.55	28.57	55.00	−36.73	−58.44	−81.95	44.49
21	1924	104.20	20.05	55.00	−31.28	−51.67	−82.48	35.64
22	1628	86.52	20.00	55.00	0	0	0	35.16
23	1332	64.78	20.10	55.00	41.20	59.11	88.98	27.77
24	1184	47.30	28.16	55.00	63.57	93.51	157.42	31.88

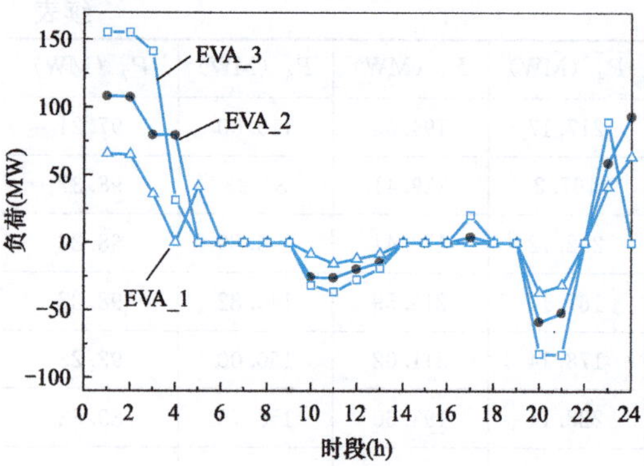

图 14.5　各 EVA 的有功输出功率

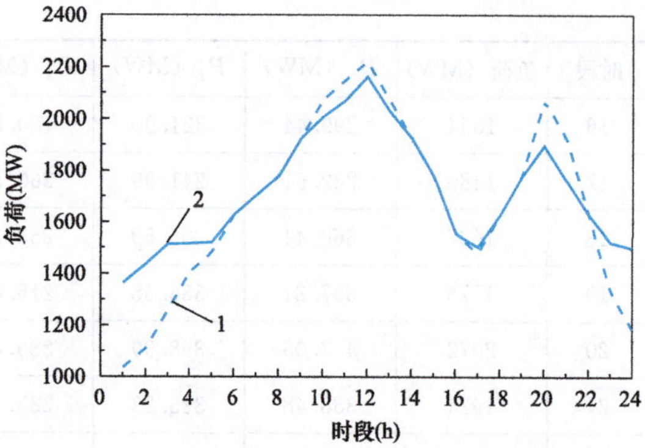

图 14.6　考虑 EVA 充放电的系统净负荷曲线

1—系统基础负荷；2—计及 EVA 充放电的系统净负荷

从图 14.3 可以看出，在负荷高峰时段（如 10～13h，20～21h），EVA 代替小容量、高煤耗机组向电网送电，在系统负荷低谷时段（如 1～5h，17h，23～24h），EVA 利用高效率机组充电，从而降低了系统的发电成本。图中 10～13h 各 EVA 输出功率较小的原因是因为该时段本身的可调容量较小。考虑 EVA 充放电的系统净负荷曲线如图 14.6 所示，可以看出，通过合理安排 EVA 的充放电计划，能够减小系统峰谷差，实现“削峰填谷”的作用。

14.6.4　算法性能分析

为了与已有文献结果进行对比，以不含电动汽车的传统 DED 问题为例，对本章所提 SaCBBO 算法性能进行分析。测试系统同样采用 10 机系统，DED 模型中考虑网损和阀点效应。由于 SaCBBO 算法有 5 个改进部分，为了检验所提算法的有效性并分析不同改进部分对算法的影响，设置 SaCBBO 算法的 5 个变体如下。

变体 1：SaCBBO/ini（将 SaCBBO 的混沌初始化改为随机初始化，其他部分不变）。

变体 2：SaCBBO/sin（将 SaCBBO 的正弦迁徙模型改为线性模型，其他部分不变）。

变体 3：SaCBBO/mig（将 SaCBBO 的自适应迁移算子改为原始 BBO 的迁移算子，其他部分不变）。

变体 4：SaCBBO/mut（将 SaCBBO 的自适应差分变异算子改为原始 BBO 的变异算子，其他部分不变）。

变体 5：SaCBBO/cha（将 SaCBBO 的自适应混沌搜索去掉，其他部分不变）。

将 SaCBBO 与原始 BBO 及其 5 个变体进行比较，分别采用这 7 种算法对算例系统进行 50 次独立重复优化试验。在 50 次优化试验中不同算法所求得最优解的最小值、最大值、平均值及标准差见表 14.9，表中还列出了部分已发表文献关于该算例系统的优化结果。可以看出，SaCBBO 算法相比于其他算法能够获得更好的解。而且，在 50 次独立重复试验中，SaCBBO 的优化结果具有最小的标准差，表现出更好的鲁棒性。比较 SaCBBO、SaCBBO/ini、SaCBBO/cha 的优化结果可以发现，混沌搜索能够提高算法的求解精度，且相比于 SaCBBO/mig、SaCBBO/mut 具有更好的解，说明自适应迁移算子及自适应差分变异算子能够使得算法具有较好的局部和全局搜索能力；SaCBBO/sin 的求解结果差于 SaCBBO，表明正弦迁徙模型能够提高算法的搜索性能。不同算法的收敛曲线如图 14.7 所示，可以看出，SaCBBO 算法相比于其他算法具有更快的收敛速度和求解精度。

表 14.9 不同算法的优化结果

算法	最小值	最大值	平均值	标准差
MHEP-SQP	1050054	NA	1052349	NA
CSAPSO	1038251	NA	1039543	NA
MBF-SSO	1037550	1038029	1037852	NA
TVAC-IPSO	1041066.20	1043625.98	1042118.47	NA
EAPSO	1037685	1038238	1038109	NA
ABC	1043381	1046805	1044963	NA
ICA	1040758.42	1043173.55	1041664.62	603.76
FAIPSO	1037698	1038049	1037814	NA
MTLA	1037489	1038090	1037712	NA
IPSO	1046275	NA	1048145	NA
ECE	1043989.15	NA	1044470.08	NA
SALCSSA	1037550	1038696	1038044	NA
BBO	1040852.80	1043453.82	1041834.90	618.74
SaCBBO/ini	1037539.26	1038483.74	1038046.37	205.69
SaCBBO/sin	1038103.57	1039886.96	1039012.28	343.64
SaCBBO/mig	1038476.93	1040018.24	1039435.61	392.37
SaCBBO/mut	1038729.28	1040156.58	1039613.45	418.53
SaCBBO/cha	1037853.31	1038258.63	1038112.77	268.06
SaCBBO	1037468.72	1038106.53	1037756.28	158.16

注 NA 为已有文献未提供数据。

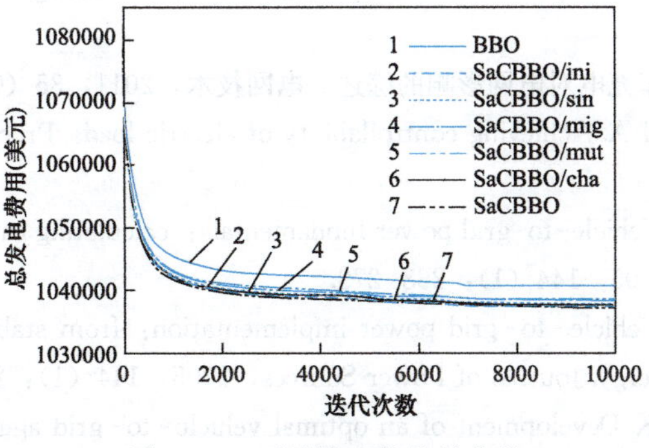

图 14.7 不同算法的收敛曲线

本章以各发电机及电动汽车集控中心（EVA）为调度对象，介绍了一种考虑 EVA 可调度容量变化及总充电需求约束的动态经济调度模型。该模型基于电动汽车行驶规律的随机模拟计算其接入系统的时间段及初始 SOC，从而得到每个时段的可调度容量（包括最大充电功率、最大放电功率）及总充电需求。将自适应策略及混沌搜索引入到基本 BBO 算法中，提出了一种改进的 BBO 算法，即 SaCBBO。采用所提算法优化求解含电动汽车动态经济调度模型，算例分析表明：

(1) 通过优化调度计划，各 EVA 利用晚上负荷低谷时段充电，能够减小系统负荷的峰谷差。在目标函数中考虑方差函数能够降低净负荷曲线的波动，从而能够降低常规机组的频繁调节。不考虑方差函数时，电动汽车可能会在系统负荷高峰时充电，造成“峰上加峰”，不利于系统的经济运行。

(2) 考虑各 EVA 放电时，通过优化 EVA 的充放电计划，能够使得 EVA 在负荷高峰时段代替小容量、高煤耗机组向电网送电，在系统负荷低谷时段利用高效率机组充电，减小了系统峰谷差，实现了“削峰填谷”，从而降低了系统的总发电成本。

(3) SaCBBO 算法相比于其他算法，具有更好的收敛特性，在解质量及算法鲁棒性等方面均表现出良好的性能。

问题与练习

(1) 电动汽车如何参与电网调度？简单描述其基本架构。

(2) 如何计算电动汽车的可调容量？

(3) 在经济调度模型中，如何考虑电动汽车的充放电？

(4) 有哪些算法可用来求解经济调度问题？

(5) SacBBO 算法的计算流程是怎样的？

(6) 考虑放电和不考虑放电情景下优化结果有什么区别？

参考文献

[1] Boulanger A G, Chu A C, Maxx S, et al. Vehicle electrification: Status and issues. Proceedings of the IEEE, 2011, 99 (6): 1116-1138.

[2] Ungar E, Fell K. Plug in, turn on, and load up. IEEE Power and Energy Magazine, 2010, 8 (3): 30-35.

[3] 高赐威，张亮．电动汽车充电对电网影响的综述．电网技术，2011，35 (02)：127-131.

[4] Callaway D S, Hiskens I A. Achieving controllability of electric loads. Proceedings of The IEEE, 2011, 99 (1): 184-199.

[5] Kempton W, Tomić J. Vehicle-to-grid power fundamentals: calculating capacity and net revenue. Journal of Power Sources, 2005, 144 (1): 268-279.

[6] Kempton W, Tomić J. Vehicle-to-grid power implementation: from stabilizing the grid to supporting large-scale renewable energy. Journal of Power Sources, 2005, 144 (1): 280-294.

[7] Han S, Han S, Sezaki K. Development of an optimal vehicle-to-grid aggregator for frequency regulation. IEEE Transactions on Smart Grid, 2010, 1 (1): 65-72.

[8] Sortomme E, El-Sharkawi M A. Optimal scheduling of vehicle-to-grid energy and ancillary services. IEEE Transactions on Smart Grid, 2012, 3 (1): 351-359.

[9] Andersson S L, Elofsson A K, Galus M D, et al. Plug-in hybrid electric vehicles as regulating power providers: Case studies of Sweden and Germany. Energy Policy, 2010, 38 (6): 2751-2762.

[10] 康继光，卫振林，程丹明，等．电动汽车充电模式与充电站建设研究．电力需求侧管理，2009，11 (05)：64-66.

[11] Pieltain Fernandez L，Gomez San Roman T，Cossent R，et al. Assessment of the impact of plug-in electric vehicles on distribution networks. IEEE Transactions on Power Systems，2011，26 (1)：206-213.

[12] C He，J Zhu，J Lan，et al. Optimal planning of electric vehicle battery centralized charging station based on EV load forecasting. IEEE Transactions on Industry Applications，2022，58 (5)，6557-6575.

[13] C He，J Zhu，A Borghetti，et al. Coordinated planning of charging swapping stations and active distribution network based on EV spatial - temporal load forecasting. IET Generation，Transmission & Distribution，2023.

[14] C He，J Zhu，S Li，et al. Sizing and locating planning of EV centralized-battery-charging-station considering battery logistics system. IEEE Transactions on Industry Applications，2022，58 (4)，5184-5197.

[15] W Wu，J Zhu，Y Liu，et al. A coordinated model for multiple electric vehicle aggregators to grid considering imbalanced liability trading. IEEE Transactions on Smart Grid，Early Access，July，2023.

[16] 何晨可，朱继忠，刘云，等．计及碳减排的电动汽车充换储一体站与主动配电网协调规划．电工技术学报，2022，37 (01)：92-111.

[17] 朱继忠，何晨可，刘云，等．面向电动汽车高渗透率综合能源系统的换电模式综述与展望．南方电网技术，2023，17 (10)：133-151.

[18] Qian K，Zhou C，Allan M，et al. Modeling of load demand due to EV battery charging in distribution systems. IEEE Transactions on Power Systems，2011，26 (2)：802-810.

[19] 陈丽丹，聂涌泉，钟庆．基于出行链的电动汽车充电负荷预测模型．电工技术学报，2015，30 (04)：216-225.

[20] Clement-Nyns K，Haesen E，Driesen J. The impact of charging plug-in hybrid electric vehicles on a residential distribution grid. IEEE Transactions on Power Systems，2010，25 (1)：371-380.

[21] 宫鑫，林涛，苏秉华．插电式混合电动汽车充电对配电网的影响．电网技术，2012，36 (11)：30-35.

[22] Gomez J C，Morcos M M. Impact of EV battery chargers on the power quality of distribution systems. IEEE Transactions on Power Delivery，2003，18 (3)：975-981.

[23] 李娜，黄梅．不同类型电动汽车充电机接入后电力系统的谐波分析．电网技术，2011，35 (01)：170-174.

[24] 黄梅，黄少芳．电动汽车充电站谐波的工程计算方法．电网技术，2008，32 (20)：20-23.

[25] Putrus G A，Suwanapingkarl P，Johnston D，et al. Impact of electric vehicles on power distribution networks. IEEE Vehicle Power and Propulsion Conference. Dearborn，MI，USA，2009：736-740.

[26] Verzijlbergh R A，Grond M O W，Lukszo Z，et al. Network impacts and cost savings of controlled EV charging. IEEE Transactions on Smart Grid，2012，3 (3)：1203-1212.

[27] Pieltain Fernandez L，Gomez San Roman T，Cossent R，et al. Assessment of the impact of plug-in electric vehicles on distribution networks. IEEE Transactions on Power Systems，2011，26 (1)：206-213.

[28] 何明杰，彭春华，曹文辉，等．考虑电动汽车规模化入网的动态经济调度．电力自动化设备，2013，33 (09)：82-88.

[29] 李惠玲，白晓民，谭闻，等．基于智能电网的动态经济调度研究．电网技术，2013，37 (06)：1547-1554.

[30] 张谦，刘超，周林，等．计及可入网电动汽车最优时空分布的双层经济调度模型．电力系统自动化，2014，38 (20)：40-45.

[31] 庄怀东，吴红斌，刘海涛，等．含电动汽车的微网系统多目标经济调度．电工技术学报，2014 (S1)：365-373.

[32] 吴红斌，侯小凡，赵波，等．计及可入网电动汽车的微网系统经济调度．电力系统自动化，2014，38 (09)：77-84.

[33] MacArthur R H，Wilson E O. The theory of island biogeography. Princeton，N. J.：Princeton University Press，1967.

[34] Mohammadi-ivatloo B，Rabiee A，Soroudi A，et al. Imperialist competitive algorithm for solving non-

convex dynamic economic power dispatch. Energy，2012，44（1）：228-240.

[35] Aghaei J，Niknam T，Azizipanah-Abarghooee R，et al. Scenario-based dynamic economic emission dispatch considering load and wind power uncertainties. International Journal of Electrical Power & Energy Systems，2013，47：351-367.

[36] Niknam T，Azizipanah-Abarghooee R，Aghaei J. A new modified teaching-learning algorithm for reserve constrained dynamic economic dispatch. IEEE Transactions on Power Systems，2013，28（2）：749-763.

[37] Yuan X，Su A，Yuan Y，et al. An improved PSO for dynamic load dispatch of generators with valve-point effects. Energy，2009，34（1）：67-74.

[38] Immanuel Selvakumar A. Enhanced cross-entropy method for dynamic economic dispatch with valve-point effects. International Journal of Electrical Power & Energy Systems，2011，33（3）：783-790.

[39] Bahmani-Firouzi，B.，E. Farjah，A. Seifi. A new algorithm for combined heat and power dynamic economic dispatch considering valve-point effects. Energy，2013. 52：320-332.

第 15 章

海上风电集群并网安全经济调度

15.1 引 言

电力清洁低碳转型对实现全社会经济绿色发展具有全局性意义。“双碳”目标下，构建新型电力系统成为必然选择。海上风电具有风能密度高、风速稳定、单机发电量大等优势，已成为目前新能源发电领域的热门发展方向之一。我国海上风能资源丰富，且与负荷中心位置高度重合，具有良好的并网消纳条件，随着我国海上风电产业链的不断完善、海上风电建设运行经验的不断积累，我国海上风电将迎来快速增长阶段。2022 年我国海上风电新增装机容量 5260000kW。根据多家机构预测，“十四五”期间中国海上风电延续快速发展态势，到“十四五”末装机规模将达到 60GW。我国海上风电技术可开发规模达到 3009GW，可占 2060 年新能源预期装机的 50%以上。“双碳”目标下，海上风电将成为我国大力发展新能源的必然选择，在能源结构转型中发挥举足轻重的作用，同时与“西电东送”和本地电源共同成为中东部电力供应的重要支柱。

海上风电输出功率的波动和间歇行为使其具有强烈的不确定性，与陆上风电不同，其受到气象因素、海洋环境、设备性能、天气系统等多重因素的综合影响，对优化模型建模难度和求解效果产生负面影响，预测的准确性对于调度部门制定发电计划，维护电力系统的实时平衡至关重要，成为制约海上风电大规模发展的关键技术难题。根据功率预测对象的数据特性的差异，可以将风电功率预测划分为时序预测、概率预测等，根据预测的时间尺度可分为超短期、短期、中期和长期预测。目前的预测方法整体上包括依赖于气象数据的物理方法、侧重于历史数据分析的统计方法、利用先进计算能力的人工智能技术，以及结合这些不同方法的元素以提高预测准确性的混合方法。另外，针对台风等极端场景下的海上风电功率预测方法也亟待研究。

深入研究海上风电集群并网特性，有助于从根本上提高海上风电预测精度、修正预测结果，对电网调度优化、运行控制策略的制定具有重大意义。动态最优潮流考虑不同时间断面之间的耦合约束，通过对整个调度周期的整体协调优化，相较传统的静态最优潮流应用范围更为广泛。在大规模海上风电接入的研究背景下，将传统的动态最优潮流模型统与不确定性鲁棒建模相结合，以使得优化解免受数据不确定性的影响，使电力系统在整个调度周期内有效兼顾安全性、稳定性和经济性。开展海上风电集群并网运行特性，以及新型电力系统动态最优潮流的研究，可实时掌控海上风电并网系统的运行状态，实现电力系统的安全、稳定、高效运行，并为后续的电网优化调度提供数据服务。

在电力系统优化调度模型方面，海上风电强烈的不确定性和反调峰特性给电力系统的电力电量平衡带来巨大的挑战。传统日前计划模型往往仅考虑本时段的电量平衡，忽略了相邻调度时段内的功率波动，对应的风电不确定性量化模型也多以单时段和单风电场或风电集群为研究对象。受大气系统惯性影响，风电输出功率具有明显的时序性，相邻时段的不确定性分布信息具有相似性，与此同时，相邻区域的风电输出功率具有较强的相关性，其变化趋势往往较近，互补性较低，考虑风电时空相关性的日前调度模型具有重要的意义。在日内—实时优化调度阶段，模型预测控制理论对高不确定性模型具备较强的适应性，可以求解在线滚动优化多约束问题。

15.2 海上风电集群并网概述

15.2.1 海上风电集群时空特性分析

大规模海上风电通常包含数十台至数百台风力发电机组，这些机组分布于深浅不一的海面上，形成海上风电集群。相邻的风电场具有相似的气象条件和地理位置，导致风电输出功率具有一定的时序性且相邻的机组输出功率有较强的相关性，变化趋势相似但互补性较低。在面向海上风电的时空不确定性问题中，首先进行多风电场输出功率的空间相关性研究，再进行单风电场的输出功率时序性相关研究，最后构建时空不确定性模型。通过以上几个步骤进行海上风电不确定性量化研究，如图 15.1 所示。

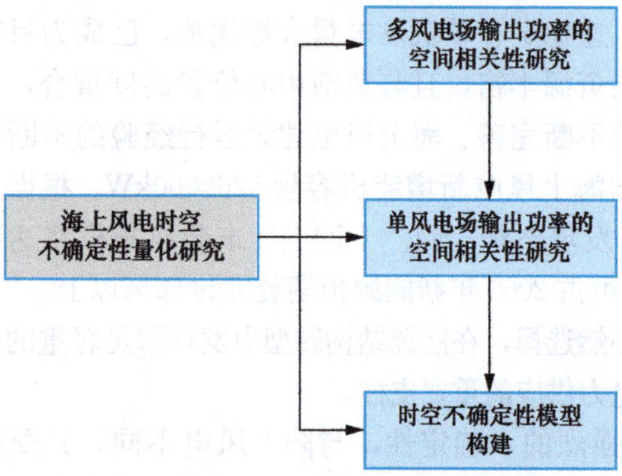

图 15.1　海上风电时空不确定性量化研究

考虑风电的空间相关性，可以使日前日内实时调度计划模型更切合实际，从而更好地进行调度优化，提高系统运行的经济性和可靠性。当前，风电场的空间相关性主要采用基于相关系数矩阵和基于 Copula 函数的相关性分析方法，时序上的自相关特性一般采用概率密度函数法和时间序列法和马尔科夫链模型进行分析。由于单个衍生函数均不能表现非对称的尾部相关性，难以精确刻画类型多样的风电场相关性，将按不同权重组成混合 Copula 函数刻画海上多风电场的时空相关性。海洋多风力发电系统的总体输出功率分布特征和波动性与各个风电场的风速关系密切相关。随着空间分布规模的增加，风力发电的波动性逐渐减弱，其最大值与装机容量之间的关系曲线表现出了一定的缓和作用。

15.2.2 海上风电集群汇集方式

海上风电集群汇集系统将众多海上风电机组可靠地连接在一起并考虑尽可能多地节省成本，一般由若干台风电机组、集电电缆、开关设备、变压器等电力设备组成。海上风电集群汇集方式可分为交流并联式、直流并联式、直流串联式汇集方式。

(1) 交流并联汇集方式是将各台风电发电机通过本地交流升压后并联到海上变电站，然后通过海上变电站将风电集中送出的集电方式，这也是目前使用最广泛的集电方式。此汇集方式整体来说连接方式简单、控制方式灵活，但需体积较大的海上平台（主要包括集中式交流变压器）和较多的三相交流电缆。图 15.2 给出了交流并联式汇集方式示意图。

交流拓扑结构可进一步分为放射型、环型、星型等。放射型拓扑结构主要包括链型和树型两种类型，其中链型结构可视为树型结构的一种特殊情况。放射型拓扑结构的优势在于成本较低、控制方法简单；劣势在于可靠性有待进一步提高，即发生故障时与主电缆相连的电力设备都会停止运行。实际上，基于放射型拓扑结构的交流汇集系统中主电缆相对较短，从母线到馈线末端的电缆横截面直径逐渐减小。基于放射型拓扑结构，环型拓扑结构通过额外的单独馈线将电缆末端的风电机组重新连接至母线。环型拓扑结构的优势在于明显提高系统可靠性，劣势是成本较高且操作较为复杂。在发生故障时，环型拓扑结构可以迅速断开电缆上的开关设备，实现隔离故障，并确保系统电能传输的可靠性。在星型拓扑结构中，各风电机组输出功率均汇集到中心的汇集点，经由母线输出，汇集系统中通常包括若干个星型形状布局。星型拓扑结构优势在于各台风电机组独立运行与调控，当风电机组和电缆故障时其他部件仍然正常运行，与环型结构相比建设成本较小，与放射型结构相比具有较高的可靠性；劣势在于星型拓扑结构中心处开关设备较为复杂，其控制过程较为繁琐。

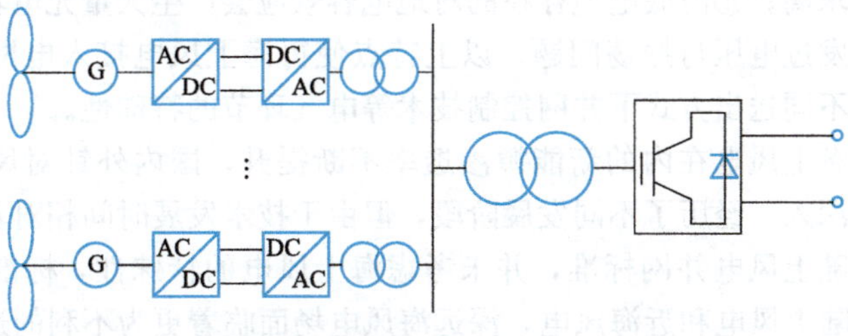

图 15.2 交流并联式汇集方式示意图

近年，针对交流汇集系统的拓扑结构，许多学者进行了优化研究。文献［4］采用单亲遗传算法对汇集系统的拓扑结构进行优化分析，以满足于不同情况下风电场的经济性要求；文献［5］采用基于模糊C均值聚类的优化方法设计拓扑结构并采用蒙特卡罗模拟法建立大型海上风电场集电系统可靠性评价体；文献［6］使用可靠性评估方法设计拓扑结构并采用图论的方法得到可靠性指标进行分析；文献［7］评估不同拓扑结构的经济技术指标并对多个拓扑结构进行对比。总体而言，海上风电集群主要采用放射型拓扑结构，尤其是链型结构，原因主要在于星型和环型拓扑结构复杂、建造价格较高等限制。

(2) 直流并联式汇集方式将各台风电机组经过整流、升压后并联到直流、交流逆变器。图15.3给出了直流并联式汇集方式示意图。此汇集方式仅需费用较低的直流电缆和设备体积较小的海上平台，但当前高压大功率直流变压器技术不成熟，实现起来较为困难。

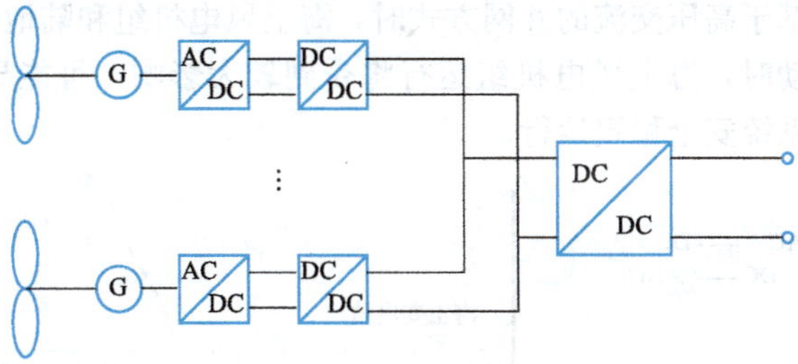

图 15.3 直流并联式汇集方式示意图

(3) 直流串联式汇集方式将各台风电机组输出功率在前级交流升压后转换成直流电，然后通过直流侧串联将直流电压升至额定输送电压。图15.4给出了直流串联式汇集方式示意图。此汇集方式不需要集中式的变压器，也减少了变换器的数量，进一步降低了建设成本，但其控制较为复杂，例如风电机组的容错控制。

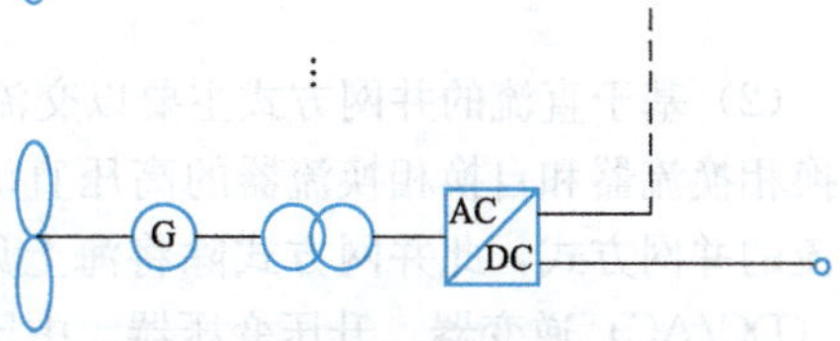

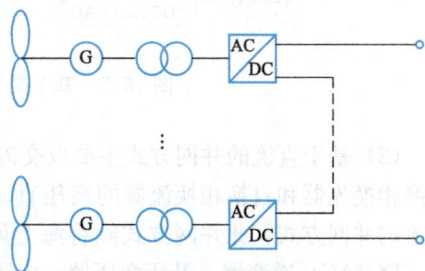

图 15.4 直流串联式汇集方式示意图

15.2.3 海上风电集群并网技术

由于受海洋特殊自然环境及输电方式等的影响，

海上风电并网面临着许多新的问题与挑战。与陆上风电相比，海上风电主要特点为：①海上测风塔及气象站建设难度大、成本高，导致水文气象资料缺乏，风能资源预测数据不足且精度较差，海上风电场功率优化调度困难；②海上平台空间紧张，且设备安装难度大，对换流器等设备的模块化、集成化程度要求高；③海上气象条件复杂，受台风等恶劣天气的影响，风电场运维难度大，对设备可靠性要求高；④海底电缆存在的对地电容效应会产生大量充电功率，导致系统无功补偿设计困难，易引发过电压与振荡问题。以上特点使得海上风电接入电网时需着重考虑规划设计、试验调试以及不同送出方式下并网控制技术等电气环节的特殊性。

随着包括大规模海上风电在内的新能源渗透率不断提升，国内外针对风电并网关键技术及其评估规范研究逐渐深入，经历了不同发展阶段，但由于技术发展时间相对较短，部分海上风电并网标准仍等同采用陆上风电并网标准，并未考虑海上风电的特殊性，标准的适用性存在一定局限。此外，相对于陆上风电和近海风电，深远海风电场面临着更为不利的运维条件，一旦发生严重扰动或故障，电网会受到更为严重的冲击。

海上风电集群并网方式主要通过高压交流、高压直流以及分频输电来输送功率，完成其与新型电力系统并网的环节。

(1) 基于高压交流的并网方式主要包括海上风电机组集群、交流/直流（AC/DC）整流器、直流/交流（DC/AC）逆变器、升压变压器、中压交流汇集母线、海上变电站、高压交流输电线路以及陆地变电站。具体来说，海上风电机组集群输出功率首先经整流、逆变、升压变压器（第一级升压）连接到中压交流汇集母线，再经海上变电站（第二级升压）、高压交流线缆并入电网。图 15.5 给出了基于高压交流的海上风电集群并网示意图。此并网方式是当前实际工程应用最为常见的方案，其优势在于结构简单、工程造价（即成本）较低；劣势在于传输有功功率时会产生更大的损耗，即线路损耗（有功功率）较大，而交流海底电缆会产生较多的感性无功从而造成无功损耗（且无功补偿无法部署于海底电缆），进而限制了输电并网距离，为此常需要在海上变电站或陆地变电站增设感性无功补偿装置以提高输送能力。此外，此并网方式不能隔离电网故障，受电网影响较大。采用基于高压交流的并网方式时，海上风电机组和陆地电网属于同步电网。当陆地电网因故障发生扰动时，海上风电机组运行将受到较大影响，可能导致整体海上风电集群失稳，不利于新型电力系统安全稳定运行。

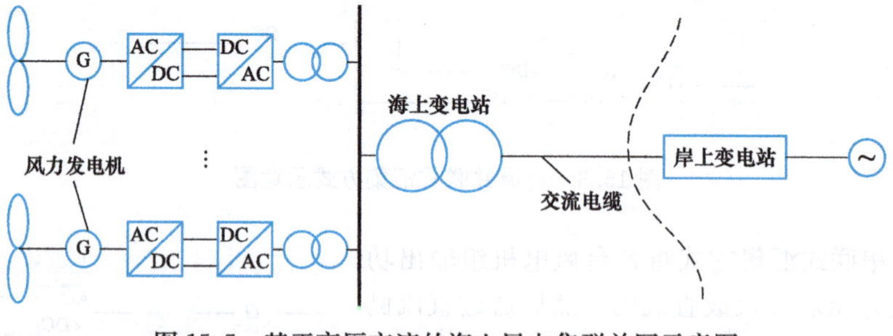

图 15.5　基于高压交流的海上风电集群并网示意图

(2) 基于直流的并网方式主要以交流/直流整流站和直流/交流逆变站代替变电站，分为基于线换相换流器和自换相换流器的高压直流并网，是当前较为可靠的并网方案。类似于基于高压交流的并网方式，此并网方式除将海上风电机组集群、交流/直流（AC/DC）整流器、直流/交流（DC/AC）逆变器、升压变压器、中压交流汇集母线外还包括海上交流/直流整流站、直流输电线缆和陆地直流/交流逆变站。由中压交流汇集母线而出的海上风电输出功率转为直流电能，经直流电缆输送至陆地逆变站后并入电网。

整流/逆变站可由电流源型变换器或电压源型变换器建设而来，早期基于直流的并网方式主要为基于线换相换流器的高压直流输电并网方式，后发展为基于自换相换流器的柔性直流的并网方式。图 15.6 给出了基于线换相换流器的高压直流的海上风电集群并网示意图。基于线换相换流器的高压直流输电并网方式有较高的传输容量，输电距离没有限制，且能够隔离电网故障。直流输电电缆造价较低，其电容充电效应几乎可以忽略，因此输电距离可以不受限制，且输电损耗较交流线缆小。此外，由于采用基于整流站和逆变站的直流输电并网方案，海上风电机组和陆地电网异步运行，因此可以隔离电网故障，即陆地电网因故障受到扰动对海上风电机组运行影响较小，可适应海上风电集群的大范围频率波动。然而，此方式能量不能双向传输，且需建设较大的海上平台，该平台包含了体积较大的电流源型变换器，以及额外的滤波器和无功补偿装置(以提高输送能力)，其建设成本较高，随着海上风电集群离岸距离增加，其建设成本进一步增加。当电流源型变换器的逆变侧发生严重的交流故障时，逆变站会发生换相失败，需设计相应的故障穿越方式。此外，电流源型变换器不具备黑启动能力，即不能给无源网络供电，因此在整体并网系统启动前需在海上整流站安装额外的发电机。

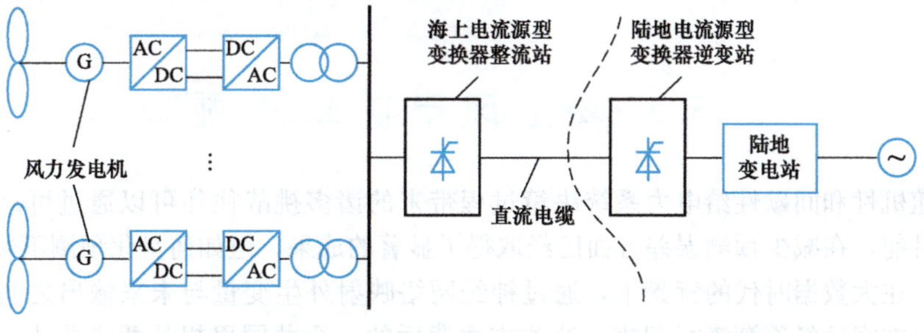

图 15.6　基于线换相换流器的高压直流的海上风电集群并网示意图

进一步地，基于自换相换流器的柔性高压直流输电并网方式采用基于全控型器件和脉宽调制技术的柔性直流输电技术，可独立控制有功功率和无功功率、风电输出功率的稳定输送，以及电网稳定运行，因此不需要额外的无功补偿装置。此外，此并网方式采用可关断器件 IGBT 作为开关器件，无需借助电网进行换向，解决了换向失败问题。此外，此并网方式具备黑启动能力，即可给无源网络供电，系统启动过程中不需在海上整流站装设辅助电源。这些特点使其在高电压大功率远距离传输并网中具有明显的发展前景。然而，其输电损耗比基于高压交流的并网方式小，比基于线换相换流器的高压直流输电并网方式大，且 IGBT 器件成本较高，比采用晶闸管的电流源型变换器设备成本高。图 15.7 给出了基于自换相换流器的高压直流的海上风电集群并网示意图。

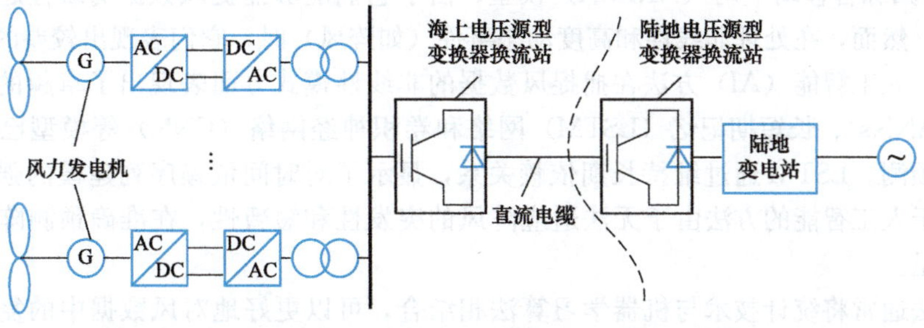

图 15.7　基于自换相换流器的高压直流的海上风电集群并网示意图

(3) 基于分频输电的并网方式将海上风电机组集群、交流/直流（AC/DC）整流器、直流/

交流（DC/AC）逆变器、升压变压器、中压交流汇集母线外，还包括分频变压器、分频线路、交流/交流变频器和换流变压器。图 15.8 给出了基于分频输电的海上风电集群并网示意图。此并网方式采用比工频更低的频率来传输电能。这种方式容易形成多端网络，不需要提高电压等级，降低了输电阻抗，从而降低了输电电气距离，提高了功率输送效率，有效降低系统的线路建设成本；其劣势在于低频侧变压器体积和重量至少为工频变压器的两倍，因此造价较高。

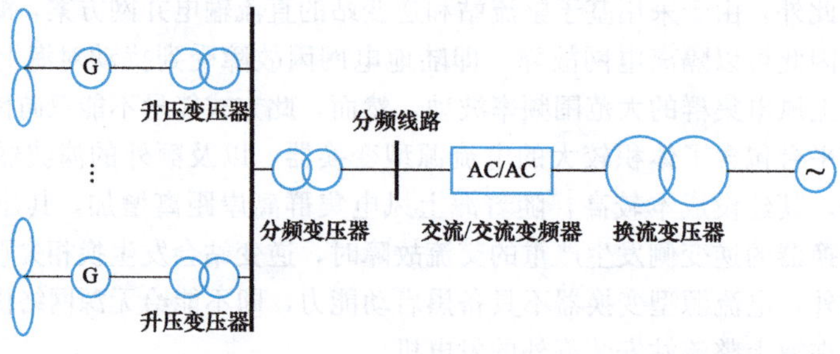

图 15.8　基于分频输电的海上风电集群并网示意图

15.3　海上风电功率预测

风电的随机性和间歇性给电力系统决策过程带来的诸多挑战往往可以通过可靠的风电预测得到缓解。目前，在减少预测误差方面已经取得了显著的成果，但如何量化预测不确定性仍缺乏可靠的指标。在大数据时代的背景下，通过神经网络映射外生变量与未来输出之间关系的数据驱动机器学习方案已经逐渐流行起来。这些方案背后的一个共同思想是两步范式，即从定期存储的历史数据中捕获模式，并在最新输入下推断未来的输出。随着高分辨率测量设备的装配，风电数据以大规模、高速数据流的形式出现，造成巨大的存储开销。现有常规条件下海上风电功率的预测研究已较为全面，本节主要对突变场景、台风场景两种特殊情况下的海上风电功率预测进行分析与介绍。

15.3.1　突变场景的海上风电功率预测

15.3.1.1　突变场景的海上风电功率预测概述

物理方法主要依靠气象资料和数值天气预报（Numerical Weather forecasting，NWP），在中长期风速预报中取得了较好的效果。然而，物理方法对实时气象数据的高度依赖和复杂的计算要求，难以满足超短期预报的实时性需求。统计模型包括自回归（AR）、自回归移动平均（ARMA）和自回归综合移动平均（ARIMA）模型，由于它们能够捕捉风数据的线性趋势，通常用于短期预测。然而，在处理非线性和高度动态事件（如阵风）时，它们表现出较差的性能。

近年来，人工智能（AI）方法在捕捉风数据的非线性模式方面表现出了卓越的能力。人工神经网络（ANNs）、长短期记忆（LSTM）网络和卷积神经网络（CNN）等模型已被广泛用于超短期风速预测。LSTM 通过维持长期依赖关系，显示了对时间依赖序列建模的强大能力。然而，许多基于人工智能的方法由于无法适应阵风的突发性和短暂性，在准确预测阵风事件方面仍然存在不足。

混合方法通常将统计技术与机器学习算法相结合，可以更好地对风数据中的复杂非线性模式进行建模。例如，将自回归模型与神经网络结合可以捕获线性趋势和复杂的动态，从而提高对数据变异性的鲁棒性。此外，一些混合方法采用数据分解技术，将风速时间序列分解为更易于管理的组件，从而对不同的风况进行更集中的预测。常用的分解方法包括经验模态分解（EMD），它将时间序列分解为内禀模态函数（IMFs），以有效捕获局部振荡和趋势；小波变换（WT），分析不同尺度的信号进行多分辨率分析；变分模态分解（VMD），将信号分成具有特定带宽的模态；以及集成经验模态分解（EEMD），这是 EMD 的扩展，增加了噪声以增强鲁棒性和可靠性。这些分解方法通过隔离风速信号的不同频率分量，显著提高了混合预测模型准确预测风力发电的能力。

在混合方法的应用中，虽然数据分解技术可以有效地从风速信号中提取不同的频率成分，但它们可能难以准确识别与突发事件（如阵风）相关的快速动态特征。不能识别这些变化会影响模型在阵风事件期间的预测准确性，导致对风速变化的反应延迟。此外，虽然分解技术可以分离不同的频率成分，但在复杂的非线性动力学中可能会忽略关键的时间信息，从而进一步降低整体预测性能。此外，一些分解方法，如 EEMD 和 VMD，涉及复杂的计算和参数选择，会在实时预测中引入延迟，影响模型的实用性。这些方法往往对不同的气象条件或风速变化模式表现出较差的适应性，使其难以灵活应对不断变化的环境。因此，尽管基于数据分解技术的混合模型在风速预报方面具有优势，但这些局限性仍然制约了其在实际应用中的有效性。

15.3.1.2 突变场景的海上风电功率预测模型

本节概述了所提框架的关键组成部分，重点介绍了动态阵风检测方法和条件长短时记忆（Conditional LSTM）模型在超短期风速预测中的应用。主要目标是通过动态窗口调整和基于场景的建模方法，高精度识别阵风事件，并提高风速预测的准确性。

15.3.1.2.1 任务定义

研究的主要任务是超短期风速预测，旨在基于过去的风速和气象变量预测未来几分钟的风速，重点是准确预测阵风事件。阵风事件通常表现为风速的快速变化，这些变化持续时间短且动态变化强烈，因此预测难度较大。

给定一系列过去的风速和其他相关变量，目标是预测未来一段时间内的风速序列 $\hat{X}_{t+1:t+H}$，即

$$\hat{\boldsymbol{X}}_{t+1:t+H}=\{\hat{\boldsymbol{x}}_{t+1},\hat{\boldsymbol{x}}_{t+2},\cdots,\hat{\boldsymbol{x}}_{t+H}\} \tag{15.1}$$

$\boldsymbol{X}_t=\{\boldsymbol{x}_1,\boldsymbol{x}_2,\cdots,\boldsymbol{x}_t\}$ 为时刻 t 的风速或气象数据。

阵风事件定义为风速在短时间内快速增减，任务是检测这些事件并标记出来，便于风电场优化。

阵风事件的检测依赖于风速变化的幅度和变化速率。若风速在短时间内变化超过一定阈值，就会被判定为阵风事件。这个阈值通过动态调整的窗口机制来实现。

15.3.1.2.2 阵风检测

风速剧烈波动通常表现为局部极大值，即风速在短时间内急剧上升并达到一个峰值，这就是阵风。为了更好地识别阵风事件，研究采用一种基于局部极大值的阵风识别方法，并结合动态滑动窗口技术，使得窗口大小能够根据风速变化的速率灵活调整，从而平衡噪声抑制和阵风捕捉的能力。通过这种方法，可以有效捕捉阵风的发生，并抑制风速信号中的噪声和异常值。

阵风的主要特征包括：

(1) 突发性。阵风是风速在短时间内的剧烈上升，并迅速达到峰值。

(2) 局部极值。阵风表现为局部的风速极大值，而非极小值。

(3) 高频波动。阵风的频率通常高于风速整体变化的频率。

为了捕捉这些特征，设计一种阵风识别算法，利用滑动窗口技术动态调整窗口大小，并结合局部极大值检测方法。风速的变化率是判断风速剧烈变化的重要指标。给定风速时间序列 $W(t)$，

风速变化率 $\Delta W(t)$ 可以通过计算连续两次测量值之间的相对差异来获得

$$\Delta W(t)=\frac{W(t)-W(t-1)}{W(t-1)} \tag{15.2}$$

该相对变化率为风速波动提供了标准化的衡量指标，对于调整窗口大小至关重要。每个时间步的动态窗口大小由 $\Delta W(t)$ 的幅度来决定：如果 $\Delta W(t)$ 的绝对值超过预定的变化阈值 $T_{\Delta W}$，则窗口大小会减小，以便捕捉高频的阵风；如果 $\Delta W(t)$ 小于阈值，则窗口大小会增大，以考虑较为平缓的风速变化。每个时间步的动态窗口大小 $W_{\mathrm{dyn}}(t)$ 更新为

$$W_{\mathrm{dyn}}(t)=\begin{cases}\max(W_{\min},W_{\mathrm{base}}-k\Delta W(t)) & \text{if } \Delta W(t)>T_{\Delta W}\\ \min(W_{\max},W_{\mathrm{base}}+k(T_{\Delta W}-\Delta W(t))) & \text{otherwise}\end{cases} \tag{15.3}$$

式中：W_{base} 为基准窗口大小，用于平衡噪声抑制与阵风捕捉的需求；$W_{\min}$ 和 $W_{\max}$ 为窗口大小的下限和上限，以确保窗口大小不至于过大或过小；k 是窗口调整因子，用于控制窗口大小对风速变化率 $\Delta W(t)$ 的敏感度；$T_{\Delta W}$ 是风速变化率的阈值，当风速变化率超过此阈值时，视为发生了剧烈变化（即阵风）。

通过动态调整窗口大小，该方法能够在风速剧烈变化时缩小窗口以更好地捕捉阵风，并在风速平稳时增大窗口，从而减少噪声干扰。

确定每个时间步的动态窗口大小后，使用平滑后的风速值来降低噪声的影响。风速平滑处理对于确保原始数据中的微小波动或随机噪声不会触发误判的阵风检测至关重要。平滑后的风速 $W_{\mathrm{smooth}}(t)$ 是通过对动态窗口内的风速值进行加权移动平均计算得到的

$$W_{\mathrm{smooth}}(t)=\frac{\sum_{i=t-\frac{W_{\mathrm{dyn}}}{2}}^{t+\frac{W_{\mathrm{dyn}}}{2}} w_i W(i)}{\sum_{i=t-\frac{W_{\mathrm{dyn}}}{2}}^{t+\frac{W_{\mathrm{dyn}}}{2}} w_i} \tag{15.4}$$

式中：w_i 为每个风速值 $W(i)$ 分配的权重，权重值越接近当前时间步 t 的数据，其权重越大。这确保了最近的数据对平滑结果的影响更大。

应用平滑处理后，在每个动态窗口内识别局部极大值。局部极大值定义为在当前窗口内超过所有其他平滑值的风速值。如果某一时刻 t 的平滑风速 $W_{\mathrm{smooth}}(t)$ 满足以下条件

$$W_{\mathrm{smooth}}(t)=\max\left(W_{\mathrm{smooth}}\left(t-\frac{W_{\mathrm{dyn}}(t)}{2}\right),W_{\mathrm{smooth}}\left(t+\frac{W_{\mathrm{dyn}}(t)}{2}\right)\right) \tag{15.5}$$

则认为该时刻的风速为局部极大值，表示可能发生了阵风事件。

此外，为了确认是否为阵风，还引入了一个动态阈值 $\Delta W_{\mathrm{diff}}(t)$，该阈值根据数据集中的长期风速变化来调整，确保只有显著的风速变化才会被判定为阵风。每个时间步的阈值 $\Delta W_{\mathrm{diff}}(t)$ 通过风速在预定义时间段内的长期标准差 $\sigma_W(t)$ 动态计算：

$$T_{\mathrm{diff}}(t)=k_{\mathrm{threshold}}\sigma_W(t) \tag{15.6}$$

式中：$k_{\mathrm{threshold}}$ 为缩放因子，$\sigma_W(t)$ 为过去一段时间内风速的标准差。

若检测到的峰值的风速差超过动态阈值，则可将该峰值视为阵风

$$\Delta W_{\mathrm{diff}}(t)=\left|W_{\mathrm{smooth}}(t)-W_{\mathrm{smooth}}\left(t-\frac{W_{\mathrm{dyn}}(t)}{2}\right)\right|>T_{\mathrm{diff}}(t) \tag{15.7}$$

通过动态调整阈值，该方法可以适应不同风况的变化，捕捉到不同风场条件下的阵风事件，同时避免由正常波动引起的误报。

15.3.1.2.3 条件序列建模

为了提高风速预测的准确性，特别是在阵风情况下，提出了条件 LSTM 模型。该模型将阵风检测与序列建模相结合，更好地捕捉风速的突变。通过结合阵风嵌入、注意力机制和门控单元，模型能够有效识别并预测阵风事件，从而提高其在阵风情况下的表现。

(1) 阵风嵌入。嵌入层是深度学习模型中常见的组件，尤其是在处理分类或离散输入时。其作用是将离散的阵风标签 $\boldsymbol{g}_t$ 转换为连续的稠密向量表示（嵌入向量）。这些嵌入向量的维度为 d_g，它们通过一个嵌入矩阵 $\boldsymbol{E}\in\Re^{2\times \mathrm{d_g}}$ 查找，其中 2 代表阵风的两种状态（阵风和非阵风）。

$$\boldsymbol{g}_t=\boldsymbol{E}(\boldsymbol{g}_t),\ \boldsymbol{g}_t\in\Re^{\mathrm{d_g}} \tag{15.8}$$

嵌入层的主要功能是将离散类别（阵风标签）映射到固定维度的连续空间，从而使得模型能够在学习过程中捕捉阵风状态对风速动态的影响。嵌入向量 $\boldsymbol{g}_t$ 与风速输入 $\boldsymbol{x}_t$ 连接，形成 LSTM 层的输入。

$$\boldsymbol{z}_t=\begin{bmatrix}\boldsymbol{x}_t\\ \boldsymbol{g}_t\end{bmatrix}\quad \boldsymbol{z}_t\in\Re^{\mathrm{d}_x+\mathrm{d_g}} \tag{15.9}$$

式中：$\boldsymbol{x}_t\in\Re^{\mathrm{d}_x}$ 为时刻 t 的风速输入；$\boldsymbol{g}_t\in\Re^{\mathrm{d_g}}$ 为时刻 t 的阵风嵌入。

(2) 长短时记忆（LSTM）。LSTM（长短时记忆网络）是一种专门为处理时间序列数据而设计的神经网络架构，能够捕捉序列中的长期和短期依赖关系。在模型中，LSTM 的输入是连接后的风速向量 $\boldsymbol{c}_t$ 和阵风嵌入 $\boldsymbol{g}_t$。LSTM 的隐状态 $\boldsymbol{h}_t$ 和记忆状态 $\boldsymbol{c}_t$ 会根据上一个时间步的状态和当前的输入更新。

LSTM 的更新过程为

$$\boldsymbol{h}_t,\ \boldsymbol{c}_t=\mathrm{LSTM}(\boldsymbol{z}_t,\ \boldsymbol{h}_{t-1},\ \boldsymbol{c}_{t-1}) \tag{15.10}$$

式中：$\boldsymbol{h}_t\in\Re^{d_h}$ 为时刻 t 的隐状态，表示模型对当前时间步输入的记忆。d_h 为 LSTM 隐层的维度；$\boldsymbol{c}_t\in\Re^{d_h}$ 为时刻 t 的记忆状态，存储长期记忆。

通过其内部的门控机制，LSTM 能够有效地捕捉短期变化（通过隐状态 $\boldsymbol{h}_t$）和长期依赖（通过记忆状态 $\boldsymbol{c}_t$）。这使得它特别适合用于风速和阵风事件的时间序列预测。

(3) 注意力机制。注意力机制是一种技术，使得模型能够根据不同时间步的重要性分配不同的权重，从而更加关注最相关的时间步。模型采用了多头注意力机制，它在多个子空间中计算和聚合注意力权重，从而增强模型的表现能力。

注意力机制的核心思想是根据当前隐状态 $\boldsymbol{h}_t$（作为查询 Q）与序列中所有隐状态（作为键 $\boldsymbol{K}$ 和值 $\boldsymbol{V}$）之间的相似度来分配权重。具体的计算方法为

$$\boldsymbol{A}=\mathrm{softmax}\left(\frac{\boldsymbol{QK}^{\mathrm{T}}}{\sqrt{d_h}}\right) \tag{15.11}$$

式中：$\boldsymbol{Q}=\boldsymbol{h}_t$ 为当前时间步的隐状态，作为查询矩阵；$\boldsymbol{K}=\boldsymbol{h}$ 为所有时间步的隐状态，作为键矩阵；d_h 为隐层的维度。

注意力输出 $\boldsymbol{O}_t$ 是通过加权求和从值矩阵 $\boldsymbol{V}$ 得到的

$$\boldsymbol{O}_t=\boldsymbol{AV},\ \boldsymbol{V}=\boldsymbol{h}_t \tag{15.12}$$

在模型中，多头注意力机制会并行计算多个注意力头，捕捉不同时间步之间的多尺度依赖关系。该机制使得模型能够更加灵活地处理长期依赖问题，确保它能够集中注意力在风速预测和阵风检测任务中关键的时间步。

(4) 条件门控机制。为了进一步调整注意力机制的输出，引入门控机制。门控机制的作用是根据阵风嵌入 $\boldsymbol{g}_t$ 调节注意力输出的影响。通过门控权重 w_t，模型可以根据阵风状态动态地调整

信息流，控制最终预测的灵敏度。门控权重通过以下公式计算

$$w_t = \sigma(W_g g_t + b_g) \quad w_t \in \Re^{d_h} \tag{15.13}$$

式中：W_g 为学习得到的权重矩阵；g_t 为阵风嵌入；σ 为 sigmoid 激活函数。

最终的门控输出 O_t^{gated} 通过对注意力输出 O_t 和门控权重 w_t 进行逐元素相乘得到

$$O_t^{\text{gated}} = O_t \odot w_t \tag{15.14}$$

门控机制允许模型根据当前的阵风状态调节注意力输出的大小，从而增强预测的灵活性和准确性。

15.3.1.2.4　损失函数设计

为了训练模型，定义一个复合损失函数，该函数结合了风速预测和阵风事件检测的损失。这个损失函数是风速预测的均方误差（MSE）损失和阵风事件预测的二进制交叉熵（BCE）损失的加权和

$$L = \lambda_1 L_{\text{wind}} + \lambda_2 L_{\text{gust}} \tag{15.15}$$

$$L_{\text{wind}} = \frac{1}{T}\sum_{t=1}^{T}(y_t^{\text{wind}} - \hat{y}_t^{\text{wind}})^2 \tag{15.16}$$

$$L_{\text{gust}} = -\frac{1}{T}\sum_{t=1}^{T}\begin{bmatrix} y_t^{\text{gust}}\log\hat{y}_t^{\text{gust}} + \\ (1-y_t^{\text{gust}})\log(1-\hat{y}_t^{\text{gust}}) \end{bmatrix} \tag{15.17}$$

式中：L_{wind} 为风速预测的均方误差，可以通过以下公式计算；L_{gust} 为阵风事件检测的二进制交叉熵、λ_1 和 λ_2 为超参数，用于平衡两项损失的贡献；T 为时间步的总数。

15.3.2　台风场景的海上风电功率预测

15.3.2.1　台风场景的海上风电功率预测概述

考虑到台风风场的时空分布不均匀性和台风移动路径的强随机性，需要可靠的台风移动模拟以提高台风预测和评估的准确性。台风移动模拟包括台风风场模拟和台风移动路径模拟。现有的常用台风风场模型包括 Batts 风场模型、Shapiro 风场模型、CE 风场模型、Yan Meng 风场模型、Vickery 风场模型等，通过风场模型可以获得较为准确的台风风速分布。另外，考虑地形等下垫面因素以及复杂的台风边界层时空速度分布的影响，可进一步提高风场特征的描述精度。文献［14］结合台风最佳路径数据集和卫星数据，考虑热带气旋中心气压差、最大风速半径、纬度、移动速度以及强度变化率，构建了基于反向传播神经网络的台风风场霍兰德 B（Holland B）参数模型。

在台风风场、风速和移动路径变化特性的基础上，可以有效构建针对台风这一极端天气状态的预测模型。台风预测方法主要分为三类：数值模拟、统计分析和机器学习。在具有历史气象和台风记录数据的前提下，基于机器学习的预测方法被广泛采用。文献［15］考虑台风气象的复杂时空特性，构建了一种结合 CNN 和 LSTM 的时空深度混合台风预测模型。深度学习模型方法可以更加全面地挖掘高维历史台风数据、气象数据、地理信息等多源异构数据在时序上的变化特性和耦合机理。文献［16］首先对风速数据进行小波分解，然后构建门控循环单元完成多步台风风速预测。文献［17］建立了一种基于卷积 LSTM 和空间注意力机制的编码—预测模型来预测台风。另外，由于台风变化的不确定性特征和造成灾害影响的严重性，在关注逐时台风信息点预测精确度的基础上，需要进一步研究精细化的区间预测方法。

除了考虑台风预测模型和风速不确定性以外，受台风影响用户负荷也具有一定的随机性，增加了负荷预测的难度。人工智能技术在数据挖掘方面具有独特优势，应用于台风天气下的负荷预测，取得了较好效果。文献［18］提出了用孪生支持向量机训练历史飓风的路径、强度信息、地理信息网格化下的电力元器件的状态，然后用训练好的模型预测未来在台风影响下电力元器件的状态，最后将这些电力元器件的状态集成到一个负荷衰减模型当中，预测电网在遭受

台风影响时的负荷削减量。文献［19］提出了一种基于 boosting 算法（提升算法）AdaBoost+（自适应增强算法）的集成学习方法，预测由于天气原因导致的电力负荷缺损量。

15.3.2.2 台风风场与海上风电时空关联分析

双馈风力机随风速变化的典型输出功率曲线呈现非线性，经线性化处理后，可得第 n 台海上风机的分段输出功率特性曲线如下

$$P_{\mathrm{WTG}}^{n}=P_{W}\times\begin{cases}r_1(w-w_{\mathrm{C}}) & w_{\mathrm{C}}\leqslant w^{n}\leqslant w_{\mathrm{L}}\\ r_1(w_{\mathrm{L}}-w_{\mathrm{C}})+r_2(w-w_{\mathrm{L}}) & w_{\mathrm{C}}\leqslant w^{n}\leqslant w_{\mathrm{U}}\\ r_1(w_{\mathrm{L}}-w_{\mathrm{C}})+r_2(w_{\mathrm{U}}-w_{\mathrm{L}})+r_3(w-w_{\mathrm{U}}) & w_{\mathrm{U}}\leqslant w^{n}\leqslant w_{\mathrm{R}}\\ 1 & w_{\mathrm{R}}\leqslant w^{n}\leqslant w_{\mathrm{F}}\\ 0 & \text{otherwise}\end{cases}\tag{15.18}$$

式中：w_{C}、w_{F} 和 w_{R} 分别为风机的切入风速、切出风速和额定风速；r_1、r_2 和 r_3 为分段后每段的斜率；w_{L} 和 w_{U} 为在分段处对应的风速值。

台风侵袭区域预测结果与海上风机的相对位置示意图如图 15.9 所示，图中两条折线分别表示分位数为 0.9 和分位数为 0.1 的台风中心移动路径预测结果。

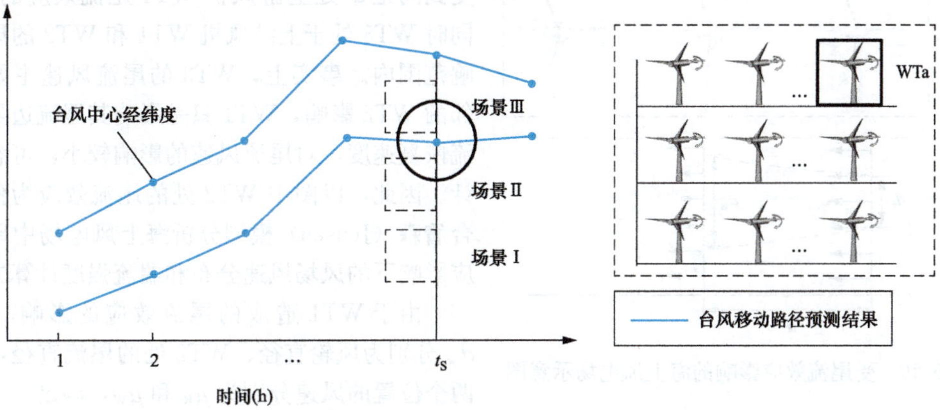

图 15.9 台风预测结果与海上风机相对位置示意图

对于场景Ⅰ中的全部海上风机，在台风经过的全过程中，海上风电场中任一风机都不会处于台风最大风速半径内。若距离台风最大风速半径圆外围最小处的海上风机运行高度范围内的风场最大风速不超过切出风速，那么该海上风电场的风机在台风经过的过程中将处于高功率发电的正常工作状态。场景Ⅱ中存在部分海上风机运行高度内的风场最大风速未超出切出风速。此种情况下的风机将处于高功率发电的正常工作状态。

另外，场景Ⅲ中的全部海上风机和场景Ⅱ中少量风机处于台风移动路径预测结果最大风速半径范围内，以及场景Ⅱ中部分风机虽未处在该范围内，但是在其运行高度范围内的风场最大风速超出切出风速，此种情况下海上风机必须强制停机。

考虑台风移动路径经过海上风机的时间先后顺序，可以将其分为台风外围前、眼墙前、眼墙后、台风外围后四个阶段。需要说明的是，眼墙中台风眼处台风风速特性较为特殊，往往出现非常低的风速，因此本节不作考虑。

计算台风眼墙内、外两个区域的平均风速为

$$V_{\mathrm{E}}(h)=\frac{v_{\mathrm{b}}}{K}\left[\ln(h/h_0)-\alpha_1\left(\frac{h}{m+n/I_{\mathrm{s}}}\right)^{\beta_1}-\alpha_2\left(\frac{h}{m+n/I_{\mathrm{s}}}\right)^{\beta_2}\right]\tag{15.19}$$

$$V_P(h)=\frac{v_b}{K}\left[\ln(h/h_0)-\alpha_1\left(\frac{h}{m+n/\sqrt{I_s}}\right)^{\beta_1}-\alpha_2\left(\frac{h}{m+n/\sqrt{I_s}}\right)^{\beta_2}\right] \tag{15.20}$$

式中：I_s 为惯性稳定度；α_1，α_2，β_1，β_2，m 和 n 为模型参数，和台风强度以及相对于台风中心的径向坐标 r 有关，可以基于探空风场观测数据的非线性回归分析得出。

惯性稳定度如下

$$I_s=\sqrt{(f+2v_g/r)(f+v_g/r)+\partial v_g/\partial r} \tag{15.21}$$

结合台风平均风速值可得风速变化范围，根据移动路径可得台风中心与风机的距离变化情况，根据对应风速变化范围和最大风速半径的参数取值表，即可得到未来某时刻在台风经过的四种情况下，海上风机所处范围内平均风速随高度变化的分布。据此可以得出海上风机在台风经过过程中的风场风速分布，从而判断其运行态势变化及输出功率值。

15.3.2.3　考虑尾流效应的海上风电功率预测

在相同的风速和风向下，来流风速经过风机向下游传输的过程中出现风速降低、湍流强度增大的情况，形成尾流效应，降低大型海上风电场输出功率，并造成风机叶片疲劳载荷的增加。

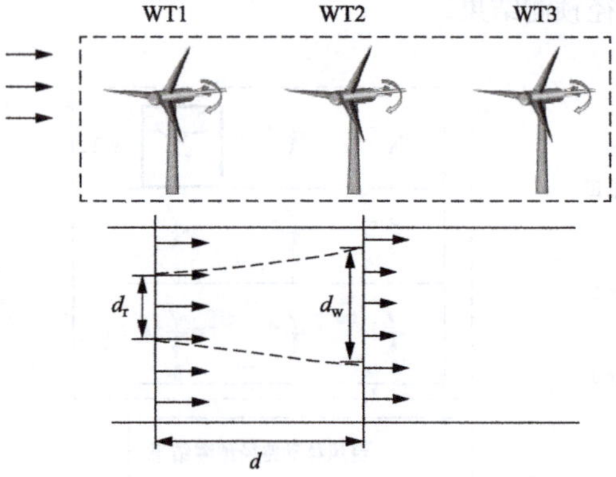

图 15.10　受尾流效应影响的海上风电场示意图

如图 15.10 所示，位于 WT2 位置的风机将受到间距 d 处上游风机 WT1 尾流效应的影响，同时 WT3 处于上游风机 WT1 和 WT2 的尾流影响范围内。事实上，WT3 的尾流风速主要受相邻的 WT2 影响，WT1 只是影响其尾流边界的尾流恢复速度，对尾流风速的影响较小，可忽略不计。因此，以图中 WT2 处的尾流效应为例，结合詹森（Jensen）模型分析海上风电场中尾流效应影响下的风场风速分布和湍流强度计算方法。

由于 WT1 造成的尾流效应的影响，d_r 和 d_w 分别为风轮直径、WT2 处的尾流直径，对应两个位置的风速分别为 μ_R 和 μ_W，满足

$$d_w=k_w d+d_r \tag{15.22}$$

$$\mu_W=\mu_R[1-2\alpha_w/(1+k_w d/d_r)^2] \tag{15.23}$$

式中：k_w 为尾流膨胀速率，海上风机一般取 0.05；α_w 为风力机轴流诱导因子。获取风速 μ_R 随不同高度的分布，结合式即可得到受尾流效应影响的 WT2 处 d_w 范围内的风速分布。

同时，上游风机 WT1 产生的机械湍流和台风场景中 WT2 处大气湍流共同作用，形成尾流效应影响下 WT2 处的湍流强度

$$I_w=\sqrt{k_w\frac{C_T}{(d/D)^2}+I_r^2} \tag{15.24}$$

式中：I_r 和 I_w 分别为 WT1 和 WT2 处的湍流强度，结合式可以计算出一定高度处的 I_r 值；K_w 为经验系数，设为 0.4；C_T 为风机推力系数，和 α_w 可以相互表达；d/D 的变化范围为 5～15，可根据风场实测数据得出。

15.3.3　海上风电功率集群预测

15.3.3.1　风电场机组群特性分析

风电场机组群的特性分析是对风电场整体性能进行评估的关键步骤，能够帮助优化风电场的布局、机组运行调度和功率预测。风电场机组群特性主要包括场内空间分布特征、机组间相互作用（如尾流效应、湍流影响）以及群体效应（如平滑效应、规模效应等）。

15.3.3.1.1 场内空间分布特征

风电场的机组空间分布直接影响风电场的总体功率输出。机组布局方式、机组间的间距配置以及尾流的影响范围，都会显著影响风电场整体的功率波动性和运行效率。风电场机组的布局通常有两种方式：并行排列和对角排列。不同布局方式会影响风速的分布，从而影响每台机组的功率输出。

机组之间的间距配置关系对于尾流效应有直接影响。风电机组之间的最优间距通常在 $3D$～$5D$ 范围内（D 为机组的直径），间距过小会导致机组间的相互影响过大，功率损失增加。常见的配置关系如风电机组呈阵列排列时，每排机组的距离设置为风速分布的考虑因素。

尾流的影响范围取决于多个因素，如风速、风向、机组的风轮直径。尾流效应不仅影响紧邻机组，还可能影响远距离机组，特别是在风速较低的情况下。可以用以下公式来量化尾流对功率输出的影响

$$P_{\text{lost}}(i)=P_{\text{rated}}[1-f_{\text{tail}}(r_{ij})] \tag{15.25}$$

式中：$P_{\text{lost}}(i)$ 为第 i 台机组因尾流效应造成的功率损失；P_{rated} 为机组的额定功率；$f_{\text{tail}}(r_{ij})$ 为尾流效应的衰减函数，表示机组 i 在机组 j 的尾流影响下的功率损失比例；r_{ij} 为机组 i 到机组 j 的距离。

尾流效应的衰减函数 $f_{\text{tail}}(r_{ij})$ 可以通过以下公式表示

$$f_{\text{tail}}(r_{ij})=\exp\left(-\frac{r_{ij}}{D_{\text{turbine}}}\right) \tag{15.26}$$

式中：D_{turbine} 为风电机组的直径。

15.3.3.1.2 机组间相互作用分析

机组之间的相互作用主要包括尾流效应、湍流影响等因素，这些因素将影响每台机组的功率输出，特别是在风电场机组密集的情况下。风电机组的尾流效应直接影响相邻机组的功率输出。风机的尾流区会使得其后机组面临较低的风速，导致这些机组的功率输出减少。

湍流是风速波动的一个重要来源，湍流强度与机组功率波动密切相关。湍流强度 I_{turb} 可通过以下公式计算

$$I_{\text{turb}}=\frac{\sigma_u}{\bar{u}} \tag{15.27}$$

式中：σ_u 为风速的标准差；$\bar{u}$ 为风速的均值。

湍流强度直接影响机组的功率波动。机组的功率波动 ΔP 可表示为

$$\Delta P=\beta I_{\text{turb}}P_{\text{rated}} \tag{15.28}$$

式中：ΔP 为机组功率的波动幅度；β 为与机组设计和环境条件相关的系数。

15.3.3.2 机组群预测模型

在风电场中，机组群的功率预测是复杂的任务，尤其是在考虑尾流效应、机组交互作用及其空间关联等多种因素时。为了提高预测精度和鲁棒性，采用了不同类型的预测模型，包括考虑尾流影响的模型、机组交互预测模型以及整场功率预测模型等。

15.3.3.2.1 考虑尾流的预测方法

尾流效应是风电场中机组群功率预测的关键因素之一，尤其是在风电场规模较大时，尾流对后排机组的影响显著。常见的尾流预测方法包括工程尾流模型、CFD 尾流模型和统计尾流模型。

(1) 工程尾流模型。工程尾流模型基于风速衰减和湍流扩展的基本原理，简化了尾流的复杂性，能够在一定的假设条件下对尾流影响进行快速估算。这类模型通常使用经验公式来表示尾

流的风速衰减，例如

$$v_{\text{tail}}(r)=v_0\left(1+\frac{r}{\delta}\right)^{-n} \tag{15.29}$$

式中：$v_{\text{tail}}(r)$ 为尾流风速；r 为机组之间的距离；v_0 为前排机组处的风速；δ 和 n 为与尾流衰减相关的参数，这些参数依据机组类型和风速条件而定。

工程尾流模型适用于简单的估算，但其假设条件较为简化，精度可能不如数值模拟方法。

(2) 计算流体力学（CFD）尾流模型。CFD 模型通过对流体（风）流动的详细模拟来预测尾流效应。CFD 模型能够提供较为精确的尾流结构和机组间的交互作用，能够考虑更复杂的因素，如风向变化、风速梯度和机组的空气动力学特性等。

CFD 尾流模型通常通过求解纳维-斯托克斯（Navier-Stokes）方程来获得风速场的变化，有

$$\frac{\partial v}{\partial t}+(v\cdot\nabla)v=-\frac{1}{\rho}\nabla p+\nu\nabla^2 v+f \tag{15.30}$$

式中：v 为风速矢量场；ρ 为气压；ν 为动力黏度；f 为外力项（如机组表面产生的力）。

CFD 模型能够较好地模拟尾流的细节，适用于复杂的风电场布局和大规模风电场的功率预测。

(3) 统计尾流模型。统计尾流模型通过分析大量历史数据和实验结果，利用统计方法来建模机组间尾流效应的关系。常见的方法包括基于回归分析的模型、随机过程模型等。这些模型通常通过拟合尾流风速与机组间距的统计关系来预测尾流影响。

例如，常见的统计尾流模型可以通过线性回归来建立尾流与距离的关系

$$v_{\text{tail}}=\alpha\left(\frac{r}{r_0}\right)^{-\beta} \tag{15.31}$$

式中：α 和 β 为拟合参数；r_0 为参考距离。

统计尾流模型较为简单，适合用于大规模风电场的快速评估。

15.3.3.2.2 机组交互预测方法

在风电场的功率预测中，机组交互预测方法是一个重要的研究方向。风电场内的机组并不是孤立运行的，它们之间的相互作用，尤其是尾流效应、风速传递、气流干扰等因素，会影响每个机组的功率输出。因此，如何准确地建模和预测机组间的交互关系，对于提高风电场功率预测的精度至关重要。

机组交互预测方法主要通过以下几种模型进行分析：图网络模型（Graph Neural Network，GNN）、空间关联模型、级联预测模型等。

(1) 图网络模型。图网络模型是一类基于图结构的数据处理方法，其优势在于能够捕捉节点（风机）之间的依赖关系。风电场内的机组之间存在复杂的空间和功能依赖性，例如，前排机组的尾流会影响后排机组的性能，因此，利用图网络模型能够有效建模这些交互关系。

GNN 将风电场的每个机组看作一个节点，节点之间的关系通过边来连接。边的权重表示节点之间的相互影响程度。通过在图上进行消息传递，每个节点通过邻接节点的信息来更新自己的状态，从而实现对整个图的学习。图网络模型可以用以下步骤来描述。

1) 节点初始化：为每个机组节点分配一个初始特征向量，通常是该机组的风速、功率等信息。

2) 信息传递：每个节点通过与邻居节点的相互作用，更新自己的特征。每一轮的信息传递可以表示为

$$h_i^{(k+1)}=\sigma\left(\sum\nolimits_{j\in N(i)}W^{(k)}h_j^{(k)}+b^{(k)}\right) \tag{15.32}$$

式中：$h_j^{(k)}$ 为第 i 个节点（机组）在第 k 层的信息表示；$N(i)$ 为与节点 i 相邻的节点集合（即与机组 i 相互作用的其他机组）；$W^{(k)}$ 和 $b^{(k)}$ 为学习的权重和偏置；$\sigma(\cdot)$ 是激活函数。

3）输出预测：在经过若干层信息传递后，图网络能够为每个节点（机组）生成一个新的特征表示。最后，通过一个输出层生成风电场整体的功率预测。

通过图网络模型，机组间的相互作用和依赖关系可以在一个统一的框架下进行建模，从而提高预测精度。

图网络能够捕捉机组间的空间依赖关系，因此它特别适用于建模尾流效应。图中的边可以反映机组之间的距离、相对位置等信息，从而帮助预测尾流对后排机组的影响。GNN 通过图结构能够学习不同风机间的风速传递关系，从而更准确地预测机组功率。同时 GNN 能够通过图网络建模不同机组之间启停状态的相互影响，提升预测的可靠性。

（2）空间关联模型。空间关联模型主要关注风电场内机组之间的地理布局和风资源的空间分布。风电场机组之间的空间布局直接影响它们之间的交互作用，特别是在存在尾流效应的情况下，前排机组对后排机组的影响较为显著。

通过分析机组间的空间关系，可以建立风电场内各机组功率输出之间的空间相关性模型。例如，通过计算机组之间的距离或方向，来量化风电机组之间的空间关联性。

空间相关性可以通过以下方式进行建模

$$\rho_{ij}=\frac{\mathrm{Cov}(P_i,\ P_j)}{\sqrt{\mathrm{Var}(P_i)\cdot\mathrm{Var}(P_j)}} \tag{15.33}$$

式中：ρ_{ij} 为机组 i 和机组 j 之间的相关系数；P_i 和 P_j 分别为机组 j 和机组 j 的功率输出；Cov（·）为协方差；Var（·）为方差。

空间相关性分析可以帮助理解不同机组之间距离、相对位置等因素导致的功率输出变化的关系。该模型能够为机组群的功率预测提供更多的信息。在空间关联性建模中，克里金插值方法（Kriging）常用于分析风电场中机组间的空间相关性。该方法通过分析已有数据的空间相关性，利用插值方法预测未知位置的数据。

克里金插值模型的基本形式为

$$Z(s)=\mu(s)+\epsilon(s) \tag{15.34}$$

式中：$Z(s)$ 为位置 s 的观测值（如功率）；$\mu(s)$ 为空间均值函数；$\epsilon(s)$ 为空间误差项。

该方法可以用于对风电场中任意机组的功率进行插值预测，尤其是在某些机组因故障或其他原因未能提供有效数据时，可以通过克里金插值来估算功率输出。

（3）级联预测模型。级联预测模型是一种分层结构的预测方法，它将风电场预测问题分解为多个子任务，逐步提高预测精度。每个子任务的预测结果为下一层预测模型提供输入。

在风电场的机组交互预测中，级联预测模型的主要思路是首先预测某些局部的机组功率，逐步扩展到整个风电场的功率预测。具体步骤如下。

1）局部机组预测：首先对每个机组的功率进行预测，并考虑周围机组的影响。这个阶段的目标是捕捉机组间的局部交互作用。

2）区域预测：将机组按照地理位置分为若干个区域，对每个区域的功率进行预测。该步骤考虑了区域内机组之间的相互作用，如尾流效应和风速传递。

3）整场预测：通过一个全局模型对整个风电场的功率进行预测。该模型结合了所有区域的预测结果，输出整体功率。

级联模型的优势在于通过分层建模，级联预测模型可以有效地处理复杂的风电场布局和机组之间的相互作用。在每一层，级联模型能够捕捉到局部区域内的机组间交互作用，进而提高预测精度。通过将局部模型的预测结果合并，级联模型能够对整个风电场的功率进行全局优化。

15.3.3.2.3 整场功率预测

整场功率预测是风电场功率预测中的一个重要环节，旨在根据风电场内所有机组的实时运行状态、风速、气象数据等因素，预测整个风电场的总功率输出。与单个机组的功率预测相比，整场功率预测需要综合考虑机组间的相互作用（如尾流效应、风速传递等），以及风电场的空间分布特性。

整场功率预测方法可以大致分为机组加和法和整场直接预测法两类，根据不同的研究需求，可以选择适合的预测方法。

（1）机组加和法。机组加和法是一种常见的整场功率预测方法，主要通过将每个机组的功率预测值加总得到整个风电场的功率输出。在机组加和法中，首先通过单个机组的功率预测模型，得到每个机组在特定时间步长下的功率输出预测值。然后，简单地将所有机组的功率预测值加起来，得到风电场的总功率预测值

$$P_{\text{total}}(t)=\sum\nolimits_{i=1}^{n}P_i(t) \tag{15.35}$$

式中：$P_{\text{total}}(t)$ 为风电场在时间 t 时刻的总功率输出；$P_i(t)$ 为第 i 台机组在时间 t 时刻的功率输出预测值；n 为风电场的机组数量。

机组加和法实现简单，且易于理解，适用于功率预测的基础任务。每个机组的功率预测模型可以独立构建，便于维护和升级。机组加和法通常假设机组的功率预测是独立的，但在实际情况中，机组之间存在尾流效应、风速传递等相互影响，忽视这些因素会导致预测误差。对于大规模风电场，机组间的交互效应不可忽视，仅通过加和单个机组的预测可能无法准确反映整个风电场的功率输出。

（2）整场直接预测法。整场直接预测法是通过一个单独的模型，直接预测整个风电场的功率输出。该方法将风电场的所有机组信息（如风速、风向、地理分布等）作为输入，预测整个风电场的总功率，而不是先预测每个机组的功率再进行加和。

在整场直接预测法中，通常会使用机器学习或深度学习模型（如神经网络、梯度提升树、支持向量机等）来进行风电场总功率的预测。模型的输入可以包括：

1）风速、风向、气温等气象数据。

2）风电场的地理信息（如机组位置、间距等）。

3）风电场的历史功率数据。

4）其他相关的环境因素（如海况、季节性变化等）。

通过训练模型来建立风电场总功率与这些因素之间的关系，最终直接输出风电场的总功率预测值

$$P_{\text{total}}(t)=f(\boldsymbol{X}(t)) \tag{15.36}$$

式中：$P_{\text{total}}(t)$ 为风电场在时间 t 时刻的总功率输出；$f(\cdot)$ 为通过机器学习模型得到的预测函数；$\boldsymbol{X}(t)$ 为输入特征向量，包括风速、气象数据、风电场位置等信息。

通过整场模型，可以在预测过程中自然地考虑机组间的尾流效应、风速传递等因素，提高预测的精度。整场直接预测法可以适应更复杂的预测任务，能够灵活地融入更多的输入特征（如实时气象数据、历史功率数据等）。

与机组加和法相比，整场直接预测法需要更复杂的模型和更多的训练数据，计算开销较大。为了提高预测的准确性，整场预测模型通常需要大量的风电场历史数据进行训练，这在数据匮乏的情况下可能成为一个瓶颈。

15.3.3.2.4　混合预测方法

为了解决单一方法的不足，混合预测方法结合了机组加和法和整场直接预测法的优点。通常的做法是先使用机组加和法得到一个初步的功率预测值，然后通过整场模型对结果进行修正或优化，最终得到更精确的风电场总功率预测。

(1) 使用机组加和法先预测每个机组的功率输出。

(2) 将每个机组的功率预测作为输入，利用整场直接预测模型进行修正，输出更精确的总功率预测。

具体公式为

$$P_{\text{total}}^{\text{final}}(t)=f_{\text{field}}\left(\sum_{i=1}^{n}P_i(t),\ \boldsymbol{X}_{\text{field}}(t)\right) \tag{15.37}$$

式中：$P_{\text{total}}^{\text{final}}(t)$ 为通过混合预测方法得到的风电场总功率输出；$f_{\text{field}}(\cdot)$ 为整场预测模型；$\boldsymbol{X}_{\text{field}}(t)$ 为包括风速、气象数据、风电场位置等在内的全局特征。

混合预测方法能够综合利用局部和全局信息，提高预测精度。可以根据不同的风电场特征调整模型结构，适应不同的预测需求。混合方法的计算过程相对复杂，且需要多个模型进行训练和调优，计算资源需求较大。

15.4　海上风电集群并网调度模型

随着电力系统的不断发展和调度研究的不断深入，要使所构建的调度模型能够实现更符合系统实际运行要求的发电计划，研究者一般在经济调度模型中加入负载平衡约束、机组输出功率约束和支路潮流约束等约束条件，在构建的经济调度模型中，除了增加上述约束条件外，还增加了旋转备用约束、机组爬坡约束和联络线断面潮流约束，更有助于反映海上风电的真实复杂情况。

15.4.1　系统平衡约束

负载平衡约束和旋转备用约束都属于系统平衡约束，负载平衡约束是保证发电机组计划值与之对应时段的负荷值相等，这样有利于促进电力供需时刻平衡，它是系统平衡约束中的主要约束，负载平衡约束表示为

$$\sum_{i=1}^{NG}P_{i,h}\times I_{i,h}+\sum_{m=1}^{W}P_{f,m,h}=P_{D,h} \tag{15.38}$$

式中：I 为发电机组序号，$i=1、2、\cdots、NG$；NG 为发电机组总数；$P_{i,h}$ 为发电机组 i 在 h 时段的输出功率值，单位为MW；$I_{i,h}$ 为发电机组 i 在 h 时段的状态，0为停机，1为开机；$P_{f,m,h}$ 为风电机组 m 在 h 时段的功率计划值，单位为MW；$P_{D,h}$ 为系统 h 时段负载值，单位为MW；m 为风电机组序号；W 为风电机组总数。

系统的旋转备用设备对于系统安全稳定运行至关重要，当风电出现较大的功率偏差时，旋转备用设备将发挥其重要作用。因此，这里的约束条件不仅考虑了负载平衡约束，还考虑了旋转备用约束，当风电低于计划值时，系统发电机组上调备用容量值会变小，下调备用容量值会变大；当风电高于计划值时，情况则相反。故系统的上调备用容量约束只需考虑风电低于计划值的情况，而下调只需考虑风电高于计划值的情况。因此，旋转备用约束表示为

$$\begin{cases}\sum_{i=1}^{NG}(P_{i,\max}-P_{i,h})\times I_{i,h}\geqslant R_{\text{up},h}\\ \sum_{i=1}^{NG}(P_{i,h}-P_{i,\min})\times I_{i,h}\geqslant R_{\text{down},h}\end{cases} \tag{15.39}$$

式中：$P_{i,\max}$ 为发电机组 i 输出功率上限，单位为 MW；$P_{i,\min}$ 为发电机组 i 输出功率下限，单位为 MW；$R_{\text{up},h}$ 为系统在 h 时段的上调系统备用容量要求，单位为 MW；$R_{\text{down},h}$ 为系统在 h 时段的下调系统备用容量要求，单位为 MW。

15.4.2 机组运行约束

机组输出功率约束和机组爬坡约束都属于机组运行约束，发电机组输出功率约束保证处于运行状态的发电机组输出功率应始终保持在其最大值和最小值之间才能使系统稳定运行，因此，在进行经济调度时考虑机组输出功率约束，机组输出功率约束表示为

$$P_{i,\min}I_{i,h} \leqslant P_{i,h} \leqslant P_{i,\max}I_{i,h} \tag{15.40}$$

机组最小运行时间和停运时间约束为

$$\begin{aligned}&[X_{i,h-1}^{\text{on}} - T_i^{\text{on}}]\times[I_{i,h-1} - I_{i,h}] \geqslant 0\\&[X_{i,h-1}^{\text{off}} - T_i^{\text{off}}]\times[I_{i,h-1} - I_{i,h}] \geqslant 0\end{aligned} \tag{15.41}$$

式中：$X_{i,h-1}^{\text{on}}$ 为发电机组 i 在 $h-1$ 时段已开机时段数；$X_{i,h-1}^{\text{off}}$ 为发电机组 i 在 $h-1$ 时段已停机时段数；T_i^{on} 为发电机组 i 最小开机时段数；T_i^{off} 为发电机组 i 最小停机时段数。

在考虑发电机组的固定输出功率计划外，还要考虑系统在某个时段出现风电高或低于计划值极大偏差，而在相邻时段出现风电低或高于计划值极大偏差的情况下，也就是各发电机组输出功率应在其爬坡能力范围内。因此，为保证发电机组开机后第一个时段和停机前最后一个时段发电机组输出功率必须为最小输出功率值，在构建经济调度模型中加入机组爬坡约束，其机组爬坡约束表示为

$$\begin{cases}P_{i,h} - P_{i,h-1} \leqslant [1 - I_{i,h}(1 - I_{i,h-1})]UR_i + I_{i,h}(1 - I_{i,h-1})P_{i,\min}\\P_{i,h-1} - P_{i,h} \leqslant [1 - I_{i,h-1}(1 - I_{i,h})]UR_i + I_{i,h-1}(1 - I_{i,h})P_{i,\min}\end{cases} \tag{15.42}$$

式中：UR_i 为发电机组 i 爬坡速率，单位为 MW。

15.4.3 电网安全约束

支路潮流约束和联络线断面潮流约束都属于电网安全约束。潮流约束是对电网安全约束的一种计算，是对电网安全性的评定，以便事故发生后能够快速确定补救措施，由于事故发生是小概率事件，因此，很多研究都没有考虑这部分影响。支路潮流约束为

$$\underline{P_{ij}} \leqslant P_{ij}(t) \leqslant \overline{P_{ij}} \tag{15.43}$$

式中：P_{ij}、$\underline{P_{ij}}$、$\overline{P_{ij}}$ 为支路 ij 的潮流功率及正反向限值，单位为 MW。

联络线断面潮流约束为

$$\underline{Q_{ij}} \leqslant Q_{ij}(t) \leqslant \overline{Q_{ij}} \tag{15.44}$$

式中：$\underline{Q_{ij}}$、Q_{ij}、$\overline{Q_{ij}}$ 为支路 ij 的无功功率及正反向限值，单位为 MW。

在网络模型采用交流系统时，网络约束为非线性的，需要对网络约束进行处理，将线路约束转化为各机组的输出功率约束。设网络中节点数为 n，支路数为 L。

设网络中一条支路 ij 的支路导纳为 $g_{ij}+jb_{ij}$，支路两端电压为 $V_i=V_i\mathrm{e}^{j\theta_i}$ 和 $V_j=V_j\mathrm{e}^{j\theta_j}$，$\theta_i$、$\theta_j$ 为节点的电压相位角。

可得支路潮流为

$$\begin{cases}P_{ij} = V_i^2 g_{ij} - V_i V_j(g_{ij}\cos\theta_{ij} + b_{ij}\sin\theta_{ij})\\Q_{ij} = V_i V_j(b_{ij}\cos\theta_{ij} - g_{ij}\sin\theta_{ij}) - V_i^2(b_{ij} + b_{i0})\end{cases} \tag{15.45}$$

式中：θ_{ij} 为节点电压相位差，$\theta_{ij}=\theta_i-\theta_j$。

在采用直流潮流法时，假设 $g_{ij} \ll b_{ij}$，$b_{ij}=-1/x_{ij}$，θ_{ij} 很小，有

$$\begin{cases}\sin\theta_{ij} = \sin(\theta_i - \theta_j) \cong \theta_i - \theta_j\\\cos\theta_{ij} \cong 1\end{cases} \tag{15.46}$$

忽略所有对地支路，$V_i \cong V_j$。则支路功率可表示为

$$P_{ij}=B_{ij}(\theta_i-\theta_j) \tag{15.47}$$

式中：$B_{ij}=-b_{ij}$。

节点功率可表示为

$$P_i=\sum_{\substack{j=1\\j\neq i}}^{n}P_{ij} \tag{15.48}$$

将式（15.47）代入式（15.48）可得

$$P_i=\sum_{\substack{j=1\\j\neq i}}^{n}B_{ij}(\theta_i-\theta_j)=B'_{ii}\theta_i+\sum_{\substack{j=1\\j\neq i,s}}^{n}B'_{ij}\theta_j \tag{15.49}$$

其中，$B'_{ij}=-B_{ij}$，$B'_{ii}=-\sum_{\substack{j=1\\j\neq i}}^{n}B'_{ij}$。

节点 s 为参考节点，除参考节点外，其他 $n-1$ 个节点都有上式。因此，对于一个具有 n 节点的电力系统来说，可以用如下的矩阵形式表示

$$[\boldsymbol{P}]=[\boldsymbol{B}'_0][\boldsymbol{\theta}] \tag{15.50}$$

从而可以得到

$$[\boldsymbol{\theta}]=[\boldsymbol{B}'_0]^{-1}[\boldsymbol{P}] \tag{15.51}$$

式中：$\boldsymbol{P}$ 为节点静注入的有功功率列向量。

令 $\boldsymbol{C}=[\boldsymbol{B}'_0]^{-1}$，则可以写成

$$[\boldsymbol{\theta}]=\boldsymbol{C}[\boldsymbol{P}] \tag{15.52}$$

将各支路的功率约束转化为各发电机的线性约束

$$\boldsymbol{P}_{ij}=[C_{i1}-C_{j1},\ C_{i2}-C_{j2},\ \cdots,\ C_{in}-C_{jn}]\begin{bmatrix}P_{C1}\\P_{C2}\\\vdots\\P_{Cn}\end{bmatrix}$$

$$-[C_{i1}-C_{j1},\ C_{i2}-C_{j2},\ \cdots,\ C_{in}-C_{jn}]\begin{bmatrix}P_{D1}\\P_{D2}\\\vdots\\P_{Dn}\end{bmatrix} \tag{15.53}$$

15.5 海上风电集群与储能协调安全经济调度方法

15.5.1 目标函数

对于含多个海上风电场的电力系统，输电系统中包含火电机组、抽水蓄能电站与海上风电场。海上风电集群与储能协调安全经济调度模型的目标函数包括火电机组的运行成本和海上风电场的弃风成本，有

$$\min\sum_{t=1}^{T}\Big[\sum_{g=\Omega_G}F_{g,t}+\sum_{w=\Omega_W}F_{w,t}^{\text{shed}}\Big] \tag{15.54}$$

$$F_{g,t}=p_c^2(a_gP_{g,t}^2+b_gP_{g,t}+c_g)$$

$$F_{w,t}^{\text{shed}}=c_s(P_{w,t}^{\max}-P_{w,t})$$

式中：Ω_G 为火电机组集合；Ω_W 为海上风电场集合；$F_{g,t}$ 为火电机组 g 在时段 t 的运行成本；

$F_{w,t}^{\mathrm{shed}}$ 为海上风电场 w 在时段 t 的弃风成本；$P_{g,t}$ 为火电机组 g 在时段 t 的输出功率，火电机组燃煤消耗速率通常采用其输出功率的二次多项式形式，二次项、一次项系数和常数项分别为 a_g、b_g 和 c_g，单位分别为 t/(MW²h)、t/(MWh) 和 t/h；p_c 为标准煤单价，单位为元/t。$P_{w,t}^{\max}$、$P_{w,t}$ 分别为海上风电场 w 在时段 t 的最大可获得预测输出功率与实际调度输出功率；c_s 为弃风惩罚费用系数。

15.5.2 约束条件

15.5.2.1 火电机组运行约束

输电网络中火电机组应满足以下运行约束

$$Z_{g,t}P_{g,\min} \leqslant P_{g,t} \leqslant Z_{g,t}P_{g,\max} \quad Z_{g,t} \in \{0,1\} \tag{15.55}$$

$$\begin{cases} P_{g,t} - P_{g,t-1} \leqslant r_{g,\mathrm{u}}\Delta T \\ P_{g,t-1} - P_{g,t} \leqslant r_{g,\mathrm{d}}\Delta T \end{cases} \tag{15.56}$$

式中：$Z_{g,t}$ 为火电机组 g 在时段 t 的运行状态变量，取“1”代表机组运行，取“0”代表机组停运；$P_{g,\min}$、$P_{g,\max}$ 分别为火电机组 g 的最小和最大有功输出功率；$r_{g,\mathrm{u}}$、$r_{g,\mathrm{d}}$ 分别为火电机组 g 的向上和向下爬坡速率。

15.5.2.2 抽水蓄能电站运行约束

输电网络中抽水蓄能电站应满足以下运行约束

$$E_{p,t} = E_{p,t-1} + P_{p,t}^{\mathrm{p}}\eta^{\mathrm{p}}\Delta T - P_{p,t}^{\mathrm{g}}\Delta T \tag{15.57}$$

$$\begin{cases} E_{p,\min} \leqslant E_{p,t} \leqslant E_{p,\max} \\ E_{p,T} \leqslant E_{p,0} \end{cases} \tag{15.58}$$

$$\begin{cases} Z_{p,t}^{\mathrm{p}} + Z_{p,t}^{\mathrm{g}} \leqslant 1 & Z_{p,t}^{\mathrm{p}} \in \{0,1\}, Z_{p,t}^{\mathrm{g}} \in \{0,1\} \\ 0 \leqslant P_{p,t}^{\mathrm{p}} \leqslant Z_{p,t}^{\mathrm{p}}P_{p}^{\mathrm{p},\max} & 0 \leqslant P_{p,t}^{\mathrm{g}} \leqslant Z_{p,t}^{\mathrm{g}}P_{p}^{\mathrm{g},\max} \end{cases} \tag{15.59}$$

式中：$E_{p,t}$ 为抽水蓄能电站 p 在时段 t 的存储量；$P_{p,t}^{\mathrm{p}}$、$P_{p,t}^{\mathrm{g}}$ 分别为抽水蓄能电站 p 在时段 t 的抽水和发电功率；η^{p} 为抽水蓄能电站的能量转换效率；$E_{p,\max}$、$E_{p,\min}$ 分别为抽水蓄能电站存储量的上限和下限；$Z_{p,t}^{\mathrm{p}}$、$Z_{p,t}^{\mathrm{g}}$ 分别为抽水蓄能电站 p 在时段 t 的抽水和发电状态的二进制变量；$P_{\mathrm{p}}^{\mathrm{p},\max}$、$P_{p}^{\mathrm{g},\max}$ 分别是抽水蓄能电站 p 的最大抽水和发电功率。

15.5.2.3 潮流安全约束

输电网采用直流潮流模型描述网络功率分布，如下所示

$$P_{ij,t} = \theta_{ij,t}/X_{ij} \tag{15.60}$$

$$\begin{cases} P_{ij,\min} \leqslant P_{ij,t} \leqslant P_{ij,\max} \\ \theta_{ij,\min} \leqslant \theta_{ij,t} \leqslant \theta_{ij,\max} \end{cases} \tag{15.61}$$

$$P_{i,t}^{\mathrm{inj}} - P_{i,t}^{\mathrm{L}} = \sum_{j\in\Omega_i} P_{ij,t} \tag{15.62}$$

式中：$P_{ij,t}$ 为 t 时刻流过线路 ij 上的有功功率；$\theta_{ij,t}$ 为 t 时刻节点 i 与节点 j 之间的电压相角差，$\theta_{ij,t}=\theta_{i,t}-\theta_{j,t}$；$X_{ij}$ 为线路 ij 的电抗值；$P_{ij,\max}$ 和 $P_{ij,\min}$ 分别为支路潮流的上限与下限；$\theta_{ij,\max}$ 与 $\theta_{ij,\min}$ 分别为电压相角差的上限与下限；Ω_i 为与节点 i 直接连接的节点集合；$P_{i,t}^{\mathrm{inj}}$ 为节点 i 的外部注入功率，若节点 i 与火电机组连接，则 $P_{i,t}^{\mathrm{inj}}=P_{g,t}$，若节点 i 与海上风电场连接，则 $P_{i,t}^{\mathrm{inj}}=P_{w,t}$，若节点 i 与抽水蓄能电站连接，则 $P_{i,t}^{\mathrm{inj}}=P_{p,t}^{\mathrm{g}}-P_{p,t}^{\mathrm{p}}$。

15.5.2.4 海上风电场功率输出约束

$$0 \leqslant P_{w,t} \leqslant P_{w,t}^{\max} \tag{15.63}$$

式中：$P_{w,t}^{\max}$、$P_{w,t}$ 分别为海上风电场 w 在 t 时刻的最大可获得预测输出功率与实际调度输出功率。

15.5.3 算例分析

在改进 IEEE 39 节点系统上进行算例分析，该系统包括 10 台火电机组、2 个海上风电场和 2 个抽水蓄能电站，系统拓扑图如图 15.11 所示。其中火电机组的运行参数见表 15.1，系统总负荷曲线如图 15.12 所示，两个海上风电场的额定功率分别为 1000MW 与 750MW，功率预测曲线如图 15.13 所示。建立上述海上风电集群与储能协调安全经济调度优化模型，采用 GUROBI 求解器完成求解。

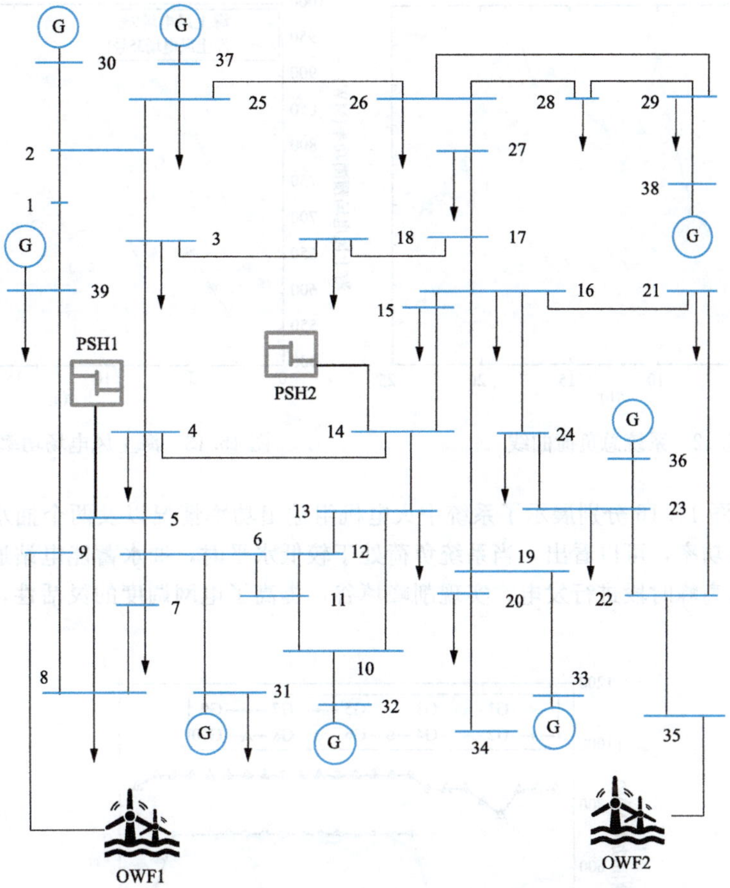

图 15.11 含海上风电场和抽水蓄能电站的改进 IEEE 39 节点系统拓扑图

表 15.1　改进 IEEE 39 节点系统 10 台火电机组的运行参数

机组编号	机组节点	P_{max} (MW)	P_{min} (MW)	a_g	b_g	c_g
G1	30	525	180	0.00022	0.48	1.99
G2	31	950	340	0.00003	0.3	10
G3	32	725	260	0.00003	0.3	10
G4	33	798	285	0.00001	0.28	19
G5	34	712	250	0.00001	0.28	18
G6	35	825	290	0.0001	0.48	3.795
G7	36	890	320	0.00022	0.48	1.997

续表

机组编号	机组节点	P_{max} (MW)	P_{min} (MW)	a_g	b_g	c_g
G8	37	660	230	0.00011	0.48	3.795
G9	38	695	245	0.00022	0.48	1.997
G10	39	900	320	0.00003	0.24	10

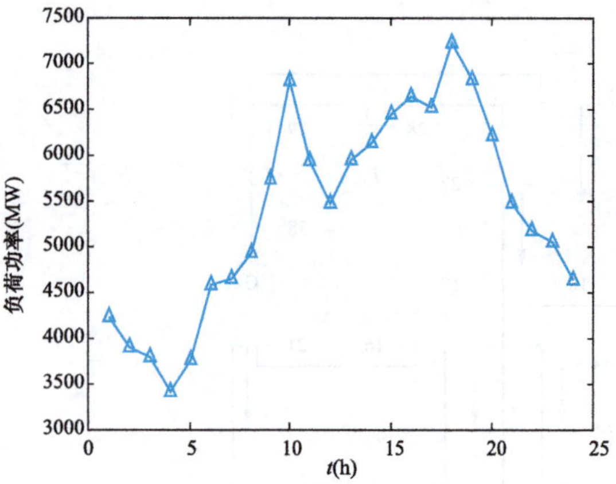

图 15.12 系统总负荷曲线

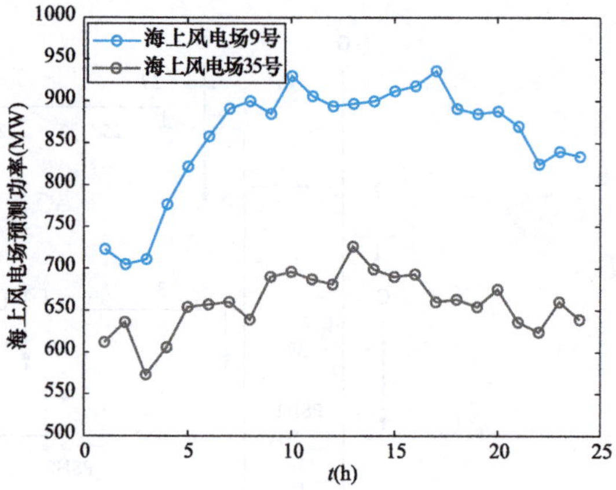

图 15.13 海上风电场功率预测曲线

图 15.14～图 15.16 分别展示了系统中火电机组输出功率情况以及两个抽水蓄能电站的储存量与有功输出功率，可以看出，当系统负荷处于较低水平时，抽水蓄能电站通过抽水储存能量，然后在负荷高峰时段进行发电，实现削峰填谷，提高了电网调度的灵活性，同时可以有效消纳海上风电。

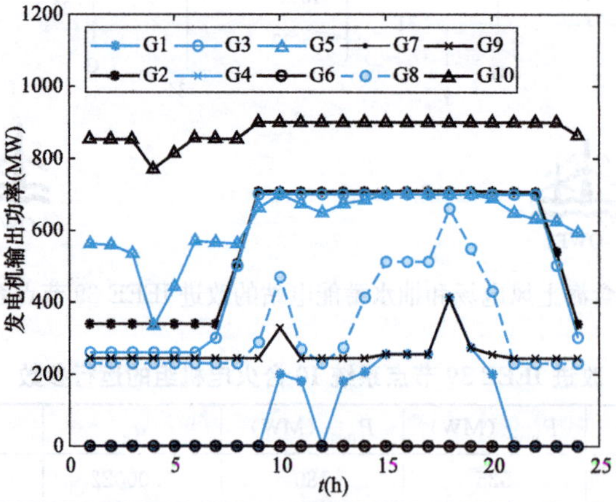

图 15.14 火电机组输出功率曲线

为体现抽水蓄能电站在安全经济调度中的作用，设计两个算例进行对比：Case1 考虑抽水蓄能电站，Case2 不考虑抽水蓄能电站，将两个算例的优化调度经济成本进行对比见表 15.2，可以看出，抽水蓄能电站可以通过削峰填谷降低火电机组的运行成本，同时有效消纳海上风电减少弃风，从而降低系统总运行成本，提高系统运行的经济性和灵活性。

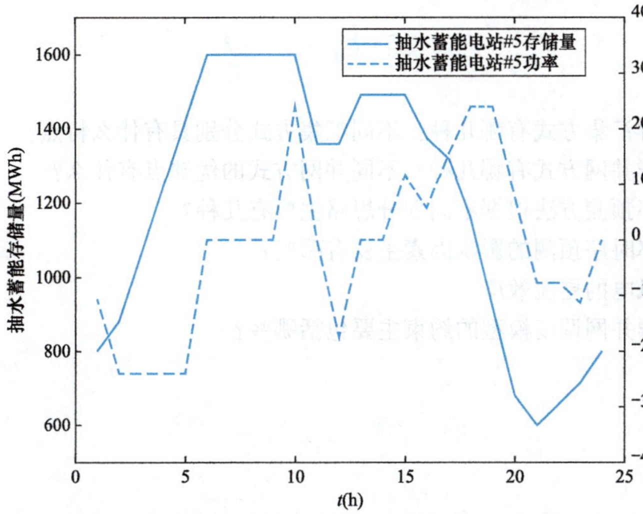

图 15.15 抽水蓄能电站＃5 存储量与有功输出功率

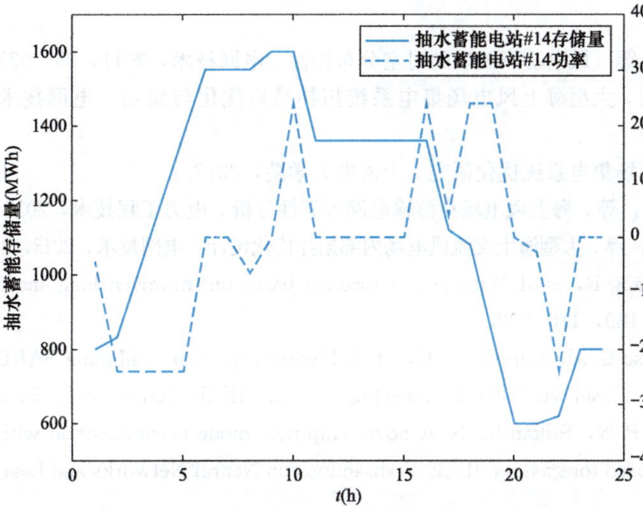

图 15.16 抽水蓄能电站＃14 存储量与有功输出功率

表 15.2 **不同算例的运行成本对比**

算例	$F_{g,t}$（元）	$F_{w,t}^{\text{shed}}$（元）	总成本（元）
Case1	33293168	20800	33313968
Case2	34879287	194101	35073388

本章介绍了海上风电集群并网安全经济调度的相关理论、方法、模型和基本算例。首先，从海上风电集群时空特性、汇集方式切入，介绍了海上风电集群并网技术；然后，针对现有研究较少的突变场景和台风场景海上风电功率预测理论，以及海上风电集群预测模型与方法进行了分析；最后，构建了海上风电集群并网调度模型，进而提出了海上风电集群与储能协调安全经济调度方法，并基于 IEEE 39 节点系统完成了算例分析。

问题与练习

(1) 海上风电集群汇集方式有哪几种？不同汇集方式分别具有什么特点？

(2) 海上风电集群并网方式有哪几种？不同并网方式的优缺点有什么？

(3) 海上风电功率预测方法根据不同划分思路主要有几种？

(4) 海上风电功率时序预测的影响因素主要有哪些？

(5) 什么是海上风电的尾流效应？

(6) 海上风电集群并网调度模型的约束主要包括哪些？

参考文献

[1] Talari S, Shafie-Khah M, Chen Y, et al. Real-time scheduling of demand response options considering the volatility of wind power generation. IEEE Transactions on Sustainable Energy, 2019, 10 (4): 1633-43.

[2] 马燕峰，李鑫，刘金山，等．考虑风电场时空相关性的多场景优化调度．电力自动化设备，2020，40 (02)：55-65.

[3] 崔杨，穆钢，刘玉，等．风电功率波动的时空分布特性．电网技术，2011，35 (02)：110-4.

[4] 符杨，吴靖，魏书荣．大型海上风电场集电系统拓扑结构优化与规划．电网技术，2013，37 (09)：2553-8.

[5] 陈宁．大型海上风电场集电系统优化研究．上海电力学院，2012.

[6] 郑明，李保宏，陆莹，等．海上风电场集群输电网可靠性分析．电力工程技术，2018，37 (02)：49-54.

[7] 孙君洋，朱淼，高强，等．大型海上交流风电场内部拓扑优化设计．电网技术，2013，37 (07)：1978-82.

[8] Han L, Jing H, Zhang R, et al. Wind power forecast based on improved long short term memory network. Energy 2019, 189, 116-300.

[9] Alencar D. B, Affonso C. M, Oliveira R. C, et al. Hybrid approach combining SARIMA and neural networks for multi-step ahead wind speed forecasting in brazil. IEEE Access 2018, 6, 55986-55994.

[10] Ren Y, Suganthan P. N, Srikanth, N. A novel empirical mode decomposition with support vector regression for wind speed forecasting. IEEE Transactions on Neural Networks and Learning Systems 2014, 27, 1793-1798.

[11] Li L. -L.; Chang, Y. -B.; Tseng, M. -L.; Liu, J. -Q.; Lim, M. K. Wind power prediction using a novel model on wavelet decomposition - support vector machines - improved atomic search algorithm. Journal of Cleaner Production 2020, 270, 121817, doi: 10.1016/j.jclepro.2020.121817.

[12] Zhang Y, Pan G, Chen B et al. Short-term wind speed prediction model based on GA-ANN improved by VMD. Renewable Energy 2020, 156, 1373-1388.

[13] Chen Y, Dong Z, Wang Y, et al. Short-term wind speed predicting framework based on EEMD-GA-LSTM method under large scaled wind history. Energy Conversion and Management 2021, 227, 113559.

[14] Sun Z, Zhang B, Tang J. Estimating the key parameter of a tropical cyclone wind field model over the Northwest Pacific Ocean: A comparison between neural networks and statistical models. Remote Sensing, 2021, 13 (14): 2653.

[15] Chen R, Wang X, Zhang W, et al. A hybrid CNN-LSTM model for typhoon formation forecasting. GeoInformatica, 2019, 23 (3): 375-396.

[16] 魏翔宇，向月，沈晓东，等．考虑台风影响的风速多步预测模型．电力系统自动化，2021，45 (14)：

30-37.

[17] Dong P, Lian J, Yu H, et al. Tropical cyclone track prediction with an encoding-to-forecasting deep learning model. Weather and Forecasting, 2022, 37 (6): 971-987.

[18] Eskandarpour R, Khodaei A. Probabilistic load curtailment estimation using posterior probability model and twin support vector machine. Journal of Modern Power Systems and Clean Energy, 2019.

[19] Kankanala, Padmavathy, Das, et al. AdaBoost+: an ensemble learning approach for estimating weather-related outages in distribution systems. IEEE Transactions on Power Systems, 2014.

第 16 章 综合能源系统协调优化运行

16.1 引 言

充分利用太阳能、水能和风能等可再生能源可缓解因过度开采化石能源而导致的环境污染和能源危机等问题。根据国际可再生能源研究组织 REN21 发布的《2022 年全球可再生能源现状报告》，全球可再生能源发电占比约 28.3%。其中，2021 年的全球新增可再生能源装机容量超过了 314GW。到 2022 年年底，中国的可再生能源总装机容量达 1213GW，约占全国发电总装机容量的 47.3%。

为了促进可再生能源消纳，综合能源系统正快速发展，其可以打破不同能源之间的壁垒，扩大电力系统控制边界，实现源—网—荷协同运行。综合能源系统是指在规划、建设和运行等过程中，对电、天然气、热等各类能源的生产、传输、分配、转换、存储、消费和交易等环节进行有机协调和优化，以形成的能源产供销一体化系统。随着热电联产机组（Combined Heat and Power Unit，CHP）、电动热泵（Heat Pump，HP）、电锅炉（Electric Boiler，EB）等设备的广泛应用，电力系统（Electric Power System，EPS）和集中供热系统（District Heating System，DHS）之间的能量转换和信息交互日益密切，形成了电—热综合能源系统（Integrated Electricity and Heat System，IEHS）。

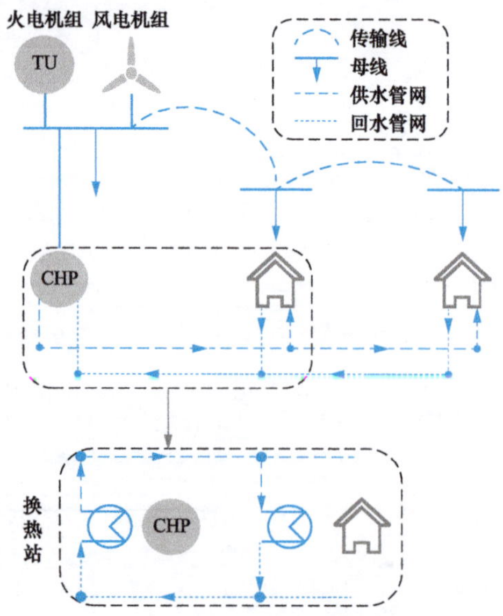

图 16.1 电—热综合能源系统结构

电—热综合能源系统主要由电力网络、集中供热网络和耦合设备组成，其结构如图 16.1 所示。火电机组和风电机组为用户提供电能。集中供热网络分为一次管网和二次管网，热源通过一次管网将高温水或蒸汽传递至换热站，换热站通过二次管网将水传递给用户。CHP 机组是耦合设备，可以同时产生电能和热能。

计及集中供热网络储能效应的热电联合优化调度（Combined Heat and Power Dispatch，CHPD），可以松弛 CHP 机组“以热定电”的刚性耦合约束，促进风电等可再生能源消纳，提高电—热综合能源系统总体经济效益。然而，电力系统和集中供热系统的物理性质迥异。电能传输快速，一般可以忽略暂态过程；热能传输相对缓慢，一般需要考虑暂态过程。因为电力系统和集中供热系统的潮流模型均是非线性且非凸的，所以电—热综合能源系统的建模难度显著增加。热电联合优化调度本质是在电力系统、集中供热系统和耦合设备的安全运行约束下，以相应指标（例如，最小调度成本或最大能量利用率）为目标函数，求解一个非线性、非凸、高维的优化问题。

电—热综合能源系统建模是热电联合优化调度的基础。电—热综合能源系统主要有以下三种模型：①基于能量枢纽（Energy Hub，EH）的电—热综合能源系统模型；②借鉴电力系统潮流，基于热力模型和水力模型，计算电—热综合能源系统潮流；③考虑不同能源主体在多时间尺度下的“统一能路理论”模型。

根据建模方式不同，热电联合优化调度模型大致可以分为基本调度模型、考虑系统灵活性的调度模型和计及不确定性因素的调度模型。热电联合优化调度基本模型常以最小运行成本或最大可再生能源利用率等为目标函数，以电力系统、热力系统和耦合设备的安全运行约束等为约束条件，优化机组或电锅炉等设备的输出功率。热电联合优化调度可以通过集中供热网络、储热罐、建筑物等的储能效应提高电力系统运行灵活性，促进可再生能源消纳。考虑不确定性的电—热综合能源系统优化调度一般可以分为鲁棒优化和随机优化。

在热电联合优化调度模型基础上，本章将进一步阐述热电联合优化调度方法，主要分为解析法和人工智能法两大类。其中，解析法主要为传统数学优化，包括集中式优化求解和分布式优化求解；人工智能法包括启发式算法和机器学习算法。

根据求解方式的不同，解析法分为集中式优化求解和分布式优化求解。热电联合优化调度的一种直接方法是将电力系统和热力系统合并成一个整体模型，无需迭代，集中式求解。但集中式调度存在以下不足：①在大量可再生能源并网时，系统规模很大，求解可能不稳定且不可靠；②电力系统和热力系统物理性质迥异，模型差异大，合并求解困难；③电力系统和热力系统属于不同主体，集中式调度存在一定的技术障碍和制度壁垒，不利于保护不同主体间的拓扑结构、运行状态、网络参数等信息隐私。因此，集中式求解热电联合优化调度不可行。

根据求解原理不同，分布式优化算法可分为原始问题分解（Primal Decomposition，PD）和对偶问题分解（Dual Decomposition，DD）。分布式优化将热电联合优化调度分为电网优化调度和热网优化调度。其中，电力调度中心向热力调度中心传递边界耦合变量，热力调度中心更新局部最优解，并将相应的信息传给电力调度中心。电力调度中心和热力调度中心迭代求解，直至热电联合优化调度收敛并求得最优解。

现有许多关于分布式热电联合优化调度的研究，其中Benders分解（Benders Decomposition，BD）和交替方向乘子法（Alternating Direction Method of Multipliers，ADMM）是较为常见的两种分布式优化算法。相比集中式优化调度，分布式优化调度需要反复迭代求解，计算量较大，电网和热网之间的通信负担较重。如果迭代次数很多甚至不收敛，会影响算法的稳定性。

除了解析法外，许多学者通过人工智能方法求解热电联合优化调度问题。人工智能方法包括启发式算法和机器学习算法等。启发式算法优点是结构简单直观，易于实现和修改，可以在允许时间内得到一个较好的解，实用性较强。但启发式算法也有不可忽视的缺点：基于经验，算法不稳定，只能给出近似最优解，不能保证全局最优解，也难以量化结果的最优性。除了启发式算法外，机器学习算法也常被用于求解非线性规划问题。机器学习主要包括传统机器学习、深度学习、强化学习和迁移学习等。

电网和热网隶属信息不对称下的不同主体，现有关于热电联合优化调度的研究主要存在以下问题：

（1）隐私泄露。用户参数、拓扑结构、运行状态等均是各自隐私，不易或不能相互分享。因此，需要显示所有信息的电—热综合能源系统集中式优化调度是不切实际的。

(2) 信息欺诈。热电联合优化调度可以促进可再生能源消纳，减少热电联合优化调度总成本。但热电联合优化调度会偏离热力系统调度最优策略，从而使得热网调度成本增加。为了促进电网和热网合作，电网会提供转移支付给热网。然而，电网和热网处于信息不对称的状态，无法识别虚假信息，从而很可能造成信息欺诈。

(3) 激励不相容。相对热电单独优化调度而言，热电联合优化调度虽然使得热电联合优化调度总成本减少，但会损害热网的个体利益，即热电激励不相容。

如何促进电网和热网协同合作是个值得研究的问题。为了解决这一问题，需要从热电联合优化调度的数学本质入手，设计一种公平、有效的热电合作机制。

为了促进电力系统和集中供热系统合作，实现电—热综合能源系统安全高效运行，提高能量利用率。本章利用分布式优化算法、多参数规划理论与合作博弈的思想，实现热电联合优化调度。

16.2 集中供热系统模型和典型分布式优化算法

热电联合优化调度模型是电—热综合能源系统协同运行的基础，其主要表征为设备运行状态和能量耦合关系。电力系统和集中供热系统物理性质迥异，相对电力传输，集中供热网络在热量传输过程有明显的延时和损耗等动态特性。因此，除了描述集中供热网络的稳态模型外，还需要建立集中供热网络的暂态模型。一般采用“微分方程模型”和“水包模型”刻画集中供热网络的动态过程。集中供热网络可以分为一次管网和二次管网。一次管网类似输电网，二次管网类似配电网。热源利用一次管网将高温水或蒸汽传送至换热站，换热站通过二次管网将水传送至热用户。

电力系统潮流和集中供热系统潮流均为非线性、非凸的，并且热电耦合机理相对复杂。热电联合优化调度模型具有高维度、非线性、非凸等特点，提高热电联合优化调度模型精度一般以牺牲求解效率为代价。一方面，模型精度直接决定了热电联合优化调度解的可行性和最优性。另一方面，提高模型精度一般需要引入更多的表征设备和系统运行状态的决策变量和约束条件。热电联合优化调度模型的核心是平衡模型精度和计算效率这两个目标，在满足求解效率的前提下，尽可能提高精度。

电网和热网隶属不同主体，不能披露双方的所有数据信息，需要保护隐私。基于分布式优化算法，不同主体间仅交互少量边界信息，即可实现分布式热电联合优化调度。分布式优化算法大致可以分为原始问题分解算法和对偶问题分解算法两种。原始问题分解算法主要针对子问题包含耦合变量的情况，对偶问题分解算法主要针对子问题包含耦合约束的情况。

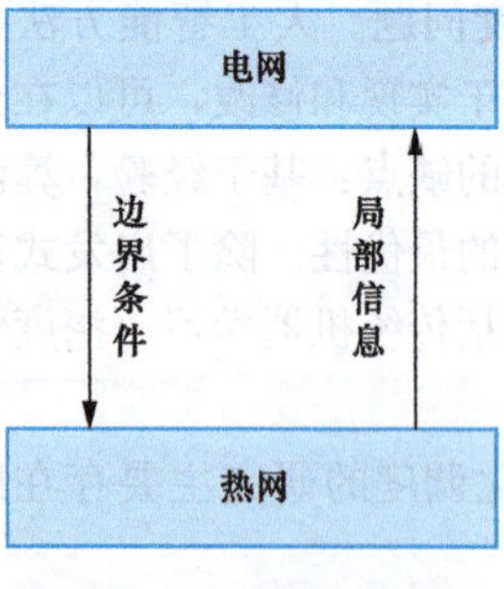

图 16.2　分布式热电联合优化调度框架

分布式热电联合优化调度框架如图 16.2 所示，一般将热电联合优化调度分解为电网调度和热网调度。

电力调度中心向热力调度中心传递边界耦合变量（例如，CHP 机组热输出功率、电锅炉的热输出功率等），热力调度中心计算热网调度问题的最优解，将相应的信息传递给电力调度中心。电网调度和热网调度反复迭代求解，直至收敛，达到最优解。

16.2.1 热源模型

电—热综合能源系统的热源主要包括 CHP 机组、电动热泵、电锅炉等。CHP 机组包括锅炉和汽轮机，通过“朗肯循环”产生电能和热能。高压锅炉将水转化为蒸汽，蒸汽在汽轮机中释放热能并产生电能。根据可行域形状的不同，CHP 机组可分为“背压式”和“抽汽式”，其电输出功率和热输出功率的可行域如图 16.3 所示。“背压式”CHP 机组的可行域是一条线段，产热和产电基本上呈正相关；“抽汽式”CHP 机组的可行域是四边形。CHP 机组输出量可以用多边形区域凸组合表示。本节所用热电联产机组包括“背压式”和“抽汽式”。

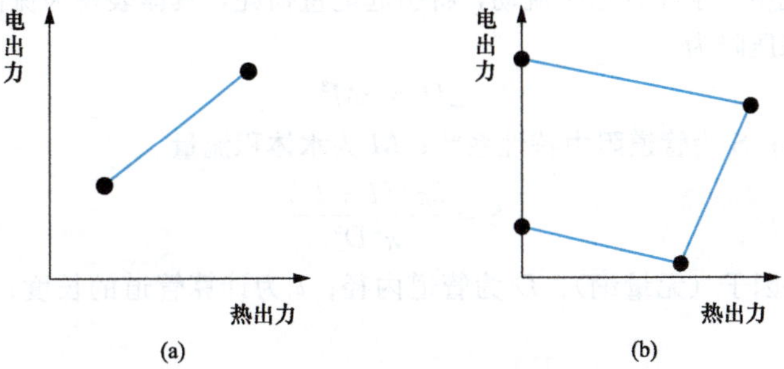

图 16.3 热电联产机组运行可行域

(a)“背压式”热电联产机组；(b)“抽汽式”热电联产机组

$$p_{g,t}=\sum_{k=1}^{NK_g}\alpha_{g,t}^{k}P_g^k,h_{g,t}=\sum_{k=1}^{NK_g}\alpha_{g,t}^{k}H_g^k,\sum_{k=1}^{NK_g}\alpha_{g,t}^{k}=1\quad 0\leqslant\alpha_{g,t}^{k}\leqslant 1 \tag{16.1}$$

式中：$p_{g,t}$ 为第 g 台 CHP 机组在 t 时刻的电输出功率；$h_{g,t}$ 为第 g 台 CHP 机组在 t 时刻的热输出功率；（P_g^k，H_g^k）为第 g 台 CHP 机组对应的第 k 个极点坐标；$\alpha_{g,t}^k$ 为第 g 台 CHP 机组在 t 时刻对应的第 k 个极点的凸组合系数；NK_g 为第 g 台 CHP 机组运行可行域的极点个数。

在本节中，热源主要包括 CHP 机组和锅炉

$$\sum_{g\in\Omega_{\mathrm{CHP}}}h_{g,t}^{\mathrm{CHP}}+\sum_{g\in\Omega_{\mathrm{HB}}}h_{g,t}^{\mathrm{HB}}=cm_{g,t}^{\mathrm{G}}(\tau_{g,t}^{\mathrm{GS}}-\tau_{g,t}^{\mathrm{GR}})\quad\forall t\in\Omega_{\mathrm{T}} \tag{16.2}$$

式中：$h_{g,t}^{\mathrm{CHP}}$ 为第 g 台 CHP 机组在 t 个调度时段的热输出功率；$h_{g,t}^{\mathrm{HB}}$ 为第 g 台锅炉在第 t 个调度时段的热输出功率；c 为水的比热容；$m_{g,t}^{\mathrm{G}}$ 为第 g 个热源在第 t 个调度时段的质量流量；$\tau_{g,t}^{\mathrm{GS}}$ 为第 g 个热源在第 t 个调度时段的供水温度；$\tau_{g,t}^{\mathrm{GR}}$ 为第 g 个热源在第 t 个调度时段的回水温度；Ω_{HB} 为锅炉集合；Ω_{CHP} 为 CHP 机组集合。

其次，锅炉热输出功率必须满足上下限约束

$$0\leqslant h_{g,t}^{\mathrm{HB}}\leqslant\overline{h_g^{\mathrm{HB}}}\quad\forall g\in\Omega_{\mathrm{HB}},t\in\Omega_{\mathrm{T}} \tag{16.3}$$

式中：$\overline{h_g^{\mathrm{HB}}}$ 为第 g 个锅炉输出功率的上限；Ω_{T} 为调度时段集合。

16.2.2 集中供热网络稳态模型

16.2.2.1 集中供热网络的拓扑建模

类比电力网络建模，对集中供热网络进行拓扑建模。对于有 N 个节点，B 条管道的集中供热网络，可分别定义节点—支路关联矩阵和基本回路矩阵。

集中供热网络节点—支路关联矩阵 $\boldsymbol{A}=(a_{ij})_{N\times B}$

$$a_{ij}=\begin{cases}1 & \text{节点 } i \text{ 是管道 } j \text{ 的起点}\\-1 & \text{节点 } i \text{ 是管道 } j \text{ 的终点}\\0 & \text{节点 } i \text{ 与管道 } j \text{ 不相连}\end{cases}$$

集中供热网络基本回路矩阵 $\boldsymbol{B}=(b_{ij})_{L\times B}$

$$b_{ij}=\begin{cases}1 & \text{回路}\,i\,\text{与管道}\,j\,\text{方向一致}\\ -1 & \text{回路}\,i\,\text{与管道}\,j\,\text{方向不一致}\\ 0 & \text{管道}\,j\,\text{不在回路中}\end{cases}$$

16.2.2.2 水力方程

在集中供热系统中，水在管道中流动，将引起能量损耗，具体表现为流体的压力损失。集中供热网络中管道的水压降为

$$\Delta H=SM^2 \tag{16.4}$$

式中：ΔH 为水压降；S 为管道阻力特性系数；M 为水体积流量。

$$S=\frac{8\rho f(l+l_{\mathrm{d}})}{\pi^2 D^5} \tag{16.5}$$

式中：f 为达西摩擦因子（无量纲）；D 为管道内径；l 为计算管道的长度；l_{d} 为计算管道的当量长度。

水量平衡方程（KCL）：集中供热网络的任何节点都需要满足质量守恒定律

$$\boldsymbol{A}\cdot\boldsymbol{M}=\boldsymbol{M}_0 \tag{16.6}$$

式中：$\boldsymbol{M}_0$ 为节点的净注入水流量组成的向量。

环路方程（KVL）：各个环路的水压降的代数和必须等于零

$$\boldsymbol{B}\cdot\boldsymbol{\Delta H}=\boldsymbol{0} \tag{16.7}$$

16.2.2.3 热力方程

支路方程：管道热量随着水流不断耗散，具体表现为温度沿管径呈指数下降

$$\tau_{b,t}^{\mathrm{in}}-\tau_{b,t}^{\mathrm{out}}=\frac{\lambda L}{cm_{b,t}}(\tau_{b,t}^{in}-\hat{\tau}^{\mathrm{A}}) \tag{16.8}$$

式中：$\tau_{b,t}^{\mathrm{in}}$ 为管道 b 在 t 时刻的入口水流温度；$\tau_{b,t}^{\mathrm{out}}$ 为管道 b 在 t 时刻的出口水流温度；$\hat{\tau}^{\mathrm{A}}$ 为环境温度；$m_{b,t}$ 为管道 b 在 t 时刻的质量流量；c 为水的比热容；λ 为单位长度传热系数；L 为管道的长度。

能量守恒定律：多根管道的水流注入同一个节点，需要遵守能量守恒定律

$$\sum_{b\in i}\tau_{b,t}^{\mathrm{out}}\cdot m_{b,t}=\tau_{i,t}\cdot\sum_{b\in i}m_{b,t} \tag{16.9}$$

式中：$\tau_{b,t}^{\mathrm{out}}$ 为管道 b 在 t 时刻的出口水流温度；$\tau_{i,t}$ 为节点 i 在 t 时刻的水流温度；$m_{b,t}$ 为管道 b 在 t 时刻的质量流量。

温度场为稳态场，从同一节点流出的水流具有相同的温度

$$\tau_{b,t}^{\mathrm{in}}=\tau_{i,t}\quad \forall b\in i \tag{16.10}$$

16.2.3 集中供热网络暂态模型

16.2.3.1 微分方程模型

集中供热网络通过管道和热媒将热能输送到热负荷，可解耦为热力模型和水力模型。集中供热网络传输线路模型包含节点与管段两个部分，管段部分描述管网中的能量损失和时间延迟，节点部分描述管网中的流量平衡与能量守恒。集中供热网络涉及的主要物理指标有温度、流量、压力、传输效率等。根据能量守恒定律，热力方程可表示为

$$c\rho A\frac{\partial T}{\partial t}+cm\frac{\partial T}{\partial x}-\varepsilon\frac{\partial^2 T}{\partial x^2}+\varepsilon T=0 \tag{16.11}$$

式中：c、T、ρ、A、m、ε、t 和 x 分别为比热容、温度、密度、横截面积、流量、散热系数、时间和位移。此外，忽略温度对位移的二阶导。

引入热流定义为

$$\varphi = cmT \tag{16.12}$$

结合式（16.11）和式（16.12），整理可得

$$\begin{aligned}\frac{\partial\varphi}{\partial x} &= -c\rho A\frac{\partial T}{\partial t} - \varepsilon T \\ \frac{\partial T}{\partial x} &= -\frac{\rho A}{cm^2}\frac{\partial\varphi}{\partial t} - \frac{\varepsilon}{c^2m^2}\varphi\end{aligned} \tag{16.13}$$

16.2.3.2 水包模型

集中供热网络结构如图16.4所示。集中供热网络一般有“质调节”和“量调节”。本节主要研究一次管网和“质调节”，并采用“节点法”刻画供热网络的温度半动态特性。“节点法”的基本思想：①在忽略热损耗的条件下，用过去不同调度时段管道入口温度的线性组合表示当前调度时段管道出口温度，以刻画延时特性；②在考虑热损耗的条件下，对当前调度时段管道出口温度进行修正，以反映损耗。

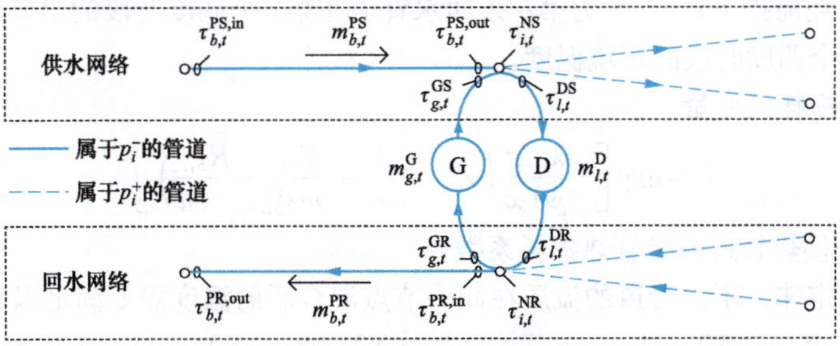

图16.4 集中供热网络结构

在忽略热损耗的条件下，用过去不同调度时段管道入口温度的线性组合表示当前调度时段管道出口温度

$$\tau'^{PS,out}_{b,t} = \sum_{k=t-\phi_{b,t}}^{t-\gamma_{b,t}} K_{b,t,k}\tau^{PS,in}_{b,k} \tag{16.14}$$

式中：忽略热损耗时，$\tau'^{PS,out}_{b,t}$ 为第 b 条供水管道在第 t 个调度时段的出口温度；$\tau^{PS,in}_{b,k}$ 为第 b 条供水管道在第 k 个调度时段的入口温度。

$$\tau'^{PR,out}_{b,t} = \sum_{k=t-\phi_{b,t}}^{t-\gamma_{b,t}} K_{b,t,k}\tau^{PR,in}_{b,k} \tag{16.15}$$

式中：忽略热损耗时，$\tau'^{PR,out}_{b,t}$ 为第 b 条回水管道在第 t 个调度时段的出口温度；$\tau^{PR,in}_{b,k}$ 为第 b 条回水管道在第 k 个调度时段的入口温度；K 为传输延时的变量。具体内容如下

$$K_{b,t,k} = \begin{cases}(m^{PS}_{b,t}\Delta t - S_{b,t} + \rho A_b L_b)/m^{PS}_{b,t}\Delta t & k = t - \phi_{b,t} \\ (m^{PS}_{b,k}\Delta t)/m^{PS}_{b,t}\Delta t & k = t - \phi_{b,t} + 1, \cdots, t - \gamma_{b,t} - 1 \\ (R_{b,t} - \rho A_b L_b)/m^{PS}_{b,t}\Delta t & k = t - \gamma_{b,t} \\ 0 & \text{otherwise}\end{cases} \tag{16.16}$$

式中：A_b 为第 b 条供热管道的横截面积；L_b 为第 b 条供热管道的长度；$\gamma_{b,t}$ 和 $\phi_{b,t}$ 均为和水温延时相关的整数调度时段数。

$$\gamma_{b,t} = \min_n\left\{n: \text{s. t.} \sum_{k=0}^{n}(ms^{PS}_{b,t-k}\Delta t) \geqslant \rho A_b L_b, n \geqslant 0, n \in Z\right\} \tag{16.17}$$

$$\phi_{b,t} = \min_m\left\{m: \text{s. t.} \sum_{k=1}^{m}(ms^{PS}_{b,t-k}\Delta t) \geqslant \rho A_b L_b, m \geqslant 0, m \in Z\right\} \tag{16.18}$$

式（16.16）中，$R_{b,t}$ 和 $S_{b,t}$ 具体表达式为

$$R_{b,t}=\sum_{k=0}^{\phi_{b,t}-1}(ms_{b,t-k}^{\mathrm{PS}}\Delta t) \tag{16.19}$$

$$S_{b,t}=\begin{cases}\sum_{k=0}^{\phi_{b,t}-1}(ms_{b,t-k}^{\mathrm{PS}}\Delta t) & \phi_{b,t}\geqslant\gamma_{b,t}+1\\ R_{b,t} & \text{otherwise}\end{cases} \tag{16.20}$$

在考虑热损耗的条件下，对当前调度时段管道出口温度进行修正

$$\tau_{b,t}^{\mathrm{PS,out}}=\hat{\tau}_{b,t}^{\mathrm{PS,A}}+J_{b,t}^{\mathrm{PS}}\cdot(\tau_{b,t}^{\prime\mathrm{PS,out}}-\hat{\tau}_{b,t}^{\mathrm{PS,A}}) \tag{16.21}$$

式中：在考虑热损耗前提下，$\tau_{b,t}^{\mathrm{PS,out}}$ 为第 b 条回水管道在第 t 个调度时段的出口温度；$\hat{\tau}_{b,t}^{\mathrm{PS,A}}$ 为第 b 条供水管道在第 t 个调度时段的环境温度。

$$\tau_{b,t}^{\mathrm{PR,out}}=\hat{\tau}_{b,t}^{\mathrm{PR,A}}+J_{b,t}^{\mathrm{PR}}\cdot(\tau_{b,t}^{\prime\mathrm{PR,out}}-\hat{\tau}_{b,t}^{\mathrm{PR,A}}) \tag{16.22}$$

式中：在考虑热损耗前提下，$\tau_{b,t}^{\mathrm{PS,out}}$ 为第 b 条回水管道在第 t 个调度时段的出口温度；$\hat{\tau}_{b,t}^{\mathrm{PR,A}}$ 为第 b 条回水管道在第 t 个调度时段的环境温度。

J 为表征热能损耗的变量

$$J=\exp\left[-\frac{\lambda_b\Delta t}{\rho A_b c}\left(\gamma_{b,t}+\frac{1}{2}+\frac{S_{b,t}-R_{b,t}}{ms_{b,t-\gamma_{b,t}}^{\mathrm{PS}}\Delta t}\right)\right] \tag{16.23}$$

式中：λ_b 为第 b 条供热管道的沿管热损耗系数。

根据能量守恒定律，不同管道的流质在同一节点混合后的温度需要满足以下方程

$$\sum_{b\in P_i^-}(\tau_{b,t}^{\mathrm{PS,out}}\cdot m_{b,t}^{\mathrm{PS}})+\sum_{g\in G_i}(\tau_{g,t}^{\mathrm{GS}}\cdot m_{g,t}^{\mathrm{G}})=\tau_{i,t}^{\mathrm{NS}}\cdot\left(\sum_{b\in P_i^-}m_{b,t}^{\mathrm{PS}}+\sum_{g\in G_i}m_{g,t}^{\mathrm{G}}\right)\quad\forall i\in\Omega_{\mathrm{ND}},t\in\Omega_{\mathrm{T}} \tag{16.24}$$

$$\sum_{b\in P_i^+}(\tau_{b,t}^{\mathrm{PR,out}}\cdot m_{b,t}^{\mathrm{PR}})+\sum_{g\in D_i}(\tau_{g,t}^{\mathrm{DR}}\cdot m_{d,t}^{\mathrm{D}})=\tau_{i,t}^{\mathrm{NR}}\cdot\left(\sum_{b\in P_i^+}m_{b,t}^{\mathrm{PR}}+\sum_{d\in D_i}m_{g,t}^{\mathrm{D}}\right)\quad\forall i\in\Omega_{\mathrm{ND}},t\in\Omega_{\mathrm{T}} \tag{16.25}$$

式（16.24）和式（16.25）中：$m_{b,t}^{\mathrm{PS}}$ 和 $m_{b,t}^{\mathrm{PR}}$ 分别为第 b 条管道在第 t 个调度时段的供水温度和回水温度；$\tau_{i,t}^{\mathrm{NS}}$ 和 $\tau_{i,t}^{\mathrm{NR}}$ 分别为第 i 个节点在第 t 个调度时段的供水温度和回水温度；P_i^- 和 P_i^+ 分别为与第 i 个节点为终点和起点的供热管道集合；g_i 和 D_i 分别为与第 i 个节点相连的热源和热负荷集合；Ω_{ND} 为集中供热网络节点集合。

从网络节点流出的流质温度等于该网络节点的温度

$$\tau_{b,t}^{\mathrm{PS,in}}=\tau_{i,t}^{\mathrm{NS}}\quad\forall b\in p_i^+,i\in\Omega_{\mathrm{ND}},t\in\Omega_{\mathrm{T}} \tag{16.26}$$

式中：$\tau_{b,t}^{\mathrm{PS,in}}$ 为第 b 条供水管道在第 t 个调度时段的入口温度。

$$\tau_{b,t}^{\mathrm{PR,in}}=\tau_{i,t}^{\mathrm{NR}}\quad\forall b\in p_i^-,i\in\Omega_{\mathrm{ND}},t\in\Omega_{\mathrm{T}} \tag{16.27}$$

式中：$\tau_{b,t}^{\mathrm{PR,in}}$ 为第 b 条供水管道在第 t 个调度时段的入口温度。

热源和热负荷的温度等于该网络节点的温度

$$\tau_{d,t}^{\mathrm{DS}}=\tau_{i,t}^{\mathrm{NS}}\quad\forall d\in D_i,i\in\Omega_{\mathrm{ND}},t\in\Omega_{\mathrm{T}} \tag{16.28}$$

式中：$\tau_{d,t}^{\mathrm{DS}}$ 为第 d 个热负荷在第 t 个调度时段的供水温度。

$$\tau_{g,t}^{\mathrm{GR}}=\tau_{i,t}^{\mathrm{NR}}\quad\forall g\in g_i,i\in\Omega_{\mathrm{ND}},t\in\Omega_{\mathrm{T}} \tag{16.29}$$

式中：$\tau_{g,t}^{\mathrm{GR}}$ 为第 g 个热源在第 t 个调度时段的回水温度。

为了保证供热质量，集中供热网络节点温度应该在满足其上下限

$$\underline{\tau_i^{\mathrm{NS}}}\leqslant\tau_{i,t}^{\mathrm{NS}}\leqslant\overline{\tau_i^{\mathrm{NS}}}\quad\forall i\in\Omega_{\mathrm{ND}},t\in\Omega_{\mathrm{T}} \tag{16.30}$$

式中：$\underline{\tau_i^{\mathrm{NS}}}$ 和$\overline{\tau_i^{\mathrm{NS}}}$ 分别为第 i 个节点供水温度的下限和上限。

$$\underline{\tau_i^{\mathrm{NR}}} \leqslant \tau_{i,t}^{\mathrm{NR}} \leqslant \overline{\tau_i^{\mathrm{NR}}} \quad \forall i \in \Omega_{\mathrm{ND}}, t \in \Omega_{\mathrm{T}} \tag{16.31}$$

式中：$\underline{\tau_i^{\mathrm{NR}}}$ 和$\overline{\tau_i^{\mathrm{NR}}}$ 分别为第 i 个节点回水温度的下限和上限。

热负荷

$$h_{d,t}^{\mathrm{D}} = c m_{d,t}^{\mathrm{D}} (\tau_{d,t}^{\mathrm{DS}} - \tau_{d,t}^{\mathrm{DR}}) \quad \forall d \in D_i, t \in \Omega_{\mathrm{T}} \tag{16.32}$$

式中：$h_{d,t}^{\mathrm{D}}$ 为第 d 个热用户在 t 个调度时段的热负荷；c 为水的比热容；$m_{d,t}^{\mathrm{D}}$ 为第 d 个热用户在第 t 个调度时段的质量流量；$\tau_{d,t}^{\mathrm{DS}}$ 为第 d 个热负荷在第 t 个调度时段的供水温度；$\tau_{d,t}^{\mathrm{DR}}$ 为第 d 个热负荷在第 t 个调度时段的回水温度。

16.3 基于 Benders 分解和纳什议价的热电优化调度

电力系统和集中供热系统之间的能量转换和信息交互日益频繁，电—热综合能源系统正快速发展。在寒冷的冬季，中国北方地区主要由大型 CHP 机组集中给用户供热。目前，大部分 CHP 机组采用“以热定电”的模式，即电输出功率取决于热负荷。在满足热需求的同时，CHP 机组产生了富余电量，限制了风电的消纳空间，造成严重弃风。

松弛 CHP 机组中电输出功率和热输出功率的强耦合关系在一定程度上可以减少弃风。一种直接的方式是安装电锅炉、热泵和储热罐等设备。电锅炉和热泵消耗电能，产生热能。储热罐可以存储热能。然而，这种方式需要新增建设成本。集中供热系统和电力系统在能量传输时长和动态过程等方面有显著差异。电力系统经济调度一般采用稳态潮流模型。集中供热网络的温度半动态特性通常采用“分块法”和“节点法”来刻画。文献［14］提出一种考虑温度半动态特性的热网等值模型，源荷之间形成端口映射。文献［15］进一步证明了热网等值模型的存在性。文献［16］在供热系统建模基础上，提出综合能源系统最优能流计算方法。实际上，集中供热网络由许多接近绝热的管道组成，储能效果良好。

考虑集中供热网络储能特性的热电联合优化调度可以促进可再生能源消纳，降低电—热综合能源系统运行总成本。热电联合优化调度可以分为集中式优化调度和分布式优化调度两种。集中式优化调度是将电力系统和热力系统合并成一个整体模型，在此基础上集中计算电—热综合能源系统最优能流。集中式优化调度无需迭代，但双方均需要披露各自的拓扑结构、运行状态、网络参数等隐私信息。现实中的电力系统和热力系统隶属于不同运营主体。例如：北京市的供热网络是由北京市热力集团有限责任公司独立运营的。北京市的电网是由北京市电力公司管理的。因此，集中调度不同的运营主体会存在制度壁垒、技术障碍和隐私泄露等问题。总之，集中式优化调度并非切实可行。

分布式优化调度可以充分保护不同主体隐私。根据迭代原理不同，分布式优化算法大体分为两类：原始问题分解算法和对偶问题分解算法。文献［17］提出基于 Bender 分解的热电联合调度。文献［18］介绍了交替方向乘子法在电—热综合能源系统分布式优化运行中的应用。最优性条件分解法通过最优化问题的 Karush-Kuhn-Tucker（KKT）条件，在保证算法收敛性的前提下，双方只需交互少量边界耦合信息。然而，上述研究均忽视了不同主体间的激励相容。

热电联合优化调度通常基于集体理性，即最大化电力系统和热力系统总效用。相对热电单独优化调度，热电联合优化调度会使电—热综合能源系统总成本减少，但同时会让热力系统的个体利益受损。具体地讲，热电联合优化调度需要热力系统充分利用集中供热网络储能特性来提高电力系统灵活性，偏离了热力系统独立调度的最优策略。集中供热网络需要升高温度，造成了更多热损失，进而使热力系统运行总成本增加。考虑个体理性假设，热力系统没有动力参与合作。因此，基于整体优化的热电联合优化调度不是激励相容的。

为了实现激励相容，现有研究分为两大类：市场博弈方法和转移支付方法。在市场博弈方法中，将热电联合优化调度作为一个市场博弈，交替计算电力系统优化调度和热力系统优化调度，更新价格信号，直至寻找到平衡点，例如纳什均衡点。在转移支付方法中，电力系统分享一些合作剩余给热力系统，使双方的运行总成本均减少。文献［20］中，电力系统通过分享部分可再生能源消纳的收益给热力系统来促进合作。然而，合作剩余最优分配比例的计算相对复杂，不易操作。在合作博弈中，纳什议价（Nash Bargaining，NB）是一种分配合作剩余的重要方式。

16.3.1 热电单独优化调度模型

热电优化调度模型包括热电单独优化调度模型和热电联合优化调度模型。热电单独优化调度模型包括热力系统优化调度模型和电力系统优化调度模型。在热电单独优化调度模型中，先计算热力系统最优热流，然后将求解得到的 CHP 机组的热输出功率传送给电力调度中心，最后计算电力系统最优功率分配。热电联合优化调度模型包括集中式热电联合优化调度模型和基于 Benders 分解的热电联合优化调度模型。

16.3.1.1 热力系统优化调度模型

热力系统优化调度的本质是热力系统最优能流计算。热力系统最优热流计算以最小化锅炉运行成本和购热成本为目标，在满足热力系统安全运行约束下，优化锅炉热输出功率和从 CHP 机组购买的热量。

$$\min \sum_{t\in\Omega_{\mathrm{T}}}\Big(\sum_{g\in\Omega_{\mathrm{HB}}} C_g^{\mathrm{HB}} h_{g,t}^{\mathrm{HB}} + \sum_{g\in\Omega_{\mathrm{CHP}}} \mu_g h_{g,t}^{\mathrm{CHP}}\Big) \tag{16.33}$$

式中：C_g^{HB} 为第 g 台锅炉的成本系数；$h_{g,t}^{\mathrm{HB}}$ 为第 g 台锅炉在第 t 个调度时段的热输出功率；μ_g 为第 g 台 CHP 机组购买热量的单价；$h_{g,t}^{\mathrm{CHP}}$ 为第 g 台 CHP 机组在第 t 个调度时段的热输出功率。

约束条件见式（16.1）～式（16.3），式（16.14）～式（16.32）。将热力系统最优热流计算得到的 CHP 机组热输出功率记为 $\boldsymbol{h}_{\mathrm{CHP}}^{0}$。

16.3.1.2 电力系统优化调度模型

热力系统最优热流计算结束后，热力调度中心将 CHP 机组热输出功率 $\boldsymbol{h}_{\mathrm{CHP}}^{0}$ 传送给电力调度中心。电力系统最优调度计算以最小化火电机组运行成本、CHP 机组运行成本、弃风成本等为目标。在满足电力系统安全运行约束下，优化火电机组、CHP 机组和风电场的电输出功率。

$$\min \sum_{t\in\Omega_{\mathrm{T}}}\Big(\sum_{g\in\Omega_{\mathrm{TU}}} C_g^{\mathrm{TU}} + \sum_{g\in\Omega_{\mathrm{CHP}}} C_g^{\mathrm{CHP}} + \sum_{g\in\Omega_{\mathrm{wind}}} C_g^{\mathrm{wind}} - \sum_{g\in\Omega_{\mathrm{CHP}}} \mu_g \cdot h_{g,t}^{\mathrm{CHP}}\Big) \tag{16.34}$$

式中：C_g^{TU} 为第 g 台火电机组的运行成本；C_g^{CHP} 为第 g 台 CHP 机组的运行成本；C_g^{wind} 为第 g 个风电场的弃风成本。

火电机组运行成本 C_g^{TU} 是关于电输出功率 $p_{g,t}$ 的二次函数

$$C_g^{\mathrm{TU}}(p_{g,t}) = \sum_{t\in\Omega_{\mathrm{T}},g\in\Omega_{\mathrm{TU}}} (b_{0,g} + b_{1,g} p_{g,t} + b_{2,g} p_{g,t}^2) \tag{16.35}$$

式中：$b_{0,g}$、$b_{1,g}$ 和 $b_{2,g}$ 分别为常数项系数、一次项系数和二次项系数。

CHP 机组的运行成本 C_g^{CHP} 是关于电输出功率 $p_{g,t}$ 和热输出功率 $h_{g,t}$ 的二次函数

$$C_g^{\mathrm{CHP}}(p_{g,t},h_{g,t}) = \sum_{g\in\Omega_{\mathrm{CHP}},t\in\Omega_{\mathrm{T}}} (a_{0,g} + a_{1,g} p_{g,t} + a_{2,g} h_{g,t} + a_{3,g} p_{g,t}^2 + a_{4,g} h_{g,t}^2 + a_{5,g} p_{g,t} h_{g,t}) \tag{16.36}$$

式中：$a_{0,g}$、$a_{1,g}$、$a_{2,g}$、$a_{3,g}$、$a_{4,g}$ 和 $a_{5,g}$ 均为 CHP 机组的运行成本函数常系数。

弃风成本 C_g^{wind}

$$C_g^{\mathrm{wind}}(p_{g,t}^{\mathrm{wind}})=\sum_{g\in\Omega_{\mathrm{wind}},t\in\Omega_{\mathrm{T}}}\sigma_g(\overline{P}_{g,t}^{\mathrm{wind}}-p_{g,t}^{\mathrm{wind}})\tag{16.37}$$

式中：$\overline{P}_{g,t}^{\mathrm{wind}}$ 为第 g 个风电场在第 t 个调度时段的输出功率预测值；σ_g 为第 g 个风电场的弃风惩罚因子；Ω_{wind} 为风电场集合。

电力系统采用直流潮流模型。有功平衡约束

$$\sum_{g\in\Omega_{\mathrm{TU}}\cup\Omega_{\mathrm{CHP}}}p_{g,t}+\sum_{g\in\Omega_{\mathrm{wind}}}p_{g,t}^{\mathrm{wind}}=\sum_{n\in\Omega_{\mathrm{bus}}}D_{n,t}\quad\forall t\in\Omega_{\mathrm{T}}\tag{16.38}$$

式中：$p_{g,t}^{\mathrm{wind}}$ 为第 g 个风电场在第 t 个调度时段的输出功率；$D_{n,t}$ 为第 n 条母线在第 t 个调度时段的负荷；Ω_{bus} 为母线集合。

旋转备用约束

$$\begin{cases}p_{g,t}+ru_{g,t}\leqslant\overline{P}_g & \forall g\in\Omega_{\mathrm{TU}},\forall t\in\Omega_{\mathrm{T}}\\ p_{g,t}-rd_{g,t}\geqslant\underline{P}_g & \forall g\in\Omega_{\mathrm{TU}},\forall t\in\Omega_{\mathrm{T}}\\ \sum\limits_{g\in\Omega_{\mathrm{TU}}}ru_{g,t}\geqslant SR_t^{\mathrm{up}} & \forall g\in\Omega_{\mathrm{TU}},\forall t\in\Omega_{\mathrm{T}}\\ \sum\limits_{g\in\Omega_{\mathrm{TU}}}rd_{g,t}\geqslant SR_t^{\mathrm{down}} & \forall g\in\Omega_{\mathrm{TU}},\forall t\in\Omega_{\mathrm{T}}\\ 0\leqslant ru_{g,t}\leqslant\overline{ru}_g & \forall g\in\Omega_{\mathrm{TU}},\forall t\in\Omega_{\mathrm{T}}\\ 0\leqslant rd_{g,t}\leqslant\overline{rd}_g & \forall g\in\Omega_{\mathrm{TU}},\forall t\in\Omega_{\mathrm{T}}\end{cases}\tag{16.39}$$

式中：$ru_{g,t}$ 为第 g 台火电机组在第 t 个调度时段向系统贡献的向上旋转备用容量；$rd_{g,t}$ 为第 g 台火电机组在第 t 个调度时段向系统贡献的向下旋转备用容量；SR_t^{up} 为电力系统在第 t 个调度时段向上旋转备用容量需求；SR_t^{down} 为电力系统在第 t 个调度时段向下旋转备用容量需求。

爬坡约束

$$-RD_g\leqslant p_{g,t}-p_{g,t-1}\leqslant RU_g\quad\forall g\in\Omega_{\mathrm{TU}}\cup\Omega_{\mathrm{CHP}},t\in\Omega_{\mathrm{T}}\tag{16.40}$$

式中：RU_g 为第 g 台机组的向上爬坡速率；RD_g 为第 g 台机组的向下爬坡速率。

线路传输容量约束

$$\left|\sum_{n\in\Omega_{\mathrm{bus}}}SF_{l,n}\Big(\sum_{g\in\Omega_{\mathrm{TU}}\cup\Omega_{\mathrm{CHP}}}p_{g,t}+\sum_{g\in\Omega_{\mathrm{wind}}}p_{g,t}^{\mathrm{wind}}-D_{n,t}\Big)\right|\leqslant F_l\quad\forall l\in\Omega_{\mathrm{line}},t\in\Omega_{\mathrm{T}}\tag{16.41}$$

式中：$SF_{l,n}$ 为第 n 条母线到第 l 条支路潮流注入功率的转移分布因子；F_l 为电力系统第 l 条线路的传输容量；Ω_{line} 为电力系统支路集合。

火电机组和 CHP 机组输出功率限制约束

$$\underline{P}_g\leqslant p_{g,t}\leqslant\overline{P}_g\quad\forall g\in\Omega_{\mathrm{TU}}\cup\Omega_{\mathrm{CHP}},t\in\Omega_{\mathrm{T}}\tag{16.42}$$

式中：$\overline{P}_g$ 为第 g 台常规火电机组或 CHP 机组电输出功率的上限；$\underline{P}_g$ 为第 g 台常规火电机组或 CHP 机组电输出功率的下限。

风电场输出功率限制约束

$$0\leqslant p_{g,t}^{\mathrm{wind}}\leqslant\overline{P}_g^{\mathrm{wind}}\quad\forall g\in\Omega_{\mathrm{wind}},t\in\Omega_{\mathrm{T}}\tag{16.43}$$

16.3.2 热电联合优化调度模型

16.3.2.1 集中式热电联合优化调度模型

集中式热电联合优化调度模型是在满足电力系统安全运行约束、热力系统安全运行约束和耦合设备安全运行约束下，以最小化火电机组调度成本、CHP 机组调度成本、弃风成本和锅炉调度成本为目标函数，优化火电机组和 CHP 机组的电输出功率，锅炉和 CHP 机组的热输出功率。

目标函数

$$\min \sum_{t\in\Omega_T}\Big(\sum_{g\in\Omega_{TU}} C_g^{TU} + \sum_{g\in\Omega_{CHP}} C_g^{CHP} + \sum_{g\in\Omega_{wind}} C_g^{wind} + \sum_{g\in\Omega_{HB}} C_g^{HB}\cdot h_{g,t}^{HB}\Big) \tag{16.44}$$

约束条件见式（16.1）～式（16.3），式（16.14）～式（16.32）和式（16.38）～式（16.43）。

16.3.2.2 基于Benders分解的热电联合优化调度模型

基于Benders分解的热电联合优化调度包括电力系统调度主问题和热力系统调度子问题。在电力系统、热力系统和热电耦合约束下，优化机组的电输出功率和热源的热输出功率，最小化电—热综合能源系统运行总成本。具体形式如下

$$\min\,[C(\boldsymbol{x}_H)+C(\boldsymbol{h}_{CHP})]+[C(\boldsymbol{x}_E,\ \boldsymbol{h}_{CHP})-C(\boldsymbol{h}_{CHP})] \tag{16.45}$$

$$\boldsymbol{A}_E\boldsymbol{x}_E+\boldsymbol{A}_C\boldsymbol{h}_{CHP}\leqslant \boldsymbol{b}_E \tag{16.46}$$

$$\boldsymbol{A}_H\boldsymbol{x}_H\leqslant \boldsymbol{b}_H \tag{16.47}$$

$$\boldsymbol{D}\boldsymbol{h}_{CHP}+\boldsymbol{E}\boldsymbol{x}_H\leqslant \boldsymbol{g} \tag{16.48}$$

热力系统运行总成本［$C(\boldsymbol{x}_H)+C(\boldsymbol{h}_{CHP})$］对应式（16.33）。电力系统运行总成本［$C(\boldsymbol{x}_E,\ \boldsymbol{h}_{CHP})-C(\boldsymbol{h}_{CHP})$］对应式（16.34）。电力系统约束式（16.46）对应式（16.1）、式（16.38）～式（16.43）。热力系统约束式（16.47）对应式（16.3）、式（16.14）～式（16.32）。热电耦合约束（16.48）对应式（16.2）。$\boldsymbol{x}_E$ 和 $\boldsymbol{x}_H$ 分别为电网和热网的内部变量向量。

基于Benders分解的热电联合优化调度的步骤如下。

步骤1：优化电力系统调度主问题

$$\begin{aligned}&\min C(\boldsymbol{x}_E,\ \boldsymbol{h}_{CHP})-C(\boldsymbol{h}_{CHP})\\&\text{s.t.}\ \boldsymbol{A}_E\boldsymbol{x}_E+\boldsymbol{A}_C\boldsymbol{h}_{CHP}\leqslant \boldsymbol{b}_E\end{aligned} \tag{16.49}$$

将CHP机组热输出功率 $\boldsymbol{h}'_{CHP}$ 传送给热力调度中心。

步骤2：优化热力系统调度子问题

$$\begin{aligned}&\min C(\boldsymbol{x}_H)+C(\boldsymbol{h}_{CHP})\\&\text{s.t.}\ \boldsymbol{h}_{CHP}=\boldsymbol{h}'_{CHP}\\&\boldsymbol{A}_H\boldsymbol{x}_H\leqslant \boldsymbol{b}_H\\&\boldsymbol{D}\boldsymbol{h}_{CHP}+\boldsymbol{E}\boldsymbol{x}_H\leqslant \boldsymbol{g}\end{aligned} \tag{16.50}$$

式中：$\boldsymbol{\lambda}$ 为约束 $\boldsymbol{h}_{CHP}=\boldsymbol{h}'_{CHP}$ 处的对偶乘子。

步骤2.1：若子问题可行，则热力调度中心生成一个最优割平面，记为 $\eta\geqslant \boldsymbol{A}^{OC}\boldsymbol{h}_{CHP}+b^{OC}$，将其传送给电力调度中心。

$$\boldsymbol{A}^{OC}=\boldsymbol{\lambda}^T,\ b^{OC}=C(\boldsymbol{x}_H)+C(\boldsymbol{h}_{CHP})-\boldsymbol{\lambda}^T\boldsymbol{h}'_{CHP} \tag{16.51}$$

若子问题不可行，则构造松弛子问题

$$\begin{aligned}\min\quad & \boldsymbol{1}^T\boldsymbol{\sigma}\\ \boldsymbol{A}_H\boldsymbol{x}_H\leqslant \boldsymbol{b}_H\quad &:\ \boldsymbol{\omega}\\ \boldsymbol{D}\boldsymbol{h}'_{CHP}+\boldsymbol{E}\boldsymbol{x}_H\leqslant \boldsymbol{g}+\boldsymbol{\sigma}\quad &:\ \boldsymbol{\pi}\\ -\boldsymbol{\sigma}\leqslant 0\quad &:\ \boldsymbol{\beta}\end{aligned} \tag{16.52}$$

式中：$\boldsymbol{\sigma}$ 为松弛变量；$\boldsymbol{\omega}$、$\boldsymbol{\pi}$ 和 $\boldsymbol{\beta}$ 分别为相应约束在最优解处的对偶乘子。

将松弛子问题写成拉格朗日函数

$$L(\boldsymbol{x}_H,\ \boldsymbol{\sigma},\ \boldsymbol{\omega},\ \boldsymbol{\pi},\ \boldsymbol{\beta})=\boldsymbol{1}^T\boldsymbol{\sigma}+\boldsymbol{\omega}^T(\boldsymbol{A}_H\boldsymbol{x}_H-\boldsymbol{b}_H)+\boldsymbol{\pi}^T(\boldsymbol{D}\boldsymbol{h}'_{CHP}+\boldsymbol{E}\boldsymbol{x}_H-\boldsymbol{g}-\boldsymbol{\sigma})+\boldsymbol{\beta}^T(-\boldsymbol{\sigma}) \tag{16.53}$$

由KKT条件可知

$$\begin{cases}\boldsymbol{A}_{\mathrm{H}}^{\mathrm{T}}\boldsymbol{\omega}+\boldsymbol{E}^{\mathrm{T}}\boldsymbol{\pi}=\mathbf{0}\\ \mathbf{1}-\boldsymbol{\pi}-\boldsymbol{\beta}=\mathbf{0}\end{cases}\tag{16.54}$$

若子问题不可行，则松弛子问题的最优解大于0。根据强对偶定理，对偶问题的最优解大于0。

步骤2.2：若子问题不可行，则生成可行割平面$\boldsymbol{A}^{\mathrm{FC}}\boldsymbol{h}_{\mathrm{CHP}}\leqslant b^{\mathrm{FC}}$，并将其传给电力调度中心

$$\boldsymbol{A}^{\mathrm{FC}}=\boldsymbol{\pi}^{\mathrm{T}}\boldsymbol{D},\ b^{\mathrm{FC}}=\boldsymbol{\omega}^{\mathrm{T}}\boldsymbol{b}_{\mathrm{H}}+\boldsymbol{\pi}^{\mathrm{T}}\boldsymbol{g}\tag{16.55}$$

步骤3：电力调度中心接受最优割平面或可行割平面，形成增广电力系统调度主问题

$$\begin{aligned}\min\quad & C(\boldsymbol{x}_{\mathrm{E}},\ \boldsymbol{h}_{\mathrm{CHP}})-C(\boldsymbol{h}_{\mathrm{CHP}})+\boldsymbol{\eta}_{\mathrm{H}}\\ \text{s.t.}\quad & \boldsymbol{A}_{\mathrm{E}}\boldsymbol{x}_{\mathrm{E}}+\boldsymbol{A}_{\mathrm{C}}\boldsymbol{h}_{\mathrm{CHP}}\leqslant\boldsymbol{b}_{\mathrm{E}}\\ & \boldsymbol{A}^{\mathrm{FC}}\boldsymbol{h}_{\mathrm{CHP}}\leqslant b^{\mathrm{FC}}\\ & \eta_{\mathrm{H}}\geqslant\boldsymbol{A}^{\mathrm{OC}}\boldsymbol{h}_{\mathrm{CHP}}+b^{\mathrm{OC}}\end{aligned}\tag{16.56}$$

综上所述，基于Benders分解的热电联合优化调度可以通过图16.5所示的算法框图求解。其中，ε是收敛阈值，k是迭代次数。

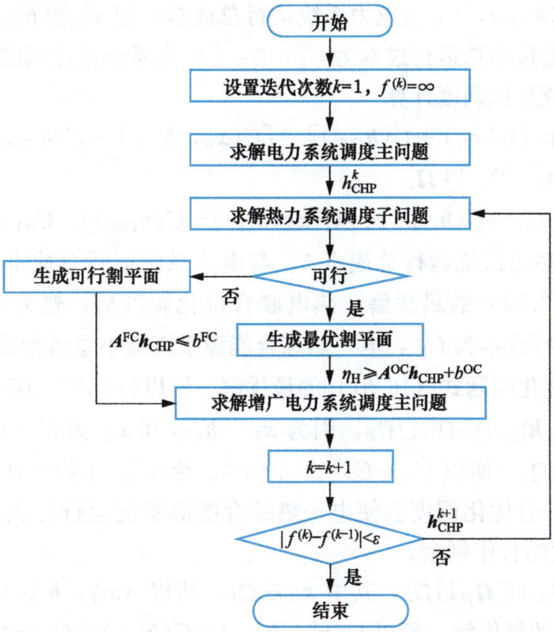

图16.5 基于Benders分解的热电联合优化调度流程

16.3.3 热电利益分配

首先，热电联合优化调度使电力系统运行总成本减少，但会使热力系统运行总成本增加。因此，电力系统需要给热力系统合理的转移支付。然后，基于纳什议价按边际贡献分配合作剩余，使得电力系统和热力系统的运行总成本均减小，从而促进电力系统和热力系统合作，实现激励相容。

16.3.3.1 热电利益分配的必要性

在热电单独优化调度中，先计算热力系统最优热流，然后将CHP机组的热输出功率$\boldsymbol{h}_{\mathrm{CHP}}^{0}$作为边界耦合变量传送给电力调度中心，最后计算电力系统最优输出功率。在热电联合优化调度中，一次性计算电—热综合能源系统最优功率分配。相对热电单独优化调度，热电联合优化调度会使电—热综合能源系统总成本减少，但是热力系统总成本增多。为了促进合作，电力系统需要

和热力系统分享一部分合作剩余。换句话说，电力系统需要给热力系统提供一定的转移支付，使得两者的总成本均减少，实现激励相容。

接下来，证明转移支付的必要性。热力系统最优热流计算

$$\begin{aligned}&\min \quad C(\boldsymbol{x}_{\mathrm{H}})+C(\boldsymbol{h}_{\mathrm{CHP}})\\&\text{s.t.} \quad \Omega_{\mathrm{H}}\end{aligned} \tag{16.57}$$

式中：$C(\boldsymbol{x}_{\mathrm{H}})$ 为热力系统单独优化调度成本；$C(\boldsymbol{h}_{\mathrm{CHP}})$ 为热力系统从电力系统的购热成本；令 $C_{\mathrm{H}}=C(\boldsymbol{x}_{\mathrm{H}})+C(\boldsymbol{h}_{\mathrm{CHP}})$，$C_{\mathrm{H}}$ 为热力系统运行总成本；$\boldsymbol{x}_{\mathrm{H}}^{0}$ 和 $\boldsymbol{h}_{\mathrm{CHP}}^{0}$ 为优化式（16.57）的最优解，热力系统单独优化调度的最小总运行成本为 C_{H}^{0}；Ω_{H} 为热力系统最优热流的约束条件。

热力调度中心将热力系统最优热流计算后得到的 CHP 机组热输出功率 $\boldsymbol{h}_{\mathrm{CHP}}^{0}$ 作为边界耦合变量传送给电力调度中心，计算电力系统最优功率分配

$$\begin{aligned}&\min \quad C(\boldsymbol{x}_{\mathrm{E}},\ \boldsymbol{h}_{\mathrm{CHP}})-C(\boldsymbol{h}_{\mathrm{CHP}})\\&\text{s.t.} \quad \boldsymbol{h}_{\mathrm{CHP}}=\boldsymbol{h}_{\mathrm{CHP}}^{0},\ \Omega_{\mathrm{E}}\end{aligned} \tag{16.58}$$

式中：$C(\boldsymbol{x}_{\mathrm{E}},\ \boldsymbol{h}_{\mathrm{CHP}})$ 为电力系统单独优化调度成本；$-C(\boldsymbol{h}_{\mathrm{CHP}})$ 为电力系统的售热利润，令 $C_{\mathrm{E}}=C(\boldsymbol{x}_{\mathrm{E}},\boldsymbol{h}_{\mathrm{CHP}})-C(\boldsymbol{h}_{\mathrm{CHP}})$，$C_{\mathrm{E}}$ 为电力系统运行总成本；记 $\boldsymbol{x}_{\mathrm{E}}^{0}$ 和 $\boldsymbol{h}_{\mathrm{CHP}}^{0}$ 为式（16.58）的最优解，记电力系统单独调度最小总运行成本为 C_{E}^{0}；Ω_{E} 为电力系统最优调度的约束条件。

电—热综合能源系统最优调度计算

$$\begin{aligned}&\min\left[C(\boldsymbol{x}_{\mathrm{H}})+C(\boldsymbol{h}_{\mathrm{CHP}})\right]+\left[C(\boldsymbol{x}_{\mathrm{E}},\ \boldsymbol{h}_{\mathrm{CHP}})-C(\boldsymbol{h}_{\mathrm{CHP}})\right]\\&\text{s.t.} \quad \Omega_{\mathrm{H}}\cup\Omega_{\mathrm{E}}\end{aligned} \tag{16.59}$$

设 $C_{\mathrm{IEHS}}=C_{\mathrm{H}}+C_{\mathrm{E}}=[C(\boldsymbol{x}_{\mathrm{H}})+C(\boldsymbol{h}_{\mathrm{CHP}})]+[C(\boldsymbol{x}_{\mathrm{E}},\boldsymbol{h}_{\mathrm{CHP}})-C(\boldsymbol{h}_{\mathrm{CHP}})]$，$C_{\mathrm{IEHS}}$ 为电—热综合能源系统运行总成本；C_{IEHS} 等于热力系统运行总成本 C_{H} 与电力系统运行总成本 C_{E} 之和；记 C_{H}^{*}、$\boldsymbol{h}_{\mathrm{CHP}}^{*}$ 和 $\boldsymbol{x}_{\mathrm{E}}^{*}$ 为优化问题式（16.59）的最优解；热电联合优化调度后，热力系统最小总运行成本为 C_{H}^{*}，电力系统最小总运行成本为 C_{E}^{*}，电—热综合能源系统最小总运行成本分别为 C_{IEHS}^{*}。

因为 $\boldsymbol{x}_{\mathrm{H}}^{0}$ 和 $\boldsymbol{h}_{\mathrm{CHP}}^{0}$ 为优化问题式（16.57）的最优解，所以$(\boldsymbol{x}_{\mathrm{H}}^{0},\boldsymbol{h}_{\mathrm{CHP}}^{0})\in\Omega_{\mathrm{H}}$。同理，$(\boldsymbol{x}_{\mathrm{E}}^{0},\ \boldsymbol{h}_{\mathrm{CHP}}^{0})\in\Omega_{\mathrm{E}}$。那么，$(\boldsymbol{x}_{\mathrm{H}}^{0},\ \boldsymbol{x}_{\mathrm{E}}^{0},\ \boldsymbol{h}_{\mathrm{CHP}}^{0})\in\Omega_{\mathrm{H}}\cup\Omega_{\mathrm{E}}$。因为 $\boldsymbol{x}_{\mathrm{H}}^{*}$、$\boldsymbol{h}_{\mathrm{CHP}}^{*}$ 和 $\boldsymbol{x}_{\mathrm{E}}^{*}$ 为式（16.59）的最优解，所以 $(\boldsymbol{x}_{\mathrm{H}}^{*},\ \boldsymbol{x}_{\mathrm{E}}^{*},\ \boldsymbol{h}_{\mathrm{CHP}}^{*})\in\Omega_{\mathrm{H}}\cup\Omega_{\mathrm{E}}$，所以 $C_{\mathrm{H}}^{*}+C_{\mathrm{E}}^{*}<C_{\mathrm{H}}^{0}+C_{\mathrm{E}}^{0}$。令$(C_{\mathrm{H}}^{0}+C_{\mathrm{E}}^{0})-(C_{\mathrm{H}}^{*}+C_{\mathrm{E}}^{*})=\Delta C$。相对热电单独优化调度，热电联合优化调度会使电—热综合能源系统运行总成本减少 ΔC。换句话说，ΔC 是热电联合优化调度的合作剩余。

因为 $(\boldsymbol{x}_{\mathrm{H}}^{*},\ \boldsymbol{x}_{\mathrm{E}}^{*},\ \boldsymbol{h}_{\mathrm{CHP}}^{*})\in\Omega_{\mathrm{H}}\cup\Omega_{\mathrm{E}}$，其中 $\boldsymbol{x}_{\mathrm{E}}^{*}\in\Omega_{\mathrm{E}}$，所以 $(\boldsymbol{x}_{\mathrm{H}}^{*},\ \boldsymbol{h}_{\mathrm{CHP}}^{*})\in\Omega_{\mathrm{H}}$。因为 $\boldsymbol{x}_{\mathrm{H}}^{0}$ 和 $\boldsymbol{h}_{\mathrm{CHP}}^{0}$ 为优化问题式（16.57）的最优解，所以 $C(\boldsymbol{x}_{\mathrm{E}}^{0},\ \boldsymbol{h}_{\mathrm{CHP}}^{0})-C(\boldsymbol{h}_{\mathrm{CHP}}^{0})<C(\boldsymbol{x}_{\mathrm{E}}^{*},\ \boldsymbol{h}_{\mathrm{CHP}}^{*})-C(\boldsymbol{h}_{\mathrm{CHP}}^{*})$，即 $C_{\mathrm{H}}^{0}<C_{\mathrm{H}}^{*}$。相对热力系统单独优化调度，热电联合优化调度使热力系统的运行总成本增加。前面已经证明：热电联合优化调度使电—热综合能源系统运行总成本减少。从而可以得出，相对电力系统单独优化调度，热电联合优化调度使电力系统运行总成本减少。综上所述，从个体理性角度考虑，热力系统没有意愿参与热电联合优化调度。电力系统需要给热力系统相应的转移支付，才能激励热力系统和电力系统合作。

16.3.3.2　基于纳什议价分配利益

经过 16.3.3.1 节的证明，热电联合优化调度在最大化总体效用时，忽视了个体理性。具体地讲，热电联合优化调度使电力系统运行总成本和热力系统运行总成本之和减少，但热力系统运行总成本反而增多。基于经济学中个体理性的假设，热力系统不愿意与电力系统合作。若要鼓励热力系统参与到热电联合优化调度中，则需要使热力系统运行总成本也相应减少。在热电联合优化调度后，电力系统给热力系统适当的转移支付，可以同时减少双方的运行总成本，实现激

励相容。

电力系统和热力系统可视为不同参与者，热电联合优化调度则可视为合作博弈。合作博弈的结果是形成联盟，关键要素是理性和收益。相对热电单独优化调度，热电联合优化调度产生了 ΔC 的合作剩余。纳什议价是合作博弈中分配剩余的一种重要方法，其基本思想是根据参与者边际贡献进行利益分配。

接下来，结合图 16.6 描述电力系统和热力系统的纳什谈判过程。在图 16.6 中，横坐标 C_{H} 代表热力系统成本数额，纵坐标 C_{E} 代表电力系统成本数额。若热力系统和电力系统未能达成协议，采取不合作策略，即热力系统和电力系统依次单独调度，则对应谈判破裂点 P，此时双方成本记为 $(C_{\mathrm{H}}^0, C_{\mathrm{E}}^0)$。实际上，$(C_{\mathrm{H}}^0, C_{\mathrm{E}}^0)$ 并不是帕累托最优的，图中阴影部分是帕累托改进空间。因为存在帕累托改进空间，所以热电联合优化调度才有价值。

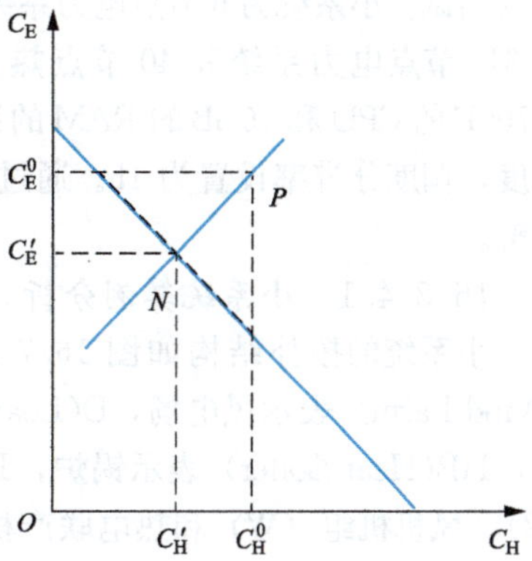

图 16.6 热电联合优化调度的纳什谈判过程

记热电联合优化调度后的纳什议价谈判点为 N，此时双方成本记为 $(C_{\mathrm{H}}', C_{\mathrm{E}}')$。其中，$C_{\mathrm{H}}'$和 C_{E}'分别是热力系统运行总成本和电力系统运行总成本。具体地讲，$C_{\mathrm{H}}'=C_{\mathrm{H}}^0-\alpha\Delta C$，$C_{\mathrm{E}}'=C_{\mathrm{E}}^0-(1-\alpha)\Delta C$，$\alpha$ 和 $(1-\alpha)$ 分别为热力系统和电力系统的谈判力或边际贡献率。某个参与者边际贡献是指它参与合作和不参与合作产生的剩余之差。某个参与者的边际贡献率是指它的边际贡献在总的边际贡献中所占的比例。热力系统和电力系统的边际贡献是一样的，均为 ΔC。缺少任何一方合作，电—热综合能源系统运行总成本会增加 ΔC。

若纳什议价可以到达一个均衡点，则它是双方均以最小化自身成本为目的进行讨价还价的结果。从直觉上讲，该均衡点应该使双方都离开各自谈判破裂成本最远。因此，基于纳什议价的热电联合优化调度转移支付计算可以转化为以下问题

$$\begin{aligned}&\max \quad (C_{\mathrm{H}}^0, C_{\mathrm{H}})^{1/2}(C_{\mathrm{E}}^0, C_{\mathrm{E}})^{1/2}\\&\text{s.t.} \quad (C_{\mathrm{H}}^0+C_{\mathrm{E}}^0)-(C_{\mathrm{H}}+C_{\mathrm{E}})=\Delta C\end{aligned} \tag{16.60}$$

优化问题式（16.60）旨在合作剩余基础上最大化二者距离乘积，其最优解为

$$\begin{cases}C'_{\mathrm{H}}=C_{\mathrm{H}}^0-\left(\dfrac{1}{2}\right)\Delta C\\C'_{\mathrm{E}}=C_{\mathrm{E}}^0-\left(\dfrac{1}{2}\right)\Delta C\end{cases} \tag{16.61}$$

当两个参与者的边际贡献相等时，合作带来剩余收入应该平均分配。$(C_{\mathrm{H}}', C_{\mathrm{E}}')$ 是帕累托最优的，因为电力系统和热力系统都不可以在不损害他人利益情况下减少自身成本。通过纳什议价，电力系统和热力系统可以组成稳定联盟，即形成热电联合优化调度。

表 16.1 是对 16.3.3.1 节和 16.3.3.2 节的总结。

表 16.1 不同调度模式下的经济效益

总成本	单独调度	联合调度	纳什议价
电力系统总成本	C_{E}^0	$C_{\mathrm{E}}^*\downarrow$	$C_{\mathrm{E}}'\downarrow$
热力系统总成本	C_{H}^0	$C_{\mathrm{H}}^*\uparrow$	$C_{\mathrm{H}}'\downarrow$
电—热综合能源系统总成本	$(C_{\mathrm{H}}^0+C_{\mathrm{E}}^0)$	$(C_{\mathrm{H}}^*+C_{\mathrm{E}}^*)\downarrow$	$(C_{\mathrm{H}}', C_{\mathrm{E}}')\downarrow$

热电联合优化调度会使电—热综合能源系统运行总成本减少，但是造成热力系统运行总成本增多。基于纳什议价分配合作剩余，可以使得热力系统运行成本和电力系统运行总成本均减少，实现激励相容。

16.3.4 算例分析

为了检验本节中模型和算法的有效性。本节对 2 个不同规模的电—热综合能源系统进行算例仿真测试。小系统为 6 节点电力系统和 6 节点热力系统耦合而成的电—热综合能源系统。大系统为 319 节点电力系统和 40 节点热力系统耦合而成的电—热综合能源系统。在配置为 Intel i7 - 10700F 的 CPU 和 16GB 的 RAM 的计算机进行仿真测试。在 2 个系统中分别计算一天 24h 的日前调度，调度分辨率设置为 1h。通过 MATLAB 2016a 编写程序，并采用求解器 Gurobi 9.1.2 进行求解。

16.3.4.1 小系统算例分析

小系统的拓扑结构如图 16.7 所示。Bs(Bus) 表示母线，G(Generator) 表示发电机，W (Wind Farm) 表示风电场，D(Load) 表示电负荷，CHP 表示热电联产机组，Nd(Node) 表示节点，HB(Heat Boiler) 表示锅炉，HES(Heat Exchange Station) 表示换热站。火电机组（G1 和 G2)、风机机组（W）和热电联产机组（CHP1 和 CHP2）为电网供电。锅炉与热电联产机组为热网供热。

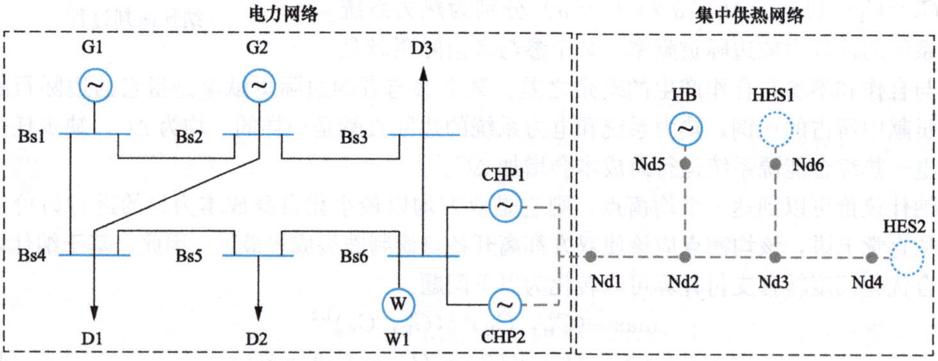

图 16.7 小系统的拓扑的结构

小系统电负荷曲线如图 16.8 所示。

其中，小系统电负荷从 11：00 到 15：00 达到较大值，在凌晨电负荷较小。

小系统热负荷曲线如图 16.9 所示。

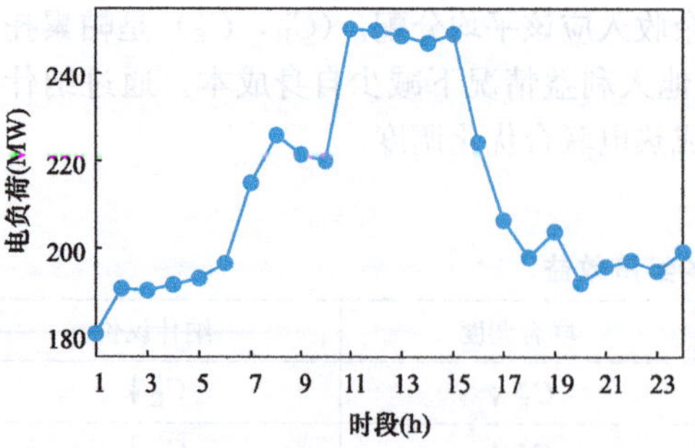

图 16.8 小系统电负荷曲线

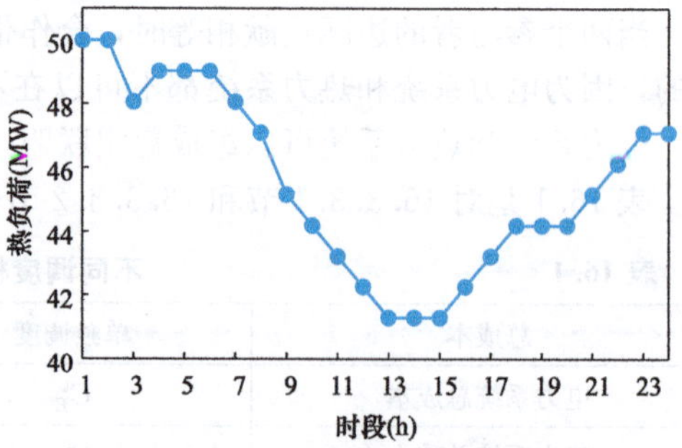

图 16.9 小系统热负荷曲线

其中，小系统热负荷在 14：00 左右达到最小值，在凌晨热负荷较大，与电负荷趋势有些相反。

小系统风电预测输出功率曲线如图 16.10 所示。

相对电负荷曲线，风电预测输出功率有明显的“反调峰”特性。在电负荷较大时，风电预测输出功率值较小；在电负荷较小时，风电输出功率预测值较大。

在热电单独优化调度中，先计算热力系统最优热流。热力系统尽可能减少锅炉运行成本和购热成本，在满足热力系统安全运行约束下，优化锅炉和 CHP 机组的热输出功率。在热电联合优化调度中，一次性计算电—热综合能源系统最优能流。不同调度模式下 CHP 机组热输出功率如图 16.11 所示。

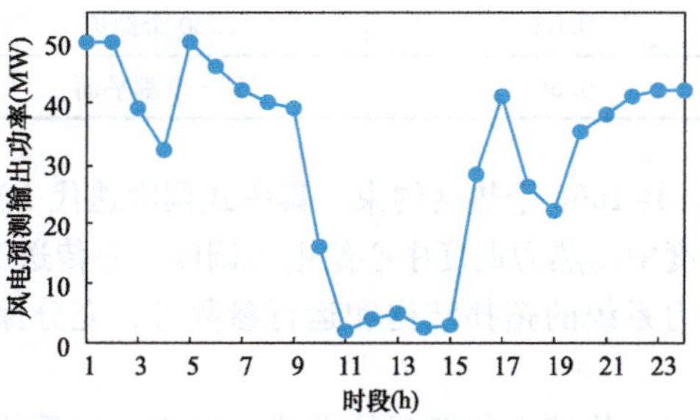

图 16.10　小系统风电预测输出功率曲线

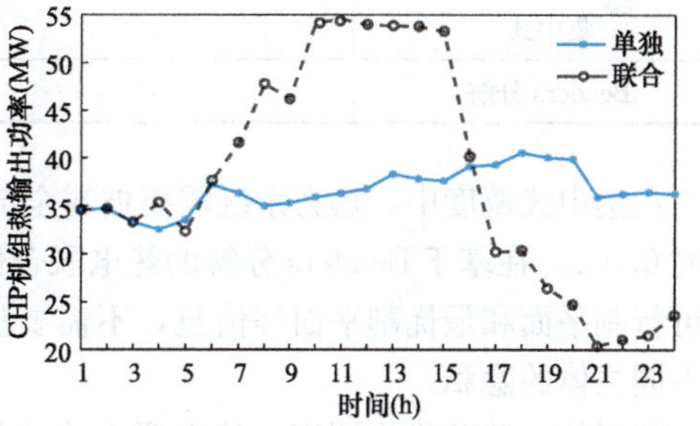

图 16.11　不同调度模式下的 CHP 机组热输出功率

在热力系统单独优化调度中，CHP 机组热输出功率总和为 878.94MW。在热电联合优化调度中，一次性计算电—热综合能源系统最优调度，CHP 机组热输出功率总和为 905.37MW。相对热力系统单独优化调度，热电联合优化调度 CHP 机组热输出功率增多 26.43WM，从而产生的购热成本更多。

小系统在不同调度方式下弃风量有显著不同，具体趋势如图 16.12 所示。

电力系统单独优化调度时，弃风量为 299.41MW。热电联合优化调度时弃风量为 76.26MW。电力系统单独优化调度时，CHP 机组热输出功率已经由热力系统最优热流计算确定了。CHP 机组热输出功率不可以调节。热电联合优化调度充分考虑了集中供热网络的储能特性，松弛了 CHP 机组电输出功率和热输出功率的强耦合关系，提高了电力系统运行的灵活性，为风电提供消纳空间，减少弃风 223.15MW，相应的弃风成本也减少了。

基于 Benders 分解计算热电联合优化调度，小系统算法收敛曲线如图 16.13 所示。

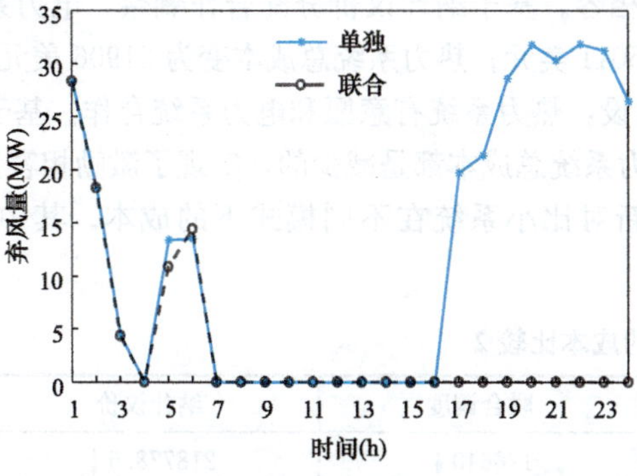

图 16.12　小系统不同调度模式下的弃风量

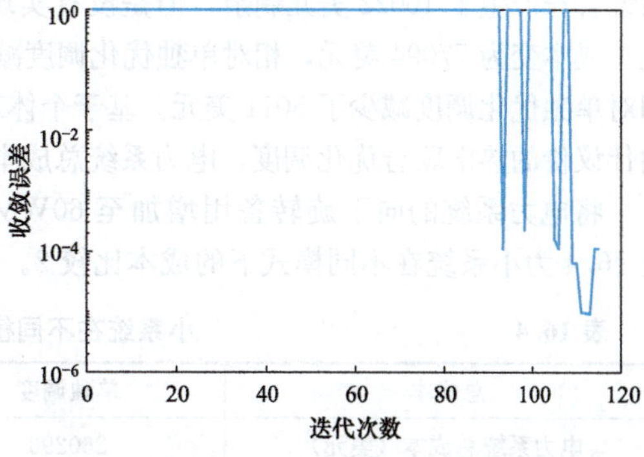

图 16.13　基于 Benders 分解计算的小系统收敛曲线

收敛误差定义为 $Error = |f - f^{cen}| / f^{cen}$，$f^{cen}$ 为集中式热电联合优化调度最优值，f 为基于

Benders 分解的热电联合优化调度的目标函数值。当 *Error*＝1 时，可以认为热力系统优化调度子问题不可行。当 *Error* 趋近 0 时，说明集中式热电联合优化调度和基于 Benders 分解热电联合优化调度的最优值几乎一致，证明了 Benders 分解算法的有效性。当阈值 $\varepsilon=1\times10^{-2}$ 时，Benders 分解在迭代 115 次接近收敛，历时 0.59s。

集中式热电联合优化调度和基于 Benders 分解的热电联合优化调度在计算性能上有显著不同，具体内容见表 16.2。

表 16.2　　　　小系统计算性能比较

求解方法	迭代次数	时间（s）	披露信息
集中式	1	0.03	1560 个约束
Benders 分解	115	0.59	115 个割平面

在集中式调度中，热力系统需要披露全部信息，共 1560 个热网约束。集中式调度迭代 1 次，历时 0.03s。在基于 Benders 分解的热电联合优化调度中，热力调度中心给电力调度中心传送 115 个可行割平面和最优割平面等信息，不需要披露热力系统的拓扑结构和运行参数等，充分保护了不同主体的隐私。

相对热电单独优化调度，热电联合优化调度使电—热综合能源系统总成本减少，但是热力系统的个体利益受损。因为热电联合优化调度需要热力系统充分利用供热管网储能特性来提高电力系统运行的灵活性，造成了更多热损失，进而使得热力系统总成本增多。表 16.3 为小系统在不同模式下的成本比较 1。

表 16.3　　　　小系统在不同模式下的成本比较 1

总成本	单独调度	联合调度	纳什议价
电力系统总成本（美元）	82105	71296↓	77094↓
热力系统总成本（美元）	26917	27704↑	21906↓
电—热综合能源系统总成本（美元）	109211	99000↓	99000↓

热力系统从电力系统（CHP 机组）购买热量单价 $\mu=30$ 美元/MW。从表 16.3 可以看出，相对热电单独优化调度，热电联合优化调度后电力系统总成本减少了 10809 美元，热力系统总成本增大了 787 美元，电—热综合能源系统总成本之和减少了 10022 美元。换句话说，热力系统和电力系统合作产生了 10022 美元剩余，但是没有实现激励相容。基于纳什议价分配合作剩余，电力系统总成本变为 77094 美元，相对单独优化调度减少了 5011 美元；热力系统总成本变为 21906 美元，相对单独优化调度减少了 5011 美元。基于个体理性假设，热力系统有意愿和电力系统合作。基于纳什议价的热电联合优化调度，电力系统总成本和热力系统总成本都是减少的，实现了激励相容。

将电力系统的向下旋转备用增加至 60WM，重新对比小系统在不同模式下的成本。其中，表 16.4 为小系统在不同模式下的成本比较 2。

表 16.4　　　　小系统在不同模式下的成本比较 2

总成本	单独调度	联合调度	纳什议价
电力系统总成本（美元）	260290	176640↓	218778.5↓
热力系统总成本（美元）	26917	27544↑	−14594.5↓
电—热综合能源系统总成本（美元）	287207	204184↓	204184↓

将电力系统的向下旋转备用增加至 60WM，热力系统从电力系统（CHP 机组）购买热量单价 μ=30 美元/MW。从表 16.4 可以看出，相对热电单独优化调度，热电联合优化调度后电力系统总成本减少了 83650 美元，热力系统总成本增多了 627 美元，电—热综合能源系统总成本之和减少了 83023 美元。换句话说，热力系统和电力系统合作产生了 83023 美元剩余，但是没有实现激励相容。基于纳什议价分配合作剩余，电力系统总成本变为 218778.5 美元，相对单独优化调度减少了 41511.5 美元；热力系统总成本变为－14594.5 美元，相对单独优化调度减少了 41511.5 美元。其中，热力系统总成本变为－14594.5 美元，即热力系统盈利 14594.5 美元，基于个体理性假设，热力系统有意愿和电力系统合作。基于纳什议价的热电联合优化调度，电力系统总成本和热力系统总成本都是减少的，实现了激励相容。

将电力系统的向下旋转备用降低至 40WM，重新对比小系统在不同模式下的成本。其中，表 16.5 为小系统在不同模式下的成本比较 3。

表 16.5　　小系统在不同模式下的成本比较 3

总成本	单独调度	联合调度	纳什议价
电力系统总成本（美元）	138630	77560↓	108697↓
热力系统总成本（美元）	26917	28121↑	－3016↓
电—热综合能源系统总成本（美元）	165547	105681↓	105681↓

将电力系统的向下旋转备用降低至 40WM，热力系统从电力系统（CHP 机组）购买热量单价 μ=30 美元/MW。从表 16.5 可以看出，相对热电单独优化调度，热电联合优化调度后电力系统总成本减少了 61070 美元，热力系统总成本增加了 1204 美元，电—热综合能源系统总成本之和减少了 83023 美元。换句话说，热力系统和电力系统合作产生了 59866 美元剩余，但是没有实现激励相容。基于纳什议价分配合作剩余，电力系统总成本变为 108697 美元，相对单独优化调度减少了 29933 美元；热力系统总成本变为－3016 美元，相对单独优化调度减少了 29933 美元。其中，热力系统总成本变为－3016 美元即热力系统盈利 3016 美元，基于个体理性假设，热力系统有意愿和电力系统合作，实现了激励相容。

系统的向下旋转备用是否充裕，会进一步影响系统的弃风量，从而影响电力系统和热力系统的调度成本。表 16.3～表 16.5 分别对比了在向下旋转备用容量基值、向下旋转备用容量充裕、向下旋转备用容量不足等情况下的电力系统总成本、热力系统总成本和电—热综合能源系统总成本。仿真结果均证明：相对热电调度优化调度，热电联合优化调度会使电力系统总成本减少，但使得热力系统总成本增多。基于纳什议价分配热电联合优化调度的合作剩余，电力系统总成本和热力系统总成本都是减少的，实现了激励相容。

16.3.4.2　大系统算例分析

为了进一步检验模型和算法的有效性。采用 319 节点电力系统和 40 节点热力系统耦合而成电—热综合能源系统（大系统）进一步仿真。大系统电负荷曲线如图 16.14 所示。其中，大系统电负荷在 19：00 左右达到较大值，在 9：00 电负荷较小。

大系统电负荷曲线如图 16.15 所示。其中，大系统热负荷在 14：00 左右达到最大值，在 8：00 左右热负荷较小。

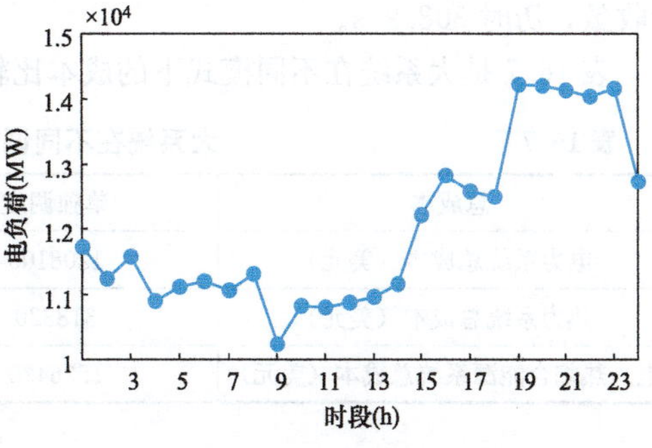

图 16.14　大系统电负荷曲线

大系统风电预测输出功率如图 16.16 所示。

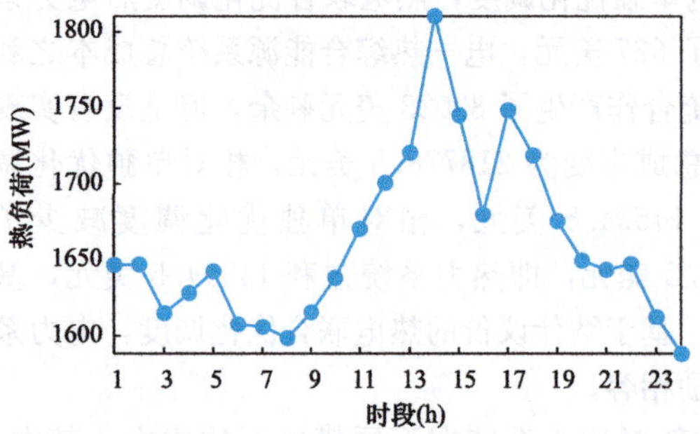

图 16.15 大系统热负荷曲线

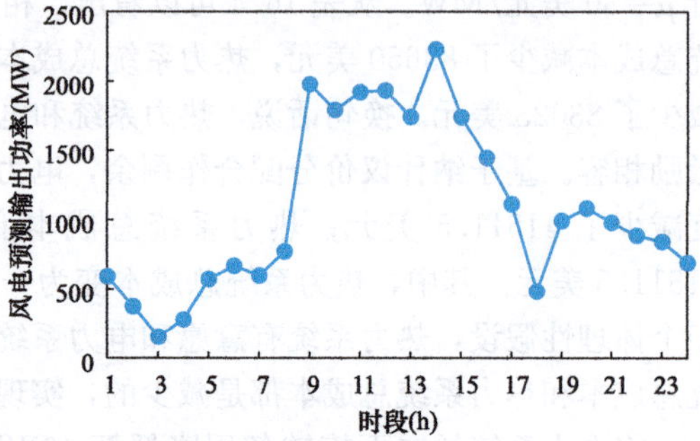

图 16.16 大系统风电预测输出功率曲线

相对电负荷曲线，风电输出功率有明显的“反调峰”特性。在电负荷较大时，风电预测输出功率较小；在电负荷较小时，风电输出功率预测值较大。

集中式热电联合优化调度和基于 Benders 分解的热电联合优化调度在计算性能上有显著不同，具体内容见表 16.6。

表 16.6　　大系统计算性能比较

求解方法	迭代次数	时间（s）	披露信息
集中式	1	2.26	10440 个约束
Benders 分解	553	308.91	2765 个割平面

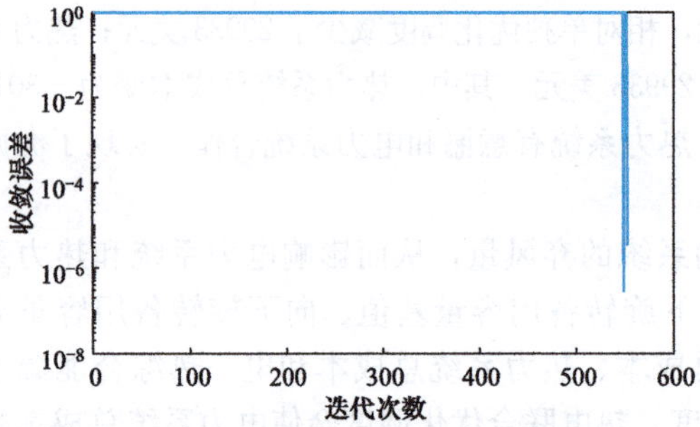

图 16.17 基于 Benders 分解计算的大系统收敛曲线

在集中式优化调度中，热力系统需要披露热网全部信息，共 10440 个热网约束。集中式优化调度迭代 1 次，历时 2.26s。在基于 Benders 分解的热电联合优化调度中，热力调度中心通过传送可 2765 个可行割平面和最优割平面等信息给电力调度中心，不需要披露热力系统的拓扑结构和运行参数等，充分保护了不同主体隐私。

基于 Benders 分解计算热电联合优化调度，大系统算法收敛曲线如图 16.17 所示。

收敛误差 *Error* 定义和小系统一致。当阈值 $\varepsilon=10e^{-2}$ 时，Benders 分解在迭代 550 次左右接近收敛，历时 308.91s。

表 16.7 是大系统在不同模式下的成本比较 1。

表 16.7　　大系统在不同调度模式下的成本比较 1

总成本	单独调度	联合调度	纳什议价
电力系统总成本（美元）	1208100	1106700↓	116235↓
热力系统总成本（美元）	318320	335990↑	276455↓
电—热综合能源系统总成本（美元）	1526420	1442690↓	1442690↓

热力系统从电力系统（CHP 机组）购买热量单价 $\mu=10$ 美元/MW。从表 16.7 可以看出，

相对热电单独优化调度，热电联合优化调度后电力系统总成本减少了101400美元，热力系统总成本增加了17670美元，电—热综合能源系统总成本之和减少了83730美元。热力系统和电力系统合作产生了83730美元剩余，但是两者并不是激励相容的。基于纳什议价分配合作剩余，电力系统总成本变为1166235美元，相对单独调度减少了41865美元；热力系统总成本变为276455美元，相对单独调度减少了41865美元。基于纳什议价的热电联合优化调度，电力系统总成本和热力系统总成本都是下降的，实现了激励相容。

表16.8是大系统在不同模式下的成本比较2。

表16.8　大系统在不同调度模式下的成本比较2

总成本	单独调度	联合调度	纳什议价
电力系统总成本（美元）	799970	742040↓	779295↓
热力系统总成本（美元）	318320	334900↑	297645↓
电—热综合能源系统总成本（美元）	1118290	1076940↓	1076940↓

将电力系统的向下旋转备用降低至2500WM，热力系统从电力系统（CHP机组）购买热量单价μ=10美元/MW。从表16.8可以看出，相对热电单独优化调度，热电联合优化调度后电力系统总成本减少了57930美元，热力系统总成本增多了16580美元，电—热综合能源系统总成本之和减少了41350美元。换句话说，热力系统和电力系统合作产生了41350美元剩余，但是没有实现激励相容。基于纳什议价分配合作剩余，电力系统总成本变为779295美元，相对单独优化调度减少了20675美元；热力系统总成本变为－297645美元，相对单独优化调度减少了20675美元。基于个体理性假设，热力系统有意愿和电力系统合作。基于纳什议价的热电联合优化调度，电力系统总成本和热力系统总成本都是减少的，实现了激励相容。

系统的向下旋转备用是否充裕，会进一步影响系统的弃风量，从而影响电力系统和热力系统的调度成本。表16.7和表16.8分别对比了在向下旋转备用容量基值和向下旋转备用容量不足等情况下的电力系统总成本、热力系统总成本和电—热综合能源系统总成本。仿真结果均证明：相对热电调度优化调度，热电联合优化调度会使电力系统成本减少，但使得热力系统成本增多。基于纳什议价分配热电联合优化调度的合作剩余，电力系统总成本和热力系统总成本都是减少的，促进了热电合作，实现了激励相容。

16.4　信息不对称下的热电合作机制设计

计及集中供热网络储能效应的热电联合优化调度可以促进可再生能源消纳，降低电—热综合能源系统调度总成本。实际中，电网和热网隶属信息不对称下的不同主体，面临隐私泄露、信息欺诈和激励不相容等难题。分布式优化算法可以通过分解—协调机制，更新边界耦合变量和局部信息，交替迭代求解热电联合优化调度问题，无需披露电网和热网即（供热网络）的数据隐私。基于合作博弈，根据边际贡献合理分配合作剩余，可以实现电网和热网之间的激励相容。现有研究大多假设电网和热网之间交互信息是真实的，但是电网和热网是隶属信息不对称下的不同主体，彼此间可能会存在信息欺诈。如果无法校验热电交互信息的真实性，那么就不能保证电网和热网之间合作的公平性。

公平是电网和热网之间有效合作的基础。信息不对称下热电联合优化调度的框架如图16.18所示。

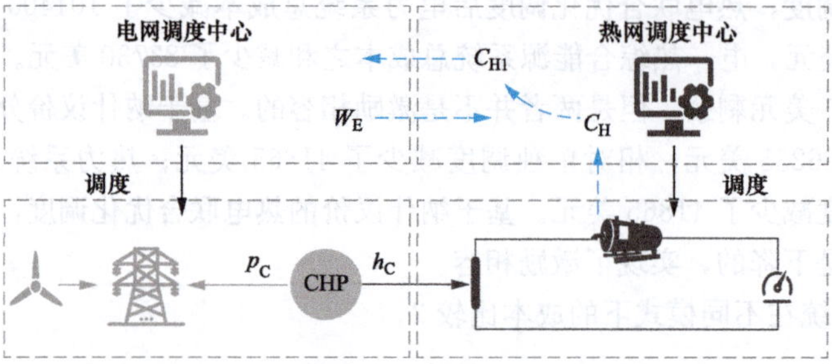

图 16.18 信息不对称下热电联合优化调度框架

电网和热网分别由不同的调度中心控制。电网调度的 CHP 机组和热网调度的锅炉均为热源。热网调度中心将热网的调度成本 C_H 传递给电网调度中心。因为热电联合优化调度会偏离热力系统的最优调度，所以热网的利益受损。为了促进合作，电网将分享部分可再生能源消纳的收益 W_E 给热网。由于调度独立性，电网和热网是处于信息不对称下的，即电网调度中心并不知道热网的调度成本 C_H 是否真实。不难想象，部分热网可能会夸大实际调度成本，从而热网调度中心将虚假调度成本 C_{H1}($C_{H1}>C_H$)传递给电网调度中心，以获得更多补偿。如果需要确保热电联合优化调度的公平性，那么需要设计一种欺诈识别方法来克服电网和热网之间的信息不对称。文献[24]讨论了热电联合优化调度中的互信机制，但优化问题的可行性并没有得到充分保证。

本节提出一种基于多参数规划并保证可行性的欺诈识别方法以克服电网和热网之间的信息不对称。交互信息真实的热网和电网结为联盟，进而联合调度；相反，其余交互信息虚假的热网独立调度。为了保护不同主体间的数据隐私和实现所有主体间的激励相容，通过改进 Benders 分解计算各主体的夏普利值。此外，所提热电合作机制可以克服电网和热网之间的信息不对称并实现帕累托最优。

16.4.1 基于等值集中供热网络的热电优化调度

16.3 节中基于 Benders 分解和纳什议价的热电联合优化调度方法中考虑的是集中供热网络模型。实际上，电网调度中心更关注的是集中供热网络的储能效应，并不需要知道集中供热网络的内部详细运行状态。因此，通过类似电路原理中的戴维南定理，构建一个考虑集中供热网络储能效应的等值端口模型是很有工程意义的。集中供热网络等值模型的主要思想是通过高斯消去法直接建立热源和热负荷之间的端口映射关系，不考虑热网内部的详细运行状态。集中供热网络等值模型物理意义清晰：热输出功率等于热负荷和热损耗之和。图 16.19 是基于供热网络等值模型的热电联合优化调度框架。

CHP 机组是电力系统和集中供热系统之间的耦合设备，由电网统一调度。电网变量包括内部变量 $\boldsymbol{x}_E$ 和边界变量 $\boldsymbol{h}_C$；热网变量包括内部变量 $\boldsymbol{x}_H$ 和边界变量 $\boldsymbol{h}_H$。

基于等值集中供热网络的热电联合优化调度模型如下

$$\min_{\boldsymbol{x}_E,\ \boldsymbol{h}_C,\ \boldsymbol{h}_{H(a)},\ \boldsymbol{x}_{H(a)}} C_E(\boldsymbol{x}_E,\ \boldsymbol{h}_C)+\sum_{a=1}^{n} C_{H(a)}(\boldsymbol{h}_{H(a)}) \tag{16.62}$$

$$\text{s.t.}\quad \boldsymbol{D}_E\boldsymbol{x}_E+\boldsymbol{B}_C\boldsymbol{h}_C\leqslant \boldsymbol{b}_E \tag{16.63}$$

$$\boldsymbol{F}_{C(a)}\boldsymbol{h}_C+\boldsymbol{F}_{H(a)}\boldsymbol{h}_{H(a)}+\boldsymbol{D}_{H(a)}\boldsymbol{x}_{H(a)}=\boldsymbol{f}_{H(a)} \tag{16.64}$$

$$\underline{\boldsymbol{x}}_{H(a)}\leqslant \boldsymbol{x}_{H(a)}\leqslant \overline{\boldsymbol{x}}_{H(a)} \tag{16.65}$$

$$\underline{\boldsymbol{h}}_{H(a)}\leqslant \boldsymbol{h}_{H(a)}\leqslant \overline{\boldsymbol{h}}_{H(a)} \tag{16.66}$$

$$a=1,\ 2,\ \cdots,\ n \tag{16.67}$$

式中：$\boldsymbol{x}_{\mathrm{E}}$ 为电网的内部变量，$\boldsymbol{x}_{\mathrm{E}}=[\boldsymbol{p}_g \quad \boldsymbol{ru}_g \quad \boldsymbol{rd}_g \quad \boldsymbol{\theta}_n \quad \boldsymbol{p}_g^{\mathrm{wind}} \quad \boldsymbol{\alpha}_g]^{\mathrm{T}}$；$\boldsymbol{p}_g$ 为常规机组和 CHP 机组的电输出功率；$\boldsymbol{ru}_g$ 和 $\boldsymbol{rd}_g$ 分别为常规机组和 CHP 机组的向上和向下旋转备用容量；$\boldsymbol{\theta}_n$ 为母线的相角；$\boldsymbol{p}_g^{\mathrm{wind}}$ 为风电场的实际输出功率；$\boldsymbol{\alpha}_g$ 为 CHP 机组对应极点的凸组合系数；$\boldsymbol{x}_{\mathrm{H}(a)}$ 为第 a 个热网的内部变量，$\boldsymbol{x}_{\mathrm{H}(a)}=[\boldsymbol{\tau}_a^{\mathrm{NS}} \quad \boldsymbol{\tau}_a^{\mathrm{NR}} \quad \boldsymbol{\tau}_a^{\mathrm{GS}} \quad \boldsymbol{\tau}_a^{\mathrm{GR}} \quad \boldsymbol{\tau}_a^{\mathrm{DS}} \quad \boldsymbol{\tau}_a^{\mathrm{DR}} \quad \boldsymbol{\tau}_a^{\mathrm{PS,in}} \quad \boldsymbol{\tau}_a^{\mathrm{PS,out}} \quad \boldsymbol{\tau}_a^{\mathrm{PR,in}} \quad \boldsymbol{\tau}_a^{\mathrm{PR,out}}]^{\mathrm{T}}$；$\underline{\boldsymbol{x}}_{\mathrm{H}(a)}$ 和 $\overline{\boldsymbol{x}}_{\mathrm{H}(a)}$ 分别为 $\boldsymbol{x}_{\mathrm{H}(a)}$ 的下限和上限；$\boldsymbol{h}_{\mathrm{C}}$ 为 CHP 机组的热输出功率；$\boldsymbol{h}_{\mathrm{H}(a)}$ 为第 a 个热网锅炉的热输出功率；$\underline{\boldsymbol{h}}_{\mathrm{H}(a)}$ 和 $\overline{\boldsymbol{h}}_{\mathrm{H}(a)}$ 分别为 $\boldsymbol{h}_{\mathrm{H}(a)}$ 的下限和上限；n 为热网的个数；$\boldsymbol{D}_{\mathrm{E}}$、$\boldsymbol{B}_{\mathrm{C}}$、$\boldsymbol{b}_{\mathrm{E}}$、$\boldsymbol{F}_{\mathrm{C}(a)}$、$\boldsymbol{F}_{\mathrm{H}(a)}$、$\boldsymbol{D}_{\mathrm{H}(a)}$ 和 $\boldsymbol{f}_{\mathrm{H}(a)}$ 均为系数矩阵或向量。

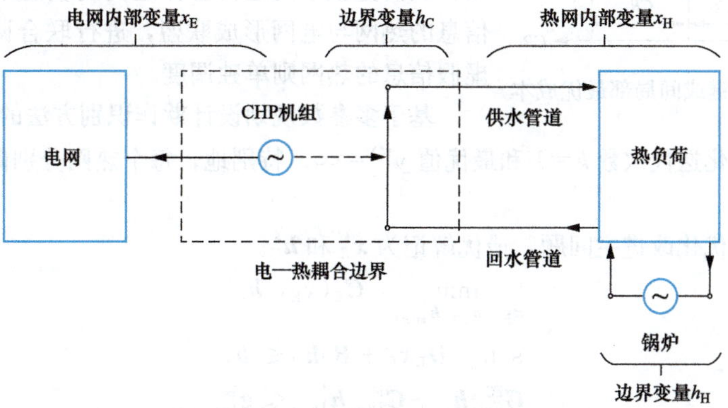

图 16.19　基于供热网络等值模型的热电联合优化调度框架

式（16.62）表示热电联合优化调度的目标函数，即最小化火电机组调度成本、CHP 机组调度成本、锅炉调度成本和弃风成本，对应式（16.45）；式（16.63）表示电力系统安全运行约束，对应式（16.1）、式（16.38）～式（16.43）；式（16.64）表示热电耦合约束和热网安全运行约束，对应式（16.2）、式（16.14）～式（16.29）、式（16.32）；式（16.65）表示热网内部变量的上下限约束，对应式（16.30）和式（16.31）；式（16.66）表示热网边界变量的上下限约束，对应式（16.3）；式（16.67）表示有 n 个热网。

将式（16.64）～式（16.66）合并，得到

$$\boldsymbol{G}_{\mathrm{C}(a)}^{\mathrm{FC}}\boldsymbol{h}_{\mathrm{C}}+\boldsymbol{G}_{\mathrm{H}(a)}^{\mathrm{FC}}\boldsymbol{h}_{\mathrm{H}(a)}\leqslant\boldsymbol{g}_{(a)}^{\mathrm{FC}} \tag{16.68}$$

式中：$\boldsymbol{G}_{\mathrm{C}(a)}^{\mathrm{FC}}$、$\boldsymbol{G}_{\mathrm{H}(a)}^{\mathrm{FC}}$ 和 $\boldsymbol{g}_{(a)}^{\mathrm{FC}}$ 均为常数矩阵或向量。

具体形式为

$$\boldsymbol{G}_{\mathrm{C}(a)}^{\mathrm{FC}}=\begin{bmatrix}-\boldsymbol{D}_{\mathrm{H}(a)}^{-1}\boldsymbol{F}_{\mathrm{C}(a)}\\ \boldsymbol{D}_{\mathrm{H}(a)}^{-1}\boldsymbol{F}_{\mathrm{C}(a)}\\ \boldsymbol{0}\\ \boldsymbol{0}\end{bmatrix},\ \boldsymbol{G}_{\mathrm{H}(a)}^{\mathrm{FC}}=\begin{bmatrix}-\boldsymbol{D}_{\mathrm{H}(a)}^{-1}\boldsymbol{F}_{\mathrm{H}(a)}\\ \boldsymbol{D}_{\mathrm{H}(a)}^{-1}\boldsymbol{F}_{\mathrm{H}(a)}\\ \boldsymbol{I}\\ -\boldsymbol{I}\end{bmatrix},\ \boldsymbol{g}_{(a)}^{\mathrm{FC}}=\begin{bmatrix}\overline{\boldsymbol{x}}_{\mathrm{H}(a)}-\boldsymbol{D}_{\mathrm{H}(a)}^{-1}\boldsymbol{f}_{\mathrm{H}(a)}\\ \boldsymbol{D}_{\mathrm{H}(a)}^{-1}\boldsymbol{f}_{\mathrm{H}(a)}-\underline{\boldsymbol{x}}_{\mathrm{H}(a)}\\ \overline{\boldsymbol{h}}_{\mathrm{H}(a)}\\ -\underline{\boldsymbol{h}}_{\mathrm{H}(a)}\end{bmatrix} \tag{16.69}$$

16.4.2　基于多参数规划设计欺诈识别方法

热电联合优化调度可以促进可再生能源消纳，减少电—热综合能源系统的调度总成本。但热电联合优化调度会偏离热力系统调度最优策略，从而使得热网调度成本增加。为了促进电网和热网合作，电网会提供转移支付给热网。然而，电网和热网隶属信息不对称下的不同运营主体，为了防止热网夸大损失从电网获取更多补偿，需要设计合理机制以防欺诈。

本节基于多参数规划设计一种欺诈识别机制，基本思想是电网通过校验热网在不同关键域的局部最优成本是否相等来判断信息真实性。在 Benders 分解或改进 Benders 分解中，CHP 机组

热输出功率 $\boldsymbol{h}_{\mathrm{C}}$ 是边界耦合变量。基于多参数规划，将 CHP 机组热输出功率 $\boldsymbol{h}_{\mathrm{C}}$ 作为参数。由 $\boldsymbol{h}_{\mathrm{C}}$ 组成的参数关键域（Critical Region，CR）的主要依据是参数 $\boldsymbol{h}_{\mathrm{C}}$ 在起作用约束处对偶乘子非负，在不起作用约束处残差为负。

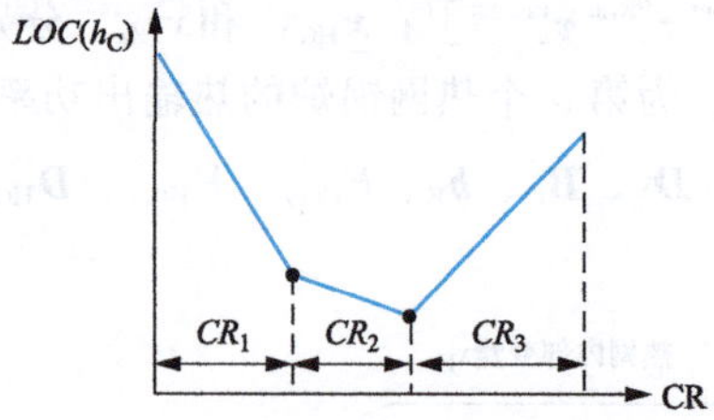

图 16.20　相邻关键或间局部最优成本

图 16.20 为相邻关键域间局部最优成本（Local Optimal Cost，LOC）。基于多参数规划理论，相邻关键域的局部最优成本是相等的。因此，电网可以通过校验相邻关键域的局部最优成本是否相等来判断热网调度成本是否真实，从而克服不同运营主体之间的信息不对称。交互真实信息的热网与电网形成联盟，进行联合调度。反之，交互虚假信息的热网则单独调度。

基于多参数规划设计欺诈识别方法的具体流程如下。

步骤 1：初始化迭代次数 $k=1$ 和最优值 $y^{(0)}=\infty$。特别地，每个热网分别向电网传送一个预定可行割平面。

步骤 2：电网优化改进主问题，最优解记为 $\boldsymbol{x}_{\mathrm{E}}^{k}$ 和 $\boldsymbol{h}_{\mathrm{C}}^{k}$。

$$\begin{aligned}&\min_{\boldsymbol{x}_{\mathrm{E}},\ \boldsymbol{h}_{\mathrm{C}},\ \boldsymbol{h}'_{\mathrm{H}(a)}} \quad C_{\mathrm{E}}(\boldsymbol{x}_{\mathrm{E}},\ \boldsymbol{h}_{\mathrm{C}})\\ &\text{s. t.}\quad \boldsymbol{D}_{\mathrm{E}}\boldsymbol{x}_{\mathrm{E}}+\boldsymbol{B}_{\mathrm{C}}\boldsymbol{h}_{\mathrm{C}}\leqslant \boldsymbol{b}_{\mathrm{E}}\\ &\boldsymbol{G}_{\mathrm{C}(a)}^{\mathrm{FC}}\boldsymbol{h}_{\mathrm{C}}+\boldsymbol{G}_{\mathrm{H}(a)}^{\mathrm{FC}}\boldsymbol{h}'_{\mathrm{H}(a)}\leqslant \boldsymbol{g}_{(a)}^{\mathrm{FC}}\end{aligned}\tag{16.70}$$

式中：$\boldsymbol{G}_{\mathrm{C}(a)}^{\mathrm{FC}}$，$\boldsymbol{G}_{\mathrm{H}(a)}^{\mathrm{FC}}$ 和 $\boldsymbol{g}_{\mathrm{C}(a)}^{\mathrm{FC}}$ 为系数矩阵或向量。

步骤 3：电网将边界变量 $\boldsymbol{h}_{\mathrm{C}}^{\prime}$传送给每个热网，$\boldsymbol{h}_{\mathrm{C}}^{\prime}$是对 $\boldsymbol{h}_{\mathrm{C}}^{k}$ 的复制。每个热网优化各自的子问题，在第 k 次迭代中，优化第 a 个热网子问题如下

$$\begin{aligned}&\eta_{\mathrm{H}(a)}(\boldsymbol{h}_{\mathrm{C}}^{k})=\min_{\boldsymbol{h}'_{\mathrm{C}},\ \boldsymbol{h}_{\mathrm{H}(a)},\ \boldsymbol{x}_{\mathrm{H}(a)}} \quad C_{\mathrm{H}(a)}(\boldsymbol{h}_{\mathrm{H}(a)})\\ &\text{s. t.}\quad \boldsymbol{h}'_{\mathrm{C}}=\boldsymbol{h}_{\mathrm{C}}^{k} &&:\ \boldsymbol{\beta}_{a}^{(k)}\\ &\boldsymbol{F}_{\mathrm{C}(a)}\boldsymbol{h}'_{\mathrm{C}}+\boldsymbol{F}_{\mathrm{H}(a)}\boldsymbol{h}_{\mathrm{H}(a)}+\boldsymbol{D}_{\mathrm{H}(a)}\boldsymbol{x}_{\mathrm{H}(a)}=\boldsymbol{f}_{\mathrm{H}(a)} &&:\ \boldsymbol{\lambda}_{a}^{(k)}\\ &\boldsymbol{G}_{\mathrm{C}(a)}^{\mathrm{FC}}\boldsymbol{h}'_{\mathrm{C}}+\boldsymbol{G}_{\mathrm{H}(a)}^{\mathrm{FC}}\boldsymbol{h}_{\mathrm{H}(a)}\leqslant \boldsymbol{g}_{(a)}^{\mathrm{FC}} &&:\ \boldsymbol{\mu}_{a}^{(k)}\end{aligned}\tag{16.71}$$

式中：$\boldsymbol{\beta}_{a}^{k}$、$\boldsymbol{\lambda}_{a}^{k}$ 和 $\boldsymbol{\mu}_{a}^{k}$ 为拉格朗日乘子；$\eta_{\mathrm{H}(a)}$ 为刻画局部最优成本的中间变量。

步骤 4：式（16.70）的最优解记为 $\boldsymbol{x}_{\mathrm{E}}^{k}$，$\boldsymbol{h}_{\mathrm{C}}^{k}$ 和 $\boldsymbol{h}_{\mathrm{H}(a)}^{k}$。在最优解处，式（16.71）中部分约束是起作用的，部分约束是不起作用的。起作用约束对应的拉格朗日乘子大于等于零，不起作用约束对应的残差小于零。

$$\begin{cases}\{\boldsymbol{G}_{\mathrm{C}(a)}^{\mathrm{FC}(k)}\}_{A}\boldsymbol{h}'_{\mathrm{C}}+\{\boldsymbol{G}_{\mathrm{H}(a)}^{\mathrm{FC}(k)}\}_{A}\boldsymbol{h}_{\mathrm{H}(a)}^{(k)}=\{\boldsymbol{g}_{(a)}^{\mathrm{FC}(k)}\}_{A}\\ \{\boldsymbol{\mu}_{a}^{(k)}\}_{A}\geqslant \boldsymbol{0}\end{cases}\tag{16.72}$$

$$\begin{cases}\{\boldsymbol{G}_{\mathrm{C}(a)}^{\mathrm{FC}(k)}\}_{I}\boldsymbol{h}'_{\mathrm{C}}+\{\boldsymbol{G}_{\mathrm{H}(a)}^{\mathrm{FC}(k)}\}_{I}\boldsymbol{h}_{\mathrm{H}(a)}^{(k)}<\{\boldsymbol{g}_{(a)}^{\mathrm{FC}(k)}\}_{I}\\ \{\boldsymbol{\mu}_{a}^{(k)}\}_{I}=\boldsymbol{0}\end{cases}\tag{16.73}$$

式（16.72）和式（16.73）中，$\{\}_{A}$ 表示起作用约束，$\{\}_{I}$ 表示不起作用约束。

步骤 5：子问题式（16.71）的拉格朗日对偶函数如下

$$\begin{aligned}\boldsymbol{L}(\boldsymbol{h}'_{\mathrm{C}},\ \boldsymbol{h}_{\mathrm{H}(a)}^{k},\ \boldsymbol{x}_{\mathrm{H}(a)}^{k},\ \boldsymbol{\beta}_{a}^{k},\ \boldsymbol{\lambda}_{a}^{k},\ \boldsymbol{\mu}_{a}^{k})&=C_{\mathrm{H}(a)}(\boldsymbol{h}_{\mathrm{H}(a)}^{k})+\boldsymbol{\beta}_{a}^{(k)\mathrm{T}}(\boldsymbol{h}'_{\mathrm{C}}-\boldsymbol{h}_{\mathrm{C}}^{k})\\ &+\boldsymbol{\lambda}_{a}^{(k)\mathrm{T}}(\boldsymbol{F}_{\mathrm{C}(a)}\boldsymbol{h}'_{\mathrm{C}}+\boldsymbol{F}_{\mathrm{H}(a)}\boldsymbol{h}_{\mathrm{H}(a)}^{k}+\boldsymbol{D}_{\mathrm{H}(a)}\boldsymbol{x}_{\mathrm{H}(a)}^{k}-\boldsymbol{f}_{\mathrm{H}(a)})\\ &+\{\boldsymbol{\mu}_{a}^{(k)}\}_{A}^{\mathrm{T}}(\{\boldsymbol{G}_{\mathrm{C}(a)}^{\mathrm{FC}}\}_{A}\boldsymbol{h}'_{\mathrm{C}}+\{\boldsymbol{G}_{\mathrm{H}(a)}^{\mathrm{FC}}\}_{A}\boldsymbol{h}_{\mathrm{H}(a)}^{k}-\{\boldsymbol{g}_{(a)}^{\mathrm{FC}}\}_{A})\end{aligned}\tag{16.74}$$

式中：$\boldsymbol{\beta}_{a}^{(k)}$，$\boldsymbol{\lambda}_{a}^{(k)}$ 和 $\{\boldsymbol{\mu}_{a}^{(k)}\}_{A}$ 为等式约束和起作用约束对应的拉格朗日乘子。

子问题式（16.71）对应的KKT条件如下

$$\begin{bmatrix} \boldsymbol{I} & \boldsymbol{0} & \boldsymbol{0} & \boldsymbol{0} & \boldsymbol{0} & \boldsymbol{0} \\ \boldsymbol{F}^{k}_{\mathrm{C}(a)} & \boldsymbol{D}^{k}_{\mathrm{H}(a)} & \boldsymbol{F}^{k}_{\mathrm{H}(a)} & \boldsymbol{0} & \boldsymbol{0} & \boldsymbol{0} \\ \{\boldsymbol{G}^{\mathrm{FC}(k)}_{\mathrm{C}(a)}\}_{\mathrm{A}} & \boldsymbol{0} & \{\boldsymbol{G}^{\mathrm{FC}(k)}_{\mathrm{H}(a)}\}_{A} & \boldsymbol{0} & \boldsymbol{0} & \boldsymbol{0} \\ \boldsymbol{0} & \boldsymbol{0} & \boldsymbol{0} & \boldsymbol{I} & \boldsymbol{F}^{(k)\mathrm{T}}_{\mathrm{C}(a)} & \{\boldsymbol{G}^{\mathrm{FC}(k)}_{\mathrm{C}(a)}\}^{\mathrm{T}}_{A} \\ \boldsymbol{0} & \boldsymbol{0} & \boldsymbol{0} & \boldsymbol{0} & \boldsymbol{D}^{(k)\mathrm{T}}_{\mathrm{H}(a)} & \boldsymbol{0} \\ \boldsymbol{0} & \boldsymbol{0} & \boldsymbol{0} & \boldsymbol{0} & \boldsymbol{F}^{(k)\mathrm{T}}_{\mathrm{H}(a)} & \{\boldsymbol{G}^{\mathrm{FC}(k)}_{\mathrm{H}(a)}\}^{\mathrm{T}}_{A} \end{bmatrix} \begin{bmatrix} \boldsymbol{h}'_{\mathrm{C}} \\ \boldsymbol{x}^{(k)}_{\mathrm{H}(a)} \\ \boldsymbol{h}^{(k)}_{\mathrm{H}(a)} \\ \boldsymbol{\beta}^{(k)}_{a} \\ \boldsymbol{\lambda}^{(k)}_{a} \\ \{\boldsymbol{\mu}^{(k)}_{a}\}_{A} \end{bmatrix} = \begin{bmatrix} \boldsymbol{h}^{k}_{\mathrm{C}} \\ \boldsymbol{f}^{k}_{\mathrm{H}(a)} \\ \{\boldsymbol{g}^{\mathrm{FC}(k)}_{(a)}\}_{A} \\ \boldsymbol{0} \\ \boldsymbol{0} \\ -\boldsymbol{d}_{(a)} \end{bmatrix} \tag{16.75}$$

假设等式左边矩阵是非奇异的，那么通过求解线性方程组

$$\begin{bmatrix} \boldsymbol{h}'_{\mathrm{C}} \\ \boldsymbol{x}^{(k)}_{\mathrm{H}(a)} \\ \boldsymbol{h}^{(k)}_{\mathrm{H}(a)} \\ \boldsymbol{\beta}^{(k)}_{a} \\ \boldsymbol{\lambda}^{(k)}_{a} \\ \{\boldsymbol{\mu}^{(k)}_{a}\}_{A} \end{bmatrix} = \begin{bmatrix} \boldsymbol{\omega}^{k}_{11(a)} & \boldsymbol{\omega}^{k}_{12(a)} & \boldsymbol{\omega}^{k}_{13(a)} & \boldsymbol{\omega}^{k}_{14(a)} & \boldsymbol{\omega}^{k}_{15(a)} & \boldsymbol{\omega}^{k}_{16(a)} \\ \boldsymbol{\omega}^{k}_{21(a)} & \boldsymbol{\omega}^{k}_{22(a)} & \boldsymbol{\omega}^{k}_{23(a)} & \boldsymbol{\omega}^{k}_{24(a)} & \boldsymbol{\omega}^{k}_{25(a)} & \boldsymbol{\omega}^{k}_{26(a)} \\ \boldsymbol{\omega}^{k}_{31(a)} & \boldsymbol{\omega}^{k}_{32(a)} & \boldsymbol{\omega}^{k}_{33(a)} & \boldsymbol{\omega}^{k}_{34(a)} & \boldsymbol{\omega}^{k}_{35(a)} & \boldsymbol{\omega}^{k}_{36(a)} \\ \boldsymbol{\omega}^{k}_{41(a)} & \boldsymbol{\omega}^{k}_{42(a)} & \boldsymbol{\omega}^{k}_{43(a)} & \boldsymbol{\omega}^{k}_{44(a)} & \boldsymbol{\omega}^{k}_{45(a)} & \boldsymbol{\omega}^{k}_{46(a)} \\ \boldsymbol{\omega}^{k}_{51(a)} & \boldsymbol{\omega}^{k}_{52(a)} & \boldsymbol{\omega}^{k}_{53(a)} & \boldsymbol{\omega}^{k}_{54(a)} & \boldsymbol{\omega}^{k}_{55(a)} & \boldsymbol{\omega}^{k}_{56(a)} \\ \boldsymbol{\omega}^{k}_{61(a)} & \boldsymbol{\omega}^{k}_{62(a)} & \boldsymbol{\omega}^{k}_{63(a)} & \boldsymbol{\omega}^{k}_{64(a)} & \boldsymbol{\omega}^{k}_{65(a)} & \boldsymbol{\omega}^{k}_{66(a)} \end{bmatrix} \begin{bmatrix} \boldsymbol{h}^{k}_{\mathrm{C}} \\ \boldsymbol{f}^{k}_{\mathrm{H}(a)} \\ \{\boldsymbol{g}^{\mathrm{FC}(k)}_{(a)}\}_{A} \\ \boldsymbol{0} \\ \boldsymbol{0} \\ -\boldsymbol{d}_{(a)} \end{bmatrix} \tag{16.76}$$

$\boldsymbol{h}^{k}_{\mathrm{H}(a)}$ 是关于边界变量 $\boldsymbol{h}^{k}_{\mathrm{C}}$ 的仿射函数

$$\boldsymbol{h}^{k}_{\mathrm{H}(a)} = \varphi_a(\boldsymbol{h}^{k}_{\mathrm{C}}) = \boldsymbol{\omega}^{k}_{31(a)}\boldsymbol{h}^{k}_{\mathrm{C}} + \boldsymbol{\omega}^{k}_{32(a)}\boldsymbol{f}^{k}_{\mathrm{H}(a)} + \boldsymbol{\omega}^{k}_{33(a)}\{\boldsymbol{g}^{\mathrm{FC}(k)}_{(a)}\}_{A} - \boldsymbol{\omega}^{k}_{36(a)}\boldsymbol{d}_{(a)} \tag{16.77}$$

将边界变量 $\boldsymbol{h}^{k}_{\mathrm{C}}$ 作为参数，局部最优成本如下

$$LOC^{\mathrm{k}}_{(a)}(\boldsymbol{h}^{k}_{\mathrm{C}}) = \boldsymbol{d}^{\mathrm{T}}_{a}\varphi_a(\boldsymbol{h}^{k}_{\mathrm{C}}) + e_{(a)} \tag{16.78}$$

对于起作用约束，拉格朗日乘子 $\boldsymbol{\mu}^{(k)}_{a}$ 是关于 $\boldsymbol{h}^{k}_{\mathrm{C}}$ 的仿射函数

$$\{\boldsymbol{\mu}^{(k)}_{a}\}_{A} = \boldsymbol{\omega}^{k}_{61(a)}\boldsymbol{h}^{k}_{\mathrm{C}} + \boldsymbol{\omega}^{k}_{62(a)}\boldsymbol{f}^{k}_{\mathrm{H}(a)} + \boldsymbol{\omega}^{k}_{63(a)}\{\boldsymbol{g}^{\mathrm{FC}(k)}_{(a)}\}_{A} - \boldsymbol{\omega}^{k}_{66(a)}\boldsymbol{d}_{(a)} \geqslant \boldsymbol{0} \tag{16.79}$$

将式（16.77）代入不起作用约束得

$$\begin{aligned} &\{\boldsymbol{G}^{\mathrm{FC}(k)}_{\mathrm{H}(a)}\}_{I}[\boldsymbol{\omega}^{k}_{32(a)}\boldsymbol{f}^{k}_{\mathrm{H}(a)} + \boldsymbol{\omega}^{k}_{33(a)}\{\boldsymbol{g}^{\mathrm{FC}(k)}_{a}\}_{A} - \boldsymbol{\omega}^{k}_{36(a)}\boldsymbol{d}_{(a)}] + \\ &[\{\boldsymbol{G}^{\mathrm{FC}(k)}_{\mathrm{C}(a)}\}_{I} + \{\boldsymbol{G}^{\mathrm{FC}(k)}_{\mathrm{H}(a)}\}_{I}\boldsymbol{\omega}^{k}_{31(a)}]\boldsymbol{h}^{k}_{\mathrm{C}} \leqslant \{\boldsymbol{g}^{\mathrm{FC}(k)}_{\mathrm{C}(a)}\}_{I} \end{aligned} \tag{16.80}$$

式（16.79）和式（16.80）均是关于参数 $\boldsymbol{h}^{k}_{\mathrm{C}}$ 的超平面，其共同组成了第 a 个热网在第 k 次迭代中的关键域记为 $CR^{k}_{(a)}$，每个热网将 $CR^{k}_{(a)}$ 和 $LOC^{k}_{(a)}(\boldsymbol{h}^{k}_{\mathrm{C}})$ 传送给电网。

步骤6：电网收集到所有热网传递的 $CR^{k}_{(a)}$ 和 $LOC^{k}_{(a)}(\boldsymbol{h}^{k}_{\mathrm{C}})$。改进增广主问题如下

$$\begin{aligned} (\boldsymbol{x}^{k+1}_{\mathrm{E}}, \boldsymbol{h}^{k+1}_{\mathrm{C}}, \boldsymbol{h}^{k+1}_{\mathrm{H}(a)}, \eta^{k+1}_{(a)}) = &\underset{\boldsymbol{x}_{\mathrm{E}},\boldsymbol{h}_{\mathrm{C}},\boldsymbol{h}_{\mathrm{H}(a)},\boldsymbol{\eta}_{(a)}}{\operatorname{argmin}} \quad C_{\mathrm{E}}(\boldsymbol{x}_{\mathrm{E}}, \boldsymbol{h}_{\mathrm{C}}) + \sum_{a=1}^{n}\boldsymbol{\eta}_{(a)} \\ \text{s.t.} \quad &\boldsymbol{D}_{\mathrm{E}}\boldsymbol{x}_{\mathrm{E}} + \boldsymbol{B}_{\mathrm{C}}\boldsymbol{h}_{\mathrm{C}} \leqslant \boldsymbol{b}_{\mathrm{E}} \\ &\boldsymbol{G}^{\mathrm{FC}}_{\mathrm{C}(a)}\boldsymbol{h}_{\mathrm{C}} + \boldsymbol{G}^{\mathrm{FC}}_{\mathrm{H}(a)}\boldsymbol{h}'_{\mathrm{H}(a)} \leqslant \boldsymbol{g}^{\mathrm{FC}}_{(a)} \\ &\boldsymbol{h}_{\mathrm{C}} \in CR_{a} \\ &\eta_{(a)} \geqslant LOC_{(a)}(\boldsymbol{h}_{\mathrm{C}}) \\ &a = 1, 2, \cdots, n \end{aligned} \tag{16.81}$$

步骤7：电网求解改进增广主问题并校验相邻关键域的局部最优成本是否相等。理论上，相邻关键域的局部最优成本是相等的。实际上，有数值计算误差，所以将阈值 δ 设为0.5。如果 $|LOC^{(k)}_{(a)}(\boldsymbol{h}^{k}_{\mathrm{C}}) - LOC^{(k-1)}_{(a)}(\boldsymbol{h}^{k}_{\mathrm{C}})| > \delta$，那么认为相邻关键域局部最优成本不相等。产生该问题的原因是第 a 个热网改变了局部最优成本的系数，即第 a 个热网存在信息欺诈。第 a 个热网单独调度。其余交互信息真实的热网和电网结成联盟，联盟中的主体联合调度。

步骤8：计算最优值 $y^{(k)}$，ϵ 是收敛参数，$\epsilon = 1\times10^{-2}$。如果 $|y^{(k)} - y^{(k-1)}| < \epsilon$，那么终止迭

代。更新 $k:=k+1$，返回步骤 3。

综上所述，基于多参数规划的欺诈识别流程如图 16.21 所示。

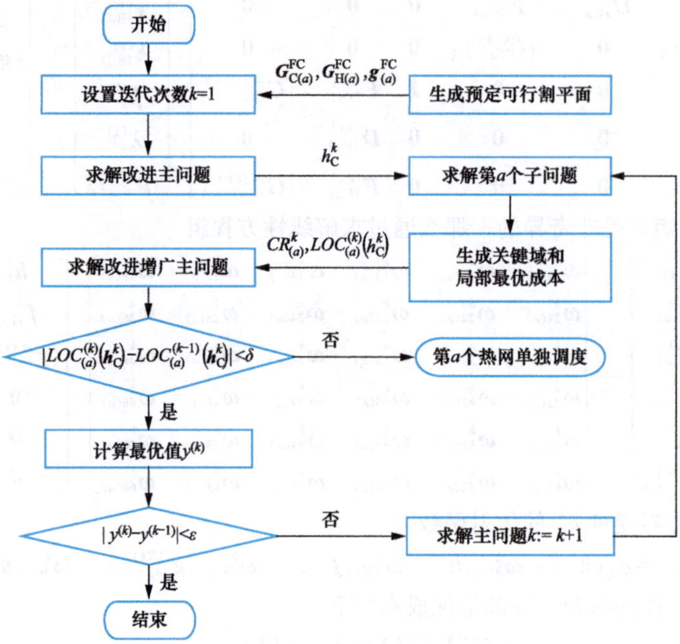

图 16.21　基于多参数规划的欺诈识别流程

注：单独调度的将热源温度保持为初始温度 $\Gamma^{GS}_{g,0}$ 不变

$$\tau^{GS}_{g,t}=\Gamma^{GS}_{g,0}\quad \forall g\in_{g},\ t\in\Omega_T \tag{16.82}$$

16.4.3　基于夏普利值分配合作剩余

欺诈识别方法将交互信息真实的主体结成联盟并联合调度，交互信息虚假的主体单独调度。热电联合优化调度会使得集中供热系统偏离最优调度策略。换句话说，热电联合优化调度使得电—热综合能源系统调度总成本降低，但损害了集中供热系统的个体利益。基于个体理性的角度，如果不能公平分配合作剩余，那么热网没有意愿和电网合作。

本节基于夏普利值按不同主体的边际贡献分配合作剩余以实现激励相容。合作博弈 $G=\langle N,v\rangle$，$|N|=n$，第 i 个参与者的夏普利值定义如下

$$\varphi_i(G)=\frac{1}{n!}\sum_{S\subseteq N\{i\}}|S|!(n-|S|-1)!\left[v(S\cup\{i\})-v(S)\right] \tag{16.83}$$

式中：N 为包括 n 个参与者的全集合；S 为排除第 i 个参与者的子集合；$|S|$ 为集合 S 中参与者的个数；$v(S)$ 为集合 S 的特征函数。

假设热电联合优化调度包含 1 个电网和 n 个热网。E 代表电网，H_i 代表第 i 个热网。全集合 $N=\{E,H_1,H_2,\cdots,H_n\}$。子集合包括 $\{E,H_1\}$，$\{E,H_1,H_2\}$，…，$\{E,H_1,H_2,\cdots,H_{n-1}\}$ 等。每个子集对应一个特征函数 $v(S)$。简单起见，以 1 个电网和 1 个热网为例。在这种情形下，全集合 $N=\{E,H\}$，电网子集包括 $S_{E1}=\{E\}$ 和 $S_{E2}=\{E,H\}$。热网子集包括 $S_{H1}=\{H\}$ 和 $S_{H2}=\{E,H\}$。

C^0_E 和 C^0_H 分别表示电网和热网单独调度的成本，分别对应特征函数 $v(S_{E1})$ 和 $v(S_{H1})$。C_{IEHS} 表示热电联合优化调度总成本，对应特征函数 $v(S_{E2})$ 或 $v(S_{H2})$。为了促进电网和热网之

间的激励相容，基于夏普利值重新计算电网和热网的调度成本。$C_E^s = 1/2(C_{IEHS} + C_E^0 - C_H^0)$ 和 $C_H^s = 1/2(C_{IEHS} + C_H^0 - C_E^0)$ 分别表示计算夏普利值后，热电联合优化调度中电网和热网的成本。以此类推，可以计算多主体的夏普利值。

16.4.4 算例分析

通过两个规模大小不同的算例验证所提热电合作机制的有效性。小系统和大系统的规模信息见表16.9。测试的硬件平台为Intel i7-10700F中央处理器和16GB内存。在2个系统中分别计算一天24h的日前调度，调度分辨率设置为1h。通过MATLAB 2016a编写程序，并采用求解器Gurobi 9.1.2进行求解。

表16.9 测试系统的规模信息

系统规模	电力系统					集中供热系统			
	母线	支路	火电机	CHP	风电场	节点	管道	锅炉	热负荷
小系统	6	7	2	2	1	6	5	1	2
大系统	319	431	120	20	68	40	35	5	15

16.4.4.1 小系统算例分析

热电联合优化调度可以提高电力系统运行灵活性。小系统电—热综合能源系统总热输出功率如图16.22所示。

热电单独优化调度时候，热输出功率和热负荷在每个时刻需要相等。CHP机组在大量供热的同时也发出大量电能，限制了风电的消纳空间，导致弃风。相反，热电联合优化调度充分利用了集中供热网络的储能效应，热输出功率和热负荷就不需要时时平衡。如果热负荷小，可以将热量先存储在管道流质中；如果热负荷大，可以释放管道流质中的热量。

小系统电—热综合能源系统弃风量见图16.23，相对热电单独优化调度，热电联合优化调度减少了74.3%的弃风。

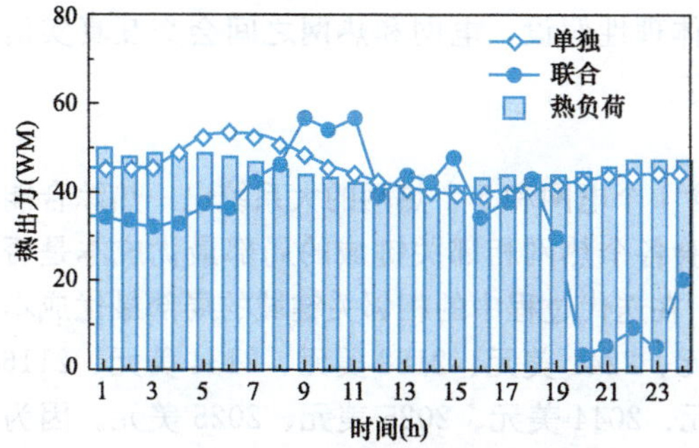

图16.22 小系统电—热综合能源系统总热输出功率

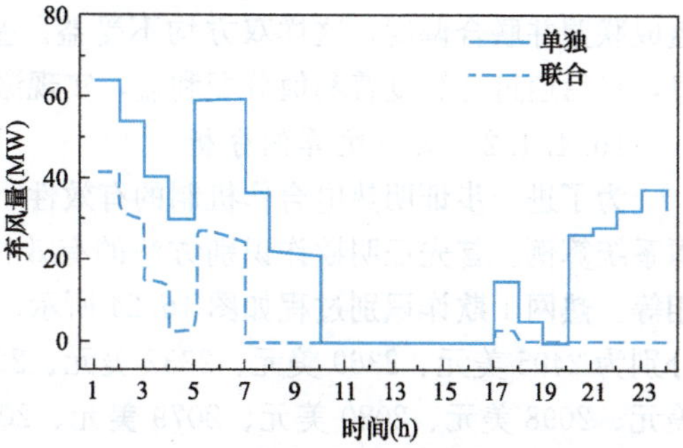

图16.23 小系统电—热综合能源系统弃风量

小系统电—热综合能源系统欺诈识别过程见表16.10。第一种情形下，第一次迭代过程中，相邻关键域的局部最优成本均为4604美元。第二次迭代过程中，相邻关键域的局部最优成本均为3607美元。在第一种情形下，热网和电网之间交互的信息是真实的，则热网和电网形成联盟并联合调度。第二种情形下，第二次迭代过程中，相邻关键域的局部最优成本分别为3607美元和3807美元，这违背了相邻关键域局部最优成本相等的原则。因此，热网和电网之间的存在信息欺诈，电网和热网分别单独调度。

表 16.10　　　　小系统电—热综合能源系统欺诈识别过程

k	情形一		情形二	
	LOC^{k-1}（美元）	LOC^{k}（美元）	LOC^{k-1}（美元）	LOC^{k}（美元）
1	4604	4064	4604	4064
2	3607	3607	3607	3807

小系统电—热综合能源系统经济效益对比见表 16.11。传统的热电联合优化调度没有分配电网和热网调度成本。相比热电单独优化调度，热电联合优化调度在总成本上减少了 17872 美元，其中电网调度总成本减少了 18829 美元，但是热网调度总成本增加了 957 美元。

表 16.11　　　　小系统电—热综合能源系统经济效益对比

类型	调度成本	单独调度	联合调度	
			传统	夏普利值
电网	弃风成本（美元）	23084	5923	—
	火电机组成本（美元）	82664	82718	—
	CHP 机组成本（美元）	14690	12968	—
	电网总成本（美元）	120438	101609	111502
热网	锅炉成本（美元）	900	1857	—
	热网总成本（美元）	900	1857	−8036
电—热综合能源系统总成本（美元）		121338	103466	103466

为了促进电网和热网合作，基于边际贡献计算夏普利值，重新分配利润。热电联合优化调度后，电网成本为 11502 美元，热网成本为−8036 美元，即电网给热网 8036 美元的补偿，两者合作。如果热网和电网之间交互虚假信息，那么通过欺诈识别方法可以判断出来，电网和热网不再组成联盟并联合调度，这样双方均不受益。基于个体理性假设，电网和热网之间会交互真实信息，然后通过计算夏普利值分配利益，实现激励相容。

16.4.4.2　大系统算例分析

为了进一步证明热电合作机制的有效性，测试含 1 个电网和 5 个热网的大系统电—热综合能源系统算例。首先证明欺诈识别方法的有效性，校验各个热网相邻关键域的局部最优成本是否相等。热网 1 欺诈识别过程如图 16.24 所示。热网 1 在迭代过程中的相邻关键域的局部最优成本分别为 2405 美元、2369 美元、2332 美元、2278 美元、2241 美元、2188 美元、2134 美元、2116 美元、2098 美元、2080 美元、2079 美元、2062 美元、2044 美元、2025 美元、2025 美元。因为热网 1 每次在相邻关键域的局部最优成本是相等的，所以热网 1 交互的信息是真实的。

热网 2 欺诈识别过程如图 16.25 所示。热网 2 在迭代过程中的相邻关键域的局部最优成本分别为 2405 美元、2368 美元、2331 美元、2313 美元、2295 美元、2277 美元、2259 美元、2242 美元、2226 美元、2206 美元、2188 美元、2170 美元、2152 美元、2134 美元、2115 美元。因为热网 2 每次在相邻关键域的局部最优成本是相等的，所以热网 2 交互的信息是真实的。热网 3 欺诈识别过程如图 16.26 所示。热网 3 在迭代过程中的相邻关键域的局部最优成本分别为 2405 美元、2369 美元、2297 美元、2260 美元、2224 美元、2152 美元、2133 美元、2116 美元、2098 美元、2080 美元、2062 美元、2044 美元、2025 美元、2025 美元、2025 美元。因为热网 3 在相邻关键域的局部最优成本是相等的，所以热网 3 交互的信息是真实的。

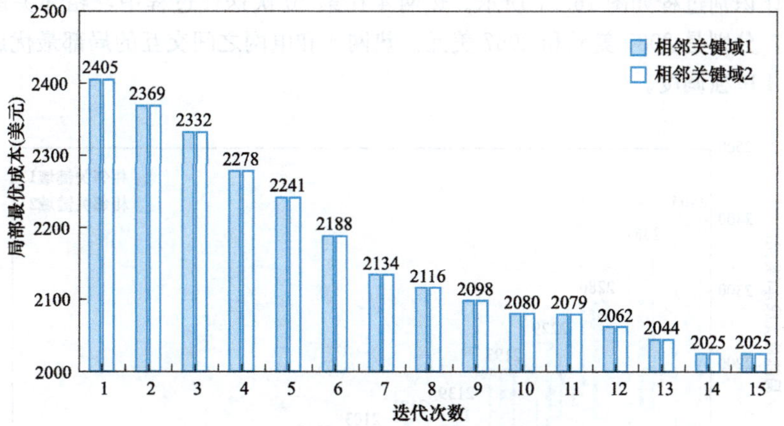

图 16.24　热网 1 欺诈识别过程

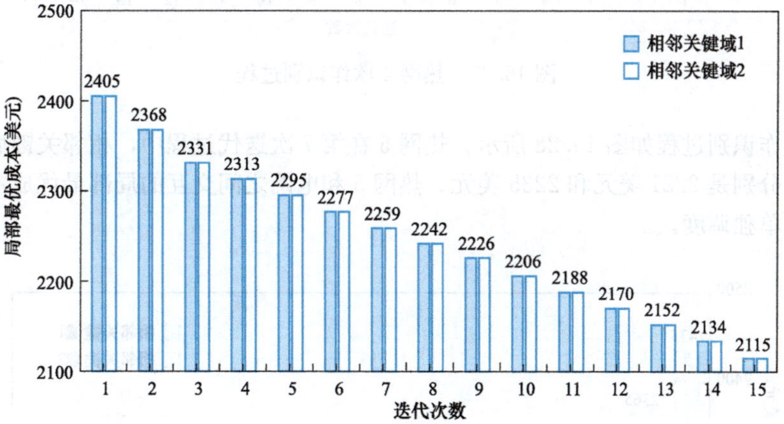

图 16.25　热网 2 欺诈识别过程

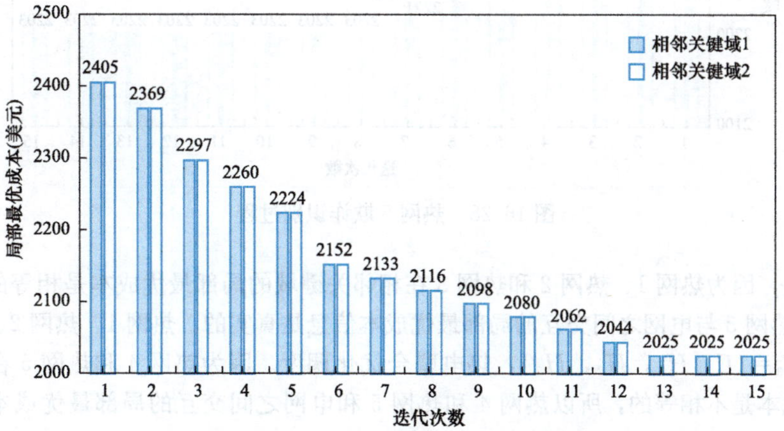

图 16.26　热网 3 欺诈识别过程

热网 4 欺诈识别过程如图 16.27 所示。热网 4 在第 10 次迭代过程中，相邻关键域的局部最优成本不相等，分别是 2080 美元和 2067 美元。热网 4 和电网之间交互的局部最优成本信息是虚假的，则热网 4 单独调度。

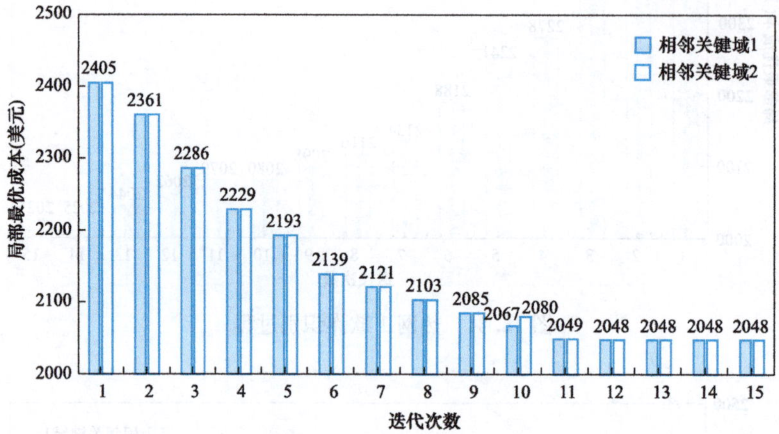

图 16.27　热网 4 欺诈识别过程

热网 5 欺诈识别过程如图 16.28 所示。热网 5 在第 7 次迭代过程中，相邻关键域的局部最优成本不相等，分别是 2221 美元和 2235 美元。热网 5 和电网之间交互的局部最优成本信息是虚假的，则热网 5 单独调度。

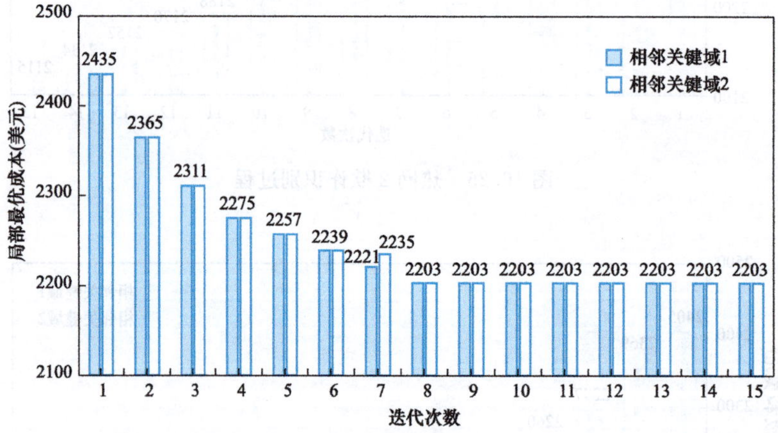

图 16.28　热网 5 欺诈识别过程

综上所述，因为热网 1、热网 2 和热网 3 在相邻关键域的局部最优成本是相等的，所以热网 1、热网 2 和热网 3 与电网之间交互的局部最优成本信息是真实的。热网 1、热网 2、热网 3 和电网结为联盟 $S_3=\{E, H_1, H_2, H_3\}$，热电联合优化调度。因为热网 4 和热网 5 在相邻关键域的局部最优成本是不相等的，所以热网 4 和热网 5 和电网之间交互的局部最优成本信息是虚假的，则热网 4 和热网 5 单独调度。

基于夏普利值的大系统电—热综合能源系统经济效益对比见表 16.12。

表 16.12 基于夏普利值的大系统电—热综合能源系统经济效益对比

类型	调度成本	单独调度	联合调度	
			传统	夏普利值
电网	弃风成本（美元）	5168	5117	—
	火电机组成本（美元）	69551	69546	—
	CHP 机组成本（美元）	113244	113034	—
	电网总成本（美元）	187963.00	187697.00	187899.17
热网 1	热网 1 总成本（美元）	1976	2025	1933.00
热网 2	热网 2 总成本（美元）	1976	1989	1951.67
热网 3	热网 3 总成本（美元）	1976	2025	1952.17
热网 4	热网 4 总成本（美元）	1976	1976	1976.00
热网 5	热网 5 总成本（美元）	1976	1976	1976.00
电—热综合能源系统总成本（美元）		197843	197688	197688

热电单独调度中电—热综合能源系统总成本是 197843 美元。热电单独调度中电—热综合能源系统总成本是 197688 美元。相对热电单独优化调度，联盟 S_3 中电网调度成本比电网单独调度成本少 266 美元，联盟 S_3 中热网 1 调度成本比热网 1 单独调度成本多 49 美元，联盟 S_3 中热网 2 调度成本比热网 2 单独调度成本多 13 美元，联盟 S_3 中热网 3 调度成本比热网 3 单独调度成本多 49 美元。所以传统的热电联合优化调度是激励不相容的。计算联盟 S_3 中所有主体的夏普利值，电网、热网 1、热网 2 和热网 3 的成本相对热电单独优化调度均是减少的。基于个体理性假设，电网和热网之间会交互真实信息。

问题与练习

(1) 热电耦合的主要元件是什么？

(2) 热电耦合有什么好处？

(3) 热电联产机组主要分为哪几种？

(4) 如何刻画热网的动态模型？

(5) 典型分布式优化算法有哪些？

(6) 交替方向乘子法有什么优缺点？

(7) Benders 分解有什么优缺点？

(8) 什么是多参数规划？

(9) 什么是合作博弈？

(10) 纳什议价（Nash Bargaining）和纳什均衡（Nash Equilibrium）有什么区别？

参考文献

[1] REN21. Renewables 2022 Global Status Report.

[2] 国家能源局发布 2022 年可再生能源发展情况并介绍完善可再生能源绿色电力证书制度有关工作进展等

情况．
[3] 朱浩昊，朱继忠，李盛林，等．电—热综合能源系统优化调度综述．全球能源互联网，2022，5 (04)：383-397.
[4] Li Zhigang，Wu Wenchuan，Shahidehpour M.，et al. Combined heat and power dispatch considering pipeline energy storage of district heating network. IEEE Transactions on Sustainable Energy，2016，7 (1)：12-22.
[5] Gu Wei，Tang Yiyuan，Peng Shuyong，et al. Optimal configuration and analysis of combined cooling，heating，and power microgrid with thermal storage tank under uncertainty. Journal of Renewable and Sustainable Energy，2015，7 (1)：013-104.
[6] 刘洪，王亦然，李积逊，等．考虑建筑热平衡与柔性舒适度的乡村微能源网电热联合调度．电力系统自动化，2019，43 (9)：50-58.
[7] Gu Wei，Wang Jun，Lu Shuai，et al. Optimal operation for integrated energy system considering thermal inertia of district heating network and buildings. Applied Energy，2017，199：234-246.
[8] Zhou Huansheng，Li Zhigang，Zheng Jiehui，et al. Robust scheduling of integrated electricity and heating system hedging heating network uncertainties. IEEE Transactions on Smart Grid，2020，11 (2)：1543-1555.
[9] 吴文传，李志刚，王中冠．可再生能源发电集群控制与优化调度．北京：科学出版社，2020.
[10] Zhang Menglin，Wu Qiuwei，Wen Jinyu，et al. Two-stage stochastic optimal operation of integrated electricity and heat system considering reserve of flexible devices and spatial-temporal correlation of wind power. Applied Energy，2020，275：115-357.
[11] Huang Shaojun，Tang Weichu，Wu Qiuwei，et al. Network constrained economic dispatch of integrated heat and electricity systems through mixed integer conic programming. Energy，2019，179：464-474.
[12] Manson J. R.，Wallis S. G.. An accurate numerical algorithm for advective transport. Communications in Numerical Methods in Engineering，1995，11 (12)：1039-1045.
[13] Benonysson A.，Bøhm B.，Ravn H. F.. Operational optimization in a district heating system. Energy Conversion and Management，1995，36 (5)：297-314.
[14] Yang Jingwei，Zhang Ning，Botterud A.，et al. On an equivalent representation of the dynamics in district heating networks for combined electricity-heat operation. IEEE Transactions on Power Systems，2020，35 (1)：560-570.
[15] Zheng Weiye，Hou Yunhe，Li Zhigang. A dynamic equivalent model for district heating networks：formulation，existence and application in distributed electricity-heat operation. IEEE Transactions on Smart Grid，2021，12 (3)：2685-2695.
[16] 张义志，王小君，和敬涵，等．考虑供热系统建模的综合能源系统最优能流计算方法．电工技术学报，2019，34 (03)：562-570.
[17] Lin Chenhui，Wu Wenchuan，Zhang Boming，et al. Decentralized solution for combined heat and power dispatch through benders decomposition. IEEE Transactions on Sustainable Energy，2017，8 (4)：1361-1372.
[18] Lu Shuai，Gu Wei，Zhou Suyang，et al. High-resolution modeling and decentralized dispatch of heat and electricity integrated energy system. IEEE Transactions on Sustainable Energy，2019，11 (3)：1451-1463.
[19] Cao Yang，Wei Wei，Wu Lei，et al. Decentralized operation of interdependent power distribution network and district heating network：A market-driven approach. IEEE Transactions on Smart Grid，2018，10 (5)：5374-5385.
[20] Yang Jingwei，Botterud A.，Zhang Ning，et al. A cost-sharing approach for decentralized electricity-

heat operation with renewables. IEEE Transactions on Sustainable Energy，2019，11 (3)：1838-1847.

[21] 朱浩昊，朱继忠，李盛林，等．基于 Benders 分解和纳什议价的分布式热电联合优化调度．电工技术学报，2023，38 (09)：245-257.

[22] Rahmaniani R.，Crainic T. G.，Gendreau M.，et al. The Benders decomposition algorithm：a literature review. European Journal of Operational Research，2017，259 (3)：801-817.

[23] Abdolmohammadi H. R.，Kazemi A.. A Benders decomposition approach for a combined heat and power economic dispatch. Energy Conversion and Management，2013，71：21-31.

[24] Chen Binbin，Wu Wenchuan，Sun Hongbin. Coordinated heat and power dispatch considering mutual benefit and mutual trust：A multi-party perspective. IEEE Transactions on Sustainable Energy，2021，13 (1)：251-264.

[25] Zhu Jizhong，Zhu Haohao，Zheng Weiye，et al. Cooperation mechanism design for integrated electricity-heat systems with information asymmetry. Journal of Modern Power Systems and Clean Energy，2023，11 (3)：873-884.

附录　动态经济调度问题算例原始数据

附表 1　　10 机系统输入数据

发电机	a_n	b_n	C_n	$P_{min\,n}$	$P_{mam\,n}$	e_n	f_n	UR_n	UR_n
	(美元/h)	(美元/MWh)	(美元/MW^{2}h)	(MW)	(MW)	(美元/h)	(1/MW)	(MW/h)	(MW/h)
P_1	958.2	21.6	0.00043	150	470	450	0.041	80	80
P_2	1313.6	21.05	0.00063	135	460	600	0.036	80	80
P_3	604.97	20.81	0.00039	73	340	320	0.028	80	80
P_4	471.6	23.90	0.0007	60	300	260	0.052	50	50
P_5	480.29	21.62	0.00079	73	243	280	0.063	50	50
P_6	601.75	17.87	0.00056	57	160	310	0.048	50	50
P_7	502.7	16.51	0.00211	20	130	300	0.086	30	30
P_8	639.4	23.23	0.0048	47	120	340	0.082	30	30
P_9	455.6	19.58	0.10908	20	80	270	0.098	30	30
P_{10}	692.4	22.54	0.00951	55	55	380	0.094	30	30

附表 2　　10 机系统负荷数据

时段 (h)	负荷 (MW)	时段 (h)	负荷 (MW)	时段 (h)	负荷 (MW)	时段 (h)	负荷 (MW)
1	1036	7	1702	13	2072	19	1776
2	1110	8	1776	14	1924	20	2072
3	1258	9	1924	15	1776	21	1924
4	1406	10	2072	16	1554	22	1628
5	1480	11	2146	17	1480	23	1332
6	1628	12	2220	18	1628	24	1184

该系统网损系数如下。

$$B_{ij}=\begin{bmatrix} 8.7 & 0.43 & -4.61 & 0.36 & 0.32 & -0.66 & 0.96 & -1.6 & 0.8 & -0.1 \\ 0.43 & 8.3 & -0.97 & 0.22 & 0.75 & -0.28 & 5.04 & 1.7 & 0.54 & 7.2 \\ -4.61 & -0.97 & 9 & -2 & 0.63 & 3 & 1.7 & -4.3 & 3.1 & -2 \\ 0.36 & 0.22 & -2 & 5.3 & 0.47 & 2.62 & -1.96 & 2.1 & 0.67 & 1.8 \\ 0.32 & 0.75 & 0.63 & 0.47 & 8.6 & -0.8 & 0.37 & 0.72 & -0.9 & 0.69 \\ -0.66 & -0.28 & 3 & 2.62 & -0.8 & 11.8 & -4.9 & 0.3 & 3 & -3 \\ 0.96 & 5.04 & 1.7 & -1.96 & 0.37 & -4.9 & 8.24 & -0.9 & 5.9 & -0.6 \\ -1.6 & 1.7 & -4.3 & 2.1 & 0.72 & 0.3 & -0.9 & 1.2 & -0.96 & 0.56 \\ 0.8 & 0.54 & 3.1 & 0.67 & -0.9 & 3 & 5.9 & -0.96 & 0.93 & -0.3 \\ -0.1 & 7.2 & -2 & 1.8 & 0.69 & -3 & -0.6 & 0.56 & -0.3 & 0.99 \end{bmatrix}\times 10^{-5}$$